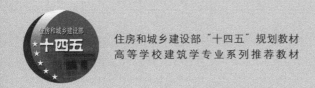

住房和城乡建设部"十四五"规划教材
高等学校建筑学专业系列推荐教材

CONTEMPORARY

当代建筑理论 青锋 著

THEORIES OF

ARCHITECTURE

中国建筑工业出版社

图书在版编目（CIP）数据

当代建筑理论 = CONTEMPORARY THEORIES OF ARCHITECTURE / 青锋著. —北京：中国建筑工业出版社，2022.6（2023.12重印）
住房和城乡建设部"十四五"规划教材 高等学校建筑学专业系列推荐教材
ISBN 978-7-112-27051-4

Ⅰ.①当…　Ⅱ.①青…　Ⅲ.①建筑理论—高等学校—教材　Ⅳ.①TU

中国版本图书馆CIP数据核字（2021）第269874号

为了更好地支持相应课程的教学，我们向采用本书作为教材的教师提供课件，有需要者可与出版社联系。
建工书院：http://edu.cabplink.com
邮箱：jckj@cabp.com.cn　电话：（010）58337285

责任编辑：王惠　陈桦
责任校对：姜小莲

住房和城乡建设部"十四五"规划教材
高等学校建筑学专业系列推荐教材
当代建筑理论
CONTEMPORARY THEORIES OF ARCHITECTURE
青锋　著
*
中国建筑工业出版社出版、发行（北京海淀三里河路9号）
各地新华书店、建筑书店经销
北京雅盈中佳图文设计公司制版
建工社（河北）印刷有限公司印刷
*
开本：787毫米×1092毫米　1/16　印张：24³/₄　字数：599千字
2022年8月第一版　2023年12月第二次印刷
定价：69.00元（赠教师课件）
ISBN 978-7-112-27051-4
　　（38863）

— 序 —

　　青锋老师清华大学建筑学本科毕业，在英国爱丁堡大学攻读博士学位，后成为从事建筑理论教学和研究的老师。作为年轻学者中的佼佼者，他勤于思考，笔耕不辍，近年来有多部建筑理论著作出版。这本《当代建筑理论》是为中国建筑院校建筑学专业专门撰写的教材。

　　首先，该教材所阐述的西方当代建筑理论发展脉络清晰。与当代西方建筑历史不同，该教材的主体内容注重的是建筑理论演进的时期划分。这使得该教材作为学过西方建筑历史的学生希望了解更多的有关西方建筑理论的很好选择。这与该教材定位于建筑院校建筑学专业高年级本科生以及研究生相一致。

　　其次，该教材注重"论"，针对建筑理论历史上的种种思潮，更多地采用给出多方观点甚至以争论为线索而不是一方观点的方式，给学生充足的想象和思考空间。这样的方式符合建筑理论学习的规律。因为建筑理论本身也许就应该是启发式的，不能理解为"固定的知识"。

　　第三，在该教材中，可以看到不少过去的相关理论书籍中所没有的内容，也就是"新的"内容或见解。这样的体现时代特征的内容构成了该教材的又一个特色。这表明，该教材不仅可以作为建筑学专业学生阅读，还对建筑师及其相关专业人员了解当代建筑理论具有启发价值。

　　与历史理论专著不同，作为教材的理论书对作者的要求也许更高：收敛锋芒，而又不失其深度。青锋的这本教材做到了这一点。我希望这部教材能被更多的建筑院校师生参考和使用。

清华大学建筑学院
2022 年 4 月 20 日

—Foreword—

　　建筑理论是高等学校建筑学教育的基石之一，对于拓展学生的专业深度、奠定明确的建筑价值观至关重要。在国内外各大建筑院校，建筑理论教学都占据了越来越多的课时，尤其是当代建筑理论教学，不仅是必要开设的课程，其教学范围和形式也不断扩展，开始与设计、历史、评论等课程进行更为深入的融合，在各院校教学体制与教学改革中起到了中坚作用。

　　与理论教学不断上升的地位形成强烈反差的，是我国迄今为止仍然没有比较适合教学的本科当代建筑理论教材。这导致众多院校难以开设高水准的当代建筑理论课程，对教学体系的完善造成很大的影响。造成这种情况的主要原因还是在于当代建筑理论的多元性与复杂性。自现代主义开始，建筑革新就与建筑理论的发展紧密相连，空间、模度、功能主义、有机建筑等等概念与思潮造就了现代主义的理论深度与广度。而在 20 世纪 50 年代以后，建筑界更是迎来了历史上理论发展最为迅猛的阶段。一系列新理论，通过"转码"（Transcoding）——将其他领域的概念结构与知识体系引入建筑领域中——来衍生出新的理论体系，从而使哲学、语言学、心理学、社会学、计算机科学等领域的术语与观点大规模渗入建筑理论话语之中。这一方面带来了当代建筑理论的丰富拓展，但另一方面也带来了一定的含混。理论话语变得日益艰涩，与建筑实践之间也渐行渐远。这不仅造成了对当代建筑理论整体性的质疑与批评，甚至导致所谓"理论终结"的困境。当代建筑理论教学的困难也与这种整体性状况有关。不仅当代理论的图景异常复杂，也缺乏足够的研究来帮助厘清这一图景。与现代建筑史众多教科书级别的经典著作相对比，对当代建筑理论进行梳理与总结的著作在全球范围内看来仍然是凤毛麟角。即使在国外，也还没有较为权威的当代建筑理论教科书，各个院校主要以自行总结的资料集成展开教学。

　　近年来，一些重要的建筑理论文献不断面世，为我们了解当代建筑理论的总体状况提供了重要帮助。比较重要的几本是由 Joan Ockman 编辑出版的理论文集 *Architecture Culture 1943—1968*[①]；Kate Nesbitt 编辑出

---

① 本书中，出版的英文著作名、期刊名采用斜体，英文文章名采用正体。希腊语、拉丁语等语种的重要概念也采用斜体。

版的理论文集 *Theorizing A New Agenda for Architecture：An Anthology of Architectural Theory, 1965—1995*；Michael Hays 编辑出版的理论文集 *Architecture Theory since 1968*；Charles Jencks 与 Karl Kropf 编辑出版的理论文集 *Theories and Manifestoes of Contemporary Architecture*；Harry Francis Mallgrave 与 Christina Contandriopoulos 合编的理论文集 *Architectural Theory Volume II：An Anthology from 1981 to 2005*；A. Krista Sykes 编辑出版的理论文集 *Construction A New Agenda：Architectural Theory 1993—2009*；以及 Harry Francis Mallgrave 撰写的综述性专著 *An Introduction to Architectural Theory：1968 to the Present*。这些书也构成了本教材编写的文献基础，并提供了重要参照。

刘先觉教授主编的《现代建筑理论：建筑结合人文科学自然科学与技术科学的新成就》是中文学术界最重要的建筑理论研究成果。这本书广泛深入地对当代建筑理论的核心议题进行了讨论，论述详尽、资料丰富。在1999 年出版了第一版之后，2008 年该书第二版面世，扩充了 21 世纪初期建筑理论的部分内容，使得该书的范畴更为全面。作为中国建筑理论界开创性的研究成果，这本书也为本书的撰写提供了巨大的帮助，在此要特地向刘先觉教授表达崇高的敬意。

以上中外文的核心文献对于学界了解当代建筑理论发展提供了重要的途径。考虑到当前我国建筑教育的发展情况，我们仍然需要一本专门面向建筑学专业本科学生的理论教材，尽可能清晰、简明、准确地呈现当代建筑理论的全面景象。为了达到这一目的，也为了推进我国建筑理论教学的发展，我们特地撰写了这部《当代建筑理论》教材。这本教材内容涵盖自现代主义统治地位结束之后，也就是 20 世纪 50 年代至 21 世纪初的全球主要建筑理论发展动向，以系统性的方式对各个理论的主要观念、架构以及建筑内涵进行介绍，并且给予相应的评述，揭示其价值，指出其局限。之所以将 20 世纪中作为本教材内容开始的起点，是因为对现代建筑的批判与继承迄今为止仍然是当代建筑实践最为重要的基础，所以与之相关的讨论仍然具有"当代性"。另外一个考虑是，以这个时间节点为连接，可以使得以 20 世纪初期为核心的"外国近现代建筑史"课程能够与"当代建筑理论"课程形成一个连续的整体，也有助于教学体系的安排。

在组织上，这本书基本上按照历史性的时间脉络对不同的理论给予引介。其次，根据理论内涵的相似性对一些思潮与流派进行划分与集中讨论，以此展现它们共同的理论内核。这样一种以时间线索为主、主题线索为辅的撰写方式是当前学界广泛采用的模式，它力图尽可能清晰地展现理论发展的全景以及不同议题之间的转换与关联。在论述上，我们试图呈现不同流派的基础假设以及理论逻辑。在特定的环节我们也争取呈现不同理论观点之间存在的差异与争论，展现当代理论的多元特色。

严格地说，任何对于建筑的深入思考都可以归属于建筑理论的概念，这使得建筑理论的范畴与内涵可以无限制地扩展。这本教材当然不可能涵盖所有这些内容，甚至是一些讨论较多的议题也因为篇幅的原因没有包括在内。在参考主流建筑理论文献的基础上，本教材将论述范围限定在了一些被学界普遍认为具有重要性的议题之上。当然，这种选择不可避免地会受到作者自身知识限度与理论视角的影响，这是任何一本理论著作都无法避免的情况。我们也希望听取学者与读者们的建议，不断完善本教材的框架与内容，使其能更为准确地展现当代理论的主流状况。

这本教材将能适用于建筑学本科中高年级当代建筑理论教学的要求，可以作为相应课程的主要课本使用。它也可用作城乡规划、风景园林、室内设计等专业的选修课程教材。部分院校也可以用作研究生阶段的教学参考书，这将由各校教学计划所决定。对建筑理论感兴趣的从业者与业余爱好者也可以利用这本书了解当代建筑发展的思想特征，以及一些重要建筑作品的价值与内涵。

当代建筑理论变化迅速、内容多元、跨学科特色强烈，这些都对理论研究与教学形成了挑战。受到作者研究水平的影响，这本教材不可避免地会有这样那样的问题，希望读者们能够在阅读中给予指正，我们力争在此后进一步提升本教材的质量，为我国建筑教育事业做出应有贡献。

青　锋

2021 年 7 月 5 日于海淀区西王庄

Contents

第 1 篇
1945—1966 年
现代主义传统的争论与变革

第二次世界大战结束之后，建筑与城市建设复苏，重建以及随后的经济发展与人口增长带来了大量的建造任务。建筑师们早在战争期间就已经在讨论战后重建的方法与路径。战争结束后，这些建筑师成为各个国家重建与新建项目的核心力量。正是在这一时期，现代建筑真正地全面取代了传统建筑体系，成为全球统治性的主流。

与此同时，大规模的现代建筑建造也使得此前在零星建设中没有凸显的问题更尖锐地暴露出来，比如形式的单一以及对传统城市肌理的破坏。当现代建筑越来越多地出现在城市中，人们日益强烈地感受到很多建筑在文化意义上的匮乏，与此相关的批评与讨论导致了对现代建筑核心理念的质疑与争论。

上述两点构成了 1945—1965 年这一阶段建筑设计理论的主要特征。一方面现代主义明显获得了胜利，一些建筑师与理论家仍然致力于在战前现代主义体系之下，用既有的手段来解决当前的紧迫问题，比如大规模建造与新城规划，这属于现代主义发展的自然延续。但是在另一方面，质疑者与挑战者的声音也在变得越来越响亮。虽然还没有像此后的理论家那样声称要取代现代主义，但是对此前一些核心信条的质疑，比如对《雅典宪章》（*Athens Charter*）的反对已经成为公开话题。年轻一代开始提出并展开了一些不同的立场与实践，将目光投向另一些被当时的现代建筑主流所忽视的领域。他们认为这种忽视，恰恰是现代主义出现严重问题的原因，这样的观点为现代主义的发展提出了变革性的议题。在此后，这些变革将带来更为全面和更为激进的理论建构。

更多的建筑师处于延续与变革之间的折中地带，他们仍然在现代主义体系中进行工作，同时也对一些体系之外的新元素给予关注并积极引入。虽然他们的立场较为模糊，但是无论是在作品还是文字中，都可以看到一个不同于"二战"前先锋时代的设计观念体系在不断充实和扩展。

第**1**章 大师的变化及其影响

　　"二战"前活跃的现代建筑先驱们很多在"二战"后恢复了活力，大规模的建设工程也为他们提供了更多的实现抱负的机会，一系列经典作品都出自于他们战后的创作。一个非常重要的视角，是观察大师们"二战"前后理念与作品的变化。一些建筑师比如弗兰克·劳埃德·赖特（Frank Lloyd Wright）与阿尔瓦·阿尔托（Alvar Aalto）保持了相对的稳定性，但另一些建筑师比如勒·柯布西耶（Le Corbusier）与密斯·凡·德·罗（Ludwig Mies van der Rohe）都有一定程度的转变，而这些转变也对此后的建筑理论发展产生了直接的影响。

1.1 现代主义主导战后重建

　　第一次世界大战结束之后，现代建筑的发展进入了黄金时期。已经储备了很长时间的工业进步、技术积累以及先锋艺术理念，在 20 世纪二三十年代的和平时期激发出无与伦比的创造性与活力。一批现代建筑大师，如勒·柯布西耶、密斯·凡·德·罗与阿尔瓦·阿尔托成长起来，他们设计了一系列经典建筑作品，如萨伏伊别墅、巴塞罗那德国馆与维普里图书馆，并且积极致力于现代建筑理论的论述。虽然最重要的建筑竞赛，比如国联总部、苏维埃宫以及芝加哥论坛报大厦竞赛，仍然是偏向历史主义的方案最终获得了胜利，这表明传统体系仍然占据主导地位，但是现代建筑本身从思想到作品再到语汇已经取得了较为完整和成熟的成果，现代建筑体系已经基本建立，开始逐步获得更多的支持者以及更多的市场份额。

　　第二次世界大战的爆发令这一进程戛然而止。在欧洲，蔓延的战火使得几个现代建筑的重要发源地，德国、法国、荷兰都失去了建筑活力。美国与北欧等国家没有受到太大的战争影响，但是相对边缘的地位使得这些国家的建筑活动还不足以产生全球性的影响。全球性的战争使得资源与关注都投向了军事与政治，建筑与城市发展不得不退居其后。但在另一方面，军事与后勤设施的大量建设推动了建筑技术与建筑工业的发展，这些工程都采用现代技术材料，依托发达的军事工业体系建造而成，坚固性与实用性几乎成为唯一的关注点。显然，此类特征都更接近于主流现代建筑的理性主义倾向，而不是传统建筑的历史主义体系。

在"二战"结束后的重建中，现代建筑取代了传统建筑成为主导性的选择。这主要基于几个原因：第一，战争破坏了从材料到匠人的传统建筑体系，使得旧体制难以应对重建的紧迫需求；第二，战争带来大规模的建筑破坏，叠加上重建的新标准，对于建造速度与规模都提出很高的标准，只有经过战争洗礼的现代建筑工业体系能够满足这些条件；第三，住宅短缺以及此后的人口增长都形成了建筑密度的压力，现代多层与高层建筑被认为是解决这一资源冲突的有效手段；第四，重建也带来了创造新环境的契机，人们希望创造一个更新和更美好的生活环境，现代建筑所提供的健康、开放、先进的愿景被广泛接受，成为构筑新建筑与新城市梦想的要素。

典型地展现了现代建筑在战后地位提升的例子是纽约联合国总部（United Nations Headquarters）的设计（图 1-1）。作为战后最重要的国际组织，这个项目的设计具有不可替代的标志性。由勒·柯布西耶、奥斯卡·尼迈耶（Oscar Niemeyer）、斯文·马克利斯（Sven Markelius）以及梁思成等人组成的设计委员会在 1947 年春季成立，经过40 余次的讨论，委员会最终推荐了以高层板楼与独立的会议中心为主体的方案，而这个方案在很大程度上是基于勒·柯布西耶与尼迈耶的方案综合而成。整个项目在 1949—1951 年之间建造完成。如果与"一战"之后日内瓦的国联总部的竞赛相对比，就可以看到现代建筑师，尤其是勒·柯布西耶如何从竞争失败者转变成为毋庸置疑的成功者。这昭示了现代建筑地位的彻底转变。

在欧洲，现代建筑在战后重建中扮演核心角色的典型案例是英国的城市建设。相比于德、法、荷兰等大陆国家，英国的建筑传统更为保守，在两次世界大战之间英国现代建筑的发展稍为滞后。有赖于对埃里希·门德尔松（Erich Mendelsohn）、贝特霍尔德·路贝特金（Berthold Lubetkin）、沃尔特·格罗皮乌斯（Walter Gropius）等国外建筑师的引入，英国现代建筑的发展开始提速。"二战"后的景象则完全不同。除了伦敦与考文垂这样受损严重的城市需要修补重建之外，1945 年上台的工党政府还致力于新城的规划与建设。他们认为这一措施可以根本性地解决伦敦这样的大城市无法解决的问题，这与霍华德在 19世纪末所提出的花园城市倡议有相近之处。CIAM 的英国分支 MARS 团 体（The Modern

图 1-1　纽约联合国总部

Architectural Research Group）的成员在其中扮演了重要角色，他们当中很多人在政府与公共事业部门任职，极大地推动了现代建筑与规划理念在英国战后新城建设中的推行。典型的英国新城如哈洛（Harlow）、米尔顿·凯恩斯（Milton Keynes），都采用较低成本的中低层现代建筑，规划上具有低密度、多绿化、生活设施齐备等特点。各级城市中公共设施的扩展也提供了大量机会。1945—1955 年之间，英国新建了大约 2500 所学校，其中很多是采用预制装配构件组装建造的。自水晶宫时代以来，现代主义先驱一直在探索这种工业化的建造方式。到"二战"以后，这种做法具备了产业基础，才可能大规模地扩散普及。以英国为代表，战后西方大量的现代建筑都采用了这种方式建造，它迄今仍然在许多西方城市中随处可见。

其他国家的情况也类似，现代建筑作为应对急迫重建需求的有效手段，在各类建设项目中占据了绝对的主导地位。虽然这些工程都偏向效率与实用性，都采用了成熟的技术手段，在设计理念上并没有特别突出的地方，但是巨大的数量以及广泛的地区覆盖，都表明了一个由现代主义建筑占据统治地位的时代已经最终确立。虽然历史主义与传统建筑并没有消亡，但是它们已经无法继续对现代建筑的压制。设计理论的核心不再是新与旧的争论，而是不可避免地以现代主义已然确立为前提，围绕现代主义的一些核心议题展开。它们都可以被视为现代主义理论的某种延伸。即使是那些声称反对和替代现代主义的理论倾向，实际上也是派生出来的议题。事实上，很多这样声称的理论思潮在一时兴起之后就逐渐消退了，而现代主义仍然占据着今天的建筑创作主流。当代的诸多建筑理论问题，仍然要回到现代主义的核心源流进行讨论，这也是当代建筑理论的一个核心特征。

1.2　勒·柯布西耶的新创作

"二战"期间，勒·柯布西耶大部分时间在法国南部度过。虽然没有受到战火的纷扰，却也失去了获得建筑工作的机会。他曾经试图与维希政府和墨索里尼接洽以获得建筑委托，但是都无果而终，他只能将精力投注于一系列新建筑理念与空想设计，比如对预制装配住宅与学校的探索。虽然没有作品问世，但是从佩里萨克住宅（Peyrissac Residence）与保罗·威兰特 - 库图里尔纪念碑（Monument Paul Vaillant-Couturier）这些设计草图中，已经可以看到乡土传统以及强烈的雕塑化形体等新元素的出现，它们将在勒·柯布西耶战后的创作中扮演重要角色。

法国的战后重建为勒·柯布西耶提供了绝好的机会，他终于能够将很久以来对于集合住宅的思考付诸实践。在当时法国重建与城市发展部长拉乌尔·达特里（Raoul Dautry）的支持下，勒·柯布西耶在马赛建造了示范性的"居住单位"（Unité d'Habitation），也就是俗称的"马赛公寓"。从公寓主体看来，这个项目仍然是此前已有的理念，比如新建筑五点、雪铁汉住宅（Citrohan House）、纳康芬公寓大楼（Narkomfin Apartment）的廊道布置等设计手法的结晶。但是在公寓顶部的设计中出现了不同的特点。这些由混凝土建造的幼儿园与体育设施形态灵活、反差强烈、雕塑感极强，还融合了地中海民居的一些特征。这些要素显然超越了纯粹主义时代的语汇范畴，明确体现出勒·柯布西耶的自我拓展。

随后的昌迪加尔政府建筑群也呈现出类似的特征。建筑主体仍然基于模度与纯粹几何体量等典型要素，但在局部处理，如印度地方建筑传统的挑檐遮阳、当地太阳轨迹与山峰谷底的地理特征以及表现性的雕塑体量都更为强烈地凸显出来（图 1-2）。这意味着勒·柯布西耶以更开放的心态接受了更为多元的建筑线索，而不是像《走向一种建筑》（*Vers Une Architecture*）那样仅仅偏向于比例与机械规律。

最能体现勒·柯布西耶建筑思想转变的当然是法国朗香的山顶圣母教堂（Notre-Dame du Haut）（图 1-3）。这个作品如此彻底地脱离了勒·柯布西耶此前的建筑语汇体系，

图 1-2　勒·柯布西耶，昌迪加尔议会大厦

图 1-3　勒·柯布西耶，山顶圣母教堂

甚至引发了一些人对这位现代建筑伟大先驱的质疑。尼古拉斯·佩夫斯纳（Nikolaus Pevsner）甚至称之为"非理性"的倒退。这个评价很有启发性，山顶圣母教堂的确无法用狭窄的、以经典几何原型与机械逻辑为核心的"理性"概念来描述，但这是否是一种"倒退"则关乎建筑设计理论的基本判断。

勒·柯布西耶写于 1945 年的一篇文章《无法言说的空间》（Ineffable Space），准确地说明了山顶圣母教堂背后所隐藏的理论倾向，也是对于"二战"后勒·柯布西耶设计思想最好的总结。这篇文章的主题仍然是空间，但是勒·柯布西耶强调的不是空间的经典形态，也不是实际效用，而是承载"美学情感"（Aesthetic emotion）的能力。这种情感产生的方式，是通过建筑与周围环境的互动，就好像建筑要向周围环境发出声音，而周围环境也将回声聚焦在建筑之上。勒·柯布西耶写道："作品（建筑、雕塑或者绘画）对它的周围产生影响：震动、呼喊或者尖叫（就像是雅典卫城的帕提农神庙所发出的那样），箭像光芒一样发射出去，就像是爆炸发出的一样；邻近与远处都被它们所摇动、触摸、伤害、统治或者爱抚。环境的回应：房间的墙，它的尺度，拥有各种立面高度的公共广场……整个环境将它的重量压在艺术品所在的地点。"[1] 勒·柯布西耶将这种互动关系称之为"塑性声学"（Plastic acoustics），实质上是说建筑要与所处的特定环境相互回应。特定的环境需要特定的建筑，而不是用一种语汇适用于所有场景。对于这种情感的实质内容，勒·柯

---

① LE CORBUSIER. Ineffable space[M]//OCKMAN, EIGEN. Architecture culture 1943—1968：a documentary anthology. New York：Rizzoli，1993：66.

布西耶认为是"无法言说"的,它具有一种类似宗教奇迹般的感染力。通过直觉性的工作,获得这样"无法言说"的空间,它是"塑性情感的圆满实现"[①]。

勒·柯布西耶的这篇文章并不是对"塑性情感"令人满意的解释。但是它明确表明了建筑师理论关注的转变。他对建筑与场所关系的强调,对于情感体验的认同以及对于类似宗教性的、超越日常诉求的建筑效果的期盼,都与此前的纯粹主义时代对清晰、完美、精确的追求有所不同,甚至在某些方面背道而驰。对于佩夫斯纳这样的"理性主义者"来说,这是一种倒退,但是对于勒·柯布西耶来说,这是一种开放。通过引入这些要素,他的建筑得以超越纯粹主义与新建筑五点的限制,获得山顶圣母教堂中表现出的独特性。在这个作品中,我们可以明确地看到《无法言说的空间》中所写道的建筑与环境的关系、强烈的氛围营造以及宗教性的象征体验等要素。勒·柯布西耶虽然没有继续对这些线索作出深入的分析和解释,但是它们与此后的"场所精神"、地域主义、现象学倾向等理论流派有着理念上的相似性。在这位现代主义大师身上,我们可以明显地看到战后的现代建筑如何超越此前的范畴,开始接纳更多此前被忽视或者被压制的理论素材。就像昌迪加尔(Chandigarh)著名的雕塑——"张开的手"(Open Hands)所昭示的,勒·柯布西耶的建筑理论变得更为开放,以至于"理性"的与"非理性"的可以同时并存(图 1-4)。

勒·柯布西耶另一个著名的晚期作品——拉图雷特修道院(Monastery of Sainte-Marie de la Tourette)也体现了这种扩展。建筑冷峻而朴素的混凝土材质呼应了隐修传统,而礼拜堂与教堂中刻意营造的光线效果,创造出了超验性的宗教感受。狭窄和朴素的修士宿舍以及洞穴般的教堂,仿佛是在阐释 11 世纪神学家圣安瑟姆(St. Anselm)在《宣讲》(Proslogion)一书中所写的话:"进入灵魂的内在房间,将除了神以外的所有东西都排除在外。"[②] 勒·柯布西耶将基督教的隐修精神凝固在了拉图雷特修道院的混凝土实体之中,这个作品证明了经典现代主义语汇完全可以与新的关注点融合成为更为丰富和强烈的建筑作品。这一系列作品中,素混凝土在勒·柯布西耶手中成为一种在肌理与形态上都极富表现力的材料,这将对 20 世纪五六十年代的新粗野主义、新陈代谢等建筑潮流产生直接的影响。

总体看来,勒·柯布西耶"二战"后的作品与理论视野都出现了重要的拓展,开始融入语汇更为强烈、内涵更为丰富

图 1-4 勒·柯布西耶,张开的手

① Ibid.
② ANSELMUS CANTUARIENSIS. Capitulum I[M/OL]//. Proslogion, [2022-01-22]. http://www.hsaugsburg.de/~harsch/Chronolgia/Lspost11/Anselmus/ans-prot.html.

的建筑要素。建筑师仅仅是在作品中证明了这些新倾向的潜能，还需要等待此后的理论探讨来进一步阐明这些倾向的理论实质。

1.3　密斯与纪念性

密斯·凡·德·罗在"一战"后迅速成为德国现代建筑探索的领导性人物。他在1920 年代进行了从玻璃摩天楼到砖住宅的一系列现代建筑探索，将新材料、新结构、先锋艺术理念等元素融入实验性设计之中，为现代建筑语汇的完善与充实做出了巨大贡献。在 1920 年代后半期，这些探索成果开始转化为沃尔夫住宅、巴塞罗那德国馆、图根哈特住宅等经典作品，它们奠定了密斯现代建筑伟大的形式给予者的地位。同时，他也曾担任德意志制造联盟副主席、最后一任包豪斯校长等重要的机构性职位。

进入1930 年代以后，密斯的职业生涯遭受了挫折。包豪斯被迫关闭，在纳粹统治之下，他也无法获得重要的建筑委托，只能将精力诉诸院落住宅等一系列未能实现的方案设计中。1937 年密斯离开德国，移居美国，随后出任阿莫尔理工学院建筑系主任。在美国，密斯获得了大量的实践机会，他创作了范斯沃斯住宅（Farnsworth House）、IIT 克朗厅（Crown Hall）、西格拉姆大厦（Seagram Building）等重要作品。相比于"二战"前的先锋建筑实验，这些作品展现出了不同于之前的一致性特色。这表明在经过了多样性的实验摸索之后，密斯最终确立了一种稳定的建筑思想，发展出与之相匹配的一套语汇体系，并且一直坚持这一道路直到生命终点。据德国学者弗里茨·纽迈耶（Fritz Neumeyer）分析，密斯的这种转变早在 1920 年代后半期就已经开始，而他在 1938 年底就任阿莫尔理工学院建筑系主任时发表的就职演讲则标志着这种转变的彻底完成[1]。他的最终建筑思想已经确立，此后的众多作品以及理论表述，只是对这一立场的建筑转译和再次重申。

密斯晚期建筑思想的显著特点是对精神价值的强调。他不断重申，材料、效用、技术手段都只是物质条件，它们只是提供了基础出发点，更重要的是价值，而最高的价值则是精神价值。他写道："建筑艺术在最简单的形式上仍然植根于效用，但是它穿过各种价值等级抵达了精神存在的最高领域，抵达了纯粹艺术的领域。"[2] 但是，精神价值体现的方式不是盲目地随意捏造，而是通过统一性的秩序，因此，可以通过"遵循法则来获得自由"[3]。这些观点看起来令人费解，但实际上在德国唯心主义哲学传统中，这些都是常见的元素。其根本哲学前提是认为世界的本质是一种精神意志，它需要实现自己的价值，因此需要呈现在具体的实体之中，而秩序则表明了这种呈现是有目的和有规则的，体现了精神的自由选择而不是被动盲目。密斯的杰出不在于将这些早已存在的哲学观点再次给予表述，而是在于他能坚定不移地将这些观点转译到建筑语汇中。

实际上，唯心主义色彩一直存在于密斯的理论论述中，但是在此前，密斯认为遵循当代的结构、技术与效用等物质性手段就足以体现"时代意志"（Will of the epoch）。在1938 年之后，他认为需要通过进一步强化纯粹的"秩序"概念来更为强烈地展现精神意

---

[1] NEUMEYER F. The artless word：Mies van der Rohe on the building art[M]. London：MIT Press，1991：Chapter 5.

[2] VAN DER ROHE M. Principles for education in the building art[M]//NEUMEYER. The artless word：Mies van der Rohe on the building art. London：MIT Press，1991：336.

[3] NEUMEYER F. The artless word：Mies van der Rohe on the building art[M]. London：MIT Press，1991：328.

图 1-5　密斯·凡·德·罗，柏林新国家美术馆

志。这种纯粹的秩序体现在密斯晚期作品中更为纯净的形态、更为清晰的结构以及更为明确的序列之上。为了进一步凸显秩序，他甚至极大地去除了建筑的室内划分，几乎到了"空无一物"（Almost nothing）的程度。虽然密斯也声称这是为了获得更大的功能灵活性，但可能同样重要的是获得精神象征的纯粹性。最终，密斯的晚期作品展现出强烈的纪念性，最鲜明的显然是柏林新国家美术馆（New National Gallery）（图 1-5）。纯粹的建构秩序带来了一座钢与玻璃的神庙，它所指向的并不是特定神明，而是那个为秩序赋予意义的精神存在。与战后的勒·柯布西耶类似，晚期的密斯也转向了对某种形而上学品质的追求，他甚至也像勒·柯布西耶一样强调这些品质是无法言说的。

密斯的后期语汇因其强烈的时代特征而被广泛学习，但是这些模仿者并不能理解和接受密斯独特的唯心主义哲学理念，这也导致模仿者的作品中缺乏密斯那样的纪念性与强烈的象征内涵。密斯的独特，就来自于他独特而强硬的哲学立场，虽然此后很少有人还完全认同他的观点，但是他对价值、精神、秩序的强调仍然可以被其他建筑师所接受，就像德国唯心主义哲学仍然可以启发其他的思想潮流一样。

密斯对精神价值的坚持，与现代主义中单纯强调经济性以及效用的机械功能主义形成了对立。但是在战后重建中，显然是后者成为大多数建筑工程的核心关注点。这导致大量呆板、单调、缺乏内涵的建筑的出现。并不是只有密斯一人认为通过重拾纪念性，可以为现代建筑赋予价值意义。1943 年，CIAM 的核心人物、《空间、时间与建筑》（Space, Time and Architecture）的作者——瑞士建筑史学家希格弗莱德·吉迪恩（Sigfried Giedion），与约瑟夫·路易斯·塞特（Josep Lluís Sert）和费尔南德·莱热（Fernand Léger）一同发表了《纪念性九要点》（Nine Points on Monumentality）一文，更为直接地将纪念性引入现代建筑的讨论中。这个话题之所以重要，是因为纪念性往往是历史主义建筑的典型特征，无论是新古典主义、哥特复兴还是罗马风复兴，往往热衷于塑造宏大的建筑立面，利用对称与体量创造隆重的视觉形象。对于很多现代主义先驱来说，抛弃纪念性是抛弃历史主义的一部分。新建筑奠基于新的时代和新的关注，而不是陈旧的纪念性效果。在这一背景下，现代建筑最重要的鼓吹者吉迪恩重拾纪念性的讨论，具有重要的理论意义，它意味着主流现代主义理论立场在某种程度上的修正。

吉迪恩等作者的主要意图是表明纪念性建筑是有必要的，而现代建筑手段可以帮助实现真正的纪念性。他们写道，纪念性建筑是"人类理想、目标与行动的象征"，它们展现了人们"最高的文化需求"以及"集体性力量——人民的感觉与思想"[1]。但是以往的

① SERT J L, LÉGER F, GIEDION S. Nine points on monumentality[M]//OCKMAN, EIGEN. Architecture culture 1943—1968：a documentary anthology. New York：Rizzoli, 1993：29, 30.

历史主义建筑所表达的仅仅是当权者的威严，背离了纪念性的真实内涵，故而才被现代主义者们所抛弃。因此，属于这个时代的，满足了人们文化需求的纪念性只能以现代建筑的方式来实现。吉迪恩与合作者们甚至构想了一系列富有想象力的方式来强化纪念性的效果，比如使用可以活动的部件、夜间在建筑上投射影像等，这些建议在当时看来缺乏可行性，但是在今天已经成为被普遍使用的手段，虽然很多时候并不是用于塑造纪念性。

这篇文章的理论价值在于，它试图为现代建筑注入更厚重的文化内涵。在这一点上，吉迪恩与战后的勒·柯布西耶以及密斯的主要目标是相似的，都是在不触动现代建筑基础的情况下，为其增加更具深度的建筑价值。这实际上也是现代建筑在完成了夺取主导权的任务以后，自然而然地自我扩展与深耕。

吉迪恩等人的讨论在 1940 年代末、1950 年代初激发了一股讨论纪念性的热潮。亨利 – 罗素·希区柯克（Henry–Russell Hitchcock）、格罗皮乌斯、卢西奥·科斯塔（Lúcio Costa）以及刘易斯·芒福德（Lewis Mumford）等人都参与其中。这反映出为现代建筑寻找更充实的文化根基在当时已经成为一个被普遍关注的话题。但是，随后的政治对峙限制了这一话题的继续延伸。苏联以"社会主义现实主义"为核心的官方建筑方针也突出了建筑纪念性，在东西方铁幕分割的背景下，西方建筑师会刻意地远离苏联的官方立场，所以在西方建筑界中纪念性的话题逐渐消退。而在苏联内部，赫鲁晓夫上台之后也开始质疑此前崇尚宏大纪念性的建筑方针，转而推崇实用性与经济性。预制装配的赫鲁晓夫楼成为苏联新建筑方针的典型代表。纪念性在苏联官方建筑实践中也在渐渐弱化。

但是，就像密斯一直坚持自己的建筑原则一样，一些坚定的建筑师并不会因为时局的变化而改变自己的建筑立场。纪念性仍然能在这样的建筑师手中焕发出强大的生命力，比如后面将要谈到的路易·康（Louis I. Kahn）就是这样的例子。

1.4 赖特与有机建筑理论

"二战"结束时，赖特已经 70 多岁，但这并不意味着他创作精力的衰减。美国本土没有受到战争的直接影响，赖特的实践与理论思索也保持了延续性。这位与现代建筑发展几乎同龄的先驱，虽然一直与现代建筑主流，尤其是欧洲的现代建筑潮流保持着距离，但是他独特的建筑作品与理论立场，构成了现代建筑传统中极具特色的一个部分，深入影响了与他同时代以及晚于他的很多建筑师与理论家。

赖特建筑生涯的一个显著特点，是他的建筑语汇的不断变异与建筑理论的持续稳定之间的反差。从早期的草原住宅到流水别墅，再到美国风住宅（Usonian House）以及最后的古根海姆博物馆，很难想象一个建筑师的作品能够如此多元。在另一面，从母亲家族继承而来的"真理对抗世界"（Truth against the world）的以及路易斯·沙利文（Louis Sullivan）的有机性思想构成了赖特建筑理论的基石。早在橡树公园时代，这一套建筑理论，或者说我们所熟知的"有机建筑理论"就已经成型。在此后，赖特在大量文献中反复阐述和充实有机建筑理论的内涵，使之能够不断扩展，以支撑自己的建筑实践。从某种程度上，赖特创造了一种典范，一个建筑师能坚持自己的建筑立场毫不动摇，同时这个立场也能帮助他不断吸纳新的要素，获得新的语汇，而不至于落入僵化的风格陷阱之中。

之所以会出现这种情况，是因为有机建筑理论并不是一种风格体系，而是基于特定的哲学思想对建筑进行的阐释。实际上，在沙利文的著作《启蒙对话录》（*Kindergarten Chats and Other Writings*）与《一个理念的自传》（*The Autobiography of An Idea*）中，有机建筑理论的哲学思想已经得到了阐明。在德国唯心主义哲学以及美国超验主义的影响下，沙利文接受了一种浪漫主义的世界观。他认为世界在本质上是有机的，与有机体类似，具有某种活力，它会追求特定的目的与价值，并且将各种要素，无论是物质的还是精神的，都整合在对目的与价值的追求中。因此沙利文才会写道："生命在她的表现中获得认知，形式追随功能。"[1] 这种哲学思想的重要特征之一，是强调整体性，就像生物体是一个整体，不能随意切割和破坏。整个世界，包括建筑与其环境都是整体的。其次，基于整个世界的有机性前提，它注重有机体的独特性，比如人的情感、目的、价值以及尊严，并且将这些要素扩展到常识理解中非有机性的事物中。这些特征都被吸纳到了赖特的有机建筑理论中。沙利文更倾向于为有机建筑理论提供哲学基础，而赖特则以他非凡的建筑与文学才华，为这个理论体系提供了丰富的建筑内容。

"二战"中以及战后，赖特的主要建筑活动集中在两方面：一是"美国风"住宅，另外是一些重要的公共建筑，比如古根海姆博物馆。在这两方面，赖特都坚持了一些早期实践的核心原则，同时也引入了新的建筑要素。"美国风"住宅可以看作"草原住宅"的延展，在水平性、大出檐、中心壁炉以及连通的起居空间上，两者具有明显的延续性。显著的差别在于"美国风"住宅更为简朴，主要服务于没有佣人的独立中产阶级家庭，在整体的建筑元素上更倾向于体现现代建筑的抽象几何特征，也去除了草原住宅中的坡屋顶与局部对称等传统元素。

一个典型的"美国风"住宅面积在 140~240m² 之间，大多采用"L"形，一边是卧室，另一边是连通的餐厅与起居室。这种平顶住宅仅有一层，没有阁楼与地下室，建筑主体放置在一个混凝土平台上，主要采用玻璃、木材与混凝土砌块建造。"L"形内侧是一个半开放的院落，有大面落地窗从起居室开向内院（图 1-6）。为了降低这些住宅的造价，赖特建议可以采用工厂预制的方式建造模块，然后进行现场组装。这体现了赖特对于新技术的接纳。虽然形制上较为简单，造价也比较低廉，但是赖特以他卓越的设计才

图 1-6 赖特，罗森鲍姆住宅

---

① SULLIVAN L H. Kindergarten chats and other writings[M]. New York：Dover Publications，1979：208.

华给予每一个美国风住宅以独特性，同时也都实现了亲切、丰富和开放的建筑效果。相比于他为人熟知的古根海姆博物馆等公共建筑作品，这些"美国风"住宅才更为真实地体现了他有机建筑理论的精华，也更充分地展现了赖特设计语汇的精妙卓越。

赖特于 1943 年为他的自传所撰写的新章节材料的天性：一种哲学"（In the Nature of Materials：A Philosophy）是对他后期建筑思想最好的总结之一。这篇文章也被纳入了他 1954 年出版的《天然的住宅》（The Natural House）一书之中。在这篇文章中，赖特首先明确提出，当代美国建筑之所以失败，是因为它们缺乏"整合性"（Integrity）。前面已经提到，这是有机建筑哲学推崇整体性的另一种表述。随后赖特列举了五种方式可获得整合性。首先，是重视内部空间，尤其是要将房间作为设计的核心关注点。这显然是针对仅仅关注建筑外观，忽视了内部房间设计的建筑而言。有趣的是，赖特还引用了老子与道家的言论来给予论证。当然，赖特也清楚地表明，并不是说他在老子那里获得了直接启发，而是说同样的道理在东西方都各自获得了不同的表述。其次，玻璃的大量使用可以实现建筑内外的连通性，这一点在美国风住宅中获得了印证。第三是结构的连续性，这可以通过赖特所钟爱的悬挑性结构来实现。他在约翰逊制蜡公司实验楼与普莱斯大厦（Price Tower）中都是用这种结构。第四是尊重材料的本性，一种材料的不应去模仿另一种材料，而是应该发掘适合于这种材料的建筑语汇。这当然也是有机建筑哲学中每一个存在之物都有其本性、有其尊严的观点的理论延伸。人们需要尊重这种本性，而不是漠视与挥霍。第五个是整合的装饰，赖特是指通过特定方式将建筑的结构与建构特征体现出来，让人们能够理解建筑的构成方式，就像能够理解"一棵树与田野中的一朵百合的结构"一样[1]。理解是尊重的前提，无论是尊重材料、结构还是建筑，建筑师都需要在有机哲学的前提之下才能体会这些整体性的意义。

无论是在数量还是品质上，赖特的实践与理论写作在现代建筑发展史上都难有人匹敌。虽然不能说是有机建筑理论的原创者，但是他通过大量杰出作品以及充满洞察力的分析和论述，给予了有机建筑理论极其丰富和充实的内容。人们往往关注他作品的独特性，却忽视了他理论论述的深刻与多样。赖特充分证明了有机建筑理论的生命力，同时也说明了一种具有哲学深度的理论体系，可以具备怎样的生长性与思想厚度。

因为不同于现代主义主流对理性主义的偏向，赖特的创作与思想一直处于相对孤立的状态，他的理论并没有获得广泛的响应。在欧洲，他的草原住宅甚至被风格派误解为对机器美学的阐发。只是在"二战"后，学者们才更为准确地将有机建筑理论引介给更多读者，在其中最有影响力的是布鲁诺·赛维（Bruno Zevi）。

作为意大利籍的犹太人，赛维在"二战"期间逃离墨索里尼统治下的意大利，先是去往伦敦，此后在哈佛设计研究生院（GSD）学习建筑。这一特殊背景带给了赛维对政治议题的浓厚兴趣，他的建筑讨论也往往与政治观点纠缠在一起。在哈佛期间，格罗皮乌斯正在那里执教，但是赛维无论是对格罗皮乌斯还是包豪斯都抱有批判的态度。他认为他们将现代建筑的活力简化为一系列僵化的形式原则，比如国际式风格，从而背离了现代建筑应该承担的社会与政治责任。也就是在这一时期，赛维接触到了沙利文与赖特

---

① WRIGHT F L. The essential Frank Lloyd Wright[M]. Princeton：Princeton University Press，2008：336.

的有机建筑理论，并且立刻成为他们的追随者。有机建筑理论的基础，是一种关于所有一切的有机性解释，它可以涵盖任何方面，不仅仅是建筑。在有机哲学观的整体理念下，政治与建筑之间也存在一种和谐的整体性。因此无论是沙利文还是赖特都反复强调，有机建筑与民主政治是同一的，它们都强调对个体的尊重以及个体之间所形成的和谐整体。这样的观点对致力于对抗法西斯统治的赛维来说当然具有很强的吸引力。1945 年，赛维出版了《走向有机建筑》(Verso Un'architettura Organica)，向战后的意大利读者介绍赖特的有机建筑理论。在这本书中，赛维总结了有机建筑理论的一些特点，比如关注使用者的感受、与场地的密切结合以及开放连通的平面。赛维强调，有机建筑不能被理解为一套形式体系，比如那些采用曲线形体与不规则形态的建筑，而是一种整体性的组织原则。建筑各个部分相互协作，组成和谐的整体。赛维希望有机建筑能够成为战后重建中真正实现民主社会的重要工具。也是因为这个原因，赛维尤其抨击古典主义。因为不论是采用历史风格的还是现代风格的，这些建筑都是利用对称、僵化的体量来塑造某种权威，就像"二战"期间现代建筑被墨索里尼利用的那样。与之相反，对变化与多样性的认同，成为赛维建筑论述的持续性特点。

"二战"后，赛维回到意大利，先后在威尼斯建筑大学（ Istituto Universitario di Architettura di Venezia，以下简称 IUAV ）与罗马大学任教。1945 年他牵头成立了有机建筑协会（ L'Associazione per l'Architettura Organica ），进一步推广有机建筑理论。1948 年，他的另外一本重要著作《作为空间的建筑：如何看待建筑》（ Architecture as Space：How to Look at Architecture ）出版。在这本书中，赛维以空间为主题，重新梳理了西方建筑史的发展。这实际上是赛维从有机建筑的立场出发，重新理解建筑的历史演变。空间成为赛维有机建筑理论的核心，正如赛维所指出的，"在空间中，生活与文化、精神价值与社会责任交汇在一起。因为空间不仅仅是空洞、虚空或者是实体的反面，它还是活的和具有正面意义的。"[1] 可以想象，在赛维笔下，这一空间历史发展的巅峰，是以赖特与阿尔瓦·阿尔托为代表的有机建筑。它们"满足了更为复杂的需求和功能；它不仅在技术与实用性上是有用的，对于人类心理也是有用的。它传递了一种后功能主义的信息，其内容是建筑的人性化。"[2] 赛维将赖特的有机建筑理论与阿尔瓦·阿尔托的人性化建筑观点融合在一起并不武断，在两个理论的基础核心中，都是对有机性，尤其是人的情绪与感觉的敏感照顾。在赛维看来，这比狭窄的"功能主义"理解更加能够为建筑提供丰富和多变的设计源泉。就像赖特所谈到过的一样，赛维也认为，如果真正从人的尺度与使用的需求出发，建筑空间完全可以有更多的形态、更多元的尺度以及更多样的氛围，而不是像勒·柯布西耶的纯粹主义别墅一样，只能被限定在固化的方盒子中。

赛维的论著，一方面是对有机建筑理论的声张，另一方面也是对通常被视为现代建筑主流的"国际式风格"以及狭窄的功能主义立场的批评。他从另一个侧面展现了战后对现代主义的反省与质疑。

---

① ZEVI B. Architecture as space[M]. New York：Horizon Press，1957：242.
② Ibid.，157.

1.5 阿尔瓦·阿尔托与新经验主义

　　完成于 1939 年的玛丽亚别墅（Villa Mariea）标志着阿尔瓦·阿尔托已经找到了自己独特的建筑道路。他在 1940 年的一篇文章中给予了准确的理论解释，这篇文章名为"建筑的人性化"（The Humanizing of Architecture），在标题中已经展现出阿尔托此后一直坚持的理论立场。这篇文章是典型地试图为现代建筑提供理论修补，而不是一味批评或者简单抛弃的文献。阿尔瓦·阿尔托谈到了现代主义中经常为人称道的功能、技术、理性等概念。他提出这些元素在某种程度上是有价值的，其本身并不是问题所在，因此并不需要抛弃或背离。真正的缺陷在于这些手段没有被充分地用在一些被忽视的领域中，比如功能如果仅仅侧重于经济效益，就会忽视建筑应该满足更多的人类需求。技术如果仅仅用于经济性的效用，就会忽视人的其他心理状态也需要技术的支撑。而理性如果仅仅停留在"功能主义"之上，就不能深入建筑问题的核心，不能实现真正的理性，因为建筑的终极任务并不是经济效益，而是为"人们带来最为和谐的生活"。对这些现代建筑的核心概念进行修正，就意味着建筑的人性化，也就是说仍然依赖现代建筑的手段，但是将这些手段用于更完善的目的，在机械效能与经济效益之外，还要考虑人的多种心理需求，人的体验与情感，乃至于直觉与艺术。阿尔瓦·阿尔托把玛丽亚别墅称为"关于爱的作品"，它准确地呈现了一座人性化现代建筑的杰出品质。

　　"二战"期间，阿尔瓦·阿尔托前往美国，在麻省理工学院任教。这一时期他完成了贝克学生公寓（Baker House Dormitory）的设计。这一项目采用了新英格兰地区传统的红砖材料，由此开启了阿尔托作品的"红砖阶段"（图 1-7）。公寓的曲线形体回应了变化的河流观景，也是阿尔托此后作品中更为浓重的曲线体量的先声。战争结束后，阿尔托回到芬兰，开始承接大量的公共建筑委托。完成于 1952 年的赛纳察洛市政厅（Säynätsalo Town Hall）也采用了红砖材料，四周的建筑体量围合出二层的内院，会议厅高耸在内院一角，仿佛是呼应意大利的城市广场与钟塔的布局。建筑的材料、坡顶以及变化的轮廓与体量展现出某种乡村聚落的特征（图 1-8）。红砖时期的另一个作品是阿尔托自己的夏季住宅（Summer House），在这个朴素的小建筑中，阿尔托尝试了各种不同的红砖纹样。他说道，用别人的钱来做实验是不正直的，因此只能在自己的建筑中进行。这些实验给予了这个谦逊的小建筑极为突出的建筑特色。

　　这两个作品都明确地体现出了对建筑传统的借鉴，这是阿尔托战后作品的新趋向。他在 1941 年的一篇文章《卡累利建筑》（Karelian Architecture）中写道，卡累利（Karelia）地区的传统住宅从一个房间开始，逐步扩展，就仿佛生物生长一样不断变化。这些住宅的屋顶

图 1-7　阿尔瓦·阿尔托，贝克学生公寓

图 1-8　阿尔瓦·阿尔托，赛纳察洛市政厅

适应当地的气候，村落则与地形、景观等地理因素密切融合。就像《建筑的人性化》一文中所强调的，卡累利建筑诠释了"这一地区人们的生活条件"，它们体现了"人的生活如何与自然以及我们的纬度和谐调和。"[①] 这种在民间传统中吸取优秀建筑要素的立场也体现了阿尔托的平民化倾向。他的晚期建筑极少运用对称性，也不刻意营造纪念性，而是将重心集中在普通人的感受上。他在 1958 年的一篇文章《什么是文化》（What is Culture？）中再次强调，单纯技术与机械效能的追求会导致对生活的威胁，因此需要通过文化使其人性化。具体说来，是要"随时准备质疑与批评，而且在使用技术时，始终将普通人的尺度与兴趣作为所有事物的衡量标准"[②]。这种文化的核心是普通人的日常生活，而一旦与这个源泉相互割裂，文化也就失去了意义。

可以看到，阿尔托的总体建筑观点并没有太大的改变，但是他对现代建筑的批评显然加剧了，并且试图在更基本的哲学层面对问题与解答作出分析。最终这将他引向对人的分析，在一篇简短但深刻的文章《人的因素》（The Human Factor）中，阿尔托提到，人是脆弱的，会犯各种错误，因此生命中存在很多问题与不确定性。但是我们不应以理性的计算或者绝对的原则来试图抹除这些缺陷与不确定性，而是应该接受它们，并且使用建筑的手段来作出回应。因为有了这些因素的存在，"才有可能让建筑展现出丰富性以及生活的积极价值"[③]。就像密斯与赖特一样，阿尔托的理论探索抵达了某种根本性的基础，那就是对人的全面理解：既接受他的优势，比如理性，也接受他的缺陷，比如生理与心理的脆弱。通过对这些本质需求作出回应，建筑获得了人性化的价值。正是这种以人性化价值为核心的建筑理论，让阿尔托与赖特的有机建筑理论能够产生共鸣，因为两者的基础都是对有机体的特定存在方式的理解。在设计方法上，两者也有相近的地方，比如阿尔托 1950 年代末期的伏克塞尼斯卡教堂（Vuoksenniska Church），其独特的外形就来自于对教堂室内声学效果的考虑，这种典型的由内而外的设计方法也是有机建筑理论所认同的，他们都认为建筑的起点在于内在特性，而不是外部原则（图 1-9）。

阿尔托毫无疑问是战后北欧现代建筑师最杰出的代表，他的理论与建筑特色实际上反映了北欧地区具有普遍性的一些倾向。备受阿尔托尊重的瑞典建筑师埃里克·贡纳尔·阿斯普伦德（Erik Gunnar Asplund）在战前的斯德哥尔摩林间墓地火葬场（Woodland Cemetery）以及自己的夏季住宅中都展现了现代建筑语汇如何与传统和场地形成密切的呼应，创造出贴近普通人情感需求的、极富意味的建筑场景。"二战"中，瑞典没有受

---

① AALTO A，SCHILDT G. Alvar Aalto in his own words[M]. New York：Rizzoli，1998：116–119.

② Ibid.，16.

③ Ibid.，281.

到战火侵扰，这个国家的建筑师们得以继续探索自身的现代建筑道路。这些成果早在 1943 年就得到了英国人的关注，当年 9 月的 *Architectural Review* 杂志就以"战争中瑞典的和平"为专题报道了瑞典 1930 年代末期的现代建筑。年轻的瑞典建筑师斯文·巴克斯特罗姆（Sven Backström）在《一个瑞典人看瑞典》（A Swede Looks at Sweden）一文中对

图 1-9　阿尔瓦·阿尔托，伏克塞尼斯卡教堂

瑞典建筑的新动向给予了总结。他写道，在 1930 年代接受了现代主义之后，自 1930 年代末期开始，以阿斯普伦德为首的瑞典建筑师开始质疑这一体系的合理性。他们发现这些声称以"新客观性"（New objectivity）为基础的现代建筑并不是真的实用，一些典型的现代建筑语汇，比如大面积开窗也不适合北欧的气候。此外，这些现代建筑缺乏以往传统建筑的美学价值与亲切感。因此，瑞典建筑师们开始了对现代建筑的修正，"人与他的习惯、反应以及需求前所未有地成为关注的焦点。人们尝试着理解他们，并且让建筑与之调和，以实现真正的服务。"[1] 与阿尔托的《建筑的人性化》一样，这篇文章也强调，并不是要抛弃功能与理性，而是要在现代建筑中引入此前传统建筑就已具备的"有价值的和活的成分"。

类似的思路导向类似的结果。这些瑞典现代建筑与阿尔托的战后建筑有很多相似性，比如：吸收传统建筑的特点，如坡屋顶、厚重墙体与小窗洞；回避纪念性，追求多样性变化与亲切感；使用更丰富的材料与色彩，尤其是传统材料如砖与木头的使用；注重细节的刻画，即便使用低造价的材料，也试图创造细腻的丰富性。

1947 年 6 月期的 *Architectural Review* 杂志刊载了三位瑞典建筑师斯文·马克利斯（Sven Markelius）、斯图雷·弗罗伦（Sture Frölén）和拉尔夫·厄斯金（Ralph Erskine）的住宅作品。在同期的一篇文章中，主编詹姆斯·理查兹（J. M. Richards）称赞了这些作品将现代建筑的规划理念与使用当地传统建筑材料的敏感细节结合在一起的做法。他认为这些作品体现了新的趋势："在美学方面让建筑理论人性化，在技术上则是回到了更早之前的理性主义。"[2] 他将这一倾向命名为"新经验主义"（New Empiricism）。经验主义是一个哲学概念，主要指以约翰·洛克（John Locke）、大卫·休谟（David Hume）等英国 17、18 世纪哲学家所强调的，人的知识来自于日常体验的积累、总结与联想的哲学立场。经验主义通常被认为对立于欧洲大陆的理性主义，而后者认为通过某些基本理念与原则的推理，就可以获得主要的知识。詹姆斯·理查兹借用这个哲学理念，显然

---

① BACKSTRÖM S. A Swede looks at Sweden[M]//OCKMAN, EIGEN. Architecture culture 1943—1968：a documentary anthology. New York：Rizzoli，1993：45.
② RICHARDS J M. The new empiricism[M]//MALLGRAVE, CONTANDRIOPOULOS. Architectural theory（Vol 2）：an anthology from 1871 to 2005. Oxford：Blackwell，2007：296.

图 1-10　拉尔夫·厄斯金，拜克墙住宅区

是想突出瑞典建筑师对人性化情感与体验的重视，而不是臣服于固化的现代建筑原则。他此后也在 CIAM 会议上继续倡导这种建筑倾向。不出意料，他获得了赛维的支持。新经验主义与有机建筑理论对日常感受、亲切感以及多样性的关注，与当时以吉迪恩为首的对纪念性的推崇形成了鲜明的反差。

　　除了北欧，新经验主义在英国的影响同样非常广泛。它符合英国人浓厚的怀旧情结，同时，它对现代建筑技术手段以及廉价材料的使用，也使其能够胜任战后重建以及大规模社会住宅项目的建设要求。在英国的代表项目中，最著名的是拉尔夫·厄斯金的纽卡斯尔拜克墙住宅区（Byker Wall）。厄斯金实际上是英国人，他在"二战"前迁往瑞典，很快就被瑞典的现代建筑新趋向所吸引并迅速成长为新经验主义最重要的代表人物。他娴熟地将传统元素，如坡屋顶、木构架与现代技术手段结合在一起，创造出一系列质朴而丰富、愉悦而亲切的建筑形象（图 1-10）。拜克墙居住区是纽卡斯尔一片陈旧破败的维多利亚时代住宅区，厄斯金在有限预算的条件下重建了整个区域，形成了联排住宅、多层公寓与高层住宅的综合体。整个住宅区集中体现了新经验主义对场地、传统、细节以及多样性的深入考虑。一个有趣的细节是在整个住宅区中任何相邻两家的户门都是不同的，因为建筑师将这一决定权留给了住户自己。拜克墙住宅区也是社区参与的重要案例，它从另一个侧面体现了阿尔托所强调的对普通人的尊重。

推荐阅读文献：

1.　LE CORBUSIER. Ineffable space[M]//OCKMAN，EIGEN. Architecture culture 1943—1968：a documentary anthology. New York：Rizzoli，1993.

2.　VAN DER ROHE M. Principles for Education In the Building Art[M]//NEUMEYER. The artless word：Mies van der Rohe on the building art. London：MIT Press，1991.

3.　SERT J L，LÉGER F，GIEDION S. Nine points on monumentality[M]//OCKMAN，EIGEN. Architecture culture 1943—1968：a documentary anthology. New York：Rizzoli，1993.

4.　WRIGHT F L. The Natural House[M]//PFEIFFER. The essential Frank Lloyd Wright. Princeton：Princeton University Press，2008：319-327.

5.　AALTO A. The human factor[M]//SCHILDT. Alvar Aalto in his own words. New York：Rizzoli，1998.

第**2**章　CIAM 的争论与终结

　　1928 年 CIAM 的成立是现代建筑史上一个里程碑式的事件。之前各自发展的现代建筑师与团体们已经意识到各方的力量已经足够充实，可以形成某种程度的联合来共同推进现代建筑的进程。在瑞士萨拉兹城堡（Château de La Sarraz）的第一次会议，标志着现代建筑的思想与实践已经发展到较为成熟的程度，现代主义先驱们渴望通过沟通与讨论更为明晰和全面地厘清现代建筑发展的方向。早期 CIAM 无疑是先锋理念汇集和冲撞的中心，它所讨论的最低限度住宅、住宅区规划、城市规划等问题，都展现出了当时最为前沿的现代建筑理念。

　　在"二战"后，CIAM 恢复活动，立刻成为战后现代建筑讨论的核心场所。一方面以《雅典宪章》为代表的经典现代建筑与城市规划思想仍然占据着主导地位，很多人尝试以此为前提进一步发展和充实理论原则与实践方法；另一方面，一些并不属于宪章范畴内的议题也在不断出现，它们指向对现代建筑某些缺陷的分析与应对。这些议题一开始仅仅展现为对现代主义主体思想的修补，但是随后发展演变为对以《雅典宪章》为首的整体现代建筑与城市体系的批评，这最终导致了 CIAM 的分裂与解散。1959 年的奥特罗（Otterlo）会议宣布了这个国际性论坛的终结。这 31 年的时间见证了现代建筑的成熟、成为主导以及遭受质疑的历程，CIAM 极为典型地体现了现代主义理论的演变与兴衰，围绕 CIAM 的讨论集中展现了战后 20 世纪四五十年代最主要的理论议题。

2.1　CIAM 的恢复与新议题的出现

　　CIAM 早期理论活动的巅峰是《雅典宪章》的发表。这一文献虽然是基于 1933 年第四次 CIAM 会议的讨论成果，但是直到 1943 年，《雅典宪章》才由勒·柯布西耶以第四次 CIAM 会议成果的名义发表。《雅典宪章》的主体还是基于勒·柯布西耶自己的规划思想，尤其是自《光辉城市》(La Ville Radieuse)以来的"功能城市"(Functional city)理念。宪章认为城市的四项基本功能是"居住""工作""休息"与"交通"。在传统城市中，这些功能混杂在一起；而在新规划的城市里，这些功能应该有明确的分区，再以高效的交通相互连接。在四种功能中，"居住"是最重要的，至于"居住"区的建筑与城市形态，宪章所支持的是勒·柯布西耶与格罗皮乌斯所提出的那种分布于大片绿地中的高层集合住宅小区。从这一角度看来，《雅典宪章》是此前 CIAM 一些核心主题的汇集，尤其是勒·柯布西耶的建筑与城市思想占据了核心地位，这也反映出了以勒·柯布西耶为首的早期现代主义先驱在 CIAM 中的主导作用。

　　"二战"结束之后，CIAM 重新恢复了活力，它此时面对的任务是为战后重建以及随之而来的大规模现代建筑与城市建设提供引导。《雅典宪章》作为城市规划的纲领性文件，被认为对战后重建具有毋庸置疑的指导性意义。因此，在战后召开的 6、7、8 这三届 CIAM 会议都将《雅典宪章》作为讨论的基础。就像美国建筑师克努德·伦伯格 – 霍尔姆(Knud Lonberg–Holm)在给 CIAM 核心组织者吉迪恩的信中写道的，"年轻一代将 CIAM 的观点视为理所当然的。"[①]1947 年，CIAM 6 在英国布里奇沃特(Bridgwater)召开，勒·柯布西耶、格罗皮乌斯、吉迪恩等老一辈先驱悉数出席。与之前的会议不同，CIAM 6 并未能就会议议题取得共识，不同国家的不同团体都有自己所关注的倾向，这实际上已经体现出战后理论思想的多元分化。

　　以詹姆斯·理查兹为首的 MARS 团体希望讨论"普通人"(Common man)对现代建筑的感受。他指出，现代建筑的抽象建筑语汇，并不能被"普通人"所理解和接受，这造成了现代建筑的冷漠与无趣。而解决路径则是他所推崇的新经验主义，通过融合传统与丰富的细节变化来建立现代建筑与普通人之间的情感联系。吉迪恩希望讨论建筑与绘画、雕塑的关系，这也与他同一时期对纪念性的推崇有密切关联，其核心都是为现代建筑注入更多的文化内容。吉迪恩这个观点也受到了勒·柯布西耶的赞赏。我们已经谈到勒·柯布西耶战后作品中更为浓重的象征内涵与氛围效果，绘画与雕塑也成为他扩展后的建筑语汇中重要的组成部分。虽然是《雅典宪章》的作者，勒·柯布西耶自己已经跨越了过于狭窄的机械功能主义的限制。

　　会议最终的成果，一份名为"重新肯定 CIAM 的目标"(Reaffirmation of the Aims of CIAM)的文件是一个折中产物。文件首先肯定了《雅典宪章》中功能城市的观点对战后重建的指导性作用，但同时也突出了其他议题的成果，建筑师们"应该为创造一种能够满足人们的情感、物质需求并且激发其精神成长的体形环境而工作"[②]。虽然还只是语焉不详的寥寥数语，某种理论倾向的转变已经在渐渐浮现。

　　CIAM 7 于 1949 年在意大利贝加莫(Bergamo)召开。与 CIAM 6 类似，会议也未能形成普遍性的主题。《雅典宪章》仍然被视为基石，会议决定成立一个分委员会专注于《雅典宪章》的实际运用。但是由凡·伊斯特伦(Cornelis van Eesteren)与鲁道夫·斯泰格尔(Rudolf Steiger)主导的委员会在讨论勒·柯布西耶所提倡的 CIAM 展板(Grid)——

①　MUMFORD E P. The CIAM discourse on urbanism，1928—1960[M]. Cambridge，Mass.；London：MIT Press，2000：143.

②　Ibid.，102.

一种以 21cm×33cm 的图板展示的规划案例——的时候,指出了《雅典宪章》对四项功能的分区会造成步行距离的显著增大,而某些功能区如工作与居住的混合可能带来更多的灵活性。这已经预示了此后 CIAM 内部对《雅典宪章》的进一步批判。更为引人注目的是,同样在 1949 年,布鲁诺·赛维在自己编辑的 Metron 杂志上发表了名为《建筑文化:致国际现代建筑协会的信》(Of Architectural Culture:A Message to the International Congress of Modern Architecture)的文章,直接批评当时的 CIAM 体系。他认为 CIAM 仍然被以勒·柯布西耶、格罗皮乌斯以及吉迪恩为首的"理性主义者"所控制,CIAM 排斥或忽视了理性主义之外的其他流派,比如工艺美术运动、门德尔松、赖特与其追随者、有机或人文建筑、新经验主义等。CIAM 必须打破这个狭窄的视野限制,才能强化自身的"文化实质"(Cultural substance)。赛维的这篇文章可能是战后最早对 CIAM 展开直接攻击的文献之一,显示了战后更为多元的理论环境对于单一性现代建筑思想体系的挑战。

1951 年,CIAM 8 再次回到英国,在伦敦北部的霍兹登(Hoddesdon)召开。不同于此前的两次会议,CIAM 8 在主席塞特与英国 MARS 团体的共同努力下,将会议主题确定为"城市的中心"(The Heart of the City)。塞特早在 1943 年与吉迪恩一同发表的《纪念性九要点》中就已经强调了纪念物是聚集民众意识与文化的核心,它应该成为城市肌理的焦点。作为城市规划专家,塞特理所当然地将这种理念扩展到城市核心的建设上。MARS 团体成员当时正忙于英国新城的规划建设,如何在这些新建城市中形成步行中心是当时的热点话题。同时,意大利历史城市的战后重建以及瑞典、丹麦的城市建设都涉及了这一主题。对城市中心的讨论具有重要意义,它并不在《雅典宪章》的四项功能之内,或者说中心性与《雅典宪章》的理性分区思想甚至存在一定的冲突。虽然最后的会议文件仍然试图将其渲染为《雅典宪章》的自然延伸,但实际上,两者产生于不同的城市原型。城市中心的议题与此前已经存在的对纪念性的强调,都突出了建筑与城市对公共性与社会意义的重视,这些都将成为此后新建筑理论的重要主题。

2.2 分歧与挑战

尽管勒·柯布西耶与吉迪恩等人仍然被视为 CIAM 的中坚力量,但是进入 1950 年代后,战前的现代建筑大师们逐渐退出了 CIAM 的核心活动,战后成长起来的年轻一代被视作能够为 CIAM 注入新鲜活力的希望。伴随着组织核心的移交,CIAM 内部老一代与新一代之间的裂痕在年轻人的激烈言辞中迅速扩大,最终导致了 CIAM 的终结。

这一过程在 CIAM 8 结束之后已经开启。鉴于此前的三次 CIAM 会议并未取得如战前 CIAM 会议那样显著的成果,1952 年的 CIAM 委员会会议在勒·柯布西耶、吉迪恩与 MARS 团体的代表杰奎琳·特尔维特(Jaqueline Tyrwhitt)的支持下,决定将更多的控制 CIAM 的责任交予新一代建筑师,他们希望在 CIAM 9 上开始转变,最终在 CIAM 10 上完成这一进程。

1953 年夏季,CIAM 9 在法国普罗旺斯地区的艾克斯(Aix-en-Provence)召开,会议主题确定为"居住宪章"(The Charter of Habitat)。这是勒·柯布西耶在 CIAM 7 上提到的议题,他或许希望这个新宪章能部分替代或弥补雅典宪章的不足。在他写给塞特的一封信中,勒·柯布西耶坦承,他不再确信在这个变化的时代中,城市与人们的生活

图 2-1　GAMMA 团体，卡萨布兰卡郊区的卡里雷斯中心项目

应该是什么样的。

　　最终来自 31 个国家的超过 500 位参会者出席了 CIAM 9，使之成为 CIAM 历史上最为庞大的会议。勒·柯布西耶与格罗皮乌斯也最后一次参与了会议。虽然被寄予了厚望，但 CIAM 9 在诸多分歧之中并没有产生一个完整的"居住宪章"，更多的是围绕不同的标准 CIAM 展板展开讨论。这些展板由不同国家分支所提交，以居住建筑与社区为主要内容。摩洛哥所提交的展板引起了与会者极大的兴趣，以皮埃尔·安德烈·埃默里（Pierre-André Émery）及 GAMMA 团体（Groupe d'Architectes Modernes Marocains）成员中的弗拉基米尔·博迪安斯基（Vladimir Bodiansky）、乔治·坎迪利斯（Georges Candilis）、沙德拉齐·伍兹（Shadrach Woods）、米歇尔·艾考查德（Michel Écochard）等人为首的一批青年建筑师呈现了他们对卡萨布兰卡非法居住建筑的研究。这些建筑是由迁移到城市的贫民所建造的，典型地体现了发展中国家快速城市化所带来的用地与居住问题。这是 CIAM 第一次触及这一议题，它显然不在以欧洲为核心的过往 CIAM 理论框架以内。GAMMA 还展示了他们在卡萨布兰卡郊区设计建造的 8m×8m 的院落住宅群卡里雷斯中心项目（Carrières Centrales），这些建筑显然吸收了摩洛哥本地传统住宅的平面特征，并且采用当地既有技术建造（图 2-1）。虽然 GAMMA 认为这些住宅仅仅是改进非法居住建筑的中间步骤，它们最终仍将被 CIAM 所提倡的高层平行板楼所替代，但是就当时的情况而言，这些建筑的摩洛哥本土特征仍然引发了关于现代建筑统一性与地区差异性的讨论。

　　在 CIAM 9 上最引人注目的内容是由英国 MARS 团体的青年建筑师——彼得·史密森（Peter Smithson）和艾莉森·史密森（Alison Smithson）夫妇提交的"城市身份的重塑"（Urban Reidentification）展板。一方面，史密森夫妇仍然认同现代主义运动的技术手段，比如"发展一种适合于机械化建筑技术与操作尺度的美学"，以及"寻找能够体现真实的 20 世纪技术图像的解决方案——舒适、安全，并且不是封建的，来克服绝大多数大规模住宅的'文化陈腐性'"。[①] 但在另一方面，他们也关注技术之外的问题，比如怎样通过城市与建筑的组织，帮助人们形成凝聚性，获得身份认同感。在广义上看，这与吉迪恩等人之前希望通过纪念性来达到这一目的的意图类似，但是他们采用的方式完全不同。史密森夫妇认为应该强化各种不同层级的联系（Association）来形成具有凝聚性的社区，帮助"人们与其环境融合在一起"。他们将这些联系分为住宅、街道、区域与城市等不同层次，但并不是指具体的物理环境，而是指联系的不同规模与尺度。为了强化联系，就需要提升交通的便利性，史密森夫妇以他们此前参加伦敦金巷住宅区设计竞赛的方案（Golden Lane Project）为蓝本展示了这一理论立场的建筑成果。他们的方案由一系列大

① SMITHSON A，SMITHSON P. Team 10 primer[M]//JENCKS，KROPF. Theories and manifestoes of contemporary architecture. Chichester：Wiley-Academy，2006：218.

尺度的连续板式多层住宅与点式高层住宅组成。最具特点的是，在板式住宅的中高层有宽敞的连廊将各个建筑联系在一起，他们将这些廊道称为"空中的街道"，以此实现"交通的便利"。可以看到，无论是板式住宅、高层住宅还是长廊，都不是新元素，它们在很大程度上仍然遵循勒·柯布西耶在"光辉城市"中所提出的居住建筑模式，只是在金巷方案中，整个的布局更为随意和偶然。空中巷道的概念已经在马赛公寓中进行了尝试，更早可以追溯到傅里叶的法朗斯泰尔综合体的内部街道走廊。在建筑语汇上，史密森夫妇仍然归属于经典的现代建筑体系。真正引发争议的，是他们基于这一套体系，在理论上挑战了这一体系的创始人勒·柯布西耶所推崇的《雅典宪章》。他们写道："我们的多层级联系交织成为协调的连续体系，它们展现了人们相互联系的复杂性。这个概念直接对应于以'居住单位'（Unité）组成的所谓社区或'邻里'中随意的割裂与孤立。我们认为，这种多层级的人类联系，应该替代《雅典宪章》中的功能层级。"[1] 史密森夫妇对于 CIAM 的两个核心理念——居住单位与《雅典宪章》发起了直接的挑战，而这两个要素都出自于 CIAM 的奠基人，被视为 CIAM 精神领袖的勒·柯布西耶。实际上，金巷方案远远不是一个完善的建筑与城市提议，它更像是一个无所顾忌的宣言，其目标主要是展现与《雅典宪章》中"功能分区"概念的对立。史密森夫妇试图以"联系"来取代"割裂"，即使这种"联系"在具体方案中仍然显得薄弱和牵强。

史密森夫妇对《雅典宪章》的挑战具有很强的标志性意义。在此前，这份文件一直被视为金科玉律，大量的讨论都围绕如何利用和充实它进行。但是现在，公开反对的声音已经在年轻一代建筑师口中发出。这已经不仅仅是关于城市与建筑的讨论，它从一个侧面展现了对业已形成的正统现代建筑的不满。这种不满将继续发酵，最终将导致 CIAM 的终结以及随后大量替代理论的出现。这也是史密森夫妇这个并不完善的方案之所以重要的原因。

除了史密森夫妇以外，还有其他来自英国、荷兰的年轻建筑师比如雅各布·贝克马（Jacob B. Bakema）与阿尔多·凡·艾克（Aldo Van Eyck）出席。他们带来的新观点与新项目激发了大量的讨论。但是会议本身并没有完成拟定"居住宪章"的任务，这一主题将留给下一届 CIAM 继续讨论。

2.3　CIAM 的终结

CIAM 9 之后，向年轻一代移交主导权的进程继续推进。英国与荷兰的年轻建筑师们召开了一系列会议探讨 CIAM 的主题与未来。1954 年 1 月在荷兰杜恩（Doorn）召开的一次由彼得·史密森、贝克马、凡·艾克等活跃的青年建筑师组织的会议上发表的著名的《杜恩宣言》（Doorn Manifesto），更明确地将矛头直接指向了《雅典宪章》："按照《雅典宪章》分析和发展的城市主义倾向于制造一些'城镇'，其中至关重要的人们之间的联系未能被充分表现。要理解这些联系，我们必须将整个社区视为一个特定的、全部的综合体。"[2] 宣言号召对不同层级的联系进行研究，要将"联系视为第一原则，将四大功能

---

① Ibid., 219.
② BAKEMA J, VAN EYCK A, VAN GMKEL H P D, et al. Doorn manifesto[M]//OCKMAN, EIGEN. Architecture culture 1943—1968 : a documentary anthology, New York : Rizzoli, 1993 : 183.

视为每个整体问题的不同方面"[①]。这份宣言显然受到了史密森夫妇的深入影响，同时也透露了年轻一代试图彻底改组 CIAM 的意图。

1954 年 6 月 30 日在巴黎召开的 CIAM 委员会会议上，决定成立"CIAM 10 筹备委员会"，成员主要是参加杜恩会议的年轻建筑师，包括贝克马、坎迪利斯、彼得·史密森、罗尔夫·古特曼（Rolf Gutmann）、威廉·豪威尔（William Howell）、沙德拉齐·伍兹（Shadrach Woods）、凡·艾克、约翰·维尔克（John Voelcker）等人。这就是后来被人们所熟知的"十小组"（Team 10）的雏形。这个小组将负责确定 CIAM 10 的会议主题以及对 CIAM 机构改组的建议。

尽管塞特、格罗皮乌斯、吉迪恩等老一辈组织者对于年轻一代对《雅典宪章》的抨击有所不满，但还是支持了"十小组"的工作。勒·柯布西耶本人虽然有所疑虑，但也对青年人的工作给予支持，鼓励他们按照自己的方式推进。最终 CIAM 10 于 1956 年 8 月在南斯拉夫的杜布罗夫尼克（Dubrovnik）召开，来自 15 个国家的 250 余位成员出席了会议。会议主题是"十小组"确定的"人类生活环境的未来结构"（The Future Structure of the Human Habitat）。格罗皮乌斯与勒·柯布西耶都没有出席，但是后者为会议撰写了一封信件，在开幕式上由塞特宣读。在信中，勒·柯布西耶表达了对 CIAM 代际交替的认同，撰写了《雅典宪章》的"1928 一代"已经将主导权移交给了"1956 一代"，后者才能"切身地深刻感受到实际的问题、遵循的目标、抵达目标的方式以及当前条件下的急迫需求。他们才知道，他们的前辈不再明白，他们（1928 一代）已经在此之外了，不再受到当下情况的直接影响。"[②]尽管如此，勒·柯布西耶仍然希望 CIAM 能够延续下去，从上一代的"第一个 CIAM"传递到新一代的"第二个 CIAM"。虽然有这些鼓励的言辞，但勒·柯布西耶与格罗皮乌斯的缺席仍然在某种程度上体现了新老两代之间的裂痕。

实际上，在会议进程中，以吉迪恩、塞特为首的上一代与"十小组"的新一代之间的争论是普遍和激烈的，但显然是年轻人的声音占据了主导。他们不仅控制了会议主题，同时还希望彻底改组 CIAM 的组织方式。以彼得·史密森、贝克马、豪威尔为首的改组委员会认为像 CIAM 9 那样的以国家分支为主体的庞大会议体系已经变成僵化的官僚性机构，无法推动实质性的讨论。他们建议以个体组织的方式，在更小范围内进行更为集中的讨论。这就要求抛弃以往的国家分支，并且组织更小规模的会议。虽然 CIAM 还没有正式终结，但是这种彻底的机构变革实际上已经结束了传统 CIAM 的生命。那个曾经是现代建筑师们讨论最重要的建筑与城市议题的总体性机构已经不复存在。

在新的组织模式下，名义上的最后一次 CIAM 会议于 1959 年 9 月在荷兰的奥特洛（Otterlo）召开。在会议召开之前，凡·艾克发表了名为"另一种理念的故事"（The Story of Another Idea）的文章，简述了 CIAM 的历史，并且声称早期 CIAM 所具备的活力与重要性已经消失在庞大的官方会议结构之中，CIAM 的主导权甚至落在了一小群以哈佛为中心（主要是指吉迪恩、塞特、格罗皮乌斯等人，他们都曾在哈佛任教）的人士

---

① Ibid.
② MUMFORD E P. The CIAM discourse on urbanism, 1928—1960[M]. Cambridge, Mass. ; London : MIT Press, 2000 : 248.

手中。因此，未来的 CIAM 应该更为精简和灵活，恢复当初的自发性与活力 ①。

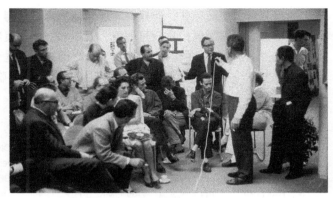

图 2-2　奥特洛会议

最终来自 20 个国家的 43 位受邀代表，作为个人而不是国家代表出席了由"十小组"成员主导的奥特洛会议（图 2-2）。不同于以往的分议题讨论，每个与会者都介绍了自己的工作，然后接受所有与会者的评论与讨论。具有重要意义的是一批新建筑师的加入，比如美国的路易·康、日本的丹下健三（Kenzo Tange）、瑞典的拉尔夫·厄斯金、西班牙的何塞·科德齐（José Coderch）等人。他们的作品与思想即将在 20 世纪六七十年代产生广泛的影响，成为全球建筑探索的前沿力量。

也正是在这次会议上，年轻一代最终决定停止使用 CIAM 这一名称。在此后的一封信件中，贝克马解释道，这样做的原因之一是 CIAM 名称中的"现代建筑"一词过多地与 20 世纪 20 年代的问题相关，而不是与当下的问题相关 ②。就像他们对 CIAM 10 的提议一样，年轻人们难以接受过于体系化的会议方式，而希望以自发性小群体的密集交流来予以替代，这也是"十小组"后来所采用的方式。但是对于 CIAM 来说，这意味着彻底的结束。尽管吉迪恩、塞特、勒·柯布西耶，甚至包括丹下健三等人都并不赞同这一决议，但已经无法挽回。奥特洛会议标志着 CIAM 的正式结束。

1928—1959 年，CIAM 虽然仅仅存在了 31 年，却是现代建筑发展的重要见证。早期 CIAM 是一些重要的现代主义主题，比如标准化与城市规划等议题的舞台，后期 CIAM 则成为对此前主题进行修正与挑战的论坛。尽管 CIAM 组织者们试图在"二战"后的历次会议中再次撰写类似《雅典宪章》那样的被广泛接受的纲领性文件，以期为全世界的建筑与城市发展提供引领，但是一次又一次的挫折与失败，一方面表明了对此前现代建筑体系的不满，阻止了延续旧模式的企图，另一方面也展现了众多新议题的出现，拒绝了某种统一性理论架构的独断。这一点在 CIAM 后期的几次会议中尤为明显，分歧与争议开始变得日益激烈，现代建筑也开始更多地包容多样性。

作为 CIAM 终结标志的奥特洛会议，具有特殊的象征意义。CIAM 成立之初的目的，是建立现代建筑与城市的统一体系，这个目标实际上在"二战"后已经很大程度上实现了。以方正外形、标准化装配、重视功能与效率为主要特点的现代建筑统治了全球的大量城市，广泛地影响了不同地区的人们的生活。但是 CIAM 的终结，标志着这一体系的统治性地位已经在建筑界内部无法维系。建筑师们已经不再认为这个体系能够通过修补而继续被强化，而是开始对它的一些基础性理论前提进行质疑。这种质疑实际上一直伴随着现代

① VAN EYCK A. The story of another idea[M]//LIGTELIJN, STRAUVEN. Collected articles and other writings 1947—1998. Amsterdam：Sun，2008.
② MUMFORD E P. The CIAM discourse on urbanism，1928—1960[M]. Cambridge, Mass.；London：MIT Press，2000：265.

建筑的起源与发展而存在，但只有当现代建筑真正获得了普遍性的胜利，开始大批量地影响城市与乡村的时候，才会显得更为紧迫和强烈。奥特洛会议可以被视为某种单一性现代建筑占据主导地位的时代的结束，随之而来的将是失去了主导者之后，各种潜藏力量的迅速生长，一个更为活跃和多元的理论时代即将来临。

推荐阅读文献：

1. RICHARDS J M. The new empiricism[M]//MALLGRAVE, CONTANDRIOPOULOS. Architectural theory (Vol 2)：an anthology from 1871 to 2005. Oxford：Blackwell，2007.
2. SMITHSON A. Team 10 primer 1953—1962[J]. Ekistics，1963，15（91）.
3. BAKEMA J，VAN EYCK A，VAN GMKEL H P D，et al. Doorn manifesto[M]//OCKMAN, EIGEN. Architecture culture 1943—1968：a documentary anthology. New York：Rizzoli，1993.
4. VAN EYCK A. The story of another idea[M]//LIGTELIJN, STRAUVEN. Collected articles and other writings 1947—1998. Amsterdam：Sun，2008.

第**3**章 历史的回归

　　1959 年的奥特洛会议是建筑理论史上的一道分水岭。它既是终结,也是开始。一方面,过去那种以《雅典宪章》为代表的单一体系统摄全球现代建筑发展的时代结束了,老一辈现代建筑先驱们所期望的统一性体系的存在已经不复可能;另一方面,在单一体系之外,新一代建筑师们开始将关注点投向不同的领域,由此催生了大量新理论与新立场。实际上,这一进程早在战后就已经开始,只是 1959 年的事件更为戏剧性地展现了这种变革。就像贝克马所说的,年轻一代甚至不认为"现代建筑"是适合于形容这个时代的概念,不过在 1950 年代末至 1960 年代上半期,新理论还没有公开宣称要与现代主义对立或者割裂,这种情况要到 1960 年代下半期才变得明显。但是在理论内涵上,这一时期出现的各种新趋势,已经展现出极为丰富的色彩,其深远影响一直延续到今天。

3.1　历史延续性在意大利的回归

　　奥特洛会议是欧洲新理论与新实践展示的重要舞台,在所有参展项目中,最具争议的是意大利 BBPR 设计公司所完成的维拉斯加塔楼（Torre Velasca）项目。BBPR 设计公司是由 4 位意大利现代建筑师吉安·路易吉·班菲（Gian Luigi Banfi）、洛多维科·巴尔比亚诺·迪·贝尔焦乔索（Lodovico Barbiano di Belgiojoso）、恩里科·佩雷苏蒂（Enrico Peressutti）和埃内斯托·内森·罗杰斯（Ernesto Nathan Rogers）于 1932 年在米兰成立的,曾经积极参与了意大利现代建筑的理性主义运动。但是不同于朱塞佩·特拉尼（Giuseppe Terragni）等支持法西斯的现代建筑师,BBPR 坚持反法西斯立场,战争期间,班菲与贝尔焦乔索被送往集中营,前者不幸遇难。而这个团体的真正核心,犹太裔的埃内斯托·内森·罗杰斯则逃亡瑞士。

"二战"后，BBPR 恢复了执业，其中最为活跃的是罗杰斯，他将主要精力投入在建筑理论与建筑媒体上，试图通过写作与出版探寻意大利建筑的新方向。意大利的特殊性在于，战争期间，主要的现代建筑师都与墨索里尼的法西斯统治形成了同盟，现代建筑被用作宣扬法西斯正当性的工具，比如特拉尼的法西斯宫就非常典型。在为 1942 年罗马世界博览会（Esposizione Universale Roma）建造的建筑群中，现代建筑与古典主义语汇结合，创造了一种沉重的威权纪念性。这一历史背景导致了意大利战后的建筑师不可能像其他西欧建筑师那样简单地延续现代建筑的道路。就像其他意大利艺术家一样，建筑师们也在探寻如何在战后的破败中重新选择未来的方向。

罗杰斯毫无疑问是当时这些探索者中最引人注目的成员之一。早在米兰理工大学（Politecnico di Milano）上学期间，罗杰斯就开始了建筑写作。战后，回到米兰之后，他于 1946—1947 年担任了著名的 *Domus* 杂志的主编。在他 1946 年 1 月发表的第一篇主编文章《纲领：家，人类的住宅》（Program：Domus，the House of Man）当中，罗杰斯已经阐明了自己此后的建筑方向。他强调，住宅所包含的不仅仅是物质需求或者美学，它也与道德有关，也就是说，住宅应该呼应人们对理想的生活，或者理想的自我存在的诉求："我希望一个住宅看起来像我自己（是指更好方面）：一个住宅应该看起来像我的人性。"[1] 而实现这个抽象目标的方式是通过文化，"这恰恰是住宅最终的样子（实际上，就像其他所有存在的问题一样）。"[2] 这篇具有存在主义色彩的文献体现了战争破坏之后，对重塑价值体系的渴望。这一渴望也反映在吉迪恩对纪念性，罗杰斯对新经验主义的推崇之中。罗杰斯虽然没有详细说明具体的建筑举措，但是他将关注点从技术与理性转向文化与价值，具有重要的理论意义。

1953—1965 年之间，罗杰斯担任著名的 *Casabella* 杂志的主编，他将这份杂志改造为宣扬自己的理论立场，并且展开广泛建筑理论论辩的场所。这对当时的意大利乃至全欧洲都产生了巨大的影响。很鲜明地体现出罗杰斯个人立场的一个举措，是他在 *Casabella* 杂志的刊名中添加了一个词，使之变成了 *Casabella-Continuità*。延续性（Continuità）一词可以被看作罗杰斯对于此前提出的如何让建筑具有文化特征这一问题的回答。他强调，建筑要服务于人的存在，就应当像人的生活一样不断演化。建筑师要意识到这是一个不断挣扎、不断斗争的进程，它不能被固定在任何确定的形式或者模式之上。罗杰斯写道："延续性……意味着历史意识，一种对于深层流动的传统的意识，对于朱塞佩·帕加诺（Giuseppe Pagano）、爱德华多·佩尔西科（Edoardo Persico）以及我们自己来说，这体现在创造性精神对任何形式主义的表现永不停止的斗争之中，无论这种形式主义是过去还是现在的。"[3] 在这些哲学性词汇之后，实质性的建筑信息指向了对于依然稳固的现代主义风格的批评以及认为当代建筑应当与历史传统形成一个延续体的立场。就像他所写到的，"没有什么作品是真正现代的，如果它不是真实地植根于传统，

① ROGERS E N. Program：domus, the house of man[M]//OCKMAN, EIGEN. Architecture culture 1943—1968：a documentary anthology. New York：Rizzoli, 1993：79.
② HUDNUT J. The post-modern house[M]//OCKMAN, EIGEN. Architecture culture 1943—1968：a documentary anthology. New York：Rizzoli, 1993：75.
③ ROGERS E N. Inaugural editorial in Casabella-Continuita[M]//MALLGRAVE, CONTANDRIOPOULOS. Architectural theory（Vol 2）：an anthology from 1871 to 2005. Oxford：Blackwell, 2007：307.

就像没有什么古代作品具有现代意义，如果它无法反映我们的现代情感。"[1]

　　这样的延续性概念在今天看来似乎习以为常。但是在 1950 年代初，在现代建筑正迅速地统治全球建筑市场的情况下，罗杰斯的言论具有重要的反抗意义。这是因为现代建筑从它诞生开始，就在不断强调自己与传统建筑或者是历史主义建筑的不同。20 世纪初期的现代建筑与 19 世纪末期的历史主义建筑的区别，可能是西方建筑史上最为强烈的反差之一。虽然很多学者指出，在勒·柯布西耶与密斯·凡·德·罗的作品中仍然能够看到古典建筑原则的利用，但是在具体的建筑语汇上，现代建筑都更多地强调与历史的割裂，而不是延续。典型的现代建筑，比如拉罗什·让纳雷别墅与西格拉姆大厦，都突出自己的独立性，很少与周围的历史传统产生呼应。可能少有的例外是埃里克·贡纳尔·阿斯普伦德在 1937 年完成的哥德堡法院扩建项目（Gothenburg Law Courts Extension），新建的现代建筑部分与 17 世纪的古典风格建筑形成了韵律的呼应。这直接预示了阿斯普伦德战后在自己的夏季别墅的设计中对传统的回归，他也将新经验主义的传统要素融入其中。

　　罗杰斯的短文是最早将历史延续性重新引入当代建筑讨论的呼声之一。这意味着对现代主义的核心理念之一——新时代、新精神、新建筑的质疑。建筑与历史的关联而不是对立成为根本前提，这会带来一系列设计语汇的变化。罗杰斯在此后的一篇文章《早已存在的环境条件与当代建筑实践的问题》（Preexisting Conditions and Issues of Contemporary Building Practice）中进一步将历史延续性的问题聚焦在建筑与既存历史环境的协调上。他再次重申，固定在任何风格上，无论是历史的还是现代的，都是僵化的。建筑作为文化价值演化进程的一部分，应该由这个进程当时的条件所决定，而不是固定不变的教条。对于建筑来说，这可以具体体现为"建筑应该与早已存在的环境条件（因此也是历史条件）相统一"。这就意味着每个建筑都必须根据其所处的条件而获得独特性，而不是统一采用不变的现代风格。因此"你不会在米兰设计一个与巴西一样的建筑，实际上，在米兰的每条街道上，都应该探寻建造一个适合其周围环境条件的建筑。"[2]罗杰斯所谈到的"早已存在的环境条件"（Le Preesistenze ambientali）此后在英文文献中被翻译成为"文脉"（Context），成为 20 世纪六七十年代西方建筑理论中的热点词汇。在文学理论中，文脉是指上下文之间的连续性，因此与罗杰斯所倡导的延续性相近。但是就像阿德里安·福蒂（Adrian Forty）所指出的，文脉的概念中没有突出罗杰斯一直强调的历史观念[3]，"考虑环境条件就意味着考虑历史"[4]。这一侧重来自于意大利独特的城市条件。这个国家的绝大多数城市有数量庞大的历史建筑，传统城市肌理也没有产生太大改变。因此，意大利"文脉"的典型特征就是普遍的历史遗存，这也是罗杰斯刻意强调历史的原因。

　　罗杰斯对文脉的阐述非常重要，因为这种理论与某些现代建筑理论存在模式上的差

[1] Ibid.
[2] ROGERS E N. Preexisting conditions and issues of contemporary building practice[M]//OCKMAN, EIGEN. Architecture culture 1943—1968 : a documentary anthology. New York : Rizzoli, 1993 : 202.
[3] FORTY A. Words and buildings : a vocabulary of modern architecture[M]. New York, N.Y. : Thames & Hudson, 2000 : 132.
[4] ROGERS E N. Preexisting conditions and issues of contemporary building practice[M]//OCKMAN, EIGEN. Architecture culture 1943—1968 : a documentary anthology. New York : Rizzoli, 1993 : 203.

图 3-1　意大利 BBPR 公司，维拉斯加塔楼

异。比如勒·柯布西耶的新建筑五点，以一套普遍性的原则来定义新建筑，就好像由五大公理推导出其余的几何定理。而文脉的概念直接否定了这些公理性原则的存在。一切都取决于具体的条件，不同的地方，条件可能是完全不同的，因此只会有特定的解决方案，而不会有普遍的统一解决方案。文脉概念往往与注重地域特点与历史传统的建筑思潮关联在一起，但是在基本前提下，罗杰斯所指出的是一种变化中的建筑，而不是凝固的建筑，他的理论具有极为深刻的潜在内涵。

不仅仅是停留在文字上，罗杰斯在米兰的维拉斯加塔楼设计中为文脉理论提供了最具戏剧性的建筑诠释（图 3-1）。这是一座位于米兰中心城区的高达 100m 的高层建筑，建造于 1951-1958 年。建筑由两部分功能组成，下半部是办公，上半部是住宅。尽管罗杰斯以办公需要的楼层面积较小、住宅需要的楼层面积较大这一实用性的理由来解释这座建筑上大下小的造型，但这无法掩盖维拉斯加塔楼强烈的历史特征。体量的变化、贯穿上下的竖向线条、顶部的铜质坡屋顶以及最突出的斜向支撑上部悬挑体量的飞扶臂般的斜柱，都让这个建筑看起来非常像是放大了的伦巴第地区的中世纪塔楼。就像罗杰斯所说的，这一独特的设计来源于建筑所处的环境，在它不远处就是意大利中世纪最重要的哥特建筑之一 ——米兰大教堂。维拉斯加塔楼成为米兰哥特建筑历史在 20 世纪 50 年代的继续延伸。

在奥特洛会议上，罗杰斯展出了维拉斯加塔楼，立刻引起了激烈的争论。虽然很多年轻建筑师已经在质疑老一代现代建筑原则的权威，但是如此强烈地背离现代建筑的语汇体系，而且是出现在摩天楼这种几乎与现代建筑同时诞生的建筑类型之上，仍然让许多人无法接受。彼得·史密森是直接的反对者，他认为维拉斯加塔楼的设计是不负责任的，是赤裸裸的历史主义复兴，将历史元素与摩天楼结合在一起导致了怪诞的折中主义，是明显的倒退与保守。

另一个更为激烈的批评者是英国学者雷纳·班纳姆（Reyner Banham）。毕业于英国考陶尔德艺术学院（Courtauld Institute of Art）的班纳姆在第一代现代建筑史学家尼古拉斯·佩夫斯纳的指导下完成了以现代建筑理论为主题的博士论文。以其论文为基础的著作《第一机械时代的理论与设计》（*Theory and Design in the First Machine Age*）于 1960 年发表，成为现代建筑理论研究领域的经典著作。从学院毕业之后，班纳姆在 *Architecture Review* 杂志任编辑，期间发表了大量评论文章，影响很大。他在 1959 年 4 月的 *Architecture Review* 上发表了《新自由主义：现代建筑的意大利倒退》（Neoliberty：The Italian Retreat from Modern Architecture）一文，激烈批评以罗杰斯为代表的意大利建筑新趋势。"新自由主义"（Neoliberty）是意大利建筑师保罗·波多盖西（Paolo

Portoghesi）此前所提出的概念，主要指以米兰维拉斯加塔楼以及都灵的伊拉斯谟店铺（Bottega d'Erasmo）为代表的，强调传统延续以及建筑文化内涵的意大利新建筑。波多盖西试图论证这是继理性主义以及战后的新现实主义浪潮之后，意大利现代建筑的新阶段。和彼得·史密森一样，班纳姆认为"新自由主义"只是历史主义的回潮，他们背叛了现代建筑，是一种幼稚的倒退。班纳姆的这种立场与他自己的现代建筑观有直接关系，他的《第一机械时代的理论与设计》是对早期现代主义理论的重要研究成果，同时也渗透了他自己的理论立场。班纳姆认为，真正驱动现代建筑取得实质性发展的是技术与科技，而最鲜明地表达出类似立场的是意大利的未来主义者。但是随后的现代建筑师们不断在未来主义对技术的忠实推崇与古典主义的美学原则之间摇摆，甚至越来越偏向后者。因此，第一机器时代的建筑并没有真正把握现代建筑的实质，那些希望与技术的快速发展并行的建筑师，"只能学习未来主义者，抛弃全部的文化重担，包括让他被识别为建筑师的那些直接装束。另一面，如果他决定不这么做，他将会发现一种技术文化已经决定抛下他自行前进。"[1] 在这里，已经可以看到班纳姆与罗杰斯的根本差异。前者认为最重要的是技术进步，因此过去的"文化重担"必须抛弃，而后者则认为恰恰是"文化内涵"而不是"技术效率"构成了当下建筑的核心诉求。因此，班纳姆所赞赏的是那些完全依赖于新技术成果的前沿设想，而罗杰斯所关注的则是与文化传统以及城市既存环境的密切联系。在回击班纳姆的一篇文章中，罗杰斯解释道，所谓的自由（Liberty）是指不局限于任何体系，"有勇气去继续一个传统，直到昨天，这也是密斯的传统，一个反对盲从因袭的传统。"[2]

可以看到，罗杰斯与班纳姆争论的核心，是关于技术和文化当中谁应当成为当代建筑的中心问题。这一问题在战后的欧洲极为迫切，因为"二战"已经让人们看到技术手段可以怎样被用来制造大规模的屠杀工具，而传统的文化体系也未能阻止纳粹与集中营这样的事件发生。对于技术推动进步的乐观性仍然存在，比如班纳姆与巴克明斯特·富勒（Buckminster Fuller），但是也有很多人认为重塑文化内核更为重要，这体现在从新纪念性到文脉理论的一系列思潮之中。实际上，这个问题的讨论将继续存在下去，只是在不同时代更换不同的参与者与论辩武器。

3.2　卡洛·斯卡帕的独特性

在 20 世纪五六十年代的意大利，卡洛·斯卡帕（Carlo Scarpa）是一个极为独特的个案。不像之前提到的其他建筑师，他几乎没有参加关于建筑理论与趋势的国际讨论。他对政治也缺乏兴趣，没有卷入当时复杂的社会运动。他留下的文字不多，大部分是简短的散文式的自述或者作品解释。这些都让斯卡帕显得独立与反常。能够进一步加深这种印象的，是他独一无二的作品。这些散落在威尼斯及其周边地区的项目难以用任何风格术语来概括，却都呈现出毫无疑问的斯卡帕特色。他的设计是如此独特，以至于没有任何门徒和学生能够继承。在很长一段时间，斯卡帕都被视为无法被纳入主流现代建筑史的特例。直到 20 世纪末期以来，伴随着斯卡帕作品的价值得到越来越广泛的认同，

① BANHAM R. Theory and design in the first machine age[M]. London：Architectural Press，1960：329.
② ROGERS E N. The evolution of architecture：reply to the custodian of frigidaires[M]//OCKMAN，EIGEN. Architecture culture 1943—1968：a documentary anthology. New York：Rizzoli，1993：302.

他的设计思想才得到更深入的分析与理解。在今天看来，斯卡帕虽然在行动和语汇上看起来特立独行，但是他对传统延续性的认同与实践，仍然让他归属于战后强调历史活力的意大利建筑师的行列。

斯卡帕的特殊性与其成长经历有关。他并未专门学习过建筑设计，而是在威尼斯美术学院学习艺术。此后，斯卡帕加入新成立的威尼斯建筑大学，担任建筑绘画教师，并且一直在此任教直到去世。从 1926 年至 1947 年，斯卡帕一直为贾科莫·卡佩林（Giacomo Cappellin）、保罗·维尼尼（Paolo Venini）等公司设计玻璃制品。玻璃器皿的设计制作需要对玻璃的材质、色彩、制作流程、工艺细节有精深的掌握。斯卡帕的玻璃作品展现出极高的艺术品质，赖特访问威尼斯时在维尼尼公司订购了 6 件作品，此后发现均是斯卡帕的作品。从这些器皿身上，可以看到斯卡帕能够对一种材料的无限潜能进行创造性的挖掘，也可以看到他如何依赖威尼斯卓越的手工艺传统来塑造动人的细节和丰富的效果。这种对材料与技艺的阐发，将成为斯卡帕建筑设计中不断延展的主线。

斯卡帕早期的建筑作品，主要是一些室内翻修与布展设计。他很明显地受到了赖特的影响。在卡福斯卡里宫（Ca'Foscari）翻修、威尼托天主教银行（Banca Cattolica Del Veneto）、第 26 届威尼斯双年展书店（Venice Biennale Book Pavilion）、韦瑞迪住宅（Veritti House）等项目中，都可以看到赖特在材料选择、细节语汇、几何形态等方面的特色被斯卡帕转译到意大利环境中。但是有两点是斯卡帕的个人特点。一是新元素与历史元素的交融，这典型体现在福斯卡里宫翻修项目中在哥特立面背后树立分离的玻璃墙，以形成双层立面的做法中。斯卡帕的这一特点与威尼斯自身的建筑传统有关。身处于东西方文明的交汇点，威尼斯历史中融会了各种不同的建筑传统，古典、哥特、拜占庭、伊斯兰等建筑要素在城市中交汇并存。这种混杂与融合成为斯卡帕的设计起点，他对此有清晰的认识。在谈到威尼斯与佛罗伦萨的差异时，斯卡帕写道："我不能否认我对托斯卡尼建筑印象深刻，但那种精确性、那种确定性不属于我，我是我的地区真正的儿子，我对自己的根有着浓厚的感情。"[1] 这种将不同的历史片段糅合在一起的能力，造就了斯卡帕作品中最富有魅力的成分。

另一个特点是对建筑节点的重视与阐发。斯卡帕 1951—1952 年为威尼斯双年展设计的售票亭（Venice Biennale Ticket Office）是典型的案例（图 3-2）。这个作品虽小，建筑师却对几乎每一个节点都进行了深入的刻画。材料之间的交接关系清晰可见，不同部件的连接与结构关系都直接暴露在观察者眼中。节点成为建筑最重要的细节，让这个小建筑充满了耐人寻味的内涵。这种对节点的关注，与玻璃制作中对流程与工艺的严格要求一脉相承，也与西方建筑传统中柱式与肋拱等元素清晰的结构表现有所关联。"我非常重视对节点的阐释，以此来解释不同部位相互联系的视觉逻辑。"[2] 斯卡帕并不认为这种做法有任何新鲜之处，"这些节点是每一个建造者都感兴趣的，而且一直都是，但是在不同的时代解决方案是不同的。"[3] 在斯卡帕看来，对节点的关注就是对整个建筑传统的延续。

---

① MCCARTER R. Carlo Scarpa[M]. London：Phaidon Press，2013：11.
② DAL CO F，MAZZARIOL G，SCARPA C. Carlo Scarpa：the complete works[M]. Milan：Electa；London：Architectural Press，1986：298.
③ Ibid.，297.

斯卡帕对节点的精湛驾驭还体现在他的大量布展作品中为艺术品特意设计的支架与底座之上。在这些展览中，斯卡帕坚持为每一件展品专门设计特定的布展方式，而不是像绝大多数当代美术馆那样统一地挂在墙上。他会根据展品的内容来综合考虑光线、背景、氛围、参观方式等要素。可以说斯卡帕的布展始终是在一种文脉背景中操作，每个展品都与环境

图 3-2　卡洛·斯卡帕，威尼斯双年展售票亭

形成了特殊的关系，而不是被单一的布展规制所左右。在阿巴特里斯宫美术馆（Palazzo Abatellis）以及卡诺瓦雕塑博物馆（Gipsoteca Canoviana）加建等项目中，斯卡帕大量使用钢与混凝土等当代材料为古代艺术品制作底座或支架，这些渗透了深入的材料理解与节点细节的辅助设施完美地与展品融合在一起，塑造了大量经典的展览场景。这种精湛的嵌入式布展方式，迄今仍然极为少见。

最能展现斯卡帕建筑特色的是维罗纳古堡博物馆（Castelvecchio Museum）项目。斯卡帕面对的是一个有着复杂历史的旧建筑。维罗纳中世纪领主在罗马军事堡垒的遗址上建造的 12 世纪的城墙和 14 世纪城堡在 18 世纪被拿破仑的军队改造为军营，随后又在 20 世纪 20 年代被改造成美术馆。斯卡帕受邀在 20 世纪 60 年代再度对美术馆进行改建，他的做法不是掩盖这种历史复杂性，而是设法缓解它们之间的冲突，通过挖空、拉开缝隙、展现关系等方式，让不同的历史元素获得更多的独立性，并且形成平和的并存关系。最典型的处理是著名的"坎格兰德空间"（Cangrande Space）（图 3-3）。斯卡帕在整个古堡博物馆历史元素重叠与流线交错最为密集的地方，设置了一个半开放的空间，将中世纪古堡的建造者坎格兰德二世（Cangrande II）的骑马像放置在这里。这是典型的嵌入文脉的布展方式，也是斯卡帕继承威尼斯混杂建筑传统的处理方式。在这个节点上，古罗马、12 世纪、14 世纪、18 世纪以及 20 世纪的建筑元素，石头、砖、木材、钢材、混凝土等不同时代的建筑材料都汇聚在一起，却在斯卡帕令人惊叹的控制之下共同组成了一个整体——一个以古堡博物馆最具标志性意义的展品为中心的整体。虽然斯卡帕大量的作品都在处理新与旧的关系，但是没有其他任何地方能像"坎格兰德空间"这样，以令人难以置信的方式展现他如何将不同的历史片段编织在一起，使之成为一个不曾间断的延续体。"我想做一个坦白：我希望一些评论者们在我的作品中发现某种意图，即归属于传统内部，但是没有柱头与圆柱，因为你不再能创造它们。今天，甚至是上帝也不能设计一个阿提卡柱础。"[1] 斯卡帕的这段话，几乎是对罗杰斯之前强调的延续性观点的另一种表述：传统是延续和变化的，因此固定在过去与今天的风格上都

① SCARPA C. A thousand cypresses[M]//CO，MAZZARIOL. Carlo Scarpa：the complete works. New York：Electa/Rizzoli. 1984：287.

图 3-3　卡洛·斯卡帕，维罗纳古堡博物馆"坎格兰德空间"　　图 3-4　卡洛·斯卡帕，威尼斯奎里尼·斯坦帕尼亚基金会改建花园

是错误的，传统可以延续的是问题，比如对材料与节点的处理，但是手段则可以不断变化。一个例子是斯卡帕从来不会顾忌在历史建筑中使用钢与玻璃，但是它们也都具备了传统的建构魅力与文化品质。

罗杰斯认为传统的延续可以传递更多的文化价值。这一点也被斯卡帕给予了深刻的建筑诠释。在威尼斯奎里尼·斯坦帕尼亚基金会改建（Fondazione Querini Stampalia Renovation）花园设计中，斯卡帕采用威尼斯闻名于世的水元素来阐释人的一生。流水从出水口欢快地跌落，在迷宫中曲折流淌，逐渐平静之后最终消失在不可见的黑洞之中，这仿佛是对人们生命的写照（图 3-4）。而矗立在水边的石狮子——斯坦帕尼亚家族的象征——对水流的回望，则启示人们对时间、对经历、对归宿、对人生展开反思。同样具有丰富喻意的场景也出现在斯卡帕一生最后的作品——布里昂墓园（Brion Cemetery）中。人们透过水中沉思亭的双孔看向对面相互倾斜致意的布里昂夫妇的石棺，还可以看到远处的村落、教堂、山峰以及天空。就像"坎格兰德空间"一样，斯卡帕将多重元素聚集在一起，创造出极具深度的建筑场景，引导人们去进行诚挚的阅读与阐释（图 3-5）。

如果从整体风格的标准来看，斯卡帕的作品无疑是破碎和混杂的。但是如果像他与罗杰斯所认同的，建筑师应该属于一个不断延展变化的传统，而不是任何固定的模式，

图 3-5　卡洛·斯卡帕，布里昂墓园

那么这种混杂恰恰是传统连续性的表征。如果抛弃风格的僵化概念，就会认识到斯卡帕作品厚重的历史性与延续性，并且理解他依赖这两点所创造的发人深省的价值与意义。正是在这一点上，我们可以认为，斯卡帕虽然没有参与围绕历史延续性的国际争论，但是他的作品却是对意大利历史延续性理论立场的卓越阐释。如果说

是罗杰斯给出了这一立场最为鲜明的理论表述，那么，是斯卡帕在同一时期真正证明了这种立场令人叹服的建筑潜能。他的一系列作品显然超越了米兰维拉斯加塔楼对历史符号直接借用的简单做法，体现了真正具有活力的传统如何在新的时代获得生命。就像意大利建筑历史学家曼弗雷多·塔夫里后来评价的："在所有意大利艺术家中——他是极少的一位活在历史之中，并且一直这么做的人，这体现了多元思索的深度。"[①]

此外，斯卡帕的设计思想也不仅仅限于历史延续性，他对材料、对细节、对环境以及对新旧关系的处理展现出了对物质、价值、情感的深刻理解，这与他对诗歌、哲学等人文学科的大量阅读有密切关联。直到今天，斯卡帕仍然是一个需要被进一步研究和解读的建筑师，他的理论深度也还在持续的研究中不断显现出来。

3.3 路易·康建筑思想的古典性

就在吉迪恩与塞特和莱热于 1943 年发表《纪念性九要点》一文之后不久，在当时还不太知名的美国建筑学者路易·康也在 1944 年发表了名为"纪念性"（Monumentality）的文章。不同于吉迪恩等将纪念性的必要性归于集体身份这个相对世俗的目的，康则将纪念性定义为一种"精神品质"（Spiritual quality）的永恒性表达。虽然康并没有进一步解释这个精神品质到底是什么，单就这种表述本身便已经展现出路易·康建筑理论的哲学色彩。他认同某种超验性的内涵应该成为建筑中的主导因素。这种哲学色彩不仅渗透在路易·康的大量看起来富有哲学意味但常常也令人迷惑的言论与文字中，也越来越强烈地体现在他的实践作品中。在这一方面，路易·康与沙利文以及赖特极为相似。在强调实际利益的美国建筑界，他们对哲学与建筑思想的强调都是特例，这使得他们与美国建筑界形成强烈反差，也鲜有追随者与模仿者。

在发表《纪念性》时，路易·康还只是一个不知名的宾夕法尼亚建筑师，他的主要工作集中在公共住宅中。比如他在 1942 年的一篇文章《标准空间对比与必要空间》（Standards versus Essential Space）中，批评当时的公共住宅仅仅提供了卧室、厨房等标准空间，却忽视了储藏、洗衣等服务型的必要空间。这看起来只是一个实用性的提议，但却在康独特的建筑理论体系下，发展成为极为重要的"服务与被服务空间"的理念。

要理解康的理论思想，必须回溯到他的家庭背景。他的家庭是爱沙尼亚移民，在康 3 岁的时候迁移到美国费城。康的母亲极富音乐天赋，她的家庭与德国犹太裔哲学家摩西·门德尔松（Moses Mendelssohn）有亲缘关系。从幼年开始，经由歌德（Johann Wolfgang von Goethe）与席勒（Ferdinand Canning Scott Schiller）的作品，康就在母亲的引导下受到德国浪漫主义思想的深入浸染，这也将直接影响他此后的建筑哲学立场。虽然从小就表现出绘画与音乐的天赋，康最终还是选择进入宾夕法尼亚大学建筑系，跟随著名建筑教育家保罗·菲利普·克雷特（Paul Philippe Cret）教授学习。保罗·克雷特是巴黎美术学院毕业生，他将巴黎美术学院的建筑教育体系移植到宾夕法尼亚大学，深刻影响了一大批包括梁思成、杨廷宝在内的青年学生。在克雷特的指导下，康接受了

---

① DAL CO F，MAZZARIOL G，SCARPA C. Carlo Scarpa：the complete works[M]. Milan：Electa；London：Architectural Press，1986：90.

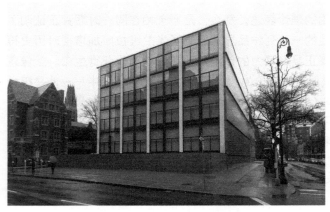

图 3-6　路易·康，耶鲁大学美术馆加建

较为全面的古典建筑教育。虽然他此后很快接受了现代建筑体系，但康作品中的古典气质与古典元素仍然是显而易见的。这种结合也在康自己的话语中体现出来，他声称克雷特与勒·柯布西耶是他两个最重要的老师[1]。

康具有个人特色的建筑创作实际上要到 20 世纪 50 年代，他已经年近 50 时才开始。

1947 年之后，他在耶鲁大学任教，1951— 1953 年之间完成的耶鲁大学美术馆加建是他的第一个具有重要意义的公共建筑项目（图 3-6）。1957 年，他回到宾夕法尼亚大学担任保罗·菲利普·克雷特讲席教授，一直到他 1974 年去世。在这不长的二十余年之中，康作为一个实践建筑师以及教育者，留下了一系列杰出的建筑作品以及深刻的建筑理论文章，它们共同定义了一条有着古典哲学气质的当代建筑道路。

这里的古典气质并不仅仅指康的建筑语汇，更重要的是指康的哲学立场。并不是所有的建筑师都认为建筑需要与哲学产生关系。但是像康与赖特这样的建筑师总是希望挖掘建筑理论最深刻的基础，那就会将他们引向对世界本质的讨论。他们的理论与实践的独特性，很大程度上就建立在他们与众不同的形而上学观点之上。对于此类建筑师，哲学是所有建筑理论的基石，他们的文献、作品也都不约而同地呈现出明显的哲学色彩。路易·康可能是所有这些建筑师中最为典型的一个。他从来不直接引用某某成名的哲学家或者哲学流派，但是他的言辞往往超越建筑，指向具有普遍性的哲学议题。通过这些言论，可以剖析出康的核心形而上学观点，这也是理解其建筑理论的前提条件。

路易·康向来以他神谕般令人迷惑的话语而著名，这使得辨析他的哲学立场变得不那么容易。但是在 1962 年的一篇文章《一个声明》（A Statement）中，康的形而上学立场格外鲜明地透露出来。他写道："生命对于我来说就是一种具有灵魂的存在，死亡是没有灵魂的存在；但两者都是存在。""我感觉到灵魂是由不可度量的光晕组成的，而物理自然是由那些易于度量的东西组成的。我认为灵魂遍布于整个宇宙。""我确信，每个灵魂都会重击太阳的门并且说，'给我一个工具，让我能够表达爱、恨与高贵'——所有这些品质在我看来都是完全无法度量的。这个工具是由自然组成的——物理自然，它是各个系统的和谐体，在其中法则并不是独立运作的，而是以一种交互影响的方式行动，这就是我们所知的秩序。自然是无意识的，但是灵魂是有意识的，渴望生命并且给予生命。自然组成了工具让生命成为可能。它不会成为工具，除非对生命的渴望已经存在。"[2]认为宇宙的本质是某种活的意识，它渴望实现自己的活力和价值，这是典型的浪漫主义观点，也是有机建筑理论的基础。但是不同于浪漫主义过于偏重自由创造与自行定义价

① MCCARTER R. Louis I. Kahn[M]. London；New York：Phaidon，2005：29.
② KAHN L I. A statement[M]//LATOUR. Louis I. Kahn：writings，lectures，interviews，New York：Rizzoli International Publications，1991：145，146.

值的倾向，康的理论更为古典，因为他认为"灵魂"具有某种确定的性质与目的，这构成了它想要实现的特定价值。因此灵魂具有某种先验的稳定性，并不是由个体自由选择的。相应地，灵魂实现自己的方式，是通过自然的"秩序"（Order）。这种关于先验本质以及自然秩序的观念都更接近于以柏拉图（Plato）以及亚里士多德（Aristotle）为代表的古典哲学理念。比如亚里士多德认为事物都有先天的目的，实现这种目的就是实现事物的潜能，也就实现了事物的真正价值。而这些目的本身，也组成了一个目的的秩序，最终指向沉思的神。

　　理解了这一点，就可以理解为何康如此热衷于"秩序"的概念。他在 20 世纪五六十年代的许多文章中不断地强调这一概念。其中非常典型的是《秩序是》（Order is）一文，他写道："在空间的本质中是精神，以及按照某种方式存在的意志。"这实际上就是指"灵魂"的目的。"设计必须紧密地追随那种意志。""设计是在秩序中创造形式。"因此，"通过设计——如何做（How）；通过秩序——是什么（What）；通过自然——为什么（Why）。"[1]这三个短语非常关键，自然的本质揭示了目的（为什么），秩序提供了手段与素材（What），设计是决定如何将前两者付诸实现（How）。路易·康的杰出之处，当然不是提出这种并不新鲜的哲学立场，而是他以超越常人的力量将这些理念转译到建筑语汇中，以建筑的手段获得形而上学的深刻性。

　　在这些哲学概念中，与建筑关系最为密切的显然是"秩序"。秩序不仅仅意味着有序，还意味着任何事物都有其特定和不可取代的位置，因此都有其不容忽视的重要性。康的建筑可能比其他任何人都更明晰地展现了这种古典的秩序观。他很多独特的建筑选择，都可以用这种秩序理念来解释，比如此前他谈到的服务空间的缺失，就可以被视为"秩序"中一个环节的缺失。因此，康不断强调建筑中不管是被服务的房间（Served），还是服务性的设施（Serving），都应该获得相应的位置，不应该被掩盖和回避。相反，应该给予它们合适的位置，甚至需要在形态上展现出来，让秩序清晰可见。"服务与被服务"（Serving and served）的关系是康的作品中一直存在的主题，从耶鲁大学美术馆（Yale University Art Gallery）的三角屋顶到特雷顿犹太社区中心的更衣室（Bath house, Jewish Community Center, Trenton），再到宾夕法尼亚大学理查德医学实验楼（Richards Medical Research Laboratories）与萨尔克生物学研究所（Salk Institute for Biology Science），康都坚持给予服务性设施——无论是厕所、入口、管道还是楼梯——独立的形态与充分的表现，都不仅是满足实用性，也是对秩序的践行。

　　另一个体现秩序的重要方式是结构与细节。建筑物中的结构部件与物质材料是自然的物理秩序最直接的承载者。由此不难想象路易·康对真实材料、建筑结构，乃至细部节点清晰呈现的重视。康的作品往往直接暴露砖、混凝土、木头的原始面貌，支撑结构与填充结构被清楚地分开来，不同结构成分之间的交接也往往通过留缝等手段给予交代，而任何两种材料或者部件的交接之处，往往是康着意处理的细节。这些成分构成了路易·康建筑中耐人寻味的细节品质。它们也解释了路易·康与斯卡帕之间的深刻友谊，他们两人都是细部与节点的大师。

---

① KAHN L I. Order is[M]//LATOUR. Louis I. Kahn：writings，lectures，interviews. New York：Rizzoli International Publications，1991：59.

　　秩序还体现在空间组织上。康的作品的古典性常常通过使用对称性等传统空间组织原则来体现。除此之外，他还强调不同性质的空间应该具有不同的个性，并且保持完整。这种具有独立性和明确个性的空间单元就是一个"房间"（Room）。不同于现代建筑强调流动性的空间概念，房间往往有明确的边界以及特定的品质。康的许多作品就是由这些具有鲜明特征的房间组成，比如理查德医学实验楼、萨尔克生物学研究所以及金贝尔美术馆（Kimbell Art Museum）。"房间是建筑的起点……房间应该不用名称就宣示出他们的用途。"[1] 康这些耳熟能详的语句同样指向他对秩序以及自然本质的理解。

　　就像房间应该直接呈现出它的用途与价值一样，整个建筑物以及它所服务的机构也都有本质性的目的。这不仅仅是指功能，还包括对建筑物以及机构的根本价值的哲学性解释。这往往要求人们抛弃各种干扰因素，回到机构诞生的原点去剖析其最初的目的。这种典型的古典哲学观念也通过路易·康的话语传递出来："这就是为什么理智应该回到起点，因为任何确立的人类行为起点都是它最奇妙的时刻。因为在那里蕴含着他的精神，以及充沛的源泉，从其中我们必须不断地吸取对于当下需要的启示。"[2] 这也就是说，要回到起点去认识行为与机构的价值，再由此进行建筑设计。这也是康强调建筑师必须重写设计任务书的原因，这种重写是重新发现项目的根本价值，而不是改写指标。典型的案例是埃克塞特学院图书馆（Exeter Academy Library），路易·康将图书馆的起点归结于一个人拿着书走向光去阅读，因此他将书库放置在建筑中心，而阅览区则布置在建筑四周具有自然光线的地方（图 3-7）。正是这种诗意的解读，使得康的很多机构性建筑具备了超凡的崇高性。最为突出的当然是萨尔克生物学研究所，在墨西哥建筑师巴拉干（Luis Barragán）的建议下，康将整个庭院用石头铺地，一道水流流向太平洋方向，让这个典型的科学设施具有了厚重的纪念性（图 3-8）。这当然是康在《纪念性》中谈到的"精神品质"的体现，而它的承载物则是从细节到空间的各种"秩序"。

图 3-7　路易·康，埃克塞特学院图书馆阅览区　　　图 3-8　路易·康，萨尔克生物学研究所

① KAHN L I. The room, the street, and human agreement[M]//LATOUR. Louis I. Kahn：writings, lectures, interviews. New York：Rizzoli International Publications，1991：266.
② KAHN L I. Form and Design[M]//LATOUR. Louis I Kahn：writings, lectures, interviews. New York：Rizzoli International Publications，1991：114.

图 3-9　路易·康，印度管理学院

图 3-10　路易·康，孟加拉国会大厦室内

　　认为事物具有内在本质与目的的观念也影响了康对材料的使用。他极为著名的与砖的对话体现了这一点。康询问砖想要成为什么，砖回答说拱，康继续问能否用过梁替代，砖依然回答想要成为拱。这当然是一种寓言式的写法，康想要表达的，是材料具有某种确定的本质，用他的话来说，具有某种"存在意志"（Existence will），因此，用符合这种本性的方式来使用它。对于不认同康的哲学立场的人来说，这完全是无稽之谈。但是对于很多认同古典秩序观点的人来说，这种观点有其巨大的吸引力。这种对材料的尊重也与康对秩序的强调结合了起来。在印度管理学院（Indian Institute of Management）等项目中，康大量使用了砖拱，还创造性地使用了低矮砖拱与混凝土梁的结合，展现了材料交接与力学传递的秩序（图 3-9）。

　　可以看到，路易·康的很多建筑元素，虽然是基于"可以度量"的物的秩序，但是所想要表达的则是超越秩序之外的"不可度量"的哲学本质。不仅仅对于人造物是这样，对于天然物比如自然光线也是这样。光不仅提供了照亮事物的实用性，它本身也是自然秩序的一部分，一天之中、一年之中光线的变化展现了自然的运作，而且在西方文化中光被赋予的象征内涵更让光成为形而上学秩序的理想代表。"在建筑上，没有自然光线的空间不是空间。自然光在一天以及一年四季中有变化的情绪。建筑中的一个房间，一个空间，需要那给予生命的光——从中制造了我们的光。"[1] 康的话印证了他的作品中对光线的精湛驾驭。从早期理查德医学实验楼光线的失控，到萨尔克生物学研究所未实现的会议中心对光线反射的调控，再到孟加拉国会大厦（National Assembly Building of Bangladesh）以及金贝尔美术馆中对光线的诗意刻画，光线与情绪的互动成为康超越绝大多数现代建筑师最为有力的手段之一（图 3-10）。产生类似效果的还有"静谧"（Silence），静谧不是指无话可说，就像德国哲学家马丁·海德格尔（Martin Heidegger）所说，只有真正有话可说的人才会懂得沉默。康所说的静谧是一种安静的状态，以帮助

---

[1]　KAHN L I. Space and interpretations[M]//LATOUR. Louis I. Kahn：writings，lectures，interviews. New York：Rizzoli International Publications，1991：228.

人们抛弃干扰，去感受最重要的东西。静谧成为一种传达的手段，康甚至称之为"静谧的声音"①。

以上这些讨论试图说明，在路易·康那些独特而神秘的作品与话语背后，其实有一个相对完整的从形而上学理念出发的建筑理论体系。可能今天很少有人认同康所坚持的那种古典哲学立场，但是古典哲学所崇尚的秩序、永恒、价值目的等仍然具有吸引力，尤其是对于那些反对将一切简化为可度量的计算，仍然渴望找到更深层次的建筑价值的人来说，康仍然是这种建筑探索的典范。从某种程度上，康所探寻的问题是超越时代的，因为他关注的是自己所认同的本质，这并不随时代所变化。那么，认同他的立场与手段的人也会在他的作品中看到超越时代的价值，这也是路易·康直到今天仍不断被人们讨论和学习的原因。

推荐阅读文献：

1. ROGERS E N. Preexisting conditions and issues of contemporary building practice[M]//OCKMAN, EIGEN. Architecture culture 1943—1968：a documentary anthology. New York：Rizzoli，1993.
2. SCARPA C. A thousand cypresses[M]//CO，MAZZARIOL. Carlo Scarpa：the complete works：Electa/Rizzoli. 1984.
3. KAHN L I. A statement[M]//LATOUR. Louis I Kahn：writings，lectures，interviews. New York：Rizzoli International Publications，1991.
4. KAHN L I. Order Is[M]//LATOUR. Louis I Kahn：writings，lectures，interviews. New York：Rizzoli International Publications，1991.

---

① KAHN L I. How' m I doing, Corbusier?[M]//LATOUR. Louis I. Kahn：writings，lectures，interviews. New York：Rizzoli International Publications，1991：309.

第 **4** 章　结构性理念驱动的新理论

意大利强调历史延续性的建筑倾向与英国强调技术引领的先锋倾向之间的冲突，展现了 1960 年代建筑理论发展中的两条主要线索。一方面是通过对传统、文化、人文精神的再次肯定，弥补大规模建设中仅仅注重实用性的现代建筑所带来的建筑价值的危机；另一方面则是选择继续 20 世纪初先锋建筑的探索，"成功"发源于的 1920 年代的现代建筑体系也已经过时，需要继续以革命性的态度，基于当代的技术与能力，创造更为强有力的建筑与城市图景。我们可以粗略地将这两个倾向称为人文主义者（Humanist）与技术乌托邦主义者（Technic utopianist）。他们两者之前的差异与争论典型地体现在 1960 年代最活跃的建筑理论团体——"十小组"——内部。人文主义者的代表人物是荷兰人阿尔多·凡·艾克，技术乌托邦主义者的代表人物则是史密森夫妇。虽然有倾向上的差异，但两者都使用了"结构"的理念，只是他们的结构分别对应于不同的所指。我们将先讨论后者，之后再讨论前者。

4.1　"十小组"与新粗野主义

前面已经谈到"十小组"在 CIAM 后期所扮演的角色。他们代表了年轻一代在 CIAM 体系内部的崛起，并且最终导向了 CIAM 的终结。虽然"十小组"的名字来自于筹备 CIAM 10 的组织委员会，但是在此之前其成员已经在 CIAM 8、CIAM 9 上开启了对老一代现代建筑教条的批判。在 CIAM 10 以及奥特洛会议上，这种批判进一步扩展，甚至延伸到对 CIAM 组织体系的攻击。正是在以彼得·史密森为首的"十小组"成员的强烈坚持之下，CIAM 宣告解散，取而代之的是以"十小组"成员为核心的，由成员个体参与的小范围讨论。在这些讨论会上，每个与会者都会展示自己的作品，然后接受其他成员的评论与批评。这种组织方式保证了交流的密度以及讨论的直接性，但也激化了不同观点的交锋。"十小组"会议从 1960 年开始，不定期在不同地点召开，一直延续到 1981 年。其核心成员包括雅各布·贝克马、乔治·坎迪利斯、贾恩卡洛·德·卡洛（Giancarlo De Carlo）、阿尔多·凡·艾克、彼得·史密森与艾莉森·史密森夫妇、沙德拉克·伍兹。此外还有一些其他建筑师参与其中部分会议，比如何塞·科德齐、拉尔夫·厄斯金、亚历克西斯·约西齐（Alexis Josic）、约翰·维尔克与杰西·索尔坦（Jerzy Soltan）。

虽然将"十小组"早期成员联系到一块儿的是对僵化和割裂的《雅典宪章》体系的不满以及年轻人创造新理论与新建筑的热忱，但是成员们各自对于建筑与城市的看法却有着很大的差异。"十小组"更接近于一个松散的组织团体，一个提供建筑讨论的场所，而不是一个有着确定建筑理论面貌的流派。比如团体中很多成员都对功能城市理论所导致的建筑与城市要素的割裂和疏离有所不满，因此在各种提议与建筑项目中更侧重于整体中各个部分的相互联系与组织，并且完成了首都柏林竞赛方案（彼得·史密森、艾莉森·史密森、彼得·西格蒙德）、阿姆斯特丹孤儿院（凡·艾克）、柏林自由大学（坎迪利斯、约西齐、伍兹）以及马泰奥蒂村（德·卡洛）等作品，但是在这一相似性之下，他们各自的理论出发点以及最终的建筑结果却有着显著的不同。其中，差异最为巨大的是史密森夫妇与凡·艾克，他们独特的建筑立场构成了 1960 年代建筑理论中重要的两极。

史密森夫妇与西格蒙德于 1957—1958 年之间完成的首都柏林竞赛方案（Hauptstadt Berlin Competition Project）是更早之前的金巷住宅方案的进一步扩展。方案的主题仍然由线状的联系体与点状的高层塔楼组成。金巷住宅的联系廊道被放大成为架空在地面上的不断延展的巨型平台，主要用于步行交通，而车辆则可以在地面层顺畅地通行。他们早期强调的联系（Association）现在被放大到流动性（Mobility）与网络（Networks）的概念，更为符合汽车时代的交通特征。可以看到，虽然史密森夫妇激烈批评《雅典宪章》并且呼吁新的革命，但是他们所采用的具体建筑与城市元素实际上与勒·柯布西耶的城市构想，比如"三百万人当代城市"，有着密切的相似性。它们都依赖于高层塔楼、分层的交通体系、大尺度的建筑与绿地等。最明显的差别是史密森夫妇采用了更为灵活的不规则布局，而不是勒·柯布西耶的笛卡尔式正交体系。这从一个侧面体现了勒·柯布西耶对史密森夫妇的影响，不仅仅是在语汇上，也是在革新精神上，他们试图通过大胆和激进的构想，英雄性地改变建筑与城市的现状。

这种先锋性是联系 1920 年代与 1950 年代的重要线索。两次世界大战带来了西方知识分子与艺术家对以往思想与艺术体系的深刻反思。为什么此前被认为是不断进步的文明会带来如此惨痛的结果？随之而来的就是对旧体系的挑战与反对，众多先锋艺术流派就是在这一背景下产生的。他们的主要特点多是对某些传统价值的批判，甚至远远超过了对新价值的建构。20 世纪二三十年代的先锋艺术运动，通过对传统的反叛而开拓了现代艺术的崭新领域，并推动了现代建筑的发展。而在 20 世纪五六十年代，一些建筑师想要对抗的是已经被固化的主流现代建筑体系，所以先锋艺术运动的批判性与创新性被赋予了新的使命。在"十小组"中，史密森夫妇与凡·艾克都积极地利用了先锋艺术运动的成果。

史密森夫妇曾在英国杜伦大学学习过建筑，其中彼得·史密森也曾经在伦敦皇家建筑学院（Royal Academy Architecture School）学习，随后进入伦敦市政厅的建筑部，负责学校建筑。他于 1949 年与艾莉森结婚，两人随后成立了设计公司，开始执业。在 1950 年代，伦敦是英国前卫艺术的中心，最重要的艺术团体是以当代艺术学院（Institute of Contemporary Arts）为核心的"独立团体"（Independent Group）。雷纳·班纳姆曾经担任这个团体的主席，而史密森夫妇在 1954 年加入了这个团体并且成为团体的活跃成员。"独立团体"在当代艺术史中占有重要地位，它是英美"波普文化"（Pop culture）的发源地之一。早在 1940 年代末期，法国艺术家让·杜布菲（Jean Dubuffet）就开始倡导"粗野艺术"（Art Brut），他质疑传统的学院式艺术对美、形式、思想性的依赖，认为这只是一种狭隘的精英艺术，缺乏活力与社会相关性。相反，在儿童、农民、土著人，甚至是精神病人这些没有受到学院传统浸染的人身上，那种"内在的冲动"反而会产生更具生命力的作品。因此杜布菲展出了这些从常规艺术观点看来粗糙、缺乏修饰、缺乏美感，但是在他看来更具有现实意义的作品。这种"粗野艺术"的思想经由在巴黎生活过的英国艺术家爱德华多·包洛奇（Eduardo Paolozzi）引入"独立团体"之中。他与另一位核心成员理查德·汉密尔顿（Richard Hamilton）倡导跳出经典艺术的藩篱，在大众文化、日常物品中发现这些现成制品的价值。他们认为，在当代社会，是大众文化，而不是精英艺术反映了最新的社会现实，因此，艺术家需要拥抱市场上大批量出现的文化成果，而不是像以前一样对之不屑一顾。由这两位艺术家开启的波普艺术潮流注重利用文化市场上的大众元素，比如海报、广告、漫画等"现成物"（As found），以发现、选择、并置的方式来创作艺术品。汉密尔顿的名作《到底是什么让今天的家如此不同和如此吸引人》（Just What Is It that Makes Today's Home So Different and So Appealing?）是这种波普艺术的典型作品。

　　这种艺术观点对于英国 20 世纪五六十年代的青年建筑师有很大的影响。史密森夫妇是最早吸收这种影响的人。加入"独立团体"之后，他们参加了展览"生活与艺术的平行"（Parallel of Life and Art）以及"这就是明天"（This is Tomorrow），主要展品是大量现成产品，比如自行车、打字机、闹钟的零件等，以此来展现反对形式主义，推崇大众文化的先锋立场。作为当时最为活跃的青年建筑先锋，史密森夫妇还将类似的理念灌注到建筑设计中，形成了被称为"新粗野主义"（New Brutalism）的建筑倾向。这个名称来自于他们 1953 年发表的一篇介绍自己设计项目的文章《苏荷区住宅，伦敦》（House in Soho, London）。这是一个未能建造的城市住宅，最重要的特点是："内部没有任何的修饰……完全裸露的混凝土、砖与木头。""如果这个得以建成，它将是英格兰第一个新粗野主义的声明。""就像设计描述的前言中写到的：我们在这个建筑中的意图是完全暴露结构，不使用任何常用的内部修饰。建造者的目标应该是一个类似小型仓库的高标准的基础构筑物。"[①] 真正为新粗野主义提供了建筑实例的是史密森夫妇设计的亨斯坦顿学校（Hunstanton School）（图 4-1）。这所学校位于英国诺福克（Norfolk），主体建筑由两个两层高的长方形建筑构成，一个是教学楼，另一个是体育馆。因为有着简单的外形以及采用钢框架、砖墙填充和大面的玻璃幕墙，这个学校非常类似于密斯·凡·德·罗在 IIT 校园中设计建造的早期建筑。两者都将钢结构清晰地暴露在外，使得材料之间的

---

① GIEDION S. The state of contemporary architecture[M]//MALLGRAVE, CONTANDRIOPOULOS. Architectural theory（Vol 2）: an anthology from 1871 to 2005. Oxford: Blackwell, 2007: 304.

图 4-1   史密森夫妇，亨斯坦顿学校

关系一览无余。就像《苏荷区住宅，伦敦》一文所描述的，史密森夫妇在这个项目中最大限度地实现了没有掩盖的裸露，钢、砖、木头都直接暴露在外，基本上没有表面的修饰与覆盖，他们也没有使用吊顶遮蔽各种水电设施与管道，人们可以直接阅读出建筑的网架结构、楼板填充以及管道走向。这些设施既有的形态特征使得学校的各个房间也获得了大量的细节内容。从某种程度上看，亨斯坦顿学校就像史密森夫妇在"独立团体"展览上所提供的作品，将建筑中不是来自于美学考虑，而是来自于实际使用的各种"现成物"直接展示出来。这里所谓的"粗野"是相对于传统精英建筑的修饰与掩盖，而不一定是指要粗糙和笨重。

在这一点上，新粗野主义与密斯的后期风格有本质性的差异。前面谈到，密斯希望透过严格的结构逻辑来获得强烈的秩序感，以此作为中介实现精神性的纪念性。因此，他的材料与节点经过了深入的考虑，来获得精确的形式效果。这实际上是较为古典的设计思路，也在密斯最具有纪念性的建筑作品——柏林新国家美术馆中完美体现出来了。但是对于史密森夫妇来说，无论是纪念性还是精心刻画，都与他们的意图相去甚远。他们希望呈现事物在日常生活中本来的样子，而不是掺杂了过多设计的干扰，因此建筑的面貌更多取决于这些部件本身，而不是设计者的操作。这样的建筑产生于现实的"客观性"，而不是艺术家所施加的形式限定。从特定的角度看，新粗野主义与罗杰斯强调的延续性有相近之处，都认为建筑是现实进程的产物，而不是固定风格语汇的标本。只不过英国的先锋艺术环境让史密森夫妇走向了新粗野主义而意大利的历史环境让罗杰斯走向了历史延续，他们表面上看似对立的立场其实有同样的出发点，那就是对已经固化的形式语汇的反对。

在 1955 年的一篇文章中，班纳姆将新粗野主义的特征总结为三条：①建筑成为醒目的图像，易于被理解和记忆；②结构的清晰呈现；③重视材料以及作为"现成物"的内在品质[1]。虽然史密森夫妇的建成作品不多，但是新粗野主义在英国 20 世纪五六十年代产生的影响很大，大量的建筑追随这一路线，使用素混凝土、砖、钢结构作为主要元素，大量采用预制构件装配，不对管道管线进行掩盖，通过形体的雕塑感与材料的厚重质感来形成建筑特色。这倒不是说人们像史密森夫妇那样接受了"独立团体"的先锋艺术立场，

---

① BANHAM R. The new brutalism[J]. Architectural Review，1955，118（708）.

图 4-2　沃伦·查克等，伦敦南岸艺术中心扩建　　　　图 4-3　德尼斯·拉斯敦，皇家国立剧院

更多地是因为这种方式更有利于大规模廉价建造与设施维护，在英国大量社会福利设施建造的浪潮中，这种更为经济和实用的做法更符合当时的效率要求。

　　另一方面，勒·柯布西耶战后所采用的以粗糙素混凝土来塑造强烈的形态特征的设计方法，也为寻求语汇突破的建筑师们提供了启发。他们在素混凝土这种常见的工业材料中看到了巨大的形式塑造的可能性，利用混凝土的强度与可塑性，制造出厚重、强硬，并且有着剧烈形态变化的建筑体量。最典型的案例之一是沃伦·查克（Warren Chalk）、荣·赫伦（Ron Herron）、丹尼斯·克朗姆普敦（Dennis Crompton）、约翰·阿滕伯勒（John Attenborough）等人完成的伦敦南岸艺术中心扩建（South Bank Arts Centre）项目（图 4-2）。虽然引入了史密森夫妇曾经强调过的大量联系步道，但扩建部分封闭、坚硬以及突兀的混凝土体量仍然给人以一种沉重的压抑感，与旁边有着轻快的国际式风格的建造于 1950 年代的皇家节日大厅（Royal Festival Hall）形成了强烈反差。这两个建筑的并置，彰显了 1960 年代英国新粗野主义与此前现代主义的显著差异。另一个具有新粗野主义特征的是伦敦泰晤士河边的皇家国立剧院（Royal National Theatre）（图 4-3）。这座混凝土建筑的坚硬与粗壮引发了很多不满，英国查尔斯王子甚至讽刺它"以一种巧妙的方式在伦敦的中心建造了一座核电站"。虽然在风格上这座建筑常常被归类为新粗野主义的范畴，但是建筑师德尼斯·拉斯敦（Denys Lasdun）的设计原点与史密森夫妇的先锋艺术理论并没有什么直接关系。新粗野主义已经被看作一种流行的形式语汇，而这恰恰是"独立团体"的艺术家们最初所想要抗衡的。在现代建筑史上，这样的误解并不少见，在市场的推动下，先锋建筑理念往往被扭曲成为新奇形式的发源地，在被市场所接受的同时，也失去了最初的革命性。反而是那些不切实际的乌托邦设想，得益于它们与现实的距离，才保留了更多的批判性与生命力。

4.2　欧洲的巨型结构与美国的巴克明斯特·富勒的设想

　　现代建筑材料与结构技术的进步，再加上人口与产业聚集带来的巨大需求，都催生了规模更大，功能也更为复杂的建筑。现代主义先驱们很早就已经感知到在工业建筑领域出现的这种趋势，开始尝试在主流建筑领域设想前所未有的巨型建筑。未来主义者圣·伊利亚（Saint' Elia）构想的中央火车站与机场就是一个融汇了不同交通功能的超大型建筑。在 1914 年时，它看来是不切实际的空想，但是在今天已经变得习以为常。勒·柯布西耶的光辉城市将大尺度的高层摩天楼作为城市中枢，这也成为全球众多城市的常规景观。更为大胆的是勒·柯布西耶 1929 年的里约热内卢城市规划方案以及 1930 年的阿尔及尔"弹片项目"（Project Shrapnel）城市规划方案。他将高速公路抬升到近百米的空中，支撑路面的不是柱子，而是线性的高层住宅，每个住户可以根据自己的需求在混凝土方格中自行设计住宅的样式。勒·柯布西耶所设想的已经不是单纯的建筑，而是基础设施、建筑空间以及城市交通的混合体，这已经是一个典型的"巨型结构"（Mega-structure），即容纳了各种城市与建筑元素的超尺度构筑物。

"巨型结构"以其前所未有的规模以及可以不断拓展的可能性，成为先锋建筑师们寄托乌托邦幻想的理想舞台。他们可以设想一种全新的建筑与城市环境，去承载不同的社会理想。尤其在遭受了严重社会危机的时代，这种设想更容易获得共鸣。"一战"后的20 世纪二三十年代是这样的时代，"二战"后五六十年代的情况也类似。一大批先锋艺术家与建筑师们依赖于"巨型结构"提出了一系列令人震惊的设想，成为当代建筑理论中不可或缺的组成部分。

前面提到的史密森夫妇的城市构想就属于这一范畴。他们的金巷住宅方案可以被看作里约与阿尔及尔方案的一种变形，只不过是把线性住宅顶部的高速公路替换成了住宅中部的人行长廊。连续的廊道将各个住宅板楼连成了一个"巨型结构"，串联起板楼周边的点状高层建筑。他们的首都柏林方案进一步扩展了这种思想，连续的平台成为城市中重要的联系体。在这些方案上，史密森夫妇都继承了勒·柯布西耶对"巨型结构"的热忱，他们以勒·柯布西耶巨构设想的连续性来反抗勒·柯布西耶功能城市的分区割裂。但总体上看，这仍是 1920 年代现代建筑先锋理念的延续。

史密森夫妇在"十小组"与 CIAM 后期的巨大作用，明显影响了其他的"十小组"成员。乔治·坎迪亚斯、亚历克西斯·约西齐以及沙德拉克·伍兹在 1955 年共同成立工作室，1961 年他们赢得了图卢兹 - 勒米拉伊住宅区（Toulouse-Le Mirail Residence）的设计竞赛。这个方案明显受到了史密森夫妇金巷住宅方案的启发。它与后者一样，有着分枝状的线性板楼，一条抬升的步行通道串联各种主要楼体以及主要的服务设施。除了也注重交流与联系以外，坎迪利斯 - 约西齐 - 伍兹（Candilis-Josic-Woods）还强调了变化的灵活性与适应性。伍兹在 1960 年的一篇文章《骨干》（Stem）中写道，社会是由自主个体联系而成，处于不断变化中，而建筑与城市应对这种变化的方式，是提供一种最小程度的稳定的骨干，来满足相对固定的交通与基础设施作用。最大的灵活性应该留给骨干周边可以根据具体条件和具体需要添加、修改或者删除的附属建筑。就像他们为图卢兹竞赛撰写的设计说明所表明的："我们的解决方案，主要是创造一种稳定的城市结构……它将成为秩序、特定个性以及城市活力的制造者。"[①]

1962 年，沙德拉克·伍兹在先锋杂志 Le Carré Bleu 上发表了文章《网》（Web），在"骨干"概念的基础上进一步提升，将图卢兹相对单一的线性"骨干"扩展成为相互

---

① VERMAETE T A. 'Comment Vivre Ensemble'：Imagining and designing community in the work of Candilis-Josic-Woods[J]. Building Material，2007（16）：82.

图 4-4　坎迪利斯 – 约西齐 – 伍兹，柏林自由大学校园建筑

交错的正交"网格"。相比于前者，后者会带来更为密集的肌理，但是通过在网格中留出适当的空地，仍然可以给附属建筑的生长与变化提供足够的空间。"网格"思想的典型案例是坎迪利斯 – 约西齐 – 伍兹于 1963 年设计的法兰克福罗马广场竞赛方案（Frankfurt Römerberg Competition Project）。以 9m 柱网支撑的三层平台形成了高密度的网格，组成一个覆盖整个区域的巨型骨架，其中容纳穿行步道以及大量服务设施。在网格中的空地里，可以建设更为灵活的多层建筑，或者留作开放的城市空间。这个方案可以被视为史密森夫妇首都柏林竞赛方案的升级。在法兰克福，平台的肌理更为密集，多样性与变化也显得更为突出。在 1974 年的一篇评论文章中，艾莉森·史密森将这种新建筑类型称为"毯式建筑"（Mat-building），其中"功能使肌理更为丰富，而个体也通过崭新和变化的秩序获得了行动的自由。这些都建立在相互关联，密集交织的联系肌理，以及生长、衰减和变化的可能上。"[1]"毯式建筑"最典型的案例，是坎迪利斯 – 约西齐 – 伍兹完成于1963—1972 年的柏林自由大学校园建筑（Free University Campus）（图 4-4）。这个方案完美再现了法兰克福方案的构想，只是将规模限定在规整的长方形校区中。三层的网格由四条东南至西北向的骨干以及垂直于骨干的次级通路构成，网格空地上则设置各种形态与功能的教学与科研设施以及绿地。在这种体系下，整个校园变成了一个连续的"巨型结构"。但是不同于传统建筑的中心性，这个"巨型结构"体系是没有中心的，有的只是作为基础结构的骨干网格以及随时可以变化的附属建筑。因为没有中心，整个体系可以不断扩展，同时维持基础设施的高效以及单体的自由。流动性与灵活性在圣·伊利亚与勒·柯布西耶的设想中已经存在，但是在 1960 年代，它进一步发展为建筑与城市构成逻辑的核心要素，吸引了众多青年先锋的注意力。

　　这种非中心性的弥散网格以及其中所包容的无穷无尽的个体变化，可以被引申为对传统固定的社会秩序的反抗。不仅仅是针对《雅典宪章》，反抗还可以扩展到整个城市、社会，乃至于整体性的人类环境。在先锋艺术家手中，这种潜力得到了充分挖掘。1959—1974 年之间，从属于"情境主义国际"（Situationist International）的荷兰

---

① Ibid., 72.

艺术家康斯坦特·纽文惠斯（Constant Nieuwenhuys）创作了名为"新巴比伦"（New Babylon）的系列绘画与雕塑作品，展现了一种高架在空中，可以不断延展，拥有极大的多元性与近乎混乱的庞杂秩序的"巨型结构"。"情境主义国际"是成立于 1957 年的一个先锋团体，核心人物是居伊·德波（Guy Debord）。这个团体持有偏向左翼的立场，激烈反抗资本主义商品消费对整个社会的控制。他们对抗的方式不是通过政治，而是通过自发性的反常规的行为与创作来颠覆既有秩序，拓展个人自由的空间。比如他们常用的"异轨"（Détournement）手段，就是将已有的素材嫁接到完全无关的场景中，制造错愕与冲突。而另一种行为"漂移"（Dérive），主要指在环境中无目的地游荡，关注与记录自己的身体与心理感受，从而将资本主义体系下有目的的行为转变为无所限制的个体游戏。康斯坦特将"情境主义国际"的理念转译到了建筑设想中，从而实现了该团体通过"整体的都市主义"（Unitary urbanism）——利用所有的建筑与城市要素组成特殊的游戏化的情境——来塑造资本主义体系之外的另类世界的目标。康斯坦特一开始将项目称为"漂移城市"，后来才更名为"新巴比伦"，意指新秩序对个人欲望的满足。"新巴比伦"是康斯坦特乌托邦设想的承载物，他写道："作为一种生活方式，游戏中的人要回应他对玩乐、冒险、流动性，以及所有能够增进自己生活中自由创造的条件的需求。"他可以"自由地使用生活中的任何时间，在他想要的时候自由地去任何他想去的地方。"[①] "新巴比伦没有终点；它不确定任何边界或者集体性。所有地方都向任何人开放。整个地球变成了地球生物的家园。"[②] 康斯坦特作品中超乎寻常的混杂就来自于"漂移者"自由的游戏，他们可以不受任何约束地创作任何他们希望的建筑或城市场景，而支撑他们的是一个连续的"巨型结构"。"新巴比伦"虽然是一个激进的乌托邦设想，但是它将战后反抗僵化秩序的建筑思潮推到了极致，也将"巨型结构"中蕴含的总体架构的稳定性与个体自由的灵活性两个特点推到了极致。其中所蕴含的游牧、差异性、瞬时性等理念还将在此后激发更为炙热的理论探讨。

相比于康斯坦特的反抗性立场，建筑师们的乌托邦设想更为和缓，也更紧密地切入了当时的建筑与社会问题。但是在手段上，1960 年代大量的先锋构想也都是基于"巨型结构"的独特性质。其中一个突出案例是出生于匈牙利的建筑师尤纳·弗里德曼（Yona Friedman）。他早在 1956 年的 CIAM 10 上就展示了"移动建筑"（Mobile architecture）的构想。在他的方案中，建筑本身并不能移动，构想的主要成分是架空在 20 余米高度上的多层平台，使用者可以根据自身的需求来分割和占据这些平台，并且伴随着需求的变化，改变这些分割和限定空间的设施。尤纳·弗里德曼构想的基础是对变化的认同。他认为当代建筑、城市以及社会的基本特征就是无休止地演变，因此，以往固化的构筑物以及机构体制都不再适应时代的要求，需要根本性的变革。此后，尤纳·弗里德曼继续将"变化"的理念移植到城市构想中，他在 1958 年发表了《移动建筑》（L'architecture Mobile）一书，描绘了他著名的"空间城市"（Spatial city）理念。这是一种以立柱支撑的空中网架，作为支撑结构以及基础设施的承载物。网架的中空部分可以用来放置"移动建筑"，即可以灵活占据和改变的居住单元。此后，尤纳·弗里德曼进一步设想，这些"移动建筑"可

---

① 引自 https：//en.wikipedia.org/wiki/New_Babylon_（Constant_Nieuwenhuys）
② MCDONOUGH T. Metastructure：experimental Utopia and traumatic memory in Constant's New Babylon[J]. Grey Room，2008（33）：90.

以通过大规模工业制造成为几种固定模式的单元，使用者可以自行选择需要的单元进行组装。由此，建筑师的任务主要归结于网架与基础设施的建造以及单元的设计，而使用者则仅仅需要在有限的单元中做出选择。

不同于康斯坦特与坎迪利斯－约西齐－伍兹，弗莱德曼将"巨型结构"的理念扩展到了更大的空间中，此外，他的标准化网架以及插入单元也更符合大规模工业生产的特点。弗莱德曼设想的"空间城市"将传统"巨型结构"理念与当时以宇航技术为代表的科学技术发展密切结合了起来，成为 20 世纪五六十年代技术性乌托邦构想的经典代表。"空间城市"也定义了此后众多"巨型结构"方案的基本特点。雷纳·班纳姆在他的《巨型结构：城市近期的未来》（*Megastructure：Urban Futures of the Recent Past*）一书中对"巨型结构"进行了定义：可以扩展的整体性的结构网架，再加上可以添加、去除、更新的插入式单元。类似的理念在英国的"建筑电讯"、日本的"新陈代谢派"等理论团体中都得到了体现。

在世界科技发展的另一个中心，技术化乌托邦的理念也有其热忱的追随者。巴克明斯特·富勒被认为是美国最富有热情的幻想者之一。早在 1920 年代，富勒就与妻子安妮·休利特·富勒（Anne Hewlett Fuller）一同探索了预制模块化建筑材料。"一战"期间，他在美国海军舰船上服役，增进了他对机械技术的了解。不幸的是，他的幼女因为战时的不利生活条件而染病去世。这对富勒造成了深深的打击，他将此归因于当代建筑技术的落后。相比于汽车、飞机等现代工业的先进成就，建筑无论在成本、用途还是建造技术上都已经严重过时。在经过了一段消沉之后，富勒重新振作起来，并将余生投入了以先进技术推动理想建筑环境的探索之中。

他最早的成果是 1927 年的"戴马克松住宅"（Dymaxion House）。这是一种深入融合了汽车制造技术的实验性住宅，大量采用铝作为结构与墙面材料，几乎所有的部件都通过工厂预制。得益于轻质金属材料的使用，这些部件可以轻便地运输到场地上进行组装。简单地说，富勒试图像生产汽车那样生产金属住宅，并且实现汽车般的舒适性与灵活性。富勒此后设计过几版不同的"戴马克松住宅"，但是它们都被证明无法真正符合居住建筑的要求，没有能够实际投产。即使如此，富勒将先进工业技术引入建筑生产的理念仍然给人很大的触动，他曾经宣称："在制造'戴马克松住宅'住宅的铝制部件与制造B29 空中堡垒轰炸机的机身之间没有根本性的差别。"[①] 富勒相信，依赖于航空工业，可以用更轻、更少的材料来建造更为高效的住宅，因此我们应该关注一个此前的时代都被忽视的问题："我们的建筑应该多重。"很显然，极致的轻是富勒所追求的。

在"戴马克松住宅"之后，富勒将重心转向对"短程线式穹顶"（Geodesic dome）的探索。这是一种利用杆件材料组建网格穹顶的技术。最初是由德国卡尔蔡司公司的工程师们所发明的，但是富勒积极将它移植到建筑领域。他看重的是使用最少的材料实现最大的空间围合。"短程线式穹顶"可以用非常经济的方式形成空间覆盖，进而为可控的人居环境提供基础。富勒最大胆的设想，是用一个巨大的穹顶覆盖曼哈顿的中城地区，使得整个城区都变成可以人工控制气候的区域。这种技术幻想看起来不切实际，但是在小一些的尺度上，"短程线式穹顶"可以用于温室、展览馆等设施的便利性建造。最为重

---

① OCKMAN J，EIGEN E. Architecture culture 1943—1968：a documentary anthology. New York：Rizzoli，1993.

要的"短程线式穹顶"作品是 1967 年世界博览会中的美国馆（US Pavilion，EXPO 67）,金属杆件搭建起直径 76m 的球体，六边形的丙烯酸树脂膜封闭了球体的绝大部分，展览空间就设置在球体内部（图 4-5）。虽然在温度控制上，这个建筑存在严重缺陷，但是富勒仍然成功地向公众传递了某种具有科幻色彩的建筑形象。实际上，富勒的确在 1960 年代与美国航空航天局合作，探索在月球基地中使用这样的技术。

在晚年，富勒的关注点进一步转移到高效使用地球资源

图 4-5　巴克明斯特·富勒，1967 年世界博览会美国馆的
"短程线式穹顶"

方面，这使得他成为最早讨论建筑的环境效益以及如何从整体性角度看待建筑能源消耗的学者之一。富勒对先进技术的探索和讨论虽然没有带来多少直接的成果，但是对之后的绿色建筑潮流起到了重要的引领作用。

4.3　建筑电讯

除了尤纳·弗里德曼之外，1960 年代还有两个重要的建筑团体围绕"巨型结构"理念展开了先锋探索。它们分别是英国的"建筑电讯"与日本的"新陈代谢派"团体。在很多方面，比如超级结构、可替换单元等，两个团体有着密切的相似性。但是在另一些方面，欧洲与亚洲不同的文化与城市条件，也带来了两个团体在设想与实践上的巨大差异。

"建筑电讯"（Archigram），准确地说，是一份由伦敦的几位青年建筑师创办的刊物，在 1961—1970 年之间一共发表了 9 期。因为刊物上所刊载的作品声名远播，人们也用"建筑电讯"来指代这几位建筑师所形成的小团体。与很多先锋刊物类似，《建筑电讯》的诞生起源于对传统体系的不满。就像团体的主要理论发言人彼得·库克（Peter Cook）所说的："主要的英国杂志不发表学生作品，因此'建筑电讯'要反抗这种情况，同时反抗当时整个建筑界的贫乏。这个名字的来源是采用一种比期刊更快速也更简单的出版方式的意图，就像'电报'或'航空邮件'那样，因此称作:'建筑 - 电讯'。"[1] 不同于常规建筑媒体,《建筑电讯》刊载的都是来自于团队成员的空想方案，其主要成员包括彼得·库克、沃伦·查克、荣·赫伦、丹尼斯·克朗姆普敦、迈克尔·韦伯（Michael Webb）以及大卫·格林（David Greene）。

---

[1] COOK P. Zoom and "Real" architecture[M]//OCKMAN，EIGEN. Architecture culture 1943—1968：a documentary anthology. New York：Rizzoli，1993：365.

在理论立场上，"建筑电讯"明显受到了 20 世纪五六十年代各种建筑浪潮的影响。与雷纳·班纳姆类似，他们也持有一种技术信仰，认为现代主义运动所依赖的建筑与技术结合以实现更伟大创新的信念并没有得到忠实的实践。因此，需要进一步地发掘技术的潜在可能，实现真正的"现代建筑"理想。就像第一期 Archigram 的《宣言》（Manifesto）所声称的："新一代的建筑必须从那些看起来拒绝了'现代'宗旨，但实际上是维护了那些宗旨的形式与空间中产生。我们已经选择了放弃衰落的包豪斯图景，它是对于功能主义的侮辱。"[①]这种立场解释了"建筑电讯"早期作品中明显的新粗野主义倾向，后者也是班纳姆所推崇的建筑趋势。在第一期登载的韦伯的家具制造商大楼（Furniture Manufacturer's Building）中，新粗野主义所倡导的暴露的结构、裸露的材料、不加掩盖的服务设施等原则被放大到一种极限，甚至使史密森夫妇的亨斯坦顿学校都显得过于"传统"。在这些年轻人看来，史密森夫妇的新作——伦敦经济学人大厦则彻底背离了新粗野主义，回到了"古典"的"包豪斯图景"之中。

在随后的几期中，"建筑电讯"将视角从传统建筑转移到更为庞大的"巨型结构"设想中。他们的很多想法明显受到了富勒的影响，比如像福特汽车一样批量生产卫生间、厨房的建筑组件，低廉的成本使得这些部件可以迅速地被替换和丢弃。他们设计的胶囊住宅可以批量生产、出售、运输和组装，比富勒的"戴马克松住宅"更为接近工业制造的标准。彼得·库克在第 4 期上发表的"拼插城市"（Plug-in-City）是尤纳·弗里德曼"空间城市"理念的变形。庞大的三维网架构成了城市骨架，其他建筑物则作为模块化单元插入网架之中。彼得·库克设想让这样的拼插城市跨越英吉利海峡，将伦敦与巴黎联系在一起。单纯在理论上，拼插城市并没有太多新颖的地方，基础设施骨干、批量制造单元、灵活更新、快速流动是 20 世纪五六十年代的热门话题，"建筑电讯"只是用更为夸张、更为具体的建筑图像，创造了更令人震惊的效果。第 5 期上刊载的荣·赫伦与布赖恩·哈维（Bryan Harvey）合作的"行走城市"（Walking City）也是"建筑电讯"的著名作品。巨大的机器般的椭圆形体量是城市主体，它可以通过伸向地面的触角实现移动，就好像超尺度的机械爬虫，可以在全世界游走。荣·赫伦与布赖恩·哈维认为这样的行走城市也符合当代资本的流动性，人、城市、社会与资本一同快速流转起来。

正是在这一点上，"建筑电讯"体现出了与尤纳·弗里德曼、富勒等人的不同。在他们的作品中，除了技术畅想之外，还加入了更多的社会文化内容，其中最重要的是波普艺术的成分。对于波普艺术在英国的发展，前文已经提到，伦敦的"独立团体"是英国波普艺术的策源地，爱德华多·包洛奇与汉密尔顿等艺术家认为，大众文化将取代经典艺术成为更具现实意义的艺术媒介。"建筑电讯"的年轻成员们也认为波普艺术以及所指代的消费文化可以带来一种解放。就像沃伦·查克后来所承认的："作为一个团体，我们在政治上并没有太明确的立场，但是在我们很多计划背后，有一种核心的解放性的趋向……人必须重新创造自己，来摆脱所处环境的可怕选项，他要重新创造自己来进入一种生活，这种生活能够给他提供真实的消费选项。我们对于人们将我们的作品视为消费

---

① ARCHIGRAM. Manifesto[M]//MALLGRAVE，CONTANDRIOPOULOS. Architectural theory（Vol 2）：an anthology from 1871 to 2005. Oxford：Blackwell，2007：356.

品非常感兴趣。"[①] 这种对消费文化的认同，不仅体现在将建筑部件转化为快速消费品的设想上，也体现在"建筑电讯"后期作品中大量出现的波普艺术成分上。他们将众多流行文化的元素，比如明星照片、商品广告、宣传标语结合到建筑制图之中，创造了极为新奇的新建筑图景。在图像表现上，"建筑电讯"开创了一个新的时代。虽然密斯·凡·德·罗在"二战"前就已经常使用照片与图像的拼贴，但是"建筑电讯"无论是在素材还是拼贴方式上都进行了极大的拓展。他们将传统建筑图纸与漫画、招贴、布告等不同媒介融合在一起，带来了巨大的冲击力，成为"二战"后先锋建筑试验中最富特色的成果之一。"建筑电讯"对大众文化、波普艺术以及娱乐传媒的重视，浓缩在他们晚期的"即时城市"（Instant City）项目中。这不再是一个关于城市的整体设想，而是一个移动的超大型娱乐装置。数十个的热气球或飞艇飘浮在空中，悬挂着巨大的顶棚，在顶棚下面是临时装配或者从空中垂下的各种电子音响、电影幕布以及其他图像设施，营造出强烈刺激的幻想氛围。设计者的意图是通过这种移动设施，将大都市浓烈的娱乐文化带到乡村。它典型性地体现了"建筑电讯"将科幻小说般的技术畅想与波普艺术密切结合的独特路径。

从这些角度看来，"建筑电讯"可能比其他技术乌托邦团体都更全面地展现了 1960 年代的先锋建筑特色。宇航技术、工业制造、"巨型结构"、变化与延展、波普艺术都被汇入"建筑电讯"那些令人惊叹的图像之中。尤其是大众文化元素，在那个波普文化刚刚兴起的时代，"建筑电讯"的这些图像提供了一种打破传统的解放，体现了对于技术和大众文化的乐观期待。在这一点上，"建筑电讯"预示了此后美国后现代主义对大众文化要素的认同。但在另一方面，伴随着技术信仰与消费文化在西方文化主流中遭受越来越多的质疑与批评，"建筑电讯"的作品反而具有了某种反讽色彩。他们模糊的政治立场，与中立的文字表述，使得这些作品既可以被看作赞颂，也可以被看作讽刺。就像路德维希·希尔伯塞默（Ludwig Hilberseimer）的大都市设想，在历史环境与文化视角发生转变的背景下，人们对它们的解读也在发生了变化，而这也进一步丰富了"建筑电讯"的作品在当代建筑中的理论内涵。

4.4　新陈代谢派

几乎与"建筑电讯"平行的同一时期，一群日本建筑师也提出了一系列基于"巨型结构"的城市设想。他们因为在 1960 年发表了《新陈代谢：新都市主义的提议》（Metabolism：The Proposals for New Urbanism），而被称为"新陈代谢派"。很多人注意到这两个团体的相似性，以至于宣称其中一个是另一个的复制者。但实际上，"巨型结构"的理念在当时非常普遍，仔细地辨别也会发现两个团体在理念与实践上的显著差异。"建筑电讯"对大众文化的吸收体现了英国先锋艺术的影响，而"新陈代谢派"则结合了日本建筑传统以及快速发展的日本社会现实。

日本对现代建筑的引入很早就已经开始了。1930 年代早期，堀口舍己（Horiguchi Sutem）已经将风格派的构成手法引入菊川住宅（Kikukawa House）的设计。两位曾

---

① SORKIN M. Amazing archigram[M]//some assembly required，Minneapolis：University of Minnesota Press，2001：137.

经在勒·柯布西耶事务所工作
过的日本建筑师——坂仓准三
（Junzo Sakakaura）与前川国
男（Kunio Mayekawa）扮演了
重要角色。前者的 1937 年巴
黎世界博览会日本馆将勒·柯
布西耶的"新建筑五点"与日
本传统建筑的细节结合在一起，
后者建造于 1940 年的自宅，
在日本的木构建筑体系中融入
了雪铁汉住宅的空间格局。这
两位建筑师先后回到日本执业，

图 4-6　丹下健三，广岛和平纪念公园

并且协助勒·柯布西耶完成了东京国立西洋美术博物馆（National Museum of Western
Art）的设计建造，推动了现代建筑，尤其是勒·柯布西耶后期作品在日本的传播。比如
前川国男的东京晴海大厦（Harumi Building）就体现出了马赛公寓的直接影响。

　　丹下健三是新一代日本现代建筑师中的领军人物。从东京大学建筑系本科毕业之
后，他在前川国男的事务所工作了一段时间，最后又回到东京大学攻读研究生学位，此
后留校任教，并且广泛参与实践。因为赢得了 1949 年的广岛和平纪念公园（Hiroshima
Peace Memorial）的设计竞赛，丹下健三获得了国际性的声誉（图 4-6）。他的设计以
经典现代建筑语汇塑造出一种平静和肃穆的建筑氛围，同时还融入了日本传统墓葬器
皿的元素。这透露出了日本建筑师试图在现代建筑与日本文化传统之间建立联系的意
图。1951 年，丹下健三与前川国男、坂仓准三一同出席了 CIAM 8 的会议，并且展示
了广岛和平纪念公园的方案。丹下健三还参与了 CIAM 随后的会议，并且在奥特洛会议
上展示了新近完成的东京市政厅（Tokyo City Hall）与香川县厅舍（Kagawa Prefectural
Government Hall）的设计。其中，香川县厅舍尤其值得关注。在当时的日本建筑界，普
遍认为现代建筑的混凝土框架体系与日本的传统木构框架体系有本质上的相似性。在战
后素混凝土材料大范围使用以及勒·柯布西耶粗野建筑风格的启示下，很多日本建筑师
尝试着让混凝土结构具备木构体系的特征。一种做法是用预制混凝土构件像木构件一样
现场搭接，获得明确的结构关系；另一种是仅仅在形态上模拟木构的柱、梁、椽子等。
香川县厅舍属于后者，丹下健三刻意凸显了建筑的柱与梁，仿佛整个结构是由方整的木
料搭接而成（实际上是现浇框架）。整个建筑显得典雅而富有细节，建筑南侧日本传统风
格的园林进一步强化了整个设施的文化倾向。在传统的另一面，是这座建筑的先进技术，
无论是预应力钢筋的使用还是抗震核心筒的设计，在当时都是非常领先的。历史传统与
先进技术的并存，展现出当时日本现代建筑探索的独特道路。对于日本建筑师来说，传
统不是更多地体现在符号或者形象上，而是更多地指向建筑的内在机制，比如结构体系
以及建造与维护方式，这种机制本身可以在新时期获得新的阐释，因此完全可以与最新
的技术相结合。正是因为有这种特色，在奥特洛会议上，丹下健三并不赞同将香川县厅
舍与罗杰斯的维拉斯加塔楼归为一类，后者过于图像化的表达与日本建筑师对传统的理
解有所不同。

图 4-7   菊竹清训，出云大社管理楼   图 4-8   菊竹清训，"空中住宅"

丹下健三并不是唯一一个进行这种探索的人。菊竹清训（Kiyonori Kikutake）于1961—1963 年 之 间 完 成 的 出 云 大 社 管 理 楼（Izumo Grand Shrine Administration Building）就采用了预制构件现场装配的方式，使得这个混凝土建筑与神社的传统木构建立起了结构逻辑上的联系（图 4-7）。同样，依赖于著名结构专家松井源吾（Gengo Matsui）的协助，这个建筑中也采用了预应力混凝土梁等当时领先的结构技术。菊竹清训稍早之前的"空中住宅"（Sky House）可能更为重要（图 4-8）。这实际上是菊竹清训的自宅，他用四块混凝土板支撑起一个架空 2.5m 高的 10m×10m 混凝土平台，平台中心是一个完全开放的房间，厨房和厕所则放置在平台的一边。中心房间的灵活开放与水平性特征都是典型的日本传统建筑元素。空中住宅在现代建筑的纯粹几何性与传统特色之间获得了微妙的平衡。更为重要的是，菊竹清训在这个建筑中探索了建筑的可变性。因为支撑结构简化为外层的四个支撑板，这给予结构间的房间很大的灵活性。菊竹清训设想，房间内部可以自由划分，根据家庭变化而改动，模块化的厨房与卫生间可以根据需要挪动，以适应新的住宿需求。他甚至还曾经在架空的混凝土平台之下吊挂了供儿童居住的小房间，实现了传统建筑中所罕见的形态与空间变化。从某种程度上看，空中住宅是一个缩微的"巨型结构"，这看似矛盾的称呼背后，是菊竹清训对结构与使用房间分离以及由此带来的房间本身的灵活演变的探索。这个小建筑比"建筑电讯"，乃至后来的很多"新陈代谢"方案更为真实地实现了建筑的可变性。

"不同于过去的建筑，当代建筑必须要能够回应当代变化的需求。"这样的话语展现出菊竹清训与同时代欧洲建筑师们类似的敏感。这当然并不是偶然的，20 世纪五六十年代的日本与欧洲都经历了快速发展的时期，经济、技术、城市都在迅速变化，乐观情绪也催生了大量积极的乌托邦设想。日本的特殊性在于资源与人口的不均衡，像东京这样的城市吸引了大量的人口，造成了用地紧张与资源匮乏等问题。菊竹清训随即尝试将结构的理念用于城市设想之中。他的"塔形城市"（Tower-shaped City）方案在 1959 年的奥特洛会议上展出。这是一个典型的"巨型结构"方案，一座座 300m 高的塔楼涵盖了所有的城市基础设施。在主体结构之上可以附加上预制的居住单元，这些单元可以根据需要移动和更新。通过塔楼制造大面积的"人造土地"（Artificial land），菊竹清训希望以此解决日本的土地短缺以及城市更新问题。从"高塔城市"方案中可以看到，日本建筑师对于当时西方建筑界所关注的核心问题以及提案有清晰的认知，槙文彦（Fumihiko

Maki）等在西方留学和工作的日本建筑师也对"十小组"、尤纳·弗里德曼以及路易·康的理论思想引入起到了重要的推动作用。

这些早期因素，在 1960 年的东京设计大会上最终汇聚成为"新陈代谢派"的诞生。负责会议组织的一组日本建筑师，希望通过日本视角提出关于建筑与城市发展的动议。考虑到日本在"二战"中所遭受的创伤，尤其是原子弹带来的摧毁性打击以及战后的快速恢复与发展，这些年轻建筑师希望强调某种再生与发展的理念。日本传统木构的更新维护方式也为他们提供了养料。像伊势神宫那样每 20 年重建一次的更新方式，展现出了与西方传统中建筑的长期稳定性不同的模式。因此，在会议主题的讨论中，评论家川添登（Noboru Kawazoe）提出了"新陈代谢"的概念，强调有机体与外部环境的持续交换与更新。他们以此来描述建筑与城市的持续更新与生长。随后小组成员，包括菊竹清训、大高正人（Masato Ohtaka）、槇文彦以及黑川纪章（Kisho Kurokawa）一同发表了《新陈代谢：新都市主义的提议》。

这一文献的开头写道："我们将人类社会看作一个有活力的进程——一种从原子到星云的持续发展。我们使用一个生物学概念新陈代谢的原因，是我们相信设计与技术应该是人类社会的指针。我们不是将新陈代谢视为一个自然进程，而是试图经由我们的提议，鼓励我们社会活跃的新陈代谢式的发展。"[1] 这样的语句，显示出"新陈代谢派"对社会发展的密切关注，这也使得他们比其他的类似先锋团体获得了更多的实践成果。《新陈代谢：新都市主义的提议》中汇集了几位作者的方案与理论讨论。菊竹清训贡献了"海洋城市"方案，这是对他此前的"高塔城市"与"海上城市"（Marine City）方案的综合。其构想是一个漂浮在海洋上的城市，"巨型结构"组成了城市的主要建筑，各个组成单元可以根据需要扩展和更换。菊竹清训在这一时期完成了许多类似海洋城市的方案，通过开拓水面来解决陆地稀缺的问题。这些方案中最为典型的是大量的圆形塔楼，中心是承重以及容纳基础设施的结构筒，小型居住单元可以插入结构筒之中。这种建筑设想后来成为"新陈代谢派"重要的建筑类型特征。

另一位参与者，丹下健三的学生黑川纪章也提供了"巨型结构"设想。他的"墙体城市"设想为不断延展的巨型墙体，墙的内部是交通与基础设施，墙的一面是居住单元，而另一面则是工作空间。他的另一个方案是"农业城市"，整个城市呈网格状架空在 4m 高的柱子上，借此来消除乡村与城市在用地上的冲突。

槇文彦与大高正人一同撰写了名为"走向群体形式"（Toward Group Form）的文章。槇文彦 1952 年自东京大学毕业后前往美国匡溪艺术学院以及哈佛大学设计学院学习，此后在华盛顿大学圣路易斯分校任教。他凭借对当时西方建筑理论的熟悉，帮助"新陈代谢"建立了与西方理论的共鸣。在文章中，作者强调当代建筑的总体发展趋势是"建筑师再次对建筑中的个性以及地区性表达越发有兴趣"[2]。因此，主要的挑战是在整体秩序与独特个性之间寻求均衡。槇文彦与大高正人提出的解决方案，是将具有个性的个体组成类似于村庄或者聚落的"群体"，而不是像以前的建筑那样追求一个单一的整体。群

---

① KIKUTAKE K, KAWAZOE N, OHTAKA M, et al. Metabolism：the proposals for new urbanism[M]//MALLGRAVE, CONTANDRIOPOULOS. Architectural theory（Vol 2）：an anthology from 1871 to 2005. Oxford：Blackwell, 2007：353.
② MAKI F, OHTAKA M. Toward group form[M]//OCKMAN, EIGEN. Architecture culture 1943—1968：a documentary anthology. New York：Rizzoli, 1993：321.

体的优势在于它的内部组织关系更有弹性，对局部的更改与调整并不会对群体产生颠覆性的影响，由此可以维护相对稳定的秩序，同时给组成部分的变化更新留有余地。可以看到，槙文彦与大高正人也看重新陈代谢的可变性与更新的可能。但是不同于菊竹清训和黑川纪章的"巨型结构"，他们倡导的是微型村落，前者因为超大型结构和基础设计框架的存在而成为超级机器，后者则宣扬了类似于传统居住环境的细腻与多元。这一品质非常充分地呈现在槙文彦的名作代官山集合住宅之中。一组优雅小建筑组成的群体，为社区带来了丰富的形态变化与室外空间。建筑师以现代建筑的手段，营造出传统社区的亲切与丰富。"巨型结构"与聚落群体的差异展现出新陈代谢派内部观点的多样性，这两条线索也将对此后日本现代建筑的发展产生持续性的影响。

丹下健三虽然没有参与《新陈代谢：新都市主义的提议》的撰写，但他实际上是"新陈代谢派"的重要支撑力量。他在 1961 年初发表了"东京湾规划"方案。这是基于他此前在 MIT 指导设计课程的成果进一步发展而成的"巨型结构"设想。连续环状的高速公路体系组成了高效通行系统，架设在东京湾的海面上，形成了城市的主体结构。垂直于骨干路网的是大量次一级道路，它们引向各种城市设施，包括居住、办公以及公共服务。丹下健三所提供的也是一个可以扩展的体系，每一个分支都可以根据需要延展，并不会影响主体结构的完整性。东京湾规划可能是"新陈代谢派"众多"巨型结构"设想中最为宏大的，这激发了年轻建筑师进一步的畅想。丹下健三的学生之一矶崎新（Arata Isozaki）也在 1962 年提出了"空中簇团"（Clusters in the Air）的巨构方案，庞大的结构性圆柱将整个城市架空在天空中，不同高度的分支道路连通各个建筑单体。

作为日本现代建筑师的领军人物，丹下健三很快就获得了机会将新陈代谢的理念付诸实践。他完成于 1967 年的山梨县广播新闻中心（Yamanashi Broadcasting and Press Centre）极为典型（图 4-9）。这个建筑的主要结构是 16 个直径 5m 的混凝土圆筒，除了支撑作用之外，圆筒内部还容纳了楼梯、厕所、管道线等基础设施。这些圆筒就相当于"巨型结构"中的结构和基础设施网架。圆筒之间的空隙是安排使用房间的地方。为了突出填充房间与结构的差异性，丹下健三特意在两者交接处拉开缝隙，以说明填充房间的单元性质。同样，为了展现整个体系的灵活与可扩展性，丹下健三不仅让圆筒超出主要体量一大截，还在建筑的各个部分留出空洞与缝隙，仿佛这是一个还在不断扩展中的建筑物。虽然这个建筑仅仅在 1974 年作了局部的扩展，但是从结构到形态，山梨县广播新闻中心都定义了"新陈代谢派"建筑作品的体系化特征。它们都着力于呈现一种未完成的状态，并且强调支撑结构与填充单元的差异性。对灵活性的追求则导向空洞与缝隙的大量使用，整个建筑展现为一种组装物，而不是固定的建筑实体。

图 4-9　丹下健三，山梨县广播新闻中心

除了这些作品之外，最典型地呈现了新陈代谢特色的建筑是黑川纪章完成于 1972 年的东京中银大厦（Nakagin Tower）（图 4-10）。黑川纪章几乎将菊竹清训设想过的组装式高层塔楼变成了现实。建筑主体是两座公寓楼，每座楼的中心是容纳了电梯、螺旋楼梯以及管道的混凝土核心筒，所有的公寓都是预制的胶囊单元，通过金属梁与钢缆附着在核心筒之上。预制胶囊公寓的概念并不新奇，但是黑川纪章首次将其运用于实践。每个胶囊公寓长 4m，宽 2.5m，有一扇封闭的圆窗，房间内有内置的组合家具以及一个带有澡盆的卫生间。虽然面积很小，紧凑的布局和可收叠的家具使得胶囊能够满足单身人士的日常需求。从家具到电器，胶囊公寓都体现出了时代特色。同时，与常规茶室相近的面积以及接近传统的圆窗也体现出了日本建筑的特色。所有 140 个胶囊公寓都是在工厂预

图 4-10　黑川纪章，东京中银大厦

制，然后再到现场吊装而成，整个组装过程仅仅耗费了 30 天。黑川纪章设想，每隔 25 年就对胶囊单元进行一次更新，以实现新陈代谢的理念。相比于菊竹清训与丹下健三的类似建筑，只有中银大厦才实现了插入单元的批量生产，也真正使得局部单元的灵活更新成为可能。因此，中银大厦最为真实地实现了众多"巨型结构"方案中对插入单元的设想。但也正是因为这种真实性，中银大厦同时也暴露出类似设想的局限，比如某些技术缺陷导致单元体存在通风与热效能的问题，单元体与主体结构的交接点容易产生渗漏，这些问题进一步导致建筑整体的破败，也使得住户们拒绝像黑川纪章所设想的那样更新胶囊。尽管在理论上这些技术问题不难解决，但建筑需要的是持久可靠、经济可行的技术方案，直到今天，这仍然是对装配式建筑的重大挑战。或许更为符合新陈代谢理念的不是地上的建筑，而是空间站，最先进的技术、宽松的预算以及特殊的空间环境使得太空舱的更新与扩展变得可行。

1970 年的大阪世界博览会被视为"新陈代谢派"的巅峰，丹下健三完成了博览会的总体规划，菊竹清训、大高正人、黑川纪章以及矶崎新都完成了相应的展馆。这些作品都显示出强烈的技术特征，暴露的桁架、拼插的单元以及超尺度的巨型屋顶，都展现出了"新陈代谢派"的技术乌托邦特征。这次展览会也从另一个侧面说明了他们的理念可能更适合这种临时性的装置，而不是实际使用的日常建筑。绝大部分新陈代谢建筑并没有实现更新与变化的承诺，它们更多地成为一种宣言式的姿态，宣示着充满雄心的新一代日本建筑师建立独特立场的信念。

在日本之外，摩西·萨夫迪（Moshe Safdie）的蒙特利尔"人居 67"项目（Habitat 67）也尝试了预制单元的组装建造（图 4-11）。他用 365 个相同的混凝土模块堆叠起来，形成容纳了 158 套公寓的集合住宅。大量错落平台与空洞的出现以及中心结构的缺失，使得"人民 67"项目更接近于槙文彦所倡导的"群体形式"而不是菊竹清训与丹下健三的"巨型结构"。萨夫迪的作品与日本建筑师的作品构成了 1960 年代追寻灵活性与可延展性建筑体系最重要的实践成果，也是现代建筑史上最有趣的实验之一。

图 4-11　摩西·萨夫迪，蒙特利尔"人居 67"项目

经过 1960 年国际设计会议以及 1970 年大阪世界博览会的推广，"新陈代谢派"获得了广泛的国际关注。虽然他们关于"巨型结构"、更新变化的理念并不显得独特，但是与欧洲同行相比，"新陈代谢派"取得的实践成果是最为显著的。亚洲现代建筑师第一次作为一个团体获得了清晰的身份特征，这证明了日本现代建筑的活力。"新陈代谢派"帮助日本成为当代建筑发展中重要的一极，从丹下健三开始，日本建筑师广泛地参与国际建筑讨论与交流。而"新陈代谢派"所开启的将先进技术与日本传统相结合的建筑道路，也将继续影响此后日本建筑师的创作实践。

总体看来，1960 年代的技术乌托邦潮流仍然是现代建筑技术理想的延续。参与者们希望凭借更先进的技术、更宏大的规模以及更激进的变革来使得建筑适应新时代对变化、多样性以及资源占有的需求。虽然也有部分对社区身份、大众文化、地区传统的讨论，但是技术乌托邦的基本前提是认为建筑与城市问题的主要核心是实证性的物理、经济、利益分配问题，因此可以采用技术手段给予解决。对于那些得到普遍认同的技术问题，比如环境问题与资源配给，这样的思路并没有问题。但是对于一些建筑师来说，建筑问题的实质并不是技术问题，而是文化或者价值问题，那么单纯的技术手段不仅不能带来理想的建筑，甚至可能走向技术依赖的反面，进而忽视了最关键的因素。因此，这些建筑师的理论思想会更偏向人文价值、文化内涵、思想积淀，乃至于形而上学，在 1960 年代的建筑探索者中，阿尔多·凡·艾克与路易·康是最为典型的代表。

4.5　阿尔多·凡·艾克的人文主义建筑理论

如果说以"建筑电讯"与"新陈代谢派"为代表的技术乌托邦设想可以至少追溯到"十小组"中史密森夫妇等人所倡导的巨构理念，那么另一个重要的理论思潮也可以追溯到"十小组"中另一位核心成员的理论与实践。这就是荷兰建筑师与理论家阿尔多·凡·艾克的具有显著人文主义特色的建筑思想。相比于技术乌托邦设想的风靡一时，凡·艾克的声音在当时的建筑界显得微弱和孤独，但伴随着时间的流逝，他独特的建筑理解的价值在不断提升。这是因为他提出的很多理念在不断地被此后发展的一些建筑思潮所肯定。今天人们已经意识到阿尔多·凡·艾克建筑理论的深刻性以及比技术乌托邦理念更为深远和多元的影响。

将阿尔多·凡·艾克的理论倾向描述为人文主义，是因为他的理论关注的核心是人的体验与价值，而且这种体验与价值不是化简为物理和数学指标，而是与形而上学的本质以及存在意义等哲学命题相关联。他对艺术以及人类学研究的明确兴趣就鲜明地体现了上述倾向。这种联系赋予了凡·艾克建筑理论超乎寻常的深度，也造成了理解的困难。我们试图在这一节中，对他的思想体系给予简要的总结。

凡·艾克的人文主义特点与他的成长经历有密切关联。他的父亲彼得·尼古拉斯·凡·艾克（Pieter Nicolaas van Eyck）是一位著名的诗人，其作品大多关注幸福的主题。基于对斯宾诺莎与柏拉图的阅读，他的诗歌常常展现超验思想与日常感受的结合。这种特殊的文化背景显然对凡·艾克自身的敏感性以及人文气质有直接的影响。另一个重要影响因素是他的外祖父亨德里克·本杰明斯（Hendrik Benjamins）。在荷属殖民地苏里南任职期间，亨德里克·本杰明斯多次前往苏里南土著部落中进行人类学考察，通过与外孙的密切接触，他将这种对土著文化的热衷传递给了阿尔多·凡·艾克。

幼年时，阿尔多·凡·艾克跟随父母在英国生活，他进入了伦敦的阿尔弗雷德国王学校学习。不同于常见的规范式教育，这所学校的教育理念认为知识不应该强加给学生，而是应该引导学生通过自发的兴趣与探索来掌握。这样的教学才会充满同情与欢愉，从而让学生具备完善生活的能力。阿尔弗雷德国王学校那种自由、欢快和多样化的教学环境，深刻影响了凡·艾克对儿童、对学校，乃至对日常环境与人们行为的理解，在某种程度上塑造了他的建筑思想与实践倾向。

此后，凡·艾克在瑞士苏黎世联邦理工学院（ETH）接受了建筑教育。这里的现代主义倾向将凡·艾克引上了现代建筑的道路。但是他自己的思想特点并没有被当时盛行的新客观性（new objectivity）所磨灭。在上学期间，他就已经开始前往非洲旅行，去体验那些不同的文化环境。从 ETH 毕业之后，凡·艾克在苏黎世生活了几年，期间，他结识了吉迪恩的妻子，一位将对他一生产生深远影响的艺术史学家卡罗拉·吉迪恩 – 威尔克（Carola Giedion–Welcker）。吉迪恩 – 威尔克专注于 20 世纪初的先锋艺术研究，她认为众多先锋艺术探索的目的不是创造新的形式，而是以新的方式去探索人的本质。在她的引导下，凡·艾克不仅深入了解了先锋艺术运动，也接受了她的艺术观点，认同先锋艺术可以揭示某种深刻的哲学内涵。比如，他对风格派如蒙德里安的作品非常感兴趣，其中的原因之一就是蒙德里安认为真正重要的是内在关系（Relation）而不是表象中的独立个体，所以他的绘画表现几何关系，而不呈现具体形象。凡·艾克也接受了这种关系的相互关联比实体的相互割裂更为重要的观点，这将直接体现在他关于"双生现象"（Twin phenomenon）的理念中。在所有先锋画家中，对凡·艾克产生最重要影响的是理查德·保罗·洛斯（Richard Paul Lohse）。洛斯的画作可以被看作风格派的某种延续，它们通常是由大量重复的横向与竖向条块构成。这当然也是一种关注于关系的绘画，但是不同于蒙德里安的作品，洛斯的画作元素更多，关系也更为复杂，大量重复元素在画面中形成了极富动态的韵律，体现出某种灵活的整体秩序。在凡·艾克看来，这体现了一种将个体与整体、混乱与秩序、自由与统一调和在一起的状态，这意味着原来被认为是对立的两极可以在相互关系中形成互相支撑的均衡。这就是他所定义的"双生现象"，简单地说就是对立事物的相互调和，成为某种均衡与联系，同时也并不消灭其中任何一方。凡·艾克认为洛斯的画作体现了某种"运动中的和谐"（Harmony in motion），他此后在自己的作品中直接转译了这种"运动中的和谐"。

早在 1947 年，凡·艾克就参与了 CIAM 6 会议。他在会议上批评现代建筑背离了先锋艺术运动的真实目的，放弃了人类最本质的自由探索，龟缩于对狭窄的实用功能的关注之上。他强调，建筑的任务是通过想象力改变人的生存状态。他的呼吁得到了勒·柯布西耶的赞赏，"终于，想象力来到了 CIAM，"后者这样评论道。对想象力的强调体现了凡·艾克普适性的人文主义思想。他认为人的一些核心品质是为所有人所共有的，建筑应该回应这些普遍性的要素，而不应该局限于对一些短暂的实际利益的追求。在一段极为著名的引言中，凡·艾克写道："建筑意味着持续性地重新发现被转译到空间中的持久性的人类品质。人在任何时刻，以及任何地方都是一样的。他有着同样的心智，虽然他会根据他的文化或者社会背景，根据他所属的特定生活习惯来决定如何使用它。"[1] 普适性意味着同样的"转译"可以在任何建筑体系中被实现，在那些不知名的建筑传统中，也可以发现同样有价值的东西。这也是凡·艾克对土著文化及其建筑格外感兴趣的原因之一。

在 ETH 求学时，凡·艾克曾在杂志上看到非洲多贡（Dogon）部族的介绍。就像童年时外祖父所传递给他的对苏里南土著文化的兴趣一样，凡·艾克也对多贡产生了浓厚的兴趣。此后他对多贡部族进行了考察，并且发表了考察报告。使得凡·艾克着迷的，不仅是多贡建筑的独特形态，更重要的是在多贡人的生活中，从日常物品到建筑再到对宇宙的认识都被联系成一个整体的观念体系。比如一个篮子的方形底面与圆形边缘就象征着整个宇宙的结构。"看起来，那些认为所有的事物都是一个事物，一个事物也可以是所有事物的人，在内心中都有这种本质性的整体性。"[2] 这当然呼应了他的"双生现象"理念，事物不是割裂和对立的，而是可以关联在一起的。在多贡村庄中，这种关联是通过将多贡人对人、对生活乃至对整个宇宙的理解转译到对物品、对建筑的设计之中来实现的。他们的篮子与村庄一样，不仅仅是实用品，也体现了他们所认同的宇宙秩序。这样整个环境成了他们可以理解的环境，成了适合他们生活的环境。

"为了在宇宙中获得家园，人倾向于按照自己的图像重塑宇宙，让宇宙与他自己的尺度相符。"[3] 这里透露出凡·艾克人文主义理念的另一个重要方面。他强调人们根据自己的价值意图去塑造环境，将陌生的外部环境人性化，使其与人的理解以及意图相符。他也将这种行为称为"室内化"（Interiorize），因为家的内部环境是最理想的人性化场所，而建筑师需要将外部环境也转变为具有这种品质的场所，所以被比喻为"室内化"，而不是真的将其变为室内。在这里，凡·艾克直接批评的对象是许多现代建筑对室外环境的漠视，他写道："建筑（也包括城市）意味着'在内部和外部都创造室内环境'，因为'外部'是先于人造环境的，它将得到应对；通过室内化，它将被劝导着与人相适应。"[4] 这种将外部环境"室内化"，从而形成一个适宜人的需求的整体环境的观念，是凡·艾克作品最强烈的特征之一。他的人文主义思想，始终将人的感受、人的体验与人的活动摆在第一位，这也是他为何会成为"十小组"核心成员的重要原因。这个团体早期对抗的主要目标就是《雅典宪章》对城市功能的割裂。不过，在随后"十小组"的讨论中，凡·艾克的人文主义倾向与史密森夫妇等人的技术乌托邦倾向渐行渐远，也造成了他们之间的疏离。

如果不结合具体的实践作品，凡·艾克的理论仍然是抽象和含混的。作为一个建筑

[1][3] SMITHSON A. Team 10 primer 1953—1962[J]. Ekistics，1963，15（91）：349.

[2] VAN EYCK A. Design only grace；open norm；disturb order gracefully；outmatch need[M]//LIGTELIJN，STRAUVEN. Collected articles and other writings 1947—1998. Amsterdam：Sun，2008：384.

[4] VAN EYCK A. The medicine of reciprocity tentatively illustrated[M]//LIGTELIJN，STRAUVEN. Collected articles and other writings 1947—1998. Amsterdam：Sun，2008：319.

师而不是单纯的理论家，凡·艾克留下了许多经典案例，帮助我们理解"双生现象"、运动中的和谐、室内化等理念如何启迪具体的实践创作。他最早的作品是在阿姆斯特丹城市规划部门工作时主持设计的数十个城市儿童游乐场，独立执业之后他继续完成类似的委托。最终凡·艾克在阿姆斯特丹留下将近 700 个类似案例。这些游乐场规模都不大，造价也不高，只能使用一些简单的构筑设施。就是在这种条件下，凡·艾克利用混凝土条块、钢管、沙坑与绿植等简单素材创造出了每一个都与众不同的，深受儿童喜爱的游乐场地。孩子们总是能够自发地在凡·艾克设置的意图并不明晰的设施中找到游戏的方法。如果没有在阿尔弗雷德国王学校的经历，很难想象凡·艾克对于儿童的游玩有如此准确的把握，他的游乐场成为被儿童的欢愉完全"室内化"了的领域。

建造于 1951—1954 年之间的阿姆斯特丹斯洛特米尔老人住宅（Slotermeer Residence）是凡·艾克第一个重要的独立作品。这个项目由 7 排单层联排住宅组成。但是不同于典型的并排式组织方式，凡·艾克以 6 个建筑体量围合出两个相互联系，但又有着完整边界的内院，这给予了整个项目更密切的联系，也同时获得了两个更为"室内化"的外部院落。这个项目中另一个有趣的地方是凡·艾克在每个住宅的门口设置了一块有栏杆围护的小区域，使得这里成为室内与室外的过渡区，它与两者的关联使其具备了"在之间"（In-between）的气质（图 4-12）。这是凡·艾克建筑设计中的重要元素。因为这个过渡领域的存在，室内与室外的差异被削弱了，两者也由此联系起来，室内外的对立被转变为一种互相调和的"双生现象"。这种"在之间"的元素将成为凡·艾克最具标识性的建筑手段之一。

完成于 1954—1956 年的那格勒学校（Nagele School）充分体现了洛斯的构图影响。凡·艾克将教室作为单元体进行动态组合。虽然每个教室自身都处于正交网格上，但是相互的错落形成了两条斜向的延展。与老人住宅类似，凡·艾克对每个教室的入口前廊道进行了放大，使之成为一个缓冲空间，既可以供学生活动，也可以成为室内与室外的过渡。在更大的尺度上，两条斜向延展的体量与四个混凝土小亭一同围合出北边的活动院落，使得学校成为一系列不同尺度的，既有室内也有室外的活动场地的组合。

同样的策略在阿尔多·凡·艾克最著名的作品——阿姆斯特丹市立孤儿院（Amsterdam Orphanage）中得到了更为经典的阐发（图 4-13）。项目的业主凡·梅尔

图 4-12 凡·艾克，阿姆斯特丹斯洛特米尔老人住宅

图 4-13 凡·艾克，阿姆斯特丹市立孤儿院

斯（Van Meurs）对设计的要求是："一个友好、开放的住宅，它漂亮的外观以及亲切、比例恰当的内部安排能给予住在里面的孩子一种在家里的感受，安全和坚固。"① 近似的观点让凡·梅尔斯成为凡·艾克理想的业主。整个孤儿院服务于 125 名从婴儿到 20 岁大的孤儿。凡·艾克将他们分成 0~10 岁以及 10~20 岁两组，每组分别划分为 4 个组团，将一个组团作为整合单元，配置相应的宿舍以及充沛的公共活动空间。与那格勒学校类似，凡·艾克将组团按阶梯状斜向排列，成为一个 Y 字形的整体布局，连接组团的廊道也进行了局部放大，形成组团入口处的缓冲空间。不同于那格勒学校简单的长方形教室单元，孤儿院的每个组团内部还有精细的设计。北侧的 10~20 岁孤儿的组团都由"L"形体量组成，在阶梯状布局中为每个组团创造了半围合的室外庭院。南侧的 0~10 岁孤儿组团由"T"字形体量组成，组团的错动形成了比北侧更大，也更为封闭的内院，以满足幼童的需要。这样的布局带来了异常灵活的体量分布以及室内外院落的相互咬合，大量不同条件的室内外活动空间给孤儿们带来了极为丰富的体验。这个项目令人赞叹的另外一点是凡·艾克采用了统一的 3.36m×3.36m 的拱形屋顶覆盖复杂的平面。相比于平屋顶，拱顶可以形成更强的场所感，数百个拱顶进一步增进了建筑空间的多样性。预制单元是战后现代建筑常用的手段，却往往造成单一呆板的建筑形象。但是在阿姆斯特丹孤儿院，凡·艾克巧妙地将预制单元与整体的丰富灵活结合在一起，从而为"双生现象"提供了最理想的说明。

这个项目中还有大量的细节展现出了凡·艾克杰出的设计水准。虽然只采用了混凝土、砖、玻璃、木头等常规材料，但凡·艾克清晰地呈现出了材料的真实面貌以及结构与节点的细节。建筑具备新粗野主义所要求的诚实性，同时也具备许多新粗野主义建筑所不具备的细腻与亲切。在数百个阿姆斯特丹游乐场设计中积累的经验在孤儿院中得到了充分的发挥。凡·艾克在大小不同的空间中，设计了大量供儿童游玩的设施，其中最为著名的是一些用混凝土台或者座椅围绕的圆形空间，这是为了给儿童营造一种凝聚性，带来更强的"家"的感觉。几乎在同一时期，凡·艾克在 1959 年的奥特洛会议上发布了他著名的"奥特洛圈"（Otterlo Circle）的图解。左侧的环环绕着帕提农神庙、特奥·凡·杜斯堡（Theo van Doesburg）1923 年的私人住宅设计（Maison Particulière）以及北美普韦布洛印第安人在 12 世纪建造的村落遗址。凡·艾克似乎想强调在不同时代的建筑中存在着普遍的"超越时间"（Timeless）的价值，它们应该可以相互整合在一起，就像他在阿姆斯特丹孤儿院中将多贡村庄式的布局与现代预制单元整合在一起一样。右侧的环中描绘的是委内瑞拉卡亚波（Kayapo）印第安人一同舞蹈的场景，这种环形布局与孤儿院中的圆形场地，再一次印证了凡·艾克关于人在任何时间、任何地方都是相同的观点。"奥特洛圈"图解的最上方是"来自我们，为了我们"（By us，For us）的标题，清晰地阐明了他的人文主义倾向。

凡·艾克对环形的研究并没有停留在抽象图解上。在 1963 年德里贝亨（Driebergen）的"天堂之轮"新教教堂（The Wheels of Heaven Church）的设计中，他描绘了在一段弧线内凹与外凸的两侧都可以成为具有向心性的场所，"山丘与山谷，水平与中心，

---

① MCCARTER R. Aldo van Eyck[M]. New Haven：Yale University Press，2015：85.

都被以两种方式向心坐落的人所享有；都互相
关联并互相吸引。"① 同一个元素却是两种不同
内涵的汇集，是典型的"双生现象"。在天堂
之轮教堂、海牙帕斯图尔·凡·阿斯科克教
堂天主教教堂（Pastoor van Arskerk Catholic
Church）以及阿纳姆（Arnhem）的松斯
贝克公园展览雕塑馆（Sculpture Pavilion,
Sonsbeek Park）设计中，凡·艾克都充分利
用了这种特性，以大量的圆弧或者整圆营造出
弧线内外并存的丰富空间（图 4-14）。弧线
及其变形以及由此衍生的多边形此后也成了
凡·艾克后期作品中频繁出现的主题。

图 4-14　凡·艾克，阿纳姆的松斯
贝克公园展览雕塑馆

　　凡·艾克对设计方法最重要的贡献之一，
是他所提出的"构形法则"（Configurative
discipline）。他在 1962 年的一篇文章《走向
构型法则》（Steps Toward a Configurative
Discipline）中将阿姆斯特丹孤儿院的设计方法
总结为"构型法则"。这是指将具有特色的单元
体组合成组团，再配合上适当的公共空间，形
成具有身份特性与文化内涵的更高层级的单元体。此后，再将这些单元体以类似的方式
进行组合，形成更高层级的组团。在构型设计中，可以通过"多样性与差异性形成整体，
也可以通过整体以及构型的相似性获得差异性"。在多层级的构型设计中，建筑与城市被
融入一个体系之中，它们成为相互协调的"双生现象"。因此，凡·艾克写道："城市之
所以是城市，因为它也是一个大的住宅。住宅之所以是一个住宅，因为它也是一个小城
市。"② 如果这个描述还显得模糊，那么阿姆斯特丹孤儿院提供了最理想的设计说明。在这
篇文章中，凡·艾克还批评了以丹下健三为代表的日本"巨型结构"缺乏文化意义。可
以看到，他的"构形法则"更为接近槙文彦所倡导的"群体形式"，都强调以聚落的方式
创造明确的空间身份，而不是消失在"巨型结构"无差别的延展之中。类似地，"构型法
则"也与"十小组"中其他成员如史密森夫妇以及坎迪利斯 - 约西齐 - 伍兹所倡导的"毯
式建筑"有所不同。虽然两者都强调单元的独立性与灵活性，但是"毯式建筑"强调一
个主导性的中心结构的存在，比如柏林自由大学的廊道，单元体只是结构的附庸。在凡·艾
克的"构型法则"中，这种主导性结构并不存在，更重要的是单元体形成的组团，这些
组团有各自的凝聚性与文化内涵，再以灵活的方式组合在一起。主体结构的单一性被多
种组团的丰富差异所替代，阿姆斯特丹孤儿院完美地展现了这种设计策略的独特魅力。
　　在凡·艾克所有这些看似复杂的建筑理念背后，最重要还是人赋予环境以意义，使

---

① 　VAN EYCK A. Two kinds of centrality[M]//LIGTELIJN, STRAUVEN. Collected articles and other writings 1947—1998.
　　Amsterdam：Sun，2008：476.
② 　VAN EYCK A. Analogy versus Image[M]//LIGTELIJN, STRAUVEN. The child, the city and the artist. Amsterdam：Sun,
　　2008：102.

得陌生的外部环境变成家园的哲学理念，也就是他"来自我们，为了我们"的理念。这种观点的哲学基础可以追溯到浪漫主义乃至 18 世纪的生命哲学之中，也在海德格尔的现象学理论中得到了更充分的阐释。凡·艾克的杰出之处在于他明确地指出，主流现代建筑的重要缺陷就是忽视了意义的重要性，他写道："在我看来，'新建筑'最初目标的失败，要归咎于对理性过分地强调，缺乏——甚至恐惧——诗意。"[①] 相对地，他的建筑目标是让建筑环境具有像家一般的温暖与意义，让人能够获得佑护与归属感。这些都在他数百个儿童游乐场以及阿姆斯特丹孤儿院这样的项目中得到践行。

在 1960 年代所有对主流现代建筑的批评者中，凡·艾克的分析是最具有哲学深度的。或许是针对吉迪恩的现代建筑史名著《空间、时间与建筑》有感而发，凡·艾克写道："我得到了这样的结论，不管空间与时间意味着什么，场所（Place）与时刻（Occasion）都意味着更多，因为空间在人的图像中就是场所，时间在人的图像中就是时刻。"[②] 这样的表述与现象学哲学家海德格尔的立场令人惊讶地一致。凡·艾克想要强调的是，空间与时间只是抽象的理性概念，真正重要的是被人赋予了意义的地点与时刻，因为它们才与人的具体行为、切身感受、目的以及价值相关。只有地点与时刻才具有意义，"我们应该完成的是建造意义。所以靠近意义并且建造！"[③]

凡·艾克的诸多建筑手段也最终可以被归结为对意义的塑造。这体现在游乐场、阿姆斯特丹孤儿院中，也体现在他的海牙罗马天主教堂浓重的超验氛围之中（图 4-15）。虽然在"十小组"中史密森夫妇与凡·艾克在很多问题上有严重的分歧，但是在参观过教堂之后，艾莉森·史密森描述了这个建筑给他们的触动："所有人走进来，坐下来或者四处走——在一刻钟内没有人说一句话。这种情况很少在现代建筑中发生。"[④]

正是因为这种哲学底蕴，凡·艾克的设计思想实际上超越了他具体的"构型法则"的语汇，与其他有着人文主义特征的建筑理论，比如此后的现象学路径的建筑思潮以及地区主义等流派建立了联系。虽然他并没有获得太多机会进一步挖掘这些思想的实践内涵，他晚年的作品也逐渐失去了孤儿院时代所具备的活力，但是他的思想仍然持续地影响着其直接或间接的追随者。在 1959 年的奥特洛会议上，凡·艾克结识了美国建筑师路易·康，

图 4-15 凡·艾克，海牙罗马天主教堂室内

① VAN EYCK A. The ball rebounds[M]//LIGTELIJN, STRAUVEN. Collected articles and other writings 1947—1998. Amsterdam：Sun，2008：150.
② VAN EYCK A. There is a garden in her face[M]//LIGTELIJN, STRAUVEN. Collected articles and other writings 1947—1998. Amsterdam：Sun，2008：293.
③ VAN EYCK A. Built meaning[M]//LIGTELIJN, STRAUVEN. Collected articles and other writings 1947—1998. Amsterdam：Sun，2008：470.
④ MCCARTER R. Aldo van Eyck[M]. New Haven：Yale University Press，2015：145.

随后两人成为挚友。对于凡·艾克，路易·康评价道："凡·艾克对于我来说是一个重要的建筑师。远远不止重要，他是一个没有获得多少机会的伟大的建筑思想者。"[①] 这种评价不仅来源于友谊，也来源于康与凡·艾克相近的建筑思想。

推荐阅读文献：

1. BANHAM R. The new brutalism[J]. Architectural Review，1955，118（708）.
2. ARCHIGRAM. Manifesto[M]//MALLGRAVE，CONTANDRIOPOULOS. Architectural theory（Vol 2）：an anthology from 1871 to 2005. Oxford：Blackwell，2007.
3. KIKUTAKE K，KAWAZOE N，OHTAKA M，et al. Metabolism：the proposals for new urbanism[M]// MALLGRAVE，CONTANDRIOPOULOS. Architectural theory（Vol 2）：an anthology from 1871 to 2005. Oxford：Blackwell，2007.
4. VAN EYCK A. Steps towards a configurative discipline[M]//LIGTELIJN，STRAUVEN. Collected articles and other writings 1947—1998. Amsterdam：Sun，2008.

---

① Ibid.

第 2 篇
1966—1983 年
新理论与实践的繁荣与分化

很多西方理论史著作倾向于将 1968 年的学生运动作为当代建筑理论的起点，但是这一事件的政治意义远远强于它的建筑学意义。在理论史上，稍早之前的 1966 年更具有里程碑式的特征。这一年，欧洲和美国两位极其重要的建筑师与理论家分别出版了两本重要著作。意大利建筑师阿尔多·罗西（Aldo Rossi）在 Padova 出版社出版了 *L'Architettura della città* 一书，1984 年，这本书的英文版出版，名为 *The Architecture of the City*，中文版译为《城市建筑学》，2006 年由中国建筑工业出版社出版（在后文中将使用更接近于原名的《城市的建筑》这一中文名称）。同一年，美国建筑师与学者罗伯特·文丘里（Robert Venturi）在纽约现代艺术博物馆的支持下，出版了 *Complexity and Contradiction in Architecture*，其中文版《建筑的复杂性与矛盾性》于 1991 年面世。

如果说以"十小组"为代表的此前的一些理论流派仍然希望在现代主义的总体框架之内进行改良与扩展，那么以罗西与文丘里为代表的新一代建筑理论家则更明确地表达了他们与现代主义主流的分离。修补已经不再是重点，他们的主要精力转向对新概念、新理论的建构与辩护。这反映出 1960 年代后半期的总体理论倾向，对现代主义的批评上升到制高点，理论先驱们试图抛弃现代主义的束缚，去开拓全新的理论疆域。

新理论当然不会凭空而来，这一时期新理论产生的主要模式是通过对建筑之外其他学科的借鉴与引入。美国学者弗雷德里克·詹明信（Fredric Jameson）在他的《政治无意识》（*The Political Unconscious*）一书中将这种理论生成方式称为"转码"（Transcoding），即将两种已经存在的概念和理论体系结合起来，形成一种同时具备两方特色的新概念和理论体系 ①。"转码"通过将其他学科的理念与建筑理念结合，产生出新的建筑思想。在众多被"转码"的学科当中，产生最大影响的是语言学。伴随着当代语言研究在句法、语义、符号等学科领域的快速进展，很多建筑师与理论家借用了这些语言研究成果来建构新的理论体系。从结构主义到后现代，大量的理论论述中都出现了语言学研究的观念与理论体系，这种语言转向成为 20 世纪末期最典型的理论现象之一。

　　另外一个新近出现的学科融合的案例是批判理论对建筑学的渗透。随着法兰克福学派的新马克思主义研究将批判理论扩展到广泛的文化领域，建筑也成为批判研究的一个重要领域。许多持左翼立场的研究者利用批判理论的思想工具以新的视角来分析当代建筑问题。虽然这些理论研究对于实践并没有产生太直接的影响，但是对于建筑理论的进一步扩展和演化仍然具有重要的意义。

---

① 迈克尔·海斯在 *Architecture Theory since 1968* 一书的简介中讨论了詹明信的这一概念，这段话也引自海斯的书，*K. MICHAEL HAYS. Architecture theory since 1968*. Cambridge, Mass. ; London : MIT, 1998 : x.

第**5**章 以类型为基础

1960 年代末期所开启的建筑理论新思潮，往往将对现代主义的激烈批判以及新理论体系的建构结合在一起，新理论被视为对现代主义核心缺陷的直接回应。意大利为这种新动向提供了丰富的土壤，一方面，这里有浓厚的历史文化传统，另一方面，此前现代主义者与法西斯政权的合作也促动了对现代建筑的反思。埃内斯托·罗杰斯的文脉理论就是这种反思的产物。在 1960 年代，意大利理论先驱们在类型概念中找到了新的理论基点，希望以此取代现代建筑过于狭窄的功能主义理念。

5.1 对功能主义的批评

在宣告 CIAM 终结的奥特洛会议之后，"十小组"成员贝克马在一封信中强调无法认同"现代建筑"这种称谓。这实际上体现出了一个重要的风向转变，那就是主流理论对待现代主义运动的态度开始从局部的修正转向全面的批评。在 1960 年代，"现代主义"或者"现代建筑"作为一个整体，开始受到越来越多的攻击。批评者们已经不满足于对一些局部缺陷的讨论，而是试图从理论基础上揭示现代建筑的本质性缺陷。这一时期主流的建筑理论文献都或多或少地包含一部分对现代建筑的整体性批判，然后再提出基于这种批判的新的理论提议。比如非常知名的由简·雅各布斯（Jane Jacobs）于 1961 年出版的《美国大城市的死与生》（*The Death and Life of Great American Cities*）。作者批评了 1950 年代盛行的以开敞绿地与独立高层住宅为典型特征的现代主义城市规划模式，支持有着密集建筑肌理的传统街道社区模式。

在建筑界，批评主要集中于现代建筑。这种批评的前提是现代建筑可以被视为一个整体，这就要求将现代建筑归纳为一个单一的体系来加以讨论。但实际上，从 19 世纪末期发源的现代建筑运动是一个极为混杂的体系，大量的流派与独立建筑师往往有着完全不同的理论观点与建筑语汇，比如赖特的有机建筑理论以及欧洲的表现主义建筑就与勒·柯布西耶的纯粹主义建筑有着巨大的差异。在这种条件下，现代建筑的批评者往往采用了较为武断的简化操作，将一种倾向或者一种语汇提升为整个现代建筑的代名词，进而针对这一个目标展开批评分析。在这种操作之中，出现频次最多的现代建筑理论的代名词是"功能主义"（Functionalism）。

的确，"功能"是现代建筑发展史上频繁出现的概念，几乎每一个先驱都谈论和强调了这一概念。但是对于功能具体指什么以及它如何在现代建筑设计中产生作用，其实存在很多不同的观点。德国建筑理论家阿道夫·贝恩早在 1926 年出版的著作《现代功能性建筑》（Der moderne Zweckhau，英译 The Modern Functional Building）中就已经分析了功利主义者（Utilitarian）、功能主义者（Functionalist）与理性主义者（Rationalist）的不同立场与做法[1]。在实际的建筑文献中，"功能主义"这个词语的使用在当时的讨论中并不普遍。它第一次产生广泛影响力实际上是在 1932 年希区柯克与菲利普·约翰逊（Philip Johnson）出版的《国际式风格》（The International Style）一书之中。为了维护现代建筑作为一种风格的正当性，他们批评了"功能主义"的立场。希区柯克与约翰逊将功能主义与美学诉求对立起来，他们写道，对于功能主义者来说，"所有的风格的美学原则都是无意义和不真实的。这种观念，即认为建筑是一种科学而不是艺术，发展成为对功能主义理念的一种夸张。"[2] 两位作者认为，功能主义并不能成为建筑的决定性因素，因此仍然需要风格元素来为设计给予指导。

伴随着"国际式风格"的流行，"功能主义"这种表述也逐渐在 1930 年代被广泛接受。虽然没有什么权威的定义，但是当时普遍认为功能主义是指这样一种观点，即建筑的实用性，尤其是体现在项目任务书中的那些可以被实证性的数据所定义的功能项，应该是设计中最具决定性的因素。由于这种因素对应于一系列技术数据，那么也可以采用技术的方式来加以应对。因此，建筑设计变成了一个具有很大确定性的技术问题，使得以往被认为是艺术和创作的设计变得更接近于现代科学与技术的逻辑推导体系。在很多情况下，沙利文的"形式追随功能"被引用来作为这种"功能主义"的总结，仿佛建筑的形式语汇也可以从这种逻辑推导过程中自然产生。

但是，必须注意的是，就像雷纳·班纳姆在《第一机器时代的理论与设计》中清楚阐明的，在现代建筑史上，其实很少有人持有这种纯粹或者极端的功能主义立场。他分析了奥德（J. J. P. Oud）、勒·柯布西耶、密斯·凡·德·罗等人的作品与论述，指出他们的创作很大程度上是基于单纯的美学考虑，与建筑的实用性并没有直接关系。因此即使这些被视为"功能主义"先驱的人，实际上也并不是功能主义者[3]。班纳姆的分析是准确的，实际上，即使是沙利文的"形式追随功能"也与上述功能主义观点大相径庭。沙利文所说的功能是指生物内在活力的某种实现，除了包含实用性以外，还包括精神价值与终极目的等形而上学成分，这种浪漫主义观点与"功能主义"的实证性显然背道而驰。

① BEHNE A. The modern functional building[M]. Santa Monica，Calif.：Getty Research Institute for the History of Art and the Humanities，1996：123-128.

② HITCHCOCK H R，JOHNSON P. The international style[M]. New York：Norton，1966：50.

③ BANHAM R. Theory and design in the first machine age[M]. London：Architectural Press，1960：320.

不过，在 1960 年代批判现代建筑的热潮中，这种复杂性被漠视了。批评者们急于将现代建筑作为一个整体加以批判，就不得不将其归结为某种确定的理论与实践体系，这样才有具体的批评对象。功能主义成为这个对象，并不是由于 20 世纪初期的现代主义运动是由其驱动的，更主要的原因是二战后大规模的建设之中，大量建筑师没有继承现代建筑先驱的探索与革新，将现代建筑仅仅作为一种经济、实用的建设手段来满足急迫的建筑需求，这导致大量符合"功能主义"特征的作品在全球各地出现。它们的缺陷与贫瘠招致了大量的批评与反对，进而使得整个现代主义运动都被贴上了"功能主义"的标签。从这个意义上看，"功能主义"概念的流行，主要不是来自于现代主义自身的主张，而是来自于现代建筑的批评者们确立批评对象的需求。"十小组"对《雅典宪章》中功能城市观点的批评可以被视为先兆。进入 1960 年代，现代建筑遭受的批评更为猛烈，而受到抨击的主要对象，往往落到了被强加给现代主义运动的"功能主义"理念上。

因此，20 世纪六七十年代的许多建筑理论文献都是从对"功能主义"的批判开始的。然后，再针对它们所分析的"功能主义"的缺陷，提出新的替代性理论。这些缺陷通常包括：对实用性的单一强调，缺乏美学吸引力与文化内容，对确定性设计过程的幻想，对历史传统的拒绝以及并未真正实现好的实用性等。不同地区的建筑师，出于特定的文化环境，往往侧重于不同的方面。在意大利，以罗杰斯为代表的新一代建筑师再次强调了历史延续性，这在 1960 年代进一步发展成为对"类型"的讨论，进而推动了"类型学"建筑理论的发展，并且带来了重要的实践影响。

5.2   类型理论的兴起

类型并不是一个新的建筑现象，在日常使用中，我们常常根据建筑使用功能划分不同的建筑类型，比如学校、医院、博物馆等。但 1960 年代的类型讨论关注的不是功能划分，而是更偏向建筑形态的特征。实际上，在现代主义之前的东西方建筑史中，某一类建筑形态的传递与模仿一直是建筑创作的主要基础。在西方，我们可以看到古希腊、古罗马以及哥特时代的建筑特征如何影响 20 世纪之前一代又一代的建筑师。在东方，传统结构与形态的持续性也是东方建筑史最主要的特点。然而，这样一个持续的传统在现代主义运动中受到了直接的挑战。新时代、新精神、新建筑成为现代建筑先驱的核心诉求，他们希望基于新的技术、新的思想去创造全新的建筑体系。追随传统的历史主义则被视为新创作的直接对立面，连同传统类型要素一并被摒除在主流创作之外。虽然班纳姆指出像勒·柯布西耶这样的建筑师仍然依赖于很多古典原则，但是在战后的现代建筑浪潮中，这些都被"功能主义"的独断所掩盖了。

正是在这一背景之下，意大利理论界重新聚焦类型才具有了特殊的意义。这意味着对"功能主义"的反抗，重新建立当代建筑与历史传统的联系。埃内斯托·罗杰斯的"文脉"理论就属于这一范畴之内，只不过"文脉"的概念过于宽泛和模糊，难以产生直接的实践影响。他在维拉斯加塔楼大厦中采用的过于直接的历史模仿，也难以被已经接受过现代建筑洗礼的当代建筑师们所接受。类型概念在这两方面都更具有优越性，一方面它可以提供直接的语汇指引，另一方面也不会导致过于直白地借用历史元素。

早在 1960 年代初期，已经有欧洲学者如塞尔吉奥·贝蒂尼（Sergio Bettini）和乔瓦尼·克劳斯·柯尼希（Giovanni Klaus Koenig）讨论了类型的价值。他们都指出，类型除了具有建筑功能的总结与归纳作用之外，还有其他的思想文化的作用。1962 年，在一篇名为"论建筑中的类型学"（On the Typology of Architecture）的文章中，意大利学者朱利奥·卡洛·阿尔甘（Giulio Carlo Argan）对此继续进行了讨论，也开启了类型学理论研究的热潮。首先，阿尔甘引用了 19 世纪法国理论家夸特梅尔·德·昆西（Quatremère de Quincy）对"类型"（Type）与"范例"（Model）的区别。范例会被精确地模仿，而类型只是提供一个基础性框架，在此之上还可以变化和发展："在范例中所有都是精确和定义清楚的，在类型中所有都多多少少是模糊的。"① 阿尔甘继续解释道，类型"并不是确定的形式，而是形式的一种极致或者框架。"② 在此后的一篇文章中，西班牙建筑师与学者拉斐尔·莫奈欧（Rafael Moneo）用更为简单的话语将类型定义为一种内在的形式结构或者秩序："它描述了有着同样形式结构的一组事物……它在根本上建立在将一组事物按照某种内在结构相似性组合起来的可能性上。"③ 举个例子，比如柱廊的类型要求有连续的并排柱子与覆盖着顶的廊道，这是一种建筑元素组合的结构或者秩序，至于具体采用什么样的柱子——方、圆、扭转，或者什么样的屋顶——平、单坡、双坡，则不在类型的限定范围之内。这就是阿尔甘所谈到的类型的模糊性。也正是因为这种模糊性，使得类型可以成为一系列类似建筑元素的抽象总结，而不只是对应于一个作品。通过抽象总结，形式的细节被抛弃了，只留下最根本的组织框架，阿尔甘称之为"根形式"（Root form）。对应于建筑设计的不同尺度，类型可以大致划分为三个层级，最大的是建筑物整体的构型，比如院落布局，其次是主要的结构要素，比如平屋顶或者穹隆屋顶，最后是装饰细节，比如柱式。

　　另一方面，因为这些有着类似特征的建筑本身产生于特定的文化背景中，也常常面对特定的使用与社会需求，所以作为根形式的类型也就承袭了这些丰厚的内涵："换句话说，当一个类型在建筑实践与理论中被确立下来，它已经具有一种特性，即它是对任何文化中一个特定历史条件下有意识的形态、宗教以及使用需求所组成的复杂综合体的回应。"④ 因为有了这种内涵，类型可以用来应对"一些更为深刻的问题——至少在任何给定社会的限制之下——这些问题被视为根本性与持续性的。"⑤

　　虽然阿尔甘最后这段话语焉不详，但他的基本观点是清楚的。他想强调类型元素背后的文化意义，因为这些文化意义对应于一些在社会中持续存在的根本性问题，所以类型可以有持续性的作用。最简单的例子可能是宗教建筑，因为核心教义的持续，使得宗教建筑类型得以延续；相反，如果教义发生改变，比如宗教改革，那么建筑类型也会发生改变。所以阿尔甘强调，"无论'类型'允许多大程度的变化，形式的意识形态内容拥有一个持续的基础，虽然这可能——实际上也应该——意味着在特定的时代有特定的强调或者特色。"⑥

---

① ARGAN G C. On the typology of architecture[M]//NESBITT. Theorizing a new agenda for architecture：an anthology of architectural theory，1965—1995. New York：Princeton Architectural Press，1996：243.

② Ibid.，244.

③ MONEO R. On typology[J]. Opposition，1978，（13）：22–43.

④ ARGAN G C. On the typology of architecture[M]//NESBITT. Theorizing a new agenda for architecture：an anthology of architectural theory，1965—1995. New York：Princeton Architectural Press，1996：243.

⑤ Ibid.，244.

⑥ Ibid.

对文化意义的强调是类型超越"功能主义"狭窄范畴的重要方面。它再次强调了建筑形态所具有的象征性内涵与历史解读，而这些都是被"功能主义"所忽视的。但是在另一方面，类型也不会导致 19 世纪历史主义那样的呆板复古，因为类型只是一种组织结构，一种模糊的"根形式"，它还留下了大量的变化空间，可以让建筑师自由发挥。此外，由于类型是通过简化抽象而来，使得"根形式"在形态上与侧重于简单抽象的现代建筑语汇具有某种相似性。这也为类型要素在当代建筑中的使用铺平了道路。

总体看来，阿尔甘的类型理论继续了埃内斯托·罗杰斯对历史延续性的讨论，这当然是战后意大利建筑讨论一直持续的话题。相比于之前的"文脉"观点主要侧重于建筑与环境的协调，类型理论更直接地强调了历史原型所承载的深刻文化内容，并且肯定了这些文化内容在今天的重要性。此外，阿尔甘对三种类型层级的划分也为具体的建筑实践提供了更明确的指引，类型的抽象性以及模糊性都为立足于现代建筑语汇的当代建筑师提供了充分的创作空间，而不至于落入历史主义的简单复制之中。

类型理论的这些优势，立刻得到了意大利建筑师的响应。在此后的近 10 年之中，类型一直是意大利建筑理论圈的核心概念，并且发展出一系列重要的实践成果，我们将在下一节再具体讨论。经由约瑟夫·里克沃特（Joseph Rykwert）等英美学者的引介，类型也迅速成为英语语境下的理论热点。在 1967 年的一篇文章《类型学与设计方法》（Typology and Design Method）中，美国建筑学者阿兰·科尔洪（Alan Colquhoun）将类型讨论与更为广阔的理论议题联系起来。首先，他将类型理论与现代建筑的"功能主义"理论对立起来。在他看来，"功能主义"是一种"生物技术决定论"。这种观点认为，基于生物性的需求，比如温度、湿度、空气等物理条件以及相应的技术应对，就可以像解决科学技术问题一样，得到决定性的解决方案，确定建筑的一切。但是科尔洪指出，这种理解是错误的。不仅是因为很多建筑师指出，在实际设计中实用需求只能决定一部分设计，在很多地方仍然需要建筑师自行决定，比如色彩与细微比例，这往往依赖于美学考虑或者传统解决方案。更重要的是，科尔洪借用人类学家克劳德·列维－斯特劳斯（Claude Levi-Strauss）对亲缘关系的分析来说明，很多与人有关的体系，并不只是建立在物理事实之上，比如血缘，可能更为关键的是存在于人们头脑中的意识与理解，这是由成体系的符号与表现（System of representation）所组成的。比如祖父不仅仅是血缘上父亲的父亲，也意味着长辈、权威、尊重与爱护等一系列意义与价值。人们的日常生活，实际上需要这一套符号与意义体系的支撑，才让周围的一切可以被理解和掌握。事物需要传递给人们它是什么，如何被理解和使用等信息，才能被很好地利用。因此"无论这个物品是崇拜图像（比如说一尊雕塑）还是厨房用品，它都是文化交换中的一个物品，它组成了社会中一个信息交换体系中的一部分。"[1]

在这里，阿兰·科尔洪所提供的是对"功能主义"的一种深层次的批判。尽管没有陈述得那么明显，他对物品表现性内容的分析其实是基于自康德以来的现代认识论。这种理论强调了人的意义构建在认识和理解世界中的作用，也驳斥了那种将世界完全看作物理事实的集合的观点。如果说"功能主义"就是基于后一个错误的立场，那么类型理

---

[1] COLQUHOUN A. Typology and design method[M]//Modernity and the classical tradition：architectural essays，1980—1987. Cambridge：MIT Press，1989：43.

论就出自于前一个更为合理的立场。建筑也需要一个表意系统的支撑，才能被理解和使用。所以，"艺术品，在这个意义上，类似于语言。一个语言如果仅仅是情感的表现，就会是一系列单个词语的感叹；但事实上，语言是一个复杂的表意系统，在其中，基本的情感被建构成为一个理智上内恰的体系。"[①] 而建筑的表意系统就是由类型组成的，比如拉丁十字对应于教堂，穹隆对应于中心，而柱式对应于隆重或者古典。类型组成了一种"常规意义的系统"（System of conventional meanings），成为建筑表意的基础。这也就是说，类型组成了建筑语言的基石。科尔洪进一步指出，这样的语言体系不可能凭空建造，因为我们对世界的理解已经受到某种基本意义结构的影响，即使是新语言的建立也只能是在这种影响的基础之上，因此过去的表意系统，过去的类型——解决方案（Type-solution）无法简单地被抛弃。其实阿尔甘也曾简要提到这种观点，他指出，在具体设计中，类型实际上是我们考虑设计问题的基础，比如设计一个图书馆，建筑师头脑里不仅会浮现这种类型的功能，还会想起相应的典型布局与形态，这其实就是建筑语言系统对人的潜在影响。因此，类型并不是可选可不选的形态方案，而是植根于更深层次的对建筑的理解与想象之中。

阿兰·科尔洪的文章典型性地体现了语言学研究对 20 世纪六七十年代建筑理论的广泛影响。通过与语言相类比，科尔洪阐述了建筑表达意义的重要性以及实现这种意义表达的途径与方式。他试图为类型理论提供更深刻的哲学支持，虽然他仅仅提到了一些结论，并没有给予充分理解的解释。与阿尔甘类似，科尔洪也认同对类型的使用不会导致僵化的复古，在当代变化的条件下，建筑需要讨论如何调整类型解决方案来应对此前的传统中缺乏先例的问题。

科尔洪的讨论将类型理论置于主流的理论潮流之中，关于意义、语言以及与"功能主义"的关系等问题都是 20 世纪六七十年代建筑讨论的热点话题，也是新理论产生的沃土。类型理论直接切入了这些话题，呈现为"功能主义"理论的直接挑战者。安东尼·维德勒（Anthony Vidler）在他 1977 年提出的"第三种类型学"中，甚至将类型理论看作建筑历史上自 18 世纪以来第三个重要的理论模式。他认为，在类型学之前，18 世纪以来的建筑理论先后经历了两个阶段：第一个阶段是以自然为学习对象，比如洛吉耶（Marc-Antoine Laugier）的原始棚屋，第二种是以机器为学习对象，比如勒·柯布西耶提出的"住宅是居住的机器"。这两种方式的共同特点是它们都从建筑之外去寻找建筑理论的学习对象，以此为基础树立理论体系。第三种的类型学则完全不同，因为所有的类型都来自于建筑传统本身，所以基于类型的操作，其基础来源就是建筑本身，而不是任何建筑体系之外的东西。这可以使得建筑获得某种独立性，或者说一种"自主性"（Autonomy）。维德勒的观点与阿尔甘以及科尔洪有很大的不同，他所谈到的自主性也存在疑问，比如就像阿尔甘指出的，类型本身也与复杂社会文化因素相关联，也无法实现真正的独立。维德勒实际上是想借用类型进行讨论，推崇当时存在的另一种理论倾向，即建筑自主性的讨论，我们将在后面再讨论这一话题。

这些理论文献以及其他的相关讨论，共同组成了建筑类型学的理论体系。其实这并不是一个独立的范畴，从阿尔甘与科尔洪的文字中可以看到，它与当时的核心理论

---

① Ibid.，49.

线索有着密切的关联。一方面，它所延续的是意大利建筑师对历史的关注，另一方面，它所对抗的是"功能主义"对传统以及建筑意义的漠视。类型理论不仅对此进行了批判，还指出了极富操作性的实践手段。不难想象，在类型理论的发源地——意大利，一系列相关建筑成果最先浮现，随后，进一步扩散到欧洲以及全球其他国家。这一建筑现象最直接的代表是后来被称为新理性主义的一批建筑师，而他们之中最为突出的是阿尔多·罗西。

5.3　阿尔多·罗西的理论与实践

阿尔多·罗西可能是战后意大利建筑师中最具有国际声誉的。他的作品与写作帮助建立了一个被称为"新理性主义"的流派，成为当代建筑理论与实践中不可忽视的一支力量。直到今天，一些欧洲建筑师的创作仍然具有这一流派的显著特征。

罗西是在意大利战后独特的理论氛围中成长起来的。他于 1931 年出生于意大利米兰。经过早期宗教学校的学习后，罗西于 1949 年进入米兰理工大学学习建筑（Polytechnic University of Milan）。那一时期意大利最重要的建筑思潮是埃内斯托·罗杰斯推动的强调历史延续性的理论。我们在前面已经谈到他主持的 Casabella-Continuità 杂志以及引起极大争议的米兰维拉斯加塔楼。从 1950 年代开始，罗杰斯就已经开始在米兰理工大学建筑系任教，1960 年代早期更是成为全职教授。罗杰斯是最早对"功能主义"以及现代主义的主流形态范式提出异议的先驱之一，他吸引了罗西以及一批年轻学生的支持。这些学生常在课程作业中使用大量柱式、穹顶等历史元素，因此获得了"柱式青年"（I giovani delle colonne）的称呼。

罗杰斯等人的建筑理论实际上与当时意大利的"新现实主义"（Neorealism）浪潮有直接的关联。这是一个最早发源于电影的艺术思潮，其根源在于对战争的反思以及对价值基础的重新定义。在很长一段时间中，意大利都处于墨索里尼的法西斯统治之下，艺术通常被作为宣传工具，宣扬法西斯主义、帝国等抽象宏大的概念。意大利现代建筑的理性主义时期就呈现出这种倾向，比如特拉尼的法西斯宫就试图以现代建筑的手段来致敬法西斯主义。伴随着战争的结束，法西斯意识形态宣传的虚假与伪善自然而然受到了抛弃，艺术家们主动远离这些政治性的抽象概念，转向对现实生活的真实呈现，以此为艺术创作提供基础。其中"新现实主义"电影是最典型的，像《罗马，开放城市》与《偷自行车的人》这类的电影往往由业余演员出演，在城市现场拍摄，所描绘的也是底层人士在战争期间或者战后初期日常生活中面对的困境与挣扎。在战后初期的震荡与艰难重建中，新现实主义带来了全新的艺术形态以及巨大的触动。

罗杰斯所推崇的建筑产生于当代现实的复杂关系而不是某些现代主义教条中的观点，当然与新现实主义一脉相承。建筑要与周围的"文脉"密切联系，就好像电影演员要与日常生活的场景相互关联，而不是采用某种模式化的表演姿态。这种新现实主义特征典型性地体现在罗马郊区由卢多维科·夸罗尼（Ludovico Quaroni）与马里奥·里多尔菲（Mario Ridolfi）设计的蒂伯蒂诺区（Quartiere Tiburtino）（图 5-1）住宅区当中。由于住宅区的居民主要是刚刚迁往罗马的农村移民，建筑师采用了乡村式的不规则布局。建筑体量变化丰富，但都采用了坡屋顶、木格窗等传统元素。很多建造工作就是由居民

图 5-1　卢多维科·夸罗尼等，蒂伯蒂诺区住宅

所完成的，所以项目也展现出明显的乡土工艺特征。建筑师在罗马郊区塑造了一个居民所熟悉的现实，他们并不像是新移民，更像是回到了他们所刚刚离开的村庄与社区。

伴随着战后重建的发展，以及社会经济的恢复，新现实主义逐渐失去了曾经的吸引力。一方面，当一个潮流被固化为一种模式，往往不可避免地失去活力。另一方面，日益好转的社会状况，也使得新现实主义的悲观色彩让位于更主动、更积极、更加偏向于自我肯定的艺术立场。仅仅是原本呈现现实的状况已经不足以激发更多的热情，艺术家们需要采用更强烈和更具有主导性的姿态。令人惊异的是，还处在学生时代的阿尔多·罗西已经敏锐地阐释了这种变化。他与同伴圭多·卡奈拉（Guido Canella）在 1955 年撰写的一篇文章，《建筑与现实主义》（Architettura e Realismo）不仅分析了新现实主义的局限，也预示了他自己此后的核心建筑理论。在这篇文章中，他们首先分析了新现实主义对缺乏生命力的意大利现代主义的反抗："只有新现实主义成功地超越和发展了这些模式，在电影、文学以及视觉艺术中传递出由抵抗运动带来的，有着厚重意义以及体验的内容。"[1] 在这些艺术作品中，"法西斯时期的道德折磨以及物质灾难，战争中的凄惨动荡以及死亡，党派的故事既是图像也是内容，它们自发性地呈现出来，几乎没有任何过渡，进入艺术家的眼中。"但是，"随着战争巨大的意义及其后果逐渐消散，这种以日常生活的鲜活图像来形成编年史的方法，被揭示出它空洞的自我矛盾以及僵化的贫乏。"[2] 而摆脱这种"恶性循环"的方法，是超越新现实主义对日常现象的简单表现，去记录和呈现更深层次地构建了日常生活价值基础的核心要素。在历史延续性的观点下，我们今天的生活仍然很大程度上来自于传统的价值塑造，因此，要理解今天的现实，就需要更深刻地理解传统。罗西与卡奈拉写道："建筑师必须意识到在传统的中心存在一些模式，这些模式已经被证明能够阐释社会的现实，以完整的方式展现感觉。这里存在一种必要性，与传统相联系，并且认识到传统的人文实质，认识到那些构成了传统表现语言典型要素的图像与情感表达的方式。"[3] 这段话的意思，就是指去发掘构成了传统表现语汇的核心要素，这些要素蕴含着深刻的社会内涵以及人们的情感寄托。虽然罗西在这里还没有清晰地说明这些要素是什么，但是阿尔甘此后不久论述的凝聚了复杂社会、文化与历史关系的类型，显然是最理想的选项。

自米兰理工大学毕业后，罗西并没有直接开始实践工作，而是在 *Casabella* 杂志担

---

①　LOPES D S. Melancholy and architecture : on Aldo Rossi[M]. Zurich : Park Books，2015：82.

②　Ibid.，83.

③　Ibid.，85.

任编辑，与罗杰斯、波多盖西等人合作。这一时期他撰写了大量的文章，并且进一步充实自己的理论体系，这一系列工作的总结性成果，就是 1966 年出版的《城市的建筑》。在这本书中，罗西阐述了自己独特视角的类型学建筑理论。

意大利战后建筑理论的整体性特色，就是强调建筑与城市的关系。这一点已经被《城市的建筑》书名所凸显，罗西理论论述的出发点就是城市，尤其是有着浓厚历史肌理的意大利传统城市。在现代主义运动中，传统城市被勒·柯布西耶等人视为落后、拥挤、不卫生、低效的陈旧遗迹，应该被彻底抹除，代之以《雅典宪章》所倡导的那种功能性现代城市。勒·柯布西耶 1925 年完成的巴黎瓦赞规划（Plan Voisin）是这种立场的典型代表，它体现了笛卡尔所阐述的，以理性规划取代混乱的偶然性的思想。[①] 但是意大利学者并不这样认为。无论是罗马、威尼斯还是佛罗伦萨、米兰，意大利城市普遍拥有丰厚的历史建筑遗存，传统城区构成了主要的城市组成部分。对于他们来说，这样的城市能够历经千年继续存在本身就证明了其合理性，从罗杰斯到罗西，意大利建筑理论的基本前提是认同传统城市肌理的价值。

在这一前提之下，罗西分析了传统城市的历史沉淀中所析出的建筑原则。他注意到，在数百年乃至上千年的城市历史中，一座建筑的功能往往是不断变化的，此前的剧场可能变成住宅，也可能转化为作坊，真正延续下来的不是建筑的实用性，而是建筑的形态。在历史演变中，这些形态元素成为城市的固定元素，它们见证了岁月流逝，融入人们的生活中，成为城市集体记忆的主要内容，也构成了人们理解城市的基本支撑。"记忆就是对城市的意识，"罗西这样写道。[②] 为了凸显形态元素这方面的价值，罗西使用了"城市人造物"（Urban artifact）的概念来称呼它们，这当然是为了强调建筑与城市的密切关系。不同于一般的建筑，城市人造物具有悠久的历史，也就具备了某种延续性或者说"永恒性"（Permanence），这使得城市人造物成为广义上的纪念物（Monument）。罗西写道，"纪念物，通过建筑原则表现的集体意志的符号，将它们自己展现为基本元素，展现为城市动态中固定的点。"[③] "一个纪念物的持续与永恒，是它构造城市、构造它的历史与艺术，它的存在以及它的记忆等能力的结果。"[④] 很明显，罗西所关注的重点，是那些具有纪念物性质的"城市人造物"塑造城市结构与特色、影响人们理解和看待城市方式的特征。可以说"城市人造物"就是书名所指的《城市的建筑》，它们成为罗西心目中建筑的理想典范。

历史性、纪念性以及形态特征，都使得"城市人造物"与类型理念建立了直接的关联。罗西用很多意大利城市的案例说明，"城市人造物"所保存的既不是功能，也不是细节，而是建筑的类型特征。比如一些意大利城市中的斗兽场，其建筑实体已经消失在历史长河之中，但是它的类型特征，椭圆形的围合构筑物却奇迹般地保留下来，影响了城市结构，成为一个持续存在的"城市人造物"。因此，"城市人造物"的主要形态特征，应该用类型来描述，"类型是一种在构建形式中扮演角色的元素，它是恒定的。"[⑤] 这些类型要素不仅伴随着城市演化，还主动地推动城市朝向特定的方式演化。这并不难以理解，一个建

① DESCARTES R. Discourse on the method[M]. VEITCH，trans. New York：Cosimo，2008：17.
② ROSSI A. The architecture of the city[M]. American ed. Cambridge，Mass.；London：MIT Press，1982：131.
③ Ibid.，22.
④ Ibid.，60.
⑤ Ibid.，41.

筑历史越久，其价值越高，也就会越强烈地影响周边环境。正是在这一点上，罗西将他的"城市人造物"理论与罗杰斯的"文脉"理论对立起来。主要的差别在于，文脉只是强调了周边环境影响建筑物，建筑成为一个被动结果，但"城市人造物"则强调了建筑作为历史纪念物，主动地影响周边环境，建筑成为一个推动性元素。[①]

罗西面对的一个可能的质疑，是他的分析是否仅仅适用于意大利的历史城市？对此他的回答是否定的。因为，所有的城市都是人造的，所有的城市都具有持续性，那么"城市人造物"就可以发挥作用。重要的已经不是它们具体有多少年的历史，而是它们可以作为主要的支撑性节点来定义城市的结构，这并不取决于城市所处的地区或文化，而是来自于所有城市的结构性特点。就像阿兰·科尔洪所论述的类型，它们决定了我们理解建筑的认知结构，"城市人造物"也决定了我们理解城市的认知结构。这两个概念有先天的联系，都起到了一种结构性的组织作用。就像罗西所写到的，"我将类型概念定义为某种恒定和复杂的东西，一种先入形式，并且构成了形式的逻辑原则。"[②] 因此，"城市人造物"的类型特征提供了一种可靠和稳定的基础，成为城市中的建筑应该学习的典范。理想的设计应该"回应城市人造物真正的本性。"[③] 这也预示了罗西此后实践作品的主要模式：以抽象类型为基础，侧重有一定程度的城市纪念性与文化特征的建筑创作。

实际上，在《城市的建筑》中，罗西讨论的内容远不止上述这些。在一些章节中，他还涉及经济、住宅问题、阶级分化等众多问题，并且引用了大量既有城市理论。只是这些论述似乎缺少系统性与条理性。此后罗西自己也承认这本书的撰写有些急躁，注重了体系的宏大却忽视了内容的紧凑。在今天看来，《城市的建筑》最重要的贡献，还是它基于城市与类型视角所做出的分析。他不仅批判了"幼稚功能主义"（Naive functionalism）对建筑的误解，还正确地强调了建筑对城市环境的积极作用，以及历史类型中所沉淀的文化厚度。罗西进一步完善了意大利注重历史延续性以及建筑类型的理论路径，提出了完全不同于主流现代主义的观点与原则。这些都使得《城市的建筑》成为 1960 年代后半期新建筑理论的杰出典范。其中，书里提出的"城市人造物"决定城市认知结构的观点，明显受到了结构主义语言学的影响，这也是当时理论建构的核心特征之一。

几乎在《城市的建筑》出版的同时，阿尔多·罗西开始获得更多的实践机会。1967—1972 年之间，罗西在米兰加拉雷特西（Gallaratese Quarter）的阿米亚塔山（Monte Amiata）住宅综合体中完成了一栋住宅楼（Gallaratese Residence），忠实地践行了《城市的建筑》所倡导的设计理念。这座长条形的建筑上部是两层住宅，有着传统住宅建筑典型的重复性窗洞。但是在住宅下部，是完全开放的敞廊，密集的支撑墙板形成强烈的重复韵律，明显指向意大利城市中常见的街边柱廊这一类型（图 5-2）。罗西写道，这个设计与他"在传统米兰住宅中感受到的东西相关，在那里走廊意味着沉浸在日常事务、家庭的亲密以及各种人际关系的生活方式之中。"[④] 虽然这个建筑并不处在传统城市环境

---

① 参见 ibid.，127.
② Ibid.，40.
③ Ibid.，118.
④ ROSSI A. An analogical architecture[M]//NESBITT. Theorizing a new agenda for architecture：an anthology of architectural theory，1965—1995，New York：Princeton Architectural Press，1996：350.

图 5-2 阿尔多·罗西，加拉雷特西住宅楼　　　图 5-3 阿尔多·罗西，圣卡塔尔多公墓

之中，罗西仍然塑造了有着浓厚纪念性的类型元素。同时，这座建筑的朴素表面与整洁的几何体量，也凸显了类型元素的抽象性以及超越时间与偶然性的持久性。

　　真正让罗西获得广泛国际声誉的是他在 1971 年赢得的意大利摩德纳（Modena）圣卡塔尔多公墓（San Cataldo Cemetery）竞赛。虽然经过修改过的设计直到 1976 年才开始建造，而且也未能完全按照罗西的设计完成，但是经过刊物与展览的传播，罗西的设计尤其是他所绘制的有着乔治·德·基里科（Giorgio de Chirico）特色的建筑图，获得了世界性的关注。在更大的层面上，罗西实现了《城市的建筑》所提出的观点。在解释这个方案时，罗西将公墓称为"死者的城市"，所以他也使用传统城市的类型元素来构建这个另类的城市。在总体布局上，罗西延续了项目旁边 19 世纪公墓的格局，使用了中心对称的长方形组团。在公墓内部，罗西采纳了各种不同的类型元素，如双坡屋顶的传统住宅、类似于加拉雷特西住宅的长廊、古罗马面包烘焙师的陵墓、工厂烟囱、监狱以及方盒子形的现代建筑等。在所有元素的处理上，罗西都坚持了近乎贫瘠的处理方式，各个组成部分都被简化到最基本的状态。整个建筑给人最强烈的印象是那些毫无修饰的平实表面（图 5-3）。罗西成功地营造出了"死者的城市"这种意向，因为整个建筑的空寂与冷漠使得这里仿佛是一个已经凝固在时间中的被废弃的城市。罗西在《城市的建筑》里谈到的"城市人造物"的永恒性在这里得到了戏剧化的阐释，因为没有什么比死亡更具有永恒性。

　　这两个设计都通过提取城市中典型的抽象类型元素来构建作品。由于类型数量有限，形态也相对固定，这种设计方法指向一种具有很强确定性的操作模式，有时也会面对缺乏灵活性的质疑。但是在此后发展的"相似性建筑"的理念中，罗西将更多的个人化元素引入设计，为他的设计理论开拓了更广阔、更有趣的空间。罗西在 1976 年的一篇文章《一种相似性建筑》（An Analogical Architecture）中对此进行了论述，他引用了卡尔·荣格（Carl Jung）对相似性的解释："'逻辑'思想是那些通过词语，以论述的形式指向外部世界的东西。'相似性'思想能被感觉到但仍是非真实的，能被想象但仍是静默的；它不是一种理论论述，而是一种对过去主题的沉思，一种内在的独白。逻辑思想是'以词语思考'。相似性思想是古老的，未得到表现的，以及在实际上无法用词语表达的。"①
荣格的这段表述，将逻辑与相似性对立了起来，逻辑是指一种理性主义的推理分析，而
相似性则是指个人内心的，基于回忆的感受，就好像我们对自己过去经历的回忆，会有
相应的情绪与体验，但是却难以用词句准确地描述出来。因此，所谓"相似性建筑"就
是指基于这种个人化的内在回忆与体验，以与之关联的建筑元素来塑造凝聚了这些感受
内涵的作品。

虽然仍然是在强调记忆与历史内涵，但是"相似性建筑"的概念不像《城市的建筑》
那样倚重于城市纪念物，而是更倾向于个人化的体验。因此，这个概念可以容纳更多的
个人特征。此外，就像荣格所说的，它对应于一种"古老的，未得到表现的，以及在实
际上无法用词语表达的"内容，这一方面给相似性概念带来了明显的不确定性。这种不
确定性使得相似性概念可以容纳个体性格、情绪、经历等复杂的方面。毫无疑问，"相似
性建筑"的概念进一步扩展了罗西此前类型化设计的灵活性，使得个人元素更多地进入
作品之中。

实际上，如果我们从"相似性建筑"的理念出发再来看摩德纳圣卡塔尔多公墓，就
会意识到这个设计不仅是城市类型的集合，也是罗西个人情绪的相似性呈现。在他的另
一本重要著作《一部科学的自传》（*A Scientific Autobiography*）中，罗西多次谈到了他
对死亡的兴趣，"每一个夏天对于我来说都像是最后一个夏天，这种不会再演化的停滞感
可以解释我的很多作品。"②实际上，这样一种停滞感不仅出现在圣卡塔尔多公墓中，也
出现在加拉拉特西住宅以及法尼亚诺奥洛纳小学（Fagnano Olona Primary School）等
项目中，它们显然并不是直接来自于城市历史，而是来自于罗西个人的情绪与回忆。另
一个典型的例子是罗西的湾区别墅（Casa Bay）方案。在一片坡地山林中，罗西将树屋、
渔夫棚屋以及史前湖畔住房等意向性元素组合在一起，获得了一个在个人回忆与想象中
构建出来的奇妙合成物。这些简单的类型元素本身就承载着深刻的内涵，"有着普遍的情
感诉求的原型事物展现出人们超越时间的关注点。"③正是这样一种个人化的类型设计方
法，使得罗西的作品与德·基里科的形而上学绘画建立起联系，因为两者都依赖于独特
的个人感受，而不是对外部事物的精确模仿与推理。

"相似性建筑"的理念明显地增加了罗西建筑理论的复杂性与模糊性。一旦将个人化
的元素引入进来，就等于将建筑理论引向完全的不确定性，因为任何个人都可以有独特
的视角与理解。罗西选择了一种折中，突出个人回忆与体验，但是在具体语汇上仍然选
择看似原始但是有着深刻内涵的抽象类型元素。这赋予他的作品极为独特的个性。一方
面和历史与传统有着直接的联系，另一方面也展现出建筑师个人的独特气质。他的类型
学设计方法，并没有导向一种僵化的模式操作，而是定义了一种有着充分可能性的建筑
表述。他对个人回忆与体验的强调，也使得他的建筑理论与此后现象学影响下的其他建
筑思潮形成了某种相似性。

---

① Ibid.，349.
② ROSSOI A. A scientific autobiography[M]. Cambridge，Mass.；London：MIT Press，1981：1.
③ ROSSOI A. An analogical architecture[M]//NESBITT. Theorizing a new agenda for architecture：an anthology of
architectural theory，1965—1995，New York：Princeton Architectural Press，1996：349.

5.4 新理性主义

当然，罗西不是唯一对历史与类型感兴趣的人。实际上，以米兰理工大学与 *Casabella* 杂志为基点，围绕埃内斯托·罗杰斯的一批年轻人都呈现出类似的理论兴趣。他们的作品也像罗西一样使用大量抽象的历史类型元素，比如厚重墙体、带有十字窗棱的方形窗洞、柱廊、坡顶、拱顶等等。这一组建筑师常常被称为"趋势"团体，名称来自于罗西笔记中多次出现的"*Tendenza*"一词，意指近期出现的某种新的趋势。

除了罗西之外，"趋势"团体中另外一个重要人物是乔治·格拉西（Giorgio Grassi）。格拉西的个人经历与罗西有很大的重合。他于 1960 年毕业于米兰理工，此后在罗杰斯领导下的 *Casabella–Continuità* 杂志担任编辑。自 1964 年开始，他回到大学任教，在米兰理工大学与其他学校任职教授。同样倚重于历史与类型，格拉西走向了一种比罗西更为极端的类型学理论。他认为类型不仅是对过去建筑的总结，也是构成建筑的基因，类型决定了建筑的总体样貌，也决定了我们看待和理解建筑的方式。在漫长历史中沉淀下来的经典类型，凝聚了人们长久以来所选择的形态以及赋予它们的意义，成为此后建筑创作的基石。在格拉西看来，并不存在历史的断裂，比如现代主义与传统的割裂。他认为建筑是一个连续演化的过程，而贯穿始终的线索就是经典类型。在这种观点下，建筑创作可以被转化为一种有限范围内类型的选择与组合。由于类型本身也与功能和技术等条件有关，所以在一个具体项目的设计中，可以进行的操作实际上有限。格拉西甚至认为，有了对类型的清晰理解与梳理，设计过程可以变成一个简单和有条理的类型选择和组合工作，也就是说可以变成一个具有确定性的"理性"过程。这也是格拉西要将他 1967 年出版的理论著作命名为"建筑的逻辑构建"（*La Costruzione Logica dell' Architettura*）的原因。

可以看到，格拉西的理性设计过程，实际上建立在非常狭窄的前提之上，他将类型绝对化和理性化了，成为某种具有不可动摇的稳定性的元素。他的观点非常接近当时结构主义语言学的立场，认为在复杂的具体言语之下，存在某种简单清晰的语言结构，可以用逻辑符号与关系来给予理性描述，从而得到一种更深层次的抽象"元语言"。格拉西对类型的处理也类似，他尽量剥除类型元素中那些具有时代性的特征，比如装饰与细节，只保留类型元素最根本的要素，以此来搭建一个超越时代限制的"逻辑"建筑。格拉西的名作，基耶蒂大学学生宿舍（Chieti University Student Dormitory）与柏林波茨坦广场综合体（Potsdamer Platz Complex）明白无误地展现了这一理论的实践结果。柱廊以及传统多层住宅这两种类型被简化到极端的状态，得到的建筑也呈现出逻辑计算一般的严格、规整乃至于缺乏生机（图 5-4）。格拉西对此的解释是建筑应当遵循一套基于类型的严格限定的程序来获得一种清晰与准确，但是这种限定也确保了形式意义的传递，"建筑的特质在这里被看作一种构建，也就是一种依循具有逻辑秩序的选择的程序。这一研究的目标是由一种建筑的形式理论组成的。该理论体现了一种有意识的限定，这种限定表现了一种基于形式的意义、类型以及呈现他们的秩序之上的选择"。[1] 与罗西相比，格拉西的理论与作品都显得更为整肃，他的"逻辑构建"过程当然无法容纳罗西"相似性"

---

① GRASSI G. La costruzione logica dell' architettura[M]. Padua：Marsilio Editori，1998：15.

图 5-4　乔治·格拉西，柏林波茨坦广场综合体

思维所认同的个人情感与联想。但是，通过类型抽象与多余元素的剥离，他的作品的确呈现出一种更深沉的纪念性，以及具有神秘感的原始性。这可能来自于经典类型自身所蕴含的深刻喻意。

如果说格拉西的理论走向了一个极端，那么罗杰斯团体的另一位年轻建筑师，维托里奥·格里高蒂（Vittorio Gregotti）则走向了与之相反的另一个方向。格里高蒂同样毕业于米兰理工大学，深受罗杰斯影响，也曾在 *Casabella* 杂志担任过编辑与主编，此后在威尼斯建筑大学等学校任教，并且经营自己的建筑设计公司（Gregotti Associati）。格里高蒂的建筑主张，最典型地体现在他 1966 年出版的《建筑的领地》（*Il Territorio dell' Architettura*）一书中。不同于格拉西将建筑历史视作类型的演化与重复，格里高蒂有着更为宽广的历史观。他认为历史演变包含三个层面，一个是物质与地理条件的演变，二是社会条件的演变，三是个人体验与记忆的积累。这三种层面分别对应于地理条件、建筑传统以及个人记忆。格里高蒂认为"在一个建筑中，这三种层面都存在，但是它们的高低层级，甚至是有意的缺失，在一个特定项目的设计过程中创造了本质性的差别。"[①] 这样广阔的历史观念，使得格里高蒂不必局限在历史类型之中，能够将更多样性的元素吸收到自己的创作中。比如他对现代建筑的看法就更为宽容，他认为现代建筑也是这样一个复杂历史进程的产物，也有着丰富的内涵，只是被"功能主义"这样的实证主义观点所扭曲了。因此，现代建筑中也有值得称道的元素。在实践中，格里高蒂的作品比趋势团体中的其他建筑师有着更多的现代主义元素。

格里高蒂非常强调人与环境的互动，这也是他在书名中强调领地的原因之一。除了大量使用典型的类型元素之外，格里高蒂还特别重视对特殊场地元素的处理。这些特征都非常突出地体现在他最有趣的作品之一、意大利科森扎（Cosenza）的卡拉布里亚大学校园（The University of Calabria Campus）之中（图 5-5）。在一片山谷地段之中，格里高蒂设计了一条长达 3200m（实际建成约 1200m）的空中直线走道，连接两端的高速公路与火车道（仅局部建成）。这条走道上层是步行路面，下层则是管道等建筑设备。各个院系都被容纳在平面为 25.5m 见方的体量之中，它们主要由三种类型组成，阶梯教室、实验室与办公楼。所有类型体量的顶部都是齐平的，但是底部随着地形的起伏而高低不同。格里高蒂的设计在创造了整体性的同时，也维护了地形起伏带来的丰富变化。这个项目的特殊性在于，格里高蒂用类似于"十小组"中史密森与乔治·坎迪利斯、亚

---

① 转引自 VUJICIC L. Architecture of the longue durée：Vittorio Gregotti's reading of the territory of architecture[J]. arq, 2015, 19（2）: 163.

图 5-5 维托里奥·格里高蒂，卡拉布里亚大学校园

历克西斯·约西齐以及沙德拉齐·伍兹等人所支持的，以基础设施骨架串联单元建筑的方式，塑造了一个可以继续延展，并且灵活添加单元的巨构建筑体系，展现出格里高蒂对当时现代建筑理念的接受。同时，他也贯彻了类型元素的统一特征。更重要的是，这两者都没有破坏特殊地貌带来的差异性效果。虽然最后实施结果因为各种因素的影响不尽完美，但卡拉布里亚大学仍然代表性地展现出格里高蒂建筑语汇的包容性。不可否认，类型元素在他的众多作品中占据了极大的分量，但这并没有妨碍格里高蒂接受其他多元化的建筑要素，就像他在《建筑的领地》中所写道的，历史"是一种路径，你必须走过，但是它并没有教会我们关于行走艺术的任何东西"。[1]

根据格拉西与格里高蒂的对比可以看出，从看待历史的不同前提出发，两人得到了差异悬殊的结果。格拉西严格受限的历史理念导致了一种极度简化、甚至单调的类型操作，而格里高蒂宽松的历史理念则包容了更为丰富的可能性。格拉西的建筑给人强烈的肃穆感，格里高蒂的作品则更有趣味，而阿尔多·罗西则处于两者之间。他早期的建筑偏向格拉西的简洁，后期的创作则更接近于格里高蒂的灵活与欢快。他们的差异性也证明了类型理论的多种可能，就像其他建筑流派一样，趋势团体也不能被看作一个单一的建筑现象，必须要认识到团体内部的多样性。

1973 年的第 15 届米兰三年展上，许多与"趋势"团体有关的建筑师，如阿尔多·罗西、里昂·克里尔（Leon Krier）、尼诺·达迪（Nino Dardi）、阿道夫·纳塔利尼（Adolfo Natalini）、卡洛·艾莫尼诺（Carlo Aymonino）和路德维希·里奥（Ludwig Leo）以及维托里奥·格里高蒂参加了由罗西组织的名为"理性建筑"的展览。这是"趋势"团体最重要的一次展示，引起了极大的国际关注。在展览同步发行的名为"理性建筑"（*Architettura Razionale*）的书中，意大利学者马西莫·斯科拉里（Massimo Scolari）撰写的《新建筑与先锋派》（The New Architecture and the Avant-Garde）一文被视为对"趋势"团体最重要的理论总结之一。斯科拉里首先梳理了"趋势"团体出现的背景，他分别讨论了主流现代建筑、赛维的有机主义理论以及佛罗伦萨的"阿基卒姆"（Archizoom）、

---

[1] 转引自 ibid., 161.

"超级工作室"（Superstudio）等团体先锋实验的不足。他认为这些流派都无法回应现实的复杂性，真正有价值的不是任何不切实际的乌托邦，而是"耐心地、可能更为确定地通过一种澄清的过程……不是为了发现新的真理，而是为了在一个以历史与形式分析为中心的认识过程中消除错误。"[1] 他与罗西一样，认为传统纪念物与类型元素中已经凝聚了被时间所认同的品质，因此可以作为坚实的建筑基础。以这些类型为基点进行建筑创作，可以让"建筑成为一种属于自己、限定在自己范围之内的认知过程，它认识到了自己的自主性……拒绝到其他学科中获取解决自身危机的方案；不再追求将自己浸入政治的、经济的、社会的以及技术的事件中，仅仅为了掩盖自身在创造性与形式上的贫乏，而是希望理解它们，以便于以清晰的方式对它们进行干涉。"[2] 这里，斯科拉里一方面批评了"功能主义"导致的建筑形式的乏味，另一方面也支持了建筑作为一种形式成果的独立自主，这种观点实际上与当时风行的另一些建筑思潮，如"建筑自主性"和"批判理论"有关，我们将在后面再详细探讨。

必须认识到，斯科拉里所说的建筑摆脱政治的、经济的、社会的以及技术性因素的控制这一观点不应被过分解读，他其实想强调的是不应该让这些元素过于强化，而忽视了建筑自身的形态原则，而这些原则实际上已经蕴含在类型要素的历史演化进程之中。更重要的是，这些类型要素其实本身已经是社会条件的结晶，所以能够提供更坚实地切入这些问题的途径。斯科拉里激烈批评了在现代建筑与现代城市规划思想下当代城市的混乱和无趣，"今天的城市面临的危险是可能永远失去它自己的意识、它的个性、它的文明特征。它处在失去自己的历史中心、被服务工业的入侵所破坏的边缘。"[3] 而"趋势"团体基于类型所创造的"新纪念性，则意味着对整体性与简单性的需求。它是以数量很少但具有决定性的原则对抗混乱现代城市的一种回应。它表现了一种重新恢复城市个性的希望，起点是集体精神需求的简单性，以及满足它们的方式的整体性感觉。"[4] 斯科拉里非常准确地将趋势团体的纪念性与早年吉迪恩所重申的纪念性的社会作用联系了起来。

这次展览以及《理性建筑》的出版极大地扩展了趋势团体的声誉。也就是在此之后，一些学者开始用"新理性主义"（Neo-rationalism）的概念来称呼这一流派。当然，"理性主义"的概念不能等同于数学与物理逻辑，它所指代是一种建筑类型中寻找稳定基础与法则的倾向，而这一切都建立在将历史类型视作建筑发展的根基之上。但也要看到，类型设计方法并不一定像它的支持者所认为的那样稳固和清晰。不仅仅是"基础与法则"这个前提会受到质疑，对于具体类型以及组织原则的选择上，仍然会呈现出明显的个人化倾向。罗西、格拉西、格里高蒂等人之间的差异性就是一个例证。

"新理性主义"的名称使得学者们可以将意大利以外一些有着类似倾向的建筑纳入这一流派之中。最为典型的是德国建筑师奥斯瓦德·马提厄斯·昂格尔斯（Oswald Mathias Ungers）。出生于 1926 年的昂格尔斯参与了 CIAM 的晚期会议，他与"十小组"的成员一道反对功能城市的观点，此后也曾经参与了"十小组"的讨论会议。但是逐渐

---

① SCOLARI M. The new architecture and the avant-garde[M]//HAYS. Architecture theory since 1968, Cambridge, Mass.；London：MIT，1998：131.

② Ibid.，132.

③ Ibid.，140.

④ Ibid.

地，昂格尔斯开始远离"十小组"，建立起自己的
建筑立场。总体看来，昂格尔斯的建筑理论与实
践和"趋势"团体中的乔治·格拉西有很大的相
似性。他也倡导一种理性的建筑语汇，建立在原
型（Archetype）、基本几何形态、数字、比例之
上。作为德国建筑师，昂格尔斯的建筑理论有着
强烈的新柏拉图主义色彩。简单地说，他认为事
物的本质是一种单一、纯粹、完美、理性的精神，
它可以通过"几何的绝对法则与比例的纯粹"来
体现（图 5-6）。[①] 这种典型的柏拉图主义观点在
建筑史中一直延续，甚至体现在风格派与勒·柯
布西耶的纯粹主义作品之中。但昂格尔斯的特点
是将它与历史类型密切结合起来。他认为"建筑
被吸纳进了历史延续性之中"，"而历史则是人类
精神发展的百科辞典。"[②] 因此，历史中恒定的元

图 5-6　奥斯瓦德·马提厄斯·昂格尔斯，
巴登州立图书馆的阅览室

素——那些抽象类型是这部辞典中真正的词条。"作为原型的几何形式——圆、直线、球、
锥、立方体以及椭圆——提供了一种框架，将心理的与精神的概念转译为一种象征。"[③] 昂
格尔斯认为这种精神作用才是建筑中最重要的，而不是功能。"建筑有它自己的语言。它
是自主的（Autonomous）。建筑中的精神性并不考虑实用的问题。"[④] 这种观点当然是非
常古典以及极端的，他称之为"形态唯心主义"（Morphological Idealism）。体现在建筑中，
昂格尔斯的作品与格拉西的作品一样，呈现出强烈的几何规整以及克制收敛的形态特征。
他最喜欢使用的是完整的立方体，比如汉堡的当代画廊（Galerie der Genenwart）、艺术
馆扩建（Expansion of Kunsthalle）项目。圆形与半圆形作为古典文化中的经典几何图形
也频繁出现在柏林首相府竞赛方案等设计中。平实的墙面以及严格重复的窗洞构成了其
作品主要的细节，都体现出他追求一种被"简化到基本要素的建筑语汇。"[⑤] 在昂格尔斯
身上，可以清晰地看到新理性主义的抽象类型与古典主义之间的思想联系。这也可以说
明许多新理性主义作品身上那种极度的朴素与厚重的文化内涵之间奇妙的联系。

　　卢森堡的克里尔兄弟，罗伯特·克里尔（Robert Krier）与里昂·克里尔（Leon
Krier）都在德国接受建筑教育，其中罗伯特·克里尔还在昂格尔斯的工作室工作过一
段时间。昂格尔斯对历史原型的爱好以及对基本几何体的操作明显影响了罗伯特·克里
尔自己的建筑观点。克里尔兄弟也进行了大量的建筑类型研究，绘制了许多建筑类型及
其变形的图例。不过他们更为关注不是具体的建筑，而是以类型元素恢复欧洲城市的
肌理与活力。就像斯科拉里所阐述的，这当然是新理性主义的核心主旨之一。克里尔
兄弟以大量图解展示了如何以类型元素的变化在欧洲城市中重新塑造具有完整性与个性

① CRESPI G. Oswald Mathias Ungers：works and projects 1991—1998[M]. Milano：Electa Architecture，2002：31.
② Ibid.，11.
③ Ibid.，9.
④ Ibid.，10.
⑤ Ibid.，158.

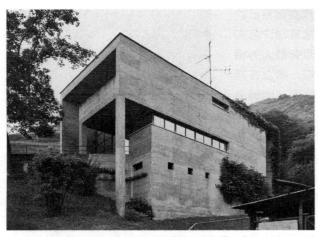

图 5-7　路易吉·斯诺兹，卡尔曼之家

的城市空间。他们的工作与 19 世纪末卡米罗·西特（Camillo Sitte）的《遵循艺术原则的城市设计》（City Planning According to Artistic Principles）有相似之处。虽然没有多少建成成果，克里尔兄弟以丰富的图解展现了新理性主义建筑与历史城市的密切联系。

瑞士南部的提契诺（Ticino）地区与意大利北部接壤，在文化传统上强烈受到意大利的影响，反而与阿尔卑斯山北部偏向德语文化区的瑞士北部地区有较大的差异。新理性主义理论在这里也得到了支持。罗西曾经在苏黎世联邦理工学院建筑系任教过一段时间，对一批瑞士建筑师如布鲁诺·赖希林（Bruno Reichlin）、法比奥·莱因哈特（Fabio Reinhart）以及马丁·斯泰曼（Martin Steinmann）产生了深刻的影响。后者的实践与观点都与趋势团体接近，体现了提契诺建筑师与意大利北部建筑传统的历史联系。除了这些比较典型的新理性主义者之外，提契诺地区的其他一些建筑师虽然没有严格地遵循历史类型的设计方法，但是也都在自己具有独立特色的创作中融会了杰出的历史敏感性与文化认知，比如马里奥·博塔、路易吉·斯诺兹（Luigi Snozzi）与奥雷利奥·加尔菲蒂（Aurelio Galfetti）（图 5-7）。他们有时被称为提契诺学派（Ticino School）代表人物。但是将他们联系在一起的更多的是这种历史意识，而不是具体的建筑语汇，这一点与"趋势"团体的内在趋同有显著的不同。

总体看来，"新理性主义"诞生于欧洲浓厚的历史建筑传统之中，对现代主义建筑提出了针锋相对的批评。他们相对强硬的立场来自于对建筑形式传统以及当代城市乏味与混乱的回应。虽然从某些角度看来，他们对建筑的理解存在褊狭与独断的方面，但是他们对纪念性、集体记忆、城市结构以及几何象征的理解毫无疑问能够获得建筑文化的强大支持。这也是时至今日他们独特的建筑语汇仍然具有感染力的原因之一。

推荐阅读文献：

1. ARGAN G C. On the typology of architecture[M]//NESBITT. Theorizing a new agenda for architecture：an anthology of architectural theory，1965—1995. New York：Princeton Architectural Press，1996.
2. ROSSI A. The architecture of the city[M]. American ed. Cambridge，Mass.；London：Published by [i.e. for] the Graham Foundation for Advanced Studies in the Fine Arts and the Institute for Architecture and Urban Studies by MIT，1982：28-61.
3. COLQUHOUN A. Typology and design method[M]//Modernity and the classical tradition：Architectural Essays，1980—1987. Cambridge：MIT Press，1989.
4. SCOLARI M. The new architecture and the avant-garde[M]//HAYS. Architecture theory since 1968，Cambridge，Mass. London：MIT，1998.

第 **6** 章　语言学与符号学的影响

　　在阿尔多·罗西与阿兰·科尔洪的讨论中，都出现了将类型作为建筑认知或城市构成的结构性要素的观点。这实际上体现出语言学研究中结构主义思想的影响。在 20 世纪五六十年代，克洛德·列维 – 斯特劳斯与罗兰·巴特（Roland Barthes）等人的研究成果获得越来越多的关注，他们将语言学与符号学理论运用于人文研究，从而开拓出新的理论视野与分析方法的做法，吸引了很多的追随者。另一方面，因为语言与思想、与意义传达、与大众沟通之间有密不可分的联系，许多人文领域的研究都不可避免地要牵涉到对语言的讨论。这些因素都导致 20 世纪六七十年代语言学理论在建筑学中的广泛引入，帮助催生了一批新颖的理论倾向与论述方式。

6.1　意义的回归与符号学的新进展

　　建筑理论与语言的关系在建筑史上早已有之。在维特鲁威的《建筑十书》中，就强调了概念表述与实际对象的不同。建筑理论要依据知识原则对概念表述进行理论推理，而不是埋头于实际工作之中。除了满足实用目的以外，很多理论家还提出了建筑还应当传达特定内容的观点，这种观点往往拿语言与建筑相类比。文艺复兴建筑理论中极为重要的"适宜"（*Decorum*）理念就发源于古罗马学者西塞罗（Marcus Tullius Cicero）对演说家的讨论中。西塞罗认为演说家必须选择适宜的方式将内容传达给听众。转译到建筑中，阿尔伯蒂（Leon Battista Alberti）与塞利奥（Sebastiano Serlio）等文艺复兴学者都认同建筑要将业主的地位、美德以及建筑的功能等核心内容体现在建筑的视觉形象中，使建筑"适宜"他的身份。这样的观点在 18 世纪法国理论界转化为"话语建筑"（Architecture Parlante）的理念。就像雅克 – 弗朗索瓦·布隆代尔（Jaques-Francois

Blondel）所阐述的："建筑应该具有个性，它决定了建筑的总体形式并且宣示出这个建筑是什么。"[①] 也就是说建筑的个性是由其功用所决定的，而建筑的形式应该将这种个性表述出来，就像话语表述内容一样。在现代主义早期，建筑表现的问题仍然被不断提及，路易斯·沙利文就坚定地认为摩天楼具有一种精神气质，要通过竖向性在建筑形象上展现出来。他的"形式追随功能"实际上就是这种表现的其中一个案例，但更具有普遍性的是他所认同的浪漫主义观点——"生命必须在它的表现中获得认知"。类似思想也在雨果·哈林（Hügo Harring）等欧洲建筑师的实践与论述中体现出来，他的古德嘎考农场（Gut-Garkau Farm）典型性地体现出建筑形态如何呈现出建筑的功能特质与文化象征。

　　这样一种关注建筑形式表现的观点在现代主义盛期受到了激烈的批评。建筑表现被一些激进的现代建筑师等同于历史主义装饰，或者是缺乏实质基础的形式操作。他们认为现代建筑只应该由实用性以及经济性等实证性要素来决定，表现与内容传达并不是绝对必要的，在有的时候甚至会造成浪费与阻碍。这种立场最直接的代表是以埃尔·李希茨基（El Lissitzky）、汉内斯·迈耶（Hannes Meyer）、马特·斯塔姆（Mart Stam）、汉斯·施密特（Hans Schmidt）等人为首的 ABC 团体。汉内斯·迈耶对此给予了清晰的表述，他强调"这个世界上的所有事物都是一个方程的结果：功能乘以经济。"[②] 艺术表现被认为背离了这一原则，所以在谈到他自己的国联大厦竞赛方案时，他写道"我们的国联方案不象征任何东西。"[③] 这样一种仅仅侧重于实用性与经济效益，忽视形式表现与视觉内容的倾向，无疑在战后大规模的现代建筑建设中被放大了。现代建筑被视为一种理性的技术手段，而不是一种表现性语汇，由此带来的后果是建筑景观的贫乏和单一。前面已经谈到，这种困境在"二战"后引发了从新经验主义到类型学的一系列新的理论挑战。这些挑战的核心线索之一，就是认为建筑传递意义的作用至关重要。凡·艾克对此给予了充分的论述，他在多贡村庄中所看到的，就是多贡人对整个宇宙的理解都在建筑甚至是日常用品（比如篮子）中表现出来，这与现代建筑的单调形成了鲜明的对比。因此他写道"建筑需要完成的就是建造的意义。因此，靠近意义，并且建造。"当然，这里所提到的意义有两个层面，一方面是指具体的表述内容，另一方面是指更为抽象的人的生存目的与价值。在 20 世纪六七十年代的建筑理论中，前者得到了语言学研究的推动，而后者则与现象学理论有密切的关联，这两方面都体现了其他学科对建筑学的浸染。我们在这里先讨论前者。

　　语言学及其相关研究在 20 世纪后半期的兴起，在很大程度上要归功于瑞士语言学家费尔迪南·德·索绪尔（Ferdinand de Saussure）的贡献。索绪尔是瑞士日内瓦大学的语言学教授，他在自己主讲的课程中阐发了一系列具有革命性的观点，这些观点后来被他的学生整理成为《普通语言学教程》（*Course in General Linguistics*）一书出版，对语言学以及其他领域都产生了深远的影响。我们知道，语言现象极为复杂，牵涉到各种各样的因素，因此厘清语言学研究的基本范畴、概念与方法至关重要。索绪尔正是在这

---

① VIDLER A. Claude-Nicolas Ledoux：Architecture and utopia in the era of the French revolution[M]. Basel：Birkhäuser，2005：18.

② MEYER H. Bauen. 1928.

③ 转引自 JENCKS C. Semiology and architecture[M]//JENCKS & BAIRD. Meaning in architecture，London：The Cresset Press，1969：12.

一方面做出了突破性的贡献，他用一系列成对或成组的概念来梳理语言学研究的基础架构。比如，他区分了"言语"（Parole）与"语言"（Langue）。"言语"是指语言的具体使用，比如特定条件下使用特定话语，牵涉到人、事件、意图等各种因素，具有很大的差异性；"语言"是指整个语言体系，尤其是其内部的结构法则，这套法则会控制所有的语言表述，具有普遍性与统一性。在索绪尔看来，"语言"才是语言学研究的主体，语言学关注的不是具体的表述，而是在所有语言现象背后所隐藏的决定性结构法则。

另一个重要的区分是能指（Signifier）、所指（Signified）以及指示物（Referent）。"能指"是指常见的各种符号、标记、字符等，是概念的具体承载物。就像"绿"这个特定的字，就是一个能指。"所指"的意思是"能指"所承载的概念，比如"绿"这个字所指代的是"绿"这个概念。而"指示物"则是指具体对象，比如纯粹的绿并不存在，我们所遇到的是绿叶、绿草或者绿伞，这些物体是"指示物"的典型代表。索绪尔的一个重要观点是"能指"与"所指"之间的关系是随意的，比如在汉语中我们使用"绿"这个字，在英语中使用"Green"这个词，但都对应于同一个"所指"，因此"能指"与"所指"之间并没有一一对应的必然联系，它其实是由习俗所决定的。因此，"能指"之所以能够指代"所指"，并不能完全归因于"所指"的特点，还应该归因于语言习俗内部各个语言要素之间的相互关系。比如要理解绿的概念，不可避免地需要引申到红、蓝等具有相关性的概念。只有在一个体系中，绿的内容才能被理解。否则即使面对一片绿叶，也无法知道绿到底是指代材质、形状、重量还是颜色。也就是说，在一个语言体系中，一个元素与其他元素的关系极为重要，它是这个元素具有意义的前提条件。这里体现出索绪尔理论中明显的结构主义色彩，他认为只有在一个整体的体系中，单一元素的内涵才能被理解，而不能将一个元素割裂出来进行分析。

这样的结构关系也是多层面的。索绪尔进一步区分了"句段关系"（Syntagmatic）与"联想关系"（Paradigmatic）。前者是指一个语言体系中，不同元素之间的组合秩序。比如"您吃了吗"与"吃了吗，您"之间的关系就是一种"句段关系"的组织。它主要是一种构成模式的分析，并不牵涉到词语的具体内容，比如我们常常用主语、谓语、宾语来描述这种关系，但并不在意主谓宾到底分别是什么。后者是指在言语中，我们选择一个词，其实要与其他相关的词一同考虑，来确定最适合的选项。比如同样是心情愉悦，在具体表述中需要在大笑、狂笑、微笑、窃喜中进行选择，这需要考虑词汇的具体内涵以及与上下文的相互关系。在《普通语言学教程》中，索绪尔用建筑的例子来对"句段关系"与"联想关系"分析的区别给予说明。在一个标准化的希腊神庙中，"句段关系"对应于建筑各要素之间严格的比例关系，它决定了各个要素的位置与大小，从而决定了建筑的整体形态。但是在"联想关系"中需要考虑的是，具体采用哪种柱式来建造神庙，因为在多立克、爱奥尼与科林斯等柱式中，不同的柱式有不同的性格，因此适用于不同类型的神庙。简单地说，"句段关系"更关注语言内部的结构，而"联想关系"更关注语言使用中的具体内涵，以及与其他外部元素的关系。

在索绪尔看来，这样的概念与理论体系，不仅适用于语言研究，也适用于其他类型的符号体系，他将这种更为广泛的符号研究称为"符号论"（Semiology）。虽然索绪尔自己并没有对此做太多的论述，但是罗兰·巴特与列维－斯特劳斯进一步推动了这方面的工作。巴特将索绪尔的理论结构运用于对服装、广告、神话的研究，揭示出这些符号体系背后的结构性原则。列维－斯特劳斯则将索绪尔的结构主义思想运用于人类学研究之中，他着重讨论了土著部落中亲缘关系、图腾系统所依赖的结构原则，试图证明不同文化背后存在同一的、普适的基础体系。列维－斯特劳斯的成果提供了人类学研究的全新路径，引起了很大的反响。凡·艾克对多贡村庄的关注就与此有直接的联系。

几乎与索绪尔同时，美国哲学家查尔斯·桑德斯·皮尔斯（Charles Sanders Peirce）也发展了他的符号学理论。他认为，因为我们的日常思考与逻辑推理都依赖特定符号，所以符号理论具有特别的哲学意义，他将符号理论称之为"符号学"（Semiotics），类似于索绪尔的"符号论"。不同于索绪尔侧重于内在结构关系的立场，皮尔斯更关注符号的类型以及符号传递意义的具体实现机制。针对这一过程，皮尔斯区分了三种概念，分别是符号（Sign），就是指特定的标记、指代物，类似于索绪尔的"能指"；物品（Object），被符号所指代的事物，类似于索绪尔的"所指"；以及解释项（Interpretant），是指根据规则与特定符号内容思考和推理获得的理解，这一行为解析了符号一定程度的意义。不同于索绪尔的是，皮尔斯进一步对符号进行了类型的划分，他区别了"形象"（Icon），"索引"（Index）与"记号"（Symbol）三种不同的符号。形象是指那些与被指代的对象有类似特征的符号，比如人体雕塑就是人体的形象符号，通过这个符号可以直接阅读出所传递的对象特征。索引是指那些不依赖于相似性，但是揭示出某种事实存在的因果关系的符号，比如风向标，显示出风带来的结果，从而告知风向。记号是指那些完全依赖于习俗或外来规则与物品建立联系的符号，比如用阿拉伯数字来指代特定的数量，这里记号与其内容之间的关系是任意的，就像索绪尔所说的"能指"与"所指"之间的关系是任意的一样。皮尔斯的理论对符号的种类及其作用方式进行了更深入的分析，也将有利于建筑学中不同表达途径的区别。

6.2 符号学影响下的建筑理论

符号学对建筑理论的渗透起始于拉兹洛·莫霍利－纳吉（Laszlo Moholy-Nagy）于1937年在芝加哥创办的以包豪斯为范本的设计学院（Institute of Design）。莫霍利－纳吉邀请了当时在芝加哥大学任教的哲学家查尔斯·威廉·莫里斯（Charles W. Morris）来教授名为"智识整合"（Intellectual Integration）的课程，希望依赖符号学将理论、实践、艺术、科学结合在一起，因为这些学科都需要涉及符号的使用。莫里斯的符号学理论很大程度上受到了皮尔斯的影响。他区分出三种不同的关系，即符号与物品、符号与符号以及符号与人，对应的三个研究领域分别为语义（Semantics）、句法（Syntax）以及语用（Pragmatics）。其中语义主要讨论符号的意义，类似于索绪尔的"联想关系"分析，句法主要讨论符号体系的内在结构，类似于索绪尔的"句段关系"，而语用主要讨论符号具体的使用，更接近于索绪尔所定义的"言语"。莫里斯的更为简单明了的区分，有利于符号学复杂的理论体系与建筑学产生嫁接。

1953年，另一所以包豪斯为范本的学校，乌尔姆设计学院（Hochschule für Gestaltung）在前包豪斯学生马克斯·比尔（Max Bill）的领导下成立。马克斯·比尔基本上延续了包豪斯的教学方式，还邀请了一系列前包豪斯教师，如约翰内斯·伊顿（Johannes Itten）与约瑟夫·阿尔伯斯（Josef Albers）前往任教。但是在1956年，因为教师内部的争执，马克斯·比尔辞职离开，由阿根廷人托马斯·马尔多纳多（Tomás Maldonado）接任校长。马尔多纳多的教育思想接近于曾经担任过包豪斯校长的汉内斯·迈耶，强调以技术理性与经济效益而不是美学作为设计基础。他接受了芝加哥设计学院的影响，将皮尔斯、莫里斯以及德国哲学家恩斯特·卡西尔（Ernst Cassirer）的相关理论引入视觉与口语交流课程之中。马尔多纳多强调，必须通过语义与语用的研究，来理解意义的传递。通过对交流的研究，可以将语言学、符号学、心理学、社会学等不同的领域结合在一起，形成更广泛的理论基础。在乌尔姆设计学院的教师当中，有年轻的约瑟夫·里克沃特（Joseph Rykwert），他此后将成为重要的建筑历史学家，并且坚持人文主义的研究路线。在 1960 年的一篇文章《意义与建筑》（Meaning and Building）中，里克沃特批评了从国际式风格到粗野主义的现代建筑都只关注理性原则，而忽视了建筑触动情感的作用。对此他呼吁："建筑师必须认识到他们作品的情感力量；这种认识基于对内容的遵循方法的研究，甚至是一种指示性的内容。"[①] 里克沃特认为，通过语义的研究，可以了解建筑如何传递内容，而这些内容可以与普通人建立交流，从而重新建立建筑与人的情感联系。

　　有类似经历的是克里斯蒂安·诺伯格 – 舒尔茨（Christian Norberg-Schulz），这位挪威建筑师也在乌尔姆设计学院短暂任教过。1963 年他的第一本重要理论著作《建筑中的意图》（*Intentions in Architecture*）出版。在这本书中，诺伯格 – 舒尔茨雄心勃勃地试图建立一个完善的建筑理论体系，因此他从最基本的人的感知与体验谈起，借用格式塔心理学、语言哲学、系统理论等各种学科体系来搭建他庞杂的理论框架。在该书第二章"背景"中，诺伯格 – 舒尔茨提出可以基于莫里斯的语义、句法以及语用的划分来分析符号系统（Symbolic-system），这可以进一步帮助解析建筑对于我们的价值。诺伯格 – 舒尔茨认为这是建筑理论的基石，但是他并没有能够更清晰地说明他所指的价值是什么。在此之后他也逐步转向现象学理论，来论证建筑价值与意义的哲学内涵。

　　在 20 世纪五六十年代，一批意大利学者也纷纷从符号学角度展开的对建筑意义的讨论。塞尔吉奥·贝蒂尼，乔瓦尼·克劳斯·柯尼希与雷纳托·德·福斯科（Renato De Fusco）等人都强调了建筑本身的符号特性。其中意大利哲学家、作家与评论家翁贝托·艾柯（Umberto Eco）的观点极富启发性。作为欧洲重要的符号学学者，艾柯的理论中糅合了索绪尔以及皮尔斯理论的不同要点，显示出一些特定的倾向。在他 1968 年出版的《缺席的结构》（*La Struttura Assente*）一书中，艾柯专门讨论了建筑中的意义传达。他非常正确地指出，即使是一个完全功能性的物品，要能够完善地发挥其功能，也应该通过特定符号告知使用者其功能是什么，以及如何使用。就好像我们看到很多新颖的机器，却并不知道它的用途或者使用方式，只有了解这个机器的传统背景以及相关生产领域的人才能正确地阅读它并且使用它。因此，物品和建筑与功能之间并不是简单的对应关系，还需要"习俗"与"传统"来建立对功能的解读，进而推动功能的实现，否则就会出现艾柯在书中所举的，从未见过马桶的意大利农民用马桶来

---

① RYKWERT J. Meaning and building[M]//MALLGRAVE & CONTANDRIOPOULOS. Architectural theory（Vol 2）: an anthology from 1871 to 2005. Oxford: Blackwell, 2007: 376.

清洗土豆的状况。艾柯用生动的例子说明，即使是最极端的功能主义，也必须要依赖符号意义的作用。他进一步指出，除了直接指示（Denote）功能的内容之外，建筑元素还可以暗示（Connote）社会地位、宗教倾向、文化价值等额外内容，[①] 后者使得建筑完全超越了"功能主义"的狭窄范畴，进入到更为广阔和灵活的创作领域。呼应皮尔斯对于意义解读可以不断延展和变化的观点，艾柯也强调无论是"指示"还是"暗示"都应该更为宽松，使得建筑可以激发不同的解读，这使得他的观点更接近于后面将要谈到的文丘里等人。

不仅是建筑，城市也可以被视为一个符号体系来进行分析。虽然没有直接提到符号学理论，但凯文·林奇（Kevin Lynch）1960 年出版的《城市意象》（*The Image of the City*）一书将城市作为可以阅读的图像来分析。他提出路径（Paths）、边缘（Edge）、区域（District）、节点（Nodes）、地标（Landmarks）等五种类型元素组成了绝大部分的城市图像。这种分析当然不同于《雅典宪章》的功能性分解，更接近于罗西此后在《城市的建筑》中阐述的，类型元素组成了城市基本认知结构的观点。他们两人所关注的都是人对城市的理解，而不是实证性的物理分析。罗兰·巴特肯定了凯文·林奇的研究路径。在 1968 年的一篇文章《符号学与城市》（Semiology and Urbanism）中，巴特也提出应该从"阅读者"的角度研究普通人是如何理解城市的。更为重要的不是研究具体元素的意义，而是不同元素之间的相互关系。比如不是关注具体城市中的具体水体，而是讨论水体元素与其他元素的关系，来说明为何那些缺乏水体的城市会显得缺乏特色与可识别性。罗兰·巴特希望分析的是城市元素之间的结构关系，以此来理解城市与人的关系，在这一点上，他与林奇的工作具有类似的目的。

伴随着符号学在 1960 年代的兴起，西方各国的青年学者们都在积极探索将符号学概念与理论运用于建筑分析。在英国，继新粗野主义之后，符号学成为伦敦建筑理论讨论的热点。两位当时均在伦敦大学学院求学的年轻人，加拿大人乔治·贝尔德（George Baird）与美国人查尔斯·詹克斯（Charles Jencks）最为活跃。1969 年，他们共同编辑出版了《建筑中的意义》（*Meaning in Architecture*）一书，汇集了一批知名学者针对建筑传递意义这一问题的讨论。书中收录了乔治·贝尔德的《建筑中的"爱的维度"》（"La Dimension Amoureuse" in Architecture）一文。贝尔德借用了索绪尔对"语言 / 言语"的区分指出，任何社会现象背后都包含"语言"与"言语"两种成分，前者是指存在于人们潜意识中的普遍性的结构性原则，就像语言学中的内部结构，我们使用语言时会无意识地遵循这些原则；后者则是指根据具体的场景和需求在结构性原则中添加内容，从而完成具体的交流，就像在说话时我们会关注遣词造句来达到交谈目的。贝尔德举出了两个建筑的例子，埃罗·沙里宁的 CBS 大楼与塞德里克·普赖斯（Cedric Price）为某个技术学院设计的"陶器厂思想带方案"（Potteries Thinkbelt），来说明这两个典型的现代建筑都错误地偏向了"语言"的成分，而忽视了"言语"的成分。其中，前者试图塑造每一个细节都被清晰定义的建筑环境，就仿佛建立一个完全固定的语言，剥夺了使用者根据不同情况灵活地使用和解读建筑的可能性。建筑师决定了一切，也摧毁了更为多

---

① 参见 ECO U. Function and sign：semiotics of architecture[M]//LEACH. Rethinking architecture：a reader in cultural theory. New York：Routledge，1997：182-201.

样化的亲切交流。后者试图制造一个完全没有任何特定意义指向的，彻底基于实用性的建筑容器，看起来似乎没有任何指定意义，但实际上不过是用另一个语言体系取代传统的体系，因为这个容器所创造的不过是一个"教育工厂"（Education-factory），也同样是一种僵化的"语言"。这同样拒绝了"言语"的多样性，而且根据艾柯的观点，因为这种"语言"缺乏习俗的支撑，所带来的结果是使用者难以与建筑产生沟通，也就无法很好地满足建筑的使用功能。贝尔德的分析犀利地指向了那种试图按照完全科学性的原则控制确定性设计流程的方法。同时，他希望通过言语的概念强调意义传达的必要性，以及在这一过程中变化与差异的重要价值。

查尔斯·詹克斯的《符号学与建筑》（Semiology and Architecture）一文也收录在这本书中。詹克斯批评了那些认为建筑可以是全新的、完全功能性的、不含有任何文化理念的观点。他指出，即使是汉内斯·迈耶的"我们的国联方案不象征任何东西"的说法也是误导性的，因为他的国联方案其实也"指示"了建筑的功能布局。赋予意义以及解读意义在詹克斯看来并不取决于建筑师，他引用罗兰·巴特的话说明："语义化（Semantization）是不可避免的；只要有社会，任何一种活动都会被转化成符号。"[①] 因此，"人所能感受到的任何行为、物品或者言论都是有意义的（甚至包括'空无'）。"虽然詹克斯并没有进一步阐述这个论点的理由，但是我们可以在现象学理论中获得论证支持，这将在本书后面的章节中进行专项讨论。与贝尔德一样，詹克斯也认为在具体的使用中，符号与意义是处于复杂的变化之中的，因此不应该坚持"能指"与"所指"之间确定的对应关系。"意义的前沿总是随时处于一种崩溃和矛盾的状态之中，"詹克斯所认同的是多元化的，甚至包含冲突的意义传达。这种观点将进一步发展成为他的后现代建筑观点，体现在他的知名著作《后现代建筑语言》（*The Language of Postmodern Architecture*）之中。

另一个为这本书贡献文章的是英国学者杰弗里·布罗德本特（Geoffrey Broadbent）。布罗德本特在他的文章中对符号学的主流理论进行了总结，这进一步扩展成为他 1977 年发表的文章《建筑符号理论的普通人指南》（A Plain Man's Guide to the Theory of Signs in Architecture）。在文章中，布罗德本特介绍了索绪尔、皮尔斯、莫里斯以及诺姆·乔姆斯基（Noam Chomsky）等学者的核心理念与观点，以及由这些观点延伸出来的在建筑理论中的一些推论，比如艾柯对指示与暗示的区分。布罗德本特还针对皮尔斯的形象、索引与记号分别提供了建筑例子，他认为那种拟像的建筑是形象，比如造型像鸭子的一些小型商业建筑；一些完全功能性的建筑属于索引，因为建筑形态指向特定的使用方式，比如炼油厂或者煤气裂解厂；而哥特教堂则属于记号，因为它基于西方文化传统的约定，提示了基督教信仰。布罗德本特还讨论了莫里斯提出的语义与句法的差异对建筑研究的不同指向，前者关注建筑意义自身，而后者则侧重于建筑元素的相互关系。建筑界的主流仍然偏向于语义的讨论，而以彼得·埃森曼（Peter Eisenman）为代表的一些人更为注重句法的讨论（将在后面章节讨论）。

来自阿根廷的胡安·巴勃罗·邦塔（Juan Pablo Bonta）、马里奥·盖德索纳斯（Mario

---

① JENCKS C. Semiology and architecture[M]//MALLGRAVE & CONTAND-RIOPOULOS. architectural theory（Vol 2）: an anthology from 1871 to 2005. Oxford: Blackwell, 2007: 422.

Gandelsonas）以及戴安娜·阿格雷斯特（Diana Agrest）等人也对符号学有浓厚的兴趣。邦塔在他的《建筑及其解读》（*Architecture and Its Interpretation*）一书中讨论了建筑意义的普遍性，这可以是有意识的，也可以是无意识的。盖德索纳斯与阿格雷斯特是一对夫妻，1960 年代后期他们在巴黎学习结构主义语言学，并且受到了马克思主义的深入影响。他们对建筑的讨论体现出这两种思潮的结合，反对将建筑符号学的讨论随意扩展，比如讨论具体的内涵及其作用的"交流"理论（类似于语用）。真正合理的符号学讨论，应该限定在符号系统的内部结构之上，更接近于索绪尔所强调的结构主义观点。结合索绪尔所提出的"能指"与"所指"之间仅仅是依靠习俗约定联系起来的观点，盖德索纳斯与阿格雷斯特认为可以通过对"习俗约定"如何确立一套符号体系进行研究，来揭示资本主义社会如何建立各种理论体系来维护自己的正当性，因为这些"习俗约定"正是资本主义社会自身的产物。在他们看来，符号学分析可以帮助揭示资本主义理论生产的内在基础，从而为批判和超越资本主义理论体系提供前提。在盖德索纳斯与阿格雷斯特身上鲜明体现出马克思主义思想在 20 世纪六七十年代对建筑理论的深远影响，我们也将在后面再进行更深入地讲解。

　　总体看来，符号学理论的兴起反映了建筑界对于主流现代建筑忽视意义传达的不满。研究者们非常明确地指出人们理解建筑的方式不可避免地要牵涉到意义，以及承载意义的符号。语言学与符号学理论的最新发展为这种自战后以来一直存在的思想潮流提供了新的理论工具。一方面借用符号学理论，研究者们可以更深入地分析意义产生与传达的机制；另一方面，通过符号学，建筑学也可以与语言学、哲学、人类学、批判理论等不同的人文领域建立联系，这极大地扩展了建筑理论的范畴与可能性。不同的学者往往在符号学中吸取不同的元素来匹配自己的建筑观点，但就像布罗德本特的文章所阐明的，最主要的两个倾向，一个是强调具体意义传达与符号使用的语义倾向，另一个是强调内部结构原则的句法倾向。它们分别导向了不同的实践侧重点，在 20 世纪六七十年代的建筑实践中形成了非常有趣的差异或者是对立。

6.3　赫曼·赫兹伯格的结构主义理论

　　在索绪尔对"语言"与"言语"，以及"句段关系"与"联想关系"等概念的区分之中，他都认为语言学研究应该更偏向于前者，也就是说应该关注语言内部稳定不变的结构，而不是与外部世界关联时带来的各种各样的差异与变化。我们之前谈到这是一种典型的结构主义理念。结构主义认为，表面的复杂现象，只是相对简单的潜在内部结构多样性转化的结果。结构虽然不会直接决定表面现象的具体特征，但是会很大程度上决定表面现象有什么样的可能性，受到什么样的限制，以及具备什么样的基本特质。这种思想在自然科学中非常普遍，比如物理学家们讨论的普遍规律就是所有实证现象背后的物理原则，而不是将每个现象当作一个独立的个体研究。在 20 世纪 60 年代，这种具有自然科学色彩的结构主义思想在欧洲人文学界迅速兴起，它被看作是对此前流行的存在主义思潮的理想替代。存在主义因为一味强调不受约束的个人自由以及个体作为所有价值源泉的立场，导向一种危险的价值虚无主义。而结构主义否认所有一切都是由个体决定的，普遍的结构不仅存在，而且比个体的差异性更为重要。如果这种思想是成立的，那么结构主义研究可以揭示出人文现象背后的统一规律，获得某种客观和普遍的结论，而不是像存在主义一样退缩到完全虚无和悲观的处境之中。

　　一个典型的案例是列维－斯特劳斯的人类学研究。他将索绪尔的结构主义理念运用到对文化的研究之中。在分析了不同文化的类似现象，比如图腾、禁忌以及神话之后，列维－斯特劳斯认为在不同文化的表面差异之下，所被掩盖的是隐藏在潜意识之中的普遍结构。这些结构决定了文化意义可以具有什么样的范畴与可能性。在他看来，所谓的西方先进文明与土著部落的原始文明之间并没有那么大的差异，基本的理念结构同样组织着两种文化体系。虽然列维－斯特劳斯并没有像乔姆斯基等语言学家一样准确地梳理文化符号背后的组织逻辑，但是他的研究方法为其他研究者带来了极大的启发。在结构主义思想的引领下，这些研究者认为可以在纷繁复杂的人类现象之下，发现普遍存在的结构关系，从而了解真正具有决定性作用的因素。

　　我们之前谈到过凡·艾克在 20 世纪 60 年代对多贡村庄的研究，这一成果就有鲜明的结构主义色彩。凡·艾克认为，多贡人能在恶劣的自然条件下生存下来，并且保持自己文化的独特性，就在于他们"依赖于一个涵盖了一切的框架，它包括存在的每一个方面——物质、情感以及超验——并且弥漫于理智与心灵的每一个角落。这些框架是如此复杂以及自足，如此完整，以至于它们能够抵抗任何特定因素或者情感的逃离。"[1] 在凡·艾克看来，多贡文化由一个基础的结构体系所支撑，所有的具体元素都被这个结构所控制，但同时这个结构的优点在于它只是提供一个共有基础（Collective background），仍然给个体的差异与变化留下了空间，由此"在系统紧密联系的编织肌理中，获得一定程度上的灵活性。"[2] 多贡的村庄与聚居区所呈现的就是这种紧密联系的结构关系。在多贡人的居住环境中，个人住宅与亲属、与重要村民、与公共设施紧密联系在一起，以至于一个多贡人在带领客人去看自己的住宅前会专门绕路去先看这些地方，最后才回到自己住的地方。而举行"达玛"（Dama）仪式时，[3] "每一个房屋、街道、广场、物品、姿态、声音以及歌曲都在这个互动的巨大框架中具有特定意义，这个框架实际上对应于参与社区的物质与精神现实，对应于整个村庄的形态。"[4] 在多贡人的生活中，从日常物品到整个民族的聚居区，都联系在一个整体的框架之中。它包容了集体与个人、物质与精神、差异与相似，以稳定的总体结构支持局部的灵活变化。这是一个典型的案例，表明了凡·艾克所说的"双生现象"如何可以在一个体系中调和，如何实现一种"不断变化的恒定性。"[5]

　　虽然凡·艾克并没有直接提到斯特劳斯的名字，但是他对多贡文化的理解，与列维－斯特劳斯的结构主义思想的确是相近的。基于结构的相似性，他们甚至还都做出类似的论断，认为人的基本能力是同样的，只是在不同的条件下做出不同的阐发。作为建筑师，凡·艾克将他对多贡村庄与文化的理解，转化为"构形法则"的设计方法，完美地体现

① VAN EYCK A. Denn uns trägt kein Volk[M]//LIGTELIJN & STRAUVEN. The child, the city and the artist, Amsterdam : Sun, 2008 : 192.
② Ibid.
③ "达玛"是多贡人在为死者举行的一种集体仪式，通常每 3 年举行一次。在仪式上，人们会戴上面具游行和跳舞。达玛仪式标志着对死亡哀悼的结束。
④ VAN EYCK A. The Dogon[M]//LIGTELIJN & STRAUVEN. the child, the city and the artist. Amsterdam : Sun, 2008 : 184.
⑤ VAN EYCK A. Scope for Dormant Meaning[M]//LIGTELIJN & STRAUVEN. The child, the city and the artist. Amsterdam : Sun, 2008 : 187.

在阿姆斯特丹孤儿院的设计中。我们此前已经谈到了，他如何利用单元体的组合形成一个复杂的结构体系，同时为各个小组团提供了丰富的灵活性，确保建筑中的各个角落都成为孩子们的乐园。

凡·艾克的思想与实践，深入影响了另一位更年轻的荷兰建筑师赫曼·赫兹伯格（Herman Hertzberger）。毕业于荷兰代尔夫特理工大学的赫兹伯格并不是凡·艾克直接的学生，但是在毕业后不久，赫兹伯格就加入了凡·艾克主导的 Forum 杂志担任编辑。共同的工作进一步强化了两人之间的联系。凡·艾克的很多特点，比如人文主义色彩、对场所的关注，以及某些特定设计手段，都获得了赫曼·赫兹伯格的认同，并且进一步融入他具有个人特点的理论与实践作品之中。在 1966 年介绍自己范肯斯沃德市政厅（Valkenswaard Town Hall）的设计时，赫曼·赫兹伯格开始直接用"结构主义"（Structuralism）的名称来描述自己的设计理念。

在理论论述中，赫兹伯格不断强调"结构主义"不应该被错误地、简单地理解为建筑结构，而是应该被理解为人文领域的结构性思想。不同于凡·艾克，赫兹伯格直接引用了索绪尔、列维－斯特劳斯以及乔姆斯基的概念与阐释来解释"结构主义"的内涵。比如他借用了索绪尔的"语言"与"言语"的区分，将其引申为语言与口语（Speech）的差别。"语言是一个杰出的结构，一个在原则上包括所有可能性的结构，这种可能性是指能够用口语交流的所有可能。"[1] 在此基础上，使用者可以添加个人阐释，来应对具体的交流需求。赫兹伯格常常用不同的方式来阐述基本结构与具体阐释的区别，比如用乔姆斯基提出的能力（Competence）与执行（Performance）来对应语言结构提供的能力，以及使用者对这种能力的具体利用。他也用国际象棋为例来说明，结构性规则所带来的不会带来僵化的结果，而是更有趣和更丰富的变化。

在建筑上，这种结构主义的思想对应于主导性结构与个体变异的融合。一个典型的例子是勒·柯布西耶 1930 年的阿尔及尔"弹片项目"规划方案：一条高速公路被多层柱梁结构支撑到半空之中，公路下的结构体系中不同的住户可以在一个开间单元中按照自己的意愿建造自己独特的住宅。"建筑师决定了统领性的结构，意图只是为了让人们能够根据自己的看法与拥有的可能性，在其中置入他们自己的住宅。建筑师设计了包括一切的空间，决定了整体的特性，但是给个体家庭留下了余地，让他们每个人都拥有自己的身份。"[2] 除此之外，赫兹伯格还用中国福建的土楼，以及意大利历史城市中功能不断演变，但形态总体不变的圆形剧场来说明总体结构如何容纳大量的差异性，并且应对不断变化的局部情况。简单说来，"结构主义"的主要特点是"结构保持不变，填充则不断演变。"[3]

赫兹伯格总结道，有两种主要方式来实现这种"结构主义"理念。一种是通过重复单元体来获得延展，阿姆斯特丹孤儿院就是这样的例子，曼哈顿的方形网格是另一个案例，这样的开放结构可以不断地延展。另一种是建立一个完整的有着明确边界的总体结构，在内部容许添加、删除或者改变，柏林自由大学就属于这一类型。

---

① HERTZBERGER H. Architecture and structuralism：the ordering of space[M]. Rotterdam：Nai010 Publishers，2015：34.

② Ibid.，35.

③ Ibid.，39.

　　从 20 世纪 60 年代到 21 世纪初,赫兹伯格一直坚持阐述"结构主义"的理念,并且用大量的实践成果来验证该设计理论的潜能。相比起来,他的早期作品"结构主义"特色最为鲜明。非常典型的一个案例是荷兰阿珀尔多伦(Apeldoorn)的森特贝希尔保险公司办公楼(Centrall Beheer Building)(图 6-1)。这是一个"开放结构"的作品,所有的办公室都被组织在 9m×9m 的单元之中,相邻单元之间通过中间的通路连接,通路也进一步将每个办公单元划分成 4 个角部的开放办公区。办公单元是多层重叠的,单元之间则是中空的,顶部有玻璃天窗引入天光。这些成列的中空空间构成了整个办公楼的公共街道,可以供所有人使用,它们形成了项目的整体结构。在办公单元中,每个办公者都可以根据自己的喜爱来布置办公区,就像勒·柯布西耶的阿尔及尔居民可以自行设计住宅一样。赫兹伯格特意将办公区的角部设计成低矮的玻璃围栏,从而让办公单元的丰富性渗透到公共空间之中。森特贝希尔保险公司办公楼是办公建筑这个略显单调的建筑类型中极为特殊的案例,它充分展现了控制性结构与个体丰富性、公共空间与私人领域等看似冲突的元素如何在结构主义体系中获得理想的协调。赫兹伯格展现了一种不同于官僚管理体系的呆板与单调,富有人情味的办公建筑。

　　森特贝希尔保险公司办公楼的成功,不仅仅依赖于总体理念,赫兹伯格对细节的刻画也至关重要。虽然仅仅使用了极为廉价的材料与裸露的结构体系,但赫兹伯格精确控制了尺度、光线、家具等细节,极大地鼓励和促进了办公者去主动利用个人空间,给予其个人特征。除了总体结构的语言以外,建筑师也需要具体的设计手段来推动具体"口语"的发生。而这需要对人们行为、心理、习俗以及期待的精确掌握。赫兹伯格的"结构主义"作品中,充满了这样深入的设计,在这一点上,他是凡·艾克忠实的同行者。与阿姆斯特丹孤儿院类似,赫兹伯格也在一个教育结构中展现出这一方面的杰出才华。他于 1980—1983 年之间完成的阿姆斯特丹阿波罗学校(Apollo School)有着方形的体量,位于角部的四个教室围合着中间的中庭(图 6-2)。在这个看似简单的格局中,赫兹伯格深入处理了公共空间与教室封闭单元之间的过渡关系。他在每个教室的门口都留下了放大的缓冲空间,再通过这里联系中庭的大台阶。半层的错动与变化的突出和凹进,再加上细腻的细节处理,让这个不大的学校充满了耐人寻味的细节。更重要的是,孩子们可以自行地发掘和利用学校中各个开放、半开放的场所,让这些地方都成为自发学习的地点,出色地满足了蒙特梭利教育学鼓励儿童主动学习的要求。赫兹伯格对过渡空间的处理,

图 6-1　赫曼·赫兹伯格,森特贝希尔保险公司办公楼　　图 6-2　赫曼·赫兹伯格,阿姆斯特丹阿波罗学校

让人联想起凡·艾克的"在之间"理念,阿波罗学校中丰富多彩的学生活动场景,也是对凡·艾克儿童游乐场的最好呼应。

从这两个案例来看,赫曼·赫兹伯格的"结构主义"建筑理论,在表面看是侧重于总体结构,侧重于语言(Language)与能力(Competence),但是在实际作品中,更为关键的其实是建筑师为言语,为执行(Performance)的发生提供的条件。要让行为发生,仅仅有一定面积是不够的,还需要合适的环境与氛围,因此建筑师必须更细致地刻画特定场所,才能在总体结构之中创造更多的个体特异性。这也是凡·艾克与赫兹伯格都强调地点(Place)理念的原因,建筑师应该赋予每一个场所以意义,才能鼓励人们去有意义地使用它们。结构主义建筑理论的确呼应了乔治·贝尔德的观点,规则性的语言与个人化的言语必须结合起来,才能塑造一个更满足人们需求,能更好地与使用者交流的建成环境。像阿姆斯特丹孤儿院与中央贝赫保险公司办公楼这样的作品是这种理论最杰出的例证。

实际上,不仅仅是"结构主义",20 世纪六七十年代的其他建筑理论思潮,比如"十小组"的"毯式建筑""建筑电讯"的拼插城市以及新陈代谢的建筑更替,都在强调支撑性的稳定结构与可替换、可变填充单元的组合。在这一点上,"结构主义"理论与它们差别并不大。最重要的差异,实际上是在建筑处理的细节上。从史密森夫妇到丹下健三,"巨构建筑"的支持者们关注的是宏大的总体结构,而对单元体以及单元体与总体结构之间的过渡并不重视,这也导致他们的建筑成果缺乏细节与亲切性。而以凡·艾克与赫兹伯格为代表的"结构主义"理论,将大量心血投注于单元体的深入塑造以及单元体与总体结构之间多层级的过渡关系上。就像赫兹伯格所强调的:"公共与私密这两个概念是不充分的,同时,被塞到两者之间的所谓的半开放与半公共的概念也太模糊,无法容纳在设计每一个空间、每一个领域时必须考虑的微妙处理。"[1] 正是有了这样深入的"微妙处理",凡·艾克与赫兹伯格的作品才会充满了生机与活力,形成了独特的人文主义建筑品质。他们所倚重的不仅仅是语言学上的意义,还有更为抽象的、和价值与目的有关的意义。这一点将在地区主义建筑理论以及现象学建筑思潮中得到更强烈的认同。

6.4　亚历山大的模式语言理论

对于建筑研究者来说,语言学与符号学理论最大的吸引力在于,它们既牵涉到意义传达,进而可以与大量的文化和艺术现象相关联,也牵涉到稳定的内部结构,从而引向类似于实证科学的理性研究。在以往的建筑理论中,这两者很难被结合起来,但是在语言学与符号学中,它们分别作为语义与句法成为整体理论的一部分,体现出相互结合的可能性。正是这种交融,让语言学与符号学成为建筑理论的典范,许多研究者都借用它们的概念与理论结构来重建建筑理论。不同的研究者根据自身意趣,会分别倾向于语义或者是句法,还有的会在两者之间摇摆,或者是都给予重视。一个有趣的例子是美国学者克里斯托弗·亚历山大(Christopher Alexander)。他致力于重新建立一个涵盖建筑与城市总体设计的理论,他所使用的工具在很大程度上借鉴了语言的特征。比较特别的是

---

① HERTZBERGER H. Lessons for students in architecture[M]. Rotterdam：010 Publishers，2001：16.

他理论重心的转移，从早期偏向于理性的逻辑结构，转变到此后更关注意义内涵的模式语言。

　　亚历山大对逻辑结构的兴趣与他的教育背景有直接的关联。他早年在英国求学，在剑桥大学学习化学与物理学、数学与建筑学。在那里，他获得了建筑学学士学位与数学硕士学位。此后他前往哈佛大学在设计研究生院（GSD）获得博士学位。这样独特的教育背景，让亚历山大对于理性化的逻辑分析情有独钟。他的博士论文所讨论的议题，就是将类似于数学的理性结构引入到模糊的建筑设计领域，让建筑设计也变成一个有章可循、有理可依的严密体系。这篇论文后来以"形式综合要点"（*Notes on the Synthesis of Form*）的书名于 1964 年出版。

　　虽然没有直接提到语言学或符号学，但亚历山大在书里表达的观点与语言学的结构主义思想非常接近。他认为，设计问题的复杂和低效，来自于设计过程（Design process）的混乱和缺乏条理。为了解决这个问题，可以模仿现代数学建立一个抽象的逻辑结构，将设计过程分解到这个逻辑结构之中，使得设计变成一种系统化的理性进程。亚历山大将自己的观点与 18 世纪的洛吉耶神父以及卡洛·洛多利（Carlo Lodoli）联系起来，认为这是理性主义的最新发展。就像班纳姆声称第二机器时代已经到来一样，亚历山大也认为一个新的理智时代即将开始，而他的理论则属于这个新的时代。这些言论都明显透露出亚历山大这一时期的逻辑理性主义特征。

　　在具体的论述中，亚历山大与符号学的关联性进一步展现出来。与列维－斯特劳斯和阿尔多·凡·艾克类似，亚历山大也极为看重土著文化，比如萨摩亚人或者是苏门答腊人的部落文化。更为重要的是，他认为这些文化在建筑与聚落上比现代文化更为优越，因为它们有稳定的内部结构。亚历山大将这些文化称为"无意识"文化，区别于现代社会注重刻意设计的"有意识"文化。无意识文化的稳定结构被凝固在强大的传统中，传统的延续保证了结构的稳定性。当传统无法应对新的问题时，建造者们会迅速地做出小的调整，只是局部改动子系统（Subsystem），而不会动摇整体的传统结构。这种有限度的小调整，保证了传统文化能够不断改善，获得明确的建筑方式。很显然，亚历山大认为稳定的结构是建筑发展的核心基础。

　　但是，在现代"有意识"社会中，对设计个性的追求带来了对传统的全面否定，建筑师们失去了依赖的基础，只能让不可靠的个人喜好主导设计。同时，建筑问题牵涉的大量信息，也远远超过建筑师个人能够处理的能力，所造成的后果是"有意识"的设计演变为缺乏根基的混乱和无序。亚历山大认为，要解决这个问题，必须学习"无意识"文化，建立一个可以依赖的稳定有序的结构。只不过，这个结构不再是来自于传统的约定，而是可以通过对问题的理性分解和梳理来得到。一个建筑设计，要处理许许多多、大大小小的问题，过去的不足是对这些问题缺乏组织。亚历山大所提出的，是将所有这些问题组织成不同的层级，比如建筑物整体是最高层级，再往下的层级可以是功能、经济效率、与城市关系等大的范畴，每一个范畴还可以继续划分，比如功能可以继续划分为房间大小、温度、亮度、交通组织等等。同理，这些次一级的层级还可以进一步划分。最后的结果，是将一个整体的建筑设计任务分解成为由不同层级的建筑问题组成的树形结构，从主干分化为大的枝干，然后再继续分为次要的枝干，以及更细的枝干。树形逻辑结构的好处，是将建筑问题变得清晰明确。完成了这一步之后，就可以从最小的层级开始逐一解决各个小的问题，然后再遵循此前的树形结构，将各级的解答汇总起来，最终得到一个整体的解答，也就是整个建筑物的设计。由此，整个设计变成了分析问题与综合解答的两个过程。"分析的起点是需求。完成的结果是对项目的分析，也就是各种需求集合的树形组织。综合的起点是图解（Diagram）。完成的成果是对问题解答的综合，也就是各级图示组成的树形体系。"[①] 这里的图解实际上就是指对某个层级的建筑问题的解决方案，它包含了满足这个问题中建筑需求的基本条件，同时也对建筑的物理形态给出了限定。在这个体系中，一个图解是最终建筑方案的组成单元，但是它只是对建筑形态提供一些指引性的条件，而不是固定的设计。因此它所描述的更多的是一种模式（Pattern），而不是确定的结果。"它作为单元的本质，让它成为不同于周围的独特事物。它作为模式的本质，让它描述了自身组成单元的排布方式。"[②] 简单地说，亚历山大把建筑设计变成一个类似计算的过程，就好像人口统计，逐级分解到省、市、县、乡镇去完成统计，得到的结果再逐步汇集，最终成为全国数据。

　　亚历山大所提出的，实际上是一个理想模型。树形结构的稳固秩序，保证了设计过程的清晰有序。不过，亚历山大也清楚地意识到，这一切的前提是能够将建筑问题进行清晰的层级划分，而且不同分支之间很少有相互关联，这样对一个分支问题的解决不会大幅度地影响其他的问题，否则，树形结构的清晰有序就将毁于一旦。但恰恰是在这一点上，亚历山大并没有给予充分的论证。他只是模糊地提到，我们可以根据日常体验到的不满，来定义建筑问题应该包含哪些。此外，通过特定的分析，可以让不同的分支之间尽量独立。但这远远不足以支撑他庞大的树形结构假设。尤其是不同图解之间相互独立这一条更是难以成立，因为在我们日常的设计经验中，往往无法将功能、经济、形态问题清楚地区分开来，也就难以定义亚历山大所希望的树形结构。

　　《形式综合要点》所呈现的，是亚历山大希望以数学的逻辑性与清晰性规整建筑设计的渴望。他的树形体系是典型的理性结构，他希望以这个结构来定义和描述建筑设计，进而为设计结果的获得确定路径。这种理性化思想在 20 世纪 60 年代有不少支持者，他们的观点通常被划归为"设计方法"（Design method）的理论流派。他们都试图将设计转变成一个科学性的解答过程，从而提供一种可靠而普遍的操作方法。结构性思想可以用于将设计问题条理化，但最大的难点在于证明所有的设计问题都可以被纳入结构体系之中，以及建筑师的设计过程可以被结构逻辑所限定。

　　亚历山大显然对这一难点有了更清晰的认识，在《形式综合要点》出版后的第二年，1965 年，他就发表了一篇著名的文章《城市非树形》（A City Is Not A Tree）。虽然文章主要讨论的是城市，但主要的观点其实也适合于建筑。在文章里，亚历山大几乎针锋相对地否定了自己在《形式综合要点》中的观点。他此前的树形结构，是为了简化建筑问题，但是现在，他认为这是一种对复杂性的逃避，而且注定失败，因为各个要素之间最重要的性质之一是相互关联。树形结构切断了分支之间的直接联系，而这种理性主义的模式并不能呈现城市的复杂性。为此，亚历山大提出了"半格"（Semilattice）结构来取代树形结构，它强调不同元素之间的含混、重叠和多样化关系，"它们呈现了一种更深厚、更

---

① ALEXANDER C. Notes on the synthesis of form[M]. Cambridge：Harvard University Press，1973：84.
② Ibid.，131.

坚韧、更微妙以及更复杂的结构观。"^① 亚历山大批评《雅典宪章》对城市的功能分区就是一种树形理念,他所推崇的则是伦敦这样有着复杂肌理与关系的城市格局。在文章结尾,亚历山大写道:"当我们按照树的理念来思考,我们就放弃了人性以及活的城市的丰富性,代之以一种理念上的简单性,它只会让设计者、规划者以及开发商受益。"^② 很少有人会这样坚决地否定自己此前的理论,这段话也透露出,亚历山大关注的重心,从设计的总体结构转向更为具体的人性与城市活的力量,后者也成为此后亚历山大模式语言理论的核心。

1975—1979 年之间,亚历山大与合作者先后出版了《建筑的永恒之道》(The Timeless Way of Building)、《模式语言》(A Pattern Language) 以及《俄勒冈实验》(The Oregon Experiment) 三本书。它们构成了一个庞大的理论整体,其中《建筑的永恒之道》是基础原理,《模式语言》是具体内容,《俄勒冈实验》则是案例说明。从书名上可以看出,这一理论与此前的《形式综合要点》具有延续性,比如"模式"概念继续得以沿用,"语言"概念的使用也指示出某种体系化特征。但更重要的还是两者的差异性,模式语言的核心已经转向"模式"的具体品质内涵,而不再是"模式"之间的结构关系。

不同的建筑理论常常有不同的范畴,窄一些的建筑理论可以只聚焦在特定的、仅属于建筑领域的问题进行讨论,比如特定的功能问题;而宽一些的建筑理论会扩展到建筑领域之外,借用其他领域的知识来为建筑理论提供基础,或者是外延扩展。最常见的借用之一,是与哲学的结合。因为很多哲学理论,比如形而上学,讨论的是最根本的问题,比如关于所有存在的本质,所以,很多建筑理论的建构就是从形而上学理论开始,从最基本的问题出发,一步一步推导到后续的建筑问题。对于这样的建筑理论,哲学就像是建筑的基础,虽然在最后完成的作品——建筑理论本身中,基础已经消失不见,但是它仍然是所有理论建构的起点,而且是整个理论架构所依托的基点。很多古典建筑理论,比如维特鲁威的《建筑十书》以及阿尔伯蒂的《论建筑》都具有这样的特征,他们的目的是阐述一种全面而深刻的建筑理论,哲学基础是必不可少的出发点。

亚历山大在宏大的理论三部曲中也试图完成这一古典工程。《建筑的永恒之道》就是对整个理论哲学基础的讨论,而讨论的起点,也同样是关于事物本质的形而上学观点。简单地说,亚历山大抱有一种非常古典的哲学理念,在某种程度上很接近于路易·康。他认为任何事物都有某种内在的本质 (Nature),这些本质决定了一个事物是什么 (What it is),也决定了它应该做什么 (Ought to do)。同样古典的,是他认为事物的本质组成了一个涵盖一切事物的秩序。因此,要将任何事情做好,只需要遵循事物的本质,遵循本质所组成的秩序。因为这个秩序直接来自于事物不变的本质,并且涵盖了一切,也就不会受到时间、地点等偶然因素的影响。它是普遍和永恒的,这也就解释了亚历山大所选择的书名——《建筑的永恒之道》。

在这一哲学前提之下,必须要了解事物的本质,才可能得到有用的结论,否则就只是一个空洞的抽象假设。亚历山大继续论述,事物之所以能够存在,是因为它们避免了内部的冲突,它们具有一种特殊的"品质"(Quality)。不过,这个品质极为准确和深刻,

① ALEXANDER C. A city is not a tree (Part 2) [M]//OCKMAN & EIGEN. Architecture culture 1943—1968 : a documentary anthology. New York : Rizzoli, 1993 : 380.
② Ibid., 388.

我们使用的语言无法准确地描述它，所以亚历山大称之为"无名品质"（Quality without a name）。亚历山大当然不会满足于停留在这个神秘主义的结论之上，他写道，虽然我们无法用一个词准确地定义和描述它，但我们可以间接地、近似地描述一些"无名品质"的特点。他用了几个不同的概念来完成这一任务，其中最重要的是"活着的"（Alive），此外还有"整体"（Whole）、"舒适"（Comfortable）、"自由"（Free）、"精确"（Exact）、"无我"（Egoless）以及"永恒"（Eternal）。可以看到，这些与"无名品质"有关的特点和赖特有机建筑理论中所强调的要点有相似性。这是因为亚历山大所认同的也是一种有机性的世界观，即事物的本质是一种具有活性的力量，所以"活着的"是最接近于"无名品质"的。这种有机性思想，提示出亚历山大重要的转变，从此前偏向于数学的理性逻辑，转向对人性特征的关注。而他的建筑理论也从之前对结构的重视，转变到对具体场景，对人的价值与意义的讨论上来。

既然"无名品质"与事物的本质都有了相对确定的内容，那么就可以依据这些元素来解决建筑问题。延续之前在《形式综合要点》中的观点，亚历山大仍然认为整体的建筑或者城市设计可以分解为较小的问题逐一解决，这些小一些的问题之前被称为图解，现在则被称为"模式"。这是因为事物都已经具备了理想的本质，一个问题的解决只是寻找到一种理想的结合，使得事物之间能够和谐并存，以获得更理想的"无名品质"。"模式"所描述的就是这种结合的方式，就像亚历山大自己所阐述的："每一个模式都是一种形态法则，它在空间中建立了成组的关系。"①"模式"实际上就是对细分建筑问题的解答，"它们是原子和分子，通过它们，建筑与城市被建造起来。"②亚历山大认为，一个理想的"模式"已经包含了"无名之质"。也就是说一个理想的模式，已经是一种理想的解决方案，那么建筑师需要做的，就是利用这些"模式"的组合来应对更大和更复杂的问题，而整个设计方案的合理性可以由"模式"品质提供支持。

亚历山大用"语言"来比喻这种通过"模式"的组合来获得整体解决方案的方式。一个"模式"就像语言中的词语，它们有自己的意思，同时也与其他的词语有相互关系。一种语言中的词语数量是有限的，但是通过特意地选择和灵活地组合，可以塑造出无穷无尽的句子。建筑也一样，"一种模式语言给予每个使用它的人以力量，去创造无穷多新的、独特的建筑，就像它的日常语言给予他力量去创造无穷多种的句子一样。"③在他三部曲的第二部《模式语言》中，亚历山大试图列举他所总结出的各种类型的"模式"，大到城市分布，小到爬藤植物的种植。他建议设计者浏览这些"模式"，自行挑选他感兴趣的"模式"单元，进行衡量与组合，然后根据"模式"的指引，完成设计。他举例，可以通过"街边私家平台"（140）、"晒太阳的地方"（161）、"6 英尺深的阳台"（167）、"各式座椅"（251）、"抬高的花卉"（245）等 10 个"模式"组合成一个理想的门廊。

在这里，可以看到《模式语言》与《形式综合要点》最大的不同。虽然都是以"模式"（图解）为基础，但《形式综合要点》所强调的是模式之间相互独立，将联系简化到最小，才能建立起层级化的结构体系。但是在《模式语言》中，这种严密结构体系不再是必要的，模式之间的关系可以是模糊和灵活的，不一定要限制在层级体系之中。《模式语言》

---

① ALEXANDER C. The timeless way of building[M]. New York：Oxford University Press，1979：90.
② Ibid., x.
③ Ibid., xi.

的核心，是那些具有活力，让人感到舒适、自由，有着精确特性的"模式"本身。这个理论成功的关键，不在于是否能梳理出一个理性结构，而是在于利用那些已经具备了"无名品质"的模式，在于模式对人的价值与意义。用此前的分析来说，从《形式综合要点》到《模式语言》的转变，是从句法到语义的转变，更偏向于实证科学的结构思想让位于更偏向人文主义的场所内涵，这也成为亚历山大此后所一直坚持的理论路线。

如果浏览《模式语言》中的"模式"列表，就会意识到，亚历山大这本书的一个重要缺陷，是没有能够论证为何会选择这些"模式"，而不是其他的。书里并没有给出原则来告诉人们怎样在复杂的建筑与城市现象中筛选出"模式"来。《模式语言》所列举的那些"模式"，实际上来自于亚历山大自己所认同的一些建筑要素，比如"装有玻璃的厚重房门"，或者是"老虎窗"。他的模式语言，在总体上指向了他所认同的一种理想建筑或者场所，其特点就是使用大量日常建筑的传统要素，如厚墙、坡屋顶、石块铺地等等。它们给人的感受的确偏向温馨、平静、丰富和整体性，让人产生归属感。换句话说，《模式语言》中的亚历山大与《形式综合要点》中的亚历山大一样，仍然偏向于传统的建筑体系，这种体系不去强调设计者的个人特点，而是强调在无意识的状态下，达到了一种"无我"的境地。这一点也可以通过他的哲学理念来给予解释，最重要的是遵循事物的本质与秩序，而不是凸显设计者的独创性。亚历山大甚至要求我们不要执着于语言这一概念，他写道："最终，这种超越时间的特点和语言没有任何关系。语言，以及从中发展出来的设计过程，仅仅是将内在于我们的根本性秩序释放出来。它并没有教会我们什么，它们仅仅是提醒了我们已经知道的东西，以及我们将一次又一次再度发现的东西，如果我们放弃自己的理念与意见，完全按照内心浮现的指引，就会认识到这些东西。"①

必须承认，亚历山大的《模式语言》理论仍然有很多模糊和含混的地方，这是因为他并没有提供一个更完备的哲学基础，难以更准确地解释"无名之质"为什么会具有那些特点，也就无法为"模式"提供更充分的理论说明。实际上，他的有机性世界观可以在现象学理论中得到支撑，这也是很多学者认为后期的亚历山大具有鲜明现象学倾向的原因。我们将在后面现象学一节中再给予进一步的说明。

亚历山大的《形式综合要点》与《模式语言》，戏剧性地体现了语言学对建筑学理论的影响，以及理论建构者们对此的反思。在早期，语言的结构性特征激励了理论研究者们在建筑现象背后去寻找类似的结构性特征，使得建筑学可以具备逻辑性与条理性。这是一种科学化的倾向。但是逐渐地，人们意识到，虽然都与媒介和意义有关，但建筑与语言之间的差别仍然是难以逾越的，毕竟建筑并不具备与语言那样的规则体系，建筑元素所传达的内涵也不像词语那样明晰。这些都使得难以在建筑学中建立确定的结构体系。即使是像赫曼·赫兹伯格那样使用结构性的设计方法，那也只是设计方法之一，不是所有建筑设计都应该遵循的。在结构理想逐渐衰落之后，反而是意义这一要素变得更为重要。人们越来越意识到，建筑给人的感受应该是多元而丰富的，应该探索建筑场所应给人什么样的感受，以及如何去实现。相比于结构性思想，这种讨论是更为细微和具体的，它能够直接影响建筑设计，以及建筑与人的关系。正是在这种意识之下，凡·艾克、赫兹伯格、亚历山大等人都转向对场所、对意义、对人的

---

① Ibid., 531.

具体感受的关注中。这种总体倾向不仅仅体现在以语言学为核心的理论探讨中，也体现在同一时期其他的理论思潮中。

推荐阅读文献：

1. JENCKS C. Semiology and architecture[M]//JENCKS & BAIRD. Meaning in architecture. London：Barrie and Rockliff，The Cresset Press，1969.
2. VAN EYCK A. The child，the city and the artist[M]. Amsterdam：Sun，2008：Chapter 10.
3. HERTZBERGER H. Architecture and structuralism：the ordering of space[M]. Rotterdam：Nai010 Publishers，2015：31-55.
4. ALEXANDER C. The timeless way of building[M]. New York：Oxford University Press，1979：ix-xliv.

第 **7** 章 后现代建筑

　　语言学与符号学的渗入，为 20 世纪六七十年代的建筑理论注入了新的活力。新理念，新工具的引入催生了大量新的理论立场，试图替代主流现代主义的独断，对现代主义中潜藏的缺陷提出修正。这种跨学科理论生产的模式，带来了 20 世纪 60—80 年代的建筑理论黄金时期。不仅仅是语言学与符号学，当代哲学、社会学、政治学以及当代艺术，都以不同的方式与建筑理论结合在一起，共同塑造出这一时期色彩斑斓的理论图景。多样化与新颖性是这些新理论最突出的特征，理论先驱们藉由多学科知识体系的支撑，敢于提出更为激进和强烈的观点和立场，并直接影响到设计实践。这一时期出现了一大批立场鲜明、特色强烈的创作作品，这当然与理论讨论的活跃和热烈密不可分。但另一方面，跨学科理论也有潜在的危险，最主要的是忽视学科差异以及对其他学科的一知半解，盲目嫁接带来的问题是使得建筑理论变得晦涩与含混，甚至是缺乏合理逻辑。一味追求新理论的创新性，反而可能造成建筑理论自身的缺陷与弊端。这种现象将在 20 世纪末期变得格外突出，最终带来当代理论的严重危机。我们将在后面的章节中对其进行论述。

　　同样与语言学相关，但是实践成果更为突出，理论传播也更为广泛的，是一股被称为后现代主义的思潮。一般认为，这股思潮的主要源头，是美国学者罗伯特·文丘里及其夫人丹尼斯·司各特·布朗（Denise Scott Brown）的理论著作与建筑作品，其中最为知名的是《建筑的复杂性与矛盾性》与《向拉斯维加斯学习》（*Learning from Las Vegas*）两本书。但随着后现代主义的概念在当时主流思想界的流行，这股思潮也被冠以了后现代建筑的名称。

　　另一个与之平行，但是很多方面观点相悖的理论思潮是对建筑自主性的讨论。自主性的概念也是来自于建筑学之外，最重要的思想来源当然是康德在三大批判中所强调的理性自主的概念。在 20 世纪六七十年代，这种概念也被引入建筑领域，以此强调建筑形式的独立价值,而不是屈从于其他的社会因素。这一流派的主要代表是英美学者科林·罗与彼得·埃森曼等人。

这两个流派都以美国为中心,他们之间的差异与争论,构成了 20 世纪六七十年代理论讨论中十分有趣的场景。

7.1　罗伯特·文丘里与丹尼斯·司各特·布朗

在为《建筑的复杂性与矛盾性》撰写的序言中,美国学者文森特·斯卡利(Vicent Scully)称赞这本书"可能是 1923 年勒·柯布西耶《走向一种建筑》以来最重要的理论文本。"[1] 这本由年轻的美国学者罗伯特·文丘里所撰写的著作与阿尔多·罗西的《城市的建筑》同样在 1966 年出版。就像罗西的著作在欧洲引发了一股理论热潮,推动了建筑类型学的理论发展一样,文丘里的著作也在美洲,乃至全世界都激发了热烈的讨论,并直接引向了此后的后现代建筑热潮。虽然在立场上有很大的不同,但是两本书都重视历史元素,强调意义传递,并且同样反对现代建筑的"功能主义"思想,这使得两本书共同构成了一个分水岭,新理论建构开始替代对现代主义的简单批评,成为理论研究者们更为关注的方向。

《建筑的复杂性与矛盾性》对历史元素的关注与罗伯特·文丘里个人的学术成长经历有密切的联系。出生于费城的文丘里在普林斯顿大学获得建筑学学士与硕士学位。在现代主义日益成为主流建筑教育模式的 20 世纪四五十年代,普林斯顿大学建筑系的教学仍然坚持倚重建筑历史的传统模式。在让·拉巴图(Jean Labatut)教授的指导下,文丘里所接受的设计教育仍然遵循巴黎美术学院的体系,注重历史元素与历史脉络的尊重与使用。这种偏重于历史延续性,而不是革命独创性的思想,直接体现在文丘里 1950 年的硕士论文《建筑构型中的文脉》(Context in Architectural Composition)中。前面已经提到过,几乎在同一时间,以埃内斯托·内森·罗杰斯为代表的意大利学者已经开始用"环境"与"文脉"的概念将历史因素引入当代建筑讨论的核心。

文丘里对"文脉"概念的关注也与此有关。就像他在论文中所说的,这个概念的缘起就来自于他在意大利游访时所看到的罗马这样的城市中历史建筑与历史环境的密切互动关系。他用米开朗琪罗的卡比托利欧山(Capitoline Hill)为例,说明历史建筑如何影响特定环境,同时也被环境的改变所影响。最为关键的是意识到建筑并不是独立的个体,它的价值与作用和周围的环境不可分割。文丘里还借用了文学与格式塔心理学的理念来解释"文脉"的作用,这也可能是"文脉"概念的直接来源。"建筑的环境给予建筑以表现;它的文脉给予建筑以意义。因此,文脉的变化会导致意义的变化。"[2] 文丘里这样总结整篇论文的观点。在陈述了理论立场,以及提供了历史案例给予说明之后,文丘里还附上了他为自己的母校,圣公会学院(The Episcopal Academy)所设计的礼拜堂方案。在设计中,文丘里用一个长条形体量与已有的两个历史主义建筑共同围合出一个面向道路的三合院,使得原来不相干的两个建筑成为整体环境的一部分。在建筑细节上,文丘里

① VENTURI R. Complexity and contradiction in architecture[M]. London : The Architectural Press Ltd., 1977 : 9.
② VENTURI R. Iconography and electronics upon a generic architecture : a view from the drafting room[M]. Cambridge : The MIT Press, 1998 : 335.

也在当地历史传统与环境的整体塑造上有深入的考虑，比如使用谦逊的石砌墙体以及具有象征内涵的木质屋架。

虽然只是学生论文，《建筑构型中的文脉》已经展现出文丘里此后建筑道路的鲜明特征。比如论文中理论、案例、个人作品的组织方式被他此后的著作所沿用。更重要的是论文对历史环境、对建筑与环境互动、对建筑元素象征内涵的强调，这些都将成为文丘里成熟建筑理论的基石。它们与主流现代主义注重自身理性的设计思想相去甚远。针对共同的问题——现代主义建筑，文丘里与同时期意大利的探索者们选择了类似的回应。

1954—1956 年，文丘里获得美国罗马学院奖学金，在意大利游学两年，这使得他有机会更深入地了解意大利的建筑传统。而最令他印象深刻的则是手法主义与巴洛克建筑。这些建筑案例大量出现在《建筑的复杂性与矛盾性》之中，它们的多元特征也被文丘里自己的理论所吸纳。回到美国之后，文丘里曾在路易·康的事务所工作过一段时间。1959 年，他进入宾夕法尼亚大学建筑系任教，先是担任康的助教，此后独立执教。康对文丘里的影响是深刻的，尤其是康的历史敏感性显然得到了文丘里的认同，但是康作品中所独有的纪念性与崇高感，以及康对形而上学秩序的强调没有被文丘里所接受。在历史元素的使用上，文丘里与他的导师有着鲜明的差别。

从 1960 年开始，文丘里讲授了在美国可能是最早开设的专门的建筑理论课程。他逐渐成形与丰满的建筑理论最终于 1966 年在《建筑的复杂性与矛盾性》一书中呈现给世人。与同时期很多其他理论一样，文丘里从对现代主义的批判分析出发，针对现代建筑的问题提出自己的替代性理论。不过，没有其他任何人像文丘里一样如此鲜明地将现代主义与他自己的理论对立起来，这也构成了理论史上对现代主义最著名的批判之一。

文丘里的主张在书的第一节"非直接的建筑：一部温和的宣言"中已经显露无余。在一段著名的文字中，他写道："建筑不能再被正统现代建筑清教徒般的道德语言所胁迫。我喜欢混杂而不是'纯净'的元素，妥协而不是'干净'的，扭曲的而不是'直接'的，含混的而不是'清楚'的，怪诞的和非个人化的，枯燥的以及'有趣'的，平常的而不是'设计过的'，包容而不是排斥的，冗余的而不是简单的，残留的以及创新的，不一致和模棱两可的而不是直接和清晰的。我支持混乱的活力，而不是明确的一体……我更喜欢"兼一与"（Both-and）而不是'非此即彼'（Either-or），喜欢黑与白，或者有时是灰，而不是非黑即白。一个合理的建筑，会唤起多种层次的意义以及焦点的聚合：他的空间与他的元素可以同时以不同的方式被解读和使用。"[1]

在这种尖锐的对立之下，文丘里一方面批评主流现代建筑的问题，一方面使用各种案例，包括从中世纪到文艺复兴再到现代主义以及 20 世纪五六十年代的各种古代与现代建筑，来论证他自己所支持的观点。其核心主题，是反对现代主义单一纯粹的体系，支持一种含混和多元的建筑模式。比如，文丘里借用保罗·鲁道夫的话论证现代建筑，如密斯·凡·德·罗作品的纯净性，是依靠忽视建筑要处理的大量复杂问题所得到的，所带来的结果是现代建筑并不能良好地满足使用需求，比如范斯沃斯住宅。真实的建筑项目，通常都是极为复杂的。不仅项目要求十分庞杂，在很多时候，建筑本身要实现的效用也是含混不清的，就好像一个博物馆要体现展品的特色这一要求就是模糊而重要的。因此

---

[1]　VENTURI R. Complexity and contradiction in architecture[M]. London：The Architectural Press Ltd.，1977：16.

期待以一种简单普遍的建筑去解决所有的建筑问题，是对复杂问题的逃避。文丘里甚至将密斯·凡·德·罗著名的"少即是多"（Less is more）改造成"少就是枯燥"（Less is bore）来展现自己的立场。

清晰的划分是另一方面。现代主义，甚至包括一些古典主义建筑，都强调在功能与形式上明晰的划分，一种元素应该有明确的性质，不应与其他元素混淆。现代主义所强调的功能区分与分离是这种观点的典型代表。比如结构理性主义以及有机建筑理论，都认为结构或者建筑元素应该直接对应于受力与功能，不应与任何其他元素产生误解或者混淆。文丘里引用了大量的历史案例说明，很多杰出的建筑案例并不遵循这种区分和清晰性，而是混杂和包容的。最典型的是巴洛克建筑的椭圆。不同于巴西利卡的单向性与中心集中教堂的单一中心，椭圆既是中心集中的也是单向性的，它体现了一种典型的"兼—与"。

另一种体现"兼—与"关系的是具有"双重功能的元素"（Double-functioning element）。"现代建筑鼓励在各个层面上进行区分和专门化——材料、结构以及项目功能与空间。"① 文丘里认为勒·柯布西耶的苏维埃宫与巴黎救世军大楼，以及密斯·凡·德·罗的伊利诺伊理工学院规划是这种区分的典型代表，不同的功能被区分在不同的体块中，在组合的时候也仍然保留了体块的独立性。但是在实际使用中，这种区分并不一定合理，因为功能会有所变化，这就需要一些地方成为"多功能房间"（Multifunctioning room）。"合理的模糊将提升实用的灵活性。"② 文丘里实际上在重申密斯·凡·德·罗在"普适空间"（Universal space）理念中所想支持的可变性。不过，文丘里并没有停留在功能上，他将这种多样性继续扩展到不同尺度的建筑元素以及不同方面的建筑作用上。他再次使用了手法主义与巴洛克的许多建筑案例来说明很多建筑元素除了结构受力之外，还有空间导向、功能指向、符号象征等多种不同的作用。比如罗马科斯梅丁圣母教堂（S. Maria in Cosmedin）中的长方形墩柱，既承重也形成空间指引，不像旁边的圆柱主要体现的是点状支撑。在波洛米尼（Francesco Borromini）的传道会宫（Sacred Congregation de Propaganda Fide）中，背面的线脚既是窗框也是山墙。手法主义与巴洛克的杂糅与变异，造就了大量具有多重内涵的"多功能元素"（Multifunctioning element）。

在各种各样的"多功能元素"中，文丘里格外重视的是"修辞性元素"（Rhetorical element），这是指那些主要作用不在结构或者实用，而是为了指示某种喻意而使用的元素。传统建筑上的很多装饰，比如线脚、彩画甚至某些修饰性的柱子都属于这一范畴。文丘里认为，从功能与结构的角度看，"修辞性元素"可能是多余的，"但是，作为一种可能老旧、但是有效的表达方式，修辞性元素是合法的。从一种角度看，一个元素可以被视为是修辞性的，但如果它是合理的，在另一个角度他通过强调丰富了意义。"③ 文丘里举了勒杜（Ledoux）一个大门设计中的柱子，弗兰克·弗内斯（Frank Furness）的宾夕法尼亚美术学院（Pennsylvania Academy of the Fine Arts）的入口台阶，以及密斯·凡·德·罗晚期作品中建筑外表的工字钢来作为"修辞性元素"的代表。

对"修辞性元素"的正名，是文丘里建筑理论，乃至此后的后现代建筑理论中至关

---

① Ibid., 34.
② Ibid.
③ Ibid., 40.

重要的理论基点。我们知道，对历史元素，尤其是传统装饰的剥离，是现代主义抽象建筑语汇发展的前提。以勒·柯布西耶为首的纯粹主义者，甚至将阿道夫·路斯（Adolf Loos）的《装饰与罪恶》（Ornament and Crime）曲解为"装饰就是罪恶"来展现现代建筑对装饰的全面拒绝。但是，就像文丘里所说，装饰元素其实从来没有消失，在沙利文、赖特、密斯·凡·德·罗，甚至是勒·柯布西耶自己的作品中，"修辞性元素"都仍然存在，只不过很多时候用新的替代了旧的，如密斯·凡·德·罗的工字钢以及勒·柯布西耶在马赛公寓中刻画的模度人浮雕。更重要的是，文丘里指出，修辞性元素的合法性在于它可以帮助传递意义，就像文学修辞一样。这也被认为是一种合理和必要的建筑作用，能够与结构和实用性并驾齐驱。虽然在《建筑的复杂性与矛盾性》中文丘里所借用的理论与观点大多来自于文学批评，而不是语言学与符号学，但他所强调的，常常是建筑元素像文学元素一样，通过"修辞性元素"来传递意义的作用。这其实就是符号学中所指的语义层面。文丘里不断论述的，就是建筑元素的语义内涵同样具有合法性。

　　通过"修辞性元素"，文丘里与"清教徒式"现代主义的根本差异显露无遗。这种观点上的对立，直接体现在文丘里作品与正统现代主义作品的明显区别之上，它也将构成此后后现代建筑最重要的特征之一。文丘里还谈到了他更为认同的"修辞性元素"，那就是"常规元素"（Conventional element），也就是我们在传统与日常生活中大量接触，已经非常了解与熟悉的那些元素。比如传统的柱式、拱券、山墙以及常见的装饰纹样与文字。"常规元素"的特殊价值在于，人们已经明白它们的语义内容，所以它们可以更有利地实现语义的传达。相反，那些由设计者独创的全新元素，因为没有参与社会交换，很难让人理解，也就无法实现语义的传递。德国哲学家弗里德里希·尼采（Friedrich Nietzsche）曾经警告，"作为一种惯例，原创的东西被崇拜，有时甚至被偶像化，但却很少被理解；刻意地避免常规，意味着不想被理解。那么，我们现代社会对原创性的渴望将会指向何方？"[1] 我们已经看到，战后对现代主义的批评，就包括现代主义的抽象语汇缺乏能与大众产生共鸣交流的语义内容，从而导致城市环境的枯燥与贫乏。从新经验主义到新理性主义，都试图通过一定程度上恢复使用传统"常规元素"，无论是屋顶、窗户、材料还是类型，让建筑能够重新被大众所理解和认同，重新具备意义。文丘里继续了这一讨论,甚至通过"修辞性元素"让主流现代建筑与其批评者之间关系变得更为对立。

　　不过，文丘里并不是倡导完全恢复到历史主义，一板一眼地使用传统元素。他所倡导的是对常规元素进行新的组合来获得新的意义，这不仅可以实现一定程度的创新性，还可以形成新的文脉，传递新的意义。"建筑师的主要工作是利用常规元素，来组织形成一个独特的整体，以及在旧元素无效时，谨慎地引入新的部分。格式塔心理学认为，环境会影响部分的意义，环境的改变会带来意义的改变。因此，建筑师通过组织各个部分，在整体中为它们创造出具有意义的文脉（Context）。通过对常规元素进行非常规的组织，他可以在整体中创造新的意义。"[2] 这当然是文丘里硕士论文中观点的重述，只是在这里被纳入了他更庞大的理论体系之中。通过文脉的理念，文丘里也批评了现代建筑对周围环境的漠视。他强调，建筑内外可以有不同的任务，内部满足于具体的使用，而

① NIETZSCHE F. Human，all too human：a book for free spirits[M]. Cambridge：Cambridge University Press，1996：339.
② VENTURI R. Complexity and contradiction in architecture[M]. London：The Architectural Press Ltd.，1977：43.

外部则应该对整个环境做出回应，这两者可以有所不同，他明确地写道"内部不同于外部。"①

对于常规元素的非常规使用，意味着超越日常的秩序与规则，就可能带来矛盾与冲突。文丘里提出，可以有两种方式来应对，一种"调和矛盾"（Contradiction adapted），冲突元素之间彼此妥协和调整，形成一个宽容和圆滑的整体；另一种是"并置矛盾"（Contradiction juxtaposed），毫不妥协地将矛盾元素并置在一起，并不去削弱或掩盖他们之间的冲突。"调和矛盾最终获得一种可能是不纯粹的整体。并置矛盾最终获得一种可能无法疏解的整体。"② 在文丘里看来，这两者都有合理性，这是因为矛盾性与复杂性并不是来源于建筑本身。"实际上，我支持建筑的复杂性与矛盾性，是基于现代体验的丰富与含混，包括那些在艺术中内在的体验。"③ 这句话所体现的，是文丘里整个理论的哲学基础，他的逻辑是观察人的体验，其中存在矛盾性与复杂性。建筑作为人的作品，满足人的体验需求，所以自然而然地需要接受矛盾性与复杂性。

文丘里并没有进一步解释为何当代人的体验是复杂和矛盾的，他只是把这个作为一个毋庸置疑的现象，进而以此为确定基础来展开论述。这实际上也是他整本书的论证逻辑。文丘里所采用的是一种经验主义的方法，通过观察采集资料，无论是古代还是现代的，再通过资料的归纳与总结获得结论。所以手法主义和巴洛克建筑与勒·柯布西耶和路易·康的建筑具有同样的效力，都可以用来归纳他所认同的建筑原则。文丘里所不认同的是理性主义的推导，从某些绝对的抽象原则出发，推导出必然性的结论，就像机械功能主义会排斥"修辞性元素"那样。文丘里的起点不是原则，而是现实本身，这也是很多人把他所代表的"后现代主义"视为现实主义思潮的原因。

这种现实主义特征，更明显地体现在文丘里与妻子丹尼斯·司各特·布朗，以及合作者史蒂文·伊泽诺尔（Steven Izenour）合著的《向拉斯维加斯学习》一书中。丹尼斯·司各特·布朗于 1950 年代在伦敦求学，受到了伦敦先锋波普艺术的深入影响，支持非正统的，来源于日常生活的艺术素材。1960 年，她与罗伯特·文丘里结婚，两人成为学术研究与设计实践的合作者，完成了大量的作品。《向拉斯维加斯学习》一书明显体现了司各特·布朗对波普艺术的推崇。在 1971 年的一篇文章《向波普学习》（Learning from Pop）中，司各特·布朗明确提出，通过研究波普艺术了解人们的现实需求，提取语汇，并以此替代现代建筑的纯粹主义。正是在这一倾向之下，拉斯维加斯成为一个值得研究的案例。如果说《建筑的复杂性与矛盾性》是通过向后看，学习历史案例来启示未来，那么《向拉斯维加斯学习》则是向下看，不是在高雅艺术，而是在世俗商业文化中获得源泉。④ 这本书的主要内容，是文丘里与司各特·布朗 1968 年指导耶鲁研究生工作坊对拉斯维加斯谷地所做的研究。研究的关注点，是这一地区建筑形式中的象征符号（Symbolism），这也直接体现在这本书的副标题——建筑形式中被遗忘的象征符号——之中。

---

① Ibid., 70.
② Ibid., 45.
③ Ibid., 16.
④ VENTURI R, BROWN D S, IZENOUR S. Learning from Las Vegas : the forgotten symbolism of architectural form[M]. Cambridge, Mass. : MIT Press, 1977 : 3.

作为一个在沙漠中建造的以商业娱乐为主要产业的城市，20 世纪六七十年代的拉斯维加斯形成了非常独特的建筑场景。这里的建筑本身并没有什么特色，往往都是极为简朴的实用性设施。由于整个城市依赖于私人汽车，所以重要的建筑都退到道路两侧很远的地方，把建筑前方空出来作为停车场。在当时的拉斯维加斯，建筑本身并不足以引起人们的注意，真正将人们吸引到各种娱乐和服务设施的，是竖立在道路两旁的巨幅广告和招牌。这些招牌使用了夸张的图像、符号、文字来塑造刺激的商业形象，以简单直接的方式，将商业信息传递给驾车驶过的人们。拉斯维加斯的大街充满了这样的商业符号，"它们在空间中建立起词句的与符号的联系，在很远的地方，仅仅几秒钟，就通过数百种联想将复杂的意义传递出去。象征符号统治了空间。建筑是不足够的。因为空间关系是由符号而不是形式所创造的，建筑在这个环境中变成了空间中的符号而不是空间中的形式。建筑几乎定义不了什么：在 66 号公路上，巨大的标志与微小的建筑是通则。"[1] 在使用符号、与建筑体量的脱离、与商业文化的密切结合以及混杂的多样性上，拉斯维加斯的大街都构成了纯粹的现代主义体系的对立面。早在《建筑的复杂性与矛盾性》中，文丘里已经提出"难道大街不总是好的吗？"[2]《向拉斯维加斯学习》只是更深入地讨论了这个问题。美国大街上杂乱的标牌在文丘里看来是活力与内容的体现，如果说 1966 年的书论证了经典历史建筑的复杂性，那么 1972 年的书则证明了波普文化的多元魅力，而这主要是通过象征符号，而不是现代建筑所依赖的形式与空间来达成的。

就像作者在书中所言明的，拉斯维加斯本身并不是真正的关注点，象征符号才是。文丘里与其合作者认为，通过符号与象征传达语义内涵是一种普遍的建筑现象，即使是在对于建筑表意充满敌视的现代建筑之中。《向拉斯维加斯学习》指出了两种不同的利用象征符号的方式：鸭子（Duck）与装饰化棚屋（Decorated shed）。鸭子是指评论家彼得·布莱克（Peter Blake）在《上帝自己的废物场》（God's Own Junkyard）一书中提到的，将整个建筑做成鸭子形状的雕塑式建筑。在文丘里他们的书中，这指向那种动用各种元素，使建筑整体传递出某种喻意的建筑。他们认为，很多现代建筑其实就是鸭子，他们使用体量、材料、结构与细节试图传达出建筑符合功能需求，满足结构逻辑，利用了先进技术的喻意。建筑师让整个建筑成为一个象征符号，暗示出某种总体性的喻意。装饰化棚屋是指拉斯维加斯式的建筑，建筑物本身是极度实用性的，采用了最简朴的形式与技术，以获得更好的经济性。在此基础上，通过添加局部的符号，比如招牌或者是一个装饰性的立面，也可以实现传递喻意的作用。鸭子与装饰性棚屋都是在与观赏者通过象征符号进行交流，区别在于一个兴师动众、耗资巨大，另一个简单从容，经济灵活。"鸭子是一种特殊的，本身就是象征符号的建筑；装饰化棚屋是一种常见的使用了象征符号的遮蔽物。我们坚持，两种建筑都是成立的——沙特尔大教堂是一个鸭子，法尼斯府邸是一个装饰化棚屋——但是我们认为在今天鸭子已经无关紧要，虽然它充斥于现代建筑之中。"[3] 文丘里与合作者们支持的显然是装饰化棚屋，"最终，我们支持在建筑中使用丑陋与常见的象征符号，支持装饰化棚屋的特殊重要性，它们有着一个修辞性的立面，以及后面的

① Ibid., 13.
② VENTURI R. Complexity and contradiction in architecture[M]. London：The Architectural Press Ltd., 1977：104.
③ VENTURI R. BROWN D S & IZENOUR S. Learning from Las Vegas：the forgotten symbolism of architectural form[M]. Cambridge, Mass.：MIT Press, 1977：88.

常规建筑：我们支持使用了象征符号遮蔽物这样的建筑。"①《向拉斯维加斯学习》的作者们同样提到了时代特征来作为这一理论判断的基础：这个时代已经不再需要英雄性的主题，也就不再需要整体性的"鸭子"，这个时代时兴的是世俗和商业，通过使用装饰化棚屋的常见符号与装饰就可以实现。

与《建筑的复杂性与矛盾性》一样，《向拉斯维加斯学习》的装饰化棚屋的理念是对现代主义另一个理论基石的直接抨击。早在 19 世纪上半期，英国建筑师与理论家奥古斯都·威尔比·普金（Augustus Welby Pugin）就在《尖式或基督教建筑的真实原则》（*The True Principles of Pointed or Christian Architecture*）一书中激烈批评过为简陋的教堂建筑建造华丽的立面，塑造建筑假象的做法。他认为这是对上帝的欺骗，而上帝不容许任何的欺骗。这种道德抨击经由约翰·拉斯金（John Ruskin）的《建筑七灯》（*The Seven Lamps of Architecture*）之中的"真理之灯"（Lamp of truth）传递到现代建筑中。主流的观点认为，建筑的外观应该诚实表现建筑真实的材料、结构与功能组织。尽管这多少是一种误解，很多人认为，沙利文的"形式追随功能"简要概括了这种原则。文丘里对这种"清教徒"式的道德原则并不认同，他的"装饰化棚屋"恰恰就是普金当年所描绘过的只在立面使用象征装饰，背面保持简朴的建筑。他们的观点建立在两个理论前提之下：第一，信息传递与沟通也是建筑的作用之一，所以不用局限于实用功能；第二，建筑的内与外面对不同的职责，可以有不同的处理。这两点已经在《建筑的复杂性与矛盾性》与《向拉斯维加斯学习》中不断提及，在"装饰化棚屋"的理念中得到了最密切的整合，此处，文丘里与司各特·布朗与整个主流现代主义传统之间的差异也得到了最强烈的展现。

表面装饰与象征符号曾经是很多现代主义者极力拒绝的东西，但是在文丘里与司各特·布朗的文字中，它们重新具有了合法性。他们甚至认为，很多现代建筑才是真正的欺骗，因为它们都是"鸭子"，整个建筑都是象征符号，却拒绝承认象征符号的合理性。与此相比，装饰化棚屋更为实用、更为经济，也更为诚实地承认象征符号的作用，就像是拉斯维加斯的那些建筑一样。《建筑的复杂性与矛盾性》论证了历史元素，以及日常建筑元素的合法性，《向拉斯维加斯学习》论证了世俗商业文化中各种象征符号的合法性。这些实际上已经囊括了文丘里与司各特·布朗建筑创作中最主要的建筑语汇。

如果不是他们同样著名的建筑作品，文丘里与司各特·布朗的理论不会影响如此广泛。这些作品如同他们的理论一样大胆和独特，形成与主流现代建筑的巨大反差。其中，最为知名的是文丘里 1962 年为他的母亲范娜·文丘里（Vanna Venturi）在宾夕法尼亚州栗树山（Chestnut Hill）所设计的私人住宅，俗称"母亲之家"（Vanna Venturi House）（图 7-1）。这座建筑几乎是此后出版的《建筑的复杂性与矛盾性》的范本。虽然建筑规模很小，文丘里却塑造了一个尺度很大的主立面，其主要形态是一个被切开的山墙。据拉斐尔·莫内欧分析，这可能是受到了路易吉·莫雷蒂（Luigi Moretti）的向日葵公寓大楼（Palazzina Girasole）的启发。这种观点不无道理，因为除了山墙之外，文丘里还使用了大量来自于历史建筑与日常建筑的元素，来形成一个与建筑内部功能并无太多直接关系的"修辞性"立面。这些元素包括放宽的烟囱、被打断的拱、拉长的门梁、有着十字窗格的方窗、长条窗、被窗户切断的线脚以及深陷的门洞。文丘里将来自经典

---

① Ibid.

历史的元素，如希腊山墙与罗马圆拱，以
及来自民间日常建筑的元素，如烟囱与窗
户，并置在立面之上，还通过重叠与断裂
进一步强化了元素之间的冲突与多元关
系。这是他所提到的，通过将具有明确内
涵的"常规元素"进行"矛盾并置"来实
现"兼一与"的复杂性与矛盾性这一做法
的直接说明。文丘里在这座建筑中证明了
将"常规元素"进行"非常规的组合"能
够带来新的意义，而且建筑师所刻意营造
的是一种冲突和复杂的新意义。这种复杂
性还体现在文丘里对建筑平面以及体量所
做的处理之上，在立面之后的建筑主体虽
然更为简单，但其非常规的形体仍然令人
惊讶。建筑正立面与其他部分之间的显著
差异，让人充分理解了"修辞性立面"的
独特性质。

图 7-1　罗伯特·文丘里，母亲之家

1960—1963 年之间完成的吉尔德老
年公寓（Guild House）也是一个经典案例
（图 7-2）。整个建筑看起来非常的"常规"，
采用了常见的材料、常见的形态、常见的
开窗以及常见的阳台。建筑师所做的"非
常规组合"集中在建筑入口的轴线立面上。
从下到上，他分别使用了夸张的粗圆柱、
大号字母名称、圆拱窗以及楼顶中央的电
视天线等元素。这些迥异于建筑其他部分
的修辞性片段，给予这个建筑一种独特的
纪念性，即使这种纪念性仅仅被局限在一
小段立面之中。

图 7-2　罗伯特·文丘里，吉尔德老年公寓

图 7-3　罗伯特·文丘里，塞恩斯伯里翼馆

这两个项目都展现了文丘里将历史与
常规元素转化为象征符号，刻画"修辞性"
立面的特征，但是它们并没有体现建筑与"文脉"的关系。文丘里与司各特·布朗的英
国国家美术馆塞恩斯伯里翼馆（Sainsbury Wing, National Gallery）对此做出了补充（图
7-3）。作为填补老馆与惠特科姆街（Whitcomb street）之间空隙的加建部分，翼馆的立
面上汇集了来自于老馆与另一旁街边建筑的历史元素，如圆柱、壁柱、檐口、石材、立
窗以及线脚。与"母亲之家"类似，这些元素并没有按照严整的秩序排列，而是形成了
一个非正统的混杂体系。最为独特的是 18、19 世纪英国民间建筑中常见的盲窗，这种
完全修辞性的元素被建筑师与隆重的科林斯圆柱和壁柱并置在一起，形成一种强烈的反
差。虽然如此，这个立面整体上实现了从老馆的古典严肃到一旁街边建筑的平静谦和的

过渡，成为整个建筑文脉中连接的一环。就像文丘里所讨论的，这整个立面并不是来自于建筑的内部功能，而是主要服务于文脉的需求。但是在具体的语汇使用上，文丘里式的复杂性与矛盾性仍然是最强的重音。

相比起来，文丘里与司各特·布朗对波普元素的使用受到了更大的阻力。与老年公寓类似，他们在很多建成项目与未建成设计中使用了大幅字体标示建筑名称，这是装饰化棚屋最经济的手段。他们甚至在《向拉斯维加斯学习》中提出用"我是一座纪念碑"（I am a monument）的标牌来替代纪念碑（Monument）本身，符号甚至已经可以替代建筑体量与立面。比使用文字符号这种相对常规的做法更为激进的，是用符号图像覆盖整个建筑。在 1992 年世博会美国馆（US Pavilion，EXPO 92）与怀特轮渡码头（White Ferry Terminal）两个项目中，文丘里与司各特·布朗都提出用巨幅美国国旗或者是 LED 显示屏覆盖建筑的主要立面。符号图像成为唯一的主导元素，建筑除了满足自己的实用性，仅仅成为图像的支撑物而已。这种极端的装饰化棚屋已经不再是对现代建筑的批评，而是对许多经典建筑价值，比如结构、材料、细节、光线等等的攻击，这也可能是他们的这些设计未能付诸实践的原因。但不可否认的是，今天这样被 LED 屏幕所覆盖的建筑已经越来越多，他们印证了文丘里关于建筑传递信息的作用也同样重要的观点。只是这样的信息传递所带来的到底是帮助还是破坏，至今仍然引发激烈的争论。

就像拉斐尔·莫内欧所总结的，文丘里与司各特·布朗的建筑作品最重要的特征，是立面的塑造。"建筑师并不想要去分析项目，让自己的生活变得复杂。他们让自己去做的，是设计一个表现性的立面。"[①] 这其实也就是"装饰化棚屋"的理念，其思想根源，在于将建筑传递语义的作用给予独立的强调。文丘里与司各特·布朗使用了来自于过去（历史元素）与世俗（波普文化）的大量"修辞性"元素，刻画出一个不同于历史主义建筑的单一秩序，拥有独特的复杂性与矛盾性的当代文本，让体会了"当代体验的复杂性"的人们去阅读。在这一点上，他们完全不同于以新理性主义为代表的欧洲同行。同样使用历史类型与元素，罗西与同伴们所看重的是永恒的纪念性与稳固的集体记忆，而文丘里与司各特·布朗所看重的则是世俗文化的多样性以及当代现实的冲突与变化。在两者背后，所体现的，实际上是欧洲人文文化传统与美国消费社会体系之间巨大的差别。

7.2　查尔斯·詹克斯的后现代建筑理论

在 1966 年出版《建筑的复杂性与矛盾性》时，文丘里的理论与实践仍然是独特和孤立的。但很快，从 1970 年代开始，一大批建筑实践者与理论家加入了他的行列，支持和发展他所倡导的理念与设计方法。这一团体无论是在理论还是作品上，都具有鲜明的趋同性，他们共同构成了当代建筑史上著名的后现代建筑思潮。虽然文丘里与司各特·布朗在他们的书中并没有使用后现代或者后现代主义的概念，他们也不认为自己的创作是完全不同于现代主义的另一种体系，但在通常理解中，他们仍然被视为在 20 世纪 80 年代迅速兴起的后现代思潮的最佳代表。这是因为，一方面他们所推崇的基于历史元素与

---

① MONEO J R. Theoretical anxiety and design strategies in the work of eight contemporary architects[M]. Cambridge, Mass. ; London : MIT Press，2004 : 70.

大众文化的修辞性建筑语汇被吸纳成为后现代建筑的典型要素，另一方面他们所强调的矛盾性与复杂性也与西方思想界后现代主义理论的某些特征相符。所以，可以说这一思潮的实质性内容来自于文丘里与司各特·布朗的先驱性工作，但"后现代建筑"这一名称的兴起则要归功于英国学者查尔斯·詹克斯。

前面的章节中已经谈到过詹克斯在 1960 年代结合符号学所做的工作。他与乔治·贝尔德共同编辑出版的《建筑中的意义》是这一领域最为重要的文献之一。詹克斯认为，语义传达（ Semantization ）是人类社会的基石，任何事物都不可避免地包含了语义的成分，建筑亦不例外。他的理论强调了建筑传递语义的作用，并且借用符号学理论，分析了语义传递所依赖的条件与原则。进入 1970 年代，詹克斯对符号学以及语义传递的理论兴趣并没有改变，只是将这一部分内容纳入了他更为综合性的后现代建筑理论之中。

"后现代"这个词也不是詹克斯首创的。早在 1870 年，英国画家约翰·瓦特金斯·查普曼（ John Watkins Chapman ）就使用了这个名称来指代印象派之后的新绘画风格。显然他将印象派视为现代的，而"后"的前缀则表明了在现代之后的一个新的区间。这种理解被阿诺德·汤因比（ Arnold J. Toynbee ）强化了，他在 1939 年出版的《历史研究》（ A Study of History ）第五卷中写道，"我们的后现代时代，起始于 1914—1918 年的世界大战。"[①] 汤因比将后现代扩展成为一个整体性的时代概念。虽然很少有人认同他所标定的起点，但是他所赋予后现代概念的庞大范畴，将成为后续后现代理念的重要基础。1945 年，哈佛大学教授约瑟夫·哈德纳特（ Joseph Hudnut ）一篇名为"后现代住宅"（ The Post Modern House ）的文章将这一理念引入了建筑领域。约瑟夫·哈德纳特当时是哈佛设计学院的院长，正是他邀请格罗皮乌斯来到哈佛大学任教，进而推动了美国高等建筑教育向现代主义的转型。但是从 1940 年代开始，哈德纳特对主流现代主义的技术理性与机械功能主义愈发感到不满。在这篇文章中，他批评那些"工厂建造的住宅"（ Factory-built house ）仅仅凸显了科学与技术的成分，却缺乏浪漫与感性。它们虽然新颖，却"无法对我们诉说"，无法向我们传递"家"的概念中所拥有的各种微妙情绪与细节。对此，哈德纳特提出，一个理想的"后现代业主"会接受现代社会的工业技术成果，但同时也会保护自己的内在体验，保护"人的精神的尊严"。"尽管他的住宅是现代生产进程最为精确的产物，但深深嵌入其中的是一种古老的忠诚，坚不可摧地对抗机器的冲击。"[②] 虽然哈德纳特的含混言辞并没有说明白这样的建筑师是什么样的，但他用后现代的理念来攻击主流现代建筑的冷漠与单一的立场是清晰的。后现代指代一种吸纳了现代建筑的优点，但也弥补了现代建筑缺陷的建筑。

可以认为，查尔斯·詹克斯继续完成了哈德纳特简要提及的任务，他更为详尽地描述这样的后现代建筑应该具备什么样的特征。正是藉由詹克斯极富影响力的著作，后现代建筑的理念才迅速获得推广，从而形成了一股世界性的建筑运动。1975 年，詹克斯发表了一篇名为"后现代建筑的兴起"（ The Rise of Post-modern Architecture ）的文章，这是他第一次使用这个概念。1977 年，他在这篇文章的基础之上，写作出版了《后现代建筑语言》一书，正是这本书引发了广泛的关注，推动了这一建筑思潮的传播与扩散。

---

① TOYNBEE A J. A study of history[M]. Oxford：Oxford University Press，1961：43.
② Hudnut J. The post-modern house[M]//OCKMAN & EIGEN. Architecture culture 1943—1968：a documentary anthology，New York：Rizzoli，1993：76.

　　与其他很多著作一样，詹克斯的书也是从抨击现代主义开始的。不同的是，他比其他任何人都更为夺人眼目，因为他直接宣告了现代建筑的死亡。他写道："在 1972 年 7 月 15 日下午 3 点 32 分（或者那左右），当臭名昭著的帕鲁伊特 - 伊戈项目（Pruitt-Igoe Project），或者说它的一些板式住宅，被爆破给予致命一击时，现代建筑在密苏里州的圣路易斯市死亡了。"[①] 帕鲁伊特·伊戈项目是美国建筑师山崎实（Minoru Yamasaki）于 1951—1955 年之间完成的作品。詹克斯解释道，之所以用这个项目的命运来作为标志，是因为它的设计完全按照 CIAM 的进步理想来完成，它有优雅的板楼、空中的街道、阳光、空间与绿地、人车分流、游戏场地与服务设施，这些都是现代建筑所一直倡导的优于传统街区的特征。更重要的是，这些板楼的洁净风格也体现了现代建筑试图通过建筑塑造人的品性，并改造社会的道德理想："好的形式引向好的内容，或至少是好的行动；抽象空间的理智规划将提升健康的行为。"[②] 但就是这样一个凝聚了现代建筑最理想内涵的项目，却遭到了惨痛的失败，由于社区安全无法保证，整个项目的设施被大量的破坏，犯罪率不断提升，居民不断搬离，政府投入巨资维修仍然无法维持，最终只能选择废弃炸毁。实际上，帕鲁伊特 - 伊戈项目的问题更多来自于社区而不是建筑自身，但詹克斯认为，这体现的是整个"理性主义、行为主义以及实用主义"的失败，而这些恰恰是现代建筑"简单化理念"的基础。因此，他选择用这一节点来标志现代建筑总体的失败，也为他所倡导的、替代现代建筑的后现代建筑打开了时机。

　　随后，詹克斯对现代建筑的缺陷进行了更全面的分析。他一共提出了 11 种因素导致现代建筑的失败，总结起来，是整个建筑生产体系导致的问题，"今天的建筑是恶劣的、粗野的以及过度巨大的，因为它们是由不会出现在建筑现场的开发商，为了追求利益，为同样不会出现在现场的土地拥有者建造的，它们服务于同样不会出现在建造现场的使用者，而这些使用者的品位被认为是陈腐的。"[③] 虽然也认同这样的系统性缺陷无法简单地改变，但詹克斯表明，一些局部的改进仍然是可能的。而这本书关注的改进领域，也是后现代建筑所着力的领域，是建筑作为语言的表意作用。他写道："我将讨论这一危机的两个原因：现代建筑如何在形式层面上枯竭了建筑语言；由此造成在内容上自身的枯竭，这种内容指示了建筑为之建造的目的。"[④]

　　"语言"一词的使用，将这本书与詹克斯此前的符号学建筑理论研究联系起来。虽然建筑包含了各种不同的成分与作用，比如功能、结构、材料、氛围，但詹克斯所关注的只是建筑形式像语言一样传递语义的方面。在之前的著作中，詹克斯已经申明，语义是无处不在的，即使是现代建筑也有明确的语义内容，比如密斯·凡·德·罗在高层建筑中使用的长方体量以及暴露的通高工字钢，它们展现了一种理性化的形象特征，被同时使用在住宅与办公楼之中。詹克斯认为，这些案例典型性地体现了现代建筑的语义倾向，即它们只传递一种内容。他称它们是单一价值的（Univalence）。基于他们所认定的某些理性原则的普遍性，现代建筑试图为同样由这些理性原则定义的、抽象的"现代人"提供一种单一的、普遍的建筑语言。但是，这种抽象的"现代人"并不存在，每个人都是

① JENCKS C. The language of post-modern architecture[M]. 6th ed. London：Academy Editions，1991：23.
② Ibid.，24.
③ Ibid.，27.
④ Ibid.

具体的，生活于具体的环境中，有具体的需求，他们所用来交流的语言也产生于特定的文化与传统。一种单一的抽象语汇无法被大众理解，也无法对多样化的需求做出回应。"我们从一开始就知道，文化符号让任何城市空间对应于特定的社会团体、经济阶层以及真实的、历史中的人民；但现代建筑师用他们所有的时间忘记所有这些特定的符号，试图为一种普遍的人做设计，或者说是神秘的现代人。"[1] 现代建筑的单一语言，所服务的是垄断性的商业机构，它内涵的空洞实际上是由消费社会本身内涵的空洞所决定的。为了反抗这种枯竭，建筑师可以设计不同的建筑来展现现实的复杂性。他可以传递遗失的价值，并且反讽性地批评他不喜欢的价值。但为了实现这一点，他必须使用当地文化的语言，否则他的讯息就不会有人听到。[2]

随后，詹克斯借用了符号学研究的一些内容，来阐释他所认同的建筑语言。他讨论了 4 个建筑与语言相同的方面。首先是"隐喻"（Metaphor），就是指建筑对其他非建筑事物的拟像。詹克斯举了许多例子说明，有一些特别的建筑可以有多种多样的隐喻内涵，而不是仅仅对应于一种。最为典型的是勒·柯布西耶的山顶圣母教堂。在一幅广为流传的图解中，詹克斯列举了这个建筑不同的隐喻性解释，它可以是合起来的一双手、一艘船、一顶帽子、一只鸭子，或者是母亲抱着孩子。另一个类似的是西萨·佩里（César Pelli）的太平洋设计中心（Pacific Design Center），它可以被理解为冰山、收银机、奶酪或者积木。相比于真实的语言，建筑隐喻更为含混，也就具备更多样的诠释可能，这使得建筑可以是包容混杂的，甚至是冲突的隐喻内涵。具体的解读则依赖于特定的背景与话语体系。詹克斯个人的立场非常清晰，他不仅认同象征，还认为应该使用多样化，甚至是过于充沛的象征内容，"如果想要他的作品按照设想的方式与人交流，建筑师必须赋予建筑过度的语汇，使用冗余的世俗标记与象征，这样才能在快速变化的语汇体系中幸存下来。"[3] 在这一点上，詹克斯并不赞成文丘里对"鸭子"的贬低，他认为文丘里过于看重装饰化棚屋，而忽视了象征的潜在能力。

文丘里建筑的语义传递，主要是通过"词语"，这是詹克斯讨论的第二个话题。词语是指一个建筑体系中已经具有特定文化内涵的元素，比如柱式、坡屋顶、烟囱、圆拱、山墙等等。它们来自于一个已经被人熟知的大量使用的传统，这个传统已经变得确定，具备明确的意义，就像语言中的词语一样。这些词语已经变成了常用的符号（Symbol），可以被大众轻易地辨认和理解。借用皮尔斯的划分，詹克斯认为现代建筑侧重于使用索引的（Indexical）与形象的（Iconic）等类型，压制了对传统建筑符号的使用。而文丘里与司各特·布朗的工作重新为这种传统建筑手段注入了生命。詹克斯认为，建筑中主导的仍然是象征性标志（Symbolic signs），而文丘里与司各特·布朗的合理性在于他们诚实展现了这些象征性符号在美国生活方式中的作用。詹克斯设想未来的建筑师可以灵活地使用象征与符号，就像是一种新的"新艺术运动"，能够驾驭从传统到现代主义的各种语汇。

除此之外，詹克斯还讨论了更为专业的"句法"与"语义"。他强调，仅仅拥有句法并不能实现信息的传递，句法仍然需要与语义结合起来。而语义传递的可能性，依赖于

① Ibid., 33.
② Ibid., 37.
③ Ibid., 47.

图 7-4　菲利普·约翰逊，耶鲁大学克莱恩大厦

不同符号之间的差异关系，因此需要刻意地使用差异性的语汇。这将使当代建筑明显地区别于现代建筑的单一和枯燥。这些讨论已经透露出詹克斯所倡导的后现代建筑语言是什么样的理论立场。简单地说，它主要关注建筑形式的语义表达，强调建筑要向人们传递内容。为了实现这个目的，需要使用从象征到符号的各种手段，而且至关重要的是，象征与符号的使用应该是多元和混杂的，才能达成更丰富和更有效的交流。詹克斯并没有就此停步，在书的第三部分，他继续对后现代建筑语言进行了进一步的限定和描述，使之成为更明确的一种设计语汇。

在传递意义以及使用历史隐喻与符号这个广阔的范畴中，詹克斯得以在战后的建筑发展中找到很多接近于后现代建筑的趋向。比如以维拉斯加塔楼为代表的，战后意大利建筑中历史元素的复苏。在美国比较典型的是菲利普·约翰逊，他早期是密斯·凡·德·罗的追随者，但是在 1960 年代中期，他开始对密斯的单一语汇感到厌倦，他为耶鲁大学设计的克莱恩大厦（Kline tower）用简化的手法塑造了文艺复兴府邸的历史形象（图 7-4）。尽管有这些先例，詹克斯还是将这一倾向的桂冠留给了文丘里，1960 年他在护士和牙医总部大楼（Headquarters Building for Nurses and Dentists）首先使用了装饰线脚以及被切断的拱。因为具备了这些特点，詹克斯将这个建筑称为"第一个后现代主义的反向纪念碑。"[1] 不过，詹克斯并不认为约翰逊与文丘里的作品是成熟的后现代建筑，因为它们的语汇仍然过于纯粹，局限于经典历史主题中，还不够包容，仍然属于"半历史主义"或者是"半后现代主义"。能够对他们的局限做出补充的，是以拉尔夫·厄斯金的拜客墙居住区为代表的新经验主义作品。在这个项目中，厄斯金使用了大量民间建筑而不是经典建筑的语汇，还鼓励社区参与设计，由此获得的建筑丰富性直接来自于大众，所以能够很好地与民众进行沟通，詹克斯称之为"新乡土"倾向。另一个具有启发性的，是科林·罗以及克里尔兄弟对城市的讨论。他们强调了城市文脉对具体建筑的影响，建筑应该融入其城市背景之中，考虑到文脉的延续，新与旧可以相互沟通和合作，塑造一种多样化的城市景观。

将这些倾向结合在一起，就得到了詹克斯理想的后现代建筑语言，他给予其更确定的名称"激进折中主义"（Radical eclecticism）。不同于 19 世纪那种"虚弱"的历史主义，后现代的"激进折中主义"更注重内涵的表达，也会更主动地选择适合的语汇实现这一目的。它们并不会局限于历史主题，而是可以采用更为多样化的手段。在另一方面，之所以称之为折中主义是因为它不会局限在一种体系中，也不会刻意塑造统一性，而是

① Ibid., 69.

要坦然接受多元、混杂甚至是冲突和矛盾。"不像现代主义,它使用全部的交流途径——比喻的、符号的以及空间的、形式的。与传统的折中主义类似,如果合适的话,它会选择正确的风格,或者是其分支体系——但是一种激进折中主义会将这些元素混合在一个建筑中。这样每种风格的语义色彩能够对应于最为接近的功能对等物。"①

而在所有不同的风格与交流途径中,詹克斯也是有所偏好的。他认为,有两种语汇应该并存在建筑之中,一种是来自于以使用者为代表的大众,一种来自于以建筑师为代表的职业阶层。前者对应于一种传统的、乡土性的、稳定的日常建筑语汇,而后者则对应于行业精英所熟悉的,专业化的建筑语汇。它们的并存构成了一种双重编码(Double coding),"一种是世俗和传统的,就像日常语言一样变化很缓慢,充满了老套词句,植根于家庭生活,另一种是现代的,充满了新词,回应了技术、艺术、时尚以及先锋建筑的快速变化。"② 这样的建筑能够同时与职业精英和普通大众相互沟通,也赋予建筑更丰富的喻意与内涵。典型的案例,是混杂了历史主题、传统民宅与现代建筑特色的作品,比如詹克斯自己的加拉吉亚圆形住宅(Garagia Rotunda)。

这种具有"双重编码"的"激进折中主义"建筑就是詹克斯心目中理想的后现代建筑。不同于文丘里的地方在于,詹克斯希望建筑语汇更为包容,不仅能够接纳象征性的"鸭子"式建筑,还希望能够吸收乡土性的日常建筑元素,而不是像文丘里那样聚焦于经典历史题材。不过,在理论主体上,詹克斯与文丘里与司各特·布朗并没有太大的差异,他们都强调建筑的语义内涵,也都注重通过形式元素与符号来达到目的。更重要的是他们都强调多元的复杂性,并且接纳冲突的矛盾性。文丘里与司各特·布朗主要通过历史与现实案例来给予论证,而詹克斯则依赖于符号学理论来进行论述。

需要注意的是,在前面的讨论中可以看到,对意义的认同在战后的建筑讨论已经普遍存在,这并不是后现代建筑理论所独有的东西。真正让这股思潮获得独特性的,实际上还是他们对矛盾性与复杂性的强调。正是这一点让后现代建筑理论与同样强调利用历史元素的欧洲新理性主义呈现出鲜明的差异。但也是在这最重要的特征上,无论是文丘里还是詹克斯都没有给予充分的讨论。文丘里只是提到了现代体验的复杂性,而詹克斯也没有进行深入的剖析。仅仅提到符号越多,内容就越多显然是不够的,这不仅可能带来过度的嘈杂,更严重的是如果这些符号表达的内涵并不恰当,反而会适得其反。文丘里与詹克斯都需要进一步论证矛盾性与复杂性的合法性。

在这一点上,比较具有启发性的是詹克斯在书中将后现代建筑与中国园林所进行的对比。詹克斯认为两者的相似性在于都有迷宫般的复杂性,但区别在于,"中国园林的背后有一种确定的宗教或者形而上学体系,以及成熟地指向这些内涵的象征系统,但是我们复杂的建筑并没有一个被广泛接受的意义基础。""所以,尽管后现代空间可能在各个方面都像中国园林空间一样丰富和含混,但是它无法以同样的精确性阐述深度的意义。后现代建筑的象征与形而上学基础仅仅开始建立,在一个工业社会中它们到底能成长到什么程度则是一个疑问。"③ 这两段话揭示出一个更为深层的问题,就像语言文字有具体的意思,这些意思组织在一起可以传递更深刻的内涵,这是詹克斯所称的中国园林的作

---

① Ibid., 106.
② Ibid., 107.
③ Ibid., 100.

用方式。但是后现代建筑的困难在于，它并没有一个确定的深刻内涵去给予阐释，所以象征与符号只能停留在传递直接意思的层面，难以深入到构建更重要的深层内涵的层面。而且，恰恰是因为没有这个重要的内涵基础，就无法在各种符号与语义中做出选择，最终得到的只能是缺乏区分的混杂以及冲突。

对应于这一问题，詹克斯希望后现代建筑能够在后来的发展中找到自己所能依赖的形而上学的基础。不过我们也看到，就连詹克斯自己也都承认，在今天的工业化社会中，这一任务是否能够完成仍然存在疑问。而文丘里则全盘接受了这种现状，并没有像詹克斯那样去渴望重新获得一种稳固的基础。詹克斯的目标是否能够实现，是否有可能重新建立一种稳固的思想基础，实际上正是在 20 世纪七八十年代西方思想界风起云涌的后现代思潮中所讨论的核心问题。我们将在下两节中再进一步讨论这一话题。

7.3　美国其他的后现代理论支持者

正如詹克斯所指出的，后现代建筑的一些因素早已存在，很多是对主流现代主义缺陷的反应，在战后 20 世纪五十至七十年代这一时间段中不断孕育，呈现在从粗野主义到符号学理论等不同思潮中。詹克斯所提出的后现代建筑概念以最鲜明的方式，展现了新建筑与正统现代主义的差异，呼应了人们对后者的不满。因此，自该理念诞生以来，迅速获得了广泛的接受，甚至从建筑领域外延到其他的艺术领域，也推动了整个西方社会对后现代主义思想的讨论。这一思潮的全面兴起，当然不能完全归功于查尔斯·詹克斯一人，作为一种思潮，后现代建筑在不同的国家和地区都有支持者，他们的协同工作使得后现代建筑成为一种国际性的建筑现象。

美国是整个后现代建筑运动的核心，除了文丘里与詹克斯之外，还有很多建筑师与理论家参与进来。同样毕业于普林斯顿大学的查尔斯·摩尔（Charles Moore）就非常典型。在很多方面摩尔都与文丘里类似，比如教育背景、与路易·康的密切关系以及建筑思想。早在 1967 年，时任耶鲁大学建筑学院院长的查尔斯·摩尔在 Perspecta 杂志上发表了一篇文章，名为"把它插上，拉美西斯，看它是否亮着，因为除非它起作用，否则我们不会保留它"（Plug It in, Rameses, and See if It Lights up, Because We Aren't Going to Keep It Unless It Works）。这篇文章与文丘里前一年出版的《建筑的复杂性与矛盾性》有相似的观点。摩尔反对现代建筑的排斥性（Exclusion），无论是赖特还是密斯·凡·德·罗都专注于一种语汇而拒绝了其他的可能性。他所欣赏的是包容性（Inclusion）的建筑。在这篇文章中，摩尔提到两个案例，一个是加州圣巴巴拉县的法院（Santa Barbara County Court House），另一个是加州圣路易斯-奥比斯保（San Luis Obispo）的麦当娜旅馆。前者将加州本地流行的西班牙殖民风格与 20 世纪初爵士摩登时代的韵律结合在一起，后者将岩石、商业元素、民间趣味汇聚在一处。摩尔认为这两者都更具有活力，比"整洁和稀疏的几何元素，更符合这个电子时代建筑"的标准。与文丘里一样，摩尔也关注地区传统，支持使用历史主题、商业元素来获得一种包容性的丰富与活跃。

摩尔早期的名作圣巴巴拉加州大学教职员俱乐部（Faculty Club for the University of California at Santa Barbara）以及加州大学克雷斯吉学院学生宿舍（Kresge College, University of California, Santa Cruz）都吸收了加州西班牙殖民风格的要素，但并不是

图7–5　查尔斯·摩尔，加州大学克雷斯吉学 院学生宿舍　　　　图7–6　查尔斯·摩尔，新奥尔良的意大利广场

呆板的重复，而是加入了大量的变异与混杂，形成与文丘里母亲之家类似的复杂效果。尤其是在克雷斯吉学院中，摩尔将学生宿舍分成很多小体量，散落在山地之中，仿佛是一个围绕曲折街道排布的传统村庄（图7–5）。在对民间建筑元素的包容性上，摩尔比文丘里走得更远。这一特色也体现在他最为知名的作品，新奥尔良的意大利广场（Piazza d'Italia）之上（图7–6）。这个项目的初衷是为了提升当地意大利移民社区的城市品质。在一个不大的圆形广场中，摩尔将大量意大利元素聚集在一起，比如意大利国土形状的水池、喷泉、钟塔、神庙、五种柱式以及位于中心的塞利奥主题的巨大拱门。绝大部分元素都有着鲜艳的色彩，它们组成了一段一段的柱廊片段，环绕着广场一角。更戏剧化的在于材料的使用，摩尔在柱身与柱头上大量使用了光洁的不锈钢，渲染出浓厚的商业气息。他甚至在塞利奥主题拱门的柱头和线脚上都缠绕了彩色霓虹灯，夜间点亮时仿佛是灯红酒绿的娱乐场所。摩尔解释道，这是为了呼应将要在这里开设的德国餐馆，它们有在橱窗中悬挂香肠的传统。缠绕了霓虹灯的柱式由此变成了一种新的"德利柱式"（Deli order），与古典柱式并排而立。

没有其他哪个后现代建筑比意大利广场更准确地实现了摩尔所倡导的包容性、文丘里的复杂性以及查尔斯·詹克斯所支持的"双重编码"。整个意大利历史建筑传统被转化为符号，密集地拼接在一起，同时也将正统建筑经典与商业文化的浮华与夸张结合在一起。这些特点使得意大利广场成为后现代建筑最为知名的代表作之一，从它诞生以来就成为后现代建筑讨论的核心。詹克斯在再版的《后现代建筑语言》中对其大加赞赏，而像黛安·吉拉度（Diane Ghirardo）这样的后现代反对者则借用这个设计，以及它未能实现的城市复兴目的来批评后现代建筑整体。

几乎与意大利广场的设计施工同时进行的，是美国纽约现代艺术博物馆（Museum of Modern Art，以下简称 MoMA）举行的展览"巴黎美术学院的建筑"。超过 200 幅 19 世纪巴黎美术学院学生的作业图纸以及此后的项目图纸一同展示，其中包括查尔斯·加尼耶（Charles Garnier）的巴黎歌剧院（Paris Opera）以及亨利·拉布鲁斯特（Henri Labrouste）的圣吉纳维芙图书馆（Bibliothèque Ste. Genevieve）。虽然展览并没有出版涉及理论性话题的文献，但这一事件仍然重要。这是因为自 1932 年的国际式风格展览以来，MoMA 一直是推动现代建筑前沿探索的重要据点，它所组织的建筑展览往往前瞻性地触及当代建筑发展的最新议题。而巴黎美术学院所指代的古典学院派一直是现代建

图 7-7　迈克尔·格雷夫斯，波特兰大厦

筑先驱们批评的对象，曾经被贬低的历史主义设计现在却重新得到承认与肯定，这本身就体现了一种趋势的转变。这显然呼应了后现代建筑对于历史主题的重视。

美国建筑师迈克尔·格雷夫斯（Michael Graves）完成于 1982 年的波特兰大厦（Portland Building），是另一个著名的后现代建筑（图 7-7）。简单地说，这个建筑是一个典型的"装饰化棚屋"。由于预算只有约 2900 万美元，格雷夫斯将这栋 15 层高的市政办公楼建造成了最为朴素和经济的方盒子。整个建筑的吸引力几乎都来自于方盒子的表面装饰。建筑师使用了不同颜色的粉刷，棕色的竖向条纹以及突出的体块似乎暗示了古典柱式的凹槽与柱头。具有当地特色的饰带花纹也被用作装饰贴在了建筑表面。这些装饰与符号都仅仅局限于建筑表层的局部处理中，给予建筑一种混杂了古典庄重与民间欢愉的表情。它是文丘里"装饰化棚屋"与詹克斯"双重编码"理念的共同体现，所以也被视为后现代建筑的里程碑作品。

格雷夫斯一开始并不是后现代建筑的支持者。他在哈佛大学获得建筑硕士学位之后，又获得了美国罗马学会的罗马大奖，在罗马待了两年。格雷夫斯自己承认，这一经历对他产生了深远的影响。1962 年回到美国之后，他开始在普林斯顿大学任教，一直到退休。他在 20 世纪六七十年代的建筑创作主要遵循现代主义的路线，使用大量纯粹几何元素形成复杂的穿插构成体系。最为典型的是 1972 年的斯奈德曼住宅（Snyderman House）。在几何元素之外，建筑复杂的构成与彩色的运用似乎预示了格雷夫斯此后的发展。1982 年的波特兰大厦虽然是典型的后现代建筑，却只是格雷夫斯作品演化中的一个节点，很快他的作品和思想就有了进一步的变化。同样在 1982 年，格雷夫斯发表了《象形建筑的案例》（A Case for Figurative Architecture）一文。文章中，他将建筑与文学进行了类比。文学中有"常规语言"（Standard language）与"诗意语言"（Poetic language），前者是指日常实用性的表述，后者是指具有特定文化内涵的那些表述。在建筑中，这两者分别对应于"内部语言"（Internal language）与"外部语言"（External language）。前者是指建筑内在的"实用的、构造的以及技术的要求"，后者是外在于建筑的，对于"社会神话与仪式的三维表述"，或者简单地说，前者是"技术与实用的"，后者是"文化与象征的"。与其他后现代建筑师一样，格雷夫斯认为建筑除了实用之外，还有其他的传递文化价值的作用。这一效用在他看来主要是通过象形（Figurative）、联想（Associative）与拟人（Anthropomorphic）等手段来实现的。与文丘里类似，格雷夫斯也认为现代建筑其实也使用了象征符号（Symbol）的表现手段，但是它们所指向的是机器。机器的特征是效用，所以这种象征并没有指向外部的文化价值，而是间接地回到了建筑自身的"内部语言"，由此导致了现代建筑的枯燥。

有趣的是，格雷夫斯进一步对"外部语言"的内容进行了讨论，他虽然没有清晰地定义这个范畴，但是在众多表述中，他不断强调两方面的内容指向，一是自然（比如将房屋地面比作大地），另一个是人体（比如将圆柱比作男性）。尤其是第二个内容指向，格雷夫斯称之为拟人喻意（Anthropomorphic allusion），是指人们总是从自身出发去理解周围的一切，因此会将自身的身体特性投射到周围的事物中，使之获得特殊的意义。这其实是 20 世纪初期"移情"美学理论的观点，英国学者乔弗雷·斯哥特（Geoffrey Scott）在他 1914 年出版的《人文主义建筑》（The Architecture of Humanism）中已经讨论过这一问题，并且借此批评了"机器谬误""伦理谬误"以及"生物学谬误"等在后来成为现代主义核心议题的观点。格雷夫斯在他的短文中并没有进一步阐述这一理论，而是借用几个例子进行了简短的说明。他写道，帕拉第奥的圆厅别墅具有明确的围合与中心性，它回应了人的一种基本渴望："我们习惯性地将自己视为宇宙的中心，或者至少是我们占据的空间的中心。这种假设影响了我们对于中心与边缘之间差异的理解。"[1] 但是像密斯·凡·德·罗的巴塞罗那馆那样的建筑强调流动性，也削弱了上下左右的差异，"我们发现自己在这样的空间中无法感受到处于中心。这种身体呼应的缺乏，最终会导致一种异化的感受。"[2] 格雷夫斯的观点是，传统建筑一直延续了对自然与身体的呼应，但是现代建筑偏离了这一道路，所以需要回到传统的路径上来。而且，自然与身体也不是完全区分的，我们对自然的理解也是渗透了身体的感受，大地就被理解为人所站立的地方。因此，格雷夫斯所不断重申的"诗意语言"或者是"外部语言"最终指向的是一种以人为中心的意义内涵。这种强烈的人文主义色彩让格雷夫斯与凡·艾克具有了某种相似性。在凡·艾克看来，多贡人提供了一个典范，如何将环境"内化"为充满了意义的整体。格雷夫斯也在原始社会中看到了这种理想状态，所以他不断强调重视"社会的神话与仪式渴望。"

无论是凡·艾克还是格雷夫斯，乃至于乔弗里·斯哥特都没有为他们的人文主义观点提供充分的理论解释，我们之后将会看到，现象学理论将对此做出重要的贡献。格雷夫斯的重要性在于让我们意识到后现代建筑理论与现象学影响下的建筑理论之间存在的联系，这种联系的核心实际上是"意义"。两者都强调意义，只不过前者更倾向于直接的符号性喻意，而后者则更倾向于深层的人的价值与目的，但是这两者之间其实并无法完全切分开来。如果说格雷夫斯的波特兰大厦属于前者，那么他 1982 年的文章以及此后的作品则属于后者。格雷夫斯对"神话与仪式"的关注被完全转移到建筑中，他在波特兰大厦之后的作品变得越来越传统和厚重，无论是在色彩还是形态上（筒形拱顶、山墙、柱廊、穹顶等等）都展现出很强的古罗马建筑的特色。最具有标志性的，是在他后期作品中大量出现的粗壮、光滑的圆柱。因为没有柱头与柱础，这些柱子看起来甚至比希腊和罗马的柱式更为古朴。格雷夫斯仿佛在回应那个更为远古的充满了"神秘与仪式"的时代。这样一种原始性，让格雷夫斯的作品显得极为独特。但也必须看到，无论是在建筑上还是理论上，他都没有为自己的立场提供充分的说明，也就难以在普通民众中获得理解。反而是在迪斯尼世界这样本身充满童话色彩的项目中，他的语汇才显得更为贴切。在其他普通项目中，并不是所有人都能够认同他关于现代社会也仍然需要"神话与仪式"

① GRAVES M. A case for figurative architecture[M]//NESBITT. Theorizing a new agenda for architecture：an anthology of architectural theory，1965—1995，New York：Princeton Architectural Press，1996：89.
② Ibid.

的观点，也就难以与他过于强烈和独特的建筑语汇产生共鸣。这也导致很多研究者将格雷夫斯也归类于后现代的戏剧化符号的使用者之列。但必须意识到，格雷夫斯本人的后期理论实际上是严肃和坚定的，他并不接受文丘里与摩尔所倡导的混杂与冲突，而是倡导一种严肃、厚重的建筑文化主题。虽然他通常也被划归到后现代建筑之列，但是更重要的是理解他的建筑立场，而不是简单地贴上标签。

　　格雷夫斯并不是唯一坚持更为严肃地使用历史题材来传递象征内涵的美国建筑师。菲利普·约翰逊也符合这个特点。前面已经提到过他 1960 年代中期为耶鲁大学设计的文艺复兴府邸式的克莱恩大厦不仅在历史元素的使用上早于文丘里的母亲之家，其中出现的光滑圆柱甚至可以被看作格雷夫斯类似元素的先驱。1978—1982 年之间，他完成了另一个极为重要的项目，位于纽约曼哈顿麦迪逊大道（Madison Avenue）550 号的 AT & T 大楼（AT&T Building）（图 7-8）。摩天楼是现代主义最具有代表性的成果，经历了芝加哥学派、装饰艺术风格的发展，以密斯·凡·德·罗的西格拉姆大厦为代表的用钢与玻璃塑造晶体般精确的几何体的语汇已经成为全世界摩天楼的典范。同样是在曼哈顿，约翰逊 37 层的 AT & T 大楼却使用了石材贴面，沙利文式的竖向线条从基座一直延伸到顶部，结束于一个顶部有圆孔的石质封闭山墙。在拱门、圆柱、山墙等古典元素的烘托下，AT & T 大楼看起来更像是放大的 18 世纪的齐彭代尔（Chippendale）家具。在建筑底部，则体现出罗马风建筑所特有的厚重与坚实。以这种出人意料的方式，菲利普·约翰逊将历史主题重新带入了摩天楼这个现代主义的大本营。类似的，他 1991—1993 年之间完成的"底特律一号中心"摩天楼则吸纳了哥特建筑的元素，拥有高耸的尖顶角塔（图 7-9）。虽然很少有人像约翰逊这样直接使用强烈的历史主题，但他与格雷夫斯，以及其他后现

图 7-8　菲利普·约翰逊，AT & T 大楼　　　　图 7-9　菲利普·约翰逊，"底特律一号中心"摩天楼

代建筑师的确为装饰艺术风格等更为传统的建筑语汇重新回到 20 世纪 90 年代的摩天楼建筑中产生了直接的推动作用。

　　另一个对后现代建筑的理论内涵给予积极阐述，并且推动了后现代建筑传播和扩展的重要支持者是美国建筑师罗伯特·斯特恩（Robert Stern）。斯特恩在纽约哥伦比亚大学获得建筑学学士学位，随后在耶鲁大学获得建筑学硕士学位。作为一名学生，斯特恩深受耶鲁大学教授，著名建筑历史学家文森特·斯卡利的影响。在文森特·斯卡利的研究中，斯卡利尤其关注建筑与特定时代、地域以及社会的密切关系，注重讨论建筑对深刻文化内涵的塑造作用。文森特·斯卡利对美国本土特点木板条风格（Shingle style）建筑以及希腊神庙的分析研究都体现出这样的特点。类似的立场也导致了文森特·斯卡利对路易·康以及罗伯特·文丘里的赞赏。这两位建筑师都有强烈的历史意识，并且试图在作品中传递文化内涵。虽然在早期是现代建筑的支持者，但是从 1960 年代末期开始，斯卡利开始质疑现代建筑的贫乏以及对传统城市肌理的破坏。正是基于这些讨论，斯特恩将文森特·斯卡利认定为后现代建筑理论的先驱。

　　20 世纪 70 年代，罗伯特·斯特恩是后现代建筑最热情的维护者之一。他撰写了一系列文章分析后现代建筑的特定内涵，并且梳理它在现当代建筑历史中的定位。他赞赏美国纽约现代艺术博物馆举行的"巴黎美术学院的建筑"展，认为这一事件正确地提示了后现代建筑与 19 世纪历史主义建筑之间的关联。两者都是用源自于过去的历史元素，来获得象征性（Symbolism）或者是对特定内涵的引喻（Allusion）。它们的正当性，都奠基于建筑应当传递讯息与意义的观点："形式语言是传递的符号，以及在内部相互参照的象征：这也就是说，它同时与身体的和联想的体验有关，与艺术作为一种'表现'和'再现'的行为有关。"[1] 与之相应的，斯特恩批评正统现代主义反象征（Anti-symbolic）、反历史（Anti-historical），封闭以及抽象的建筑立场。在正统现代主义客观、理性外衣之下，隐藏的实际上是一种狭窄的、与日常体验和主流文化分离的、沉迷于自身演化的、具有自恋性质的形式操作，它已经与现实切断了联系。

　　后现代建筑通过"表现"与"再现"，能够将当代内容传递给感受建筑的人，因此具有特别的"现实主义"特征。在一段热情洋溢的话语中，斯特恩描述了后现代建筑的这一特征："它们是建筑作为'现实'的构筑物以及喻意和感知之间的传递者。这些喻意和感知让建筑与创造它们的地点、与建筑师的信仰和梦想、与业主的信仰和梦想，以及允许它建造的文明紧密联系起来；简而言之，让建筑成为文化的地标，能够超越功能短暂易变的实用性。"[2] 这段话不仅展现出斯卡利对斯特恩的直接影响，也提示出后现代建筑与以罗西为代表的新理性主义之间的某些相似性。功能的直接对应该让位于文化建构和意义传达。

　　在具体的设计举措上，斯特恩基本上接受了罗伯特·文丘里的主张。他将文丘里与查尔斯·摩尔视为后现代建筑的奠基者，也认同使用历史片段创造丰富象征性内涵的建筑道路。在 1976 年的一篇文章中，他梳理了后现代建筑的几个主要策略：使用装饰；

---

① STERN R A M. The doubles of post-modern[M]//DAVIDSON. Architecture on the edge of postmodernism：collected essays 1964—1988, New Haven：Yele University Press，2009：143.

② STERN R A M. Gray architecture as post-modernism[M]//DAVIDSON. Architecture on the edge of postmodernism：collected essays 1964—1988, New Haven：Yele University Press，2009：42.

通过形式来实现历史参照；有意识地、折中地使用现代主义与现代主义之前的建筑形式策略；倾向于不完整的或者不明确的几何形态，有意地扭曲，以及认识到建筑会跟随时间变化；使用丰富的色彩与材料来提升建筑的图像感知品质；强调过渡空间，比如路径、边界、厚墙构成的挖空领域；注重空间构型对光、视觉以及使用的影响等。在另一篇文章中，他将这些策略进一步简化为三个方面：文脉主义（Contextualism）、引喻主义（Allusionism）以及装饰主义（Ornamentalism）。[①] 可以看到，这些观点与詹克斯在《后现代建筑语言》中所提到的"激进折中主义"并无太大区别。但是斯特恩的条理化阐述仍然对于后现代建筑立场的进一步明晰做出了贡献，有利于后现代建筑理论面向大众的传播。

除了理论论述之外，斯特恩也是一个重要的教育者与建筑师。他先后在哥伦比亚大学与耶鲁大学任教，1998—2016 年之间任耶鲁建筑学院的院长。他所创立的罗伯特·斯特恩建筑师事务所（Robert A.M. Stern Architects）也完成了很多重要的项目，其中包括清华大学苏世民书院。这些建筑往往使用鲜明的历史主题，但并不像文丘里与查尔斯·摩尔那样刻意地制造冲突与含混。它们大多具有庄重和平稳的纪念性，苏世民书院就是这样的作品。斯特恩吸收了清华校园早期建筑的传统特征，以古典的对称院落布局容纳从报告厅到宿舍与健身房的各种功能，体现出斯特恩更接近于菲利普·约翰逊，而不是罗伯特·文丘里的更为传统和古典的后现代建筑策略。

与查尔斯·詹克斯类似，罗伯特·斯特恩也乐于对建筑师与建筑流派分门别类，划分出不同的建筑师团体，并且讨论他们之间的区别。这其实是艺术史研究中典型的以风格类型为基础的分析方法。他最有趣的划分是对"灰派"与"白派"的区分。前者就是指他所支持的后现代建筑。这个名称可能来自于文丘里的《建筑的复杂性与矛盾性》。文丘里在一段文字中写道，他倾向于"灰色"建筑，意思是多种元素与色彩的混杂会形成一种折中的灰色。斯特恩也是在这个意义上使用"灰派"的概念，他强调的是后现代建筑的包容性特征。而"白派"则是指五位纽约建筑师，包括彼得·埃森曼、迈克尔·格雷夫斯、查尔斯·格瓦斯梅（Charles Gwathmey）、约翰·海杜克（John Hejduk）以及理查德·迈耶（Richard Meier）。他们是 1972 年出版的《五位建筑师》（Five Architects）一书的主角。因为这五位建筑师的建筑语汇明显与现代主义的抽象几何语汇有密切关联，大多数作品也以白色为主，所以被戏称为"白派"（White）。斯特恩认为"白派"是 20 世纪初期现代主义先锋实验的继续。虽然有一些新的形式成就，但也继承了正统现代主义的缺点，尤其是其"排他性"（Exclusive）倾向，导致一种封闭、乏味、抽象的建筑，成为"灰派"（Gray）建筑的对立面。"灰派"与"白派"的这种对立，构成了 20 世纪 70 年代美国建筑理论界的焦点之一。斯特恩只是从他自己的立场来看待这五位建筑师的创作，我们将在此后的章节中，再深入了解"白派"的理论诉求。

虽然斯特恩此后在 1980 年的一篇文章中，将"灰派"与"白派"都看作是"后现代"的组成部分，但是这里的"后现代"显然已经不同于他之前所使用的"后现代"理念。

---

① 参见 STERN R A M. After the modern movement[M]//DAVIDSON. Architecture on the edge of postmodernism：collected essays 1964—1988，New Haven：Yele University Press，2009.

如果说前者所指的是一种相对确定的建筑流派，后者所指的则是更为广泛的后现代思潮。这两者的区别对于理解那一时期的文化与思想动态极为重要。我们将在下一节讨论这一区别。

7.4 后现代建筑的延展

后现代建筑并不是一个孤立的建筑运动，它的很多主张，比如对历史元素的重新使用、对意义传递的重视、对文脉的关注，以及对复杂性与丰富性的认同，也曾经出现在新理性主义、以语言学为核心的建筑讨论、"建筑电讯"等不同流派与团体的论述中。总体看来，它们都属于战后针对正统现代主义的不足所做出的理论反应，也都直接针对后者的抽象、单一以及与历史环境的割裂。从某种意义上，这些之前的讨论也为后现代建筑的扩散与认知进行了铺垫，使得后现代建筑理论能够更快地被不同国家与地区的建筑师所接受。从"十小组"到结构主义，这些理论立场虽然影响深远，但大多局限于小团体和狭窄的地域范围中发展，而后现代建筑理论却迅速扩展到从欧洲到亚洲的很多国家，成为 20 世纪七八十年代一种国际性的建筑运动。

欧洲仍然是重要的中心。这里是西方建筑历史传统的发源地，拥有大量的历史遗产，对历史价值的认同在以意大利建筑师为主导的理论探讨中不断出现。不过，如果比较欧洲最具代表性的新理性主义与美国以文丘里为代表的后现代建筑立场，可以看到一个重要的不同。罗西、格拉西、昂格尔斯等建筑师希望通过历史类型的使用来获得一种强烈的纪念性与永恒性，因此他们的作品会强调纯粹、统一和秩序。而文丘里与摩尔对历史元素的使用要灵活得多，他们对复杂性与矛盾性的支持，甚至需要反抗单一的纪念性与稳定性。所以罗西等人倾向于使用抽象的历史类型，而文丘里等人倾向于使用装饰元素。两者都希望通过特定媒介传递意义，但欧洲的纪念性归属于上千年历史的人文主义传统，而美国的装饰性更接近于当代的消费文化。这些揭示了战后建筑理论沿革中一个重要的潜在问题，即使认同建筑需要具备意义，也仍然有一个关键性的问题需要回答，到底什么样的意义是值得传递的？这个问题虽然很少有直接的讨论，但实际上每一个流派都对其做出了潜在的回应，我们应当对此有清晰的认识，才能更完整地理解这些流派的立场。

罗西与文丘里虽然分别是欧洲与美国最突出的代表，但也不应就此将欧洲与美国分成两个对立的阵营。纪念性与大众文化的差异很多时候是程度上的，很多建筑师实际上处于两个阵营之间，双方的特征都具备一些。比如在美国的菲利普·约翰逊与罗伯特·斯特恩就偏向更为正统的历史语汇，而格雷夫斯对"社会的神话与仪式"的强调更是与罗西等人对"原型"的讨论非常切合。同样，在欧洲也有接近于文丘里立场的建筑师与建筑作品。最具代表性的是英国建筑师詹姆斯·斯特林（James Stirling）。

作为年轻的伞兵，斯特林曾经参加过"二战"，在诺曼底登陆前空降到欧洲大陆作战，并曾经两次负伤。战后他在利物浦大学学习建筑，期间结识了著名理论家，当时在利物浦大学任教的科林·罗（Colin Rowe）。毕业后，他先是在伦敦某建筑事务所工作，随后与同事詹姆斯·高万（James Gowan）一同成立了独立的建筑事务所。1970 年代初，他的合伙人更换为迈克尔·威尔福德（Michael Wilford），两人一直合作到 1992 年斯特林去世之时。斯特林与高万最早的独立建筑作品，完成于 1955—1958 年之间的伦

图 7-10　詹姆斯·斯特林与詹姆斯·高万，伦敦朗汉姆住宅街区

敦朗汉姆住宅街区（Langham House Close）项目，具有典型的史密森式新粗野主义的特征（图 7-10）。这些三层住宅体量方整，黄砖与混凝土材质直接暴露在外，粗糙的肌理甚至部分显露在室内。窗户、排水口、阳台等细节给予这个社区独特的个性。在建筑内部，壁炉等设施的灵活布局，以及黄砖与白墙的强烈差异，让室内环境变得丰富和亲切。这些都展现了斯特林对建筑语汇的精细考虑。

在随后更为知名的莱斯特大学工程楼（Engineering Building, Leicester University）中，斯特林与高万的设计有了新的变化。在 1960 年的一篇名为"功能性传统与表现"（The Functional Tradition and Expression）的文章中，斯特林谈道，当时大西洋两岸的现代主义建筑师们主要归结于两种形式策略：一种是使用密斯式的匀质表皮包裹对称的简单几何体量，类似于西格拉姆大厦；另一种是刻意暴露建筑结构，如新粗野主义等。斯特林提出，可以采用第三种路径，以来自于"功能性传统"的策略来获得具有表现力的建筑语汇。所谓的"功能性传统"并不是新事物，"这种类型建筑的优点是，他们通常是由直接的、无装饰的体量组合而成，这些体量来自于建筑的用途，特别是建筑主要部分的功能。他们采用了多样化的材料与地区性，他们的支撑结构合理地产生于建筑的组织。"[1]斯特林所指的，实际上是民间建筑中常见的，不寻求统一的形态，让建筑不同的组成部分各自获得所需的体量，然后自由灵活地组合在一起的做法。这样的建筑可能没有整体的风格考虑，各部分的独立性也比较强，但是都能很好地满足使用需求，同时并非刻意地组合又能形成出乎意料的丰富形态，因此被称为"功能性传统"。很显然，它与英国具有悠久历史的"画意"（Picturesque）传统有直接关联，也鲜明体现在工艺美术运动中的"自由风格"住宅之中。

斯特林的出众之处在于，他不仅认为"功能性传统"仍然在当代建筑实践中大有作为，而且用作品证明了这一替代性策略的充分潜能。完成于 1959—1963 年的莱斯特大学工程楼让斯特林声名鹊起（图 7-11）。不同于密斯·凡·德·罗在克朗楼中将所有功能纳入一个长方形盒子的做法，斯特林与高万将工程系不同的功能组件：办公室、实验室、演讲厅、车间分置在不同的体量中，它们在材料与形态上都有鲜明的特点。当组合在一起时，相互之间的对比张力给予整个建筑超乎寻常的雕塑感与活力。其中一个细节最具代表性，长方形的巨大车间需要依靠北向天窗采光，但是车间本身是斜向的，斯特林与高万没有让天窗追随车间的走向，而是让天窗独立地沿东西向排列以获得纯北向采光，天窗与车间之间出现了 45° 的错角，由此造就了工程楼最为人熟知的特征之一。这当然

---

① STIRLING J. "The functional tradition" and expression[J]. Perspecta, 1960, 6：89.

图 7-11　詹姆斯·斯特林与詹姆斯·
　　　　 高万，莱斯特大学工程楼

图 7-12　詹姆斯·斯特林，剑桥大学历史系馆

是典型的"功能性传统"所带来的出奇效果。很多学者指出这与苏俄构成主义，如卢萨科夫工人俱乐部等项目之间的相似性，两者都来自于对功能元素独立形态的肯定。但斯特林明显更为关注的是建筑的表现性，莱斯特大学工程馆展现了如何使用体量来获得复杂性与矛盾性。

　　在此后的一些项目，如剑桥大学历史系馆（Department of History, Cambridge University）和牛津大学女王学院弗洛雷大楼（Queen's College Florey Building）中，斯特林继续使用这种拥有巨大表现力的设计策略。在这两个设计中斯特林都让建筑剖面上的变化直接体现在建筑形体中，塑造出多变而充实的建筑体量（图 7-12）。1968 年，里昂·克里尔加入了斯特林事务所，这与斯特林设计实践的再一次转变相重合。前面已经提到过，克里尔兄弟对于欧洲城市的历史类型非常感兴趣，他们的立场与以罗西为代表的新理性主义更为接近，倡导重新挖掘历史类型的丰富素材，营造具有传统欧洲特色的城市景观。克里尔的影响当然不能低估，但是在此前 1967 年一篇访谈中，斯特林已经谈到他更希望保持传统城市肌理，而不是用"当代建筑"将它们变成"无意义的、无特征的以及低效率的地点"，城市中"最坚不可摧的原始状态是不变的街道模式，而建筑与街道最好的关系，仍然是传统的。"[1] 对城市文脉与历史元素的使用，在斯特林此前的设计中并不鲜明，他的语汇更接近于从勒·柯布西耶到新粗野主义的现代主义体系。但是，在斯特林在 20 世纪 70 年代完成的设计，尤其是 1975—1977 年间的三个德国项目——杜塞尔多夫新博物馆竞赛、科隆博物馆竞赛以及斯图加特州立美术馆（Staatsgalerie Stuttgart）中，城市文脉成为决定性的因素。三个设计都使用了在方形或长方形平面中心嵌入圆形的平面布局，通过呼应卡尔·申克尔（Karl Friedrich Schinkel）的柏林阿尔特斯博物馆（Altes Museum）以及阿斯普伦德的斯德哥尔摩公共图书馆（Stockholm Public Library）来创造一种古典纪念性。除此之外，斯特林关注的焦点是新建筑如何融入和弥合项目所处的城市肌理。杜塞尔多夫项目将城市街道的交角转译到新博物馆的广

① STIRLING J. Conversation with students[J]. Perspecta, 1967, 11：92.

场与体量中，科隆项目通过在铁路两边建造对称体量，给附近的大教堂树立起一座大门。在细节处理上，斯特林都使用了厚重封闭的实体体量，体现出对欧洲历史建筑的直接引申。

　　这三个项目中，只有斯图加特州立美术馆得以实施。斯特林的设计尊重城市街道立面与老馆的格局，以 U 形的展览流线连接新馆两侧的老馆与剧院。新馆的长方形平面中心，是圆形的雕塑内院。在这个极为古典的平面之中，斯特林加入一个特殊的元素，一条完全开放的步行通道，从地坪更高的新馆背侧，绕内院边缘穿过建筑抵达新馆前侧。这条路径的侧面还有一条分支连接天桥，穿越街区南侧的另一条主要街道。斯特林为行人创造了更为便捷的通路，也使得他们能在日常行走中就能体验博物馆的部分展陈。对路径与城市肌理的关照，使得斯特林的新建筑出色地融入传统街区，同时拥有了独一无二的城市特色。石材与柱式、拱门等历史元素的使用是典型的纪念性表达。这些元素都与新理性主义的立场相符。不过，斯特林还引入了一些典型的后现代处理手段。他对柱头等元素的使用非常灵活，与文丘里的母亲之家类似，明显突破了传统比例与秩序；他还使用了弧形玻璃幕墙、暴露的钢结构、黄色、紫色、绿色、深蓝色、粉红色等拥有艳丽色彩的构件等不同寻常的元素（图 7-13）。斯特林有意图地将古典建筑、现代要素，乃至于波普艺术以及商业文化的各种片段汇集在一起，呼应了文丘里、摩尔以及斯特恩等人所倡导的折中性，给予这个建筑复杂的身份倾向，而这则是典型的美国式后现代建筑的特点。

　　斯特林此后的一些项目也都具备这样的特征，比如伦敦的克洛美术馆（Clore Gallery）、柏林社会科学研究中心（Wissenschaftszentrum）以及伦敦珀尔垂一号大厦（No. 1 Poultry）等。文脉与历史是这些创作的基础，但斯特林并不像其他欧洲建筑师那样关注于纯粹的纪念性与历史感，而是试图让传统元素与更富有当代特色的素材混合在一起，以获得一种混杂的效果。作为一个英国建筑师，斯特林不可避免地会受到"独立团体""建筑电讯"等先锋团体的影响，同样的影响在美国催生了文丘里与司各特·布朗的复杂性与矛盾性。英美之间更密切的联系也解释了为何斯特林会是欧洲建筑师中更接近于美国立场的。在表面的偶然背后，实际上存在文化的脉络与连接。

　　其他一些欧洲建筑师通常也被视为后现代建筑的参与者，因为他们都倾向于以一种非正统的方式使用历史元素，大量地利用装饰、显眼的色彩、夸张的形体、刻意的冲突与并置来获得新颖的视觉效果。正如文丘里所说的，这些建筑的核心特点在于其外表面的元素累积，它们试图在经典传统与商业文化之间寻求一种平衡。英国建筑师泰瑞·法莱尔（Terry Farrell）、西班牙建筑师里卡多·波菲尔（Ricardo Bofill）、意大利建筑师保罗·波多盖西以及奥地利建筑师汉斯·霍莱

图 7-13　詹姆斯·斯特林与迈克尔·威尔福特，
斯图加特州立美术馆

因（Hans Hollein）在 20 世纪七八十年代的很多作品都具有这样的特色。他们的工作使得后现代建筑成为一个跨大西洋两岸的国际性建筑现象，并且促动类似的设计向其他国家扩展。

比如，亚洲的日本一直积极参与当代建筑的讨论，一些日本建筑师也热衷于先锋理念的引入。矶崎新是最典型的一位。作为新陈代谢运动的成员，矶崎新提出了很多大胆的巨构设想。他的群马县立美术馆（MOMA，Gunma）主要由一系列的方形框架单元组成，矶崎新认为框架单元的中立性对应于当代美术馆中艺术品的流动性，美术馆只是一个临时场所，与特定的展品无关，也就不需要特别的处理。这样的立场以及单元体的使用，显然是新陈代谢理念的直接产物。[①] 新陈代谢运动让日本青年建筑师与西方新近的理论思潮形成了平行发展。矶崎新对此更为敏感，他也是最早在日本对西方日益兴起的后现代建筑做出反应的。他所设计的筑波中心大厦（Tsukuba Center Building）有着非常鲜明的后现代特征。这座完成于 1979—1983 年之间的综合体建筑，将米开朗琪罗的卡比托利欧山椭圆形广场铺地搬到了项目中心，并且在周边的建筑物上堆砌了断裂的拱、玻璃山墙、粗糙石块铺砌喷泉以及勒杜式的柱式等并无直接关联的历史片段（图 7-14）。这种做法类似于查尔斯·摩尔在意大利广场上的设计，在异域塑造一个被各种符号所充满，但是却并不遵守任何统一逻辑的混杂物。矶崎新随后完成的洛杉矶当代艺术博物馆（MOCA）将群马县立美术馆与西方建筑传统进行了嫁接（图 7-15）。红色花岗石的立面确立了建筑的厚重感，在此之上矶崎新添加了桶形拱顶与玻璃金字塔等突出的历史元素，整个建筑看起来仿佛是某种古代遗迹。他为这一项目绘制的一系列彩色透视图，以强烈的色彩与浓重的阴影呼应了波普艺术的大胆与夸张。

这些项目为矶崎新赢得了国际声誉，他最具有后现代色彩的作品是位于美国佛罗里达奥兰多市的迪斯尼公司办公楼。矶崎新将迪斯尼动画式的童趣和夸张转译到建筑中。几个糖果般的彩色体块被随意堆到了

图 7-14　矶崎新，筑波中心大厦

图 7-15　矶崎新，洛杉矶当代艺术博物馆

① 参见 ISOZAKI A. Arata Isozaki. gunma prefectural museum of fine arts, Takasaki, Japan, 1971-74[J]. Design Quarterly, 1980,（113/114）: 42.

图 7-16　隈研吾，M2 大厦

一块儿，中心部位是一个高耸的、有着粉色和绿色表面的日晷中庭。建筑入口的雨篷则被梳理成米老鼠耳朵的形状，以呼应建筑物的所属。与格雷夫斯一样，矶崎新以非传统的符号与象征元素，来营造一种游戏般的建筑场景。它们本身就是迪斯尼公司的广告牌，就像文丘里在《向拉斯维加斯学习》中所预言的，这些建筑展现了后现代建筑语汇与商业宣传之间的密切联系。后现代建筑的支持者侧重于强调意义传递，但是对于具体要传递什么并没有明确的限定，这一点上，欧洲以新理性主义为代表的建筑师显然要更为慎重。

矶崎新并不是唯一进行这种尝试的建筑师，相田武文的冈之山图像艺术博物馆（Okanoyama Graphic Arts Museum）、隈研吾（Kengo Kuma）的 M2 大厦（M2 Buidling）都夸张地使用了西方建筑历史片段（图 7-16）。竹山实（Minoru Takeyama）的东京二号塔楼（Niban-Kan）甚至因为彩色符号的拼贴而被查尔斯·詹克斯选作封面照片，使用在早期版本的《后现代建筑语言》一书中。很显然，日本发达的地产开发与商业竞争为后现代充满宣传性的表现语汇提供了土壤。这些建筑的出现与增长，与日本地产泡沫的上升具有内在的联系。在 20 世纪七八十年代，后现代建筑在很多地方被视为一种新的时尚，被快速借用到商业建筑之中，来获得新奇的观感。尤其是后现代建筑对表面装饰、强烈色彩以及象征符号的肯定，与商业宣传的要求几乎不谋而合，这也推动了此类建筑在世界各地的扩散与流行。在这些建筑中，后现代变成一种确定的风格操作，仿佛只要将历史片段、符号装饰不假思索地拼贴在建筑表面就可以了，这种做法显然已经背离了文丘里、斯特恩以及斯特林等建筑师试图赋予后现代建筑的真正任务。

7.5　后现代建筑与后现代主义

后现代建筑在 20 世纪七八十年代成为一种影响广泛的国际性建筑现象，很多地区的建筑师都尝试着将历史元素与表面装饰重新引入建筑创作。除了在建筑界的流行以外，后现代的概念还扩展到其他的创作领域，比如文学、电影、绘画等等。一时之间，一股后现代风潮迅速席卷了西方文化圈。它们一同形成了西方战后最重要的文化事件之一，也催生出被称为后现代主义的思潮。不过，必须注意的是，虽然建筑被视为最早大规模使用后现代这一概念的领域，也被视为后现代文化的典型代表，但是"后现代建筑"与"后现代主义"之间并不是简单的对应关系。在本书中，我们用"后现代建筑"的名称来指代前面所描述的，由文丘里开启的建筑运动，而用"后现代主义"指代一种整体性的新思潮。这两者之间有直接的联系，但是也有显著的差异，理解这一点对于掌握 20 世纪末期建筑理论发展的整体动向与思想实质至关重要。这也是本节将要讨论的内容。

　　"后现代建筑"与"后现代主义",以及更为广泛的后现代文化最显著的共同点,当然是"后现代"这一概念的使用。这是一个明确的时间概念,它以"现代"作为参照对象,认为一个新的时代已经到来,不仅仅是在时间上处于"现代"之后,更重要的是它与"现代"有着显著的根本性差异,因此才需要一个新的概念给予描述。从某种程度上,这种认为一个新的时代对应于全新的文化与思想的观念,恰恰是 20 世纪初期的现代主义先驱们曾经使用过的论述。其背后所驱动的仍然是黑格尔(Georg Wilhelm Friedrich Hegel)式"时代精神"(Zeitgeist)的理念。后现代对现代的反叛,与现代主义对此前传统的反叛在模式上并没有太大的差异,它们都依赖于对前后两个时代差异性的分析和描述。就像勒·柯布西耶在"新建筑五点"的图解中所描绘的那样。后现代的定义依赖于对现代的定义,此后再描述新的时代在哪些重要方面不同于"现代"。

　　文丘里和其他的后现代建筑的支持者正是这样做的。没有人比文丘里的《建筑的复杂性与矛盾性》更简单明了地列举了后现代建筑与此前"现代建筑"的不同。他们所支持的历史参照、装饰使用、意义传达也都针锋相对地指向正统现代建筑在这些方面的对立立场。正是在这种对立之中,后现代建筑确立了自己的特点。不过,这种"后现代"论述存在一个难以回避的缺陷,那就是对"现代"到底应该如何定义。考虑到"现代性"的复杂讨论,很少有人会认为"现代"是一个可以被清晰定义的理念。从启蒙理性到先锋艺术,"现代"的概念中包含了大量不同、甚至冲突的内容,人们甚至对于"现代"到底指代什么时期都有着不同的看法。"现代建筑"的状况也类似,虽然有人将"新建筑五点""功能主义""国际式风格""CIAM"的名称等同于现代建筑,但是对现代建筑史的广泛考察告诉我们,现代建筑也是一个复杂和多元的建筑现象。像贝伦斯、赖特、陶特、夏隆、阿尔托乃至于后期的勒·柯布西耶等都无法被纳入这些狭窄的称呼之中。现代建筑的范畴内就包含着冲突与矛盾,无法被简化成为一种立场。因此,要确立后现代建筑的独特性,首先就是要将现代建筑简化为一种单一的立场,然后才能与之形成对立。这个工作实际上是在 20 世纪五六十年代对现代建筑的广泛批评中完成的,分析者们开始将现代建筑作为一个整体来讨论,并且使用"功能主义"等理念给予概括。很多现代建筑的批评者,包括后现代建筑的支持者们都是基于这种概括来批驳现代建筑的。但是,这种做法的前提实际上是对现代建筑丰富性的漠视。对现代建筑的整体性简化会造成它的对立面"后现代建筑"类似的简化。这也是造成此后"后现代建筑"逐渐变得僵化而失去活力的原因之一。

　　类似的情况也存在于"后现代主义"思潮之中。很多学者指出,后现代主义的很多思想内涵,其实已经存在于从启蒙运动以来的现代思想之中。后现代主义所强调的自己的新颖性,其实是建立在忽视这些元素早已存在的事实基础之上。因此,在根本上后现代主义并不是什么新现象,它们所倡导的立场也并不新颖,更多的是为了凸显一个时代的特殊性而刻意地营造差异,只是这种差异其实缺乏实质性的支撑。后现代主义与现代主义的差异,只是一种假象或者夸张。在今天看来,这样的论断具有一定的合理性,后现代主义理念的热潮已经消退,但是对于现代性的持续讨论仍然保持着活力。同样,在建筑界,后现代建筑的讨论几乎已经烟消云散,但是现代建筑传统仍然在支配着绝大部分的建筑实践。这进一步促使我们对后现代理念的内涵进行更全面的反思。

　　实际上,"后现代主义"本身这一理念也有很大的模糊性,不同的学者对于它的范畴、代表人物以及主要观点都有差异悬殊的理解。在这里，我们无法展开讨论，只能采用一种使用较为普遍的看法，将让·弗朗索瓦·利奥塔（Jean-Francois Lyotard）与让·鲍德里亚（Jean Baudrillard）视为后现代主义思想的代表人物，辨析他们的观点与后现代建筑理论之间的异同。这对于将后现代建筑置于它所属时代的思想背景下理解，有着很重要的意义。

　　利奥塔与鲍德里亚都是法国哲学家，也都因为对后现代主义的论述而闻名。他们两人都认同后现代是一个全新的时代，都对这个时代的特点感到欢欣鼓舞。他们的重要工作，是阐述这个新时代的典型特征。在这一点上，他们都认同艺术家们最先敏锐地感受到了这种时代变化，从而开启了后现代讨论，但是他们两人的分析重点不是在艺术品上，而是落脚在更为广阔的、社会影响也更大的两个领域中。利奥塔关注的是知识体系，而鲍德里亚关注的是图像与符号。

　　利奥塔 1979 年出版的《后现代状况》（The Postmodern Condition）被很多人视为后现代主义最重要的文献。其中"我将后现代定义为不再相信元叙事（Meta-narrative）"这句话，[①] 也成为后现代主义最著名的定义之一。所谓"元叙事"是指为一个知识体系提供了根本性基础的哲学前提，就像形而上学为整个哲学体系提供前提一样。这些前提确保了整个知识体系建立在统一基础之上，从而也具备了合法性与权威性。利奥塔认为，众多现代知识体系就是奠基在这样的"元叙事"之上。比如历史线性进步，新的时代总是优于过去的观点就是一种"元叙事"，它支持了从启蒙时代到黑格尔的历史理论，并且一直延伸到现代社会。类似的还有"科学揭示真理"，"艺术阐释意义"等观点，都是"元叙事"的例证，它们为各自学科提供了最重要的价值基础以及规范法则。但是，利奥塔认为，这些"元叙事"只是假设，并非绝对真理。在后现代社会，这些假设已经不再被认同，也就导致了对后现代知识体系的不同理解，而这是区别后现代与现代的重要特征。

　　因为知识牵涉到日常生活的各个方面，所以利奥塔对知识的分析会产生广泛的影响。按照利奥塔的观点，在现代知识体系中，元叙事提供了统一的基础，让知识体系成为一个相互支持、相互协调的整体。但是在后现代社会，这种基础不复存在，整体性也不再可能，知识体系会转化为一个又一个的小团体，每个团体都有自身的规则与价值取向、自身的理念与逻辑，不再有一个唯一标准去判断孰对孰错、谁优谁劣，每个知识团体都是自己的评判者。利奥塔认为这是一个积极的变化，他不认为"元叙事"值得重建，而是倡导一种"悖谬"（Paralogy）立场，[②] 就是指在不同的团体之间跳跃、嫁接，充分利用不同团体之间的差异性、张力、冲突来创造性地产生新的思想。

　　可以看到，利奥塔对元叙事的定义，与许多人将"功能主义"视为现代建筑的基础理念的看法是一致的。在这一思路下，对"功能主义"或者现代建筑的拒绝，就相当于在建筑领域中拒绝现代性的"元叙事"，打破现代建筑的统一性，迎接后现代建筑的多元性。另一方面，文丘里、摩尔、斯特林等人在作品中刻意地置入复杂性与矛盾性，也与利奥塔的"悖谬"立场相接近。他们并不试图重建统一性与协调性，而是期待冲突与张力本身成为建筑价值的实质。但在另一方面，虽然有这种关联，两者之间的差异也不应忽视。

---

① LYOTARD J-F. The postmodern condition[M]. Manchester：Manchester University Press，1997：xxiv.
② 参见 ibid.，61-67.

总体看来，后现代建筑其实也指向一种范围较为狭窄的建筑语汇操作，甚至在后期演变为一种具有固定模式的风格语汇，就像斯特恩所描绘的那样。这种固化显然与利奥塔所崇尚的不断演化的"悖谬"有所不同。在极端的情况下，后现代建筑也变成了另外一种具有权威性的建筑语汇，压制而不是促进建筑语汇的进一步发展。此外，在很多后现代支持者的理论中，建筑传递意义，甚至包括某些形而上学意义的观点都是后现代建筑理论的支柱之一。[①] 这显然也是一种传统的"元叙事"，它并不能很好地与"悖谬"的立场相协调。这就像詹克斯与斯特恩只能模糊地赞赏"激进折中主义"，但是从未清楚说明什么样的折中是好的，以及为什么做出这样的判断。

鲍德里亚对后现代的讨论集中在《在沉默的大多数人的阴影中》(In the Shadow of Silent Majorities)、《拟像与仿真》(Simulacra and Simulations)、《交流的狂欢》(The Ecstasy of Communication) 等书中。鲍德里亚所分析的对象是图像和符号与人的关系。他认为在第一阶段的传统社会，图像与符号指代具体的事物，它们与现实紧密相关。在第二阶段的工业社会，大众媒体中流传的图像与符号看起来指代某些事物，但实际上这些事物并不存在，它们只不过是某种意识形态的产物。人们被这些图像与符号控制，成为被操控的对象。在第三阶段的后现代社会，图像与符号的爆炸性膨胀使得它们已经不再指向任何其他事物，也并不希望人们去阅读任何稳定的内涵，只是希望不断提供感官刺激。在这种情况下，图像与符号已经和现实脱离了关系，它们创造出一种"超真实"(Hyperreal) 的状态。人们被图像与符号占据，而不再关心现实本身。比如在当代媒体上人们接触到无以数计的战争的图像与信息，但是已经不再为战争的残酷感到恐惧。

图像与符号曾经只是拟像与仿真，但是在后现代条件下，完全控制了人的感官。人们已经不再希望在图像与符号背后去寻找具有深度的内涵，而是接受图像与符号的表面特征，此后又投入更新的图像与符号消费之中。这种状况类似于波普艺术所倡导的效果，就像安迪·沃霍尔的作品一样，通过消费图像的大量复制，消除人们对本质、对意义、对创作者本身的兴趣。在这种后现代状况之下，图像与信息让一切都变得不再真实。在拟像与仿真的统治之下，无论是现实还是人自身都变得不再重要。他们变得麻木、疲倦、空洞，接受了幻象与虚无，放弃了真实、本质与深度。鲍德里亚认为，这样的进程无法逆转，人们所能做的是接受后现代条件，加入拟象与仿真的游戏，通过诱惑（ Seduction ）、反讽、挑衅来与图像和符号并存。鲍德里亚认为美国尤其典型地体现了这种后现代状态，它的沙漠体现了冷漠与麻木、高速公路展现了图像的快速流转、大峡谷则提醒了人们生命的空洞。

可以想象，文丘里与司各特·布朗所赞颂的挤满了招牌的拉斯维加斯大街，会是鲍德里亚理想的案例。后现代建筑对表面装饰与符号的强调，也与鲍德里亚所指出的表象重于本质的观点相互适应。最重要的是某些后现代建筑对历史元素和装饰符号的随意使用、制造夸张和惊人效果的做法，也与鲍德里亚对诱惑、反讽和挑衅的赞赏类似。两者都不致力于用一种整体性的实质来消除矛盾和混乱，而是乐于加入图像与符号刺激的狂欢之中。不过，在另一方面也应该看到，鲍德里亚的后现代理论要比后现代建筑激进得多。

---

① 比如詹克斯就有相关的论述，参见 JENCKS C. The language of post-modern architecture[M]. 6th ed. London : Academy Editions, 1991 : 92-94.

他关于社会已经解体，主体不再存在，现实已经消失的观点会带来颠覆性的结论。没有哪个后现代建筑师曾经认同或者表达过类似的观点。与利奥塔的情况类似，后现代建筑对历史传统、文脉以及意义传递的重视，也与鲍德里亚的颠覆性立场背道而驰。最典型的例子仍然是文丘里，他的作品固然具有表面性、元素冲突以及某种程度的挑衅，但是他仍然在严肃地讨论建筑的实质，而不是像鲍德里亚所声称的那样沉迷于反讽与挑衅之中。至于像菲利普·约翰逊、罗伯特·斯特恩以及詹姆斯·斯特林那样的更为贴近古典传统的后现代建筑师，他们对历史延续性以及纪念性的推崇，则完全站到了鲍德里亚与利奥塔的对立面。

从这些讨论可以看到，虽然后现代建筑与利奥塔和鲍德里亚所倡导的后现代主义有某些相似之处，但它们之间的差异仍然是巨大的。最大的相似性是对此前"统一的、整体的现代特征"的反抗。最大的差异性在于，后现代建筑认为仅仅需要对现代建筑进行局部的改良，而后现代主义则认为两个时代的差异是根本性的，会带来颠覆性的不同。在这种差异之下，后现代建筑比后现代主义的诉求要狭窄得多，所采纳的立场也要温和许多，在某些方面甚至与后现代主义的主张直接对立。

实际上，后现代建筑与后现代主义还有一个相似之处，就是它们都有同样的缺陷：即未能给自己的理论提供充分的论证。比如文丘里强调了复杂性与矛盾性，但是并没有解释为什么要在这个时代接受复杂性与矛盾性，而不是整体性与单一性。他只是含混地说，这是基于"当代体验的丰富与含混。"[①] 至于为何当代体验是丰富和含混的，正是后现代主义理论试图解答的。不过，利奥塔与鲍德里亚的讨论更多的是描述他们自己的观点，而不是提供足够的证据与演绎来论证这些观点。一方面这些观点的确夺人眼球，但另一方面，因为缺乏了坚实的论证，它们会显得过于夸张和缺乏依据。很多学者指出，后现代主义在哲学本质上并无新的建树，它们所有的哲学基础已经可以通过尼采的"透视主义"（Perspectivism）与"上帝死了"（God is dead）来给予表达。前者强调人类的任何认知都是通过特定视角得到的，所以不存在超越视角的绝对知识：就像透过一个视点获得的透视图景必然会随着视点的变化而变化，这就意味着传统的真理与本质理念不再成立，所以尼采说"没有真理，只有阐释。"后者将透视主义延伸到价值领域，价值立场也取决于人的立场，所以不存在绝对的价值可以依赖，任何价值都可以受到质疑、挑战或者颠覆，不再有一个稳定的权威为我们的价值诉求提供基础。我们只能依赖自己来解释现实、树立价值。那种认为有一种稳定的体系为所有人提供基础的观点不再成立，也就不可避免地要接受多元性、差异性乃至于冲突。甚至是利奥塔与鲍德里亚所推崇的"悖谬""诱惑"与"挑衅"都已经在尼采的"力量意志"（Will to power）论述中有所体现。尼采认为，由于不可能再回到古典时代的稳定，人应该利用这种缺乏制约的状态，将它作为一个机会为自己的创造性打开空间。不过，不管是尼采还是利奥塔与鲍德里亚都没有回答的是，这种狂欢是否真的是人们所需要的，它们所带来的是真正的满足还是更沉重的空虚，这实际上是现代哲学面对的一个核心问题。

在这一点上，后现代建筑师们的立场其实更为传统，他们仍然强调建筑要传递意义，而且认同某些意义具有持续性的价值，比如历史与传统。复杂性与矛盾性只是为了让意

---

① VENTURI R. Complexity and contradiction in architecture[M]. London：The Architectural Press Ltd.，1977：16.

义更为丰富，并不是像尼采与后现代主义者那样认为任何意义都不具有绝对的价值。后现代主义的这一方面并没有在后现代建筑中得以体现，但是在其他的思想流派中有所呈现。如果我们将后现代的概念放大到后现代主义所指代的范畴，就可以看到其他那些体现了这种倾向的流派也可以被纳入这种扩展过的后现代概念之中。比如罗伯特·斯特恩在他 1980 年的文章"后现代的两面性"（The Doubles of Post-Modern）中就是这样理解的。除了前面讨论的后现代建筑之外，他还将另外一个流派归入了后现代的范畴。有趣的是，这个流派正是他在此前的文章中提到的，与"灰派"针锋相对的"白派"。这看起来似乎是自我否定，但实际上他只是将后现代的理念扩展到了更接近于后现代主义的范畴上。

斯特恩的这种划分有一定的合理性，因为在"白派"建筑师中，确实有人持有比"灰派"更激进、更接近于后现代主义思潮的理论立场。这将是下一章将要讨论的内容。

推荐阅读文献：

1. VENTURI R. Complexity and contradiction in architecture[M]. London：The Architectural Press Ltd., 1977：16-19.
2. VENTURI R，BROWN D S，IZENOUR S. Learning from Las Vegas：the forgotten symbolism of architectural form[M]. Cambridge，Mass.：MIT Press，1977：87-103.
3. JENCKS C. The language of post-modern architecture[M]. 6th ed. London：Academy Editions，1991：8-21.
4. LYOTARD J-F. The postmodern condition[M]. Manchester：Manchester University Press，1997：xxiii-xxv.

第**8**章 形式分析与建筑自主性

在前面的章节中，我们提到了索绪尔对"句段关系"与"联想关系"的区分，查尔斯·莫里斯使用了人们更为熟悉的句法与语义的概念来加以区别。前者侧重于符号体系内部的组织结构，后者侧重于符号如何与意义产生关联。作为 20 世纪中后期符号学研究的两个重要领域，句法与语义都对建筑理论产生了深入的影响。比如前面讨论的后现代建筑理论，就专注于符号的意义，这当然属于语义讨论的范畴。另外一些建筑师与研究者，比如赫兹伯格和亚历山大讨论了语言的内在结构，并且试图与建筑理论进行嫁接。不过，就像我们之前讨论的，他们的成熟理论中最核心的仍然是偏向于意义的建构，而不是单纯的结构梳理。

更多地依赖于句法而不是语言理念的是另一组建筑师与理论家，他们不仅借用句法的理念，而且刻意地强调了句法与语义的区别，试图参照句法结构的独立性与自主性，来强调建筑的独立性与自主性。就像利奥塔所描述的，这种理论诉求的目标是将建筑理论从原有的、从属于整体社会进程的"元叙事"体系中剥离出来，使得建筑理论成为一个独立的，遵循自身规则的领域。在这一点上，这一倾向的建筑师与理论家前所未有地推动了建筑自主性的讨论，成为 20 世纪中后期最重要的理论潮流之一。

8.1 自主性理念与现代建筑的关联

"自主性"（Autonomy）是西方现代哲学中一个极为重要的概念。简单地说，它的内涵就是指人或者团体自主地掌控自己，而不受到自身之外其他因素的影响。这个概念与"自由"的概念有很密切的关系，同时也存在区别：自由常常只是指一种不受限制的条件，而自主性更多强调人或者团体的主动性，他们不仅拥有自由，还能够积极地自我掌控。西方哲学中最重要的自主性讨论，出现在德国启蒙哲学家伊曼努尔·康德（Immanuel Kant）的道德哲学中。康德强调，"自主性"体现了人的尊严。道德原则，也就是人们的行为准则，只能产生于自主性。人只能自己为自己立法，而不是从属于任何外界因素，比如利益、权威或者传统。人自我立法的依据和原则，也不应该来自于外界，而是完全产生于人自身的本性，比如人的先验理性。换句话说，康德所强调的"自主性"就是人从自己的本质之中引申出律法，完全遵循这些自我设定的律法，而不是屈服于其他外在因素。这是"自由"的真实价值，也是人之所以成为人的原因之一。

虽然康德讨论的是道德哲学，但是"自主性"的现象其实也存在于其他领域。它的主要特征体现在一个领域的内部立法，也就是基于该领域相对独立的理念、原则与逻辑发展，而不是依赖于领域之外的其他因素。一个典型的例子是欧几里得几何学，仅仅依靠 5 条共设以及逻辑推导，就可以发展出庞大精确的经典几何体系。几何证明之所以精确，恰恰就在于它们被限定在抽象纯粹的几何领域之中，而不会考虑领域之外的因素。比如，几何问题中不会考虑人在现实中不可能绘制无限延伸的直线以及绘制的直角并非 90° 等因素，这些都是几何定义之外的偶然因素，不应被纳入单纯的几何推理之中。从某种角度上看，数学、物理学以及现代技术科学都是建立在这种"自主性"特征之上，一个领域只有具备了自身的理念基础以及论证原则，才可能被视为"科学"。就像汉斯·约纳斯（Hans Jonas）等学者所指出的，现代科学技术的诞生，就发生于将亚里士多德目的论等形而上学元素驱逐出物理学讨论范畴的时刻。[①] 在此前，物理学是整个自然哲学的一部分，与其他理论领域共享形而上学基础，在此之后，物理学成为一个"自主的"领域，很少人认为物理学与伦理学之间还具备亚里士多德时代的同一性。

从这个角度看来，自主性也隐藏在现代社会各个学科、各个领域的分化之中。每个领域都试图论证自己的独立性，建立自己的理论基础与法则，从而获得更为独立和稳健的发展。现代科学技术的巨大成就，证明了这条道路的有效性。当勒·柯布西耶提出"住宅是居住的机器"时，他的动机之一，就是希望建筑像机器一样依据内在的规律与原则，成为一种具备健康的"自主性"的学科，而不是像此前的历史主义一样沉迷于传统与虚荣。不仅仅是在技术领域，美学领域也有"自主性"的动向。比如康德的美学理论认为，美是"非功利性"的，美与人的利益、目的、意图没有直接的关系，事物是否是美的完全取决于其形式是否和谐。这种经典的形式美学理念，所倡导的也是美学的"自主性"，其他那些与利益和价值有关的元素则被排除在外。自 18 世纪以来，这种"自主性"观点在艺术领域的影响逐渐扩大。从 18 世纪对色彩的拒绝，因为色彩并不属于形式元素，到 19 世纪"为艺术而艺术"（Art for art's sake）的立场，因为艺术并不服务于艺术之外的目的，再发展到 20 世纪的抽象艺术，因为艺术无需表现艺术之外的内容，比如对任何事物的拟像。抽象艺术的这种自主性倾向，非常典型地体现在彼埃·蒙德里安（Piet Cornelies Mondrian）的塑性绘画中。他坚持绘画不应模仿任何其他事物的表象，而只应该展现绘画元素之间的相互关系。抽象与内化，都是"自主性"对现代艺术渗透的直接结果。

---

① 参见 JONAS H. The phenomenon of life : toward a philosophical biology[M]. Evanston, Ill. Northwestern University Press, 2001 : 33-37.

科学技术与现代抽象艺术对现代建筑的影响是显而易见的。勒·柯布西耶的纯粹主义别墅可能是最典型的代表。此类现代建筑对历史元素、象征、装饰的拒绝，切断了建筑通过意义传达与历史传统所建立的联系，试图建构一种由功能理性（新建筑五点）与美学原则（比例与控制线）决定的新建筑。相比于传统建筑，这样的建筑显然有着更强的"自主性"。不过，就像勒·柯布西耶的《走向一种建筑》一书所呈现的，在某些方面，现代建筑也走向了"自主性"的反面。比如，勒·柯布西耶认为建筑可以影响社会变革，甚至可以帮助避免革命。强烈的社会理想，是勒·柯布西耶、汉内斯·迈耶等很多现代建筑先驱所共有的理论特征。这一目标的实现，必然要求建筑广泛参与社会的改造与发展，而不是像"自主性"一样强调自身的独立。虽然，对"自主性"的支持与背离并不一定体现为现代建筑的悖论，但是它们之间的差异显然是存在的。在现代建筑的快速发展阶段，乐观与宽容掩盖了潜在的冲突，但是在现代建筑遭受质疑的时期，这种冲突就可能演变为直接的对抗。

在 20 世纪六七十年代，这种对抗的确发生了。前面已经提到，这一时期的理论主流，是对现代主义的批判。几乎所有人都对现代建筑的发展感到不满，认为其中存在问题，但是不同的人对于问题的成因可能意见相左。一部分人认为，现代建筑在理性抽象的道路上走得太远，切断了与传统、意义的关联，从而导致现代建筑的乏味。他们认为，现代建筑对"自主性"的追求一开始就是错误的，纠正的方式是摒弃这一道路，重新建立建筑与历史、与意义传达、与大众理解的联系。让建筑融入整体的文化传统，而不是独立出来。从文脉理论、新理性主义到后现代建筑，这些理论的支持者实际上都在强调抛弃"自主性"，重新将意义引入建筑之中。

但是另一部分人认为，现代建筑的失败并不是现代建筑语汇的失败，而是现代建筑社会理想的失败。那种认为现代建筑可以改变社会的观念是幼稚的。沉醉于这些诉求，现代建筑反而忽视了自己最有价值的部分，比如形式创新，由此才带来普遍的问题。这也就是说，他们认为现代建筑还不够独立自主，还与复杂的社会变革的理想相互纠缠，而这应该加以避免。因此，纠正的方式，是放弃这种纠缠，回到现代建筑自身所独有的形式领域，这样才能挖掘出现代建筑还没有被完全认知的潜力。简单地说，现代建筑应该更为关注"自主性"，而不是反其道而行之。

相比于前一种观点，后一种观点的支持者要少很多，但是他们的声音仍然是独特和响亮的，是 20 世纪末期建筑理论图景的重要拼图之一。其最重要的代表人物之一是英国学者科林·罗。

8.2 科林·罗的形式分析与乌托邦批评

出生在英格兰的科林·罗在利物浦大学接受建筑教育，在"二战"中服役之后，他前往伦敦的瓦尔堡和考陶尔德研究院（Warburg and Courtauld Institute）攻读建筑史硕士学位。他的研究生导师是著名的德国艺术史学家鲁道夫·维特科尔（Rudolf Wittkower）。

与其他很多德国艺术史学家一样，维特科尔的研究涵盖了艺术史与建筑史两个领域，他的研究方法也体现出德国艺术史研究传统的强烈特征。在建筑史领域，维特科尔最重要的著作是 1949 年出版的《人文主义时代的建筑原则》(*Architectural Principles in the Age of Humanism*)。这本书是由维特科尔四篇相对独立的论文组成的，主体内容是文艺复兴建筑与理论，但是四篇文章相互之间并没有必然的联系。其中，影响最为深远的是第一篇——《中心集中式教堂与文艺复兴》(The Centrally Planned Church and the Renaissance)。虽然讨论的对象只是一种类型的教堂，但维特科尔的理论意图要宏大得多。他试图批驳两个关于文艺复兴建筑的主流观点，一种是认为"文艺复兴建筑是一种纯粹形式的建筑"，[①] 也就是说文艺复兴建筑师们将古典元素作为纯粹的形式要素来使用，只关注其形式效果，而不关注这些元素的意义与内涵；另一种是认为在文艺复兴时期，"中世纪的超验宗教被人的自主性所取代"，[②] 将文艺复兴的人文主义与中世纪的神学对立起来的观点。维特科尔用一个论据同时批驳了这两个观点。首先，他引用文艺复兴建筑实例与阿尔伯蒂、帕拉第奥等理论家的文献来论证，文艺复兴时期所兴起的中心集中教堂，是基于对圆这种几何图形的推崇，因为这种图形象征着完美、和谐、理性的宇宙秩序。而这种观点实际上来自于柏拉图，维特科尔写道"文艺复兴理想教堂的理念植根于柏拉图的宇宙论"，[③] 柏拉图主义对和谐与永恒的强调，与其形而上学理念论有着直接的关联，因此文艺复兴的中心集中式教堂具有深刻的哲学内涵。其次，以柏拉图主义为代表的古典希腊哲学，通过圣奥古斯丁等神学家进入基督教体系之中，成为论证上帝的至善与完美的证据之一。在文艺复兴的人文主义建筑中，这些元素被再次唤醒，呈现在不同于传统巴西利卡的中心集中式教堂中。所以中心集中式教堂不仅有着深刻的哲学寓意与内涵，而且这些寓意与内涵和基督教神学有直接的关联。因此，那种认为文艺复兴建筑仅仅是形式而没有寓意，以及它们是为了推崇人而不是神的观点都是不成立的。

维特科尔的这种研究方法，实际上与另一位德国艺术史学家埃尔文·潘诺夫斯基(Erwin Panofsky)的图像学(Iconology)研究路径非常接近。潘诺夫斯基强调，艺术品研究重要的不是分析其形式特征，而是要理解其意义。而这个意义可以分为三个层级，第一个是"事实性意义"(Factual meaning)，比如辨认出绘画的对象，是静物、风景还是人物；第二个是"表现性意义"(Expressional meaning)，是指能够理解对象背后所指代的故事、个性、情绪等内容；第三种是"内在意义"(Intrinsic meaning)，需要在前两种意义的基础上，解读更为深层的、更为本质也更为抽象的内涵，比如"一个国家、一个时期、一个阶级的立场与态度，或者是一种宗教的或者哲学的思辨。"[④] 潘诺夫斯基对阿尔弗雷德·丢勒(Alfred Dürer)的版画《忧伤 I》(Melencolia I)的研究就是图像学意义挖掘的典范。从对象的辨别开始，潘诺夫斯基借用艺术史、思想史、哲学史的不同工具展开分析，最后抵达了这幅版画的内在意义——对人类限度的认知与反思。潘诺夫斯基的这种图像学研究，要求将艺术品与广泛的文化与思想传统相关联，才可能挖掘出艺术的多层级"意义"。维特科尔对中心集中式教堂的研究正是这样展开的，通过将建筑与基督教神学、与柏拉图主义的哲学传统相联系，维特科尔试图揭示这种建筑类型背后的"内在意义"，而不是仅仅停留在对形式元素的描述与归纳之上。实际上，只要阅读潘诺夫斯

---

① WITTKOWER R. Architectural principles in the age of humanism[M]. 4th ed. London：AcademyEditions，1973：1.
② Ibid.
③ Ibid.，23.
④ PANOFSKY E. Meaning of the visual arts：papers in and on art history[M]. Garden city, N.Y.：Doubleday，1955：30.

基 1951 年出版的《哥特建筑与经院哲学》(*Gothic Architecture and Scholasticism*)就能清晰感知到他与维特科尔的相似性。潘诺夫斯基也论证了一种建筑与一种哲学思想的关联,只不过具体的对象变成了哥特盛期教堂与深受亚里士多德主义影响的托马斯·阿奎那式的经院哲学。虽然潘诺夫斯基的书比维特科尔的书晚了两年出版,但在方法论上,后者实际上更多地受益于前者。

不过,在当代建筑理论中维特科尔的影响要远远大于潘诺夫斯基。这并不是因为学术成就的差异,而是因为维特科尔的分析更多地与现代建筑产生了共鸣。不同于潘诺夫斯基对多种对象的综合分析,维特科尔在中心集中式教堂的讨论中全面聚焦在了圆形的几何构成与和谐比例的讨论之上。他所关注的是整个建筑的几何结构与秩序,相应地忽视了具体的历史元素,比如柱式、装饰以及色彩。正是这种对抽象几何秩序的专注,使得维特科尔的研究与现代建筑形成了共鸣。就像前面提到过的,20 世纪初期的很多现代艺术先锋的理论中都有新柏拉图主义的成分,希望通过抽象的几何关系来体现世界的本质。塑性绘画与纯粹主义都有这方面的特点,它们进而影响了风格派与勒·柯布西耶的早期创作,催生了以几何元素构成与经典几何比例为基础的抽象现代建筑语汇。如果抛开具体的细节不看,现代建筑与新柏拉图主义的关系,与文艺复兴中心集中式教堂与柏拉图宇宙论的关系并无太大的区别。由此不难想象,维特科尔对文艺复兴的研究为何会受到现代建筑师们的支持,他所关注的几何抽象性正是现代建筑的特点,他所做出的论证,也可以为现代建筑提供间接的支持。在出版之后,《人文主义时代的建筑原则》很快激发了一股对比例理论的浓厚兴趣,在 20 世纪 50—70 年代引发了大量讨论。

维特科尔的这一背景对于理解科林·罗的建筑形式研究非常重要,因为后者的早期研究明显地受到了维特科尔的直接影响。科林·罗在 20 世纪 40 年代末至 60 年代初这一早期阶段的一些重要文章,结集出版在著名的《理想别墅的数学》(*The Mathematics of the Ideal Villas*)一书之中。这本书在建筑理论界影响很大,因为它呈现了科林·罗理论研究中两个最重要的主题:现代建筑的形式分析以及对乌托邦理念的质疑。这本书的名称来自于完成于 1947 年的同名文章,维特科尔的影响已经直接体现在篇名之中,科林·罗所讨论的是理想别墅背后的数学与几何特征,而且讨论对象之一也是维特科尔曾经着墨的帕拉第奥的别墅设计。不过,在相似性之外,两人的讨论也有着巨大的不同。维特科尔所采用的是经典的历史研究方法,藉由案例、文献以及思想背景来论证"内在意义"的存在。科林·罗所采用的方法可谓离经叛道,他直接将帕拉第奥的福斯卡里别墅(Villa Foscari)与勒·柯布西耶的斯坦因别墅(Villa Stein)并列起来分析,丝毫不在意是否有任何文献或者物质的历史证据能将两个相隔三百多年的建筑直接联系起来。

科林·罗分析的主要是两个建筑的几何秩序与形式构成。他指出,两个建筑有着类似的总体性几何结构,平面都是完整的长方形,在长边上都按照经典的 2 : 1 : 2 : 1 : 2 的开间秩序进行划分。在这一特征之后,是帕拉第奥与勒·柯布西耶两人对和谐比例理论相似的认同。科林·罗也比较了两者的差异,福斯卡里别墅的建筑结构以及对古典文化的指涉,导致了一种有着明确意义内涵的向心性。但是在勒·柯布西耶的作品中,结构带来的自由以及一切明确文化指涉的消失,给斯坦因别墅带来一种离心性。"在加歇,中心聚焦不断被打破,任何一点的集中都被分解了,中心分解的碎片变成了各种事件带来的边缘离散。"[1] 科林·罗对勒·柯布西耶的设计进行了深入的分析，以揭示建筑师如何利用楼板、孔洞、房间与通道来制造秩序与离散的混合。他还指出："功能主义可能是一种高度实证主义的尝试，试图重新强调一种科学化的美学，就像旧理论一样具备客观性价值……但是这种阐释是粗糙的。"[2] 无法解释勒·柯布西耶在几何、在细节、在形式处理上那些精细而微妙的操作。

这篇文章的重要影响，必须回归到它的时代背景来理解。20 世纪 40 年代末期，正是现代主义获得全球主导权，还没有受到全面批评的时期。科林·罗的文章一方面质疑了那种认为现代建筑是一个全新的革命，与传统彻底决裂的观点，指出像斯坦因别墅这样的现代建筑名作与古典几何秩序的相似性。在另一方面他也挑战了"功能主义"的观点，他的分析并没有涉及任何的功能考虑，而是完全着力于建筑形式的组织。就像前面的引言所表明的，他敏锐地指出勒·柯布西耶的设计中蕴藏着精妙的形式操作，它们并不能被"功能主义"所谓的科学性所掩盖。在这里，科林·罗已经触及到一个非常重要的问题，即如何理解现代主义。我们之前谈到，从战后 CIAM 内部的讨论，到后来的后现代时期，很多人都将"功能主义"——无论是城市的还是建筑的——视为现代主义的核心。科林·罗的分析提示出，这种对现代建筑的看法即便说不是错误的，至少是很不完整的。因为对功能主义的单一强调，忽视了现代建筑的形式特点。这一偏见有其特定的历史成因，因为无论勒·柯布西耶还是密斯·凡·德·罗，为了论证现代建筑的革命性，强调现代建筑与历史主义风格之间的差异，都曾经指出现代建筑不是一种形式，而是一种新的建筑理念与机制。科林·罗并没有像其他人那样接受这种表面的拒绝，而是通过敏锐的笔触，剖析现代建筑形式元素的独特性质。科林·罗的立场当然是合理的，理论话语并不一定完全对应于建筑现实，特定的话语背后隐藏着特定的意图，他的分析帮助人们跳出现代建筑的主流话语，从另一个角度看待现代建筑的内在特征。

《理想别墅的数学》一书中的其他几篇文章也体现了类似的特点。比如，《手法主义与现代建筑》（Mannerism and Modern Architecture）与《新"古典主义"与现代建筑》（Neo-"Classicism"and Modern Architecture）两篇文章，讨论的也是现代建筑的形式特点，以及这些特点与历史传统的相互关系。科林·罗的这些论述，与班纳姆同一时期在《第一机器时代的建筑设计》一书中所表述的观点相一致，那就是现代建筑中存在许多形式要素的革新，但这些并不等同于功能与技术。两人不同的地方在于，班纳姆仍然坚持技术主导论，认为现代建筑的形式革新并没有涉及真正的技术革新，因此是不理想的。科林·罗并没有这样的前提，所以能够更为正面地看待现代建筑的形式变革，即使这种变革并不一定像很多人所认为的那样与功能和技术有直接的关联。

科林·罗对现代建筑形式分析的最重要的成果，当数《理想别墅的数学》中收录的由他与罗伯特·斯拉茨基（Robert Slutzky）合写于 1955—1956 年，但是在 1963 年才正式发表的《透明性：字面的与现象的》（Transparency：Literal and Phenomenal）一文。在文章中，科林·罗与斯拉茨基首先区分了两种不同的透明性，一种是常识中的透明性，比如穿过透明的物体——玻璃或水晶，看到后面的物体，这就是"字面的"（Literal）透明性。

---

① ROWE C. The mathematics of the ideal villa and other essays[M]. Cambridge，Mass.；London：MIT Press，1976：12.
② Ibid.，9.

另一种是想象中的透明性，这里并没有透明的物体，但是通过各种细节要素，你可以推断出一些不同的物体被重叠在一起了。这样虽然你的视线并没有真的穿透物体，但是在头脑中，已经想象出这些物体相互重叠的情形，就仿佛看穿了它们一样。这就是"现象的"（Phenomenal）透明性。他们写道："透明性可以是物质的内在性质——就像在丝网或者玻璃幕墙中那样，或者，它可以是一种组织方式的内在性质……因此，你可以将一种真实的和字面上的与现象的和看似的透明性区别开来。"①

科林·罗与斯拉茨基首先分析了绘画中的透明性，他们认为毕加索与莫霍利·纳吉的一些画作偏向于字面的透明性，而塞尚、布拉克（Georges Braque）与莱热则偏向于现象的透明性。随后，他们将透明性理念引入到了建筑中，两个建筑作为两种透明性的代表分别给予讨论，一个是格罗皮乌斯的德绍包豪斯校舍，另一个是在理想别墅一文中曾经讨论过的勒·柯布西耶的斯坦因别墅。包豪斯校舍的字面透明性很容易理解：格罗皮乌斯在工坊楼使用了大面积的玻璃幕墙，所以人们可以穿过透明的玻璃看到内部的情景。斯坦因别墅的现象透明性就复杂得多了。勒·柯布西耶虽然使用了水平条窗，但是并不足以让人的视线穿透到室内，形成包豪斯校舍那样的物理透明性。不过，勒·柯布西耶设置了大量细节来帮助人们形成透明性的想象。科林·罗在理想别墅一文中尚未完全体现的对斯坦因别墅形式语汇的精确把握，在透明性一文中淋漓尽致地展现出来。他指出，斯坦因别墅虽然是一个三维实体，但是勒·柯布西耶的设计细节诱使人们去把它想象成是由几个竖立的片层叠合而成的。最外层的，当然就是建筑的外表面，从斯坦因别墅的花园立面看过去，贯通水平条窗的立面是第一个竖立片层。非常微妙的是后面的其他竖立片层，它们并不是真的存在，而是通过一些细节诱使人们在头脑中想象出来的。科林·罗指出，在水平条窗立面之后，稍稍退后的底层立面与顶部两侧女儿墙的边缘，以及顶部独立的墙体，还有建筑侧面的玻璃门，都处在或紧贴同一个竖立面。它们的共同作用，暗示出另一个竖立片层的存在。实际上，这个片层并不是真的存在，它只是人们在想象中构建出来的。有了这样的建构，人们就仿佛穿透了外立面，看到了后面那个想象的片层，而这正是"现象的"透明性。在斯坦因别墅中，这样的暗示随处可见，墙体、栏板、窗户以及孔洞一同帮助人们想象好几个片层的叠合。"这些片层自身是不完整的，甚至是片断化的；但是建筑立面就是参照这些平行片层来组织的，所有这一切的暗示，是建筑内部空间被切分成竖向的片层，一系列横向延展空间的叠合，一个在另一个之后。"②"勒·柯布西耶的片层就像刀片一样将空间切分开来。"③

科林·罗与斯拉茨基的分析很有启发性，他们揭示了勒·柯布西耶现代建筑语汇的精妙。很多人注意到了现代建筑的抽象性，但是很少有人如此准确地剖析出这种抽象语汇的操作细节。历史学家们曾经对古代建筑或者艺术品进行过这样深入的分析，科林·罗与斯拉茨基则将同样的关注转移到现代建筑之上。勒·柯布西耶自己从未谈过这些几何构成的细节，两位作者的阐释不仅有助于我们理解，也对具体的建筑创作提供了指引。这篇文章的广泛影响，就来自于科林·罗与斯拉茨基在分析方法与结论上的原创性。相比于同样具有原创性的《理想别墅的数学》，透明性一文更彻底地转向了形式分析。科

---

① Ibid., 161.
② Ibid., 168.
③ Ibid., 175.

林·罗不仅认同现代建筑的形式内涵，而且试图论证，在抽象性与几何化之外，现代建筑的形式策略也有复杂和深厚的底蕴。

如果说《理想别墅的数学》的前几篇文章主要体现了科林·罗对现代建筑形式问题的关注，那么这本书的最后一篇文章《乌托邦的建筑》（ The Architecture of Utopia ）则体现了另一个完全不同的主题：对乌托邦单一性的批判。这两个问题其实有内在的联系。前面已经提到过，科林·罗反对将"功能主义"看作现代建筑理论全部内容的观点。而现代建筑的功能革新往往被提升到社会效用的层面，一些现代建筑先驱认为理性设计的现代建筑将有助于解决社会问题，帮助实现理想社会。这种立场最典型地体现在光辉城市这样的规划设想中。科林·罗对此也抱有怀疑，他认为这些理想社会的设想所制造的是一种单一性的乌托邦，而单一性的乌托邦是僵化的和压迫性的，因此需要坚决反对。无论是形式分析还是反乌托邦立场，在这两个方面都体现出科林·罗对主流现代建筑理论体系的背离。

在《乌托邦的建筑》中，科林·罗简要地追溯了从柏拉图的《蒂迈欧篇》（ Timaeus ）到现代主义时期不同的乌托邦设想中建筑与城市的特征，比如对圆形、直线的热衷以及建成物统一性与完整性。他将乌托邦定义为一种包含了三方面内容的"统一的图景"（ Unified vision ）："一是一种精心设置的艺术理论或者是对待艺术的态度；二是与之结合的一种成熟的政治与社会结构；三是被设置在一个独立于时间、地点、历史与偶然性的地点。"① 科林·罗认为，乌托邦是一种整体性的理念，其中的各个成分，比如政治、社会与艺术，都被整合成了统一体，而这个统一体不受到地域、历史等特殊条件的影响，因为它指向一种绝对理想。他对这种乌托邦理念的质疑也分外鲜明，他借用了卡尔·波普（ Karl Popper ）对乌托邦的批判："乌托邦，因为它意味着一个规划的和封闭的社会，会引向对多样性的压制与不宽容，引向一种将自己表现为改变，实质上是静止的状态，并且最终将导向暴力。"②

这样的乌托邦批判在战后的西方思想界广为流行，除了卡尔·波普在《开放社会及其敌人》（ The Open Society and Its Enemies ）中对各种静态的乌托邦理念的抨击外，英国思想史学者以赛亚·伯林（ Isaiah Berlin ）也有深入的分析："绝大多数、也可能是所有乌托邦的主要特点是这样一个事实——它们是静态的。其中的任何东西都不会再变化，因为它们都已经达到了完美：不再有创新或者改变的必要；所有自然的人类愿望都得到了满足，没人能够期望改变这种状况。"③ 科林·罗显然接受了这些同样活跃在英国学界的学者的理念，并且将它们移植到对现代建筑的分析中。"毋庸置疑，在现代建筑中存在，或者说曾经存在，非常深刻的乌托邦冲动。"④ 最直接的代表，是未来主义的动态城市以及勒·柯布西耶的静态城市。其中，后者更是成为主流。但是，这样的乌托邦将城市变成了艺术品，艺术品可以不用变化，城市、生活、生命必须不断变化。"它无法成为它想

---

① Ibid., 213.
② Ibid., 215.
③ BERLIN I. The crooked timber of humanity : chapters in the history of ideas[M]. New York : Knopf, 1991 : 20.
④ COLLINS P. Changing ideals in modern architecture, 1750—1950[M]. 2nd ed. Montreal ; London : McGill Queens University Press, 1998 : 211.

要改变的社会，它也无法改变自己。"①

在文章最后，科林·罗更清晰地陈述了自己对待乌托邦的完整态度。作为一种对切实的善（Concrete good）的启示，乌托邦是具有价值的，因为它试图描绘一种理想。但是如果将这种启示作为规范来推行，就会造成僵化与压制。"它应该作为可能的社会隐喻继续存在，而不是作为可能的社会准则。"② 这说明，科林·罗对乌托邦并不是一概否定，而是认为应该将乌托邦放在正确的位置，它的作用只是局部的启示，而不能作为一个整体计划。因为就像波普和柏林所反复强调的，这样完美的计划在本质上就不可能存在。可以说，科林·罗所反对的是单一性的实践性乌托邦，所赞同的是启发性的和设想性的乌托邦。他在 1947 年这篇文章中所阐发的主题，还将持续出现在他此后的研究中，比如《拼贴城市》（Collage City）与《有良好意图的建筑》（The Architecture of Good Intention）。

8.3 得州骑警的实验

在本章开始时，我们谈到了对现代建筑的两种不同的诊断，一种认为现代建筑的抽象语汇过于"自主"，另一种认为还不够"自主"。科林·罗对现代建筑形式操作的精细挖掘，以及对现代建筑单一性乌托邦的批评，显然让他更接近于第二种立场，只是在早期他还没有给予其确凿的表述，也还没有人与他并肩作战，形成一个有着鲜明立场的流派。

不过这个情形随着科林·罗在 1954 年加入得州大学奥斯汀分校建筑学院执教而发生了改变。《透明性》一文的合作者斯拉茨基就是科林·罗这一时期在奥斯汀分校的同事。虽然科林·罗在这所学校仅仅执教了两年，但是他与其他一些年轻教师们所做的建筑教育探索却产生了很大的影响，以至于后来很多人用"得州骑警"（Texas Rangers）这个充满美国西部色彩的名称来称呼这个小团队。而令他们的教学改革声名远播的实际上是占据核心地位的形式训练。

1951 年，美国建筑师哈维尔·汉密尔顿·哈里斯（Harwell Hamilton Harris）受邀出任得州大学奥斯汀分校建筑学院的院长。当时学院的教育体系主要建立在美国化的巴黎美院体系、从哈佛大学渗透过来的格罗皮乌斯所主导的包豪斯体系，以及实用性的乡土主义这三种倾向的杂糅之上。哈里斯不满足于停留在这种传统道路之中，他邀请了一批年轻人加入教学团队，他们一同推进了奥斯汀分校建筑教育的改革与实验。在这些年轻人中，发挥主导性作用的是瑞士建筑师伯恩哈德·霍斯利（Bernhard Hoesli）与科林·罗。霍斯利早年在瑞士 ETH 接受建筑训练，随后进入勒·柯布西耶事务所，参与了马赛公寓等重要项目的实施。1951 年他前往美国，出任奥斯汀分校建筑学院的建筑教授。霍斯利的建筑教育理念注重整个体系的系统化与理性化。他认为设计是一个不断推进的进程，需要解决持续出现的问题，才能达到最终的结果。因此不应像巴黎美术学院或者是机械功能主义那样，将某种单一目标，比如风格与实用性作为唯一的主导。相应地，建筑教育应当帮助学生建立这种理解问题、处理问题的能力。哈里斯的教学体制最重要的特色就是设立一个又一个相互联系的设计步骤，每一个步骤对应一个限定较为明确的问题，

---

① ROWE C. The mathematics of the ideal villa and other essays[M]. Cambridge, Mass. ; London : MIT Press, 1976 : 212.
② Ibid., 216.

通过让学生处理这些问题帮助他们理解整个设计进程，并培育解决问题的相应能力。

　　科林·罗的教学倾向已经在"理想别墅的数学"一文中透露出来。作为一个历史学者，科林·罗反对将现代建筑与历史传统割裂开来。就像帕拉第奥与勒·柯布西耶的例子所说明的，某种内在的组织原则与几何秩序仍然贯穿在传统与现代之中。因此，他会引导学生主动将现代建筑特征与历史先例相互结合。这一时期奥斯汀分校的很多学生作业都体现了这种特征，它们常常将帕拉第奥的总体秩序与勒·柯布西耶的细节处理结合在一起，探索这个形式传统的其他可能。

　　将霍斯利与科林·罗两人密切联系在一起的是对"空间"的重视。空间并不是一个新鲜的概念，它是现代建筑理论的核心理念之一，出现在不同建筑师与理论家的论述中，也被给予了不同的侧重与内涵。霍斯利与科林·罗所关注的，主要是形式元素组织与关系的空间特征。这并不难理解：建筑都具有三维体量，只有在三维空间中才能准确描述建筑各个形式要素之间的比例与相互关系。就像科林·罗在"透明性"中阐述的，勒·柯布西耶的形式细节，引导人们去想象三维空间中几个平行片层的叠合。因此，除了实体性的形式要素本身，我们还需要了解要素之间空出的间隙，才能准确把握形式要素是如何组织的。同样深受勒·柯布西耶影响的霍斯利与科林·罗都认同，现代建筑有非常出色的空间形式特征。他们也都认同这一点在功能主义的阴影下并没有得到足够多的认识。他们所主导的教学改革，强调空间形式的训练，并且倡导以勒·柯布西耶、密斯·凡·德·罗以及弗兰克·劳埃德·赖特等建筑师的现代建筑语汇为先例展开深入探究。

　　两位耶鲁毕业生的加入，进一步强化了奥斯汀分校的形式训练。李·希尔斯（Lee Hirsche）与罗伯特·斯拉茨基都毕业于耶鲁大学美术学院，他们所接受的是美术而不是建筑教育。在耶鲁，他们都是前包豪斯教师约瑟夫·阿尔伯斯的学生，也是通过他们两人，包豪斯的形式训练传统被引入奥斯汀分校。在 20 世纪 50 年代，包豪斯当然是美国建筑教育界最重要的影响因素，而包豪斯到底意味着什么，这个问题的解答主要是由格罗皮乌斯所主导的。作为包豪斯的奠基人以及将包豪斯引入哈佛大学的主要人物，格罗皮乌斯毫无疑问地成为包豪斯最主要的诠释者。在一系列的文章、演讲与书籍中，格罗皮乌斯将包豪斯渲染成为现代艺术与技术融合的产物，仿佛包豪斯一直向着这个统一目标不断前行。在某种程度上，格罗皮乌斯有意识地强化了包豪斯的整体性，既可以突出包豪斯对现代设计的影响，也可以烘托他自己的领导作用。

　　但是，如果仔细阅读格罗皮乌斯的文献，就会意识到，这种统一性其实并不像他所渲染得那么坚实。比如技术与艺术到底怎样融合？两者是否存在矛盾？如果出现了矛盾，又该如何解决？这些问题都被格罗皮乌斯一笔带过。实际上，从包豪斯卸任之后，格罗皮乌斯的关注点已经转向了技术层面。在前往哈佛之后，他所主导的"包豪斯"教学也主要侧重于功能组织，而不是形式创新。此后的建筑历史研究已经充分表明真实的包豪斯并不是像格罗皮乌斯所呈现的那样统一，其中艺术与技术的冲突一直存在。在包豪斯的教师团队中，一直有一小群艺术家坚持更为纯粹的现代艺术教育，并且与工业生产和现代技术保持距离。最典型的是约翰内斯·伊顿（Johannes Itten），他所创立的基础训练课程被视为包豪斯最重要的教学成果之一。伊顿的课程，重点是形式、色彩以及材料认知与体验的训练，并不牵涉任何的功能与技术问题。他希望培养学生对这些要素的驾驭能力，尤其是在现代艺术抽象创作的领域中。虽然伊顿在此后离开了包豪斯，但是他所建立的以抽象艺术训练为核心的基础课程被大致保留下来，成为包豪斯的教学基石。除了约翰内斯·伊顿以外，保罗·克里（Paul Klee）与瓦西里·康定斯基（Wassily Kandinsky）等艺术家也专注于抽象形式元素的构成训练，前者对点、线、面的研究，以及后者以三角形、方形、圆形为主的形式训练，不仅大量出现在包豪斯的平面设计作品之中，也呈现在从纺织到家具的各种工业产品设计中。

　　包豪斯的成功，很大程度上要归功于这些艺术家所推行的现代抽象艺术教育。在包豪斯的历史上，这一小组艺术家始终坚持形式训练的纯粹性，反对将工业生产凌驾于艺术训练之上。这带来了技术与艺术之间的潜在冲突，并且不断在格罗皮乌斯、伊顿、汉内斯·迈耶与康定斯基等人之间带来矛盾。包豪斯自身的这段历史说明，艺术与技术的差异并不能像格罗皮乌斯所描述的那样轻易地抹除掉。如果说前往哈佛的格罗皮乌斯实际上主要代表了包豪斯的技术倾向，那么前往耶鲁的阿尔伯斯则延续了包豪斯从伊顿、克里与康定斯基那里发源而来的艺术倾向。阿尔伯斯是包豪斯最杰出的毕业生之一，在毕业留校之后，他也曾经参与了包豪斯的基础课程教学。在前往美国之后，阿尔伯斯先是在北卡罗来纳州的黑山学院（Black Mountain College）教授绘画，随后又进入了耶鲁大学设计系任教。阿尔伯斯的才华，主要体现在对现代抽象元素的形式挖掘之上。他非常深入地研究了二维与三维抽象元素的精细转化与演变。这些研究的成果体现在他为华裔建筑师邬劲旅（King-lui Wu）的瑞日住宅（Rouse house）与杜邦住宅（DuPont house）所设计的壁炉以及《结构群集》（Structural Constellation）等作品中。

　　同样是包豪斯的传递者，格罗皮乌斯与阿尔伯斯实际上体现了包豪斯内部两条不同的线索，一条强调功能、技术与工业生产带来的经济与社会效益，另一条强调抽象艺术的纯粹性，形式要素自身的独立性与内在规律。这两条线索有时相互融合，产生出瓦西里椅等经典作品，但有时也存在冲突与矛盾，带来包豪斯内部的动荡与危机。虽然在 20 世纪 50 年代，是格罗皮乌斯的声音占据了主导，使得包豪斯的形式线索受到了某种忽视，但是在阿尔伯斯等人的教学与创作中，它仍然在延续。李·希尔斯与罗伯特·斯拉茨基在耶鲁所接受的，正是经由阿尔伯斯所传递下来的包豪斯的艺术训练传统。

　　进入奥斯汀分校之后，李·希尔斯与罗伯特·斯拉茨基立刻推进了低年级的形式构成训练。这有可能受到了阿尔伯斯的系列抽象绘画作品《致敬方块》（Homage to the Square）的影响。在这些作品中，阿尔伯斯探索了不同大小与颜色的方形相互叠合所带来的丰富变化。李·希尔斯与罗伯特·斯拉茨基给学生提供了 9 个立方体块按照 3×3 方式排列组成的方形网格，要求学生在网格线上设置立板，探索不同的设置方式带来的空间关系，以及整体构成的节奏与张力。这种严格限定的训练，有助于精确地定义训练内容，引导学生在总体秩序之下挖掘抽象构成的丰富潜能。这实际上也是伊顿当年在包豪斯所倡导的方法。选择有限的元素，进行深入和细致的研究，才能更全面地理解特定元素的性质与可能性。应该注意到，李·希尔斯与罗伯特·斯拉茨基所提供的是纯粹的形式训练，并不涉及功能、结构与技术要求。以这样的训练作为基础课程，展现了"得州骑警"成员对形式问题的特别侧重。

　　与李·希尔斯和罗伯特·斯拉茨基一同进入奥斯汀分校的，还有美国人约翰·海杜克。先后在纽约的库珀联盟（Cooper Union）与辛辛那提大学求学之后，海杜克在哈佛大学设计学院获得硕士学位，此后他来到奥斯汀任教。他在李·希尔斯与罗伯特·斯拉茨基的方格网训练中看到了与建筑更直接的关联。方格网可以被看作平面，而设置的立板可以看作隔墙，在网格线与交接点上可以设置柱与梁。通过简单的转译，海杜克将方格网演化成了建筑图示。这种受到严密网格制约的总体秩序，与科林·罗在帕拉第奥和勒·柯布西耶作品中所梳理出来的组织关系非常类似。虽然引入了房间、结构、实体构件等更具体的建筑元素，但这样的训练仍然落脚在抽象几何元素的灵活关系之上。其核心仍然是引导学生挖掘特定条件之下的形式组成。

可以看到，从霍斯利与科林·罗到李·希尔斯、罗伯特·斯拉茨基和海杜克，再到此后加入的李·霍格登（Lee Hodgden）、约翰·肖（John Shaw）与沃纳·塞利格曼（Werner Seligmann），"得州骑警"教学改革的核心是对形式训练的强调。而且，这种训练是在严格限定的条件下进行，比如"九宫格"网格。整体的秩序与法则已经确定，变化只能在法则规定的体系内部进行，更多地体现在形式元素相互之间的排布关系与组织方式之上。这样的训练一方面简化了问题，使得学生能够从相对单纯的角度切入，另一方面也使得学生能够更专注地领会简单形式元素的复杂组合，从而理解现代建筑抽象语汇的多元变化。从某种角度上看，得州骑警的基础教学与包豪斯的基础课程非常类似，都是以形式训练作为起始。尽管格罗皮乌斯的阐释让人多少忽视了包豪斯的这一特征的重要性，但奥斯汀的实验不仅仅是恢复了这一线索，也是对主流现代主义过于关注功能与技术、刻意回避形式内涵的反抗。

不过，得州骑警的教学改革并没有真正完成。由于哈里斯在 1955 年辞职，奥斯汀的年轻人们失去了支持，很快就在工作合同结束之后纷纷离开了得州大学。科林·罗去往康奈尔大学任教，霍斯利回到了 ETH 任教，海杜克则去往纽约，此后回到母校库珀联盟任教。他们各自都在奥斯汀的教学实验之上进行了新的尝试，深刻影响了这三个学校的教学进程。也正是通过这种方式，得州骑警的形式训练获得了更大的影响力。

8.4　纽约五人与自主性议题

科林·罗在 1956 年离开奥斯汀，他先是在康奈尔大学任教，随后前往剑桥大学建筑系工作，在此期间他结识了博士生彼得·埃森曼。1963 年他重新回到康奈尔，此后一直在此任教直至退休。同年，彼得·埃森曼也在剑桥获得了博士学位，回到美国普林斯顿大学建筑系任助理教授。他的同事包括同样任助理教授的迈克尔·格雷夫斯与英国学者肯尼斯·弗兰姆普敦（Kenneth Frampton）。埃森曼与科林·罗的回归，积极促进了美国东海岸的建筑理论研讨。一个以年轻学者为主体的学术论坛——CASE 会议（Conference of Architects for the Study of the Environment）随之成立。成员除了埃森曼与科林·罗之外，还包括肯尼斯·弗兰姆普敦、迈克尔·格雷夫斯、理查德·迈耶、约翰·海杜克、斯坦福·安德森（Stanford Anderson）等人。与之前的"十小组"类似，从 1964 年到 1970 年代初，这个团体不定期地举行学术聚会，讨论的问题涵盖从建筑教育到透明性等极为广泛的范畴。1971 年在纽约 MoMA 举行的第 8 次 CASE 会议上，五位以纽约为中心的建筑师彼得·埃森曼、迈克尔·格雷夫斯、查尔斯·格瓦斯梅、约翰·海杜克以及理查德·迈耶展示了他们的设计作品，并且与罗伯特·斯拉茨基、乔治·贝尔德、安东尼·维德勒等评论家和学者展开讨论。在这次会议之后，五位建筑师的作品结集出版，这就是 1972 年面世的《五位建筑师》。人们也常常用"纽约五人"的简称来指代这五个人。

将这五个人联系在一起的，除了 CASE 会议、相近的年龄，以及纽约城之外，更重要的是建筑语汇上的接近。在 CASE 系列会议中，一个一直存在的主题是对现代主义的重新理解。比如基于透明性对建筑与绘画的讨论，通过超越简单的批评与否定正视现代建筑的缺陷与价值。相较于欧洲的新理性主义与美国的后现代建筑运动，CASE 的成员大多对现代主义持有更为同情的立场，这也直接体现在纽约五人这一时期的建筑语汇上。他们所采用的主要都是现代主义经典的几何元素，以方、圆等纯粹几何形为基础，利用复杂的构成与叠合产生多样化的形态效果。不过也要注意的是，建筑语汇上的近似并不等于说五人的理论立场是同一的，他们之间也存在显著的差异。

海杜克前面已经提到过，他在奥斯汀发展了九宫格的训练方法，并且用在了 1954—1963 年完成的一系列名为"得克萨斯住宅"（Texas House）的设计试验中。这些住宅都是以九宫格为原型，有的叠合成两层或者三层，有的添加有附属烟囱、房间等构筑物，但最多的仍然是九宫格内部空间划分、柱与墙、内院与房间的关系等方面的推敲。稳定的秩序使得海杜克能够舍弃其他干扰因素，专注于有限元素的精细布局之上。比如最为典型的 5 号住宅，设计基于一个 49 英尺（约 15m）见方的九宫格平面，在网格的交点上树立总计 16 根柱子，形成一层高的开放空间。房屋周围由通高的玻璃幕墙围合，在内部是完全联通的室内空间，仅仅有家具、床、柜子、卫生间以及一片隔墙来对空间进行粗略的划分。无论是房屋的外形、玻璃幕墙的金属框架，还是房间的内部布局，5 号住宅都体现出密斯·凡·德·罗的明显影响。海杜克写道："在所有于得克萨斯开始的九宫格探索中，5 号住宅是 9 开间、16 柱体系最纯粹的表达。它是向密斯·凡·德·罗致敬。我想深入探究结构网格中自由流动的元素。在某种程度上，它同时是最简单但也是最复杂的摸索。"[①] 海杜克感兴趣的，是密斯·凡·德·罗自巴塞罗那馆以来享誉世界的室内空间组织。虽然密斯自己在生涯后期越来越远离这种组织方式，转向了"空无一物"（Almost nothing）的状态，但海杜克认为这种策略所能带来的空间效能还没有得到充分的挖掘。他所关注的并不是实用性与经济性，而是将家具、柱子、墙体等视为抽象形式元素，摸索他们之间的布局与组织所带来的流动性、节奏、呼应与张力。这显然属于现代建筑形式语汇的深入探究。在其他一些德克萨斯住宅中，海杜克的尝试还让人联想起特拉尼的人民宫，他重现了方形与长方形元素之间微妙的组合关系。

回到库珀联盟之后，海杜克继续推进他的设计试验。不同于得克萨斯住宅对密斯式秩序的严格遵循，一些新的元素被引入进来。比如他在 1962—1967 年之间进行的"钻石住宅"（Diamond House）研究。这个项目直接受到了蒙德里安的启发。蒙德里安的塑性绘画通过风格派影响现代主义先驱的历史早已为人熟知。他后期的一些抽象绘画作品会将方形画布旋转 45°悬挂，看起来是类似于钻石的菱形，但是画面内的元素仍然保持水平竖直的正交布局。很少有建筑师关注这一变化，但海杜克是一个例外，他致力于探讨"蒙德里安的钻石画面对当代建筑师"的启发。"钻石住宅"就是这一探讨的成果。像蒙德里安一样，海杜克也将原来的方形九宫格旋转了 45°，但内部元素仍然维持水平竖直布局。他分别在不同的设计中尝试了形式元素的空间组合：钻石住宅 A 与得克萨

---

① 引自 http://hiddenarchitecture.net/house-5/

斯 5 号住宅类似，主要体现柱子与家具之间的关系；钻石住宅 B 呈现的是墙体的组合；而博物馆 C 则展现了曲线墙体与柱子、平直墙体之间的动态关系。曲线元素的引入，使得这些新的钻石九宫格设计更接近于勒·柯布西耶那些吸纳了异形曲线的"自由平面"。从某种角度上看，海杜克的试验进一步延续了抽象绘画对建筑构成的渗透，也放大了密斯·凡·德·罗与勒·柯布西耶经典平面的形式特征，以戏剧化的方式展现这些设计策略的潜在可能。钻石住宅可以被看作是得州骑警形式训练的进一步延伸，海杜克将自己 12 个住宅探索的案例结集出版在 1974 年的《制作》（Fabrications）一书之中。在书中他总结道，这些设计是为了"继续一个传统，这个传统执着地探寻形式之间新的关系——在我们看来，这是建筑学院唯一可能的，同样也是必要的角色。"[①]

　　在当代建筑史上，海杜克因为他大量极富启发性的设计试验而闻名。从 1950 年代到 1960 年代末，他的摸索主要基于九宫格的要素展开，关注的重心主要是"形式之间新的关系"。但是在此后，海杜克的作品开始出现剧烈的变化，从之前纯粹的形式探索转向强烈个人化的，蕴含了大量隐喻、想象、情感表现以及诗意表达的设计创作。这种变化最直观的体现是建筑表现的方式，此前的九宫格设计都是以等轴测图绘制，意在摆脱透视图对个人视点的依赖，以展现一种纯粹独立的形式关系。但在此后的设计与个人绘画中，海杜克采用的是具有强烈超现实主义色彩的绘制方式，强烈的色彩、扭曲的视角、梦境般的奇异组合、符号与象征的充盈。海杜克的后期作品都提供了大量暗示与线索，引诱人们进入其中去感受和解析其内容。这些元素与海杜克的诗歌创作有很大的平行性。诗歌很少会清晰描绘一个具体场景，却会使用各种隐晦的方式引导人们去体会特定内涵。这同样是一种意义的诱导，但不是通过直接的符号指代或者表述，而是通过更为复杂的暗示与个人阐释。但恰恰是这种曲折，使得海杜克的后期作品具备了更为丰厚的内涵，给人们留下了充分的解读空间。一个典型的例子是他在 80 年代中期所设计的扬·帕拉赫（Jan Palach）纪念碑（图 8-1）。帕拉赫是一位捷克与斯洛伐克大学生，因为抗议"布拉格之春"事件而自杀。海杜克在库珀联盟的同事戴维·夏皮罗（David Shapiro）为其撰写了名为"扬·帕拉赫的葬礼"（The Funeral of Jan Palach）的诗篇。在诗篇的启发下，海杜克设计了扬·帕拉赫纪念碑（Jan Palach Memorial），它由两个独立的装置组成，分别是"自杀者之屋"与"自杀者母亲之屋"。两个装置的底座都是 3m×3m×3m 的立方块，仿佛是对此前九宫格设计的回应，但是在立方块上部，海杜克添加了大量高耸的尖锥。其中自杀者之屋外表层采用不锈钢材

图 8-1　约翰·海杜克，扬·帕拉赫纪念碑

① 引自 JOHN HEJDUK works，http：//cooper.edu/architecture/publications/john-hejduk-works

质,49 根 12 英尺（约 3.66m）长的尖锥向外侧发散。令人不安的尖锐似乎是在隐喻扬·帕拉赫的抗争以及火焰的散发。自杀者母亲之屋使用了锈蚀钢板,锥体切去了尖端,笔直向上,顶部可以透下光线,这或许是在呈现悲痛、老去以及坚毅。海杜克并没有明确这些元素应该怎样解读,但就像他的诗句,它们都指向更深层的意义,而非形式元素自身。在海杜克身上出现的这种从侧重形式到侧重意义的变化,对于理解 20 世纪末期的建筑理论发展很有启发性,我们将在后面的章节中再回到这一问题。

纽约五人的另一位参展建筑师理查德·迈耶在其建筑生涯中保持了高度的一致性,他最典型的特点是对经典现代建筑语汇的深度挖掘,尤其是勒·柯布西耶纯粹主义时代建筑特色的继续阐发。迈耶先后在美国哥伦比亚大学与康奈尔大学获得建筑学学士与硕士学位,毕业后分别在 SOM 与马塞尔·布劳耶（Marcel Breuer）事务所工作过一段时间。1963 年他开始独立开业。迈耶极富识别性的建筑语汇在他最早的独立作品之一,完成于 1965—1967 年之间的史密斯住宅（Smith House）中就已经展现了出来。在平面上,史密斯住宅基本上遵循了勒·柯布西耶雪铁汉住宅的原型,前部是两层通高的客厅,后部是厨房、卫生间、住房等房间。更强烈的相似性在于迈耶也像早期的勒·柯布西耶一样将整个建筑粉刷成为白色,这座看起来像是白色混凝土的建筑实际上是木结构的。砖砌的烟囱也被刷成了白色,掩盖了本身的纹理与材质。住宅的入口设置于建筑背面,根据功能的需要开设了简单的方窗,这也类似于拉罗什 – 让纳雷别墅的处理。但是在客厅的立面上,迈耶没有再遵循勒·柯布西耶建筑的封闭性,而是采取了大面积的落地窗。这里,迈耶建筑处理的细腻之处浮现出来。他使用大量轻盈和精确的几何元素,在准确的对位组织中形成了极为细腻的粗细、虚实和节奏对比,使得建筑充满了富有逻辑的细节。这实际上就是科林·罗与斯拉茨基曾经讨论的"现象性透明",通过构成元素的精细组织,帮助人们在头脑中建构出几何元素之间复杂和生动的组织关系。这样的建筑成果既有丰富的细节,又不会让人迷失于杂乱的元素之中。可以说,通过落地窗与细节设计,史密斯住宅同时调动了"字面性的透明"与"现象性的透明"两种手段,获得一个出色的现代主义设计。它非常清晰地展现了迈耶如何将蕴藏在勒·柯布西耶纯粹主义作品中的品质进一步挖掘出来,甚至推进到比勒·柯布西耶更为深入的程度。

史密斯住宅的一些典型特征在他此后的作品中不断重现,比如白色墙柱、规整的几何轮廓、通透性、细腻的元素构成、活跃的内部空间等。即使是他极为著名的钢琴曲线,也可以在勒·柯布西耶的斯坦因别墅的中庭中找到线索。迈耶曾经写道,他的早期作品致力于"有意识地去物质化"。[①]一方面"字面性"的透明性通过玻璃的使用消除了物质感,另一方面"现象性"的透明性让人将建筑理解为缺乏重量的空间构成元素,这正是当年风格派先驱们的革命性所在。重量、实体、历史与意义都被排除在外,建筑被限定于纯粹的几何世界中,成为一种全新的形式体系。迈耶的出众之处显然在于他成功地将这些原则与建筑实践结合在一起,并且展现了这些原则在建筑细节上的充沛潜能。

从史密斯住宅中发展而来的建筑处理方式,已经成为迈耶在全球无以数计建筑作品的统一特征。如果说 1960 年代的新粗野主义发展了现代主义强硬和粗糙的一面,那么迈耶的白色建筑则发展了现代主义温和与细腻的一面。它们给予迈耶的作品一种古典和

---

① MEIER R. Essay[J]. Perspecta, 1988, 24: 104.

文雅的特征。这一点也体现在迈耶少有的不将白色作为主要颜色的建筑作品——洛杉矶盖蒂中心（Getty Center）的设计中（图 8-2）。不同于早先的"去物质化"，迈耶在业主的指引下使用了土黄色花岗岩，这给予整个综合体一种古朴的厚重。很多人将盖蒂中心与雅典卫城相类比。不过这样的特例并不会改变迈耶建筑的总体特色。

图 8-2　理查德·迈耶，盖蒂中心

另一位参展建筑师查尔斯·格瓦斯梅与迈耶有相似之处。他最知名的作品是 20 世纪六七十年代完成的一系列独立别墅。这些设计同样基于经典的现代主义几何语汇，最显著的特点是经典几何体比如立方体与圆柱形直接交错与穿插。类似于斯坦因别墅，格瓦斯梅也常常在建筑体量上挖出较大的孔洞，以此形成强烈的虚实对比，强化建筑的形态特征。不同于迈耶的地方在于，格瓦斯梅的建筑元素更为简单，墙体都比较平实，开窗也不多，这使得他的建筑形体更为坚实和清晰。另一个有趣的地方是格瓦斯梅采用了裸露的木板条作为建筑外表皮材料，而不是像迈耶一样进行了粉刷掩盖。这实际上是美国独立住宅最常使用的建筑材料，也是美国建筑传统的特点之一。文森特·斯卡利曾经在其经典著作《木板条与木棍风格：从理查森到赖特的起源》（*The Shingle and the Stick Style：form Richardson to the Origins of Wright*）对其进行了历史分析。格瓦斯梅的材料原则，在现代主义传统与美国本土传统之间建立了联系，给予他的这些早期作品一种独特的地方性。

此后，伴随着业务的扩展，格瓦斯梅的建筑创作变得更为多元，很多作品贴合市场的需求，但是缺乏早期作品的鲜明特点。他完成的最出名的公共建筑可能要数纽约古根海姆美术馆的加建工程。格瓦斯梅为赖特这座独特的建筑添加了一个长方形板楼，其材质与形态都贴近于美术馆一旁的纽约城市建筑而不是美术馆本身。不与赖特的建筑特色相混淆显然是一个合理的选择，不过加建部分本身的体量与单一形态仍然让人感到有些失望。

我们已经在前面的章节中谈到过迈克尔·格雷夫斯，之前关注的是他的后现代建筑作品，不过那是他在 20 世纪 70 年代中期之后的创作。在此之前，格雷夫斯的设计更为接近于现代主义，他在《五位建筑师》中登载的也是这样的作品。这一时期的代表作是 1967 年完成的汉西尔曼住宅（Hanselman House），这座白色的建筑在总体设计策略上与迈耶的史密斯住宅非常接近，同时采用了两种透明性的策略，也有着鲜明的勒·柯布西耶色彩。与迈耶不同的是格雷夫斯很快就放弃了这一路线，他 1972 年完成的思尼德曼住宅（Snyderman House）虽然仍然以现代主义几何元素为主体，但是在形态、色彩、组织关系上都更为多元，这显示了格雷夫斯本人对此前"纯粹主义"语汇的不满，试图引入更具有表现力的元素。真正的转折点出现在 1977 年的普洛切克公寓（Plocek Residence）。此前的现代主义语汇已经完全被厚重、封闭、对称和充满历史隐喻的后现代建筑语汇所替代，格雷夫斯完成了从"白派"向"灰派"的转变。对于他此后的理论立场，前文已经给予介绍，他不仅强调建筑传递意义的角色，而且格外侧重"神话与仪式"这样厚重、深刻的内容，由此赋予他后期作品独特的原始气质。

在纽约五人之中，最具有理论深度的是彼得·埃森曼。他在《五位建筑师》中展现的主要是"卡板住宅"系列设计。自剑桥大学获得博士学位之后，他很快就在美国的建筑理论界中崭露头角。凭借一系列的会议、论坛、文章以及杂志出版，埃森曼牢牢地占据了 20 世纪末期美国建筑理论讨论的核心地位。他不断演化的理论论述也是这一时期最为独特的建筑思想之一。我们将留待下一节再对他进行更全面的介绍。

从上面的简述可以看到，纽约五人的建筑语汇具有强烈的现代主义特征，很多元素甚至直接与现代主义经典，如勒·柯布西耶的白色纯粹主义作品密切相关。这是他们有时被简称为"白派"的原因，而迈耶、格雷夫斯、埃森曼的很多作品也的确是白色的。不过，"白派"这个名称不仅仅是指代他们的建筑语汇，更多的时候指代他们代表的理论立场。实际上，这五人之间，或者一些成员的前后时期，理论立场的差异都很大，并不存在所谓统一的"白派"建筑理论。之所以会出现这样的说法，很大程度上要归因于科林·罗为《五位建筑师》一书撰写的前言，在这篇著名文献中，他试图将纽约五人的创作定义为现代主义在抛弃乌托邦设想之后，对自身形式价值的回归。我们之前已经谈到科林·罗对形式问题的关注以及对乌托邦的质疑，在这篇前言中，他此前研究的这两条线索汇集到一起，作为他理解纽约五人创作的基础。

这是一篇典型的科林·罗式论文，简短、尖锐、博学、富有洞见以及观点明确。作者的目标是论证纽约五人建筑倾向的正当性，这也就需要解释他们的作品与现代主义的关系。毕竟自 1960 年代以来现代主义广受批评，科林·罗需要解释为何纽约五人如此贴近现代主义经典的作品在这个时代仍然是合理的。他首先从现代主义的分析开始。虽然自 1950 年代末以来，众多对现代主义的批评都基于对现代主义的分析，但很少有人具备科林·罗此处论述的深度。他首先区分了现代建筑发展中的欧洲主流以及美国分支。欧洲主流毫无疑问主导了人们对现代建筑的理解，这种理解认为"现代建筑完全没有图像性的内容，只是项目任务自身的体现，是社会效用的直接表现。它宣称现代建筑仅仅是一种理性的路径，是功能与技术事实的逻辑推论；而且，在最终的分析中，现代建筑也应该这样被看待，被看作 20 世纪各种条件不可避免的结果。"[1]

而支持这种理论立场的是 19 世纪业已存在的两个重要思潮：实证主义者所倡导的"科学"，以及黑格尔式的"历史"理念。[2] 前者认为只有客观和理性的实证性研究才是可靠的知识，因此现代建筑应该完全建立在数学性或者物理性的技术条件之上。不过这种观点已经在班纳姆的《第一机器时代的理论与设计》中遭到了批驳，班纳姆正确地指出，很多现代建筑先驱的作品中，最重要的建筑特质与功能和技术并无直接的对应关系，它们其实更多来自于建筑师自己的形式创作。后者认为历史具有线性进步的规律，新的时代具备新的时代精神，也就需要新的艺术与新的建筑。这种观点也曾经被很多早期理论家引申来抨击传统建筑的陈旧，并且为新建筑的到来摇旗呐喊，仿佛只要是新的就是合

---

① ROWE C. Introduction to five architects[M]//HAYS. Architecture theory since 1968，Cambridge：The MIT Press，1998：74.
② ibid.，79.

理的。卡尔·波普将这种历史观称为"历史主义"（Historicism），① 并且在《开放社会及其敌人》等一系列著作中进行了批判。波普认为，没有任何根据和可能性证明这种历史规律的存在，因为规律来自于总结，而未来无法被总结。因此，"历史主义"只是一种缺乏基础的假设，它更多地是被当作一种工具来压制反对者，或者是那些被判定为与"时代精神"不相符的人和物。科林·罗并不是唯一接受波普这种论断的人，剑桥历史学者大卫·瓦特金（David Watkin）也在《道德与建筑》（*Morality and Architecture*）以及随后的再版中，深入批评了一些现代主义支持者如尼古拉斯·佩夫斯纳的"历史主义"立场，并由此攻击了现代建筑的合法性。

科林·罗的观点是，基于这两个并不成立的假设，现代主义被塑造为时代进步的必然结果，它们"变成了一个更好世界的外在可见的符号，向当下宣示了未来将要揭示的东西；这里有一种前提，现代建筑是未来的推动者，越多的现代建筑被建造起来，理想的条件就越容易到来。"② 现代主义由此获得了强烈的乌托邦色彩，现代建筑被视为理想社会的象征，它将直接帮助实现人们渴望的社会变革。然而，在 20 世纪 70 年代，人们看到的结果是"希望的情况并没有到来。因为当现代建筑在全球爆发，当它变得便宜、标准化且成为基本模式，就像建筑师曾经希望的那样，不可避免地导向理想内容的贬值。社会愿景的强度变得遥远。建筑不再是对可能的乌托邦未来的颠覆性倡议，它成了一种确定的非乌托邦的当下可以接受的装饰。"③ 这可以证明,以"科学"与"历史"为基础的欧洲主流现代主义理论失败了，它们并不是"真理"，而仅仅是一种"逃避性的神话，它们的作用是帮助建筑师去除他为自己的选择所需承担的责任，它们一同合力劝服建筑师，他的各种决定并不是他自己的决定，而是来自于科学的、历史的与社会的进程。"④ 因此，更为正确地看待现代主义的方式，是去除"科学"与"历史"的偏见，正视现代建筑师们自己的"决定"，其中就包括关于现代建筑的形式革新。

科林·罗认为，这后一种立场正是美国主流看待现代建筑的方式，也是纽约五人所继承的方式。这是因为美国有着不同于欧洲的政治经济条件，没有欧洲那么复杂的政治与社会思潮，所以美国发展的现代建筑理论"非常显著地缺乏任何类似的隐含的社会方案，或者是政治性的批判血统。这是一种本地性的现代建筑，它并不是突兀的社会变革关切的结果，它的支持者们看起来很少沉迷于任何对于即将到来的巨变或者是统一未来世界的憧憬。"⑤ 即使是不断强调有机建筑与民主社会密切联系的弗兰克·劳埃德·赖特，也从来没有挑战美国既有的社会秩序，或者是提议激进的社会重构：他的作品本质上是"呼吁一种政治社会更完整地实现自己的本质。"⑥ 因此,在美国的现代建筑很大程度上"去除了意识形态或者社会内涵"，现代建筑主要被理解为"形式和技术构筑物，它没有受到政治推论的影响，也抛弃了那些很可疑的理念。"⑦

① 需要注意，卡尔·波普所使用的"历史主义"与常规建筑史中使用的"历史主义"有所不同。前者是指一种历史哲学观点，后者是指一种学习历史风格的建筑设计手法。这一节使用的"历史主义"是指卡尔·波普的理念。
② ROWE C. Introduction to five architects[M]//HAYS. Architecture theory since 1968, Cambridge：The MIT Press，1998：74.
③ Ibid.，75.
④ Ibid.，82.
⑤ Ibid.，75.
⑥ Ibid.，76.
⑦ Ibid.

　　换句话说，美国建筑师剥离了欧洲主流现代主义的乌托邦狂热，用一种更为冷静的视角看待现代建筑。这种美国特色体现在纽约五人的立场之上："与其去不断支持一种革命的神话，更为理性和审慎的是承认在 20 世纪初期，思想上的伟大革命发生了，带来了深刻的视觉领域的新发现，这些还没有得到解释。而且，与其假设每一个时代内在变革所具有的特权，可能更为有用的是承认一些变化是如此剧烈，以至于它所施加的影响无法在一代人的时间之中消除。"① 这也就是说，纽约五人谨慎地看待现代主义，并不将现代建筑视为简单理念的体现，而是接受现代建筑是一次重要的变革，其巨大影响会继续持续下去。因此他们贴近现代主义的语汇是对这种影响的接受，但是剥离了欧洲乌托邦的内容，只留下了在"视觉领域的新发现"，也就是现代建筑的形式语汇。

　　科林·罗的分析非常重要，因为他避免了此前的批评者将现代建筑等同于功能主义然后一概拒绝的简单立场。现代建筑的乌托邦神话与其形式创新被分离开来，其中一个的失败并不是意味另一方的失败。纽约五人的作品意味着对现代建筑的重新认识，放弃其失败的社会内涵，延续其富有活力的形式策略。必须承认，在 21 世纪初再回看科林·罗的论述，的确富有洞见。脱离了乌托邦狂热的现代建筑今天仍然是绝大部分建筑师工作的基础，并没有像 20 世纪六七十年代的批评者所认为的那样已经濒于死亡。纽约五人在那个时代面对众多的现代主义的反对者而显得不同寻常，但是在今天看来实际上与绝大部分建筑师的选择是一致的。就像科林·罗所强调的，人们应该更为清晰地分辨现代建筑的真实价值，在其中，"形式领域的创新"毫无疑问是重要的价值来源。

　　在文章最后，科林·罗也再次展现了他对待乌托邦的态度。就像在《乌托邦的建筑》中所讨论的，他反对的是单一性的、压迫性的或者是强硬推行的乌托邦，他所认同的是局部性的、尝试性的、对未来做出某些改进建议的乌托邦。这也就是说科林·罗也认同建筑可以体现部分的社会内涵，只是这不应该是一种独断的内容，而应该是灵活和谨慎的。他认为纽约五人"没有任何超验的社会或者政治信仰，他们的根本性目标是通过注入某种类乌托邦的诗意面纱来改良现在。"②

　　这段话清晰地揭示了科林·罗的对现代建筑形式分析的兴趣与乌托邦问题之间的关联。从某种角度上说，他真正持续关注的是乌托邦与社会发展的关系这个更为宏大的，甚至是政治性的问题。而现代建筑社会理想的挫折以及形式价值的存续只是这个宏大问题的一个切片。除了在建筑上，乌托邦问题还可以体现在其他方面，比如城市。这也是此后科林·罗研究的重点，他不再讨论现代建筑精细的形式构成，而是转向城市与社会发展的合理机制。这一方面最典型的成果体现在他与弗雷德·科特（Fred Koetter）合著的《拼贴城市》一书中。借用以赛亚·伯林对"狐狸"（Fox）与"刺猬"（Hedgehog）的讨论，科林·罗与弗雷德·科特认为，城市不应该按照单一的乌托邦计划进行"刺猬"式的控制，而是应该容纳多样性的组成单元，获得一种"狐狸"般的多元性。伯林解释道，之所以"狐狸"比"刺猬"更为合理，是因为没有人有能力定义什么是最好的，而且价值冲突的必然性也排除了完美单一答案的可能性。所以人们必须接受多元并存，在实践中摸索调和，这也是他所倡导的自由主义原则。科林·罗显然是这种政治思想的信徒，

① Ibid., 84.
② Ibid.

他的《拼贴城市》就是这样一种多元、折中、调和的状态，"社会与人们根据他们自身对理想范例以及传统价值的阐释组合在一起；在某种程度上，拼贴同时容纳了多元呈现以及个体自决的要求。"[①] 对于科林·罗来说，《拼贴城市》是自由主义在城市发展中的对应物。不同的人群可以根据他们自己的乌托邦理念形成小的组团，而城市整体则是这些小组团的汇集与拼贴。这种论述使得科林·罗更多地偏向了多元与折中，偏向了各种元素，包括历史与传统的混杂。在这一点上，他的后期观点与文丘里等人所强调的复杂性其实非常接近，他也与欧洲的新理性主义者比如克里尔兄弟保持了密切的学术联系。有时候人们会感到费解，为何科林·罗早期热衷于现代建筑，而后期则转向了后现代式的折中。其实，如果理解了他的思想中一直存在的乌托邦线索，就不难理解这两者之间的合理联系。他始终坚持的，是对一元乌托邦的批判，以及对多元乌托邦的支持。

　　不过，在《五位建筑师》刚刚发表时，建筑界并不是以上面的视角来看待科林·罗以及五位建筑师的创作的。很多人将他们视为现代主义，尤其是勒·柯布西耶语汇的残余支持者，进而给予直接的批判。1973 年，以罗伯特·斯特恩、查尔斯·摩尔为首的五位后现代建筑支持者在 *Architectural Forum* 杂志上发表了一组名为"五对五"（Five on Five）的文章，批评科林·罗与纽约五人。斯特恩将《五位建筑师》与几乎同时发表的《向拉斯维加斯学习》直接对立起来，他认为科林·罗——纽约五人的精神领袖——仍然是勒·柯布西耶的忠实追随者，他与文丘里的区别是欧洲 / 理想主义与美国 / 实用主义、排斥性与包容性、概念性与感知性的区别，换句话说也就是现代主义与后现代建筑的区别。对于斯特恩来说，后者对于前者的优越性几乎是不言而喻的。另一位作者杰奎琳·罗伯逊（Jaquelin Robertson）也采用了类似的策略，他认为纽约五人完全是现代主义正统的继承者，所以也就继承了现代主义的严重缺陷。他列举了 10 方面的问题，包括忽视环境、抛弃历史、去除装饰、缺乏平静等等，这些都是对现代主义整体的抨击，在作者看来也自然而然地适用于纽约五人。他们都将纽约五人与科林·罗等同于现代主义，从自身的后现代建筑立场出发进行批评。

　　这样激烈的对立在公开的建筑讨论中并不常见，尤其是以"五对五"这样戏剧化的方式出现。随之相关的一些杂志，比如 *A+U* 专辑以及会议延续了这种对抗性的讨论。它们构成了 20 世纪 70 年代建筑理论界的一个热点事件。对立的两派也被人们简称为"白派"（纽约五人）与"灰派"。不过就像上面看到的，简单地将灰白之争视为现代主义与后现代建筑之争是不全面的。无论是在科林·罗还是纽约五人的创作与思想演变中，都还有很多丰富的理论内容，绝不是对现代主义的抱残守缺。

8.5　彼得·埃森曼的早期形式分析理论

　　在 20 世纪 60 年代以来的建筑理论话语中，彼得·埃森曼一直是最为响亮的声音之一。数十年来，他积极参与到从建筑自主性到数字建筑的各种理论思潮的论辩之中，并且以其犀利的观点、新颖的论证以及独特的创作为这些论辩注入鲜活的力量。很少有人像埃森曼一样对于理论思辨富有如此浓厚的兴趣，也很少有人像他一样有着毫不妥协的立场。

---

① ROWE C & KOETTER F. Collage city[M]. Cambridge, Mass.；London：MIT Press，1978：144–145.

而支撑他很多重要且强烈的理论观点的，是对建筑自主性的认同。

　　埃森曼的理论立场有一个逐步发展的过程，将他引入这一过程，并且对其早期观点产生了直接影响的是科林·罗。不过，埃森曼并不是在科林·罗任职奥斯汀分校或者首次就职康奈尔时结识他的。先后在美国康奈尔大学与哥伦比亚大学获得建筑学学士与硕士学位之后，埃森曼在格罗皮乌斯位于美国麻省剑桥的协和建筑师事务所（Architects Collaborative）中工作过一段时间。但是很快就对这里的工作氛围感到失望。在与英国建筑师如詹姆斯·斯特林（科林·罗在利物浦大学任教时的学生）和迈克尔·姆金奈尔（Michael McKinnell）的接触中，他获知了科林·罗独特的工作，后者甚至建议他去剑桥大学——科林·罗当时工作的地方，与其一起工作和学习。经过一些波折之后，埃森曼来到了剑桥大学。凭借此前在利物浦大教堂设计竞赛中引人注目的表现，埃森曼被建筑系负责人莱斯利·马丁（Leslie Martin）聘为临时教师，负责一年级的设计教学。埃森曼显然出色地完成了工作，莱斯利·马丁希望他留下来，并且在教学的同时跟随自己攻读博士学位。虽然导师是莱斯利·马丁，但埃森曼来到剑桥的真正目的是追随科林·罗，两人很快建立了密切的关系，科林·罗也开始引导这位年轻的博士生。在第一年的夏天，科林·罗就与埃森曼一同在欧洲大陆游历了三个月，埃森曼写道，正是在这次旅行之后，"我知道我打算写什么了：与我所学到的、去看建筑的方式相关的一个分析研究，从帕拉第奥到特拉尼，从拉斐尔到吉多·雷尼（Guido Reni）。"[①] 这里所说的他"所学到的"显然是科林·罗在《理想别墅的数学》一文中展现的独特的研究视角，其核心是对建筑形式组成结构的分析。这一点可以在他博士论文题目"现代建筑的形式基础"中明确地看到。

　　与科林·罗一样，埃森曼也认为建筑的形式问题远远没有得到足够深入的分析，完全有可能在其中发掘出有规律的东西，帮助我们理解建筑的形态组成。在这个意义上说，埃森曼的论文延续了科林·罗所开启的研究路径，并且借鉴了科林·罗的一些形式分析手段，比如透明性讨论，但是并不满足于像科林·罗一样局限于个案研究，而是试图发展一套系统性的形式分析理论，可以用于解释各种建筑现象。除了科林·罗的先例以外，埃森曼在另外两个地方找到了支撑他更为宏大的理论图景的基石，一个是克里斯托弗·亚历山大的博士论文《形式综合要点》，另一个是语言学研究中的句法研究。虽然埃森曼在论文中并没有直接提到这两个源泉或者是引用相关的文献，但是这篇博士论文的内容显然吸收了这两方面的影响，它们也帮助构建了埃森曼建筑理论的独特性，并且将持续影响他随后的理论演化。

　　埃森曼的论文与亚历山大的论文类似的地方在于，他们都希望摆脱建筑理论的混乱与迷惑，建立一个理性、逻辑、客观的理论体系，简单地说，一种更接近于"科学"的建筑理论。亚历山大是通过将复杂的建筑问题分解为独立的小问题来形成一个这样的体系，因此他认为这一体系适用于从建筑到城市的各种尺度和类型的问题。彼得·埃森曼的立场要谨慎一些，他并不认为所有的建筑问题都可以理性化处理，但是对于建筑形式这个单一的领域，可以达到这个目标。埃森曼所定义的理想结果，一种逻辑和客观的理论话语，被称为"概念化分析"（Conceptual analysis）。"概念化"（Conceptual）这一提法其实也很模糊，因为概念的范畴很广，科学、艺术、人文等领域都有各自的概念，

① EISENMAN P. The formal basis of modern architecture[M]. Zurich：Lars Müller，2006：379.

极为复杂。尽管并没有直接的定义性描述，艾森曼所依赖的"概念"实际上是一种狭窄得多的东西，他在论文中写道："这一论文所关注的是概念化问题，其基础是将形式视为一个有逻辑的、一致性的问题，换句话说，作为形式概念的逻辑交互。论文观点试图论证，一种逻辑和客观的思考可以为任何建筑提供一个概念化的形式基础。"① 这段话的意思是说，"概念"应该可以进行"逻辑和客观"的分析和操作，建立一个具有逻辑一致性的理论体系。可能最为典型的范例是数学和物理学，它们就是在数、集合、运算、运动、力、粒子等概念之上建立起庞大的理性化的理论体系。所以埃森曼心目中理性的概念，就是类似于数学与物理学的抽象理论概念。也正是因为这个原因，他将"概念化"分析与图像化（Iconological）和感知性（Perceptual）分析区别开来，因为这两者都要牵涉到个人的理解与感受，因此不具备物理和数学式概念的客观性。

了解了这一隐藏的背景，就不难理解埃森曼为何着力于形式分析，以及他所采用的分析策略。虽然对于形式到底意味着什么有很多不同的观点，但是常识性的理解形式是指事物的形态，而这其实可以用几何元素进行精确地描述。一个简单的例子是今天为人熟知的计算机建模，所操作的就是一个个几何元素，最终得到一个精确的建筑形式。因此，建筑形式可以被转化为精确的几何描述，进而对其进行分析。这也是埃森曼认为"形式概念"可以支撑"逻辑和客观"分析的原因。也正是因为"形式概念"的这种抽象特征，使得他认为这套工具可以用于阐明"形式与任何建筑的关系"，它们是"普遍有效的"（Universally valid），就像几何概念和定理是普遍有效的一样。

当然，埃森曼关注的并不是用几何术语描述具体的建筑形式，这并不具有理论意义。作为一个对设计有着浓厚兴趣的学者，他所重视的是在建筑设计中，如何利用形式概念的操作来获得一个形式结果。几乎任何严肃的设计都要考虑形式结果，这并不新鲜，埃森曼的独特性在于，他认为这个设计过程可以是理性与逻辑的，可以像数学与物理学的推导一样，从几个"形式概念"出发，遵循几条有限的法则，就得到各种各样的形式结果。如果可以剥离出这些"形式概念"以及所遵循的法则，就可以将建筑的形式问题化简为清晰、理性的设计过程。也是通过这样的转化，建筑可以从依赖历史先例转变到依赖理论，当然，这里的"理论"就像之前的"概念化"一样，是指某种特定的理性主义理论，而不是泛指各种各样的理论思辨。

埃森曼还借用了语言学理论来支撑他的理性主义目标。在论文中，他不断使用语言、句法、语法等语言学概念，试图借用语言学的理论体系来为建筑理论提供支撑。虽然埃森曼没有清晰地说明到底要借用哪一种理论，但是结合他的理论建构，可以推断出这些术语都来自于以诺姆·乔姆斯基为代表的结构主义语言学。我们之前谈到过语言学研究中"语义"与"句法"之间的差异，它们已经出现在索绪尔对"句段关系"与"联想关系"的区分上。结构主义语言学主要讨论的是语言的内部结构，而不是具体的语义，在乔姆斯基等人的推动下，自 20 世纪 50 年代以来取得了极为丰硕的成果，并且日益将语言学研究导向更为接近于实证主义的道路。这也是埃森曼使用这些结构主义语言学术词汇的原因。不过他在这里只是简单提及，论文里甚至没有出现乔姆斯基的名字，直到此后他的写作中才更全面地体现出对乔姆斯基理论的全面借用。

---

① Ibid., 17.

在这种理性主义目标下，埃森曼要将设计的形式推演过程简化为几个基本要素在确定法则下的互动、组织。就像欧几里得（Euclid）的《几何原本》（*Elements*）或者艾萨克·牛顿（Issac Newton）的《自然哲学的数学原理》（*Mathematical Principles of Natural Philosophy*）所做的那样。自然而然地，他所梳理出来的基本要素与法则具有强烈的几何与物理特征。具体说来，基本要素包括体量（Volume）、表面、实体与运动，核心的组织法则有两种，一种是线性组织（Linear），另一种是向心组织（Centroid），在此基础上，还有演化出来的风车式、螺旋式以及梯次形组织等。埃森曼认为，这些都是最为基本的、无法进一步化简的"绝对"（Absolute）要素，我们可以想象为欧几里得的五大公设，但是在此基础上，可以演化出各种各样复杂的定理与几何组织。埃森曼写道："在设计过程中任何建筑形式的排序和组织都可以被称为一个系统：更清楚地说是一个形式系统。一个理性的建筑总是有一个系统化的基础，无论它是什么风格或是属于什么时代的。建筑师有意识地、不经意地、也可能是直觉性地在发展他们的设计的过程中调用了一些系统，这些系统组织决定了他们建筑的最终的具体形式。"[①]

在这个理论体系之下，埃森曼在论文的后半部分分别讨论了勒·柯布西耶、赖特、阿尔托以及特拉尼的一些作品来论证这种理性化的形式分析如何帮助解析这些经典作品背后的"系统"，也就是从基本要素与法则出发，抵达最终形式的演化过程。比如勒·柯布西耶在 1927 年提出的住宅设计的四种构成方式（Four compositions），就是典型的"系统"，其基本元素是体量、表面、实体，它们在正交向度的笛卡尔格网（Cartesian grid）中形成了不同的组织方式，进而带来让纳雷 – 拉罗什别墅、萨伏伊别墅、库克别墅等作品之间的形式差异。同样，艾森曼将阿尔托的赛纳察洛市政厅解析为线性组织与向心组织的结合与互动，市政厅整体作为一组建筑群线性组织的终点，并且将原本的直线向度进行扭转，甚至转化为螺旋形环绕，融入市政厅院落的向心组织之中。

必须承认，埃森曼在这篇论文中的很多分析富有启发性。建筑师在设计中要考虑建筑的形体组织是不言而喻的，他们会偏向于使用他们喜爱或者熟悉的形体，也会使用一些经典或者个人化的组织策略。这些都是设计中重要的形式考虑与选择，但是以往这些部分都被隐藏在建筑师个人化的思考中，没有得到充分的讨论。科林·罗对透明性的分析就是一个很好的案例，揭示了勒·柯布西耶自己没有言明、但是在建筑史上极为新颖的一种新的组织方式。彼得·埃森曼继续了这一工作，而且试图让其更为全面和深入。比如透明性现在可以被他纳入竖直表面的线性组织之中，成为他的诸多"系统"中的一个特例。更为重要的是他引入了"运动"这一要素，一个复杂的形式结果可以被看作是原本简单的形式要素经过运动变化所得到的，"运动"可以帮助我们理解这个变化的过程，解析整个过程的前因后果。前面提到的对阿尔托赛纳察洛市政厅的解析就是基于运动理念的，这比科林·罗静态的透明性分析具备了更大的解释效力。埃森曼在论文中强调，他选择讨论现代建筑，仅仅是因为需要一个限定的讨论对象。但实际上，现代建筑对抽象几何形体的大规模使用，更符合埃森曼所提出的体量、表面、笛卡尔网格等。他的论文的确能够帮助我们更清晰地理解从勒·柯布西耶到特拉尼这些建筑师一些作品背后的创作思路，尤其是形式组织。

---

① Ibid., 87.

相比于埃森曼的博士论文，很多人更为熟悉的是程大锦（Francis D.K. Ching）在1979年代出版的《建筑：形式、空间和秩序》（Architecture：Form, Space, & Order）。这本书的很大一部分内容，其实可以被看作是与彼得·埃森曼所述方法类似的运用。该书用大量的图解说明一些经典的建筑是如何由基本几何体通过组合、运动、加减而生成的。虽然不是一本理论性著作，程大锦的书在建筑初学者中的广泛流行，充分证明了这种解析对于理解一部分建筑形式原理的有效帮助。

不过，这并不是埃森曼这一论文的全部价值，作为埃森曼理论延展的起点，这篇论文中已经蕴含了一些导向他此后更为激进理论观点的种子。这主要牵涉的不是形式分析的具体内容，而是形式分析在整体建筑理论中的地位。虽然只是简要地提及，还没有提供充分的论证，埃森曼提出的一些论点已经非常富有挑战性。比如他认为形式系统可以被完全理性化地解释，而且与图像性和感知性的内容切分开来，由此将形式过程转化为逻辑的和客观的，避免任何"价值判断"的干涉。这其实是现代科学发展的总体特征。像汉斯·布鲁门博格（Hans Blumenberg）与汉斯·约纳斯等学者都指出，现代科学的发展，起源于对古典自然哲学中的人性化要素的剔除，只留下类似数学与物理学的理性化要素。

依靠这种对古典哲学人性化因素的去除，现代科学脱离了古典自然哲学体系，获得了自主性，进而取得了令人惊异的成果。无论是亚历山大还是埃森曼，之所以对理性主义孜孜以求，就是希望在建筑领域中也获得类似的发展，通过理性推进建筑理论走上类似于科学的发展道路。这里的核心问题，当然是建筑是否能够像科学一样抛弃"人性化"的要素，比如图像符号、身体感知以及价值判断。可能最常见的观点是不能，但是彼得·埃森曼的博士论文中隐含的观点认为是可能，他明确提出，"概念化分析"，也就是上面提到的形式分析，可以、也应该与图像和感知内涵分离开来，这一方面可以得到"普遍有效"的"逻辑和客观"的"系统"，最终抵达的是一种"为形式而形式"（Form for form's sake）的立场。简单地说，就是将形式问题分离成一个独立自主的领域，去探寻这个领域所独有的"逻辑和客观"的规律。

这种观点的冲击力不容轻视。在传统观念中，我们认为形式问题是建筑问题的一部分，它与其他因素，比如功能、喻意、社会效用、政治意图等纠缠在一起。形式可能具有内在的规律，但是在总体建筑理论中，它可能有时重要，有时不那么重要，单纯讨论形式并无法解析全部的建筑问题。但如果形式问题是一个完全独立的领域，那么就无需从属于其他任何因素，也无需关注其他任何因素。而且在埃森曼看来，形式问题的理性化解析，使得它比其他因素更为优越，应当成为建筑理论最重要的核心。这当然是形式自主性的观点，如果它成立，就会对建筑理论的传统架构形成巨大的冲击。科林·罗虽然讨论了形式，但是从未提出这么具有颠覆性的观点。彼得·埃森曼的论文中蕴含了这种立场，但是还没有提供充分的论证。比如，他没有说明，为何建筑形式只能被化简为他所列举的基本要素与法则，是否还有其他可能性？也没有论证为何这种分析是"普遍有效的"。更重要的是，他并没有说明，这种"概念性"分析是否真的可能与图像性、感知性以及价值判断相剥离。毕竟在传统建筑学中，形式选择虽然可以相对独立，但最终仍然需要与这些因素相结合。有什么样的理由能反对这种结合、保持形式问题的独立性？这样产生的建筑是否具有合理性？

这些问题实际上是埃森曼博士论文的理论前提，它们牵涉到建筑理论的根本性假设，对这些根本性假设的动摇，会带来颠覆性的理论变化。埃森曼之所以被视为 20 世纪末期理论先锋的代表，就在于他对这些根本性假设提出了挑战，进而发展出一系列前所未有的建筑立场。而这一切理论操作成功与否，就在于他能否为这种动摇提供合理的辩护。这也逐渐成为他博士毕业之后理论工作的重点。

在 1963 年博士毕业之后，埃森曼回到美国，在普林斯顿大学任助理教授。他与同时在任的格雷夫斯一同合作完成了一些概念性设计，他们一同参与组织的 CASE 会议，以及由此导致的《五位建筑师》一书，前面已经有所论述。1967 年，埃森曼离开普林斯顿大学，在 MoMA 的支持下，在纽约成立了一个新颖的理论研究机构——城市与建筑研究所（Institute for Architecture and Urban Studies，以下简称 IAUS）。这个机构的目标是专注于深入的历史与理论研究。在它存在的 1967—1985 年间，IAUS 吸收了一批极富才华的年轻学者加入，如肯尼斯·弗兰姆普敦、安东尼·维德勒、马里奥·盖德索纳斯以及戴安娜·阿格雷斯特等人，他们此后都成为极为重要的学者。虽然研究所没有统一的理论倾向，但是成员们充沛的学术热情，以及深刻的理论洞见推动了大量学术讲座、展览、研究项目的展开。这些成果很多都发表于该研究所于 1973 年创刊的杂志 *Opposition* 上，使得该杂志成为 20 世纪后半期最为重要的理论刊物之一。

在这一阶段，彼得·埃森曼继续他对形式问题的探讨，而且越来越鲜明地转向对乔姆斯基结构主义语言学的借用。在 1970 年发表的《关于概念建筑的要点：迈向一种定义》（Notes on Conceptual Architecture：Towards a Definition）[①] 以及 1971 年发表的《从物体到关系 II：朱塞佩·特拉尼，朱利安尼 – 弗里格里奥住宅》（From Object to Relationship II：Giuseppe Terragni Casa Giuliani Frigerio）这两篇文章中，埃森曼都明确提到了乔姆斯基的"深层结构/表层结构"理论，这成为他这一时期理论与实践创作的基石。

乔姆斯基是哈佛大学的语言学家，从 20 世纪 50 年代开始，他的研究一直推动语言学走向一种自然性、生物性的科学研究路径，这带来了语言学研究的巨大改变，也使得乔姆斯基本人成为这一领域中最具影响力的学者之一。之所以能够带来这种转变，是因为乔姆斯基所研究的是语言的内部结构，因此可以回避很多关于意义、价值、目的等人文性问题。更为重要的是，他通过大量的实证研究证明，语言结构并不是像普通人所认为的完全是人有意识创造的产物，其真正的基础是人脑中先天存在的某种机能。乔姆斯基用"语言器官"来称呼这种机能。就像人的其他器官一样，这种机能是每个人都具备的，有着统一的特征，因此可以作为生物学研究的对象，而不是像以往所认为的属于社会人文研究的领域。乔姆斯基的主要工作是解析这种机能的组成与性质，他认为是这种内在的生物性机能决定了日常所见的语言的结构，而最常见的语言结构是常规语法，因此他将对这种内在机能的研究称为"生成语法"（Generative grammar），不过这当然不是指过去通常所说的语法，而是指"语言器官"的运作方式。

乔姆斯基的杰出性不仅仅在于提出这个极为新颖的观点，更引人注目的是它已经被绝大多数语言学研究者接受和认同。当代语言学研究已经不可避免地转向一种更接近于自然科学的实证性研究，并且与认知心理学等学科形成紧密的联系。在超过 50 年的研

---

① EISENMAN P. Notes on conceptual architecture：towards a definition[J]. Design Quarterly，1970，（78/79）.

究进程中，乔姆斯基的理论也在不断变化，他在不同阶段采用了不同的理论模型来解析语言机能的内在结构，但这些理论模型都认同，人脑中的先天语言机能有着清晰、简单、明确的组织结构，这是最基本和最普遍的基础，在经过一系列的转化和演变之后，这个内在的组织结构会变得更为复杂和丰富，最终成为我们所使用的日常语言的结构，也就是句法。正是在这个意义上，我们可以将他的理论视为一种结构主义语言学，所讨论的对象主要是句法，而不是具体的语义。

　　从这个简介不难看出，为何乔姆斯基的理论会对埃森曼形成强烈的吸引力。这是因为乔姆斯基已经成功地将一个以前被认为是属于人文学科的学科——语言学，改造成了"逻辑和客观"的自然科学，而这正是埃森曼想要在建筑领域中所达成的。所以他毫不犹豫地将乔姆斯基早期的"深层结构／表层结构"理论模型引入到建筑讨论中，这一借用很典型地体现在《从物体到关系 II：朱塞佩·特拉尼，朱利安尼－弗里格里奥住宅》一文当中。简要地说，这一时期乔姆斯基的理论模型是：简单的深层结构通过一些特定的操作，比如替代，移位，省略、嫁接，能够藉由转换生成（Generalized transformation）发展成为复杂的表层结构，后者则对应于日常语言的句法形态。虽然此后乔姆斯基的理论经过进一步简化，抛弃了此前使用的很多理念，包括"深层结构／表层结构"的术语，但是在他最新的"极少主义"（Minimalist）模型中，仍然回归到由简到繁的两个层级，以及连接两者的转换操作，这些操作现在被化简为三种：结合、移动与删除。

　　埃森曼在他的论文中提到的关于基本要素通过两种法则演变为复杂形式结果的观点，与乔姆斯基的理论模型有很大的相似性。在《从物体到关系 II：朱塞佩·特拉尼，朱利安尼－弗里格里奥住宅》一文中，他更忠实地使用了乔姆斯基的术语。首先，埃森曼指出，建筑创作的任务是某种创新，即"通过形式构建来寻找新的意义。"[①]通过比较费尔南德·莱热与卡西米尔·马列维奇（Kazimir Malevich）的绘画，埃森曼区分出两种达到这一目的的手段，一种是像莱热那样将具有确定意义的传统"物品"放置在新的背景下来获得意义，这实际上是依赖于物品既有的意义与背景之间的反差与互动。另一种是像马列维奇那样，并不提供任何意义，而是通过几何抽象（Geometric abstraction）创造一种纯粹的形式关系（Pure formal relationship），一种基于普遍形式规律的"纯粹的形式结构"（Structure of pure form）。所以，如果说莱热处理的是内容语义，那么马列维奇处理的就是形式句法。相应地，彼得·埃森曼认为莱热的抽象仍然是感知（Percept）的，而马列维奇的抽象是概念（Conceptual）的。这一论述显然是他博士论文观点的延续，埃森曼个人显然更为偏向概念性抽象。在现代建筑中也存在这样的差别，埃森曼认为勒·柯布西耶与莱热类似，将机器、轮船、飞机等事物置于新的场景中，创造新的建筑意义；而特拉尼则去除了这些图像性的比喻，他的设计像马列维奇的一样是完全抽象的形式关系，因此所展现的是句法结构，而不是语义的变化。

　　在此基础上，彼得·埃森曼认为乔姆斯基的语言学理论可以有助于分析特拉尼的作品。乔姆斯基提供了两个重要的观点："第一，有可能、甚至是有必要将句法与语义区分开来；第二，在句法中可以发现两个方面——一种表层句法（Surface syntax）与一种深

---

① EISENMAN P. From object to relationship ii : casa Giuliani Frigerio : Giuseppe Terragni casa del fascio[J]. Perspecta, 1971, 13/14 : 38.

层句法（Deep level syntax）。"① 埃森曼认为,在建筑的形式句法中也存在这种层级的差异,此外,连接两个层级的转化过程也同样存在,他称之为"转换结构"（Transformational structure）。埃森曼并没有准确地定义建筑形式中的深层结构与表层结构到底是什么,不过就像前面对乔姆斯基理论的介绍一样,这些概念本身并不是绝对的,也不一定是必须的,重要是从基础性和总体性的简单秩序切入,经过一系列确定模式的变化,生成特定的、具体的、更为复杂的秩序。所以更为关键的是这个转化的过程,这也是埃森曼真正关注的。在对特拉尼的朱利亚尼－弗里杰里奥公寓的分析中,基础性的总体秩序可以是有着简单划分的长方体体量,而特定的、具体的秩序则是最终的复杂的建筑形式,真正关键的是解析从前者有序地演变到后者的过程,如果可以总结出有价值的转换规律,就可以对其他设计的形式演化提供参考。

因此,埃森曼分析的重点是基础与结果之间那个转化演进的过程,他的观点是在朱利亚尼－弗里杰里奥公寓的设计中,这个过程有章可循,它遵循一种特定的"转换方法",即加法与减法合成所创造的一种含混状态。形体的加、减并不是什么新奇的观点,埃森曼的工作是论证这个简单的形式操作,在一步一步的推进和深入中,将最初单纯的长方体体量转变成了朱利亚尼－弗里杰里奥公寓这样复杂的建筑形式。无论是在乔姆斯基的语言学还是彼得·埃森曼的分析中,都蕴含着一种简单性原则,能用最少的概念与法则解释特定现象的理论就是最好的,这有时也被称为"奥卡姆剃刀"原则。埃森曼认为,建筑的形式问题也可以被解析为一个简单的演化过程,而其中的关键,是解释演化过程的具体规则。

虽然使用了大量的语言学概念,在具体的建筑形式讨论中,埃森曼使用的仍然是博士论文中使用过的分析方法,分析体量、表面、实体等元素的组合与运动,展现它们如何形成"形体加法"与"减法"的概念性理解,最终依靠这两种关系的交织,造就特拉尼建筑的丰富细节。应当注意到,这里的运动、加、减等概念非常接近于科林·罗所说的"现象性透明",它们都不是直接看到的,而是需要人在头脑中想象和组织才成立的,这可能也是埃森曼强调这是概念性而不是感知性的原因之一。就像科林·罗依靠"现象性透明"解释了加歇别墅的形式构成奥秘一样,埃森曼也尝试依靠"现象性"的运动、加、减,以及逐步深化,解释特拉尼建筑形式的根源。虽然在细节上有很多不确定的地方,但是埃森曼的很多分析看起来是合理的,他将建筑师个人设计中未曾言明的很多形式考量解析出来,帮助我们理解复杂的形式结果是如何逐步生成的。这样的工作当然有助于人们对设计方法的理解,因为掌握了这些规律,就有可能将其学习和拓展,就像我们学习数学和物理的逻辑演绎一样。

可以看到,彼得·埃森曼的这些论述非常典型地体现了 20 世纪后半期建筑理论的跨学科特色。从概念到体系,他将乔姆斯基的语言学理论引入建筑领域,并且直接切入到具体的建筑问题当中。在一方面,这带来了全新的观念与论证方法,为传统建筑理论注入了活力,但在另一方面,大量新内容的引入,也使得建筑理论变得模糊和复杂,比如对乔姆斯基理论并不熟悉的人,就很难理解"深层结构/表层结构"与"转换生成",也很难判断埃森曼对语言学的借用是否合理。如果与传统建筑学的话语体系距离过远,

① Ibid., 39.

填充太多艰深晦涩的含混理念，新理论会变成无人问津的自言自语，这是跨学科研究的潜在危险，也是需要克服的理论障碍。新理论除了创造新的言语之外，还应该最终回到实践、受其检验，证明它对于设计实践是有真实作用的。在这一点上，很少有人像彼得·埃森曼那样忠实地将自己的理论与设计实践密切对应起来，他这一时期的论述非常精确地转译到了他的设计作品中，为我们理解和判断他的理论提供了重要的途径。

这些作品就是埃森曼在 1968—1975 年之间完成的"卡板住宅"（House of Cards）系列。这一系列共有 6 个别墅设计，有的建成了有的没有建成。之所以被称为"卡板住宅"，是因为埃森曼更在乎的是通过这些设计探索理论的可能性，而不是具体的建成物。而对于他的形式理论来说，从平面图纸转化为卡板模型就已经完成了绝大部分任务，最终建成的建筑甚至可以被看作放大的模型。对理念呈现的重视超越了真实建筑对功能、材料、建造等因素的关注，"卡板住宅"的称呼刻意体现了它们与常规建筑在意图上的差异。

虽然在具体形态上有所差异，但这些设计有着同样的特征，它们都是前面论述的形式演化理论的直接呈现。彼得·埃森曼没有停留在抽象概念上，而是用真实的建筑设计来体现这种设计方法的作用，这也展现出埃森曼在理论建构与设计实践上共同具备的超乎寻常的能力。简单地说，这些卡板住宅想要呈现的是同一个议题：如何从简单的初始体量，经过一步一步的形式操作，最终得到一个复杂的形式结果。这正是他在博士论文以及在对特拉尼作品的分析中不断论述的。比如最典型的住宅四（House IV），起点是一个单纯的立方体，通过切割、抽取、剥离、叠加、连接等步骤的反复操作，最终获得一个十分复杂的建筑结果。在设计探索的过程中，彼得·埃森曼为每一个项目都绘制了大量的分析图解，分解说明每一个步骤具体对应何种操作，而这些操作都没有超出他在博士论文与对特拉尼作品的分析中所梳理的那些核心举措，比如体量的加减，表面的层叠、有序的运动，以及线性排列与方向扭转。如果将这些住宅的设计与特拉尼的设计相比较，我们可以说埃森曼将特拉尼的形式策略进一步放大和深化，以获得更为极端的形式结果。这样的设计思路，给予这些卡板住宅极为鲜明的特色，虽然最后的形式结果极其复杂，但你仍然可以从中分辨设计的演化过程。这些建筑与其说是一个最终成果，不如说是对设计流程——其形式演化过程——的立体呈现。正是在这个意义上，卡板住宅是当代建筑理论史上极为重要的案例，它们是埃森曼这一时期理论的真实呈现。它们既体现出埃森曼形式理论的创作潜能，也体现出了这个理论中潜藏的关键性问题。

这个关键性问题就是这种纯粹形式操作与意义的关系。在《从物体到关系 II：朱塞佩·特拉尼，朱利安尼 - 弗里格里奥住宅》一文中，埃森曼明确写道，新的句法可以为新的意义带来机会，就好像日常语言中新的语汇和新的表述方式可能可以带来新的内容表达一样。但埃森曼只论述了句法的扩展，并没有讨论这种拓展到底能够带来什么意义。所以，后续发展存在两种可能：一种是填补，继续论述新的句法如何与新的意义建立联系，为建筑形式注入意义内涵；另一种是不再进行填补，不再试图建立形式与意义的联系，让形式保持其独立性，换句话说就是保持形式的自主性。彼得·埃森曼非常清楚后一种可能是对传统建筑学观念的直接挑战，因为我们通常认为建筑要满足人的目的，而这些目的就是意义。无论功能还是装饰，都属于目的之一，所以它们都赋予建筑以意义。如果像埃森曼所说的乔姆斯基证明了句法与语义应该分离，而且这也可以移植到建筑中，那么形式就无需寻求与意义建立联系，建筑形式可以像句法一样维持自己的独立性，而无需臣服于功能或者目的。

这两个可能性的结果，代表形式理论的两个走向，一种是被纳入到传统建筑理论体系中，另一种是保持独立，与传统建筑理论形成对立。具有强烈先锋气质的彼得·埃森曼选择了后者，他将这种对立视为一种机会，可以动摇传统体系，为新的可能提供契机。就像他在《卡板住宅》（*Houses of Cards*）一书中所写道的："这座住宅（House Ⅵ）的设计过程，与这本书中的其他设计一样，试图重新激活建筑转变的能力，让建筑脱离与建筑形而上学理论之间自满的关系，拓展对可用形式的其他可能性的探索。"[①] 这种激进的先锋性立场，更为鲜明地体现在他此后的反人文主义（Anti-humanism）观点之中。

8.6　反人文主义与传统理论基础的颠覆

如果说在埃森曼的早期研究中语义与句法的关系，或者说意义与形式的关系还是模糊的和悬置的，那么在他随后的思考与创作中，这两者的关系变得日益对立，由此形成了对传统建筑理论的直接冲击。这种变化最为鲜明地体现在埃森曼于 1976 年在 *Opposition 6* 中发表的《后功能主义》（Post-functionalism）一文。

以埃森曼、弗兰姆普敦等人为核心的 *Opposition* 杂志是美国第一本专业建筑理论刊物，因为刊载高质量的建筑历史与理论研究文章而闻名，其中很多文章观点犀利，立场坚决，论述深刻，对当代建筑理论探讨提供了重要的推动力。在 *Opposition* 第 4~7 期中，IAUS 的成员肯尼斯·弗兰姆普敦、马里奥·盖德索纳斯、彼得·埃森曼与安东尼·维德勒分别撰写编辑评述，讨论一个关键性的理论问题。在第 5 期中，盖德索纳斯的评论名为"新功能主义"（Neo-Functionalism），他指出，当时普遍存在的，如罗西、文丘里等人所代表的，对现代建筑功能主义的彻底否定是片面的。这是因为功能主义其实有着丰富的内涵，甚至包括了它的批评者们所支持的立场。要修正对功能主义的看法，就不能仅仅着眼于对实用性的强调，而需要更为全面地理解功能主义，尤其是功能主义中所蕴含的对意义的强调。盖德索纳斯正确地指出，即使在沙利文著名的"形式追随功能"中也存在意义传递的成分，因为沙利文所强调的追随，是指功能应该在形式中被认知和理解，它的意义应该能够被传递给观察者。这种更全面的、在实用性之外还包含了重视意义的理论，就是他所说的"新功能主义"。因为意义这一元素的存在，新功能主义与罗西、文丘里等人之间的差异也就很大程度上消失了，在这个基础上，现代建筑及其功能主义理念可以继续存在和发展。我们之前已经谈到过盖德索纳斯在语言学渗入建筑理论领域所做的工作，也就不难理解他对意义或者说建筑的语义传达的关注，"新功能主义"所强调的，就是这种关注。

在紧接着的第 6 期中，彼得·埃森曼主笔的评论被命名为"后功能主义"，与盖德索纳斯的评论针锋相对。不过埃森曼所攻击的不仅仅是功能主义，而是一个更为宏大的目标：建筑的人文主义基础。这篇评论并不长，但是观点极具颠覆性，强烈的反抗性使其成为 20 世纪后半期最具挑衅性的理论文献之一，因此需要较为深入的讨论。

在文章中，彼得·埃森曼提出了一个多少有些令人惊讶的观点：建筑还没有真正进

---

① EISENMAN P，KRAUSS RE & TAFURI M. House of cards[M]. New York；Oxford：Oxford University Press，1987：169.

入现代主义。在文章写作的 1976 年，后现代建筑已经获得了广泛的关注，许多人认为这将取代过时的现代主义，但埃森曼却认为现代主义甚至还没有开始。这种差异的根源在于埃森曼对于"现代主义"有着完全不同的定义。他所指的现代主义是一种"现代性的感知"（Modernist sensibility），"它与一种变化的、对待人造物与物理世界的心理态度有关。这种变化不仅仅体现在美学上，也有社会的、哲学以及技术的体现——总的来说，它体现在一种新的文化态度（Cultural attitude）上。"[①]"这种新的文化态度已经体现在其他进入了'现代主义'的领域之中，如马列维奇与蒙德里安的抽象绘画；詹姆斯·乔伊斯（James Joyce）与纪尧姆·阿波利奈尔（Guillaume Apollinaire）的非叙事性的、无时间序列的写作；阿诺尔德·勋伯格（Arnold Schoenberg）与安东·韦伯恩（Anton Webern）的无调性和多调性作曲；汉斯·李希特（Hans Richter）与维京·艾格林（Viking Eggeling）的非叙事性电影。"[②]

那么在这些不同现象背后的"现代主义"文化态度到底是什么呢？埃森曼给予了极为清晰的回答："上面指出的这些征候都指向一个事情，即人被从他的世界的中心移除出去（A displacement of man away from the centre of his world）。他不再被视为起源性的主体。事物可以被看作是独立于人的理念。在这种背景下，人是很多复杂的既有语言系统的话语产物，这些系统他可以观察，但它们并不是他构建的。就像列维－斯特劳斯所说的：'语言，一个非反思性的整体，是一种人类理性，它有自身的原理，对于这些原理，人们一无所知。'正是这种被移除的状况，导致了特定的设计，在其中，作者不再能被视为一种主导性因素，来解释从'起点'到'终点'的线性发展——这就带来了非时间性——或者是解释形式的发明。"[③]这些话语可能听起来拗口，是因为其中混杂了大量抽象的理论概念，很多来自于其他学科领域。埃森曼的这段话很典型地体现了 20 世纪后半期建筑理论话语在跨学科融合之下变得越来越抽象、越来越晦涩的状况。在英文原文中，这段话的意思还是比较清晰的，埃森曼明显参照了语言学的进展。前面提到过，乔姆斯基论证了语言的结构是基于人脑中"语言器官"的先天结构。这种先天结构拥有"自身的原理"，我们之前可能对其"一无所知"，但现在在语言学的帮助下，可以了解其运作的机制。以前我们可能认为语言是人有意识的发明，因此受到人的各种因素的影响，但是在"语言器官"的概念下，语言研究变成了类似生物学的科学研究，变得客观和理性，也不再受到人的个体差异、利益与兴趣、情感与目的等因素的影响。具体的人不再是语言的"起源性的主体"，取而代之的是生物性的人，一种遵循稳定规律的"生物机器"。

埃森曼所希望的就是在建筑学中也完成乔姆斯基在语言学研究中所实现的"范式转化"。他要改变的不是具体的理论与观点，而是整个体系的基本前提，进而带来整体的变革。结构主义语言学在其中扮演了重要角色，并且作用的范畴在不断放大。在上一节的讨论中，语言学的类比还只是被限定在建筑形式这么一个较小的领域中，埃森曼认为形式有自身的规律，因此具有自主性，并不受到其他因素过多的影响。但是在这里，语言学的类比被扩展到整个建筑学的全部，埃森曼现在认为建筑学也像语言学一样具有内在

① EISENMAN P. Post-functionalism[M]//HAYS. Architecture theory since 1968, Cambridge, Massachusetts：The MIT Press，1998：238.
② Ibid.
③ Ibid.

的规律，具有自主性，所以应当排除外部因素的干扰。而在传统建筑学中，最重要的外部因素就是作为主体的人。这可能听起来自相矛盾，建筑如何摆脱人？如何将人从建筑的中心驱逐出去。需要辨析的是，埃森曼所要去除的是人的特定因素，而不是全部的人。就像语言学也认同人的"语言器官"，但是去除了语言中人的目的、价值、意义等特定因素，只讨论受到客观规律制约的语言结构。埃森曼也类似，他要去除的是人的"人文主义"（Humanism）因素，保留的则是同样受到客观规律制约的因素。埃森曼并没有对"人文主义"概念进行定义，因为他认为这是一个自文艺复兴以来一直使用的常识性概念，这个概念的核心是人的尊严、价值与信念。这也是他说建筑仍然受到一个拥有 500 年历史的传统影响的原因。他的观点是，这个传统必须结束，"人文主义"这种特定的人的因素，要从建筑的中心剔除出去，这就是他所说的现代主义的"文化态度"。

虽然提到了一些先例，比如乔伊斯与勋伯格，但埃森曼并没有为这个令人震惊的观点提供太多的论述。这里触及了西方思想史上一个极为深刻和复杂的问题，人文主义与科学在对世界的根本性解释上的争夺。实际上，我们甚至可以认为整个西方哲学史都与这个问题有关。从古代世界到新科学诞生以前，主流的观点认为人在宇宙中有特殊的地位，因此对这个世界的解释与人的某些特性有密切的关系，从"人是万物的尺度"，到占星术再到莱昂纳多·达·芬奇的维特鲁威人都展现了这种观念的影响。在这种情况下，"人文主义"的确占据了对世界的根本性解释的中心。比如在亚里士多德的目的论中，任何事物都有其内在的目的，而有目的是典型的人文主义特征，因此整个世界都具有人文主义特色。而现代科学的诞生，正是起源于对人与世界这种特殊关系的质疑。从中世纪末期开始，唯名主义神学家就否认人在宇宙中有特殊的地位，也就切断了人文主义与世界本质的关联。随后，亚里士多德目的论被新科学的先驱们抛弃，无论是笛卡尔还是培根都否认物体有其内在的目的，他们认为只能通过实证的观察与实验，以数学和物理的方式来解释事物的运动与形态，这里面并没有任何关于目的的内容。通过摆脱"人文主义"因素，科学脱离了传统的自然哲学，成为一个受到自身规律控制的研究领域。现代科学技术的巨大发展，使得绝大多数人认为科学能够提供最根本和最可靠的解释，很少有人再去将目的、意义、价值、尊严等引入科学问题的讨论之中。

在历史进程之中，科学的范畴也在不断扩展。乔姆斯基的工作，可以被看作将科学引入了以前认为更多地受到"人文主义"影响的领域——语言研究中。当代语言学的发展，已经再次证明了科学取代传统"人文主义"的成功。从这个角度来看，埃森曼看似怪异的观点，其实是一个更为宏大的历史背景的局部折射，他试图在建筑学领域完成从人文主义到后人文主义的转变。文章名称中的"后功能主义"是这个整体性转变的一个局部体现。功能是关于人的，牵涉到人的目的、感受、情绪与反应，因此属于"人文主义"的范畴。自维特鲁威以来，功能就在建筑理论中占据着不可动摇的核心地位。现代主义也并没有改变这一传统，唯一不同的是，现代主义之前功能与类型的直接对应伴随着功能的快速扩展而不再成立，所以功能成为更重要的核心。埃森曼认为 20 世纪六七十年代对现代主义的批判都没有能够触及这一点。无论是欧洲的新理性主义还是美国的后现代建筑，核心议题仍然是功能与形式的关系，所以仍然在维持一个 500 年之久的人文主义传统。"后功能主义"所要抛弃的不仅仅是功能的核心地位，更重要的是实现从人文主义向"现代主义"的转变。这是远比功能主义更为激烈的，关于建筑理论整体基础的范式转换。

可以看到，埃森曼很典型地继承了现代主义运动的先锋特色，毫无顾忌地对之前的传统提出挑战。这种挑战看似有些草率，其实可以在从库萨的尼古拉（Nicholas of Cusa）到米歇尔·福柯（Michel Foucault）等众多思想家的论著中找到支持，与其相关的"人文主义"问题迄今为止仍然是哲学理论的核心议题之一。我们之前谈到，从 20 世纪 50 年代开始，对现代主义的批评与不满主要集中在"意义"这个关键议题之下，无论是通过类型还是象征与装饰，批评者们都希望重新赋予建筑更充沛的意义。作为意义的承载者，历史元素开始广泛地回归到建筑创作之中，而现代主义被认为偏离了传递意义的历史传统，所以需要进行修正。斯特恩代表"灰派"对"白派"（纽约五人）的批评，就是基于这种逻辑。埃森曼的观点则完全相反，"意义"也是一种典型的人文主义因素，它不应该在建筑理论中占据重要的位置，建筑形式可以脱离这些因素的控制，根据自身的规律，而不是屈从于其他因素来获得发展。所以埃森曼所反对的不仅仅是新理性主义或者是后现代建筑，而是对建筑的传统认知，甚至是重新考虑人与建筑的关系。绝大多数人理所当然地认为"人"应该是建筑这种人造物当之无愧的主导者，建筑理论很多问题的不确定性就来自于人的本性与需求这个问题的不确定性。彼得·埃森曼要挑战的就是这种常识性假设，如果可以摆脱"人文主义"，就有可能摆脱这些不确定性，在建筑中实现类似于在现代科学与技术领域所获得的巨大拓展。这些都说明了埃森曼这篇短文的重要意义，在其简单正统的标题之下，所呈现的却是对既往建筑理论的根本性颠覆。鲜明的对抗性与挑战性是 20 世纪后期很多理论文献的特点，埃森曼的文章可以被视为一个重要的起点，尤其是他所称的现代建筑仍然在延续 500 年之久人文主义传统的论述，也在建筑理论界成为一个有趣的典故。

如此根本性的理论变革，会对建筑本身带来什么样的具体改变呢？对于这个宏大的议题，埃森曼的短文当然无法全面回应，他只是回到了他所熟悉的建筑形式的领域，用建筑形式的独立自主取代功能主义的统治："这种新的理论基础将从形式/功能的人文主义平衡转变到形式自身演化内部的辩证关系。"[1] 更具体地说，这种形式自身的演化有两种方式。第一种是他之前所尝试的，采用类似前面提到的从"深层结构"到"表层结构"的方法，从基本几何形体出发，进行一系列有确定规则的转化，最终获得复杂的形式结果。这个过程中，起到控制作用的都是形式自身演化规则，而不是功能或者其他人文主义因素。在此前的论述中，埃森曼认为这种句法的扩展为更多的意义提供了可能性。但是在"后功能主义"条件下，意义变得无关紧要，这种操作方法也变得不够彻底，因为作为起点的基本几何性本身就有强烈的人文主义象征内涵，以这些要素作为出发点，难以摆脱人文主义的残留。可以看到，埃森曼对于卡板住宅所探索的，基于现代主义语汇的形式演化也不再满意，他在住宅 X 之后也不再进行类似的尝试。他之后的实践偏向"后功能主义"一文中提到的第二种可能性："将建筑视为一种非时间性的、分解的模式，视为某种既存的不确定的空间物体的简化——没有任何意义可以依靠的符号，也不指向任何更为基本的条件。"[2] 它"假设了一种碎片和多样化的基础条件，最终的形式结果是这个条件的简化。"[3]

---

[1] Ibid.
[2] Ibid., 239.
[3] Ibid.

如果不了解埃森曼的相关设计作品，很难理解他这里描述的第二种模式到底是什么。不过，就像卡板住宅一样，埃森曼用实践作品给予了说明。简单地说，就是将已有建筑与城市环境的片断作为起点，采用类似于第一种模式的那些操作方式进行转换。因为这些初始元素比第一种方式的纯粹几何体要复杂得多，所以最终得到的转换结果也就要复杂得多。不过埃森曼并没有说明，为何这种模式能够充分体现对"人文主义"的拒绝，潜在的逻辑可能是这些片段被视为"没有任何意义可以依靠的符号，也不指向任何更为基本的条件"，它们就像无意义的碎片一样，展现了原有整体的破碎和毁灭，也正是在这种反向意义上它们可以被视为是背离人文主义的，因为之前的意义体系已经被摧毁和拒绝。所以，按照埃森曼的理论逻辑，当我们看到他的作品中出现历史的、传统的以及文脉的元素时，不应当像看待后现代建筑一样去寻找这些元素所指代的意义与内涵，而应该将它们视为"没有任何意义可以依靠的符号"，视为纯粹的碎片，这才是在"现代主义"条件下看待建筑的正确模式。除此之外，第二种模式在具体形式操作上并没有太多的不同，常见的手段包括叠加、扭转、加减等等。为了强调"形式自身的演化"，埃森曼在第二种模式的设计中，也会刻意地保留演化的痕迹，让人们可以阅读出转换的步骤和过程，这也成为埃森曼前后两种设计模式中持续的特点。

彼得·埃森曼那些最为知名的设计作品，大多遵循第二种操作模式。比如柏林 IBA 社会住宅（IBA Social Housing）、俄亥俄州立大学的维克斯纳视觉艺术中心与美术图书馆（Wexner Center for the Visual Arts and Fine Arts Library）、辛辛那提大学阿罗洛夫设计与艺术中心（Aronoff Center for Design and Art）都将一些多元化的历史片段叠加在一起，再通过扭转、替换、加减、压缩与拉开等操作，获得令人惊讶的形式结果。比如在柏林的项目中，他将消失的 18 世纪城墙、19 世纪墙体的基础以及 20 世纪格网的残余重叠在楼体中，形成有着不同方向、大小、色彩与材质的数种网格复合叠加。而这样做的目的并不是唤起人们对柏林的历史回忆，而是刻意营造回忆片段的冲突与混乱，从而破坏回忆的整体性，使得建筑能够脱离过去的制约，获得新的自由（图 8-3）。这种

"反记忆创造了一个地点，通过模糊自己的过去来获得秩序。记忆与反记忆互相对立地运作，但是在冲突中创造了一个悬置的物体，一个凝固的片段，没有过去也没有未来"。[1] 这个项目直接印证了埃森曼第二种形式策略的意图，利用片段的演化来对抗"人文主义"的整体性控制。同样的操作也出现在其他项目中，维克斯纳视觉艺术中心叠加了城市与大学的两种格网以及原有军火库的武器片段，阿罗洛夫设计与艺术中心叠加了场地曲线与周围建筑的 90° 折角，以及数次扭转留下的

图 8-3　彼得·埃森曼，柏林 IBA 社会住宅

① IBA social housing. [EB/OL]. [2022-01-10]. https：//eisenmanarchitects.com/IBA-Social-Housing-1985.

图 8-4　彼得·埃森曼，维克斯纳视觉艺术中心与美术图书馆　　图 8-5　彼得·埃森曼，阿罗洛夫设计与艺术中心

演化痕迹（图 8-4、图 8-5）。所有这些作品都因其非常规的形态而受到关注，但是也带来一个困难的问题，即如何评价其优劣？这个问题之所以困难，是因为我们过往的评价标准，实用性、美观、意义等等主要都是基于"人文主义"的，它们显然不适用于埃森曼"后人文主义"的建筑。对于实证科学研究，比如结构主义语言学来说，这并不是一个问题，因为判断有稳定和统一的标准，比如逻辑性以及与观察现象的切合等等。但是在建筑形式领域，并不存在这样公认的标准，因此难以按照通常的方式对埃森曼的建筑进行判断。

　　这里实际上隐藏着埃森曼整体建筑理论中一个并未得到充分论证的问题：在什么程度上语言学能够作为建筑理论的基础，并且以此倡导建筑形式的独立自主以及"后人文主义"。乔姆斯基的成果是来源于他的理论所得到的大量实证证据的支持，从而确立了结构主义语言学的科学性特征。每一个正常的成年人，都能够分辨正确的和错误的语法，这种统一性保证了结构的稳定性，进而可以展开客观理性的研究。但是在建筑形式领域，并不存在这种统一的语法，也不存在共有的判断法则，这使得人们质疑建筑形式作为一种"语言"与自然语言之间到底是差异性更为重要还是相似性更为重要。如果建筑"语言"被证明并不像自然语言那样拥有稳定的结构、确定的法则以及普遍性的运算逻辑，那么它可能就无法像语言学那样获得独立性，也就无法摆脱"人文主义"的影响。这一点非常突出地体现在埃森曼近期的设计中，比如位于柏林的欧洲犹太人遇难者纪念碑（Memorial to the Murdered Jews of Europe）（图 8-6）。埃森曼自己认为这个项目说明了"当一个被认定为理性和有序的系统变得过大，与它设定的用途不成比例时，它就与人类理性失去了联系。它开始展示任何表面有序的系统中内在的扰动与潜在的混乱。"[1]由 2711 个混凝土体块组成的阵列，就是这样一个与"人类理性失去了联系"的系统，在这里"没有目标，没有终点，没有进入或者离开的路径……在这个背景下，这里没有怀旧、没有对过去的回忆，只有个体体验当下的记忆。"[2]埃森曼希望将这个纪念碑视为"非人文主义"的系统演化，但绝大多数参观者可能会不由自主地将混凝土块看作是坟墓，对

---

① Berlin memorial to the murdered Jews of Europe[EB/OL]. [2020-05-07].
　　https：// eisenmanarchitects. com/Berlin-Memorial-to-the-Murdered-Jews-of-Europe-2005
② ibid.

图 8-6 彼得·埃森曼，欧洲犹太人遇难者纪念碑

其进行象征性解读，甚至是埃森曼所提到的系统，也可能让人联想起导致犹太人灾难的政治与战争机器，这些当然是与"意义"密切关联的"人文主义"解读。它们也与彼得·埃森曼的"后人文主义"立场背道而驰。

这种冲突的重要性并不在于埃森曼与参观者谁对谁错，而是人们到底应当怎样看待建筑，是将其视为与人脱离了关系的独立自主的系统，还是视为与人息息相关、对人有价值、有意义的人造物。我们前面提到，这是一个根本性的建筑哲学问题，正反两方都有各自的支持者，相关的争论也仍然在继续。彼得·埃森曼这一文献的重要性在于他将这一问题凸显了出来，不同的解答会导向完全不同的建筑策略，如果说形式自主是其中一个方向的极端，那么另外一个方向的极端可能就要数现象学思想影响下的一些理论倾向。从这个角度看来，埃森曼的文章的确切入了当代建筑理论的一个核心问题。

埃森曼自己对于这个问题的回答是明确地站在自主性一面。他有鲜明的观点，但是他并没有提供充分的论证，他更在意的似乎不是其理论的稳固基础，而是对以往传统的挑战与颠覆。对于埃森曼来说，对于过往体系的动摇本身就是一个积极的机会，有可能带来全新的可能，至于这种可能是否会带来理想的结果反而变得不那么重要了。这种先锋气质使得埃森曼成为 20 世纪末期理论先锋的代表性人物，他所挑战的对象也从建筑形式传统逐渐扩展到更广阔的领域。

实际上，那一时期对于建筑自主性的讨论，所强调的也是与埃森曼类似的对抗性，而不是理论自身的稳固。一些学者坚持建筑的自主性，不受到非建筑因素如社会理想、文化象征等等事物的过多影响，所看重的是通过自主性与过往的传统拉开距离，为新的创造提供可能。至于建筑是否真的能够实现自主，或者独立自主的建筑应该遵循什么样的法则，这些理论并没有提出足够坚实的论证。比如在 *Opposition 6* 之后的第 7 期上，安东尼·维德勒发表的编辑评论"第三种类型"讨论的也是自主性问题。他认为类型的使用是建筑实现自主的一种方式，因为历史类型属于建筑学内部，而不是借用于外部事物，比如机器或者生物。因此，他认为新理性主义体现了建筑自主性的最新走向。不过，维德勒可能忽视了建筑类型本身已经蕴含了丰富的历史与意义，指向特定的集体记忆与相关价值，对类型的使用不可避免地要唤起这些内涵。从这个角度看来，类型的作用不是要切断建筑与其他事件的联系，而恰恰相反，是要建立起建筑与历史传统、文化意义、价值积淀的联系。用埃森曼的术语来说，类型的使用完全归属于"人文主义"传统之中，而不是像维德勒所说的在于彰显建筑的独立。这一点也可以在阿尔多·罗西自己的话中得到印证，在《城市的建筑》葡萄牙语版的前言中他写道："我从来没有提到过建筑绝对的自主性，或者是建筑自身……就像我的作品，这本书被以不同的方式所诠释，但是那些试图只发展一个方面的阐释，要么是强调城市研究的客观性，或者是强调建筑形式的自主性，都走向了错误的道路。"① 维德勒似乎过于急迫地通过自主性将新理性主义与此前

---

① ROSSI A. The architecture of the city[M]. American ed. Cambridge, Mass.；London：Published by [i.e. for] the Graham Foundation for Advanced Studies in the Fine Arts and the Institute for Architecture and Urban Studies by MIT，1982：169.

的现代主义区分开来，而忽视了新理性主义实践背后强烈的人文主义特征。很明显，要更为有力地论证建筑的自主性，仍然需要更为深入的努力。

后功能主义并不是埃森曼理论工作的终点。一直驱动他的是一种勇于质疑和挑战的性情，而不一定是形式自主或者其他任何特定的理论。这使得他能够不断地变换自己的兴趣点与论述方式，从不同的角度继续尝试对主流体系的攻击和替代。他 1984 年在 Perpecta 杂志上发表的《古典的终结：开始的终结，结局的终结》（The End of the Classical：The End of the Beginning，the End of the End）将这种攻击进一步深化了。埃森曼认为从 15 世纪以来，建筑理论一直建立在三个幻象的基础之上，"它们分别是表现、理性以及历史。每一个幻象都有一个暗藏的目的：表现是为了体现意义这一理念；理性是为了确立真理这一理念；而历史是为了在变化的理念中恢复永恒这一理念。"① 不同的建筑理论可以归为这三类，比如后现代建筑注重的是符号表现意义，一些现代主义理论自认为是理性的，部分现代建筑先驱也利用历史演进的观念论证现代建筑对历史主义建筑的取代。不过埃森曼认为这三种幻象都不成立。对于表现，无论建筑所要表现的是什么，最终仍然是表现现实，就像鲍德里亚所说的，所谓真实的现实并不存在，现实本身也是由一系列拟像所构成的，它无法成为合理的表现对象。因此表现并没有稳固的被表现的对象可以依赖，表现本身也就失去了可靠性。对于理性，以往认为理性是客观的、绝对的，它在绝对真理中获得力量。但是尼采指出，任何知识都受到视角的限制，并不存在绝对的真理，因为视角本身就蕴含了特定的意图，所得到的知识也就隐藏着目的与控制。米歇尔·福柯在《词与物：人文科学考古学》（The Order of Things：An Archaeology of the Human Science）、《规训与惩罚》（Discipline and Punish）等书中论述的知识与权力的互相勾结，也从另一个角度论证了尼采的观点。这也就是说绝对的真理不存在，理性也不是客观的，而是建立在某种隐藏的目的论之下，所以理性也只是一种幻象。对于历史，黑格尔式时代精神（Zeitgeist）的理念已经受到了广泛的批判，以此论证新建筑取代旧建筑显然已经缺乏说服力了，无论是大卫·瓦特金还是科林·罗对此都有深入的论述。

如果这三种幻象都不成立，那也就意味着 15 世纪以来的建筑理论都缺乏基础，那么建筑理论将走向何方呢？埃森曼的结论并不新奇，他认为任何在建筑外部去寻找源泉的努力都是徒劳的，因为没有任何基础是稳固的。他提出的是"扩展到古典理论模式之外，意识到建筑是一个独立的话语体系，没有任何外部的价值——古典的或者是其他的。"② 这仍然是我们所熟悉的建筑自主论，不过他在早期理论中认为建筑的形式自主演化为更多的意义提供了可能性，但是在这里他已经放弃了这一观点，认为建筑自主并不能也不需要为意义提供可能性。这种基于"表现"的模式已经不再成立。建筑不应当去寻找另一个外部的源泉来替代意义、真理或者历史，而是要承认自己本身就是由缺乏基础的拟象所组成的，它如果无法成为一个稳固的丰碑，那么可以成为各种片段的游戏，就像埃森曼自己的后期作品所试图呈现的那样。

《古典的终结》的立场比后功能主义更为激进，因为埃森曼所攻击的对象已经扩展到

---

① EISENMAN P. The End of the Classical：The End of the Beginning, the End of the End[M]//HAYS. Architecture theory since 1968, Cambridge：The MIT Press, 1998：524.

② Ibid., 533.

意义、真理、历史等更为宏大的概念。这样的讨论无疑将建筑与西方思想界当时最热门的一些话题联系起来，埃森曼很清楚，他可以在许多哲学与思想潮流中找到对这些观点的支持。其中一个与他的理论有直接关联的是法国哲学家德里达的"解构"理论。不仅仅是在思想上有所关联，埃森曼甚至还与德里达合作完成了巴黎拉维莱特公园的设计研究。这将我们引向另一些与埃森曼的先锋气质相近的建筑师。

推荐阅读文献：

1. ROWE C, SLUTZKY R. Transparency：literal and phenomenal[M]//ROWE. The mathematics of the ideal villa and other essays，Cambridge，Mass.；London：MIT Press，1976.
2. ROWE C. Introduction to five architects[M]//HAYS. Architecture theory since 1968. Cambridge：The MIT Press，1998.
3. EISENMAN P. Post-functionalism[M]//HAYS. Architecture theory since 1968. Cambridge，Massachusetts：The MIT Press，1998.
4. EISENMAN P. The end of the classical：the end of the beginning，the end of the end[M]//HAYS. Architecture theory since 1968. Cambridge：The MIT Press，1998.

第 3 篇
1983—1995 年
激进先锋与本源回归

1983 年，法国举行了巴黎拉维莱特公园国际设计竞赛，获胜者是伯纳德·屈米（Bernard Tschumi）。屈米的设计有着反常规的强烈特征，展现了他对一些传统建筑理念的深度挑战。拉维莱特公园成为那一时期先锋建筑的典型代表。屈米的设计思想与法国哲学家德里达"解构"理论的关系也得到人们的关注。1988 年，纽约现代艺术博物馆（MoMA）举办了名为"解构主义建筑"（Deconstructivist Architecture）的展览，展示了屈米、埃森曼、弗兰克·盖里（Frank Gehry）、扎哈·哈迪德（Zaha Hadid）、雷姆·库哈斯（Rem Koolhaas）等人的设计作品。并不是每个参展者都与解构理论有所关联，但是他们都展现出了与屈米类似的先锋性特征，作品夸张大胆、个性独特。这体现出这些建筑师锐利的理论姿态，他们代表了 20 世纪末期建筑理论与实践中最富有革新性的试验性成果，其中很多人的转变和发展对于 21 世纪初期的全球建筑界也产生了非常重大的影响。

刺激和鼓动这股先锋性思潮的，是对建筑界主流的不满。如果说此前一个阶段，理论关注的核心是对现代主义的修正，那么这一时期的关注点更多的是确立新的立场。其他领域理论与概念的引入能够助推新理论的诞生。在西方思想界占据重要地位的批判理论也在这一时期更多地渗入到建筑讨论之中。这种理论思潮致力于在文化领域展开意识形态批判。建筑作为融合了政治、经济、生产、消费和文化的综合体，也成为这种批判分析的理想对象。以曼弗雷多·塔夫里为代表的一些历史与理论学家在这一方面做了很多工作，形成了有着强烈共性的批判理论潮流，在 20 世纪末期的理论图景中扮演了重要角色。

另外一个深刻影响建筑学的哲学思潮是现象学。埃德蒙德·胡塞尔（Edmund Gustav Albrecht Husserl）、马丁·海德格尔、莫里斯·梅洛－庞蒂（Maurice Merleau-

Ponty）等人的哲学理论影响了从诺伯特 - 舒尔茨、阿尔贝托·佩雷斯 - 戈麦斯（Alberto Pérez-Gómez）、卡斯腾·哈里斯（Karsten Harries）到肯尼斯·弗兰姆普敦、尤哈尼·帕拉斯玛（Juhani Pallasmaa）等众多建筑师与学者。现象学所带来的是对物、对世界、对人的存在等根本问题的深刻思辨，因此可以将影响扩散到建筑讨论的各个领域。现象学思潮推动了地域主义、建构理论、身体知觉等诸多建筑议题的讨论，直到今天仍然构成着建筑理论中最富有生命力的分支之一。

　　跨学科的"转码"特征在 20 世纪末期的理论话语中极为突出，大量艰深和复杂的理念与思想的引入，使得建筑理论变得更为晦涩和含混。我们试图在这一节将这些理论的思想背景尽量清晰地展现出来，帮助大家理解这些理论主张的实质内涵。

第**9**章 解构主义与先锋建筑

　　解构主义建筑是 20 世纪八九十年代兴起的一股建筑思潮。这个名称直接展示了它与法国哲学家雅克·德里达"解构"思想之间的联系。不过，并不是每一个有这一倾向的代表性建筑师都受到了德里达的影响。在更宽泛的意义上，这个名称用来指代在这一时期展现出的异乎寻常创作特色的一批建筑师，他们对一些传统理念的刻意颠覆，带来了一些极富先锋色彩的创作成果。从某种程度上，他们的工作可以被视为 20 世纪 50 年代以来对主流现代主义的批判与反对所达到的一个极点，由此将建筑理论引领至一个十分关键的分界点。我们将在这一节讨论这些建筑师不同的思想与创作。

9.1　德里达的解构思想

　　解构主义建筑这一称呼的直接来源是 1988 年 MoMA 举办的名为"解构主义建筑"的展览。这次展览由建筑学者马克·威格利（Mark Wigley）与菲利普·约翰逊组织。威格利的研究一直关注建筑与哲学的关系，他的博士论文已经探讨了德里达哲学与建筑理论的相互关联。不过，这次展览也不能完全归因于威格利个人的理论偏好。在进入建筑界之前，"解构"（Deconstruction）思想已经在西方其他领域的理论界，如当代哲学与文学批评中引起了极大的关注。就像此前提到的语言学，风靡一时的"解构"思想也迅速被嫁接到建筑理论之中，引发很多新的观念与新的探讨。在进入具体的建筑讨论之前，我们有必要简要了解一下"解构"理念的内涵。

　　"解构"是法国哲学家雅克·德里达哲学分析中极为重要的理念，也因为德里达的工作而广为人知。不过德里达并不是这个概念的直接来源，他也是受到了德国哲学家马丁·海德格尔的影响。在《存在与时间》（*Being and Time*）之中海德格尔使用了类似的概念。

他的第二章第六节的标题就是"对本体论历史的一种解构（Destructuring）的任务"。海德格尔使用这个词语的意思很明确：传统本体论存在问题，因为它忽视了时间性这一特征。所以解构的任务就是指出和分析这一问题，对传统本体论提出挑战。德里达的"解构"与海德格尔的"解构"非常类似，它实质上是指对一些传统哲学观点的批判性分析，挑战它们的合理性。传统哲学通常具有系统性，仿佛是一个完整的构筑物，因此对它的批判分析就类似于对这个传统体系的"解构"。不过，在具体"解构"的方式上，德里达与海德格尔不同。海德格尔的任务是通过用存在性的本体论替代传统本体论来完成的，而德里达的批判分析则要多元一些，他的很多"解构"分析并不导向一种确定的替代性结论，它们大多遵循一种特有的德里达式的分析模式。

在一个哲学体系中，有很多概念、很多观点可以被讨论、被挑战，德里达的"解构"分析的对象往往是这些哲学理论中核心的二元概念。所谓的二元概念，通常是指成对的两个概念，它们相互之间有密切的关联，所以被看成一对，但同时它们之间也有极为重要的差异。正是这种差异与关联的共存，导致这一对概念可以产生非常丰富的互动，带来各种各样的理论结果。我们最为熟悉的是中国传统思想中的"阴阳"这一对二元概念，从中医到风水，传统理论基于这两个概念的相互关系来解释很多抽象或具体的现象。西方很多哲学理论中也有很多这样成对的概念，它们也扮演着类似于"阴阳"在中国传统思想中扮演的核心角色，比如心灵与身体、生命与死亡、真理与谬误、存在与空无等等。

至关重要的是，在很多理论中二元概念中的两者并不处于同等的地位，其中一个概念会被视为优于另一个概念，从而占据优势地位，得到支持与赞扬。与之相反，另一个处于劣势的概念则会遭到压制与贬低。这些理论的一些核心信条就是建立在对二元概念里其中一方的认同，以及对另一方的拒绝之上。比如在很多时候，真理被认为优于谬误，而且不少哲学家认为真理可以被心灵而不是身体所认知，还有一些人则认为心灵是永生的，因此不会遭遇死亡。在这些理论中，二元概念之间的等级差异确立了一个哲学理论的基础性结构，其他的许多论点都是这个基础性结构的派生物。

德里达的"解构"分析，就是致力于挑战这些二元概念中的等级关系，进而动摇很多传统理论的基础性结构，为新的哲学观点的建立提供准备。德里达的绝大部分哲学著作都是对其他哲学家经典作品的批判性分析，而其中最知名的是针对这些作品中二元概念的"解构"分析。极为精妙的是德里达的讨论方式，他从不简单地论断哪种理论是错误的，或者哪些概念是误导的，而是深入到这些经典文本之中，在这些哲学家自身的话语和论述里，发掘出动摇他们自身二元概念体系的内容，从而依赖他们自己的武器"解构"他们自己的理论。

我们可以通过一个例子来了解"解构"的运作，比如德里达最著名的"解构"作品之———《柏拉图的药》（Plato's Pharmacy）。这篇文章着重分析了古希腊哲学家柏拉图的一些文献，尤其是《斐德罗篇》（Phaedrus）。在柏拉图这篇文献中，有一个核心概念 Pharmakon，在古希腊语中，这个词同时包含两个看似矛盾的意思：良药与毒药。传统观念一般会认为良药优于毒药，所以需要保护良药的成分而去除毒药的成分。这是一种典型的二元对立的立场，德里达认为，柏拉图主义中的这种二元对立对于整个西方哲学的形而上学传统有重要的奠基性作用。

德里达要做的是解构这一二元体系，恢复 Pharmakon 的矛盾性与混杂性。不过，他并没有直接讨论药物，而是讨论另一对与之相关的二元概念，言说（Speech）与书写（Writing）。在《斐德罗篇》中，柏拉图的观点非常明确，言说要优于书写，言说被视为呈现真理的良药，而书写则是混杂了良药与毒药的 *Pharmakon*，因此要劣于言说。柏拉图的理由是，在日常话语之中，我们心里想到了什么就可以直接说出来，言说是内在思想的直接展现。此外，因为在对话的同时，说话的人可以不断根据对方的反应进行解释或者反驳，所以言语就像说话的人一样是活的，可以更真实地呈现说话人的观点。如果讨论的对象是知识，那么言语可以更直接和准确地呈现知识，或者说是真理。相比言说，书写要依赖外在的文字与符号，这些媒介指代了传递的意思，但是指代的过程中就可能出现不准确、误读甚至是欺骗。此外，书写一旦完成就僵死了，无法改变，也无法进一步辩解。书写只是对话语的"半死亡"的模仿，而模仿当然逊于被模仿的原本，因为在模仿的过程中很可能遗失或弄错重要的东西。所以在对真理的呈现上，书写要劣于言说，它可能传递了一些正确的东西，也可能混杂了一些错误的东西，所以书写既是良药也是毒药，而言说则被视为更为纯粹的良药。言说与书写这对二元概念的差异，从一个侧面体现了整个柏拉图主义的基础性结构特征，那就是真理、心灵、内在、直接呈现优于谬误、身体、外在与模仿。而这种差异也被此后众多的西方哲学理论所继承。

德里达的"解构"分析在柏拉图自己的文字中挖掘出了动摇上述基础性结构的线索。他指出，在《理想国》（*The Republic*）中，苏格拉底明确说道，最重要的本质，"善"（Good）这一理念本身就像太阳一样无法直视，所以我们并不能直接了解它，或者谈论它。类似于在日食观测中，可以通过水中倒影观察太阳，苏格拉底认为我们可以观察和讨论"善"的一些替代物。这也就是说，苏格拉底也认同人并没有能力直接获知真理，也需要某种替代物，即所谓中介来讨论和辨析真理。所以，即使是言说，也并不能直接呈现真理，它同样是某种替代和模仿，而在替代和模仿的过程中就可能出现失真和谬误。从这个意义上来说，言说与书写的差异变得微乎其微，在本质上它们都是通过替代性的中介来触及作为真理的本源，差别可能仅仅在于方式而不是基本模式。言说仅仅是另外一种书写而已，它并不比书写更为优越，书写反而是更为基本的模式，展现了我们讨论真理的方式。由此，德里达"解构"了柏拉图主义中言说对书写的优势。

德里达的意图当然不是简单地论证书写的重要性，这两个概念之所以重要，是因为它们与真理的关系。德里达认为，言说的优越性实际上体现了以柏拉图主义为代表的"逻各斯中心主义"（Logocentrism）。逻各斯（*Logos*）在希腊语中有意义、话语、逻辑、理性以及神的话等各种意思，它与言语有密切的联系。逻各斯中心主义认为终极的意义可以直接呈现在逻各斯之中，也就是说人可以拥有对于真理的绝对知识。在这一观念之下，言语能够比书写更直接地呈现知识，因此也更符合逻各斯中心主义的要求。德里达对言说和书写之间差异的"解构"也挑战了逻各斯中心主义，因为我们并没有对于真理的直接感知，所有关于真理的言说和书写都是替代与模仿，它们也不能等同于真理本身。而且，恰恰因为真理被替代与模仿，我们开始了关于真理的讨论，才开启所有的言说和书写。真理的"消失"和被替代是所有这一切现象的起点。德里达写道："善—父亲—首领—太阳的消失是话语的前提条件，把它视为一种总体性书写的时刻，而不是原则……真理作为在场现实（Presence）的消失，在场现实的源泉的退隐，是所有真理（真理的显现）的条件。非真理就是真理。非在场就是在场。差异（Difference），任何本源性在场的消失，同时是真理的可能性与不可能性的条件。"①

所以，德里达的真正意图，是挑战以柏拉图主义为代表的西方主流哲学传统。尽管有很多不同的理论，但大多数哲学体系都认为可以通过理论辨析揭示真理、揭示整个世界的本质。这实际上就是一种逻各斯中心主义，用德里达的话来说，这些理论认为存在一种"超验所指"（Transcendental signified）可以用适当的概念或者符号（Signifier）直接和准确地呈现出来。而《柏拉图的药》所论证的是，这种纯粹的良药是不存在的，有的只是混杂了良药与毒药的 Pharmakon。没有人具有能力获得对真理的直觉，他们都要依赖替代性的中介，而中介永远不能被视为真理本身，所以任何对真理的呈现也引入了非真理的成分，没有任何"能指"可以直接准确地表达"超验所指"的本质。

可以看到，德里达在这里引入了索绪尔语言学的理念：能指与所指。他是想借用索绪尔关于符号学的论述来论证对真理和终极意义的直接呈现并不存在。前面提到过，索绪尔指出，能指与所指之间的关系是任意的，就像红这个概念可以被称为"红"，也可以被称为"Red"，并不存在红这个概念（所指）与"红"这个符号（能指）之间必然的对应关系。此外，索绪尔还认为，一个能指之所以能够指代所指，并不仅仅取决于它本身是什么样的，更重要的是取决于它与其他符号之间的差异与关系。比如"红"不同于"蓝"，且又同时属于一个具有相似性的体系，所以可以用来指代红色这个概念。符号要依赖于一个体系，依赖于它在体系内与其他符号的差异与联系，才能实现指代意义的作用。在这个意义上，语言是一个由差异与联系组成的系统，而不是由一些独立的具有意义的词语组成的集合。每一个词都包含了系统中其他元素的"痕迹"（Trace），语言是各种差异性的编织物（Weave of differences）。

德里达将这种"差异性"理论移植到了哲学分析之中。因为哲学讨论也需要使用概念和符号，所以也受到了能指与所指关系的约束。他创造了一个新的概念"延异"（Différance）来进行阐释。"延异"来自于对法语"差异"与"拖延"的改造合成。德里达使用这个概念是想表达两个方面的观点：一、符号的意义取决于它与其他符号的差异与关系，因此，不能认为符号直接就能表达意义，而是要认识到在这个过程中，那些不在场的符号也通过差异与联系作用于符号，进而影响符号对意义的表达；二、因为语言体系中符号是不断变化的，这也导致单个符号的内涵受到整个体系变化的影响，所以不能认为符号的意义是稳定不变的，没有任何时刻可以认为一个符号的意义被确定了下来，它的确定意义只能不断"拖延"，乃至于永远无法固定下来。不难理解，德里达是在用"延异"的概念来对抗逻各斯中心主义，反对那种认为真理和终极意义可以通过符号忠实呈现的观点，强调意义的呈现始终受到"延异"的影响，因此是不断变化、转变甚至冲突和矛盾的。自然而然地，我们不能认为我们拥有任何途径可以准确真实地揭示真理与终极意义。

从"解构"出发，德里达的哲学目标是颠覆西方主流哲学传统的"基础主义"（Foundationalism）立场，这种立场认为形而上学的讨论，比如哲学，可以找到所有存在的根本性基础，并且由此出发，阐发出关于一切的根本性原理。德里达的方法并不是直接论证这个任务不可能，而是指出即使我们想要完成这一目标，也需要依赖中介的话语与符号，这就不可避免地受到"延异"的影响，也就不可能真的实现这一目标。这个

---

① DERRIDA J. Plato's Pharmacy[M]//Dissemination, London：The Athlone Press, 1981：168.

结论其实也并不新颖，康德关于物自体与现象，彼岸与此岸差异的论述也得到了类似的结论，人永远不可能了解物自体本身，永远不可能从此岸跨越到彼岸。德里达的出众之处，可能在于他用新的方法、新的工具重新阐释了这一观点。而这些新方法与新工具可以更容易地对其他领域产生影响。比如"延异"对意义传递的影响，就催生了文学批评领域很多类似的"解构"性分析。

同样，建筑理论也因为德里达这些新方法和新工具的出现而受到了直接的鼓动。一个典型的例子是上一节提到的埃森曼 1984 年完成的《古典的终结：开始的终结，结局的终结》一文。虽然文章中没有直接提到德里达的名字，但是德里达思想的影响清晰可见。比如埃森曼对于意义、理性、历史的攻击，就是对传统建筑理论"基础主义"的攻击，他认为这些元素都不能构成真正稳固的理论基础，因为它们都不是"真理"，而是受到人的利益与偏见影响的观点。能够取而代之的也不是另外一个值得信赖的基础，因为这种基础并不存在，就像"超验所指"并不存在一样。对于埃森曼来说，更有价值的是"痕迹"（Trace）而不是稳定的符号，因为"痕迹是动机的记录，是行动的记录，而不是另外一种源泉性物体的图像。"[①] 就像在"延异"中，我们要意识到系统中的其他符号都影响了特定的符号，在其中留下了"痕迹"，埃森曼也希望通过展现"痕迹"来强调这个过程，而不是仅仅专注于符号与其所指代的意义之间单一的关系。简单地说，埃森曼希望我们关注关系，而不是意义，由此我们可以理解他的作品无论是前期还是后期都格外强调对整个形式演化过程的呈现，他试图通过大量的细节让人阅读出这些"痕迹"。

埃森曼的例子表明了德里达的哲学讨论如何通过解构、延异、符号学、意义等观念渗入到建筑理论中。因为有了这些概念和理论的嫁接，抽象的哲学论述才能与建筑建立更好的关联，这也是德里达的"解构"观念能够掀起一股建筑思潮的原因。可以看到，德里达的理论最有力的地方，是对传统思想基础结构体系的挑战和质疑。他并没有提出另外一种基础性结构来替代原有的基础性结构，而是强调这种基础性结构本身应该抛弃，转而迎接"延异"带来的变化与多样性，而这为更多的可能性提供了空间。这也是德里达的思想有时也被称为"后结构主义"的原因之一，因为他并不认为存在一种稳定和普遍的结构为所有的解释提供基础。

"解构"理论对建筑理论的吸引力也在于此。如果成功地移植到建筑中，"解构"也可以挑战传统建筑理论的基础，为更为多元和新颖的创作打开空间。埃森曼认为形式自主对意义、理性、历史的挑战就是为了达到这一目的。但形式自主可能不是唯一的选择，其他的建筑师可以选择从其他的角度对其他的传统概念发起冲击。解构主义建筑展上的建筑师们大多具有这样的特点，而最为典型的当属伯纳德·屈米，他也是与德里达本人关系最为密切的参展建筑师。

9.2　金字塔与迷宫：屈米的理论与实践探索

伯纳德·屈米出生在瑞士洛桑，拥有瑞士与法国双重国籍。20 世纪 60 年代，他在

① EISENMAN P. The end of the classical：the end of the beginning，the end of the end[M]//HAYS. Architecture theory since 1968，Cambridge：The MIT Press，1998：533.

瑞士 ETH 学习建筑，随后前往英国，在建筑联盟学院（Architectural Association School of Architecture）任教。1976 年，屈米前往美国，先后在普林斯顿大学、IAUS，库珀联盟等机构工作。1988 年至今，他一直在纽约哥伦比亚大学执教，并且在 1988—2003 年之间担任建筑、规划与保护研究生院的院长。

屈米为世人所熟知，是因为他赢得了 1983 年法国巴黎拉维莱特公园（Parc de la Villette）的竞赛，在超过 400 个参赛方案中脱颖而出。他的方案极为新颖，最终建成成果也完好地保留了设计的品质，成为 20 世纪末期最为重要的设计作品之一。实际上，拉维莱特公园是屈米获得的第一个实际项目委托，在此之前，他的工作主要聚焦于理论性的设计实验。与埃森曼类似，屈米对于理论性思辨有着浓厚的兴趣。除了撰写文章分析讨论之外，他还将理论思考融入一系列开放性的设计探索之中。虽然并不是真实的建成作品，这些早期探索的积累为他的拉维莱特公园方案，以及此后的其他一些建筑作品提供了直接的养料，也定义了屈米最为典型的理论与实践特征。

"建筑不是一种关于形式的知识（A knowledge of form），而是一种知识的形式（A form of knowledge）。"这是屈米在很多文章以及讲座中不断重复的话。他认为，建筑不应该固化为某种确定的建筑形式，无论它是古典主义、现代主义或者是后现代建筑。建筑应该是一个开放的领域，在其中可以进行各种理论性的思考，以创造新的思想与新的成果。他更为在意的是这些思想成果的体现与实践，而不是得到某种僵化的建筑规则或者是式样。

这种思辨性特征也适用于屈米的理论思考。相比于得到一种确定性的理论观点，他可能对于思辨本身更感兴趣。他的很多讨论并不是想要论证任何具体的观点与立场，而是提出一种策略使得建筑理论摆脱旧有限制，拓展出新的可能性。很多先锋性探索都有这样的特征，他们致力于动摇既有的理论体系，挑战其表面的正当性与合理性。当旧有的统治性理论不再成立时，也就为新理论的出现提供了机会。至于在此之后，新的理论是否能够建立起来，不同的理论先锋有着不同的答案，有的认为这个问题可以后置，将来再讨论；也有的认为不再可能建立任何系统性的理论；还有的试图提出新理论并且为之辩护，不过也就需要面对其他人的质疑与攻击。

屈米的立场大致接近于第一种，他发展了一些独特的论述与设计试验，探讨如何在旧有体系中撕裂出新的实践空间。在这些尝试中最为重要的可能是"僭越"（Transgression）的理念。在中国传统中，僭越是指行事超越了自己的本分，做出了不合规、不相称的事情，不符合自身的社会地位与角色。而 Transgression 这一理念所强调的也是超越规则、突破界限，所以可以大致翻译为"僭越"，不过要去除这个词原有的传统伦理色彩。屈米是在阅读法国学者乔治·巴塔耶（George Bataille）的作品中注意到了这个概念，随后引入了他自己的思想。巴塔耶与另一位著名的法国学者米歇尔·福柯都对"僭越"理念极为看重。虽然论述的方式不同，但他们的基本立场是类似的。他们都认为，现代社会中人对于自己的认知，即人是什么样的、人有什么样的特性、怎样才是一个"正常"的人这些观念，表面上看起来得到了生物学、社会学、政治学等诸多知识体系的支撑被大众所接受和遵行，但实际上，它们并不具有必然的正当性。很多观念实际上是被刻意制造出来的，目的并非揭示人的真实本质，而是通过这些观念实现对人的管理控制。当人们心目中有了"正常人"的概念，就会自我约束，使得自己成为一个"正常"的人。

而这个"正常"的人的概念，实际上恰恰是为了实现对人群最为有效的管理而被制造出来的。它所设定的边界与法则，通过"正常"的理念实现了对人的心理控制，转而也控制了人的行为。米歇尔·福柯在他的名著《规训与惩罚》中借用英国思想家杰瑞米·边沁的环形监狱（Panopticon）设计讨论了现代社会通过观念控制人的机制。在巴塔耶和福柯看来，一旦揭示了这种运作机制，就会意识到这些边界和法则都不是绝对正确的，更不是所谓的"真理"与"本质"，它们很大程度上限制和剥夺了人的自由与可能性。为了对抗它们，可以做的就是"僭越"，刻意地打破法则的限制，超越日常行为规范的约束，重新赢得人的更多可能性。比如，巴塔耶和福柯都认为现代社会对两性关系的约定是压制性与限制性的，因此可以跨越这种限制，接受完全不同的生活方式。

可以看到，"僭越"概念中最重要的是对规则与边界的超越。这里面既牵涉了规则与边界本身，也牵涉了对这些规则与边界的挑战与突破，因此"僭越"处于一个中间地带，一种围绕规则与边界展开的开放性操作，这也是屈米经常采用的探索性策略。早在 1975 年的一篇文献《建筑悖论》（The Architectural Paradox）中，"僭越"的特征已经在屈米的文字中体现出来。在这篇文章中，屈米借用乔治·巴塔耶的论述提出了两个概念——金字塔与迷宫，用来描绘建筑理论面临的困境。金字塔与迷宫是两个建筑比喻，象征两种理论倾向。金字塔是指理性化的理论建构，将建筑理论塑造为抽象、纯粹、完美、理性、逻辑、有序的整体，这就要求建筑理论不断地摆脱干扰性的元素，在不断的抽象与理性化过程中成为一个独立自洽的体系。金字塔就是这个体系的象征，他是"理性的终极典范"。屈米认为，当时建筑理论界中关于"自主性"的讨论就属于这种倾向，在建筑获得自主性，变得更为理性和纯粹的过程中，建筑也与复杂的现实越来越疏离，这造成了建筑的"去物质化""陷入概念的领域之中"。①

如果说金字塔象征着绝对的理性化，那么迷宫就是其对立面，是对理性化的绝对的拒绝。这里有的是没有经过理论处理的直接体验，它们丰富、混乱、缺乏组织也缺乏定义。在这些体验中，人们无法寻找到稳定的路径，也不知道规则与边界在哪里。最成功的迷宫，不仅是让人难以找到出路，而是让人无法判断自己到底在迷宫内部还是外部，这样的迷宫所带来的是彻底的迷失，而在这种迷失中，新的通道和新的遭遇已经变得不再有趣，反而是变得无聊与盲目。

屈米认为，建筑理论在金字塔与迷宫的对峙之下，进入了一种难以逃脱的困境，不仅是金字塔与迷宫各自有各自的严重缺陷，无法成为合理的选项，更重要的是这两者是完全对立的，相互否定和冲突，这带来建筑理论内部的撕裂与冲突。对于这一困境，屈米提出的解决方案就是某种程度上的"僭越"，超越金字塔与迷宫各自的界限，寻找一种调和的可能性。屈米提出，金字塔模式脱离现实与体验，执着于系统的建立是片面的。而迷宫模式否认任何系统的存在也是盲目的，因为即使是简单的体验也依赖于某些规则与体系，所以说迷宫本身也蕴含着金字塔的成分。在金字塔与迷宫之中，可能后者更具有发展的潜能。所以，屈米提出的出路是系统 + 超越（System plus excess），更具体地说是"建筑法则以及愉悦体验的充满想象力的混合。"②

---

① 参见 TSCHUMI B. The architectural paradox[M]//HAYS. Architecture theory since 1968, Cambridge, Massachusetts：The MIT Press，1998：218-228.
② Ibid.，227.

可以看到，屈米这篇文章的论述思路与前面提到的德里达的《柏拉图的药》有相似的地方。它们都讨论了一种二元对立，也都指出一种以前被轻视和贬低的其中一元其实更为重要，因此需要改变过去的等级结构，迎接更为灵活和复杂的关系。屈米并没有对他的结论提供充分的论证，但是他的观点是明晰的，他并不认同完全的放任与混乱，而是认为要在接受系统与法则的基础上，有意识地实现局部的"僭越"，由此来摆脱金字塔与迷宫的困境。与此同时，屈米已经在很多实验性设计中论证了僭越为创作提供的新鲜动力。借用巴塔耶的语调，屈米这样描述这些尝试："亢奋并不是来自于超越限度的数量的愉悦（The excess of pleasure），而是产生于超越限度这一行为的愉悦（The pleasure of excess）。" ①

一种典型的"僭越"是跨越学科和职业的边界，将此前关系薄弱的事物联系起来。屈米的早期探索中大量使用了这种策略，通过"僭越"将其他领域的技巧与观念引入建筑的思考中。他 1976—1978 年之间完成的"建筑广告"系列就非常具有代表性。他设想，可以通过广告来激发人们对建筑的欲望，实现"超越限度这一行为的愉悦"。很明显，屈米对广告的运用受到了波普艺术的影响，他试图用这种方式对抗正统的建筑理论话语，挑逗性地触及一些被主流理论所忽视的问题。比如在一幅名为"绳索与法则"（Ropes and rules）的建筑广告中，屈米使用了捆绑虐待的照片，以此说明建筑的乐趣很大程度上来自于与法则相关的游戏，你可以接受它们也可以打破它们，就像在图片中所展现的。"限制越多、越复杂，快感也就更强烈。最极限的炽情总是牵涉到一系列法则。为什么不享受它们。" ② 选择这样的照片题材显然是离经叛道的，但屈米想要说明的事情其实就是在《建筑悖论》中所强调的系统 + 超越。屈米不仅僭越了领域，也僭越了主流建筑理论的道德禁忌。

另外一个引起屈米注意力的领域是电影。他在电影创作中看到了很多可以对传统建筑产生冲击的手段。比如电影的叙事性、场景与行为的序列、爱森斯坦（Seigi M. Eisenstein）的蒙太奇片段并置、亚瑟·罗比逊（Arthur Robison）的图像叠加，以及画面处理中尺度的变化与夸张。但最为重要的是电影的动态特征，通过对运动的展现，电影记录了事件在空间中的发生，这与建筑的静态形成了鲜明的对比。屈米意识到，建筑中也有大量的事件和运动，但是它们在主流建筑体系中的重要性远远不如在电影中的重要性。这引向了屈米一个重要的结论：应当更为强调运动与事件。他在回顾性文字中写道："你痴迷这种想法：建筑同时又是空间、事件和运动，于是你发明了 S-E-M 公式。SEM 还是语义（Semantic）一词的词根。它们之间的相互关系定义了建筑。建筑物一旦抽离了使用和情境，就毫无意义可言。然而，只要一经使用或被情境化——只要里面一有事件发生——它就获得了意义。很快，你得出结论：并不存在所谓的中立的空间，如果建筑物里没有事件发生，建筑就不存在。我们对于建筑的观念取决于建筑物中发生的活动，空间在事件中转化。这种观念较之于先前的观念有了很大变化。而这一切将成为你的老生常谈，建筑是事件的话语，同时也是空间的话语。" ③

---

① TSCHUMI B. Architecture and transgression[M]//MALLGRAVE & CONTANDRIOPOULOS. Architectural theory，an anthology from 1871 to 2005，Oxford：Blackwell Publishing，2008：449.

② 伯纳德·屈米 . 建筑概念：红不是一种颜色 [M]. 陈亚，译 . 北京：电子工业出版社，2014：47.

③ Ibid.，28-31.

　　这段话中屈米所透露的理论立场，与埃森曼早期的理论立场有所类似。他们都认为，另外一种手段，对于埃森曼来说是句法，对于屈米来说是事件与运动，可以帮助实现意义的增长。至于具体得到什么样的意义并不是那么重要，他们关注的焦点是手段本身。意义的具体内容可以暂时悬置，他们着重探索的是手段本身带来的解放。屈米注意到爱森斯坦谈到过雅典卫城对蒙太奇的启发，爱森斯坦还使用了一种特殊的记录方式来同时展现电影脚本多种类型的信息。他使用一个 4 行的表格，分别展现同一个场景中镜头画面、音乐、构图以及运动的序列。屈米立即将这种图解借用到建筑中，用 4 行表格同时展现事件、空间、平面以及人的运动流线。这样的图解展现了空间、事件与运动之间更为密切的关系。在下一步的尝试中，屈米进一步挖掘了运动产生建筑的可能性，他将电影《弗兰肯斯坦》（Frankenstein）中的一个片段截取出来，首先描绘了片段中人物运动的轨迹，再将这些轨迹实体化为几何形体，最后通过图底反转以及局部的调整，得到一个以运动轨迹为基础的建筑构成。在主流建筑学看来，这样的操作毫无逻辑，因为没有任何理由认为运动轨迹能够帮助解决功能、结构、效益等建筑问题，这完全是一个偶然和无序的结果。但屈米所关注的，不是金字塔式的严密逻辑，而是"超越限度这一行为的愉悦"。虽然不能论证得到的建筑结果一定是合理的，但这样的操作的确打破了传统规则，而且带来很多出人意料的形式效果。

　　对电影的研究最终凝结在屈米著名的实验性作品《曼哈顿手稿》（Manhattan Transcripts）中。可以把这个作品理解为按照上面的操作方式完成的一个电影脚本。屈米设想了由 4 个部分组成的一个故事，分别对应于 4 个场景：中央公园、街道、塔楼以及街区。在每个场景中，屈米都探索了事件、空间、运动的交互关系。他绘制了大量的图解，很多是同时包含事件、平面以及运动轨迹的并列图表，也呈现了一些像《弗兰肯斯坦》那样从运动与事件转化为建筑结果的尝试。相比于此前的尝试，《曼哈顿手稿》虽然同样基于"僭越"策略，但是在具体的构思与绘制上都要松散和随意得多。屈米并不想要展现一种确定的操作方式，而是希望呈现将事件与运动的理念强化后，可能带来的建筑冲击。因为没有遵循传统建筑学的基础框架，运动与事件的偶然性反而带来了反常的建筑元素，比如怪异的形态、复杂的交错、富有张力的线条等等。它们给予《曼哈顿手稿》中的建筑图解极为错综复杂的建筑形态，远远超越了常规建筑形体的范畴与限度。这个作品充分展现了"僭越"所能带来的可能性。

　　另外一种"僭越"的手段是质疑传统建筑的核心理念，比如实用性。在米歇尔·福柯看来，很多传统理念的作用是为了实现某种潜在的社会管理目的。建筑的实用性显然可以帮助推进社会生产，屈米认为这一点也可以质疑。假如社会生产不是唯一的目的，单纯的游戏与娱乐也可以成为正当的建筑目的，那么对实用性的拒绝就可以帮助达成这一新的可能性。在名为"20 世纪愚蠢装饰物"的项目中，屈米设计了一系列小的构筑物。它们仍然是由常见的建筑元素，如楼梯、墙、柱子、坡顶等构成，但是这些元素的片段组合并没有确定的实用性。在常规建筑学看来，它们的无逻辑组合是无意义与无价值的，但是屈米认为这种无用性（Uselessness）反而使得它们能够摆脱社会秩序的统治，获得某种程度的解放。"愚蠢装饰物"（Folly）一词中的"愚蠢"与"装饰性构筑物"两种内涵都是被传统建筑学所贬低的，但是在这里，这些"愚蠢装饰物"成为迷宫的代表，对传统建筑学的金字塔体系发起了冲击。

所有这些思考与尝试都为屈米的拉维莱特公园方案提供了养料。20 世纪 80 年代，刚刚执政的法国左翼密特朗政府开启了一系列庞大的建筑工程来提升巴黎的公共服务。拉维莱特公园是其中最为重要的项目之一。法国政府计划将巴黎东北部一块 54.6hm² 的场地改造为"21 世纪的公园"。这个项目的国际竞赛吸引了 470 多份参赛方案，当时尚且名不见经传的伯纳德·屈米最终赢得了胜利。他建筑生涯中第一个实际项目竟然是如此重大的工程，拉维莱特公园一举让屈米成为举世瞩目的先锋建筑师。在经过一段拖延之后，拉维莱特公园最终在 1987 年完工，迄今为止仍然是公园设计中极为罕见的孤例。

屈米的获胜显然来自于他的大胆与创新。但在旁人看来离经叛道的做法其实都来自于屈米此前的实验。借用电影蒙太奇的并置手法，屈米将三个"自主、分割、独立的层级：点、线、面叠合在一起，它们分别对应于行动的场所，运动的场所以及自由的场所。"[①]这明显是此前屈米在电影中提取出来的，对事件与运动给予突出强调的进一步延伸。点、线、面这三个相互独立，但同时也相互重叠的元素，也就构成了拉维莱特公园的主要成分。这里的点是屈米设计的一个个鲜红色的"愚蠢装饰物"（图 9-1）。就像他此前所做的构筑物一样，这些建筑小品也由大量经典建筑的片段组成，但是组合的方式极为灵活，因为它们并不遵循实用性或者结构效益所要求的规则。因此，即使这些"愚蠢装饰物"也具有一定的功能，比如咖啡、演出、瞭望，但是其建筑形态仍然是对传统建筑规则的"僭越"，它们是典型的系统＋超越的范例。这些点成为事件的中心，人们可以在点的周围聚集，休息或者参与观演等各种活动（图 9-2）。屈米最初希望让这些点随机布局，但最终还是选择了他早在建筑联盟学校时期完成的实验性设计"芬尼根守灵夜"（Finnegans Wake）方案中采用过的格网点阵，以此对巴黎的城市肌理作出回应。线是指公园中的路径，它们定义了人们的运动路线。屈米重叠了几条差异悬殊的路径，有直线、斜线以及曲线，有的覆盖有钢结构的顶棚，有的则由连续的花园组成。在屈米看来，这些一格一格的花园就像电影胶片的框格，不同框格的连续变化组成了运动与事件。屈米原本设想委托不同的设计师完成花园的设计，他甚至将其中一个花园委托给彼得·埃森曼与雅克·德里达合作完成。不过这一想法最终没有能够完全

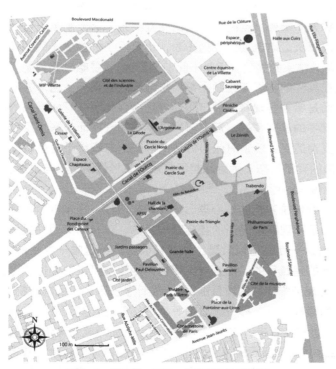

图 9-1 伯纳德·屈米，拉维莱特公园平面

---

① 引自伯纳德·屈米 2019 年 8 月 27 日在清华大学建筑设计研究院所做演讲 Architecture concepts：red is not a color.

实现。埃森曼与德里达的合作
设计没有实施，除了小花园之
外，其余的花园都是屈米自己
主导完成的。面是指点、线之
外的大片场地，屈米通过植物
与铺地的变化将它们区分为不
同的区域。不像点那样具有鲜
明的特色，以及线那样拥有明
确的序列，这些区域相对平淡
和单一，但它们为人们的自发
行为提供了"自由"的背景。

图 9-2　伯纳德·屈米，拉维莱特公园的一个"点"

　　点、线、面的叠合给予了
拉维莱特公园独一无二的特质。屈米写道："这种三重策略使人回想起瓦西里·康定斯基
的书《从点、线到平面》（ *Point and Line to Plane* ），它对 20 世纪的艺术和绘画产生了
很大影响。拉维莱特公园的特征源于三重系统的叠合：既灵活多变，其混合序列又涵盖
了大范围的离散活动。"[①] 可以看到，拉维莱特公园实际上是屈米此前诸多实验性探索的
集成性成果。虽然手段丰富，但不同元素背后最为核心的仍然是"僭越"思想，不仅超
越学科领域，也超越常规概念与法则。相对宽松的公园项目恰恰为"僭越"提供了充分
的空间。

　　基于同屈米和埃森曼的交流与合作，德里达也对建筑理论产生了兴趣，他在 1986
年发表了一篇名为"疯狂的点——当前的建筑"（ Point de folie—Maintenant l'architecture ）
文章，讨论屈米拉维莱特公园的设计。德里达认为，屈米的设计"解构"了传统建筑理论。
就像《柏拉图的药》一样，德里达首先分析了传统建筑理论的基本特征。他认为，传统
理论建立在一个基本假设上，那就是"建筑必须具有意义，它必须表现意义，通过它指
代其他事物。这种意义的指代与象征性价值必须指引建筑的结构与句法、形式与功能。
它必须从外指导它，遵循一种原则，一种根本性的东西或者基础，一种超验或者是终点。
这些因素本身并不是建筑性的。"[②] 但是在德里达看来，这种根本性的意义也不过是人们
构建出来的，并不具有绝对的合法性，因此并不一定需要接受。而屈米作品的意义，就
在于打破了这种传统体系，否定了"建筑必须具有意义"这一前提。他的拉维莱特公园
"动摇了意义，动摇了意义的意义，动摇了强有力的建筑构造的指代性合奏。"[③] 不过，屈
米也不是彻底地颠覆和反对一切既有的体系，那样会导致虚无和毁灭，而是认为应当"维
护、更新，重写建筑。他们重新复活了那个被无限麻醉的，围困在墙里的，埋葬在墓地
或者埋葬性怀旧之中的能量。"[④] 就像"解构"并不是推翻一切，而是释放曾经被二元对立
所压制的元素一样，屈米也没有完全拒绝过去的建筑元素，而是将这些元素以新的方式

① 伯纳德·屈米. 建筑概念：红不是一种颜色 [M]. 陈亚，译. 北京：电子工业出版社，2014：119.
② DERRIDA J. Point de folie–maintenant l'architecture[M]//HAYS. Architecture theory since 1968, Cambridge, Massachusetts：The MIT Press，1998：572.
③ Ibid.，574.
④ Ibid.

进行组织，比如断裂、叠加、缩放、对立等等，以此来消解传统建筑秩序的统治，为其他的可能性打开窗口。德里达认为，屈米的"格网与每个立方体的结构——因为这些点也是立方体——为偶然性、形式创造、组合性演变、游逛留下了机会。这些机会不是提供给定居者或者信徒，建筑的使用者或者是建筑理论家，而是提供给所有参与建筑书写的人们：他们没有任何前提设置，这意味着一种创造性地阅读，整个文化以及身体动作的跃动。"[1] 德里达的文字向来含混而多义，但这些话的意义还是相对明确的，那就是认为屈米的作品动摇了传统体系的统治，通过解构与重组，为更为多样化地创作与理解提供了机会。无论屈米还是德里达都没有阐述这种新的创作和理解到底应该是什么样，他们更为关注的是通过解构创造机会这一过程。从这一点上，的确可以将拉维莱特公园看作是对传统建筑体系的一种"解构"性回应。

屈米随后也通过 1988 年的一篇文章《引论：迈向建筑分离理论的要点》（Introduction：Notes Towards a Theory of Architectural Disjunction）对德里达的论述作出了回应。他也认同《曼哈顿手稿》与拉维莱特公园等项目挑战了传统建筑学的整体性与秩序，这些作品遵循了一种"撕裂"的策略，突破传统学科体系的边界，在动荡中释放此前被忽视和压制的事物，比如事件、运动、冲突以及离散。屈米还进一步对"撕裂"的具体做法给予了说明，包括："拒绝综合的理念，偏向于断裂、分离性的分析；拒绝建筑用途与形式的传统对立，接受两者的重叠与并置……注重断裂、重叠与结合，它们引发了动态的力量，扩展到整个建筑系统中，突破了它的限制，提示出新的定义。"[2] 可以看到，断裂、并置、突破边界是屈米不断提到的策略，它们不仅适用于拉维莱特公园的设计，也体现在屈米其他的典型作品中。比如他在法国勒弗赫努瓦（Le Fresnoy）当代艺术中心项目中将新的钢结构屋顶完全叠加在老厂房之上，这种蒙太奇式的并置创造出新旧之间极富张力的空间（图 9-3）。屈米将类似于拉维莱特公园的钢结构路线置入这一空间之中，凸显了运动对旧建筑秩序的冲击，以及断裂与冲突所带来的活力。

图 9-3　伯纳德·屈米，法国勒弗赫努瓦当代艺术中心

正如德里达所分析的，屈米最典型的设计项目就是这些继承了传统建筑元素，但是又对其进行撕裂重构的作品。这既不是完全的顺从，也不是完全的拒绝，而是一种解构式的"僭越"。围绕传统建筑形态与原则的边界进行操作，创造出一种既熟悉又陌生的复杂体验。更为重要的是，在突破传统限制之后，为更多的建筑操作提供了可能。这可能是"解构"理念对建筑最有价值的影

① Ibid.，577.
② TSCHUMI B. Introduction：notes towards a theory of architectural disjunction[M]//NESBITT. Theorizing a new agenda for architecture：an anthology of architectural. theory，1965—1995，New York：Princeton Architectural Press，1996：171.

响。它首先帮助我们质疑之前认为是坚不可摧的信念与原则,分析其内在的缺陷或者危机,提示对其修正而不是完全拒绝的方法,然后在这个动摇传统的过程中释放新的可能性。在这一点上,屈米作品的非传统特征明显体现了这一做法的建筑潜能。

但也要注意到,"解构"强调了动摇既有体系来创造新意义的可能性,但是对于到底什么样的新的意义可以被建立起来却不曾着墨。德里达的"延异"概念强调因为符号处于不断的分化和转变中,所以不能贸然断定新的意义,需要不断地延后、等待。然而,我们是否可以接受无限制的延后、接受新的意义永远处于悬置状态?或者更进一步说,一个永远无法确定的新的意义是否还存在可能?如果无法给予肯定的回答,那么这种"延异"的后果与彻底的虚无是否还有什么区别?实际上对于德里达哲学思想的一个主要疑问是,如果"解构"与"延异"不断持续下去,是否还有可能建立一个新的体系,创造新的意义?如果旧的体系、旧的意义被动摇,新的体系、新的意义又无法建立,我们是否可以接受这种与混乱和虚无并无太大差异的状态?如果答案是否定的,那也就意味着"解构"只是第一步,在动摇和释放之后还需要完成第二步的"建构",去真正奠定值得认同的新的价值与意义。

当然这都建立在建筑需要具有意义的前提之下。如果像彼得·埃森曼在《古典的终结:开始的终结,结局的终结》一文,以及德里达在《疯狂的点——当前的建筑》一文中提出的,建筑可以无需关注意义,当然会得出完全不同的结论。不过要论证这一点看起来似乎更为困难,这两人实际上都没有提供充分的依据。总体看来,绝大部分建筑师仍然认同意义的重要性,"解构"固然可以为新的意义的产生提供条件,但是建筑不能仅仅停留在这里,建筑仍然需要寻找更为坚实的意义与价值。这也部分解释了在获得了初期的关注与热忱之后,"解构"建筑思潮也很快失去了耀目的光环。实际上,除了埃森曼与屈米之外很少有其他重要的建筑师强调建筑理论与"解构"思潮的联系。而且即使是埃森曼与屈米自己,其建筑理论与实践也在逐渐远离 20 世纪七八十年代的激进立场,更多地回到传统建筑的框架里,比如更加倚重传统建筑元素的内涵。埃森曼的西班牙加利西亚文化中心以及屈米的雅典卫城博物馆就是典型的例子。虽然两人都使用了他们赖以成名的叠加与并置策略,使得两个建筑都拥有了超越单一秩序的复杂性,但是历史与文脉在两个设计中扮演的核心角色无疑是两个项目能够成功地融入当代情境之中、从而获得认同的重要条件(图 9-4)。这些元素给予了两人近期代表作品极为厚重的意义基础。相比起来,"解构"的遗存反而变得不那么重要了。

我们已经看到关于"意义"的讨论贯穿了整个 20 世纪后半期的建筑理论场景。"解构"思潮对这一讨论提出了根本性的质疑,但是随后的建筑发展说明,这个问题并不能被简单地弃之不顾,它还将在其他的建筑流派,如现象学影响下的建筑理论中继续扮演重要的角色。

图 9-4　伯纳德·屈米,雅典卫城博物馆

9.3　弗兰克·盖里建筑创作的演变

　　埃森曼与屈米都是 20 世纪末期理论先锋的代表性人物，他们都试图对此前的整体性建筑理论传统发起挑战，动摇过去的秩序与体系，为新的建筑姿态撕开裂隙。他们的理论与思想显然与德里达的"解构"的哲学有相似的策略与观念。不过，并不是每一个参与"解构建筑展"的建筑师都像他们两人这样热衷于理论思辨，也不是每一个人都认同自己的建筑理念与德里达有任何的关系。就像策展人马克·维格利写道的，他们的共同特点不是与"解构"的哲学关系，而是相近的反抗性与挑衅性，"解构的建筑师将建筑传统的纯粹形式置于心理治疗的躺椅上，去辨别被压制的非纯粹性……关于建筑物本质的传统思考被质疑。但是极端可能性并没有被采纳，传统的伤疤很快就闭合了，只留下浅浅的伤痕。这些项目重新打开了伤痕。"[①] 的确，单纯从建筑形式的角度看来，参展建筑师都跳出了传统建筑的框架，拓展出新颖的创作倾向，非常有代表性的是美国建筑师弗兰克·盖里。

　　盖里原名弗兰克·古德伯格（Frank Goldberg），为了避免 20 世纪 50 年代反犹主义者的侵害而改名为盖里。他在美国南加州大学获得建筑学学士学位，此后曾前往哈佛大学设计学院继续学习，但是并未完成学业，就回到洛杉矶开始执业。不像埃森曼与屈米那样执着于在建筑理论传统内部展开行动，盖里的兴趣更多的是在实践中。他很少写作，也对抽象的理论论述不感兴趣，但是在实践中，他的立场极为大胆，很少受到传统框架的约束。从这个角度看来，盖里的工作方式更接近于艺术家，一直致力于将某种艺术创作的理念发掘到极致，而对于其他的问题并不是那么关心。他写道："我相信建筑是一种艺术。今天的绝大多数建筑不是由那些认为他们的作品是艺术品的建筑师完成的。这种挑战，也就是从幻想开始工作，将这些幻想转译到完成的建筑中，并且在整个过程中保持其最初的能量，这是极为困难的。"[②] 这段话很好地描述了盖里的设计作品，它们通常在理念上并不复杂，往往围绕一个中心议题展开。但盖里的不同凡响之处就在于他能够坚持将一个理念贯彻到底，丝毫不顾及该理念对传统约束的破坏。正是这种坚持给予了他的作品异乎寻常的力量。自 20 世纪 60 年代以来，盖里的设计语汇发生了很大的变化，但是其设计理念保持了相当的稳定性。总体说来，他一直坚持的观念是充满活力的并置与组合，只是在 20 世纪 90 年代以后加入了流动性与运动的特征，并且越来越多地依赖先进的计算机技术实现这些理念"最初的能量"。

　　很少有建筑师像盖里一样与当代艺术家们保持密切的联系。回到洛杉矶以后，盖里很快就进入了当地先锋艺术家的圈子，与很多重要的美国艺术家成为朋友。这种交往不仅使得盖里脱离传统建筑学的领域限制，也帮助他从当代艺术中吸纳因素。这种影响最为引人注目的成果是 1988—1991 年间完成的加州圣塔莫妮卡的查亚特—德公司（Chiat-Day Agency）办公楼（图 9-5）。盖里将整个项目的入口留给了艺术家克莱斯·奥尔登堡（Claes Oldenburg）来完成。奥尔登堡是著名的波普艺术雕塑家，他常常将日常物品，

① WIGLEY M. Deconstructivist architecture[M]//MALLGRAVE & CONTANDRIOPOULOS. Architectural theory（Vol 2）：an anthology from 1871 to 2005，Oxford：Blackwell，2007：478、479.

② GEHRY F O. Architectural projects：current and recently completed work[J]. Bulletin of the American Academy of Arts and Sciences，1996，49（5）：36.

图 9-5　弗兰克·盖里，查亚特—德公司办公楼　　　　图 9-6　弗兰克·盖里，盖里自宅

如勺子、画笔、汉堡、图章、冰淇淋放大成巨型彩色雕塑，陈列在城市场地中。这些作品具有很强烈的反传统谐趣。在查亚特—戴伊公司办公楼，奥尔登堡将一个逼真的巨型双筒望远镜放置在了入口处，虽然不是盖里的创作，但是这个望远镜与盖里所设计的形态怪异的办公楼形成了很好的互动。

　　实际上，早在这一项目之前，艺术家的影响早已渗透进盖里的早期创作中。就像奥尔登堡的创作一样，当时美国西岸先锋艺术家大多专注于使用此前被正统艺术界所漠视的题材与技法，打破传统艺术的边界，扩展新的艺术领域。波普艺术就是典型，它使用日常的素材以及商业化的表现手段，定义反传统的艺术立场。盖里与这些艺术家有很多接触，他也非常喜爱贾斯珀·约翰斯（Jasper Johns）、罗伯特·劳森伯格（Robert Rauschenberg）、唐纳德·贾德（Donald Judd）以及卡尔·安德烈（Carl Andre）等人的作品，尤其是其"使用廉价材料与不需要精美工艺来完成"的特征。"我想，如果他们可以使用这些种类的材料来创造美，可能我也可以用它们来建造建筑"，盖里在这里坦承了艺术家的直接影响。[①] 就像前面所提到的，盖里坚定不移地将这个从艺术家那里获得的理念实施到了建筑中，最终成果就是令人惊讶的位于圣塔莫妮卡的盖里自宅（Gehry House）（图 9-6）。这原本是一座建造于 20 世纪 20 年代的典型的木板瓦独立住宅，盖里在 1970 年代末购入后对其进行了改造。他并未对旧建筑进行太多改动，而是在旧建筑之外加建了一些设施。正是在加建的部分，盖里向波普艺术家学习，大量使用了廉价的工业材料，如波纹金属板、铁丝网、胶合板等等。在形态上，加建部分也使用了错动、扭转、拼接等非传统的手段，在新旧建筑之间创造出强烈的反差。这种做法的根源出自对传统形式法则的背离。他认为既有的建筑体系过于僵化，缺乏活力，因此，刻意地保持复杂的形态可以"维持一种'新鲜性'（Freshness）。"盖里写道："通常这种新鲜感失去了——在过度的细节中，在过度的完成中，它们的活力消失了。我想避免这种状况，通过强调细节还在被完成中这种感觉来实现：即这座'建筑'还没有完成。"[②]

　　作为盖里早期的代表性作品，自宅不仅体现了艺术家的影响，也体现了盖里通过差异性的并置来塑造活力与复杂性的特点。盖里曾经写道，这可能与乔治·莫兰迪（Giorgio Morandi）的影响有关，这位意大利画家习惯将"不同的事物并排放在一起"。这成了

---

①　GEHRY F O. Wing and Wing[J]. ANY：Architecture New York，1994，（6）：45.

②　GEHRY F O. Gehry House[M]//HAYS. Architecture theory since 1968，Cambridge：The MIT Press，1998：379.

盖里一直着迷的理念。"我也对连接的概念感兴趣,将片段放在一起,就像我 20 年后仍然在做的那样。我想在自己的一生中,我们只有一种理念。"[①] 无论是查亚特—戴伊公司办公楼、自宅,还是贝弗利山沃斯克住宅(Wosk Residence),以及此后的沃尔特·迪斯尼音乐厅(Walt Disney Concert Hall)与毕尔巴鄂古根海姆美术馆(Guggenheim Museum Bilbao),盖里的设计都采用了将不同的片段组合在一起的设计策略。片段之间的差异与冲突构成了这些作品的复杂性魅力,盖里希望以此冲破传统形态的约束,来实现超乎寻常的"新鲜性"。

在这种理念一致性之下,盖里作品中真正变化的是他所使用的片段。他的早期作品中主要使用类似于普通日常建筑的元素,如简单的木板瓦体量、暴露的楼梯、坡顶等等,来营造一种"未完成"的活力。这给予他的作品一种有趣的混杂感。由于大量使用日常建筑片段以及波普元素,并且给予直接的并置与组合,盖里的这些早期作品实际上非常接近于同时期文丘里与司各特·布朗在《向拉斯维加斯学习》中所倡导的理念。它呈现出一种通过使用装饰性元素来超越现代建筑乏味感的意图,"建筑与一种需求有关,那就是建造某些不仅仅是静默的盒子的东西,这种需求就是我所称的装饰。每个建筑师都有他(她)的方式来使用装饰"。[②] 在早期的尝试之后,盖里很快就转向了他最热衷的"装饰",并且一直持续使用直至今天,这就是从"鱼"身上引申出来的流线形体与运动感。

从童年开始,盖里就对鱼产生了浓厚的兴趣。他的祖母常常在犹太市场上购买鲤鱼回家,在烹饪之前她往往将这些两三英尺长的鲤鱼放在充满水的浴缸中。年幼的盖里总是饶有兴趣地观察这些鲤鱼的游动,他后来回忆道:"我着迷的是它们的运动:这些漂亮的建筑般的形体翻动着尾巴,做出各种优美的、微妙的、非同凡响的芭蕾式的运动。"[③] 很少有建筑师会将鱼和建筑直接联系起来,但是盖里从未放弃这一理念。在 20 世纪 80 年代,他开始尝试将这一理念实现在创作中。实际上,在盖里最早的独立设计作品、1969—1973 年的"轻松边缘"(Easy edge furniture)粘合纸板家具中,盖里已经大量使用了圆滑曲线。不过,更为典型的成果是他 1984 年设计的鱼形台灯。这些灯是非常逼真的鱼形雕塑,有着清晰的鱼鳞与尾鳍,描绘了鲤鱼游动的瞬间。盖里使用了白色的半透明材料,使得灯光可以从鱼的身体内部投射出来。虽然也是由鱼鳞等片段组合而成,但这些鱼形台灯十分精致,光线效果也非常微妙,与鱼身的流线形体相得益彰。鱼形台灯的完整性与圆滑曲线,与盖里自宅等早期作品中的冲突性与粗糙感形成了很大的差异,不过从 1990 年代开始,盖里毫不犹豫地转向了这种新的形式元素。

1992 年,盖里受到美国建筑师布鲁斯·格雷厄姆(Bruce Graham)的邀请,为其负责的巴塞罗那海滨一座高层酒店设计雕塑(图 9-7)。盖里构思的是一个长达 56m,由鲤鱼形体抽象而来的构筑物。雕塑主体由两片金色金属片编织而成的曲面贴合形成,形体优雅灵动,与海滨环境相得益彰,为人喜爱,被大众昵称为"金鱼"。在这个项目中,盖里遇到的巨大挑战是如何建造这个曲线形体。他此前的鱼形灯具尺度较小,技术上并不难,但是这个巨型雕塑对于常规建造方式来说挑战很大。因为通常的建筑主要采

---

① GEHRY F O. Architectural projects : current and recently completed work[J]. Bulletin of the American Academy of Arts and Sciences, 1996, 49(5): 3.

② Ibid., 39.

③ Ibid., 40.

图 9-7　弗兰克·盖里，奥林匹克港海滨酒店的鱼雕塑　　图 9-8　弗兰克·盖里，沃尔特·迪斯尼音乐厅

用方、圆、三角等经典几何形，异形形体往往要采用手工现场制作，成本高昂，效率低下。这可能也是阻碍盖里在更早之前就使用鱼形形体的原因之一。不过，这一次盖里与同事们找到了一个完美的解决方案，他们咨询了法国幻影战斗机的设计制造者达索系统公司（Dassault Systèmes），引入了他们为设计生产流线型战斗机所开发的"计算机辅助三维交互应用软件"（Computer Aided Three Dimensional Interactive Application，以下简称 CATIA）。这个软件不仅能够帮助设计者实现曲面建模，还可以将相关数据规范化，传递给制造商使用。今天这已经是常见的计算机辅助技术，但是在当时仍然是极为新颖的。在 CATIA 的帮助下，盖里终于实现了他一直着迷的理念与建筑现实之间的结合，他看到了由此开启的巨大机会，"我们获得了建筑师通常不具备的力量"，可以高效、经济、便捷地设计和建造非经典几何形状的异形建筑形体。这也成为盖里此后专注发展的方向。

　　大约在同一时期，盖里还在从事洛杉矶沃尔特·迪斯尼音乐厅的设计（图 9-8）。他早在 1988 年就赢得了设计竞赛，但整个项目直到 2003 年才竣工。虽然完成时间晚于更为知名的毕尔巴鄂古根海姆美术馆，但迪斯尼音乐厅毫无疑问是后者的设计基础。盖里的设计理念始终如一，通过差异性元素的组合与并置塑造丰富性，为洛杉矶市中心被摩天楼所固化的城市环境提供活力。只是不同于之前的日常建筑元素，这个项目里组合在一起的是大量的曲面形体。就像他 1970 年代的自宅一样，盖里用很多异形的小体量环绕着方整的交响乐演奏大厅。这些体量都有着风帆式的圆滑曲面，它们之间的空洞与缝隙被辟为开放路径与休息平台，提供给大众使用。盖里最初设想使用石材铺设建筑表面，这意味着传统的建造方式。但是 CATIA 软件的引入与古根海姆美术馆的建造经验改变了设计，石材被替换为便于加工的钛金属板。通过计算机控制，盖里与合作者们紧密地掌握着整个设计与建造过程，完成了这个当初看起来有着不可思议的建造难度的作品。

　　片段连接的理念可能是一些人认为盖里的作品也有"解构"特色的原因之一。我们已经看到，盖里可能更多是从当代先锋艺术而不是当代哲学那里吸纳了这种理念。但更为突出的是盖里对曲线形体的使用。他从童年时就念念不忘的"鱼"，终于在计算机技术的帮助下被全面地转译到建筑中，这是一个简单而执着的故事。盖里坚定的探索，不仅实现了自己的理念，也为很多建筑打开了新的可能性。建筑形体不用再拘泥于一些简单几何形，而是可以拥有远为复杂和多样化的选择。盖里用他的实践尝试，而不是理论思辨，同样为当代建筑扩展了一个重要的领域。

图 9-9 弗兰克·盖里，毕尔巴鄂古根海姆美术馆

自迪斯尼音乐厅以来，盖里的大量作品都遵循同样的逻辑，由曲线形体动态组合构建建筑的主要特征，利用先进的计算机系统高效地完成从设计到建造的全过程。其中最为成功的当属毕尔巴鄂古根海姆美术馆（图 9-9）。与迪斯尼音乐厅类似，盖里在河岸场地中用一组条状的曲线形体形成了美术馆主体体量。它们的流线型特征与河流、船、风帆都能建立联想。与场地的切合，以及与毕尔巴鄂老城的差异，都给予这个项目相比于迪斯尼音乐厅更为强烈的特征。在计算机技术的帮助下，盖里得以在规定预算内按时完成了整个项目。自建成以来，这个项目一跃成为盖里最广为人知的作品，也成为毕尔巴鄂城市复兴的重要驱动力，每年吸引大量游人前往参观。美术馆内的异形展览空间也被很多艺术家所喜爱。

正如马克·维格利所说的，盖里的作品极大地挑战了传统建筑的形式体系。盖里充分证明了，建筑的形态完全还有其他很多可能性。在理念上，他对活力与流动性的兴趣从未动摇，对于很多建筑师来说，他最大的启示之一是对一个简单理念的坚持摸索，就算不是对整个建筑理论传统进行批判，同样可以带来极为惊人的建筑成果。

与弗兰克·盖里有着很大相似性的，是另外一位参展建筑师，扎哈·哈迪德。他们两人的早期作品都有着较为强烈的冲突性与挑衅性，但是在后期也都不约而同地转向一种稳定的以曲线为核心特征的成熟建筑语汇。导致这种相似性的内在原因之一，或许是他们都受到了先锋艺术的深入影响，由此导致了早期的激进色彩。但在此后的持续探索中，他们认为自己逐渐找到了可以体现自己核心理念的建筑语汇，便落脚于这种确定语汇之上进行深入挖掘。

9.4 扎哈·哈迪德的创作演化

扎哈·哈迪德可能仍然是迄今为止最为知名的女性建筑师，她所建立的扎哈·哈迪德建筑事务所是今天全球影响力最大的建筑设计公司之一。除了建筑作品以外，她独特的着装与言行也往往成为人们关注的对象。这可能与她从小具有的独特个性有关，她写道："从十岁开始，我就穿着有趣的服饰，说奇怪的话。并不是我刻意要这样。无论是有意的还是无意的，我真的不会遵循人们认为理所当然的那些规范。"[1] 这种性格也体现在对建筑元素的偏好上。哈迪德谈到她对建筑最初的兴趣产生于家具，在 7 岁的时候她与父亲一同去看新家具。她被自己房间中一件家具上的非对称的镜子所吸引，"我被这个镜子惊

---

① HADID Z. Zaha Hadid[J]. Perspecta，2005，37：131.

呆了，它开启了我对非对称性的热爱。当我们回到家，我重新组织了自己的房间。它从一个小女孩的房间变成了一个青少年的房间。我的表亲喜欢我做的，让我安排她的房间，然后我的姨母让我设计她的卧室，就这样开始了。"① 就像盖里对鱼的兴趣一样，哈迪德也从未放弃这种并不常见的对非对称性的热爱，它所带来的动态与差异被哈迪德注入了自己从建筑到服装的各种设计之中。

在黎巴嫩的贝鲁特美国大学学习了数学之后，哈迪德前往伦敦在建筑联盟学校学习建筑。我们此前已经多次提到过建筑联盟学校。自 20 世纪 60 年代起，建筑联盟学校逐渐演变为一所具有先锋性色彩的独特的建筑学校。一直到今天，这所学校的教学都被视为当代建筑教育最富实验性的探索之一。这显然与哈迪德不愿臣服于常规的个性相适应。在建筑联盟学校，哈迪德的导师中包括大都会建筑事务所（OMA）的创始人雷姆·库哈斯与佐伊·曾吉利斯（Zoe Zenghelis）。库哈斯也是解构建筑展的参展建筑师，他的理论思索与实践影响了一大批杰出的青年建筑师，我们在后面的章节会详细介绍他。在毕业之后，哈迪德先是在 OMA 工作了一段时间，随后于 1980 年在伦敦创立了扎哈·哈迪德建筑事务所，独立执业。直到 2016 年因心脏病去世之前，哈迪德完成了大量举世瞩目的设计作品，这使得她在 2004 年成为第一个获得普利兹克奖的女性建筑师。在实践的同时，她还在建筑联盟学校，哈佛大学、剑桥大学、哥伦比亚大学等地任教。

虽然在建筑联盟学校求学之时哈迪德的个人特色就已经得到了库哈斯与曾吉利斯的赞赏，但真正帮助她获得国际性关注的，是她在 1982 年赢得的香港山顶俱乐部国际竞赛（The Peak Leisure Club Competition）。这一竞赛的内容是在香港九龙的一座山顶上建造一座私人休闲俱乐部。扎哈的获胜方案提议将山体挖开，利用发掘的石材来完成建造。主要的建筑体量被塑造为岩层的堆叠，这样新的建筑将组成"人造的地质现象"。一经问世，扎哈的这一设计立刻引起了全球性的关注，这主要是因为扎哈使用了前所未有的图纸表现来传达自己的设计。高度倾斜的三维轴向，尖锐的透视视角、塞尚式的几何色块以及不稳定的构图与视点，这些特点首次向人们呈现的是一种独一无二的视觉体验。扎哈用这种方式进一步强化了山顶俱乐部采用条形体量的不规则堆叠而形成的错动与张力。这个方案典型性地体现了扎哈早期创作的建筑特点，那就是极不稳定的动态与冲突，而这往往是通过尖锐的体量、破碎的片段以及大尺度的悬挑、甚至是悬浮来实现的。

山顶俱乐部的新颖并不是空穴来风，这些特点并不是扎哈一人所独创。它们来自于一个重要的源泉，这也是扎哈个人所反复强调的——20 世纪初期的苏俄前卫艺术，尤其是以马列维奇为代表的至上主义。"我着迷于逻辑与抽象的思维。20 世纪的俄国前卫运动，马列维奇与康定斯基的世界，将这些结合在一起，并且在建筑中注入了运动与能量的理念，在空间中给予了一种流转与运动的感觉。"② 扎哈在 2008 年的一次采访中所说的这段话，明确解释了苏俄前卫艺术对她的影响。

苏俄前卫艺术运动是 20 世纪初期先锋艺术运动的重要组成，在特定的政治与社会背景下，催生了一大批极具开拓性的先锋艺术作品。康定斯基与马列维奇是这一运动最重要的两位先驱。深受表现主义思潮影响的康定斯基将绘画视作精神的载体，他使用大

---

①　HIESINGER K B. Zaha Hadid：Form in motion[J]. Philadelphia Museum o f Art Bulletin，2011，（4）：18.
②　Ibid.，17.

量抽象的线条、色块、符号来展现精神与情感世界的内涵。作为抽象绘画最重要的开拓者之一，康定斯基的作品从绘画元素到组织结构等诸多方面都彻底打破了传统绘画的限制，其错综复杂的叠加、并置、冲突与色彩差异构建出充满了不稳定性以及令人费解的画面效果，充分展现了表现主义思想对于精神超越物质现实，拥有深刻而难以捉摸的内在实质的观点。马列维奇也致力于抽象绘画的探索。他也认为抽象元素，如几何图形、线条、单纯色块，比传统绘画的拟像更能够展现精神性（Spirituality）与纯粹感觉（Pure feeling）等超越物质实体的本质性要素。他所创立的"至上主义"（Suprematism）即专注于使用有限的抽象元素进行创作。对于马列维奇来说，这些元素越是远离现实事物，就越接近于精神实质。所以，最为知名的至上主义绘画是他的《黑方块》（Black Square）与《至上主义构成：白上面的白》（Suprematist Composition：White on White）。画面中除了黑方块与白方块之外空无一物，马列维奇用这种极端的方式展现了抽象绘画与传统绘画之间不可跨越的鸿沟。在这两个极端的例子之外，马列维奇的其他至上主义作品主要使用大小、形状、颜色各异的几何色块来构成图面。不像康定斯基热衷于曲线与异形元素，马列维奇偏好有着精确边界的纯粹几何形，但是两人共同的特征是复杂动态的构图，以大量的并置与重叠展现出与传统绘画迥异的运动感与冲突性。这一特征也让康定斯基与马列维奇的抽象绘画同荷兰风格派的抽象绘画对立起来。后者强调超越个体的普遍秩序，所以使用几何元素渲染纯粹单一的正交秩序，画面稳定和均衡；而前者关注的是精神实质对物质秩序的超越，因此抗拒任何约束与限制，画面自由和充满张力。

风格派的抽象艺术通过凡·杜斯堡、里特维尔德、密斯·凡·德·罗、勒·柯布西耶等建筑师的创作深入影响了现代建筑的发展。而康定斯基与马列维奇的建筑影响则主要限定在了苏俄先锋艺术家圈子内部。比如在现代主义运动中扮演了重要角色的李希茨基就深受马列维奇的影响。他的"普朗恩"（Proun，俄语的缩写，意思是"肯定革新的项目"）可以被看作是马列维奇至上主义绘画的延展。李希茨基延续了马列维奇的复杂构成以及对稳定秩序的抗拒，但是他将后者的平面几何形部分替换成了三维几何体，使得画面元素更接近建筑形体。相比于马列维奇的绘画，李希茨基的"普朗恩"更接近建筑构成。同时，因为引入了三维体量，他的画面元素之间差异也更为明显，冲击力也更为强烈。从某种角度上看，李希茨基的工作类似于凡·杜斯堡，他们分别将马列维奇与蒙德里安的纯粹绘画理念转译到建筑构成之中，同时尽力保持原有艺术理念的内核与先锋性。

虽然苏俄先锋艺术运动中存在不同的观念，有些甚至是相互对立的，但是在革命热忱与创造新世界的雄心鼓舞之下，苏俄先锋艺术家们大多接受了马列维奇与李希茨基所倡导的，反抗传统秩序和夸大不稳定性与运动感的形式特征。梅尔尼科夫为 1925 年巴黎装饰艺术博览会设计的苏联馆是这一特征最出色的代表。除了纯粹的几何元素之外，苏联馆平面还采用了极为罕见的斜向元素，塑造出异乎寻常的运动感与变异性。虽然与勒·柯布西耶的新精神馆同为该次展览会上现代建筑的直接代表，但是两个建筑的差异鲜明展现了苏俄先锋艺术与西欧现代建筑主流之间的不同。

在很短的一段时间内，苏俄先锋艺术家进行了很多大胆的先锋艺术尝试，诞生了一系列在今天看来仍然极具独创性，显得强硬、尖锐、无所顾忌的艺术姿态。不过，因为苏联很快就转向了"社会主义现实主义"的建筑道路，先锋艺术运动的迅速终结，再加上此后冷战等因素的影响，导致苏俄先锋艺术运动的成果被极大地低估了，对于以欧美建筑师为主流的现代建筑发展并未产生太大的影响。在这一点上，扎哈·哈迪德确实是特立独行的，或许是因为苏俄先锋艺术所特有的"运动与能量"与她自幼而来对"非对称性"等反秩序元素的热衷相适应，哈迪德在求学时就已经开始积极吸收马列维奇等人的创作特征。她在建筑联盟学校的毕业作品，一座建造在伦敦亨格福德桥（Hungerford Bridge）上的旅馆就被命名为"马列维奇的建构"（Malevich's Tectonik）。马列维奇在20世纪20年代创作了《建构》（Architectonic）系列作品，主要是由大小各异的长方形按照正交秩序堆叠咬合在一起形成的。哈迪德的设计几乎是将马列维奇的《建构》作品原样放大到了建筑的尺度，无论是在比例还是组合上都保持了马列维奇原作的特征。扎哈·哈迪德所欣赏的，并不一定是至上主义绘画理念，而是马列维奇通过对抗物质秩序所获得的自由与勇气，这也成为她此后很多作品的起点。

　　相比于至上主义绘画与李希茨基的"普朗恩"系列，马列维奇的《建构》在构图与组成上相对僵化和单一，这也解释了哈迪德并没有继续对《建构》的模仿，而是转向李希茨基的动态与轻盈。她的香港山顶俱乐部设计就是一个有着强烈"普朗恩"特色的构成作品。错动的几何体量仿佛在无重力的空间中任意组合在一起，随时可能变化与分离。在错动之间，传统封闭的建筑房间被打开，路径与空间穿插和流动起来，营造出具有强烈苏俄先锋艺术色彩的流动感。哈迪德独特的绘画技法也进一步强化了这种特征。最为经典的是她所描绘的九龙全景，整个城市都被化简为密集几何元素的倾斜构成，绝妙地描绘出香港特有的拥挤与混杂。哈迪德自己也强调了这种非同寻常的建筑绘图的先锋气质："我的绘图重新组织了方向；它们消除了空间等级，落在了常识性的逻辑与竖向性之外。"①

　　香港山顶俱乐部最终没有建造，但哈迪德的理念在她第一个完整的建筑作品，位于德国莱茵河畔魏尔（Weil am Rhein）的维特拉消防站（Vitra Fire Station）中得到了充分的展现（图9-10）。与山顶俱乐部类似，这个建筑的主体也是由一组有着尖角的混凝土板片穿插组合而成，大量的锐角与斜向交错创造出一种破碎和锋利的建筑形象，仿佛整个建筑正处于爆炸的状态。维特拉消防站与同样是以板片为主体的巴塞罗那德国馆的差异，极端地展现出马列维奇与李希茨基动态的至上主义构成与蒙德里安静态的风格派构成之间的差异。哈迪德将维特拉消防站的特点描绘为"凝固的运动"："在一个能够模拟凝固的运动的空间中会是什么样？一个看起

图 9-10　扎哈·哈迪德，维特拉消防站

①　引自 KAPLAN C. Zaha Hadid[J]. BOMB，2001，（76）：102.

来是在运动的空间,同时是一种投射,一个凝固的瞬间。"① 维特拉消防站将梅尔尼科夫苏联馆之中已经蕴藏的尖锐与冲突放大到新的极致,与传统建筑形成了强烈的反差。从这个角度看来,哈迪德实际上将现代主义运动中被忽视的一种先锋倾向重新挖掘了出来,并且毫无保留地追寻这种倾向的实践结果。她并不是现代建筑的反对者,而是现代主义丰富内涵其中一支的发扬者。这也是哈迪德看待自己的方式,她将自己视为现代主义先锋的延续:"你必须要往回看,在 20 世纪早期,有着难以置信的充沛的乐观,以及对新理念和新方法的信仰。在建筑世界中,有的地方因为工业化的缘故,人们崇尚新颖。甚至是在 1960 年代的英国,都有理念中的剧烈革命。我想一个重大的断裂发生在 1970 年代末期,当历史主义理念开始产生影响。在理论话语与教育中,现代性、新颖性以及创造的传统消失了。所以当我们在 1970 年代晚期与 1980 年代早期出现时,制造了一种震动。"②

显然,哈迪德认为自己在坚持"现代性、新颖性与创造"的现代主义先锋传统,仅仅是由于后现代建筑历史主义理念的干扰,才让她显得不同寻常。从某种角度上,她对苏俄先锋艺术的阐释,可以被看成现代主义这一"未完成的工程"的继续。在这一点上,哈迪德看起来与艾森曼以及屈米对待现代主义的批判态度都有所不同。更为关键的差异,其实在于如何看待现代主义本身。如果将其简化为机械功能主义,自然会容易对其进行批判和反驳。但如果像哈迪德的例子所表明的,能够认识到现代主义本身也是一个复杂的集合,其中既有新客观性的质朴,也有表现主义的激烈,既有风格派的平静,也有至上主义的躁动,那么也就难以对整个现代主义一概否定。就像很多学者所指出的,无论是后现代主义还是以德里达"解构"分析为代表的后结构主义,其实都可以在 18 世纪末到 20 世纪初期这一典型的现代主义时代中找到其思想源泉。比如后现代主义者所推崇的尼采,就是 19 世纪的哲学家,而"解构"理念的来源,前面已经提到,实际上是海德格尔在 20 世纪 20 年代的哲学著作。从这个角度看来,这些新思潮并不能被看作是对现代主义的取代,反而是现代主义部分主题的继续延展。或者说,在现代主义内部本身就包含了这些新思潮的内容。扎哈·哈迪德的早期作品,完美地为这一观点提供了注脚。她证明了现代主义传统内部仍然有丰富的潜能可以挖掘,仍然可以引发激动人心的创作。她的勇气与执着,帮助人们认识到了这一点。

所以,我们不应被哈迪德作品的特殊形态所迷惑,简单地认为她是在描绘一种反叛。实际上,她很多核心的建筑观念仍然属于传统建筑学的范畴。比如她同样举世闻名的卡迪夫湾歌剧院(Cardiff Bay Opera House)获胜方案,其核心理念是打破传统歌剧院类型的封闭和臃肿,将各种功能组件,比如排练厅、公共表演厅、化妆室独立成小的体量,用一条纽带串联,再环绕成一个院子,使得功能组件突出在开放内院中。人们可以从外部走入内院,看到各个组件中的活动。哈迪德将这个建筑描述为一条"项链":"在卡迪夫项目中,我们围绕项链的理念工作,仿佛这是一条大街,环绕建筑自身以及场地,目的是将街道生活引入到场地内部。"③ 无论是将功能部件分离出来,还是用项链围绕院落,其实都是经典的建筑理念,我们可以在阿尔瓦·阿尔托的赛纳察洛市政厅,以及路易·康

---

① HADID Z & DE CASTRO L R. Conversation with Zaha Hadid[J]. EL Croquis,1995,(73):9.
② HADID Z. Zaha Hadid[J]. Perspecta,2005,37:131.
③ HADID Z & DE CASTRO L R. Conversation with Zaha Hadid[J]. EL Croqius,1995,(73):9.

未建成的萨尔克研究所会议中心中看到类似的做法。哈迪德的特殊之处在于，她没有采用阿尔托与康所喜爱的经典几何形，而是利用倾斜、尖角、非对称性以及非典型几何形体塑造出迥异于前两者的动感与锐利。即使是这样，真正让这个设计获得杰出品质的，仍然是对项目任务（Program）的诠释，以及对开放性与公共性的追求，而这些都是现代主义所极力倡导的。哈迪德再一次表明了，这些传统观念并不一定导致僵化与枯燥，仍然能够激发新的创造。

　　早期的哈迪德因为其设计独特的尖锐感而为人所知。有趣的是，与盖里类似，后期的哈迪德并没有放弃她一直钟爱的运动感与新颖性，但是转向了一种成熟的建筑语汇——曲线元素与圆滑形体。实际上，哈迪德早期的作品中已经存在曲线元素，但一个重要的转折点是 1999 年赢得的罗马当代艺术中心（MAXXI Museum Rome）设计竞赛（图 9-11）。这个项目在哈迪德作品序列中的地位可能类似于迪斯尼音乐厅在盖里作品中的地位，它启示了一条新的发展路径，并且被此后的实践所坚持。

图 9-11　扎哈·哈迪德，罗马当代艺术中心

　　哈迪德的理念同样是打破传统博物馆的封闭，将流动性引入这一类型。她通过场地分析剥离出几个主要线条，比如场地轴线、街道肌理以及一旁的运河流向。她将这几个元素放大为连续的展览空间，相互重叠和交错在一起。这种理念可以被看作"建筑漫步"概念的极化。勒·柯布西耶在哈佛大学卡朋特中心中将路径贯穿整个建筑，哈迪德所做的，是将整个建筑融入路径之中。她再一次大胆地为一个传统的现代主义理念注入新的内涵。在项目介绍中，哈迪德事务所强调："外部的与内部的交通流线追随着整个几何形体的漂移（Drift）……这个建筑设计的前提是倡导放弃以'物体'（Object）为核心的美术馆空间。取而代之的，漂移的理念获得了具体的形式。漂移同时呈现为建筑主题，以及在博物馆中体验游走的方式。这种观点在艺术领域中已经广为人知，但是在建筑霸权中仍然是异类的。我们利用了这个机会，在设计这个有着前卫外观的机构时，直面 1960 年代末期以来艺术实践所唤起的物质与理念的动荡。这条路径逐渐远离'物体'，及其相关的神圣化倾向，转向有着多样化联系（Multiple associations）的场（Fields），它预示了变化的必要性。"[①] 虽然哈迪德与合作者们将这个设计与 60 年代末期以来的艺术实践相联系，但是一个更为直接的关联实际上是 20 世纪初期的表现主义建筑。埃里希·门德尔松（Erich Mendelsohn）所设计的爱因斯坦天文台试图体现相对论中质能转换对传统物质理念的颠覆，而且他所采用的就是连续的曲线形体，来给予流动性以"具体的形式"。前面已经提到的同属表现主义阵营的康定斯基，也使用了大量的曲线元素来体现对物质现实的超越。不过，门德尔松并没有能够坚持这一理念，当晚年看到赖特的古根海姆美术馆时他甚至

① Contemporary Arts Center in Rome[J]. EL Croquis，2001，（103）：180.

遗憾自己当年没有坚持这样的探索。扎哈·哈迪德不仅复苏了这一理念，甚至将其推进到更为极致的程度。这再度证明了此前提到的，她可以被视为现代主义先锋的再次延伸的观点。

罗马当代艺术中心让哈迪德关注到连续性曲线体量表现运动感的优势。在此前的项目中，如山顶俱乐部与维特拉消防站，她主要通过尖锐的片面与条块来塑造这一目的。但是在罗马，空间体量本身被塑造成连续整体，来体现一种流畅的"漂移"。动态对静态的反抗，是前后两者所共同的兴趣，只是实现的方式从此前挑衅性的尖锐转向了柔和与连续的圆润。"你可以说罗马项目几乎就是融化（Melt）的山顶俱乐部。"[①] 自罗马当代艺术中心之后，哈迪德的创作完全转向了曲线形体的运动研究。不过，不同于盖里热衷于多种曲线形体的复杂组合，哈迪德的作品更倾向于使用整体性强或者连续的曲线形体。她在北京的诸多项目，如银河 SOHO，望京 SOHO，丽泽 SOHO 都鲜明地体现了这一特点。哈迪德认为这种变化是一种成熟，此前因为缺乏经验和积累她需要在至上主义等外部源泉中寻找启发，但现在她已经有了足够的积累，所以可以不断地使用成熟的手段，对曲线形体的驾驭毫无疑问就属于成熟手段之一。

与盖里一样，哈迪德成功地向大众证明，曲线元素就像直线元素一样，拥有无尽的创作可能。在理念上，他们利用曲线展现运动感的想法与 20 世纪初期的表现主义先驱们并无太大区别。但是 21 世纪的技术，如新的材料、设计、生产与建造技术，使得他们能够将这些此前被认为难以实现的理念转变成切实可行的建造成果。也是在他们的推动下，曲线元素的建筑潜能才得到了充分的认识。鉴于曲线形态的丰富性远远超过直线性元素，这一领域可以扩展的空间远远没有穷尽，它已经在当代建筑实践中扮演了越来越多的角色。从这一角度来看，盖里与哈迪德的重要性并不在于理念的革新，而是在于将理念转化为现实上的成功。他们将现代主义运动中早已存在，但是从未成为主流的一些想法与观点，发扬光大成为重要的创作领域。这样的贡献同样不容小觑。

在理论上，无论是盖里还是哈迪德，都不像埃森曼与屈米那样具有反叛性。哈迪德自己强调，自己的创作看起来怪诞，但实际上仍然是对一些经典建筑问题的回应："它不是关于某些遥远的，无法在实际建造中产生作用的理论性概念。我们更为关注的是你如何回应城市，现在通过一种新的几何场地平面，你可以打开空间，让他们更为公共和市民化，是你如何操作空间，无论是分为不同层级，还是压缩或者扩张。再强调一次，比其他任何东西都更为重要，它是关于项目任务的问题。"[②] 这里提到的公共性、市民性、空间以及城市都是经典的传统建筑议题，也是其他众多建筑师所关注的对象。哈迪德的突出之处是在于她使用了此前被人们所忽视的某种先锋设计手段，而且证明了这样的手段在可能性与建筑感染力上并不逊于传统建筑语汇。她与盖里毫无疑问拓展了建筑师可以驾驭的建筑元素的范畴，使得设计者可以围绕传统建筑议题进行崭新的创作。

可能是因为解构建筑展的缘故，盖里与哈迪德都曾经被视为解构主义建筑师。但是不仅他们个人反对这种称呼，我们之前的分析也表明，他们的创作也与德里达的"解构"哲学并无直接的联系。他们的创作当然是新颖和具有开创性的，不过这种开创性的来源

① HADID Z & MOSTAFAVI M. Landscape as plan : a conversation with zaha hadid[J]. EL Croquis, 2001,（103）: 20.
② HADID Z & DE CASTRO L R. Conversation with Zaha Hadid[J]. EL Croquis, 1995,（73）: 13.

与其说是对核心理念的颠覆，不如说是对一个既有理念的持续挖掘和拓展。他们所认同的一些核心理念在现代主义中早已存在，他们的创作与现代艺术之间的关联，也是现代主义运动与现代艺术发展密切关联的另一种翻版。从这个角度看来，他们的重要性更多的是在于揭示了某些潜在领域的巨大可能，而不是要推翻此前的一切。实际上，在今天看来，无论是后现代主义还是解构主义思潮，都曾经被人们认为是对主流现代主义传统的反叛与颠覆。尤其是在 20 世纪末，很多人认为一种新的革命即将到来，就像 20 世纪初期所发生的那样。过去的传统将被彻底地质疑，全新的可能正在展开。比如解构建筑展的另一个参展者，奥地利的蓝天组（Coop Himmelblau）就在他们名为"建筑必须燃烧"（Architecture Must Blaze）的宣言中宣称："我们厌倦了帕拉第奥以及其他历史性的面具。因为我们不想建筑排除任何令人不安的东西。我们希望建筑能拥有更多。流血的建筑、耗尽的建筑、旋转的建筑、甚至是断裂的建筑。被点燃的建筑、刺痛人的建筑、撕裂的建筑，以及在压力之下破碎的建筑。"① 他们著名的维也纳法尔街律师事务所屋顶加建项目（Rooftop Remodeling Falkestrasse），戏剧性地展现了这种"撕裂"与"破碎"所带来的不安。就像他们的宣言一样，这一设计所展现的主要是一种对正统建筑学的反抗与拒绝，一种强硬的对立情绪。

但是在今天看来，这种极端化的反抗性似乎已经在很大程度上消退了。整体性的建筑理论不再寻求根本性的范式转化，而是更接近于盖里和哈迪德那样，在各自感兴趣的局部领域展开深入挖掘。很多建筑师都证明了，这种局部性的挖掘同样可以带来卓越的建筑成果。比如解构建筑展的另两位知名建筑师，丹尼尔·里伯斯金（Daniel Libeskind）与雷姆·库哈斯都有自己鲜明的建筑立场，而这些立场与此前理论传统的延续性可能远远超过了断裂性。我们将在后面的章节中再分析他们的建筑思想。

解构主义思潮可能是二战之后开启的对现代主义的批评与质疑这一倾向的巅峰表现。从最初对机械功能主义的不满，逐渐演变到对整体建筑理论根本性前提的攻击，比如埃森曼所提到的，将人从建筑的中心驱逐出去。这种演变受到了当代哲学以及政治、经济思潮的鼓动。由这些领域的转码使得 20 世纪末期的建筑理论图景变得日益激进和反叛。除了以解构理论为代表的后结构主义思潮之外，另外一股思潮也从另一个方向强化了对主流建筑理论的极端化批判，这股思潮就是深受法兰克福学派影响的批判理论。

推荐阅读文献：

1. TSCHUMI B. The Architectural Paradox[M]//HAYS. Architecture theory since 1968. Cambridge, Massachusetts：The MIT Press，1998.
2. DERRIDA J. Point de folie–maintenant l'architecture[M]//HAYS. Architecture theory since 1968. Cambridge, Massachusetts：The MIT Press，1998.
3. WIGLEY M. Deconstructivist architecture[M]//MALLGRAVE & CONTANDRIOPOULOS. Architectural theory（Vol 2）：an anthology from 1871 to 2005, Oxford：Blackwell，2007.
4. COOP HIMMELBLAU. Architecture must blaze[M]//MALLGRAVE & CONTANDRIOPOULOS. Architectural theory（vol 2）：an anthology from 1871 to 2005, Oxford：Blackwell，2007.

① HIMMELBLAU C. Architecture must blaze[M]//MALLGRAVE & CONTANDRIOPOULOS. Architectural theory（vol 2）：an anthology from 1871 to 2005, Oxford：Blackwell，2007：462.

第 **10** 章　批判理论与建筑批判

　　批判理论（Critical Theory）是西方思想界一股重要的思潮，在政治、经济、文化等诸多议题的讨论中提供了不可或缺的视角。尤其是其对西方资本主义体制内在矛盾的分析，得到了很多知识分子的支持。建筑作为社会生产的重要组成部分，显然也归属于批判理论所讨论的范畴。在战后建筑理论的发展中，批判理论也被引入了当代建筑历史、理论与评论的理论话语之中。不过，不同于此前谈到的其他理论倾向，批判理论在建筑界的推动者主要是学术研究者，而不是实践建筑师。他们的讨论也着重于分析，而不是实践引导。考虑到他们在整体建筑学术讨论中的重要性，我们也将在这一章节对这一部分内容给予简要介绍。

10.1　现代建筑与政治

　　在前面的章节中，我们谈到了"转码"在战后建筑理论发展中所扮演的核心角色。将其他领域的概念和理论引入建筑领域，为开启新的建筑理论方向提供了契机。另一方面，跨学科的引入也进一步丰富了建筑理论，使得一些传统论述中没有得到充分讨论的问题也可以得到深入分析，建筑研究的范畴开始扩散到更为广阔的领域。其中一个得到重要扩展的领域，是建筑与政治以及社会发展等议题的关系。

　　作为社会生产的重要组成，建筑牵涉到土地、资源、行为、管理、分配以及机构等各种复杂的因素，这些因素也是社会管理所要处理的对象。因此，建筑实际上在社会的政治管制、调控规划、变革演进中扮演着极为重要的角色。宫殿、要塞、法院、监狱、基础设施以及医疗救济等建筑类型对于整个社会的运行管控能产生直接的作用。而且，伴随着现代政治理论与现代社会管理制度的建立，社会管理者以及相关学者都日益重视积极地利用建筑手段来实现系统性的管理目标。米歇尔·福柯的著作《规训与惩罚》对此进行了深入的分析。他借用了杰瑞米·边沁构想的环形监狱的例子说明现代社会如何利用包括建筑在内的综合性手段，来推进高效率的社会管理。就像福柯所分析的："在18 世纪，开始看到将建筑视为一种功能，促进社会管理的目的和手段的思考在逐步发展。你开始看到一种政治文献在讨论社会的秩序应该是什么样，在维护秩序的要求下城市应该是什么样；前提是应该避免流行病、避免反叛、容许得体的道德化的家庭生活等等……如果你打开当时的一份警察报告——致力于管理手段的文献——你会发现建筑与城市占据了相当重要性的地位。"[1] 福柯正确地指出，这样的讨论主要出现在政府以及研究者的实践与理论中，并没有成为建筑理论的核心。这可能是因为建筑师通常仅仅是服务者，通常并不具备大范围影响城市与社会的能力。反而是像乔治·奥斯曼（Georges Eugène Haussmann）这样的官员和规划者，更有可能利用建筑与城市的这种功能。他为拿破仑三世改造巴黎的目的之一，正是福柯所说的，是如何帮助军队快速推进到巴黎中心，避免难以攻克的街垒出现。

在现代主义运动中，建筑革新与社会变革之间的关系得到了更为直接的强调。菲利波·马里内蒂（Filippo Tommaso Marinetti）的《未来主义宣言》（*The Futurist Manifesto*）明显就有国家主义的政治色彩，这也延续到此后的未来主义者以及意大利理性主义者与墨索里尼法西斯政权的密切合作中。与之相反的例子是苏俄先锋艺术运动，就像前面提到的，苏俄先锋艺术家的勇气与能量，很大一部分来自于创造一个全新社会的激情。尤其是构成主义者，将艺术理念与共产主义思想中的唯物主义对应了起来，他们认为构成主义作品展现了新体制对腐朽的传统体制的取代。

两次世界大战之间是现代建筑发展的黄金时期，也是西欧政治图景最为复杂的时期之一。不同的政治派别往往有着截然不同的社会理念，也直接导致了不同的建筑立场。很多现代建筑的经典作品都被牵涉到这些运动之中。比如勒·柯布西耶在《走向一种建筑》中写道："人类的基础本能是确保他有遮蔽物。今天社会中的各个阶层的工人不再有适应于他们需求的住所；工匠与知识分子也是。在今天社会动荡的根源中是一个建筑问题：建筑或者革命。"[2] 勒·柯布西耶的观点是，当代社会的生产机制已经发生了变化，新世界按照"规则化、逻辑化以及清晰的方式组织自己，按照一种直接的方式生产有用和可用的东西"。[3] 但是人们的住宅、街道以及城市仍然遵循传统的模式，这导致了建筑与新世界之间的冲突，导致了家庭与个人的危机，进而催生了革命。因此，勒·柯布西耶认为导致革命的根本原因之一是建筑问题，所以可以通过建筑与城市的改良来解决这一问题。他的雪铁汉住宅、别墅公寓、三百万人城市、瓦赞规划以及光辉城市等方案，都体现了这一政治性的意图。这些论述都体现出勒·柯布西耶当时所认同的新工团主义（Neo-syndicalist）立场，以技术精英作为领导者，通过理性规划与管理来实现社会的和谐发展。这也解释了他为何会在二战中与维希政府以及墨索里尼政府寻求合作，他的技术精英观念并不涉及太多左翼和右翼的对立，所以他希望利用任何可能的政治力量来实现建筑与城市的技术性改良。

---

① FOUCAULT M，RABINOW P. The Foucault reader[M]. Harmondsworth：Penguin books，1986：239.

② LE CORBUSIER，ETCHELLS F. Towards a new architecture[M]. Oxford：Architectural Press，1987：269.

③ Ibid.，288.

一些左翼政治力量在那一时期曾经获取了一些地区的领导权，他们往往利用公共资源为工人、平民等阶层提供廉价住宅、改善其生活条件。现代建筑往往会成为这些左翼政府所青睐的选项，一方面现代建筑在很多时候具有成本以及效率上的优势，另一方面现代建筑的新颖、简洁与质朴都与人们对新社会图景的想象相适应。奥德（Oud）的荷兰角住宅（Hook of Holland）、恩斯特·梅（Ernst May）的法兰克福住区、布鲁诺·陶特（Bruno Taut）的柏林社会住宅都是这样的范例。这些作品不仅成为现代建筑的早期经典，也展现出那一时期现代建筑与左翼政治力量之间的密切关联。

如果说左翼政治力量对现代建筑的早期发展提供了有力的支持，那么他们的对立者，右翼政治力量自然而然地会对现代建筑进行攻击。最为典型的是德国，那里的右翼势力一直具有强烈的民族主义色彩，强调德意志民族的独特性与优越性，反对国际主义的倾向，尤其是与共产主义运动有关的任何事物。在这一背景下，现代建筑因为缺乏民族特色，具有典型的国际化色彩，再加上与左翼政治团体的合作，也就被视为偏向左翼的。在德国逐渐转向法西斯统治的政治氛围中，现代建筑的支持者也不得不承受越来越沉重的压力。包豪斯学校从魏玛迁往德绍、又从德绍迁往柏林、最终不得不关闭的历程鲜明地描绘出这种压力的增长。而作为现代建筑早期发展里程碑事件的魏森霍夫建筑展，则被右翼保守势力描绘为阿拉伯土民村，他们甚至在不远处建造了另一个完全采用传统建筑模式的居住区，以展现德国传统建筑对现代建筑的抗拒。此后在希特勒的掌权之下，大量现代建筑师出逃海外，德国的国家性建筑道路转向了压迫性的宏大古典主义，也终结了现代建筑在这个重要孕育地的发展。

在苏联，伴随着斯大林将"社会主义现实主义"确立为整个国家的艺术指导原则，先锋艺术运动的多样化尝试也不再具有活力。苏联也转向了以民族特色与新古典主义纪念性为基础的建筑道路。虽然此后赫鲁晓夫批判了这一政策，并且再次肯定了构成主义对实用性与效率的认同，但这已经无法恢复之前艺术探索的活力。意大利的变化也类似，墨索里尼早期对于现代建筑展现出的兴趣极大地刺激了现代主义者，他们认为可以利用现代建筑推进现代意大利的身份塑造，特拉尼的但丁纪念堂与科莫法西斯宫都具有这样的意图。但是，很快墨索里尼也转向了抽象化的新古典主义，而意大利的现代主义者也因为与法西斯政权的合作关系在战后受到批判。

总体看来，无论是在艺术上还是政治上，20 世纪初期都是极为动荡活跃的时期，有各种各样的派别和团体在推进不同的艺术与政治进程。现代建筑也被视为一股新兴的力量，与各派别和团体纠缠在一起，其中既有乌托邦式的激进畅想，也有民族主义的保守巩固。很难有哪位建筑师能够独善其身，他们不可避免地要与左翼或者右翼的政治力量有所关联，由此带来对个人、对机构、对作品的复杂影响。建筑与政治的深入关联在这一时期被凸显出来，成为现代主义运动最鲜明的特点之一。

不过，"二战"后的政治格局以及战后对现代建筑的批评，也带来了对建筑与政治关系的反思。一方面冷战的持续使得战前欧洲那样动荡的政治格局不复存在，柏林墙两侧的政治对立日益激化，不再有空间留给其他的政治立场。在铁幕之下，建筑师的力量更是显得微乎其微，不再有人会像勒·柯布西耶那样乐观地认为建筑可以带来彻底的社会变革。对现代建筑的不满也进一步强化了对建筑与政治相互勾连的质疑。比如前面提到的科林·罗对现代建筑乌托邦思想的批评，就是非常典型的代表。科林·罗认为现代主义的乌托邦设想不仅失败了，而且在本质上就是有缺陷的。它建立在错误的历史决定论之上，仿佛只要是新建筑就一定代表着新社会，也就一定具有理想的合法性。现代建筑的真正价值并不在这里，它也没有展现出现代主义先驱所设想的政治效用，即制造一个理性的社会。科林·罗并不是否认建筑具有一定的政治效用，而是说这种效用非常有限。建筑主要通过对一些局部的乌托邦理想的呈现来达到某种劝谕，而不是直接推进整体性的乌托邦计划。而建筑实现这种劝谕功能的真正手段，实际上是建筑形式，因此科林·罗才会对形式分析着墨颇多。此外，因为不存在一种单一的乌托邦涵盖一切，我们需要容纳多样化的乌托邦提议，所以后期的科林·罗也转向了《拼贴城市》那样的对复杂性与矛盾性的支持。

科林·罗的立场实际上代表了二战后西方实践建筑师的主流立场。现代主义早期的政治热忱已经被"二战"以及此后的冷战彻底摧毁，建筑师们又回到了更为传统的服务者的角色，专注于较为狭窄的创作问题，而不是宏大的社会变革问题。从"十小组"到扎哈·哈迪德，建筑理论虽然有不同倾向，但是讨论议题仍然属于传统的建筑范畴。这当然不是说建筑与政治不再有关系，这种关系是一直存在的，只是说这种关系不再像 20 世纪二三十年代那么突出，也不再是建筑师们关注的焦点。这是实践界的情况。

但是，在理论界情况又有所不同。相比于具体的建造，政治格局对思想讨论的限制要弱一些，很多批判性思潮一直存在，甚至在某些特定的领域获得了进一步的发展。这也就为理论界提供了新的支持力量，能够继续探索建筑与政治、社会发展的内在联系。这些讨论的目的可能不是直接的建筑设计，但是对于理解建筑在整体社会运作中的作用仍然关键。在这些讨论中，影响最为广泛的当属批判理论影响下的建筑历史与理论分析。所以，我们首先简要介绍一下批判理论的主要内容。

10.2 批判理论与意识形态批判

"批判理论"一词出自德国哲学家与社会学家马克斯·霍克海默（Max Horkheimer）1937 年发表的《传统的与批判的理论》（Traditional and Critical Theory）一文。霍克海默当时是法兰克福大学社会研究中心的主任，自 1930 年上任以来，他一直在推动研究中心开展一种结合了哲学以及其他学科的社会学研究。批判理论就是指这一类的研究。在霍克海默周围，社会研究中心汇集了一批重要的学者，如西奥多·阿多诺（Theodor W. Adorno）、赫伯特·马尔库塞（Herbert Marcuse）、沃尔特·本雅明（Walter Benjamin），以及稍后一些的于尔根·哈贝马斯（Jürgen Habermas）。他们被很多人统称为法兰克福学派（Frankfurt School），批判理论也被视为法兰克福学派的核心贡献。

批判一词在哲学中并不新鲜。最为著名的是 18 世纪德国哲学家康德的三大批判《纯粹理性批判》（Critique of Pure Reason）、《实践理性批判》（Critique of Practical Reason）以及《判断力批判》（Critique of Judgement）。康德将他最重要的哲学著作命名为"批判"的原因在于他首先要驳斥当时欧洲哲学体系中正在盛行的一些重要思潮，然后才建立起他自己的理论体系。比如在最为著名的《纯粹理性批判》中，康德批驳了欧洲哲学的两大思潮，分别是以莱布尼茨为代表的"独断主义"以及以大卫·休谟为代表的"怀疑主义"。前者不经过任何检验与质疑，就断定自然与道德法则一定是什么样的；

后者怀疑我们所知的一切都不具备稳固的基础，因此都是虚幻和不可靠的。康德并不是简单地宣称这些观点是错误的，而是以他著名的"物自体"与"现象"的区分为基础，发展出成体系的认识论、伦理学、美学以及宗教理论，以此批判和替代"独断主义"与"怀疑主义"。可以看到，哲学意义上的批判，是以被认为是"正确"的理论为基础，揭示那些被认为是"错误"的理论的问题，实现"正确"对"错误"的取代。

在康德之后，马克思主义延续了批判的传统，并且为其进一步注入了更为重要的行动性内涵。我们知道，卡尔·马克思（Karl Marx）在辩证唯物主义的哲学基础上，建立了历史唯物主义的理论框架，并且结合政治经济学分析，对人类历史发展进程、社会组织、经济文化、政治体制等诸多哲学与社会问题提供了理论解析。以这些理论为基础，马克思也在《黑格尔法哲学批判》（Critique of Hegel's Philosophy of Right）、《德意志意识形态》（The German Ideology）以及《关于费尔巴哈的提纲》（Theses on Feuerbach）等文献中对黑格尔唯心主义以及费尔巴哈唯物主义等理论进行了批判，揭示这些哲学观点的内在缺陷。不同于康德将批判主要限定在形而上学的理论范畴之内，马克思将批判分析扩展到社会现实之中。他在《〈政治经济学批判〉导言》（Preface to A Contribution to the Critique of Political Economy）、《资本论》（Capital）等文献中分析了生产力与生产关系的变化如何导致社会整体结构的变化，进而导致价值分配、阶级关系、上层建筑等诸多社会现象的变化。其中最为重要的是马克思对资本主义社会的剖析。他指出生产力与生产关系的矛盾是资本主义社会无法解决的致命性缺陷，但是资产阶级会利用各种手段掩盖和压制这种缺陷，推延共产主义对资本主义的取代。比如他们会利用文化、艺术、日常消费来帮助构建一种"虚假意识"（False consciousness），用以麻醉和欺骗被压迫的无产阶级，使得后者误以为整个资本主义体系是合理的，认为他们所遭受的一切都是合理的。这样，资产阶级就可以通过控制人们的头脑来达到自身的专制目的。马克思主义对所有这些手段和操作的揭示，本身就是一种有力的批判。它帮助人们认识到问题的根源所在，摆脱"虚假意识"的蒙蔽，看到走出压迫的路径。

马克思主义所提供的不仅仅是哲学批判，也是政治经济学批判以及社会批判，它能够更直接地为受压迫阶级追求解放的行动提供指引，这也凝聚在《共产党宣言》（Manifesto of the Communist Party）中对革命的呼吁之中："共产党人不屑于隐瞒自己的观点和意图。他们公开宣布：他们的目的只有用暴力推翻全部现存的社会制度才能达到。让统治阶级在共产主义革命面前发抖吧。无产者在这个革命中失去的只是锁链。他们获得的将是整个世界。"① 马克思主义为批判理念注入了前所未有的现实意义。批判不仅与解析当前的理论问题有关，更直接关乎于解决这些问题的行动路径。对于马克思主义者来说，批判的目的就是推翻资本主义体系的压制，寻求人类更进一步的解放与价值实现。

法兰克福学派的批判理论，很大程度上偏向于马克思主义的批判理念。从成立之初，社会研究中心就是一个有明显左翼倾向的研究机构。在霍克海默的领导下，这个机构的研究方法进行了更新与扩展。霍克海默认为，该机构此前的社会研究仅仅局限于马克思已经讨论过的经济基础、阶级关系、国家机器等理念范畴内，而忽视了对个人、社会、

---

① 卡尔·马克思与弗里德里希·恩格斯. 共产党宣言 [M]. 北京：人民出版社，2014：65.

文化等复杂现象的深入探讨。这些因素在影响人们的心理状态，控制社会的整体意识方式的过程中有着极为重要的作用。因此，霍克海默呼吁超越传统边界，将社会研究的范畴扩展到更广阔的领域，涵盖"经济生活与社会的内在联系，个体的心理发展以及文化领域的变迁……不仅要包括科学、艺术与宗教等所谓的精神性内容，也包括法律、伦理、时尚、公众意见、体育、休闲、生活方式等等。"[1] 与研究领域的扩展对应的是研究方法的扩展。霍克海默认为批判理论应当采用灵活和多元的跨学科研究方法，充分结合哲学、心理学、社会学、文化研究以及实证研究等多个学科，深入解析社会现象的深层本质。因此，霍克海默认为不需要也不能局限在传统研究的理论边界以内，社会研究者应该积极主动地探索不同理论的结合与参照，用更为多元的工具，更为灵活的路径解析当代社会的内在机制。这并不是要背离马克思主义核心信条，而是要认识到当代资本主义社会的发展已经进入新的阶段，所以需要以新的研究方法解析新的社会现实。尽管如此，霍克海默社会研究的批判性立场并没有变化，他的根本目的不仅仅是发掘出资本主义社会的内在问题，更为重要的是通过确定问题来提示出解决问题的路径，最终实现整体性的社会变革。

可以看到，法兰克福学派的基本理论前提与传统马克思主义研究相比并没有太大变化。他们也认为资本主义社会存在不可调和的矛盾，需要通过解析这些矛盾探讨超越资本主义的可能。变化的是主要解析这些矛盾的方法。传统社会研究偏向于实证领域，注重与经济基础有关的物质性因素，而法兰克福学派通过研究领域与研究方法的扩展，将更多的注意力投向了此前在一定程度上被忽视的"上层建筑"，即个人心理、思想意识、社会文化、大众时尚等等。他们所引入的跨领域知识体系，也极大地丰富了传统社会研究的理念工具，为很多社会现象提供了新颖、深刻、富有启发的分析。

这种变化也部分解释了批判理论对当代建筑理论产生更多影响的原因。这是因为像生产力与生产关系、剩余价值、阶级对立这样的宏大理念难以与个体建筑师的设计实践产生直接的互动，建筑师是一个被动的接受者，无法以个人的力量对这些因素产生影响。这也是"二战"后政治因素在当代建筑理论中变得极为微弱的原因。但是，个人心理、社会文化、大众时尚这些元素则是建筑师日常创作中需要不断考虑的。我们已经看到"二战"之后建筑理论对意义传达、文脉、波普文化等方面的关注，这些都与"上层建筑"息息相关。法兰克福学派将这一部分作为研究重点，使得他们的研究成果可以直接与建筑的日常理论话语建立联系，搭建起批判理论与当代建筑理论之间的桥梁。一个比较经典的例子是沃尔特·本雅明 1936 年撰写的名篇《机械复制时代的艺术作品》(The Work of Art in the Age of Mechanical Reproduction)。本雅明提出机械复制去除了传统手工制作为艺术品赋予的"光晕"(Aura)，改变了人们与艺术品的接触与交互的方式，进而带来了全新的感知与创作的可能。这篇文章写作的时代正是现代主义运动走向成熟的关键时期，机器美学的讨论是新建筑理论中极为重要的议题，直到今天，本雅明所提出的"光晕"理念，仍然对于机器美学的深入讨论富有启发。

在霍克海默的推动之下，法兰克福学派的杰出学者们完成了一系列重要的研究，尤

---

① HORKHEIMER M. The state of social philosophy and the tasks of an institute of social research[M]//BRONNER & KELLNER. Critical theory and society : a reader, New York : Routledge, 1989 : 43.

其他们将哲学与社会研究结合的特色，给予这些研究超乎寻常的深度。比如霍克海默与阿多诺合作完成的《启蒙的辩证》（*Dialectic of Enlightenment*）一书分析了启蒙运动对当代社会的影响。他们的观点是，启蒙运动所带来的科学与技术的高度发展，被一种根本性的思维模式所驱动，这种模式就是"工具理性"，简单地说就是计算最为有效的手段来达到设定的目标或者实现既定的欲望。资本家以廉价的手段追求最高的利润就是一种典型的"工具理性"。而霍克海默和阿尔多诺认为，"工具理性"并不局限在商业之中，它实际上构成了启蒙时代知识体系的基本模式。现代科学与技术因为其数量化特征与精确的范畴限制为工具理性提供了最为有效的手段，所以逐步提升为主导性的知识模式。在另一方面，"工具理性"也被扩展到社会关系中，大量的官僚体系、企业制度、法律法规乃至于个人生活习惯都被规范化，以使得个人成为更为高效的生产工具。此外，工具理性完全专注于目的，而对手段本身并不关注。一旦达成了目的，手段本身也就失去了价值，可以被完全忽视或消耗。因此，在工具理性的引导下，无论是个人还是自然都被归于人力资源或者是自然资源，都被视为可供消耗的原材料，不断投入到生产过程当中。它们自身的价值仅仅依赖于最终产品的价值，这将导致对原材料毫无节制的剥削，导致对人与自然肆无忌惮的破坏与践踏。所以，工具理性所带来的后果，不仅仅是科学与技术的提升，在硬币的另一面是人的异化以及自然的破坏。这就是书名《启蒙的辩证》的内涵，人们曾经认为启蒙运动带来的是自由与解放，但实际上"工具理性"带来的是压制与剥夺，而当代社会的很多问题都可以直接归因于这一源泉。

这样的讨论自然会让我们联想起战后对现代建筑"功能主义"的批评。狭隘的机械功能主义显然是"工具理性"的一种表现。它的问题不在于建筑是否要有功能，而是在于实用性是否要被视为唯一的目的，进而全面压制和拒绝其他任何的价值考虑。霍克海默与阿尔多诺的书解析了这样的理念如何带来灾难性的社会结果，战后现代建筑与城市发展的缺陷从某种程度上印证了两人的观点。从另一个角度看来，20 世纪 60 年代之后建筑理论的繁荣，就是建立在对建筑领域"工具理性"的反抗之上。较为和缓的有新理性主义与后现代建筑对意义传递的强调，而较为激进的则有埃森曼与屈米等人对断裂、冲突、碎片化的认同，他们的目的之一，也是打破某种单一体系的独断统治。

法兰克福学派批判理论的一个核心组成是"意识形态批判"（Ideology critique）。"意识形态"是 18 世纪法国哲学德雷斯特·特雷西（Destutt de Tracy）所创立的一个词，用以指代关于思想理念的科学。经过长时间的演变，今天的意识形态主要有两种意思，一种是较为宽泛的，是指各种理念、理论、思想以及论述组成的一个整体，而不同于其他思想体系的地方在于，意识形态的思想体系背后有特定的政治目的、意图以及利益。所以宽泛的意识形态是指具有政治目的的思想体系。另外一种是稍微狭窄一些的，主要是在马克思主义理论语境中的理解。卡尔·马克思与恩格斯在《德意志意识形态》中对意识形态理念给予了解析，他们写道："统治阶级的思想在每一时代都是占统治地位的思想。这就是说，一个阶级是社会上占统治地位的物质力量，同时也是社会上占统治地位的精神力量。支配着物质生产资料的阶级，同时也支配着精神生产资料，因此，那些没有精神生产资料的人的思想，一般地是隶属于这个阶级的。占统治地位的思想不过是占统治地位的物质关系在观念上的表现，不过是以思想的形式表现出来的占统治地位的物质关系；因而，这就是那些使某一个阶级成为统治阶级的关系在观念上的表现，因而这也就是这个阶级的统治的思想。"① 这段话需要一定的解释。首先，在马克思主义语境下，意识形态仍然是指一个具有特定目的的思想体系，不过马克思对这个目的给予了更明确的限定。根据他的阶级理论，一个社会的统治阶级总是试图利用各种手段维护自己支配性地位。除了利用经济、政治以及军事手段之外，他们也会制造一些特定的理念、信念、观点以及原则来刻意引导其他阶层的观念，通过思想意识的引导来巩固自己的主导性地位。这就是马克思所指的意识形态，它指向特定阶级为了维护自己的地位而刻意构建的思想体系，包括各种政治、道德、宗教与文化观念。这些观念的目的是论证当前阶级体系的合理性，让接受者在这些观念的引导下，将当下的社会构成视为合理的，从而自发地支持当前的社会体制。意识形态所影响的不仅仅是对社会、对阶层、对国家、对体制的理解，也包括各个阶层对自身的理解。在资本主义社会中，而为了达到自己的目的，统治阶级会利用各种思想工具建立形形色色的"虚假意识"，将受压迫的阶层转化为驯服的受控者。

从这个角度看来，马克思主义所指的资产阶级意识形态是更为宽泛的意识形态理念的一个特例，它是指为了维护资产阶级的统治地位而塑造的思想体系。在表面上它将自己包装成为知识或者真理，但在背后所隐藏的实际上是阶级利益与专制意图。由于意识形态主要涉及各种理念与理论，所以它们属于社会的"上层建筑"。在马克思看来，要揭露资产阶级的阴谋与压迫，也需要揭露资产阶级意识形态的运作机制，揭露其背后隐藏的阶级目的。这种揭露本身就是一种批判，它为超越资产阶级意识形态的限制提供了先决条件。这也就是我们所说的"意识形态批判"，它是对马克思主义视角下的资本主义意识形态体系的批判分析。我们前面提到过，法兰克福学派的特点之一就是侧重于对"上层建筑"，如心理、文化、习俗等方面的分析，这也正是意识形态所对应的领域。所以法兰克福学派的很多工作都可以被划归于意识形态批判的范畴之中。比如霍克海默与阿多诺一同组合了"文化工业"（Culture industry）一词，就是指资本主义像工业生产一样控制文化产品，通过这种文化媒介，电影、文学、服装、消费品在潜移默化中达到意识形态控制的目的。所以，意识形态批判也将涵盖对"文化工业"的批判分析，涵盖对各个文化领域的批判分析。建筑文化自然而然地也落在了这些领域中。

一个很好的例子是阿多诺对当代艺术的分析。在传统马克思主义中，艺术并不是最为核心的议题，但是在法兰克福学派看来，艺术显然是"文化工业"的一部分，因此也需要严肃对待。阿多诺的批判分析不仅仅借鉴了传统美学理论的哲学基础，也将这些传统理论与艺术的社会效用结合了起来。在这一视角下，他给予现代艺术的"自主性"一种新的理解。我们之前已经谈到过当代艺术的自主性发展，以及对埃森曼等人建筑理论的影响。此前的讨论主要基于抽象的美学理论，并没有涉及特定的社会条件。但是在阿多诺看来，自主性是理解资本主义条件下艺术现实与价值的关键因素。一方面，自主性使得艺术能够在自身的领域中维持独立，比如不具有实用性，可以不表现具体的现实，而是维持纯粹的形式关系等等。这种独立性使得艺术与现实生活的关系不断拉大，完全自主的艺术既无法直接促进现实的改善，也无法导致现实的恶化。在阿多诺看来，这实际上是一个优势，因为社会生产的各个方面都已经被资产阶级意识形态所控制，都成为

---

① 卡尔·马克思，弗里德里希·恩格斯. 马克思恩格斯文集：第 1 卷 [M]. 北京：人民出版社，2009：550-551.

维护资本主义体系的工具。而艺术的独立性，至少使得它不会轻易成为帮凶。自主性使得艺术成为一种沉默的抵制。另一方面，与现实的脱离也使得艺术变得越来越无关紧要，仅仅沉默显然无法推进对资本主义的颠覆。而且，因为与其他的社会生产进程相脱离，也使得艺术可以被完全割裂，成为交易商品，成为艺术市场上被金钱所操纵的生意，甚至成为商品崇拜（Commodity fetish）的对象。这两种矛盾的评价，一种正面的，另一种负面的，共同组成了艺术在资本主义社会中面临的困境。阿多诺虽然对自主性抱有肯定，但是他的总体观点是资本主义意识形态的控制作用正在变得日益强大，这将使得艺术的沉默抵制变得越来越虚弱，而这并不是任何艺术家或者个体能够改变的。同样的讨论也可以被转移到建筑中，我们已经看到自主性如何成为 20 世纪后半期的重要建筑议题。批判理论为自主性议题提供了不同的视角，不同的研究者也对自主性的正负两个方面有不同的看法，我们可以在此后曼弗雷多·塔夫里与迈克尔·海斯（Michael Hays）等学者的讨论中看到这种差异。

法兰克福学派另一重要成员赫伯特·马尔库塞的著作中也涉及了艺术。马尔库塞最著名的著作是《单向度的人》（One-Dimensional Man），这本书的主要观点是资本主义社会通过各种机制、利益交换以及意识形态，将个体的日常生活化简为单一的维度，成为被扭曲和麻痹的资本主义体系的服从者。这实际上是对马克思主义"异化"（Alienation）理论的进一步延伸。"异化"是卡尔·马克思从黑格尔那里借用来的概念。黑格尔的异化是指精神背离了自己本质，最终需要通过辩证的演进，回到自身本质的完全实现。马克思的异化，主要是指在资本主义条件下，人们日益背离自己的本质性特征，走入绝望的困境。异化并不是一个自然现象，而是由资本主义内在机制所导致的。因此，解析异化的根源也成为批判理论的工作之一。马尔库塞所指的单向度，实际上就是异化的另一种表述。除了马克思主义原理之外，马尔库塞还借用了海德格尔的"真实性"（Authenticity）以及弗洛伊德的"力比多"（Libido）理念来加以说明。他认为资本主义社会迫使人们越来越倾向"非真实性"（Inauthentic）的生存模式，日益强化对"力比多"的压制，这些都进一步导致了异化的加深与巩固。与之相应的，要对抗异化，也可以从"真实性"与"力比多"两方面入手。对于前者，要避免遵循大众的成见，要意识到每个人都应该决定自己的价值选择与生活方式，而不是被体制所操纵。对于后者，人们可以释放"力比多"，不是去压制它，而是去满足它，以此对抗社会制度对个体的规训。这两个路径都与艺术家的角色相贴近，因为艺术家通常被认为是具有独创性的人，他们也常常通过自己的作品抗拒习俗，表现对某些欲望的满足。所以在马尔库塞看来，艺术虽然不能直接改变异化，但是可以激发对压迫性体制的反抗，通过与众不同以及对欲望的诚实，来抵御单向度统治。相比于阿多诺，马尔库塞给予当代艺术更为积极的作用。他的观点也直接推动了 20世纪 60 年代的新左翼运动，乃至于 1968 年的学生运动。很多团体与派别提倡通过反常的组织与行为，包括反常规的两性关系，来体现对资本主义体制的抵抗。前面提到的巴塔耶与伯纳德·屈米对愉悦（Pleasure）的肯定就具有这样的色彩。

于尔根·哈贝马斯是法兰克福学派第二代的代表人物。虽然仍然被很多人划归在批判理论的范畴之中，但哈贝马斯理论与法兰克福学派第一代学者有很大不同。哈贝马斯当然也认同当前社会存在严重的问题，但是解决这些问题的方式不是通过阶级对立或者革命，而是通过建立开放的"公共领域"（Public sphere），让各个团体与个人开诚布公地参与平等讨论，这样就会找到合理的改进与完善社会的途径。哈贝马斯这一观点是建立在他著名的"交流理性"（Communicative rationality）的哲学理论之上。他认为任何真诚的交流都是建立在一个共享的前提之上，即每个人的言论都应该是理性的，能够被对方理解的，可以接受质疑与挑战的。这一前提保证了人们可以在"公共领域"的讨论中不断寻求共识，最终找到最为合理的解决方案。可以看到，哈贝马斯并没有提出具体的解决方案，他提出的是一种模式，通过这种模式来寻求最为合理的道路。"公共领域"所依赖的，实际上是启蒙运动以来所一直强调的理性、民主以及独立自主等理念。不同于霍克海默与阿多诺，哈贝马斯认为这些启蒙运动的遗产在今天仍然是具有核心价值的，仍然需要被推崇和坚持。他并不否认启蒙运动以来现代社会出现了一系列严重的问题，但是他认为这些问题不是因为启蒙运动本身是错误的，恰恰相反，它们是因为启蒙的理想还没有真正的实现，还没有将启蒙的议程推进到成熟的程度。他在一篇著名的文章《现代性：一项未完成的工程》（Modernity：An Incomplete Project）中写道："我想，与其将现代性以及工程视为一种失败的事业给予放弃，我们更应该在那些反抗现代性的浮夸运动的错误中学习到什么……总的说来，现代性的工程还没有实现……生活世界要能够在自身之中发展出相应的体制，它将为几乎完全独立自主的经济体统及其管理辅助的内在动力与训诫设立限制。"[1] 在哈贝马斯看来，公共领域以及切入生活问题的艺术创作都可以发挥这样的作用。

哈贝马斯为现代性的辩护，也将他引向了对现代建筑的讨论，因为现代主义运动也被视为现代性在建筑领域的典型代表。在一篇 1981 年完成的，名为"现代与后现代建筑"（Modern and Postmodern Architecture）的文章中，他对现代建筑的价值与缺陷，以及对这些缺陷应该做出什么样的反应给予了深入分析。首先，哈贝马斯指出，现代建筑的重要意义是试图对工业革命以来资本主义社会所提出的三个新的挑战做出回应。此前的历史主义建筑完全对这些问题视而不见，因此不可避免地要被替代。这三个挑战分别是：第一，建筑要满足全新的使用需求，比如工厂、车站、公共设施；第二，新的材料与新的建造技术的运用；第三，建筑要服从全新经济、政治体制的运作要求。哈贝马斯认为，现代建筑正确地回应了前两点，但是对于第三点完全无能为力："一方面现代主义运动认识到，以及在原则上正确地回应了由新的需求以及新的技术可能所带来的挑战，但是当面对要系统性地依赖于市场以及管理规划的强制要求时，是完全无助的。"[2] 市场与管理规划是资本主义社会的基础性架构。在法兰克福学派看来，通过这些途径，资本主义体系完全控制了从个体的"生活世界"（Life world）到整个社会的规训、组织以及文化意识的各个方面。对于这个庞大而强硬的，通过表面的政治经济体制以及隐藏的意识形态控制一切的体系，建筑与建筑师当然是难以抗拒的。

现代建筑的问题在于，它的很多先驱误认为自己能够解决这个问题，用建筑的手段弥合资本主义体制与个人"生活世界"的冲突。这一点体现在格罗皮乌斯乐观的理念，以及勒·柯布西耶居住单元等实验中。但是这些努力都注定要失败："不仅仅是因为令人绝望地低估了现代生活世界的复杂性与变化，也是因为这一事实，即现代社会及其系统

① HABERMAS J. Modernity-an incomplete project[M]//FOSTER. Postmodern culture, London：Bay Press，1983：13.
② HABERMAS J, NICHOLSEN S W. The new conservatism：cultural criticism and the historians' debate[M]. Cambridge：Polity Press，1994：14.

性关联，已经超越能够被规划者想象的生活世界的维度。"[1] 无论是建筑师还是规划师，作为个体都无法理解和控制这个体制，对自己能力的误解只能导致被这个体制所吞噬。所以"当前现代建筑的危机，更多的不是来自于建筑自身，而是来自于这样一个事实，即建筑自愿地让自己背负了过于沉重的负担。"[2]

　　这一观点显然与科林·罗对现代建筑的乌托邦批评是类似的。但是对于如何面对这一问题，哈贝马斯的观点就有所不同了。科林·罗认为可以回归到更为单纯的形式讨论，但哈贝马斯认为这只是一种对问题的逃避。将建筑问题简化为形式问题，却让真正的问题脱离了大众意识，这反而会加剧问题："逃跑的反应与一种肯定性的倾向相关联：所有其他的一切都应该原样不动。"[3] 除了偏向形式以外，另外两种对现代建筑的反对也是不成立的。一种是后现代建筑，试图展现当前社会的商业特征、破碎与分裂。这种试图对当前的社会形态给予直接建筑表现的尝试也是徒劳的，因为它们也没有触及整个社会体制的根本问题。另一种路径活力论（Vitalism）有其可取之处，因为它号召广大民众一同参与设计与规划的讨论，以公众参与对抗体制性的压迫。这实际上与哈贝马斯所倡导的"公共领域"有些接近，所以得到了哈贝马斯的部分肯定。但是，这种活力论在建筑上转向了民间建筑，试图用一种虚假的单纯来回避批判性的反思，因此也是没有出路的。

　　哈贝马斯自己的观点非常明确，现代建筑的确存在问题，但是像后现代建筑这样的反对者并没有弄清楚问题的所在。真正重要的是对抗"独立自主的经济与管制系统通过强制体系对生活世界的分化与奴役"。现代建筑曾经找到了正确地方向，"在某个幸运的时刻，构造主义内在的美学逻辑与更严格的功能主义的使用倾向相遭遇，并且结合在一起。只有在这种时刻，传统才会存活下去。"[4] 所以哈贝马斯所倡导的，是继续现代建筑的进程，而不是放弃，我们应该"坚定地吸收现代性的传统并且批判性地继续下去，而不是追随当前主导性的逃避性倾向。"[5] 可以看到，哈贝马斯从他的批判性视角评论了后现代建筑的缺陷，倡导将现代建筑的反思与探索继续下去，作为"未完成的现代性工程"的一部分，继续推进。

　　哈贝马斯的这篇文章，是批判理论在建筑领域的代表性分析研究，虽然篇幅不长，但是对问题的定义与剖析都非常具有深度。它鲜明地展现了批判理论跨学科研究的特性。通过将目光扩展到整个社会经济与管理体系，哈贝马斯得以从不同于传统建筑学的角度对现代建筑以及后现代建筑展开讨论，并且给予鲜明的立场判断。虽然论述的方法以及使用的理论工具有所不同，法兰克福学派诸多研究的根本理论前提，是认为各种当代经济、政治、文化现象，最终是由资本主义体制的内在结构所决定的。因此，对这些现象的根本解释，最终仍然要回到对资本主义社会内在矛盾的解析。这一点仍然奠基于马克思主义经典的经济基础决定上层建筑的观点。只是法兰克福学派用更为深入、更为精妙，更为多元的分析为这一观点在当代社会的呈现给予了更为充分的说明。这些工作可以被视为对马克思主义理论的进一步丰富和充实，这也是批判理论有时被一些学者称为新马

---

[1]　Ibid., 15.
[2]　Ibid.
[3]　Ibid., 19.
[4]　Ibid., 20.
[5]　Ibid., 8.

克思主义的原因。在这里的"新"主要指代的是方法和路径，而不是根本前提与结论。

因为深刻切入了文化、心理、思想意识的问题，法兰克福学派的意识形态批判能够与艺术、人文、大众文化领域产生直接的互动，也就可以为这些方面的理论探讨提供助益。在一些学者看来，批判理论成功地揭示了资本主义对人与社会展开软性控制的隐藏机制。意识形态批判进行得越深入、越成功，也就越能展现这种控制是多么隐秘，以及多么难以抗拒。不过这种批判分析也有其潜在的负面结果。一些学者，如詹姆斯·戈登·芬利森（James Gordon Finlayson）指出，批判理论很多时候面临着一种悖论，一方面他们要揭露资本主义社会的运作机制以及潜在问题，另一方面他们要为走出这一体制，解决这些问题，为创造新的理想社会提出建议。① 批判理论的核心工作主要聚焦在前者。但是他们在第一点上越是成功，就越会证明资本主义的管控和压制是全面和深入的，也就越是证明了资本主义的强大，这反而使得对抗资本主义、走向理想社会的目标变得越为艰难，甚至到了举步维艰的程度。这一困境非常清晰地体现在批判理论的文献中，比如哈贝马斯的这篇文章，对于资本主义所造成的现代建筑困境有充分而深入的描述，但是对于如何走出困境则只有很少的语句。的确，从霍克海默到阿多诺再到马尔库塞与哈贝马斯，法兰克福学派的学者们有自己认同的对抗资本主义的一些策略，比如艺术的自主、欲望的释放以及公共领域的维护。但是总体看来，与他们所揭示的资本主义庞大而微妙的控制体系相比，这些策略都会显得过于薄弱，很难让人信服它们是否真的能够带来实质性的改变。这一情形，造成了批判理论相关论述中非常明显的悲观主义色彩，即认为在当前的社会条件下，很难实现资本主义体制根本性的变革，所以社会生活的各个方面也很难有实质性的改进。这种悲观色彩不是来自于学者的个人倾向，而是同样来自于马克思主义中经济基础决定上层建筑的理论前提，如果没有作为社会根基的政治经济体制的根本性变革，任何上层建筑的改革提议都是难以成功的。作为在西方资本主义社会中展开研究的知识分子，批判理论的支持者们自然很难看到这样的契机。

在这种条件下，批判理论及以其为基础的其他领域的分析研究往往都走向了同一个结论，即问题的根源在资本主义体制，但是要改变这一体制在当前几乎是难以完成的。所以，这些研究往往都导向了令人失望的结论，即很多人所憧憬的改良或者进步可能都是徒劳的，而走出困境的可能性在当下看来仍然微乎其微。这一悲观性特征也深刻影响了建筑领域中的相关讨论。

10.3　意大利的先锋团体与塔夫里

马克思主义自诞生以来就对全球社会发展产生了极为重大的影响。最明显的变化是以中国为代表的一批社会主义国家的诞生，深刻改变了世界政治经济格局。在西方，马克思主义也在不同的历史时期有着不同的影响力。"二战"期间，共产主义者是反抗法西斯政权的重要力量，在战后初期，一些倾向于共产主义的政党还曾经在一些西方国家的政治体系中占据重要地位。但是随着冷战的开始，这些团体在西方国家政治生活中的作用逐渐衰落，马克思主义的支持者更多地汇集在知识界，他们主要通过著作与论述，以

---

① 参见 FINLAYSON J G. Habermas：a very short introduction[M]. Oxford：Oxford University Press，2005：23.

及参与一些局部的政治活动来展现对资本主义体制的反抗。在这种条件下，马克思主义的支持者往往与其他一些对于主流社会体系持有批判态度的团体结合在一起，通过抗议、罢工等活动施加社会影响力。这样的活动在西方社会连绵不绝，但是影响力最大的，当数 1968 年的学生运动。

在西方现代历史上，1968 年是一个关键性的节点，其主要特征是席卷西方主要国家的大规模抗议、游行、罢工以及占领活动，其主要参与者是以学生为主的年轻人。特殊的社会政治背景导致了 1968 年的动荡。在政治上，美国日益陷入越南战争的泥潭，挑起了越来越激烈的反战运动。以马丁·路德·金（Martin Luther King, Jr.）为首的黑人民权运动也进行得如火如荼。4 月 4 日金在孟菲斯被暗杀，引发了美国十余座城市的骚乱。在欧洲，布拉格之春事件进一步强化了苏联对东欧地区的控制。法国民众也对戴高乐政府日益不满，认为他的统治已经变得僵化与顽固。意大利的政治格局也一直处于变化之中，共产党游击队的存在也是造成政治动荡的原因之一。在思想文化上，经过战后重建之后，西方正统文化秩序已经得到巩固，反而凸显出反抗主流体制的激进性。美国文学界"垮掉的一代"拒绝正统的文学体制，崇尚个人欲望与感受的强化，甚至不惜通过反传统的性活动以及毒品等药物来获得刺激。这种以个人自由反抗正统体制的浪漫主义立场，进一步推动了从爵士乐到波普艺术等其他文化领域的发展。西欧地区的社会思想状态更为复杂，马克思主义、存在主义、结构主义等思潮风起云涌，以居伊·德波为代表的情境主义者公然宣称以无政府主义的街头游乐对抗资产阶级文化的全面压制。这些潮流的共同特点，就是对主流统治体系的反抗。马克思主义只是其中一支力量，但是切·格瓦拉、胡志明以及菲德尔·卡斯特罗等领导者因为其军事斗争而成为这种反抗运动的政治象征，他们的头像，尤其是切·格瓦拉的画像频繁出现在各种抗议活动中，一直到今天都是展现某种反资本主义立场的经典符号。

无论是在美国还是西欧，大学生都是这些抗议活动的积极参与者，除了街头游行与对抗之外，他们还往往发起占领校园活动，瘫痪大学的日常运作，以达到所要求的改变传统体制的目的。正是这样的占领活动导致著名的巴黎美术学院结束了其建筑教育。一直到 20 世纪 60 年代中期，巴黎美术学院仍然基本延续了传统的学院体系，以工作室以及竞赛为主的方式组织学院的教学。但是这种体制已经难以应对大规模扩展的学生数量，也没有对新的社会现实、包括已经占据统治地位的现代建筑做出充分的回应。这都导致学院的教学在当时变得陈旧和缺乏价值，引起了学生的不满。在著名的"五月风暴"中，罢课学生占据了巴黎美术学院，并且发表了《五月十五日动议》（Motion of May 15），声明反对既有的评分、竞赛和考试制度对工人阶级出生的学生的压制，反对陈旧的教学内容与教学方法，反对社会对学生施加的角色要求，反对建筑业屈从于公共或私人的地产开发。[①] 在长达五周的占领之后，巴黎美术学院迎来了决定性的变革。著名的罗马大奖被中止，学科体系进行了重组，其建筑学科从美院中分离出去，从而终结了这所有着两百多年历史的学院派机构从事建筑教育的历史。

这一事件的象征性意义显然要大于其实质意义。巴黎美术学院早已经不是最为重要

---

① 参见 STRIKE COMMITTEE ECOLE DES BEAUX-ARTS. Motion of May 15[M]//OCKMAN & EIGEN. Architecture culture 1943—1968 : a documentary anthology, New York : Rizzoli, 1993, ibid.

的建筑院校，分离出去后的建筑教育机构也没有真正产生什么有重要价值的变革。它的核心价值仍然是整个运动所体现的反抗性。这也是整个 68 年各种政治运动的整体性特征。无论是针对政府、种族主义还是文化与教育，反体制和反主流都是这些抗议与占领活动的核心诉求，与之相反的，在反抗之后想要建立什么反倒是模糊不清的。这使得"对抗"成为 1968 年最重要的遗产。正是看到了这一特征，很多西方学者如琼·奥克曼（Joan Ockman）、迈克尔·海斯以及哈里·马尔格雷夫（Harry Mallgrave）都将 1968 年作为当代建筑理论的起点。这并不是因为 1968 年在建筑理论史上有多么重要，而是借用 1968 年的"对抗"性特征来映射建筑理论界中类似的倾向。我们已经谈到过，在 1960 年代后半期，此前对现代主义的修正被提升到对现代主义更为直接的批评，并且出现了新理性主义以及后现代建筑等更为针锋相对的替代性立场。此后的解构主义以及批判理论都进一步推动了这种对传统体系的挑战，使得整个 20 世纪后半期的建筑理论变得越来越反叛和激进。1968 年成为这一总体倾向的象征。

不仅是在法国，意大利也是学生运动的中心，在其中，左翼政治力量起到了重要作用。不同于欧洲其他很多国家，意大利的左翼政治力量一直较为活跃。早在"二战"之前，意大利共产党领导人安东尼奥·葛兰西（Antonio Gramsci）就在墨索里尼的监狱中撰写了大量的理论文章，对资本主义社会展开批判分析。虽然他在 1937 年就因病去世，但是他的著作在战后逐步出版，对西方马克思主义理论影响深远。葛兰西最重要的贡献之一，是对"意识形态霸权"（Ideological hegemony）的批判。他认为早期马克思主义者忽视了意识形态批判，导致资产阶级利用宗教、教育、大众文化等多种途径实现一种霸权式的统治，在思想上剥夺了被压迫民众反思与抵抗的能力。所以，葛兰西认为一个全面的革命除了要改变"经济基础"以外，也要改变"上层建筑"，也就是说要注重思想文化领域的批判与革新。这种倾向显然与法兰克福学派对意识形态批判的关注相互应和，这也是葛兰西的影响力在"二战"后进一步扩大的原因。

在"二战"后，意大利共产党等左翼政党在很长一段时间里在国家政治体系中占据了重要地位，甚至获取了一些地区政府的控制权。很多意大利学者以及学生都有明显的马克思主义倾向。比如之前提到过的朱利奥·卡洛·阿尔甘，他不仅是一位艺术史学家，同样也是一位左翼政治家，曾经以共产主义者的身份担任罗马市长与意大利参议员。这种双重身份很自然地将阿尔甘导向对现代建筑史的批判分析。在 1957 年一篇名为"建筑与意识形态"（Architecture and Ideology）的文章中，阿尔甘批驳了那种将现代建筑简单地视为以科学和技术驱动的"理性主义"（Rationalism）进程的观点。他指出，与现代主义运动相关联的是"一场艰苦的斗争，在这个意义上现代建筑有一种进步的立场，一种能动的角色，你会认为这种建筑应该被定义为'激进'而不是'理性'。"[1] 在两次世界大战之间的现代建筑先驱"有一种明显的政治立场；当然不是出自虚伪或者机会主义，而是来自于一种信念（并只是他们有这种信念），即真实的政治应该通过建设性的对话而不是粗野和摧毁性的力量冲突来推进。"[2] 阿尔甘认为现代建筑背后有明显的政治动机，通过建筑的进步来改良社会，这一点在勒·柯布西耶与格罗皮乌斯的论述中都有所体现。

---

[1] ARGAN G C. Architecture and ideology[M]//OCKMAN & EIGEN. Architecture culture 1943—1968：a documentary anthology，New York：Rizzoli，1993：255.

[2] Ibid.，256.

　　不过，阿尔甘也鲜明地指出，这种政治改良明显失败了。这是因为现代主义先驱错误地理解了中产阶级在现代社会中的作用，仍然幻想通过中产阶级的提升来实现整个社会的变革。这显然低估了统治阶级的能力与真正问题的所在。所以，现代主义的目标可能是可取的，但是所采用的手段却是错误的。阿尔甘寄望于当代建筑在这种失败中吸取教训："每一种自由都总是从某种事物的限制中获取自由；对这种'事物'的定义是在走向自由的路径中最为困难的一步。20 世纪上半期的建筑师们，在美国或者欧洲，很可能不完美地定义了那种'事物'；我们希望今天的建筑师，能够克服这些阻碍了建筑实现其所有计划的限制与禁忌，同时不会忘记它的道德力量中最为真实和具有活力的成分。"[①] 简单地说，阿尔甘希望当代建筑师理解真正的社会矛盾是什么，同时保持改良社会的道德理想。他明显是在呼吁强化批判，但是对于到底如何在当前的条件下实现改良则没有提及。

　　在 1968 年的运动中，意大利的学生与青年人也表现活跃，他们参与街头抗议，占领学校，瘫痪教学，对大学体系与政府体制施加压力。除了这些政治活动以外，一些年轻人也通过假想性设计的手段来展现自己的反抗立场，其中最为著名的是两个先锋艺术团体，"阿基卒姆"（Archizoom）与"超级工作室"（Superstudio）。这两个团体诞生于 1967 或 1968 年左右，成员也大多是刚刚毕业的大学生。在动荡时期，这些年轻人将更多精力投入到观念与设想而不是实际设计工作之中。这种以假想设计来展现自己先锋理念的做法，与同时期英国的"建筑电讯"等团体非常相似，而在使用的元素上也可能吸收了"建筑电讯"所惯常使用的巨构与波普文化等要素。但是不同于他们的英国先驱，"阿基卒姆"与"超级工作室"的作品有着更明显和更强烈的批判性内涵。

　　在这两个团体中，"阿基卒姆"成立更早。在 1966 年初创时，主要成员包括安德里亚·布兰兹（Andrea Branzi）、马西莫·莫罗齐（Massimo Morozzi）、吉尔伯托·科雷蒂（Gilberto Corretti）以及保罗·德加内洛（Paolo Deganello）。"阿基卒姆"这个名称很可能来自于英国"建筑电讯"团体及其著名的第四期杂志《神奇的建筑电讯 4：卒姆专辑》（*Amazing Archigram 4：Zoom Issue*）。意大利团体也继承了英国团体利用独特的图像手段表达建筑思想的先锋模式。他们的早期作品主要是一些有着强烈波普文化色彩的家具，其夸张、荒诞的形态与纹饰，看起来像是对中产阶级品味的一种幽默的反讽。1966 年，"阿基卒姆"与"超级工作室"一同参与了名为"超级建筑"（Superarchitettura）的展览，由此这两个先锋青年团体获得了广泛的关注。"阿基卒姆"最重要的创作是名为"无尽城市"（Non-stop City）的系列图像。设想一个普通框架结构的建筑平面，将其无限延展就得到了"无尽城市"系列最显著的特征。这些没有边界的框架体系覆盖了整个地表，只有一些山峰突出在平面之上成为格网体系中的孤岛。在格网内部，也匀质地散布如卫生间、电梯、停车位等设施，它们也像格网一样无限重复着。这个平面看起来像是巨型超市或者是停车场，服务性元素只是零星地占据一些开间，剩余的部分则完全放空。不同的是，无尽城市没有任何边界，仿佛是将这种组织模式覆盖整个地球表面。在表面上，"无尽城市"展现了现代建筑技术的无限扩展，打破了传统建筑与城市的边界，并且提供了无限的技术服务设施，使得人们可以自由地选择居住地，实现没有边界的自由。但是在另一面，这些图像展现的是一种令人震惊的单一性，尽管有所谓的自由，但是面对这个单一、庞

---

①　Ibid., 259.

大的体系，个体的特异性是极其渺小的。超级市场与超级停车场都是当代资本主义社会的标志性建筑类型，"无尽城市"似乎通过将这些类型进一步"超级"放大，仿佛是在隐喻当代资本主义体制对于一切的匀质化统治。这也是"阿基卒姆"与"超级工作室"在"超级建筑"展览前言中所解释的："超级建筑就是超级生产的建筑，超级消费，是消费的超级诱导，超级市场，超人以及超级汽油。"[①]"无尽城市"系列以特有的建筑手段将资本主义社会的一些典型特征放大到了极端，获得了一种强烈的反讽性，自由与压制在这里成为同一个体制的两面。

　　另一个青年团体"超级工作室"的作品更为多元，除了与"阿基卒姆"类似的假想设计之外，他们还完成很多装置、漫画、剧本、电影等作品。"超级工作室"的批判性立场也更为鲜明，他们很多作品的核心理念是对"商品崇拜"的拒绝。"商品崇拜"是卡尔·马克思在《资本论》中着重阐述的一个理念。马克思指出，资本主义体制主要通过商品交易来组织社会生产，所以各种社会关系被呈现为商品之间的关系。当商品替代了它的生产者，成为所有价值的承载者，人们会将商品本身视为唯一可以追求的，从而陷入对商品的崇拜中，就像人们塑造了神，却把神看作具有自身价值的事物顶礼膜拜。"商品崇拜"不仅掩盖了资本主义体制中真实的组织关系，还诱使人们不断陷入无穷无尽的商品消费之中，成为资本主义交易体系的推动者。在马克思主义者看来，这将导致人进一步的异化以及资本主义体制的继续强化。因此，对"商品崇拜"、无节制的商品消费，以及商品文化的批判，成为战后马克思主义理论的一个核心议题。

　　超级工作室对抗"商品崇拜"的方式，是"净化"（Cleansing）。他们认为，今天的商品上已经被统治阶级赋予了各种符号、象征，以及意义，商品消费已经成为意识形态控制的一种方式。所以超级工作室设想要摧毁这样的商品，不是通过毁灭一切，而是通过去除商品上被附加上去的文化内容。他们设计了一系列的家具、物品乃至于别墅，其统一特征是它们都是由完全一样的白色方块所组成的，除此之外没有任何多余的形式元素。超级工作室试图将物品还原到最基本的几何状态，来拒绝任何意识形态元素的进入。在他们看来，"摧毁一个物品的含义——被统治阶级强加上去的意义，就是摧毁物品本身。"[②]在这种角度看来，几何方块的纯粹和苍白，与其他事物的无关，反而成为一种优势，可以避免资本主义意识形态的沾染。这实际上是将纯粹几何语汇的独立性与其他的主流文化符号对立起来。这种策略也被此后其他一些团体与个人所采用。

　　令人意外的是，在他们的另外一组假想性设计"连绵纪念物"（Continuous Monument）中，这些白色方块被转变成了另外一种事物，它们组成了连续性的超尺度巨构，横跨大地、河流、山脉，与"阿基卒姆"的无尽城市一样，无限延展下去。在解释这一设计的意图时，超级工作室写道，他们试图"去除幻象以及妄想的目标（Will-o'-the-wisps），包括自发性建筑、敏感的建筑、没有建筑师的建筑、生物性建筑以及奇妙的建筑，我们转向'连绵纪念物'，一种在单一的连续性环境中均匀浮现的建筑，它属于这个被技术、文化以及其他不可避免的帝国主义形式渲染得匀质的世界。"[③]超级工作室的巨构，象征着资本主义的单一体系对自然、对地球、对所有环境的控制，它们成为霍

---

① 引自 BRANZI A. The hot house：italian new wave design[M]. Cambridge：MIT Press，1984：54.
② LANG P, MENKING W. Superstudio：life without objects[M]. Skira，2003：121.
③ Ibid.，70.

克海默与阿多诺所讨论过的"工具理性"的极端表现。白色小方块此前还是某种净化的承载物，但是在连绵纪念物中，成为异化与匀质化的绝佳代表。"连绵纪念物"的批判性反讽丝毫不亚于"无尽城市"，一种表面的理想背后，实际上是残酷的，难以抗拒的现实。超级工作室的主要成员之一皮耶罗·弗雷西内利（Piero Frassinelli）认为，"连绵纪念物"是一种"隐喻"，"通过推到极端，来批判当时流行的巨构设想，以及与之相伴的认为建筑可以解决世界上一切问题的造物主倾向。"① 这种对巨构的批判性立场，明显不同于"建筑电讯"与"新陈代谢派"的乐观性。

在他们的另一个作品《圣诞节的十二个警示故事》（Twelve Cautionary Tales for Christmas）中，批判性反讽意味变得更为鲜明。超级工作室描绘了 12 个假想的城市，这些城市有着"完美"的特征，受到"完美"的控制，成为"完美"的乌托邦。比如在"2000 吨城市"中，一个万能的机器分析每一个人的欲望，掌控他们的状态并且分配各种资源，使得每个人都几乎处于平等状态。一旦有任何人试图挑战这一控制体系，就会被驱逐，机器会采集周边人的精子与卵子合成胚胎，培育新的成员来替代被驱逐的人。可以看到，超级工作室描绘的实际上是典型的"反乌托邦"，即最为恶劣的城市状态。他们使用这种极端的方式，来展现当代资本主义体制所隐藏的黑暗。就像弗雷西内利所说的，他们通过 12 个故事"实现了城市噩梦，完美的机制，就像纳粹设计来解决'犹太人问题'的机制一样。这就是我所说的理想城市。"②

可以看到，"阿基卒姆"与"超级工作室"都采用了反讽的策略来展现他们对主流体制的批判。这实际上也是一种意识形态批判，通过将某些倾向极端化，让人们意识到这些倾向中所隐藏的问题。他们的反讽既是一种特定策略，也是一种无奈的选择。无论是"阿基卒姆"的自由还是"超级工作室"净化后的小白方块，显然都不可能带来任何积极的改变，他们都无法真正动摇他们所批判的体制，所能做的也只有挑衅性的反讽。

将这种困境尤其是建筑在其中所扮演的角色分析得更为透彻的，是著名的意大利建筑历史与理论学家曼弗雷多·塔夫里（Manfredo Tafuri）。很多人认为塔夫里是 20 世纪后半期最重要的建筑历史与理论学家之一。他的文字深刻、尖锐，有时也令人费解，在建筑史研究领域独树一帜。他被视为威尼斯学派（Venice School）的创始人。这个学派将类似于法兰克福学派的批判分析方法运用到建筑历史研究中，形成了独特的建筑历史批判，对整个历史学科，以及现当代建筑研究都有深远的影响。

塔夫里早年在罗马大学学习建筑。他的教师之一就是后来成为罗马市长的朱利奥·卡洛·阿尔甘。在学生时代，塔夫里就积极参与学生运动，反抗陈旧的教学体制，以占领校园的方式对抗校方。毕业之后，塔夫里转向建筑历史与理论研究，他先后在米兰理工与巴勒莫（Palermo）任教，并且持续在 Casabella 等杂志上发表文章。1968 年他被聘任为威尼斯建筑大学的建筑历史教授，此后一直在此任教。

塔夫里最为人熟知的是他对现当代建筑，尤其是从现代主义早期一直到后现代这一区间建筑历史、理论以及当代建筑等诸多现象的批判分析。这些分析的主要内容是对资本主义从早期到后期变化条件下，建筑的角色以及所面对的困境进行讨论，揭示建筑实

---

① Ibid., 80.

② Ibid.

践如何成为资本主义的工具，而建筑理论如何成为意识形态的组成部分。这种鲜明的马克思主义立场也影响了他的建筑历史学研究方法。他提出，在当代条件下，历史研究只能以批判分析的方式存在，而不能沦为实践的附庸。在他 1968 年出版的《建筑历史与理论》（ *Teorie e storia dell'architettura* ）一书中，塔夫里对此进行了深入的分析。首先，塔夫里指出，很多典型的历史研究都是基于一种"操作性分析"（ Operative criticism ）的模式。塔夫里将"操作性分析"定义为："一种建筑分析，不是侧重于抽象考察，而是有一个确定的目标，即规划一种精确的、诗意的倾向。这种倾向已经被该分析的结构所决定了，并且是从已经被系统性地扭曲和定义过的历史分析中提取出来的。根据这个定义，操作性分析体现了历史与规划的交汇。我们可以说，实际上，操作性分析规划调整了过去的历史，将其投射到未来。"[①] 塔夫里的文字一贯密集和晦涩，因此需要稍作解释。操作性分析是指那种具有特定目的的，而不是客观中立的建筑分析。在进行具体的分析之前，这样的历史研究已经有其确定的目的与结构，那就是要从历史中提取出研究者所认同的趋势与特征，然后论证这种趋势与特征是正当的，并且预言这样的趋势与特征将持续到未来，从而实现对实践的操作性指引。在《建筑历史与理论》一书中，塔夫里将操作性分析追溯到 17 世纪艺术史学家乔瓦尼·彼得罗·贝罗里（ Giovanni Pietro Bellori ）的《现代画家，雕塑家和建筑师的生活》（ *Le Vite De' Pittori, Scultori Et Architetti Moderni* ）一书。他讨论了贝罗里如何通过对历史现象的选择性诠释，论证他推崇古典主义贬低巴洛克的观点，并且将这种观点渲染成应该被未来所接受的原则。在这样的"操作性分析"中，"'是什么'与'应该怎样'重合了，历史考察与向未来的价值投射重合了，价值判断与现象分析重合了。他们的分析是操作性的，因为他们所做的系统性选择并不将自己呈现为充分论证的认知过程，而是作为一种被推崇的价值，或者更准确地说，是价值与无价值之间的先验区分。"[②] 显而易见，操作性分析的问题就在于"是什么"与"应该怎样"的重合，研究者们让自己对"应该怎样"的立场影响了对于"是什么"的分析判断，从而不可能进行真正客观、中立以及批判性的研究。他们只能在历史中不断抽取支持自己"应该怎样"观点的证据，而扭曲和舍弃不利于自己的证据。

　　单纯从历史学研究角度来看，操作性分析当然有巨大的缺陷，虽然很难说有任何研究是绝对中立和客观、绝对不掺杂任何价值判断的，但是程度上的差异仍然是至关重要的。不过，塔夫里讨论这个话题的目的，不仅仅是纯粹的历史学方法论，他随即谈到了操作性分析背后的意识形态作用。他用吉迪恩的名著《空间、时间与建筑》为例，说明吉迪恩如何扭曲了历史叙述，将现代建筑描述为一个早已萌芽的历史进程的自然结果，进而论证现代建筑的合理性。吉迪恩的历史研究起到了为现代建筑提供辩护，使其能够继续投射于此后的实践的操作性目的。但是这种操作性分析忽视和掩盖了现代主义运动中存在的断裂、冲突与矛盾，忽视导致现代建筑出现危机与困境的那些因素。吉迪恩的著作所起到的作用，是让人们接受已经存在的现代建筑现状，认同现代建筑是历史不可避免的结果，从而在未来继续维护这种建筑体制。在塔夫里看来，这样的历史研究所起到的作用，正是意识形态所起到的作用。它们的共同特点，是通过某些隐藏的手段，将

---

①　TAFURI M. Theories and history of architecture[M]. London：Granada，1980：141.

②　Ibid.，143.

虚假的变换成真实的，将不合理的渲染成合理的，通过建立欺骗性的思想观念，诱使人们接受现状，甚至帮助巩固操纵者想要维护的事物。塔夫里尖锐地写道："吉迪恩的历史的特殊重要性在于，它是最早在现代建筑与过去之间建立联系的尝试之一，它建立指向未来的路标。在这个意义上，过去被不断地用来肯定当下：历史论证了既有现实的合法性，它具有一种镇静的作用，可能激发某种缓慢或者慵懒的反应。"[1] "所以，操作性分析，是一种意识形态分析（我们始终是在马克思主义的概念下使用意识形态一词）：它用既有的价值判断（为当前利用而准备的）替换了分析的严谨。"[2] 塔夫里的结论是，在操作性分析之下，历史研究不再是独立的学术研究，而是成为意识形态控制体系的一部分，成为资本主义体系强化自身的工具之一。

对操作性分析的批判，也指向了塔夫里自己所认同的历史研究，那就是历史批判（Historical criticism）。这里的批判一词，可以理解为法兰克福学派的批判理念。塔夫里早期的历史研究主要集中在从现代主义早期以来的历史阶段。这一阶段的典型特征是资本主义体制的诞生、发展以及最终的全面统治。与其他很多马克思主义者一样，塔夫里也认为这种社会变化才是 18 世纪以来的核心主题，是社会、思想、经济、文化以及日常生活变化的真实推动力。批判理论的核心诉求，就是将各种分析现象与这一历史线索建立联系，揭示驱动这些现象的真实本质。塔夫里的"历史批判"将这种批判分析运用于建筑历史研究之中，他的主要目的，是揭示建筑如何参与了资本主义建立全面统治的进程。对于塔夫里来说，历史批判是唯一真实和独立的历史研究，它不应具有任何直接的操作性目的。并不是因为历史研究不应与实践产生关联，而是因为这是一个过于艰巨的任务，尤其是考虑到资本主义体制的强大与无所不在。当前首要的是分析建筑所面对的真实问题，否则建筑只能沦为盲从的工具。

在这一策略指引下，塔夫里与威尼斯学派的其他成员一同完成许多重要的历史研究，比如《建筑与乌托邦：设计与资本主义发展》（*Progetto e Utopia：Architettura e Sviluppo Capitalistico*）、《现代建筑》（*Architettura Contemporanea*）、《球与迷宫：自皮拉内西到 1970 年代的先锋与建筑》（*La Sfera e Il Labirinto：Avanguardie e Architettura da Piranesi Agli Anni' 70*）等等。在这些著作中，塔夫里充分展现了历史批判的深度。他讨论了在资本主义发展的不同时期，各种建筑思想、文化与实践工程如何帮助认识、吸收和巩固资本主义的时代特征，并且在完成了这一任务之后，沦为无用的背弃物，进而迎来自身生命力的危机与终结。与法兰克福学派的学者类似，塔夫里也擅长利用跨学科的知识体系来充实自己的论证。他的分析深度与密度也是此前历史研究中所罕见的，这些成果构成了批判理论在建筑研究领域最杰出的运用典范。比如在 1969 年一篇著名的文章《走向建筑意识形态批判》（Toward a Critique of Architectural Ideology）中塔夫里简要总结了 18 世纪以来建筑的意识形态作用。他认为，从 18 世纪开始资本主义发展已经导致了传统价值与形式体系的崩溃，由此带来了一系列矛盾与冲突。一开始，劳吉耶将城市描绘成自然是为了用自然的多样性与和谐来掩盖资本主义的内在冲突，但是这显然是不可能成功的。因此，皮拉内西（Giovanni Battista Piranesi）用他特有的版画呈现

---

[1]　Ibid., 153.

[2]　Ibid.

了建筑与城市的断裂与破碎，实际上是从另一个侧面展现了资本主义所带来的转变，这种展现也帮助人们熟悉这些转变，并且开始接受它们。这种倾向进一步被 20 世纪初的先锋艺术运动所拓展。先锋艺术家们使用拼贴、剪切、现成物等手段，让人们接受混乱、错动、冲突与变异，也就接受了资本主义体制类似的特征。通过对艺术品的接纳，人们实际上将这些特征内化到自己的心理之中，使自己成为与资本主义体制同步的零件。此外，现代建筑所强调的秩序、工业化以及整体控制，也正是资本主义工业生产所需要的，所以风格派以及包豪斯等先锋团体所倡导的，实际上是推进资本主义生产的主要原则。而这种努力的最高成果，则是现代城市规划，如雅典宪章对整个城市，以及人们生活方式的全面管控，这也帮助资本主义控制了所有人的生存环境。在此之后，建筑与城市规划的作用已经结束了，资本主义已经足够完善，以至于已经不再需要建筑与城市新的变革性贡献，这也就昭示着建筑意识形态影响的终结。"当规划的理念从乌托邦层面落到现实中，成为一种操作机制，作为规划的意识形态，建筑被规划的现实扫除到一边。现代建筑的危机就产生于这个确定的时刻，当它的自然目标——庞大的工业资本——将建筑潜在的意识形态据为己有，抛弃其他上层建筑之时。在那一时刻，建筑的意识形态耗尽了它自己的作用。"①

这样的分析，无论是针对先锋艺术运动、现代建筑还是现代城市规划，都迥异于常规的建筑历史观点。塔夫里对现代建筑所面对危机的分析，也不同于前面已经论述过的从十小组到解构建筑等诸多建筑师与理论家的观点。差异的核心在于对什么才是建筑核心议题的分歧。前面提到的很多学者认为核心议题是意义、秩序、流动性、多样性等等，但塔夫里以及其他马克思主义者认为，整个社会的核心议题都只有一个，那就是资本主义体系的自我强化。虽然他们也认为未来的理想是对资本主义的取代，但是当前批判分析的结论往往是资本主义体制日益强大、隐秘的渗透与控制。这也导致了塔夫里对于当前建筑发展的"操作性"预测，一种极为悲观的论断："在这个体系中不再可能发现任何救赎：无论是不安地徘徊在图像的'迷宫'之中——这些图像是如此多样以至于变得无趣和沉默，还是将自己锁闭在几何内容基于自身完美的阴沉静默之中。"②

最后这句话，实际上指向后现代建筑对图像的运用，以及类似彼得·埃森曼那样坚持建筑几何语汇的自主性，拒绝与其他要素产生关联的立场。在塔夫里看来，这些都是无用的反抗，因为它们无法对资本主义体系产生任何影响。塔夫里在 1974 年的一篇文章《闺房建筑：批判的语言与语言的批判》（L'Architecture dans le Boudoir：The Language of Criticism and the Criticism of Language）中继续延展了他对当代建筑的批判。他认为文丘里所倡导的复杂性与矛盾性是继续诱导人们吸收和接纳资本主义体制的复杂性与矛盾性，而罗西的静默与埃森曼的形式自主是主动切断建筑与外部社会的联系，让建筑成为被资本主义抛弃的工具。但是这样的情况下，建筑变成一种孤芳自赏，就像被困在闺房中沉迷于自恋的个体一样。

在塔夫里的批判理论中，现当代建筑只有三种可能：一是帮助掩盖资本主义的矛盾，比如劳吉耶；二是帮助吸收资本主义的矛盾，比如后现代建筑；三是逃避资本主义问题，

① TAFURI M. Toward a critique of architectural ideology[M]//HAYS. Architecture theory since 1968, Cambridge, Mass.；London：MIT，1998：28.

② Ibid.，32.

沉迷于割裂的形式游戏中,比如罗西与埃森曼。任何一种,都不可能带来任何积极的改变,建筑要么继续作为资本主义体系的附庸,要么彻底地被边缘化,变得无用,同时也变得无害。

很少有人为现代建筑以及当代建筑的前景提供这样绝望的画面。不过,就像前面提到的,这实际上是诸多批判理论共享的最终结论。没有对资本主义体制的根本性替代,其他的一切"变革"都是无用的。在西方资本主义体制之下,这样的变革仍然遥不可及,所以西方马克思主义者大多会走向一种对现实的悲观。他们的分析只能展现资本主义控制的恶化,而无法为改变这种状况提供可行的建议。塔夫里的立场也一样,他在《建筑历史与理论》的第二版前言中写道:"就像不可能有一种基于阶级的政治经济学一样,也不可能'预言'一种阶级建筑(一种致力于解放社会的建筑);可能的只有在建筑中引入阶级批判。从一个严格的——但也是宗派性和片面的——马克思主义立场看来,除此之外别无所有。"[①]

这样的悲观色彩使得塔夫里成为 20 世纪后半期现当代建筑最激进的批评者。我们已经看到,在二战之后很多人在批评现代主义,指出这样或者那样的问题,但是塔夫里所做的,几乎等同于宣布了现当代建筑的死刑。美国学者弗雷德里克·詹明信将塔夫里的分析称之为"负面批判"(Negative critique),因为后者拒绝了任何改善的可能性。詹明信认为,塔夫里的观点中有一个根本性假设:"任何不能有效阻断这个体系的社会再生产的事物,都被看作体系再生产的一部分。"[②]也就是说,除了根本性的社会革命,其他的任何举措都只能继续强化资本主义体系。但是在西方当代社会看来,社会革命在目前几乎是不可能的。在这种非此即彼的假设下,塔夫里只能做出最为悲观的结论——不再有任何救赎。

在历史批判之下,塔夫里几乎否定了建筑实践任何积极的社会作用,也将批判分析与实践直接对立起来。后者难以避免成为资产阶级附庸的结局,而前者则是对后者直接的揭露和反对。从他的马克思主义立场出发,塔夫里给予了当代建筑理论沉重的打击,他的建筑批判与解构主义一道,构成了 20 世纪末期对传统建筑体系最具有颠覆性的挑战。

10.4 其他类型的批判分析

批判理论对建筑学的影响并不仅仅局限在塔夫里身上。很多西方学者都有类似的立场,以马克思主义为基础,分析西方社会的结构性特征,进而解析现当代建筑问题的内在实质。批判理论所提供的,是一个整体性的框架,或者说是一种研究范式,帮助这些学者以不同于传统理论的批判性视角来看待各种问题,他们所展开的分析与得到的结论也自然迥异于传统建筑学研究。

比如美国学者黛安·吉拉度的《现代主义之后的建筑》(Architecture after Modernism)就是一本具有塔夫里"历史批判"色彩的当代建筑研究著作。这本书的讨论内容是二战以后的当代建筑,看起来似乎是一本传统的建筑历史著作。但是不同于传

---

① TAFURI M. Theories and history of architecture[M]. London:Granada,1980:III.
② JAMESON F. Architecture and the critique of ideology[M]//HAYS. Architecture theory since 1968, Cambridge, Mass.; London:MIT,1998:459.

统的编年史写法，吉拉度将讨论划分在三个章节中，分别是"公共空间""家庭空间"以及"城市领域"。选择这一写法的原因在于，吉拉度认为当代建筑的主流发展以及主流理论都没有直面当代西方社会的根本性特征，那就是商业资本通过"后工业"化、"后福特体系"，以及"全球化"的手段更为全面和深入地控制了社会与个体。"所有这些西方经济的特征导致了劳动模式、社会模式（包括性别、人种以及民族等）以及收入分配的剧烈变革……尽管这些变化显著影响了每一个人的日常生活，也必然地影响着建成环境（我稍后将讨论这一点），但它们很少体现在建筑讨论中。"[①] 那些被人们认为是主流的后现代建筑或者解构建筑不仅无视这一重要变化，一味迎合当代资本主义社会的消费文化以及异化特征，还犯下了两个严重的错误：一是大体上放弃了"对社会变革的渴望"，二是那些认为建筑还可以起到一定批判作用的人，却将所有的希望寄托在建筑形式之上。这两点都只能助长商业资本的强化，而无法带来任何积极的进展。因此，在吉拉度看来，真正体现了当代社会特征的是那些受到商业资本控制的超大型项目，比如连锁超市、博物馆、住宅区以及商业区。而最为典型的，也是吉拉度在这本书中着墨更多的是"迪斯尼乐园"。"因为它们明确体现了一种社会控制机制，这种机制的建立是为了定义城市中的'公共空间'，并且将这些空间为中产阶级保留着。在很大程度上，这种举措的内在机制被中产阶级的收益所掩盖了，这个阶级的成员能占据空间并将其转化为公共空间，而同时却避免面对将其他一些人拒绝在外的机制体系。"[②] 迪斯尼乐园体现了商业资本隐秘而高效的控制手段，在表面的欢乐祥和之下，是通过监视、门票、进入控制、明确边界、员工行为准则以及潜在的游玩者行为准则来实现对大众的控制。这也构成了现代主义之后建筑发展的经典样本。

　　吉拉度将空间作为批判分析主要着力点的做法，呼应了更早之前法国学者亨利·列斐伏尔（Henri Lefebvre）的著作《空间的生产》（The Production of Space）。列斐伏尔是 20 世纪法国最有影响力的马克思主义学者之一，他一生完成了 60 多部著作，涉及哲学、政治、日常生活以及城市等诸多议题。他的《空间的生产》一书在建筑学与城市研究领域都很有影响力。空间是一个我们熟悉的词汇，尤其是在现代主义以来，空间已经成为建筑理论的基础性概念。但是就像阿德里安·福蒂的《词语与建筑》（Words and Buildings）一书所揭示的，空间的定义实际上并不清晰，它混杂了很多不同的观点与理论。列斐伏尔想要强调的，是将空间作为社会生产的一部分来看待，而不是像此前的建筑学一样，将空间看成某种抽象的建筑要素。这种看法产生于马克思主义将社会生产作为所有讨论基础的前提。列斐伏尔指出，空间从来不是中立和抽象的，它是由人创造和改造的，渗透了人的意图、价值、目的与社会关系，所有的空间都是"社会空间"（Social Space）。在另一方面，空间也是社会生产的重要工具，从监狱、政府机构到福利院、社会住宅，各个阶层都通过空间实现自身的利益，并且通过空间的争夺来占据优势性的社会地位。简单地说，空间中也蕴含着整个社会生产的组织关系。在当代，最为鲜明的是资本主义对"既有空间的占据以及新空间生产的控制，"[③] "空间自身即是资本主义生产模

① GHIRARDO D. Architecture after modernism[M]. London：Thames & Hudson，1996：38.
② Ibid.，42.
③ LEFEBVRE H. The production of space[M]. Oxford：Basil Blackwell，1991：326.

式的产物，也是资产阶级的经济—政治工具。"① 但是，空间的这种社会属性被主流建筑理论所忽视，无论是吉迪恩还是赛维都将"空间看作是空虚的，然后被视觉信息所占据"。包括当代符号学的引入，也在强调空间可以被阅读，可以被看作一种语言。但是，仅仅强调讯息和阅读本身都是有缺陷的，因为真正关键的是讯息和阅读的内容到底是什么。统治阶级往往就是利用这些信息与内容来实现意识形态的控制，比如通过宗教、文化符号以及阶层象征。所以，传统空间理论实际上回避了空间的社会实质，它们对此避而不谈，仿佛空间就是一个被附加了讯息与内容的抽象容器。"在空间中，或者在空间之后，没有不可知的事物，没有秘密。但是这种透明性是欺骗性的，所有的都被掩盖了：空间是虚幻的，而这个幻象的秘密就在于透明性本身。"② 在列斐伏尔看来，传统的空间理论也成为资本主义制造"虚假意识"的组成部分，也成为意识形态的工具。

　　列斐伏尔非常典型地展现了从批判理论的立场出发，传统的建筑理念与理论要遭受到什么样的拷问。很多学者也在从事类似的工作，不是从建筑学内部出发，而是从整体社会现实的批判分析出发，切入建筑问题，比如詹明信对后现代建筑的分析就是一个例子。詹明信在《后现代主义与消费社会》（Postmodernism and Consumer Society）一文中写道，"后现代主义体现了新近出现的晚期资本主义社会秩序的内在真理。"③ 这主要体现在后现代主义的两个典型特征，"模仿拼贴"（Pastiche）与"精神分裂"（Schizophrenia）上。这两个概念分别来自于当代艺术以及法国心理学家雅克·拉康（Jacques Lacan）的精神分析理论。实际上，这两个特征都有同一个源头，那就是在商业资本的控制下，在现代主义阶段仍然存在的"个体"已经被彻底地分解为碎片，使得"个体"无法再进行原创性的创作，所以只能"模仿拼贴"。他对自己的认知也必然是分裂的，所以会出现"精神分裂"。这两个特征体现在从绘画到建筑等各种各样的文化现象中，比如后现代建筑对历史片段的随意拼贴，以及文丘里不断呼吁的复杂性与矛盾性，这显然与"精神分裂"有类似的地方。在另一篇著名文章《建筑与意识形态批判》（Architecture and the Critique of Ideology）中，詹明信在分析了塔夫里建筑批判理论的基础上进一步指出，后现代建筑展现了一种完全不同于现代主义的美学特征。现代主义强调的是整体性与统一性，比如内与外，功能与装饰。但是"与之相反，文丘里的'装饰化棚屋'概念所追寻的是强化对立，强化冲突和矛盾自身（比他早期的'矛盾性'或者'复杂性'更为强烈）。"④ 从这个角度看来，装饰化棚屋成为"模仿拼贴"与"精神分裂"的合成体，它完美展现了晚期资本主义的核心特征。最终，詹明信的结论是，虽然塔夫里激烈地抨击后现代建筑，但是批评者与被批评者其实是同一的，他们都建立在同样的信念之上，即"在晚期现代主义的庞大现实之下，不会再有任何新的东西了，也不可能有任何根本性的变革。"⑤ 它们的区别仅仅在于，塔夫里以一种割离的立场对此进行批判，而后现代主义则选择完全接受这种条件。与塔夫里有所不同的是，詹明信认为，因为呈现了"模仿拼贴"与"精

---

① LEFEBVRE H. The production of space[M]//HAYS. Architecture theory since 1968, Cambridge, Mass.；London：MIT, 1998：181.

② Ibid., 187.

③ FOSTER H. Postmodern culture[M]. London：Pluto, 1985：113.

④ JAMESON F. Architecture and the critique of ideology[M]//HAYS. Architecture theory since 1968, Cambridge, Mass.；London：MIT, 1998：460.

⑤ Ibid., 461.

神分裂"，后现代主义仍然对于人们认识晚期资本主义的特点有所帮助，所以仍然有一定积极的意义，尽管在整体看来这种帮助非常的微弱。

正是这种微弱的积极意义，让詹明信等学者与塔夫里的彻底的悲观立场拉开了距离。如果仍然认为理论要对实践产生某种促动作用，那么像塔夫里那样完全否认任何前景存在的结论显然是难以被接受的。所以有的学者认为某种希望仍然是存在的，美国学者迈克尔·海斯 1984 年的文章《批判建筑：在文化与形式之间》（ Critical Architecture：Between Culture and Form ）就持有这种立场。不同于塔夫里关于对几乎所有现当代建筑潮流的否定，海斯认为有一种建筑仍然是具有积极作用的，那就是以密斯·凡·德·罗为代表的"批判建筑"（ Critical architecture ）。这是一种处于两个极端之间的建筑。其中一个极端是资本主义体系完全的附庸，诚实地展现意识形态所希望展现的文化价值，另一个极端是完全的形式自主，彻底切断与社会其他事物的关联，变得无用与无害。批判建筑在这两者之间。它处于现实之中，仍然要体现现实的某些特征，但是是以批判性的立场去呈现这些内容。海斯举例密斯在 20 世纪 20 年代所设计的摩天楼，一方面以反传统的方式映射了现代大都市的复杂景象，另一方面也以静默对这种大都市的条件做出反抗。乔治·齐美尔（ Georg Simmel ）在《大都市与精神生活》（ The Metropolis and Mental Life ）中提出，大都市带来的不间断的强烈刺激，会导致人们难以承受，所以不得不采取一种"倦怠"（ Blasé ）的应对态度，即不再对这些刺激作出反应。海斯认为密斯作品中的静默感，就是对这种"倦怠"的呈现，它是对大都市生活异化状态的沉默批判。他写道："密斯的贡献，是在令人精神紧张的大都市的混乱中，清理出一种敌意的沉默；这种清理是一种极端的批判，并不仅仅是对既存的城市空间秩序，以及既有的经典构成逻辑，也是针对人们身处的精神焦虑（ Nervenleben ）。"[①] 正是在这个意义上，这些建筑可以被视为是"抵抗性与反对性的"。

海斯对密斯的解读迥异于传统建筑学的观点，恐怕也很难在密斯自己的言论中找到足够的支持。他的结论实际上基于一个前提，那就是任何不积极参与资本主义社会生产的建筑，都具有潜在的批判性。这个前提看起来与塔夫里所持有的"任何不能有效阻断这个体系的社会再生产的事物，都被看作体系再生产的一部分"的前提完全对立，但实际上差异并不是那么大。塔夫里并不否认"静默"可以有一定的批判作用，只不过他认为这仅仅是杯水车薪，反而会给人一种错误的幻觉。而海斯则认为，任何微小的改变都有其积极的作用，不能轻易地一概否定。从主流的批判理论看来，塔夫里的立场似乎更为合理，但是对于有马克思主义倾向的实践者来说，海斯的观点更为积极，至少他没有否定所有的实践可能。

迈克尔·海斯的理论，可以解释当代建筑中"批判"理念的盛行。并不是每一个人都接受塔夫里那样极端的观点，当我们看到这样那样的"某某批判"理论时，应该注意到它们都更接近于海斯所谈到的批判建筑，即一方面仍然存在于现实中，仍然可以参与实践，但另一方面也不是完全顺从资本主义的主流体系，而是通过与主流的差异甚至是对立，来体现对主流体制的批判。无论是地区主义，解构，还是数字建筑，都曾经被相关学者定义为"批判"建筑的分支。甚至是彼得·埃森曼所倡导的形式自主，在他自己

---

① HAYS K M. Critical architecture：between culture and form[J]. Perspecta, 1984, 21：22.

看来也不是像塔夫里和海斯所认为的那样完全切断了与社会的联系，自主性建筑可以被视为一种比密斯更为极端的"静默"，产生的效果仍然是对资本主义文化体系的沉默反抗。

10.5 20 世纪末的理论困境

虽然在理论界海斯这种软化的批判理论更受欢迎，但是各种各样的"批判理论"仍然难以回应西方马克思主义者所面对的困境。如果整体的倾向是资本主义体系对社会、个人、自然越来越深入的控制，那么情况只会越变越差。不仅革命遥不可及，甚至是微弱的改良都变得困难重重。比如海斯与埃森曼所倡导的"静默"对抗，即使能有一些作用，也是极其微弱和间接的，与建筑所要承担的重大社会责任完全不成正比。塔夫里的论断，仿佛是对西方当代建筑的诅咒，他先验地否定了当下以及可见的未来建筑实践的意义。在这种情况下，理论与实践的关系变得前所未有的紧张。通常情况下，人们认为理论应当辅佐实践，但是批判理论的主要内容在很多时候偏向于否定实践，导致的后果则是理论与实践的渐行渐远，理论不再关注对实践的直接推进，实践也不再向理论去寻求帮助。这也解释了我们前面提到的，批判理论在建筑界的倡导者主要是学者而不是建筑师的原因。

这种变化有正反两方面的作用。在好的一面，摆脱了传统理论对实践的依附，使得理论家们有更大的自由去构建各种新的观点与立场，"转码"的灵活性也得以更大幅地提高。像批判建筑这样的新理论就是成果之一。在不好的一面，脱离了与实践的紧密联系，会让人质疑这样的理论的生命力。毕竟人们的建造活动不会停止，与建筑的密切关系不会停止，无论理论是否讨论，各种各样的建筑问题仍然是存在的，仍然需要建筑师应对，这是无可辩驳的事实，也是建筑研究最重要的根基。与这样的根基脱离关系，也就是与建筑的设计者、建造者与使用者脱离关系，理论可能会滑向一个小圈子内部的自言自语，可能会日益走向枯竭。两相比较，显然是后者的影响更为重大。塔夫里拒绝了"操作性分析"，但可能这种拒绝过于极端，因为一旦建筑理论试图对实践有所帮助，就不可避免地蕴含了某种"操作性"意图。彻底地摒弃这一点，也就很大程度上摒弃了建筑理论的存在价值。

此外，与实践的脱节还会导致理论本身话语体系的衰退。就像哲学家路德维希·维特根斯坦（Ludwig Wittgenstein）所说，一个词语的意思来自于它在实践中的用途。传统理论的概念与术语，都需要与设计实践产生直接的关联才能够被视为有效和有意义的，由这些概念和术语组成的理论也才能够被理解和运用。一旦理论与实践的关系被切断，概念与术语也就失去了实践的约束和支撑，它们在变得更为自由的同时也注定会变得更为难以理解。这也正是在 20 世纪末期理论发展中出现的新的动向。"转码"带来了大量新理念和新思想的引入，在正常的情况下，新理念和新理论还需要通过检验和过滤，以考察是否能够与建筑实践形成对应，进而判断能否被吸入到建筑理论体系之中。比如我们之前提到的"语义"和"句法"实际上就与建筑的符号象征意义以及建筑形式语汇的结构性关系相对应，从而被吸纳到建筑理论体系中。如果省却了这种检验和过滤，那么任何理念和思想都可以被随意引入建筑讨论中，完全无需考虑它们在建筑语境中是否切合，是否要受到限制。这不仅导致了概念的混乱，也导致了论述逻辑的松动甚至溃散。

这一点尤其在很多批判理论以及解构理论支持者的写作中体现得最为明显。这些文献大量地借用批判理论以及后结构主义思想的各种概念和观点，但是并不注重它们在建筑领域的有效性，也没有对概念与观点之间的逻辑关系给予充分的说明。所带来的直接后果是这些文献变得出奇的晦涩与含混，让人难以理解其理论价值。在表面上看，这似乎是某些作者个人的写作风格所致，但在深层次上，是随意和粗糙的"转码"，以及理论与实践的过度脱节所导致的。

　　这种情况导致了许多建筑师对理论的抵制与反感。很多人批评 20 世纪末期的理论变得不知所云，完全脱离了建筑师与普通大众的话语体系。在一篇名为"为什么我们其余人不喜欢建筑师喜欢的东西？"（Why Don't the Rest of Us Like the Buildings the Architects Like）的文章中，美国人罗伯特·坎贝尔（Robert Campbell）嘲讽地写道："建筑学的大学教授们错误地认为，建筑主要是一项智力活动，就好像哲学一样。他们梦想着完全不可读的理论。我不知道那些可怜的孩子会怎么做，当他们进入学校去学习建筑，却碰到一些像电锯噪声一样恼人的冗长废话。"[1] 这种戏谑式的抱怨实际上代表了很多实践建筑师以及普通大众的态度。当然不是所有理论都有这样的问题，但是 20 世纪末期最重要的两个理论思潮，解构理论以及批判理论都存在这样的倾向。这也导致了人们对建筑理论整体的质疑，随之而来的则是建筑理论的危机。

　　很多人将 2000 年美国建筑理论杂志 Assembly 的停刊视为理论危机的标志性事件。我们之前提到过彼得·埃森曼在创立了 IAUS 之后，与他的同事肯尼斯·弗兰姆普敦，马里奥·盖德索纳斯，以及安东尼·维德勒一同开办了 Opposition 杂志。这是一本非常重要的理论杂志，这本书里讨论的很多重要理论文献就首先刊登在 Opposition 上。这本杂志也最早体现了 20 世纪 60 年代以后建筑理论的繁荣。文章的作者们卓有成效地将许多新理念、新思想用于建筑历史与理论问题的探讨上，尤其是与现代主义以及替代者相关的话题之上，极大地提升了建筑理论在建筑学研究中的活力与重要性。与此同时，前面提及的"转码"所带来的正面与反面的效果也都逐渐开始在 Opposition 刊载的文章中出现。不过，这一时期杂志的主要内容仍然集中在相对传统的建筑历史与理论话题范畴中，使得 Opposition 得以涵盖从符号学到解构思想等广泛的建筑议题。伴随着彼得·埃森曼的离开以及 IAUS 在 1985 年的终结，Opposition 杂志也在 1984 年停刊。1985 年，另一本理论杂志 Assembly 开始出版，它是由哈佛大学建筑理论教授迈克尔·海斯主编的，在后期凯瑟琳·英格拉汉姆（Catherine Ingraham）与艾丽西亚·肯尼迪（Alicia Kennedy）也加入了主编团队。由于也致力于建筑理论的前沿议题，Assembly 常常被视为 Opposition 的延续。但实际上两者有很大的不同。Opposition 的作者大多来自建筑界，有比较明显的实践背景，如埃森曼与屈米本身也是重要的建筑师，他们的写作也与实践有着更为紧密的联系。而 Assembly 的作者更多是大学里的专业学者，他们并不直接参与实践，更为强调理论脱离实践后的独立性。就像前面所提到的，这种独立带来了更大的自由，Assembly 刊登的文章已经不再局限于建筑议题，而是扩散到文学、哲学、精神分析、女性主义等等领域。不过，这种变化的负面作用是 Assembly 也在逐渐远离实践

---

[1]　CAMPBELL R. Why don't the rest of us like the buildings the architects like?[J]. Bulletin of the American Academy of Arts and Sciences，2004，57（4）：25.

领域的核心问题，其文章的论述方式也变得更为晦涩，它在建筑界的受众也逐渐退缩于学术界之中。最终，*Assembly* 也在 2000 年停刊。

　　一些学者认为，这两本杂志的终结并不是独立事件，而是象征着整个建筑理论在 20 世纪末期走入了困境。他们以此为契机，对此前的两个主要的理论思潮——解构建筑与批判建筑——展开了批评。比如美国学者迈克尔·斯皮克斯（Michael Speaks）认为，当代理论已经迷失了方向，其中一个原因是"自 20 世纪 70 年代以来，很多所谓的精英学院已经接受了一种被解构与马克思主义所环绕的先锋姿态。他们共有的是一种对商业与市场的体制性的厌恶，但商业与市场正是革新以及未来建筑形态产生的环境。"[①] 他进一步明确地写道："埃森曼与海斯建立了——通过他们各自创立和编辑的杂志，*Opposition*（1973—1984）与 *Assembly*（1986—2000），发表的很多书籍，以及漫长而卓越的学术生涯——一种抵抗性、负面性建筑的思想基础，这种建筑试图创造一种替代物，以取代被市场所腐败的设计，以及整体性的商业文化。"[②] 但是，"这种幻想已经失去了诱惑力，也与真实世界脱离了联系。整个建筑界现在面对着一个缺乏引导的未来，它无法从 1970 年代以来统治了建筑学院的无所不知的理论先锋那里获取指引。"[③] 斯皮克斯甚至进一步声称："理论不仅无关紧要，还持续地成为建筑中革新文化的障碍……理论先锋的确定性已经迟滞了建筑学院中革新文化的发展，这种发展需要思考和实践之间更为灵活的互动关系，以及对于什么才算是建筑知识的一种扩展的定义。"[④] 就像文章的标题所提示的，斯皮克斯认为整体性的建筑理论已经出现了严重的问题，他的文章只是对 20 世纪末期对建筑理论主流不满情绪的一种激进的表达。更有甚者，还有人提出了"理论终结"（End of theory）以及"反理论"（Against theory）的口号。

　　不过，就像迈克尔·海斯与艾丽西亚·肯尼迪在 *Assembly* 的最后一期中写道的，这些呼吁并不意味着真正的"理论终结"，而是体现了理论发展的某种转向。发出这些声音的人本身也是建筑理论研究者，他们也毫不犹豫地提出了新的替代性理论观点。[⑤] 这种分析当然是准确的，就像斯皮克斯的文章所体现的，他所不满的其实不是全部的建筑理论，而是 20 世纪末期建筑理论的两大热点——解构与批判。不满的原因是这两种思潮都渲染一种彻底的对抗性以及对体制的敌视，以至于与所有仍然在整体社会体制中运作的建筑实践脱离了关系。

　　斯皮克斯并没有进一步阐述这种抵抗性并不完全正确的原因。这当然是一个复杂的问题，难以简单地回答，这里只能提供一种分析。并不是说解构与批判本身是错误的，问题可能在于一些理论研究者忽视了解构与批判的限度。就像康德在《纯粹理性批判》中所强调的，任何理性分析首先需要知道自己的限度，超越了这个限度就会导致虚妄的结论，甚至得到二律背反这样的冲突。比如，西方马克思主义研究主要以西方资本主义社会为对象，认为整体倾向是无法摆脱的商业资本日益严酷的控制。但是这种分析可能忽视了社会发展的复杂性，忽视了社会进程可能不是仅有西方资本主义这一种发展模式。

---

① SPEAKS M. After theory[J]. Architectural Record，2005，193（6）：72.
② Ibid.，73.
③ Ibid.，74.
④ Ibid.
⑤ 参见 KENNEDY A，HAYS K M. After all，or the end of "the end of" [J]. Assemblage，2000，（41）：7.

像中国这样的例子表明，在典型的资本主义体制之外，实际上还有其他可能的社会组织方式，也仍然有大量可以探索和实验的模式。在很多时候，先入为主的批判性以及将视野局限于西方资本主义社会的限制，使得理论研究者们忽视了这些可能性，在展开研究之前甚至就已经得到了悲观的结论，这实际上也是一种"操作性分析"，超越了批判本应具有的理性与客观。

对于解构，情况也类似。毫无疑问，德里达正确地指出，意义是在一个体系中形成的，因此会不断变化和延展，不能被视为固定和明确的。其实这一论点并不新鲜，在维特根斯坦、海德格尔乃至于尼采的哲学论述中都已经存在。但是，关键性的问题是，解构到底要推进到什么程度？是否因为缺乏确定的意义，就否定所有的意义，进而反对任何既存的秩序、结构以及价值？这里牵涉的实际上是一个根本性的哲学问题：在缺乏稳定意义的基础上，人们应该如何生存？不加限制的解构与反抗，会导致对所有意义的拒绝，最终不可避免地陷入虚无主义。

如果想要避免这一困境，就需要为存在重新找到基础，一种不同于此前所认为的，无论是来自于神、宇宙秩序、还是生物性本能的存在基础。解构的支持者更多地关注于拆解，却忽视了这种奠基性的工作。不过，还有另外一些建筑师与理论家拾起了这一任务，他们借鉴了另外一种重要的思想来源，来为建筑理论提供哲学基础。他们的工作极为重要，影响了从地区主义到建构理论等一系列重要的建筑思潮，而这些思潮都可以在不同程度上与西方哲学的现象学传统建立联系，这也将是我们下一章要讨论的内容。

推荐阅读文献：

1. HABERMAS J. Modernity—an incomplete project[M]//FOSTER. Postmodern culture. London：Bay Press，1983.
2. TAFURI M. Toward a critique of architectural ideology[M]//HAYS. Architecture theory since 1968. Cambridge，Mass. London：MIT，1998.
3. JAMESON F. Architecture and the critique of ideology[M]//HAYS. Architecture theory since 1968. Cambridge，Mass. London：MIT，1998.
4. HAYS K M. Critical architecture：between culture and form[J]. Perspecta，1984（21）.

第 **11** 章 现象学的影响

在当代建筑理论中，现象学可能是影响力最为深远的哲学流派。从 20 世纪 50 年代开始，现象学就进入了当代理论的话语体系之中。虽然没有像后现代建筑与解构建筑那样迅速激发起一股现象学建筑理论的热潮，但数十年来现象学的影响一直持续存在，得到了一大批学者、建筑师、评论家的支持。直到今天，现象学仍然是揭开很多理论话语基本原理的哲学密钥。为何现象学理论在建筑界会有这样的生命力？这当然要归因于现象学自身的理论特点：它将存在，尤其是人的存在放在了哲学讨论的中心。而建筑理论不可避免地要与人的本性、人的诉求发生关系，所以在讨论这些问题的时候，现象学就可以提供理论启发。下面，我们首先要简要介绍一下现象学的理论内容，然后才能讨论它与当代建筑理论的密切关联。

11.1 意义问题与胡塞尔现象学

在迄今为止的讨论中，可以看到二战以后的建筑理论中一直存在一条贯穿的线索，那就是意义问题。战后对现代主义的质疑与批判就集中在现代建筑的乏味和单一，缺乏大众可以阅读的表意内容之上。此后的新经验主义、历史文脉、新理性主义、结构主义、符号学引入等理论流派也都着力于通过各种方式重新赋予建筑以意义。最为直接的当然是以文丘里和司各特·布朗为代表的后现代建筑,他们号召以符号、装饰、历史片段塑造"装饰化的棚屋"，在维持了经济实用性的同时获得填充了大量意义指代物的立面。这些流派都在强调意义的重要性，所以可以划分在这一贯穿线索的一边。

但是，还有一些思潮应当归于线索的另一边，它们的共同点是对意义的质疑。很有戏剧性的是彼得·埃森曼，他最初认为形式句法研究可以推进更多的意义可能性，但是后来转向认为建筑应当抛弃意义的约束，追求建筑形式的独立自主。解构理论所挑战的也是意义的传统观念。通过《柏拉图的药》这样的文章，德里达想要说明的是，并不存在一种确定无疑的形而上学意义可以被准确地表达出来，意义的产生要依赖于语言的延异，所以是不断变化和延展的。在稍微极端的立场上，这种观点会导致对所有意义的质疑，因为任何意义都不具有绝对的确定性，所以也就不应给予过度的信赖。批判建筑初看起来似乎与意义的讨论没有直接关系，但实际上这种联系是内在的和紧密的。我们已经分析过，批判理论的核心是意识形态的批判，而意识形态的作用就是树立一整套概念、理论、思想，来引导人们看待社会、世界以及自己的方法。这些事物对人到底意味着什么是其中关键的内容，这也就是意义的问题。批判理论认为，这些意义的解读实际上是被资产阶级意识形态所操纵的，成为资本主义的工具，所以应当给予批判和拒绝。在这一视角下，后现代建筑所倡导的那些意义符号，并没有让建筑变得更好，而是变得更坏，因为它们推动了消费文化对日常生活的进一步侵蚀。

要注意的是，分别处于意义问题这一线索两边的两组思潮，并不是简单地对立，因为它们各自的主张并不在同一层面。支持意义的理论思潮大多强调意义的重要性，但是并没有对意义的本质进行充分的解析和定义，所以我们可以看到在这一侧凡·艾克的结构性人文主义与文丘里装饰性后现代建筑之间的巨大差异。质疑意义的理论思潮并不是反对建筑要拥有意义这一观点，它们的攻击主要集中在这一论点上：即并没有哪种意义具有绝对的正当性，所以需要解构与批判，才能避免误入歧途。在这一逻辑之下，甚至是拒绝意义（形式自主），也比被错误的意义所误导更为合理。这一侧的论述，集中在意义的哲学本质，而不是意义的具体内容，或是是否要具有意义这一观点。在这一倾向的研究者看来，前一个问题才是最根本的，如果无法解答前一个问题，后两个问题甚至无从谈起。

为何意义的问题会在当代建筑理论中变得如此重要？一种可能的回答是，"意义"（Meaning）这一概念的内涵其实极为复杂，它也构成了现当代哲学与思想史的核心议题，影响了广泛的艺术、文化以及社会议题，所以才在建筑理论中占据了特殊的重要性。简单地说，在与当代建筑有关的讨论中，"意义"的概念有两种不同的意思。一种比较浅显的是符号学层面的，"意义"可以被理解为一种符号的内涵，后现代建筑主要就是以这种方式来看待意义理念的。通过添加具有内涵的符号，来给予建筑更多的意思与内容。另一种比较深刻的是人文主义层面的，"意义"可以被理解为人的目的、意图与价值。比如我们日常所说的某种人生是否具有"意义"，就是说这种人生是否拥有价值，是否值得作为目的进行追求。批判理论所看重的其实是这一层面，它们认为资产阶级意识形态给人们灌输了错误的人生价值，迫使人们心甘情愿地成为受压迫者，而不是自由与解放的追求者。

显然，后一种更为深刻的"意义"理念更重要，因为它牵涉到每一个人的立场，以及每一个人的生活。只要认同建筑需要服务于人，就不可避免地要去追问人到底想要追求什么，这也就是人自身的意义这一问题。这也从另一个侧面解释了为何"意义"问题变得如此重要的原因。此外，必须强调的是，"意义"这一概念的浅显一面与深刻一面其实是相互关联的。索绪尔正确地指出，"能指"这一符号的意义，并不是来自于给物体施加一个名字这么简单的模式，符号意义的获得还要依赖于符号之间的关系，依赖符号内部的组织结构。德里达正是借用这一论述展开了对意义确定性的攻击。不过，索绪尔的理论并没有充分解释符号意义是如何产生的，"能指"之间的关系可能是一个必要条件，但还并不充分。在这一点上，维特根斯坦在《哲学研究》(Philosophical Investigation)中的讨论富有启发性。简单地说，他的观点是词语意义来自于它的用途，比如我们将一把扫帚称为"扫帚"，而不是"一束干草 + 一根木杆"，不是因为这两个东西指代了不同的东西，而是因为我们需要一个单一概念来描述一个单一工具，这个工具可以用于一些特定的行为，比如扫地。所以"扫帚"的意义来自于扫地这一实践。一个团体对于人们可以有什么样的行为，什么样的实践，有着相对固定的理解与限定，这就构成了这个团体的"生活方式"(Form of life)。这种"生活方式"决定了团体使用语言的规则，而符号通过从属于这一规则而获得意义。在实质上，意义仍然来源于行动与实践。比如，为了扫地，我们会使用"扫帚"一词，而为了描述它的组成，我们可能就会使用"一束干草 + 一根木杆"。

按照这种理解，符号的意义来自于生活方式，而生活方式则受到了生活的目的与价值，或者说生活意义的影响。所以，生活意义才是符号意义的根基，意义问题的核心其实是前者。这也说明了像后现代建筑这样简单强调符号作用的理论，难以对批判与解构的理论挑战作出回应。后者质疑是否有任何意义是值得人们在当下去追求的，那么能够对此作出回应的只能是肯定地回答这样的意义是存在的，并且尽量对其实质给予解释。实际上，即使是在后现代建筑理论中，也有理论家意识到了这一问题，比如前面提到了查尔斯·詹克斯就曾经在《后现代建筑语言》中简要提到了后现代建筑也应该具有"形而上学"的意义。这其实就是指的"意义"更为深刻的层面，因为它涉及人的生活与存在这些更为复杂的哲学问题，所以显得更为"形而上学"。不过詹克斯仅仅提到了这一诉求，并未给予进一步的讨论。

既然这一问题涉及哲学议题，那就应该在哲学思想中去寻求帮助。如果有一种理论对这一问题作出了重要的贡献，那么它就可能对建筑理论的核心问题提供启发。在西方当代哲学中，与这一问题关系最为密切的就是现象学理论。也正是出于这一原因，现象学思想对当代建筑理论中的诸多思潮产生了根本性的影响，也催生了一大批极为重要的实践成果。在解析这些理论与实践成果之前，我们需要对现象学这一非常抽象的哲学理论给予简要介绍，才能理解这些理论与现象学的关系，鉴于现象学理论范畴极为广阔，涉及很多不同的哲学问题，我们只能在此对与建筑理论关系比较密切的一些方面进行简要说明。

现象学 (Phenomenology) 作为一个哲学流派起始于德国哲学家埃德蒙德·古斯塔夫·阿尔布雷希特·胡塞尔，他在 20 世纪初的一系列文献，如《逻辑研究，卷二：现象学与知识理论》(Logische Untersuchungen. Zweiter Teil：Untersuchungen zur Phänomenologie und Theorie der Erkenntnis)与《纯粹现象学的理念与现象哲学》(Ideen zu einer reinen Phänomenologie und phänomenologischen Philosophie) 当中使用了现象学来描述一种新的哲学方法以及哲学立场，由此开启了现象学的发展。不过这个名字不是凭空而来，现象 (Phenomena) 一词本身是一个古老的哲学理念。它的希腊词源 (φαινόμενον, phainómenon) 意思是表象 (Appearance)，也就是被人所感知到的东西。我们知道，在古典哲学的柏拉图主义中，表象是不可靠的，因为人的感知并不可靠。所以"表象"与"现实本身"（Reality itself）是存在重大区别的。这种柏拉图主义观点影响了古代学者对几何、数学、比例、和谐的理解，进而影响了从维特鲁威到勒·柯布西耶的众多建筑师与理论家。

表象与现实的差别，在此后的哲学讨论中被吸收到现象与本体的差别中。现象是指呈现在人的感知，比如感觉（Sense）中的事物，而本体则讨论没有受到其他因素影响的事物本身的性质。两者的区别在于是否经过人的感知这一中间环节。这种区分在 18 世纪德国哲学家康德的理论中得到了进一步的强调。康德明确区分了现象与物自体，现象是人们通过加工感知的原材料得到的认知，而物自体则是指在人的经验之外的事物本身。这种区分本身并无新意，康德的重要性在于指出了我们并没有能力直接理解物自体，都要通过一些特定的组织与加工来将直觉转变为现象，才能得到理解与知识。因此，我们所能谈论的，不是物自体而是现象。这样，所有的哲学研究，其核心应当是现象，而不是物自体。任何试图将属于现象的理论工具扩展到对物自体的讨论都会导致悖论。

这就是康德著名的"哥白尼式革命"。在此前的古典哲学，如柏拉图主义中认为本体要优于现象，所以很多人在讨论本体是什么，不管它是理念、原子还是元素。然而康德指出，那种认为人能够脱离自己的限制，直接获得关于本体的真理的观点是自相矛盾的。我们应当忘记对本体的奢望，而诚实地面对我们所能做的，那就是对现象的分析。这并不是不可知论，只是拒绝那种毫无理由地认为我们能够知悉那些我们可能并没有能力知悉的事物的观点。这一观点也解释了康德在整个现代哲学中的重要性。就像罗素所说的，康德所实现的实际上是一次反哥白尼革命，哥白尼将人从宇宙的中心驱逐了出去，而康德重新将人放在了哲学讨论的核心，这是因为现象是人所感知的东西，要讨论现象，就不可避免地要讨论人的特性。

康德的理论是理解胡塞尔现象学的背景。简单地说，现象学就是专门研究现象的哲学。首先，极为重要的是为什么要强调研究现象。胡塞尔指出，有一些理论认为它们自己掌握了关于事物本质的知识，进而以这些知识去掌控一切。胡塞尔所指的实际上是在 17 世纪以来不断发展壮大的实证科学，以及那种认为科学解释了宇宙本质的观点。不过，胡塞尔认为，如果仔细地审查科学理论的基础性假设，就会发现，科学的根基其实并不稳固。这是因为实证科学很多时候以观察经验（Experience）作为理论体系的基础，但是观察经验恰恰就是现象。实证主义者幼稚地将经验视为简单和绝对可靠，却忽视了对经验这种特定现象的深入考察。胡塞尔写道："自然科学认为自然就是那样，这是一种在自然科学中永远存在并且不断重复的天真（Naiveté），比如它存在于自然科学的研究进程中，自然科学要依赖于纯粹和简单的经验——而最终，所有经验科学的方法都会引导回经验本身。"[1] 因为缺乏了对经验本身的研究，自然科学整个体系都是缺乏基础的。但是很多人没有意识到这个缺陷，而将自然科学视为绝对真理，这不仅导致了哲学危机，还导致了人的危机。这是因为人们用知识来引导生活，而如果知识本身存在谬误，就可能导致生活也走向困境。所以胡塞尔认为，对现象本质的研究不是一个可有可无的工作，而是关于整个哲学、科学以及人们生活的重要事件。这就是现象学的重要性。

在胡塞尔具体的现象学理论中，需要深入探究的不是各种现象本身的内容，比如颜

---

① HUSSERL E. Phenomenology and the Crisis of Philosophy [M]. LAUER，译 .New York：Happer & Row，1965：85.

色、尺度、气味等等，而是现象产生的机制，这才是所有现象所共享的本质。所以他倡导一种"悬置"（Epoché）的哲学方法，将那些偶然性的内容逐步剥离，只留下最为关键的普遍性要素，最终就可以抵达所有现象所共有的本质。他的观点大致是，现象都产生于人的"心智行为"（Mental act），在其中，人通过"意向性"（Intentional）的活动构建了"意向性内容"，后者成为人们认知、理解和理论化分析的对象。很显然，这里困难的是"意向性"（Intentionality）的概念。这是胡塞尔从他的老师德国哲学家弗朗兹·布伦塔诺（Franz Brentano）那里吸收过来的概念。它是指人们心智活动的一种特性，那就是人的思维总是指向或者关于某种东西，这种特性就是意向性。在意向性的心智活动中，人的头脑中形成了关于这个东西的"意向性内容"，比如"扫帚"或者"圣诞老人"。意向性内容是人们处理的现象，而不是那个被意向性所指的东西，因为那种东西可能存在，也可能不存在，比如"圣诞老人"所谓意向性内容是存在的，但作为事实不一定存在。胡塞尔强调，只有在意向性的心智行为中，我们的头脑中才出现了"意向性内容"，我们往往会把"意向性内容"误认为事物本身，从而忽视了意向性的心智行为在其中的作用。胡塞尔通过"悬置"操作，让我们意识到，正是通过"意向性"，才赋予了"意向性内容"以意义（Meaning），它们才成为可以被理解、被分析、被讨论和被实践影响的对象。

可以看到，胡塞尔的现象学与康德的理论一样，都强调了人在构建"现象"过程中的作用。他们不同的地方在于对于这种构建模式的分析。康德强调的是时空概念以及范畴，而胡塞尔强调的是"意向性"与"意义"。不过，他们所要反驳的对立者几乎是同一的，就是那些将"现象"误认为事物本身，忽视了人在其中的积极作用，从而导致严重谬误的立场。在胡塞尔看来，现代科学的很多支持者就犯了这种错误。他们认为自己讨论的是完全客观、中立、独立于人的实体本身，并且藉由科学技术的巨大成效而认为这种模式应该统一所有的人类知识，实现科学技术的全面统治。现象学的反驳是，人的头脑中并不存在"客观、中立、独立于人的实体本身"，有的只是"意向性"心智活动所构建的"意向性内容"，它们不可避免地受到了人的影响，按照胡塞尔的说法，也就具有了意义。可以举一个例子，物理学中的"引力"概念。我们在中学物理的学习中，会倾向于认为引力是典型的科学理念，是事物本身具有的性质，当然是"客观、中立、独立于人"的。但是，如果对现代物理学有所了解就会意识到，对于引力到底是什么这个问题，物理学家实际上并无定论，一些学者甚至试图以其他的理论来彻底替代这一概念。实际上，早在《自然哲学的数学原理》中，牛顿就清楚地说明，引力并不是真的存在，它只是一种帮助我们进行运算和预测的工具。可以说，引力是一种典型的"意向性内容"，在牛顿的物理体系中，这个概念具备了意义，它帮助我们有效地完成物理运算，成为经典物理学的一个组成部分。但如果将引力等同于事物本身永恒不变的一种特质，就可能犯下了将现象等同于物自体的错误。其实，不光是"引力"，在数学和物理学内部，我们都看到各种基础性概念不断地修正和更新，时间、空间、质量、粒子等等以前认为绝对存在的事物都受到了从相对论到量子力学等各种新理论的冲击。这可以从另一面印证康德与胡塞尔的基本立场。当然，这并不是否认现代科学技术，而是强调在接受科学技术成效的同时，也认识到其所依赖的前提，这样才不至于走向谬误。

这也是胡塞尔写作《欧洲科学的危机和超验现象学》（*The Crisis of European Sciences and Transcendental Phenomenology*）这一名篇的原因。对科学技术的盲目信仰导致对现象本质的忽视，进而引发一种扭曲。人的意向与意义都被从现象世界中剥离，人们生活在一个缺乏意义的由所谓的"客观、中立、独立于人"的事物所组成的世界中，只会愈发感觉到孤独和空虚，从而走向虚无的危机。胡塞尔的工作，就是为这种危机找到哲学根源，同时也指出了解决危机的方向，那就是重新承认"意向性"与"意义"的重要性，承认即使在科学技术的理论中，"意向性内容"中也蕴含了人所赋予的意义，所以意义是无所不在的。用法国哲学家梅洛－庞蒂的话来说："我们被判决去接受意义。"(We are condemned to meaning) [1]。

这里，我们可以看到现象学为何会对当代建筑理论有特殊的作用。就像前面所说的，意义问题是二战后建筑理论的核心主线，但是建筑理论主要讨论的是意义使用与否，并没有涉及意义的本质来源等基础性问题。而没有这样的基础，对是否应该接受意义，以及应该接受何种意义等问题都无法给予充分的解答。在这一点上，现象学具有特别的启发性。在这种理论中，意义已经被追溯到最为根本的意向性活动中，这充分支持了意义的核心作用。至少我们很难再接受将意义完全驱逐出去的观点，因为没有意义的话，我们甚至不能开始谈论这个世界，更不要说是谈论建筑、人与社会了。

即使不是采用埃森曼那样极端的方式，对意义的否定还可能以其他更为隐秘的方式存在。比如胡塞尔说对现代科学技术的全面迷信就是另一种表现方式。在建筑界，这种倾向也存在。对这个问题给予了经典分析的是出生于墨西哥，此后在加拿大工作的建筑历史与理论学家阿尔贝托·佩雷斯－戈麦斯。1983 年，他将基于自己博士论文的著作《建筑与现代科学的危机》(Architecture and the Crisis of Modern Science) 出版，引起了极大的反响。仅仅是书名与胡塞尔此前著作的相似性，就已经说明了佩雷斯－戈麦斯与现象学的密切关系。佩雷斯－戈麦斯认为，当代建筑也面对着危机，而这一危机的来源要追溯到现代主义之前，其根本原因是在建筑理论中实证主义开始占据主导，将此前建筑理论中所蕴含的各种意义内涵逐渐驱逐出去。这种倾向自 17 世纪中期伴随新科学的发展开始兴起，到 19 世纪抵达一个高峰，其代表人物是法国人让－尼克拉斯－路易斯·迪朗(Jean-Nicolas-Louis Durand) 完全实用性的建筑立场。他将功能与经济放到了唯一的主导位置，而将美学、意义与其他价值都弃之脑后。"建筑理论的这种功能主义化，意味着一种转变，转向一组操作性的法则，一组具有完全的机械特性的工具。" [2] 在佩雷斯－戈麦斯看来，这实际上是科学技术至上的实证主义观点以及与之相关的工具理性在建筑界的反映，因此建筑危机实际上与胡塞尔所谈的欧洲科学危机有同样的源泉："毫不奇怪，功能主义的引入与实证主义在物理与人文科学中的兴起相重合。根据胡塞尔的观点，这样的状况标志着欧洲科学危机的兴起。" [3] 虽然在主体上仍然是一本以 18 世纪为主的建筑历史著作，但佩雷斯－戈麦斯借用现象学理论对当代建筑问题的分析仍然富有启发性。基于这种理论，他将当代建筑的意义危机还原到其哲学根基之中，从而能够跳出建筑理论的小圈子，去寻求更为深刻的解释。这也是现象学对建筑理论的吸引力所在。

① MERLEAU-PONTY M. Phenomenology of perception[M]. London：Roudedge & Kegan Paul，1962：xix.
② PÉREZ-GÓMEZ A. Architecture and the crisis of modern science[M]. Cambridge，Mass.；London：MIT Press，1983：4.
③ Ibid.

11.2 存在与栖居

胡塞尔的"意向性"概念是现象学理论的基石之一，但是对于"意向性"到底意味着什么，是否还有更深层次的内涵，不同的哲学家有不同的看法。胡塞尔的早期论述，倾向于认为存在一种纯粹而独立的意识（Pure consciousness）单向性地将意向性施加给事物，形成"意向性内容"。一些学者用"纯粹现象学"（Pure phenomenology）来称呼这一理论，因为胡塞尔认为可以剥离其他所有非本质的内容，最终抵达纯粹的意识。但很快，胡塞尔纯粹现象学受到了批评与挑战，最重要的批评者是胡塞尔的学生，德国哲学家马丁·海德格尔。海德格尔自己的理论有时被称为"存在主义现象学"（Existential phenomenology），这是因为它否认纯粹意识这样的东西，转而强调"存在"（Being）是理解所有一切的基础。除了海德格尔以外，法国哲学界让－保罗·萨特（Jean-Paul Sartre）以及莫里斯·梅洛－庞蒂（Maurice Merleau-Ponty）也被视为"存在主义现象学"的代表性人物，由于他们的理论在很大程度上受到海德格尔的思想的影响，所以我们在这里主要介绍海德格尔的观点。

海德格尔是 20 世纪最为重要也最富争议的哲学家之一。他独特的哲学语汇，包括大量新的概念以及非传统的论述方式，带来了人们对其截然相反的判断，有的人认为它们深刻而充满活力，有的人则认为不知所云和故弄玄虚。另一方面，他在二战期间与纳粹政府的合作也带来了激烈的分歧，有的人认为这只是复杂政治条件下一个短暂的错误，与他的理论本身并无直接关系，另一些人则认为两者有直接的关系，进而否定海德格尔的理论本身。不过，就建筑界来看，海德格尔是对当代建筑理论影响最为巨大的哲学家之一。我们可以在很多理论文献中看到对海德格尔的直接引用。除了他最著名的著作《存在与时间》以外，他专门撰写的两篇讨论艺术品与建筑的哲学文章《艺术作品的起源》（The Origin of the Work of Art）以及《建·居·思》（Building, Dwelling, Thinking）也被视为艺术理论与建筑理论中的经典文献。此外，在很多理论文章中，即使没有直接看到海德格尔的名字及其理论概念，也可以明确地辨认出存在主义现象学的倾向，瑞士建筑师彼得·卒姆托（Peter Zumthor）就是这样的例子，我们随后再给予讨论。

很难在有限的篇幅中对海德格尔的理论进行全面的介绍。这不仅是因为他的讨论涵盖了极为宽大的范畴，提出了很多重要而新颖的观点，还因为他的早期思想与后期思想有着显著的差异。尽管学者们对于这种差异到底意味着什么有不同的意见，但是它们对建筑理论的不同影响是显而易见的，所以我们也要对此分别给予讨论。首先，我们看一看海德格尔对胡塞尔的批评。这一批评可以用让－保罗·萨特著名的句子"存在先于本质"（Existence proceeds essence）来进行概括。胡塞尔认为，纯粹意识是意向性的根本来源，它是所有现象的本质性基础。但是在这一理论下，纯粹意识到底是什么？它如何产生意向性？意向性又如何作用于事物等问题都悬而未决,甚至显得神秘莫测。海德格尔所做的，是彻底拒绝"纯粹意识"的理念，不存在某种可以独立于其他事物存在的、单纯的意识。意向性产生的根源是切身的、有意图的实践性活动。海德格尔使用了一个全新的理念"手边备好的"（Ready-to-hand）来解释这一理论。这个概念的意思是指，我们接触任何事物时最根本的态度，不是作为一个中立的旁观者，而是作为一个实践行动者，将事物看作是自己实践行为的一个组成部分，换句话说，一种具有实践意义的工具。用最简单的例子说明，当我们看到一把扫帚，最本能的反应是"这是一把扫帚"，背后所蕴含的则是扫帚的用途，这可以包括它的效用，比如扫地，也可以包括它的威胁，比如不够卫生。一般的人显然不会认为自己看到了一把干草 + 一根木柄的特定组合。我们之前已经看到过这个维特根斯坦所提出的例子，他的语言游戏理论实际上与海德格尔实践性理论有密切的相似性。

　　不仅是人造物，海德格尔进一步指出，即使是非人造物，我们也是以"手边备好的"模式来理解的，比如风、雨、雷、电等自然现象。我们对它们最初的定义与反应也都与我们自己的实践意图相关，我们关注它们为我们的生活所带来的影响，甚至为他们赋予某种神性，试图通过献祭等方式给予控制。对此，海德格尔在《存在与时间》中写道："当农人将'南风'接受为降雨的信号，这种'接受'或者是'被赋予的价值'不是添加在某种客观实在（Objectively present）的事物上的红利……而是说，在农人结合地形的审视中，才最早发现了南风。"[①] 一个我们所熟悉的例子是中国传统立法中的节气。从今天的普通观点来看，这是对时间进行划分的记号，但只要注意到这些节气的名称，"惊蛰、谷雨、芒种、白露"，就会理解海德格尔所说的，人们首先是在农业实践中认识和定义时间，而不是将一个名称添加在一种均匀的时间序列中。

　　"手边备好的"的概念非常重要。它意味着人与事物最原本的接触产生于一种充满意图的实践性活动，而不是胡塞尔所说的纯粹意识的独立活动。它不仅拒绝了纯粹现象学的基本假设，也有别于绝大多数的哲学理论。这些理论通常认为事物是独立存在的，人对它们进行观察，得到经验数据，然后形成知识与理论。这种"观察者"模式的理论，被海德格尔的"参与者"模式的理论所取代。最原初的行为不是中立的观察，而是切入性的实践，是将事物看作自己行动的一个组成部分，一个与自己的实践意图紧密相关的部分。在"观察者"模式下，哲学理论认为事物的本质是先天存在的，只是有待人们后来去发现，但是在"参与者"模式下，这种所谓本质并不真实，反而是在实践之中一个事物被关注、被定义、被理解，成为现象世界的一部分，才有可能进一步探索其"本质"。这也就是萨特说"存在先于本质"的原因，这里的存在是指实践活动的整体。

　　在海德格尔的这一理论中，"意向性"的理念变得更为清晰。不同于胡塞尔的语焉不详，在存在主义现象学中，意向性的根源指向了实践活动的意图。在通常情况下，人的行为都是有特定意图的，可能是为了短期的吃饱穿暖，也可能是为了长期的自我价值的实现。正是在有意图的实践活动中，比如农业，才将南风视为降雨的信号，而雷鸣视为收成的威胁。这样一种意图，决定了人们思想与行动的意向，进而决定了在这些活动中事物对实践目标的作用，使它们具备了特定的意义。在本章开始时，我们已经谈到过意义的两个层面——符号的意思，以及目的、意图与价值，我们也清晰地表明，两者之中后者更为重要。海德格尔的实践性理论为这一观点提供了有力的哲学支撑。正是因为事物在人的实践性活动中展现出特定的价值，才具有特定的意义，事物本身也就成为这种意义与价值的指代物，成为一种意义的符号。这也就是海德格尔所说的，任何事物都具有一种"符号结构"（Sign-structure）或者是一种"类似于符号"（Sign-like）的特性，这些都来自于事物对于实践的工具性（Equipmental）特色。

---

① HEIDEGGER M. Being and time[M]. MACQUARRIE & ROBINSON, 译 .London：SCM Press, 1962：75.

　　进一步考察人的实践活动，会发现没有任何行为是孤立的。比如用扫帚扫地可能是为了保证地面干净，可能是想给孩子们清洁的游乐场地，这当然是为了孩子们健康成长，也是为了家庭生活的和谐延续，而这也是很多人所认同的幸福生活的重要内涵。就像亚里士多德所指出的，一个意图总是指向另一个意图，最终所有的意图会联系在一起，组成生活的整体。这样一个整体，不仅将不同的行为连接起来，也将不同的意义连接起来。在很多时候，理解一个事物或者一个事件的意义，不是通过查阅字典，而是要理解它的意图与作用，理解它们在更为庞大的整体中所处的位置，以及所扮演的角色。比如想要理解"工程监理"这个职位，就需要理解当代建设工程的组织、分工、利益分配以及法律责任等。事物与事件都不是孤立存在，而是从属于一个整体性的体系才能成为"手边备好的"。"符号结构"让事物与事件具有特殊的意义，而事物与事件之间必然的联系，也使得意义之间产生了必然的联系。所以，与事物与事件一样，意义也从属于所有意义所形成的整体，在这一背景之中，特定的意义才成为能够被理解的组成部分。这样一个整体性的意义背景，被海德格尔称为"参照性整体"（Referential totality），只有作为"参照性整体"的一部分，具体的意义才可能成立。就像前面提到的"工程监理"，它实际上从属于整体性的现代建设工程概念体系，其中包括了从项目经理、工程总监到机电工程师、安全监督员等大量的概念，没有这个整体，也就不可能有独立的"工程监理"存在。

　　一个进一步的推论是，如果所有的事物与事件都联系在一起，那么实际上就相当于说所有的一切都联系在一起，这个"参照性整体"所对应的其实就是我们周围的一切，换句话说就是整个"世界"（World）。这里的"世界"，不仅仅是指物质性的对象，而是指由所有"手边备好的"元素共同构建的整体，这个世界中的每一个部分，都与意向性相关，都具有"符号结构"，也都具备特定的意义。理解这个"世界"就是理解周围的一切，这也影响了我们想要在这个"世界"中所选择的特定的存在方式。虽然都涵盖了几乎所有一切可以被认知的现象，但不同的文化显然有着非常不同的"世界"。比如一个中国古代儒生的"世界"就与一个当代西方职业军人的"世界"非常不一样，不仅仅包括他们所理解的事物构成，也包括人在世界中的位置，以及应当采取的人生态度。佩雷斯－戈麦斯在他的书中也用几何为例，说明了在不同的"世界"中几何的不同意味。在古典时代，几何被赋予了形而上学与宇宙和谐的内涵，但是在以迪朗为代表的实证主义时代，几何完全变成了一种机械性的工具，不再指示任何其他的意义。海德格尔的理论让我们注意到，要解析不同建筑理论的差异，可能需要深入到那种理论所属的整体"世界"中，才有可能得到更有深度的洞见。

　　这一理论的一个重要延伸是对艺术品内涵的讨论。海德格尔在《艺术作品的起源》中谈到，既然一个事物与整个"世界"都有所关联，那么就有可能通过一个事物去展现整个"世界"的特点。比如我们从一把折扇出发可以探寻中国古代文人的"世界"，也可以从一套制服出发去探寻职业军人所属的"世界"。海德格尔认为，艺术品的重要价值，就是展现这个整体性的"世界"，而不是其独特的形式，或者纯粹的美感。在这篇文章中，他用一段优美的文字阐释了梵高所绘制的一双靴子如何展现出一个农人的生活与他的"世界"，他还用希腊神庙为例，说明了神庙如何将希腊人的"生与死、灾难与祝福、胜利与屈辱、坚韧与衰落"汇聚在一起，"这个包容一切的，开放的相互关系所组成的背景，就是这一特定历史时期特定人民的'世界'。"[1] 海德格尔的论述显然对建筑理论提出了更高的要求。一般人都认同像希腊神庙这样的建筑展现了希腊的文化，但海德格尔所要求的是要进一步解析这种文化所依赖的对希腊"世界"的特定理解。这种解析不仅对于建筑理论有用，对于建筑创作也富有启发性。设计者会更清晰地意识到自己作品的责任与潜能，另一方面他也可以像梵高一样，巧妙地通过一种简单的事物就展现出整体的世界。路易·康对砖的使用，杰弗里·巴瓦（Geoffrey Bawa）对陶罐的使用都具有梵高的韵味。

　　回到海德格尔的理论，不仅仅是具体的事物与事件要依托于整体的"世界"来获得理解，人自身也要依托于"世界"才能成为自己。前面已经提到，海德格尔反对胡塞尔"纯粹意识"的观点，他强调人总是存在于各种意向性活动之中，并不存在任何脱离"世界"的"纯粹意识"。就像我们不能将事物与事件看作某种独立存在的东西，也不能将人自身视为某种独立存在的事物。"手边备好的"描述了一般事物与事件存在的模式，而人的存在也需要更为深入的解析。海德格尔用一个特殊的概念"此在"（Dasein）来描述人的存在，这个德语词的原意是"在那儿"。海德格尔想要强调的是，人不是孤立存在的，而是存在于一个特定的环境，更准确地说是存在于一个特定的"世界"之中。这实际上就是海德格尔的名著《存在与时间》的主要内容，用最简单的概括，即人的存在——此在——的特性就是人总是"存在于世界之中"（Being-in-the-world）。海德格尔想要强调的是，人的存在方式不是某个独立于外界事物的纯粹思想或者意识，这是笛卡尔以来普遍存在的观点，甚至某种程度上被胡塞尔所延续，而是始终在实践性的、意向性的参与中存在。我们从一诞生，已经就进入了一个被"参照性整体"所定义的"世界"，这个"世界"引导我们去理解周围的一切，包括我们自己，引导我们决定自己可以在这个"世界"采纳什么样的生活方式，成为什么样的自己。不过，不同于其他很多事物，人始终会对自己的存在抱有反思性的疑问，比如我们总是会想这样的生活是否最理想，是否还有可能改变使其成为一种更好的状态。正是这样一种"关切"（Care），让人不会仅仅停留在现状，而是去设想未来的不同的可能性。所以人的存在具有一种时间特性，我们诞生时不可避免地被"抛入"（Thrown）一个由历史演化所决定的"世界"中，我们当下的很多思想、行动以及相互关系都是由这个"世界"所决定的，我们也要与这个"世界"的各种可能性并存，但是在另一方面，我们也总是有可能去设想与这个"世界"所不同的东西，因为它们可能在未来带来更为理想的改变。过去、现在与未来这样的时间结构同样属于"此在"的基本存在模式，这也解释了海德格尔为什么要将这本主要分析"此在"的书命名为"存在与时间"的原因。

　　海德格尔的这一分析对于建筑理论的一个重要议题提供了新的视角。我们之前已经谈到，历史一直是现代主义以来的理论讨论的焦点之一。现代主义先锋们拒绝了怀旧的历史主义，但是在战后的反思中，历史又重新回到了新理性主义以及后现代建筑中。与此同时，也仍然存在先锋性的建筑师，坚持对传统的超越与颠覆。如何解释这种重视历史与超越历史两种倾向的并存？哪一方更为合理呢？在海德格尔的理论中，历史是"此在"不可逃避的起点，这是因为我们从诞生以来已经生活在一个被过去所定义的"世界"中，历史已经沉淀在我们对世界、对自己、对现在甚至是未来的某种可能性的认知与想象中。

---

[1]　HEIDEGGER M. Basic writings[M]. Rev. ed. London：Routledge, 1993：167.

历史不只是过去的时代，它的内涵也仍然暗藏在今日的"世界"中。另一方面，人总是前瞻性地设想更为理想的未来，这就要求超越既有的现状，自然不能完全接受历史对"世界"的限定。所以，超越历史的动机也内在于人们渴望超越现状的"关切"之中。从这个角度看来，重视历史与超越历史并不是对立的两面，而是由"此在"的时间结构所决定的。在这种结构之下，完全漠视历史，以及完全放弃超越显然都是无法接受。

　　"此在"对未来的关切，意味着有可能摆脱既有"世界"的约束，去选择更有价值的存在方式。这显然是一种自由，也是一种责任，因为在这一条件下，人不能满足于既有"世界"为其设定的角色，而要自己承担塑造自己的重任。比如，我们在既有的社会条件下，会有一个相对标准的"建筑师"的概念，定义了他的工作、他的收入、他的知识结构以及他的发展潜能。但是一个建筑师必须要遵循这种常规概念吗？当然不是，从阿道夫·路斯到扎哈·哈迪德，很多优秀的建筑师都是这种常规概念的反抗者。因此，一个"真实"（Authentic）面对自己存在的特定的人，不会停留在"他人"（They）为自己设定的轨迹上，而是要自己去探索和发掘值得前行的道路。

　　然而，一个困难的问题随之浮现：有什么道路是真正有价值的？什么样的"世界"是最为合理的？什么样的存在是人应该追求的？在《存在与时间》中，海德格尔并没有对此给予解答。相反，他指出，恰恰是因为我们发现没有任何一个"世界"具有绝对的合理性，会使得真实面对自身存在的人发现他实际上没有任何"世界"可以依赖。而缺乏了这种"世界"的支撑，所有的事物与事件都失去了意义，"此在"的"真实性"（Authenticity）反而会导致一种"焦虑"（Angst），不是针对任何特定的事物与事件，而是针对整个"世界"，因为这个"世界"，包括人自己，都失去了意义。在焦虑中，人不得不面对彻底的虚无。在这里，海德格尔所阐述的，其实与尼采所说的虚无主义问题并没有太大差异。尼采强调价值是由人自己定义的，但是人自身并不知道什么东西是真正有价值的，所以人所塑造的价值也缺乏绝对基础。带来的结果，就是所有的价值都失去了正当性，人不得不接受虚无。正是在这个意义上，尼采写道："我相信，它（虚无主义）是最为深重的危机之一，是人性展开最为深刻反思的时刻。"[1] 如果我们回想一下，埃森曼与德里达对意义的攻击也是基于类似的理由，即人参与塑造了价值与意义，但人自身并无绝对的价值基础，那么他所塑造的价值与意义又有什么理由能够成立呢？这样的质疑，的确可以扩展到对整个建筑理论的反思之中。无论怎样谈建筑的各种价值，我们是否能够为这些价值找到绝对的基础？如果没有这个基础，那么所有的一切不都是空中楼阁，最终必然会崩塌为一片虚无的废墟？而要避免这一状况，就只能确立某种绝对的价值体系，它应该拥有最为强硬的合法性，而不是由任何人随意设定的，只有这样才能根本性地拒绝虚无主义，才能给建筑的价值奠定基础。那么，问题就归结到一点：这种绝对的价值是否存在，如果存在，它应该是什么？

　　上面提到的，不仅仅是一个建筑问题，也是关于人的存在价值的根本性问题。换一种通俗的说法，这个问题即人的存在到底有何意义，或者说生活到底有何意义？很多人把这看作一个单纯的伦理问题，与其他领域无关。但是在海德格尔的存在主义现象学体

---

① 转引自 CARR K L. The banalization of nihilism：twentieth-century responses to meaninglessness[M]. Albany：State University of New York Press，1992：43.

系之下，这个问题其实与"世界"中的任何问题都紧密相关，因为只有"此在"——存在的人——才会反思存在的意义。凡·艾克曾经用一个短句来展现了这种关系："你应该完成的是建造意义。所以，靠近意义，并建造！"不过，凡·艾克并没有告诉我们，到底什么样的意义值得人们去追寻。

这当然是一个复杂的问题，在有的哲学家看来，这可能构成了尼采之后最为重要，也最为困难的哲学问题。从黑格尔到阿尔伯特·加缪（Albert Camus），很多哲学家都试图对此给予解答，但是都没有得到令人信服的答案。很多海德格尔研究者认为，在 1930 年之后，海德格尔的哲学思想发生了转变，他的研究重心从"此在"转向了对更为宽泛的"存在"（Being），随之而来的是一系列新的观点与论述。像朱利安·杨（Julian Young）与大卫·库珀（David Cooper）等当代哲学家都认为，后期海德格尔的思想为上述的意义问题提供了一种极为重要的解答。虽然这只是一种阐释海德格尔的哲学观点，我们也有必要对其给予相应的介绍，这是因为海德格尔后期思想的一个核心理念，实际上是一个与建筑有着内在联系的理念，这个理念就是"栖居"（Dwelling）。

"人，诗意地栖居在大地之上。"德国诗人弗里德里希·荷尔德林（Johann Christian Friedrich Hölderlin）这一诗句因为海德格尔的引用而广为人知，频繁出现在建筑学、城乡规划以及风景园林等专业的学术文献中。然而，何为"诗意"、何为"栖居"却很少得到清晰的解释。这两个概念在海德格尔后期哲学中都有重要的内涵，也只有参照海德格尔的后期思想，才能更为准确地理解这两个概念，理解它们对建筑学理论的重要启示。但在开始正式讨论之前，必须承认，海德格尔后期的哲学论述有着更为强烈的个人色彩，看起来更为含混、晦涩、甚至神秘。就连他的追随者保罗·萨特都认为后期的海德格尔已经变得过于神秘而失去了哲学意义。但有的哲学家则认为仍然可以从这些独特的哲学文本中梳理出相对确定的观点与论证，我们这一段的简介就依赖于这些哲学家的阐释，借鉴最多的是英国哲学家大卫·库珀与新西兰哲学家朱利安·杨的著作。①

用最粗略的方式来说，海德格尔的后期观点是，如果我们更深入地理解了存在，就会对存在的基础抱有敬意，这种敬意会导向一种特殊的，主要由"欢庆"与"谦逊"组成的立场，这种立场会启发人的理想的存在方式，也就是栖居，而栖居的特性决定了我们所依赖的价值立场。下面，我们再简要梳理一下海德格尔的论述逻辑。

前面提到，海德格尔早期著作《存在与时间》留下的难题是："世界"为所有的事物与事件提供了"参照性整体"，使它们具有了意义。但是，"世界"本身的基础是什么呢？海德格尔只是强调了各种不同的"世界"的可能性，并没有说明哪种"世界"是更为理想的。没有这种解答，所有的"世界"都落入了相对性的虚无之中，而身处"世界"中的人也就不可避免地坠入虚无。所以，要避免这一困境，就需要为"世界"本身找到基础，需要更准确地描绘一种更为理想的"世界"，而不是认为所有的"世界"都可以。按照这一思路，我们不能再停留在"世界"内部，去讨论"世界"内已经被定义的各种价值之

---

① 主要参考的著作包括 COOPER D E. Heidegger[M]. London：Claridge Press，1996.；COOPER D E. The measure of things：humanism，humility，and mystery[M]. Oxford：Oxford University Press，2002.；YOUNG J. Heidegger's philosophy of art[M]. Cambridge：Cambridge University Press，2001.；YOUNG J. Heidegger's later philosophy[M]. Cambridge：Cambridge University Press，2002.；YOUNG J. The death of God and the meaning of life[M]. London：Routledge，2003.

间的冲突，比如"自由"与"平等"，"利我"与"利他"，因为这都建立在"世界"已经被定义的基础之上。哲学解答需要的，是对"世界"的产生这一事件给予更充分的解析，才能判断哪种"世界"更为合理。这实际上就是海德格尔的后期哲学所关注的主要问题。他也通过这种讨论，得到了更为确定性的解答，进而为其他相关的问题，包括建筑，提供了更为稳固的哲学基础。

海德格尔认为，人们过于关注了"世界"中的"存在之物"（Beings），比如日常理解中的具体事物，一块石头、一条河流，或者是一团云雾，却忽视了作为事件的"存在"（Being）。根据《存在与时间》的论述，只有在切入性的实践活动，也就是作为事件的"存在"之中，事物才作为"手边备好的"出现在"参照性整体"的背景之上，然后才被视为一个独立和确凿的"存在之物"。在这个过程中，不同体系的切入性实践活动，或者是不同体系的"存在"（Being）导致了不同的"世界"的出现。如果切入性实践活动没有定论，那么"世界"也就没有定论，难以避免虚无主义的挑战。海德格尔并没有直接给出结论，说哪种切入性的实践活动是正确的，而是引导我们审视这一过程。的确，切入性实践活动是导致"世界"被"揭示"（Disclose）出来的极为重要的因素，但它并不是全部。因为如果它就是全部，而它本身缺乏根基，那么就难以解释莱布尼茨所提出的一个著名的疑问"为什么还有一些事物存在而不是完全的虚无？"既然我们并不是处在完全的虚无之中，我们的身边还有各种各样的"存在"，那就意味着还有某种源泉在支撑着"存在"不断发生。海德格尔用了许多不同的称呼来描述这一源泉，除了他最常用的 Being 以外，还包括"本源"（The origin）、"来源"（The source）、"神秘"（The mystery），甚至是中国道家的"道"。这些比喻都在强调"源泉"的根本性地位，但同时也渲染了它的神秘性。这种神秘性并不是说它本身具有某种神性，而是因为它是先于"世界"的，是先于我们所熟知的任何概念的，我们通过切入性的实践活动，将源泉"揭示"为"世界"中的"存在"，但这种变化也使得我们不能将源泉等同于"世界"中的"存在"。从某种角度上看，源泉类似于康德的物自体，只是因为我们永远被限定在现象"世界"中，才无法真正谈论源泉本身。既然没有任何直接的工具来解析源泉，它就不可避免地是神秘的，我们只能用比喻与拟像等方式间接地谈论源泉本身。比如，我们在这里所使用的"源泉"一词，就是这样的比喻。

有了这样的理解，我们就能意识到，不能将我们所熟知的存在之物等同于源泉本身。这恰恰是传统形而上学所犯的错误，因为它们大多专注于分析被认为是实在的存在之物，而忽视了源泉、揭示、世界与存在之间的复杂关系。在一种特定的切入性实践活动中，源泉被"揭示"为一种特殊的"世界"。但是，就像前面提到的，中国古代文人与现代职业军人的世界是完全不同的，源泉本身可以被"揭示"为不同的"世界"。推而广之，源泉实际上具有一种被忽视的"丰富性"（Plenitude），它有可能被揭示为与我们的日常理解完全不同的"世界"，只是我们过于沉浸在自己所熟悉的"世界"中，而忽视了源泉的这种丰富性。这导致了对源泉其他的"揭示"的可能性的掩盖。用通俗的话来讲，我们可能看了源泉的一面，以为这就是全部，而忽视了源泉的其他更多的面。专注于"世界"之中的"存在之物"，导致类似于盲人摸象的错误。海德格尔还是用了一个特殊的理念"大地"（Earth）来描述源泉的这种特性。大地是我们一切活动的基础，这凸显了源泉的奠基性作用，但我们所看到的或熟知的仅仅是大地的表面而已。正是地表之下深不可测的厚度，以及没有被直接看到的其他部分，才支撑了地表的存在。认识大地的厚度，就是理解源泉超越日常"世界"的丰富性，理解源泉的神秘性所在。

　　所以，我们应当正视源泉，并且尝试去理解它，肯定它。柏拉图曾经说过，有的真正深刻的东西，超越了词句能够表达的限度，那么只能采用间接的方式去讲，这虽然并不完美，但却是唯一留下的选择。对于源泉也是这样，它是先于"世界"的，也先于我们通常使用的哲学术语，因此只能间接地去描述和分析，这种间接的描述与分析，也就是海德格尔所认同的"诗"。相比于追求精确的哲学论述，诗要灵活和模糊很多，使用大量比喻、借喻、隐喻等等手段，间接地而不是直接地阐述某种观点。这在通常看来似乎是一种缺陷，但是对于源泉的阐释，却是一种优势。具体的原因前面已经谈过了。所以，诗，或者说着意于讨论源泉的诗其实是另外一种哲学论述。在海德格尔看来，甚至是更为原初（Primordial）的哲学论述。这是因为诗避免了传统哲学论述偏重于"存在之物"的问题，用特殊的方式，维持了源泉的神秘性，这实际上是对源泉的尊重，避免将它误解为任何"世界"之中的事物。海德格尔尤其在荷尔德林的诗句中看到了这种更为原初的哲学特色，这也是他频繁引用荷尔德林的原因。在"诗意地栖居"中，诗意不是指诗情画意，而是指展开了特定的哲学思考，正确地理解了源泉本身的特性，包括它的丰富性与神秘性。所以"诗意"实际上是指一种具有哲学深度的理解，这是实现"栖居"的前提。

　　对源泉的理解能够带来什么具体的启示呢？在这一理解下，我们意识到并不是只有"此在"的切入性实践活动决定了一切，"世界"的存在证明了源泉的作用，我们不应停留在对自己缺乏根基的自怨自艾之中，而是应该承认源泉的奠基性作用，承认我们受惠于源泉的支撑。更多是因为源泉，而不是我们自己，才会有各种各样的存在，才不会坠入完全的虚无。所以，在纠结于"世界"自身的混乱与矛盾之前，我们首先应当对"世界"的前提——源泉抱有敬意。这种敬意转化为两种根本性的态度，一是"欢庆"，二是"谦逊"。所谓欢庆是相对于莱布尼茨的疑问："为什么还有一些事物存在不是完全的虚无？"回答应当是源泉的支撑，我们不仅有"世界"，还有各种各样不同的"世界"，甚至有持续不断的演化与扩展。尽管这些"世界"有这样那样的问题，但是相对于彻底的虚无来说，这都是一种值得"欢庆"的奇迹，我们应当欢庆源泉为存在提供了无穷的可能性。"欢庆"的另一面应当是"谦逊"，就像我们祝贺一位英雄，也必然会对他持有敬意。这种"谦逊"更多的是一种哲学性的"谦逊"，其核心是不要误解源泉，最重要的是，不要把源泉误解为任何"存在之物"。我们必须对源泉的丰富性与神秘性抱有敬意，承认我们并不能完全理解它们，承认我们有赖于它们，应当尊重和维护它们，而不是自以为是地认为自己已经理解和掌控了一切。

　　与"谦逊"相对立的是"傲慢"，海德格尔认为，对现代科学技术的迷信就是一种典型的傲慢。问题并不是出在科学技术本身，它们是将源泉揭示为一种特定"世界"的有效工具。出错的地方在于，将科学技术看成唯一的、绝对的真理，而忽视了源泉的丰富性与神秘性。在典型的技术至上的观点下，所有的一切都变成了实证性的实体，都变成了被数量、质量、物理特性所定义的事物，这些数据也定义了事物所有的价值，使得它们可以成为被技术操作所消耗的资源。甚至是人本身，都被定义为人力资源，可以被消耗、被替代、被抛弃。当这样的观点成为主导，就是将一种"世界"凌驾于源泉之上，也就扭曲了对存在的根本性理解。随之而来的是难以避免的价值虚无，最终导致从生态危机到价值危机等一系列严重问题。可以看到，这实际上就是胡塞尔所反复强调过的欧洲科学的危机。与这种技术的"傲慢"相对的，是传统匠人对待事物的态度。一个优秀的匠人懂得珍视任何一块材料，总是试图将材料更多的可能性发掘出来，这是典型的"欢庆"与"谦逊"。传统工匠与现代技术之间的差异，并不是技术的水平，而是使用技术的态度。海德格尔后期对现代技术进行了深入的批判，这种论述对建筑理论的直接影响体现在对传统手工艺的再度重视之上。

从对"存在"（Being）与源泉的分析上，我们得到了"欢庆"与"谦逊"两种基本立场，这实际上也是两种根本的价值取向。要注意，这两个取向并不因为"世界"的不同而有所不同，因为它们来自于对所有"世界"如何被"揭示"出来的这一根本问题的反思。所以，它们的地位比任何"世界"中的具体价值观点更为基础。我们之前的疑问是如何解决"世界"无法给予我们确定性价值意义的问题，那么"欢庆"与"谦逊"就是一种解答，因为它们超越了任何具体的世界。如果这两个价值取向是如此重要和基本，那么我们就应该以它们为基础来构建存在的价值与意义。在海德格尔后期思想中，"欢庆"与"谦逊"共同构建出一种更为理想的人的存在模式，那就是"栖居"（Dwelling）。

在可能是 20 世纪最重要的一篇与建筑有关的哲学文献——《建·居·思》中，海德格尔对"栖居"进行了深入的阐述。在最直接的看法中，"栖居"意味着定居，并且是一种安稳、美好的定居，一种能让人具有归属感的定居。海德格尔认为，这实际上启示了人理想的存在方式，他通过追溯"建造"（Bauen）一词的词源，指出这个词不仅有栖居的意义，也有作为人存在于大地之上的意义。所以如何栖居也意味着人如何存在。在通常的理解中，我们认为先建造了建筑，人再在里面定居。但海德格尔指出，这个顺序应该反过来，只有明白了如何栖居，才能知道应该如何建造。理由很简单，只有知道什么是人理想的存在方式，才能根据这种方式去设计理想的建筑，那么人才能在其中实现幸福的定居。所以，在《建·居·思》中，以及"人，诗意地栖居在大地上"这一诗句中，"栖居"更多地指代人的理想存在方式，而不是简单的居住。那么什么是理想的存在方式呢？那就需要知道哪种存在方式是真正具有价值的，需要知道哪些价值是真正稳固的。我们前面已经对此进行了讨论，海德格尔提供的答案是"欢庆"与"谦逊"。这样说来，理想的存在，理想的"栖居"，应当体现"欢庆"与"谦逊"。在《建·居·思》里，海德格尔将这两点进一步定义为"被关怀"（Be-cared-for）与"主动关怀"（Care-for）。人们"欢庆"的是我们并没有深陷于彻底的虚无之中，而是被我们所存在于其中的"世界"所环绕，而且在历史进程中，还不断取得演化与发展。这应当归功于源泉的支撑与"馈赠"（Gift），使得我们有这个虽然并不完美的"世界"可以依赖。更具体地说，体现在日常的定居之上，我们可以有建筑帮助抵御风霜雨雪，还能有各种技术与工具不断提升生活品质。虽然这有赖于"世界"中的各种因素，但最根本的仍然是源泉对我们的照料，仿佛我们处于"被关怀"的状态之中。对于这样的"馈赠"，我们应当回报以敬意，谦逊地尊重关怀我们的事物，以及事物背后深藏在"世界"之后的源泉。具体说来，我们需要像前面提到的匠人一样对待每一件事物，珍视它们，尽力发掘它们更为珍贵的可能性，而不是像现代工业生产一样，将一切都作为可以随时被耗费的资源。在"谦逊"的态度下，我们会"主动关怀"周围的一切，无论是人、环境还是文化，珍视它们，保护它们，并且试图阐发它们更为深刻的价值。"关怀"与"被关怀"，对应于"欢庆"与"谦逊"，构成了栖居的主要内涵。

　　为了对建筑师进行说明，海德格尔在《建·居·思》中进一步提出了对"四重元素"的尊重。这四重元素分别是"大地（Earth）、天空（Sky）、有终之人（Mortal），以及神（Divinity）。"很多学者对这四种元素到底意味着什么有不同的看法，这里只是我们自己的一种理解。"大地"可能类似前面提到的，作为源泉的象征，我们需要对其保持谦逊，所以"人栖居的方式就是保护大地……而不是掌控大地或者是征服它。"[①]"天空"不仅仅指日月星辰等自然环境，也指斗转星移所体现的时间节奏，这也是"世界"被"揭示"的方式之一，比如前面提及的"此在"的时间结构，对此应当给予充分的认知。"有终之人"当然是指人自己，尤其是认识到人自身的限度。他的生命是有限的，他应当追求栖居，而不应沉迷于错误的欲望之中。最终"神"可能是指对存在、对本源的正确理解。海德格尔认为在这个时代人们被传统形而上学所误导，被技术至上观点所蒙蔽，需要像等待"神"降临一样等待从错误向正确的转变。他不认为任何个人能够完成这一任务，更需要的是等候"存在"（Being）自身实现这一"转变"（Turning）。所以，"人们等待神到来的暗示，同时也不会错过神缺失的信号。"[②]

　　除了理论论述以外，海德格尔还用他的故乡黑森林农宅与传统桥梁为例，说明建筑如何帮助汇聚"四重元素"，帮助实现安居。总体说来，也还是"被关怀"与"关怀"。黑森林农宅与传统桥梁都谦逊地对待大地，珍视所取用的资源，应对四季的节奏变化，为人们的日常生活提供庇护和便利，使得人的"世界"得以展开。它们"关怀"了人，也体现了人对源泉的"关怀"。黑森林农宅与传统桥梁启示了建筑如何帮助实现"栖居"，不是通过具体的形态或者手段，而是通过根本性的哲学理解，以及随之而来的"欢庆"与"谦逊"。这两种姿态，可以启发无穷无尽的建筑创作，而不仅仅限于居住或者交通设施。一个很有启发性的例子是海德格尔对勒·柯布西耶的山顶圣母教堂的赞赏。他称之为"自哥特时代以来第一个神圣空间"。这不仅仅是指这座建筑的宗教属性。如果我们回想一下勒·柯布西耶设计中对场地、传统、信仰以及神秘感的回应，就会意识到山顶圣母教堂在很多方面体现了对"四重元素"的汇聚。海德格尔的理论提供了解析这座建筑迷人魅力的一种途径。

　　至此，我们可以简要回顾一下此前的讨论。海德格尔需要回答什么样的存在方式可以避免虚无，他的直接答案是"栖居"，其中蕴含着对"四重元素"的尊重与汇聚，也就是对"欢庆"与"谦逊"的认同。而这种认同实际上来自于对存在、对大地、对源泉的理解，在海德格尔看来，这里蕴含了存在的本质，因此是所有哲学的基础。所以"人，诗意地栖居在大地之上"，就意味着对存在有正确的哲学理解，并且依据这些理解实现人最为理想的存在方式——栖居。海德格尔借用了建筑的理念与例子，对人的存在价值这一难题给予了回应。反过来，这种回应也将启迪建筑本身，因为绝大部分人都认同，建筑的终极任务是为人创造最为理想的生存方式，无论是在物质上，还是在价值上。所以，并不是先建造了建筑才可能"栖居"，而是首先要理解"栖居"，才可能建造真正支持人的存在模式的建筑。"建筑的本质是让人栖居……只有我们有能力实现栖居，那时我们才能建

---

① HEIDEGGER M. Basic writings[M]. Rev. ed. London：Routledge，1993：352.
② Ibid.

造。"① 海德格尔在《建·居·思》中这样写道。

上面这段话也说明了我们为什么要用这么长的篇幅对现象学进行介绍的原因。一个主要的原因是在现当代西方哲学中，没有其他哪个流派对建筑理论的核心问题——人的理想生存方式——做出了如此重要的讨论。正是因为海德格尔等现象学哲学家将这些问题视为哲学核心，才导致了这些哲思能够直接与建筑理论产生共鸣。现象学提供的是对整个"世界"、对人、对存在以及对源泉的整体性理论，这使得它能以各种方式与各种各样的建筑问题产生关联。海德格尔等哲学家的丰富论述，也为这种关联提供了坚实的基础。自 20 世纪 60 年代以来，我们逐渐看到海德格尔等人的文献越来越多地出现在建筑理论之中，进而影响了诸多新近的建筑理论流派。下面我们将在现象学背景下，对几个主要的理论流派进行讨论。

11.3　场所与空间

现象学是一个极为庞大和复杂的理论体系，牵涉了从本体论到艺术理论等众多的领域。人们很容易被现象学特殊且庞杂的理念与阐述方式所迷惑，而难以把握现象学理论的实质。但就像我们上两节所谈到的，整个现象学理论起始于胡塞尔对现象本质的分析，而他最重要的前提是意向性的重要性。这实际上是所有现象学理论的基石，也决定了现象学理论的核心特色。存在主义现象学所修正的是那种认为存在纯粹独立的意识，此后再与其他因素形成互动关系的传统观点，取而代之的是承认意向性实践活动才是最为根本的。在此基础之上，才会进一步延伸人（Dasein）与物（Things）的个体概念。前一种传统观点，将人与物视为互相独立的，人可以"客观"（Objective）地、"脱离性"（Detached）地观察和分析同样是"客观"的与"脱离性"的物。后一种现象学观点，认为意向性活动是一种切入性与交融性（Engaged）的关系，只有刻意切断或忽视这种切入性与交融性，才能够获得所谓的"客观性"与"脱离性"。就像当代哲学家查尔斯·泰勒（Charles Taylor）所说的："海德格尔……所恢复的是对于主体的一种理解，即将其理解为切入性与交融性的，就像嵌入在一种文化，一种生活方式，一种参与性的'世界'之中。"②

不难注意到，海德格尔所拒绝的"传统观点"恰恰是很多人日常所接受的观点。造成这一现象的原因极为复杂，其中包括西方形而上学理论的异化，以及此后实证主义科学技术理论的盛行。如果接受存在主义现象学的切入性与交融性的观点，就需要对这种被很多人所信服的"传统观点"进行修正。而"传统观点"已经变得如此普遍以至于大量的理论都是建立在它的基础之上的，所以现象学对"传统观点"的修正，也就会带来对其他与之相关理论的修正。这种修正就是海德格尔在《存在与时间》中提到的"解构"（Deconstruct）。我们前面已经提到，正是从海德格尔那里，德里达吸收了"解构"的理念，展开了与海德格尔类似的，对传统形而上学的"修正"。思想史的研究告诉我们，越是根本性理念的变革，越会带来广泛和深刻的理论变迁。现象学所挑战的就是一个几乎被所

---

① 　Ibid.，361.
② 　GUIGNON C B. The cambridge companion to heidegger[M]. Cambridge：Cambridge University Press，1993：318.

有人所熟知的根本性理念，这也说明了它的影响为何会如此巨大。建筑理论也建立在一些核心理念上，现象学也可以提供新的视角对这些理念进行反思，进而推动理论的演化。一个典型的案例，是对"空间"理念的分析，它推动了地域主义以及批判性地域主义理论的发展。

在 1951 年面世的《建·居·思》中，海德格尔特意讨论了两个相关的概念"场所"（Place）与"空间"（Space）。他写道："空间（Space，Raum，Rum）这个词意味着什么，已经被它的古代意义所指明。空间是一个被清理出来，或者释放出来用于定居和居住的场所（Place）。一个空间就是被空出来，被清理出来和释放出来的某种东西，这被限定在一个边界中……空间在本质上是为事物提供空的领域，让事物存在于领域边界之中。由此说来，各种空间（Spaces）是从各种地点中获得它的存在（Being）而不是从'空间'（Space）之中。"[1] 最后一句话需要一些解释，海德格尔的观点是说，空间的本质实际上是一个被特定边界限定、特意空出来和清理出来使得其他事物可以占据的领域，特定的边界就使得这一领域变成了一个特定的"场所"或者"地点"。这是空间的本质性基础，而不是某种抽象的、匀质的、单一的数学"空间"理念，就像我们在经典几何学中所理解的那样。

相比于数学性的空间理念，这里提到的"场所"明显就是一个切入性与交融性的理念。它涉及特定的位置，特定的边界，以及特定的意图。所以海德格尔说："桥并不是先来到一个地点并站在那里；而是因为有了桥，一个地点才由此产生。"[2] 只有在建造、使用和维护桥梁的意向性活动中，才产生了地点与场所。所以可以说，意向性活动导致了地点与场所的存在，这进而定义了空间的本质。但是，这并不是很多人日常所理解的空间。更为强势的是数学性的空间理念，这种理念去除了特定的意图，去除了人的参与性活动，去除了地点的特殊性，将空间理解为一个抽象的概念，其主要特点是其数学特征，包括长度、大小、延展等等。"这种数学方式的空间可以被称为'空间'，或者是这样的'单一'空间。但是在这种理解下，这样的'空间'中没有任何特定的空间以及特定的场所。我们从来不能在其中发现任何地点，也就是类似于桥这样的东西。"[3] 任何对几何学有所了解的人，都能大致明白海德格尔的意思，比如我们在数学空间中，一个三角形从一个位置移动到另外一个位置，它自身的性质不会变化，也不会因为学者 A 去研究它而不同于学者 B 的研究。几何空间被认为是无限延展的、匀质的、纯粹的和抽象的，不像"场所"那样与人的具体行为存在密切的关系。海德格尔所批评的，是将这种以数学空间为基础的理解作为空间的本质，而不是将场所与地点作为空间的本质。

这个问题至关重要，不仅仅在于空间理念本身，还在于它牵涉到人与空间的关系。海德格尔写道"当谈到人与空间，这听起来好像人站在一边，空间在另一边。然而，空间不是人面对的某种东西。它不是一个外在事物或者一种内在体验。不是说那里有人，在他之外是空间；因为当我说'一个人'时，通过这个词表达以人的方式存在这个意思时——也就是栖居的人，我已经用'人'命名了一种在四元素与物当中的存在方式。"[4]

---

① HEIDEGGER M. Basic writings[M]. Rev. ed. London：Routledge，1993：356.
② Ibid.，355.
③ Ibid.，357.
④ Ibid.，358.

这也就是说，人在本质上是栖居于场所之中，场所是参与构建"栖居"的元素之一，所以人的存在在本质上是与场所密不可分的。"人与地点，以及通过地点到各种空间的关系，内在于它的棋局之中。严格地说，人与空间的关系唯有栖居。"①

我们之所以要特意讲解这一段论述，是因为"空间"与"场所"都是建筑学中常见的理念。这个例子可以很好地说明现象学的理论洞见如何改变我们对特定理念的看法，进而改变建筑理论本身。简单地说来，海德格尔所挑战的是一种数学化的"空间"理念，而这种理念恰恰是主流现代主义理论所依赖的核心理念之一。如果接受了现象学的启示，就有可能通过这一理念动摇主流的现代主义理论。

空间概念在现代主义运动中的重要性不言而喻。在今天看来，空间是建筑学中最常见的概念，但实际上直到 19 世纪末期，空间这一术语才逐渐在建筑学中流行开来。在此之前，传统建筑话语中使用最多的其实是房间与地点等概念。所以，今天空间概念的习以为常，本身就是现代主义运动的产物。不过，与此形成鲜明对比的是，如果要进一步询问这个耳熟能详的概念到底意味着什么，就会发现解答并不容易。福蒂在《词语与建筑》中简要梳理了 19 世纪末以来空间概念的复杂内涵，它包含了从美学理念到社会生产工具等不同的内容。准确地说，在现代主义运动中，空间概念是一个混杂体，被不同的人在不同的场合用来体现不同的立场。不过，在所有这些立场中，与现代建筑的发展最紧密相关的，是将空间看作一种形式元素。传统形式理论认为产生美的来源主要是事物的形态，包括各个部位的形状及其组织关系，关注的重点是艺术品的实体形态。但是在 19 世纪末以来发展起来的空间美学理论中，空间本身也被视为一种形态元素，比如穹顶中的空间就被视为一个半圆形的形态元素，只不过它是空的，不像墙与柱是实体元素。德国学者奥古斯特·施马索（August Schmarsow）与西奥多·里普斯（Theodor Lipps）在 19 世纪末的著作都推进了这种空间美学观念的发展。在这种情况下，建筑师所关注的不仅仅是实体性元素的形态关系，也要关注实体元素以外空间元素之间的形态关系，它们的大小、位置、形状以及关联方式等等。在现代主义运动中，后一点变得越来越重要，甚至影响到了对前一点的看法。这是因为形态元素之间的关系主要是由几何理念来描述的，而形态元素越简单，形态越为明确，那么它们之间的关系就越清晰。由于在大多数情况下空间形态元素仍然是由有实体性的边界所定义的，所以这些实体性的边界在几何特征上越是纯粹，空间形态元素也就会变得更为明确，可以更有利于帮助人们感知空间形态关系。

这一点体现得最为鲜明的是风格派的塑性构成。"在新塑性中，绘画不再通过体现表象的实体来给予自己一种自然性的表达。与之相反，绘画通过平面中的平面来塑性地表达自己。通过将三维体量简化为单一表面，它表现了纯粹的关系。"②蒙德里安如此描述风格派的新塑性绘画。从新塑性绘画到新塑性建筑，再到施罗德住宅以及巴塞罗那馆的现代建筑经典发展历程大家已经极为熟悉。不仅是实体性的墙、柱、顶、地面被视为塑性构成的元素，它们所限定的空的领域，因为也有着清晰的边界，也被视为塑性构成的参与者，成为整个建筑形式体系中不可或缺的一部分。更有甚者，因为建筑与其他艺术

① Ibid.
② HARRISON C, WOOD P. Art in theory, 1900—2000：an anthology of changing ideas[M]. New ed. Malden, Mass.；Oxford：Blackwell Publishers, 2003：291.

品不同之处就在于有着大量这样空的领域，空间形式也被一些现代建筑支持者视为建筑艺术有别于其他艺术门类的最重要的特征，换句话说，就是建筑形式的本质。这样一种理解虽然并没有被现代建筑先驱们足够清晰地阐述出来，但我们仍然可以在一些最经典的现代建筑文本中找到证据。比如勒·柯布西耶在《走向一种建筑》中写道："建筑的元素是光、影、墙与空间。"[1] 但更为重要的是："如果实体属于形式类型，并且没有被不匹配的变化所破坏；如果他们的组合安排体现出一种清晰的节奏，而不是不协调的堆积；如果实体与空间的关系是一种均衡的比例，眼睛就会传递给大脑一种协调的感觉，头脑就会从这种满足感中提取出一种更高的秩序：这就是建筑。"[2] 这段话清晰地表明了勒·柯布西耶如何将空间也看作与实体类似的形式要素，通过合理的比例、位置与组合塑造视觉感受，成为建筑的主要内涵。另一个例子是吉迪恩的名著《空间、时间与建筑》，他认为，现代建筑的核心特征是一种新的"空间观念"（Space conception）："当下的空间—时间观念——体量在空间中分布以及相互关联的方式，内部空间与外部空间相分离，或是互相穿透以带来的彼此交融——是一种存在于所有当代建筑中的普遍性质。"[3] 与勒·柯布西耶类似，吉迪恩也将空间视为某种类似于实体的形态元素，探讨它们之间的形态关系。勒·柯布西耶自己的纯粹主义时期作品是对这种空间观念的清晰表达。所有的实体元素都被抽象为简单的几何体，使得空间变得清晰和强烈，再通过挑高、挖空、坡道与界面处理，营造空间与空间之间、空间与实体之间更为复杂的形态关系。相比于传统建筑，现代建筑特殊的结构条件能够获得更为多元的空间形式，这的确是现代主义运动所带来的最为新颖的元素之一。

　　不过，在这一贡献背后，也隐藏着一定的危险。就像前面提到的，空间形式的理解主要依赖于几何关系，这就很容易导向海德格尔所批评的数学性的空间理念。就像上面吉迪恩的话中所展现的，数学性理念的特征之一就在于它的普遍性，不会因为地域或参与者的不同而有所差异。吉迪恩认为这种普遍性造就了现代建筑的普遍性，最终体现为全球现代建筑模仿者的趋同。有了这样的背景，就不难理解在战后对现代建筑的反思中，批评者会将视角也转向现代建筑的空间理念。他们不仅批评这种普遍性的空间理念忽视了各种各样地域与文化的差异，也批评这种空间理念所支撑的形式美学理念并不能反映人与建筑的真实关系。这是因为很多美学理念侧重于单纯的感官，而忽视了感官所依托的有意图的行动。所以单纯地强调美感，就会犯下前面提到过的，忽视了切入性与交融性的错误。

　　对此错误最直接的修正，正如海德格尔所说的，是强调比空间更为基本的是"场所"。认识到场所的本质，就可以帮助修正空间观念的偏差所带来的损害。在建筑界，没有人比凡·艾克更为明晰地表明了这种观点："不管空间与时间意味着什么，场所与时刻都意味着更多，因为空间在人的图像中就是场所，时间在人的图像中就是时刻。"[4] 我们在前面提到过凡·艾克的这段话，并且提及了与海德格尔的关联。但是只有理解了现象学理论，才能真正理解凡·艾克的理论深度。他的经典作品，从儿童游乐场到阿姆斯特丹孤儿院，

① LE CORBUSIER, ETCHELLS F. Towards a new architecture[M]. Oxford：Architectural Press，1987：5.
② Ibid.，47.
③ GIEDION S. Space，time and architecture：the growth of a new tradition[M]. 5th ed. Cambridge Mass.：Harvard University Press，1967：xxxvii.
④ VAN EYCK A. There is a garden in her face[M]//LIGTELIJN & STRAUVEN. Collected articles and other writings 1947—1998, Amsterdam：Sun，2008：293.

都是经典的场所塑造案例。"如果童年是一段旅程,让我们照看它,让孩子们不会在黑夜独行。"①凡·艾克这段诗意的描述,充分展现了场所概念背后,对切入性、交融性以及"关切"(Care)的强调。

比凡·艾克更为人熟知的,是挪威建筑师与理论家克里斯蒂安·诺伯格 – 舒尔茨所倡导的"场所精神"(Genius Loci)理念。我们前面提到过诺伯格 – 舒尔茨在符号学上的研究。此后,他的理论倾向转向了现象学。不难理解这种转变,就像海德格尔所阐述的所有"手边备好的"都具有某种符号性质,也就与符号学相关。显然诺伯格 – 舒尔茨在现象学中找到了对符号本质更为健全的分析。基于对海德格尔存在主义现象学的深入研读,诺伯格 – 舒尔茨在 20 世纪七八十年代先后发表了三部著作,《存在、空间与建筑》(Existence, Space and Architecture)、《场所精神:走向一种建筑现象学》(Genius Loci: Towards a Phenomenology of Architecture)以及《栖居的理念》(The Concept of Dwelling)。仅仅从书的名称中就可以看出它们与现象学的联系。在三本书中影响最大的还是《场所精神》。"场所精神"实际上是一个源自古罗马的拉丁语词汇,其字面意思是土地神:"根据古罗马的信仰,任何'独立'的存在都有他的神,他的守护精灵。这个精灵给予人们与场所以生命,陪伴他们从出生到死亡,并且决定了他们的本质特征。"②诺伯格 – 舒尔茨重新唤起这个词,当然不是想复活一种传统的宗教理念,而是想强调任何场所都具有某种独特性,这种独特性就是这块场地的"场所精神"或者说土地神,它决定了场所的本质特征。要避免过于字面性地将这种独特性理解为某种特定的"精神"或者是其他什么神秘的东西。它主要是指从现象学的角度去理解一个场所,也就是前面提到的以切入性与交融性的方式,去理解一个有着特定位置、特定边界以及特定意图的领域。我们之前讨论过的很多现象学内容都应该纳入对场所的分析之中,比如它的意向性、它的"符号结构"、它与"参照性整体"的关系、它对"世界"的汇聚、它对"大地"的依赖、它对"源泉"的"揭示"、它所承载的"欢庆"与"谦逊",以及它与"栖居"的根本关联。诺伯格 – 舒尔茨实际上是利用"场所精神"这个概念,将人们引向一种在现象学理论启发下的理解,这也是他将其称为"走向'建筑现象学'的第一步"的原因。当然,也不应当将"建筑现象学"理解为一个单独的学科,它其实就是指受到现象学影响的建筑理论。

如果觉得这样的"场所"概念显得过于庞杂和抽象,一种更为便捷的理解方式是将"场所"与之前提到的主流现代主义的"空间"概念进行对比。前者是具体的,后者是抽象的;前者强调行为与意义,后者突出美学直观;前者嵌入在特定的文化传统之中,后者主要依赖于普适性的几何关系;前者与大地、与天空、与气候都有直接的关联,后者基本上将这些元素都置于形态关系的边缘;前者依托于人与物切实的存在,而后者更多地依赖于理性化的抽象思辨。因此,在场所理念的引导下,建筑师会更为重视地点、重视与人的互动、重视文化象征、重视气候、重视"栖居"的实现。这些就是"场所精神"理念希望达到的。与 20 世纪六七十年代很多理论类似,诺伯格 – 舒尔茨试图修正主流现代主义理论的缺陷,只不过这种修正是从更为深入的哲学基础出发,而不是仅仅局限在传统的建筑理念之中。

---

① Ibid.
② NORBERG–SCHULZ C. Genius loci: towards a phenomenology of architecture[M]. New York: Rizzoli, 1980: 18.

11.4　地域主义

场所往往是指一个小范围的领域，但就像"手边备好的"需要依托"参照性整体"才能获得意义一样，场所也从属于一个更广泛的整体，才能成为一个具备特质的组成部分。比如传统的戏台，就从属于戏院，而戏院又从属于街区，街区则从属于城市。不仅仅是物理上的从属，戏台的价值在于服务戏剧表演，而戏剧表演体现特定的文化传统，这一文化传统受到了特定人群的珍视，而这一人群又往往会聚居在特定的地域。所以，地域的概念不仅在尺度上涵盖了场所，也在上面提起的其他方面涵盖了更为广阔的范畴，它能更为直接地对应于某种文化体系，以及秉持该文化体系、拥有其所属价值观的特定人群。所以，在比场所更为宏观的"地域"概念中，隐含了对这一特定人群的理解。那么服务于这一地域的建筑，就应当服务于这一特定的人群，所以，诺伯格－舒尔茨强调，"没有不同'种类'的建筑，只有不同的情形，它们需要不同的解决方案来满足人的身体与心理需求。"①

如果说抽象的"空间"形式的概念对应于战后在全球迅速扩散的单一性主流现代建筑，那么"场所"与"地域"则意味着一种不同的建筑立场。它认为必须考虑具体的地点、文化、传统、生活方式、价值目的来获得适用于特定条件与特定人群的建筑。我们可以称这样的建筑为地域性建筑，它不仅意味着不同地域之间会有不同的建筑，也意味着这种差异性不是凭空而来，而是来自于对上面提及的各种要素的综合考察。这种地域性观点在现代主义运动中早已存在。虽然现代主义主流具有强烈的趋同性，但是像赖特、雨果·哈林、阿尔瓦·阿尔托这样的建筑师一直是典型的"异类"。他们的作品中存在典型的地域性特色，也随着地域的变化而出现重要的转变。"有多少种不同的人，就应该有多少种不同的建筑，有多少不同的个体就应该有多少差异。""建筑应该像是轻松地从场地上生长出来，并且被塑造成与周围的环境相协调。"②赖特的这些话清晰地展现了他的作品与人以及场地的密切关系。他的流水别墅、西塔里埃森这样的作品都表明了对场所的敏感可以带来怎样独一无二的创作。阿尔瓦·阿尔托与赖特一直惺惺相惜，他们的建筑立场也较为接近。在 1942 年的一篇文章《卡累利建筑》中阿尔托写道："建筑自身，从各个方面一直到场地平面，以一种更深刻的建筑感阐释了这一地区人们的生活条件。在这种深刻的建筑感中，我们发现了那些能够在今天的生活中产生具有真正意义结果的那些价值。"③阿尔托战后的作品，从赛纳察洛市政厅到俄芬战争死难者纪念碑，都对芬兰独特的地理、气候、历史、文化条件作出了回应。它们充分印证了阿尔托的话：对地域条件的重视，不仅仅限定在一时一地，而是可以扩展为一种具有普遍意义的设计方法，能够在"今天的生活中"带来"具有真正意义"的价值。

这样一种扩展的立场可以被称为地域主义，它要求将对地域特点的考虑作为建筑创作的基石，而不是可有可无的选项。必须注意的是，这里所提到的"地域"不仅仅是一个地理性概念，就像前面所论述的，它所指代的是一个整体性的理念组合，包含了从自

---

① Ibid., 5.

② WRIGHT F L. In the cause of architecture[M]//PFEIFFER. Frank Lloyd Wright collected writings Vol1, New York：Rizzoli, 1992：87.

③ AALTO A, SCHILDT G. Alvar Aalto in his own words[M]. New York：Rizzoli, 1998：117.

然条件到文化价值的诸多方面。地域主义要求的，是针对这一组合的条件给予特定的建筑解决方案。地域性的差异，只是这一设计路径的必然结果，而不是追求的直接目标。可能与地域主义反差最为剧烈的是"国际式风格"。地域主义不仅反对一种统一性的风格变成"国际式"规范，更为反对的是将建筑化简为一种风格，而忽视了建筑以其他方式与场地和人群产生交互的可能。在现代主义的上升期，显然是"国际式风格"占据了上风，但是在战后，伴随着对现代建筑的不满逐渐提升，地域主义开始得到越来越多的拥护。

比如战后初期受到关注的新经验主义，其特征之一就是吸收了北欧地区传统建筑材料与建筑特色，创造出富有人情味与地域特点的新建筑作品。意大利建筑对历史的回归也具有地域性特征，毕竟没有哪个国家像意大利那样拥有如此丰富的历史遗存，这已经成为意大利独有的地域特点。在美国，赖特对主流现代主义的批评及其独有的有机建筑理论得到了理论家刘易斯·芒福德的支持。芒福德非常认同赖特所提出的新建筑应该体现美国的地理与民主特色的观点。在他 20 世纪 20 年代出版的《木条与石头：美国建筑与文明的研究》（*Sticks and Stones：A Study of American Architecture and Civilization*）一书中，芒福德就提出美国早期新英格兰地区的村庄已经是一种理想的建筑与城镇模型。今天仍然可以在这些地域性案例中学习，主要是了解其"趣味、标准、机构"而不是"埃及的或者殖民地的"风格样式。

在他 1947 年为 *The New Yorker* 杂志所撰写的"天际线"（The Sky Line）专栏中，芒福德发表了著名的《现状》（Status Quo）一文。在文中，他激烈批评了以勒·柯布西耶为代表的现代建筑，认为它们的功能主义观点扭曲了路易斯·沙利文对"功能"理念的有机理解："这些严苛主义者将建筑的机械功能置于人文功能之上，它们忽视了感觉、情怀以及使用这些建筑的人的兴趣。"[1] 与此相对的，芒福德称赞了被命名为"湾区风格"（Bay region style）的建筑实践。这实际上是在美国旧金山大湾区所流行的一种建筑潮流，主要特征包括使用木板条、坡屋顶、凸窗、门廊等传统元素，但是外观更为简洁，形态也更为灵活。芒福德认为这种风格"自由和自然地表现了海滨地区的场地、气候以及生活方式……这种风格是东方与西方建筑传统汇聚的产物，它比 20 世纪 30 年代所谓的国际式风格更为普适，因为它容许地区性的融合与变化。"[2] 在这里，芒福德明确地将一种地域性建筑与国际式风格对立起来，充分展现了地域性建筑对主流现代主义的反抗与批评。他的这些论述，也被视为地域主义理论的先声。

另一位发出类似声音的是著名历史学家希格弗莱德·吉迪恩。作为《空间、时间与建筑》的作者，吉迪恩一直是主流现代建筑的积极鼓吹者。但是在战后，他也注意到现代建筑的局限性，开始提出一些修正性的意见。我们之前已经提到过他所提倡的纪念性的回归，他在 1954 年一篇名为"当代建筑的状况"（The State of Contemporary Architecture）的文章中指出，"国际式风格"的概念应当被抛弃，一种"新的地域性路径"（New regional approach）正在出现。吉迪恩列举了坎迪利斯与伍兹在摩洛哥的院落住宅，以及保罗·莱斯特·维纳（Paul Lester Wiener）与塞特在古巴的联排工人住宅等案例，说明这些项目如何吸纳了传统材料与传统元素，以当地所具备的技术条件创造出切合该

---

[1]　MUMFORD L. Status quo[M]//MALLGRAVE & CONTANDRIOPOULOS. Architectural theory（vol 2）：an anthology from 1871 to 2005. Oxford：Blackwell，2007：279.

[2]　Ibid.，280.

地区生活方式的建筑。在另一方面，吉迪恩也强调，这里的"新"是指"现代建筑师不应该试图制造一种与传统建筑一致的外观。有时候新建筑有部分一致，有的时候它们是全新的。"[1] 这种差异性有时来自于新材料与新技术的使用，有时来自于新美学与新的情感表达的注入。与芒福德类似，吉迪恩也称赞了赖特在 1940 年之后的作品对场地因素的敏感回应。在为《空间、时间与建筑》第五版（1966）撰写的新简介中，吉迪恩将这一路径简化为"新地域主义"（New regionalism），他提到了芬兰、巴西、日本建筑师在这一倾向上的工作。

　　吉迪恩的著作曾经参与定义了主流现代建筑的历史叙述，他的立场转变是一个明确的信号，表明地域主义开始成为一个核心议题。另外一个对此给予支持的是格罗皮乌斯，他在 1954 年发表了《走向坚实建筑的八步》（Eight Steps toward A Solid Architecture）一文，为当代建筑发展提出建议，其中包括拒绝"国际式风格"的观念，以及"寻求真实的地域性表现"。格罗皮乌斯强调，这绝不意味着回到 19 世纪的折中主义，或者是将现代建筑与传统建筑的元素与想象（Fancies）混合在一起，他认为地域性差异主要来自于不同地区的气候条件。显然，这是比吉迪恩更为狭窄的地域主义理念。

　　相比于这些早期论述，更具有说服力的还是实践作品，比如勒·柯布西耶的山顶圣母教堂。我们在前面的章节中提到了海德格尔对山顶圣母教堂的赞誉，这当然是因为山顶圣母教堂体现了现象学理论下更为理想的建筑状态。场所与地域是这种理想状态的承载物，山顶圣母教堂也以其特有的方式对场所与地域产生了深度的融合。比如教堂的两条曲线对人们朝圣路径以及山谷中的村庄做出了谦逊的退让，建筑的实体感与厚重既呼应了罗马风传统，也渲染了一种"大地"般的神秘性，圣母玛利亚的木雕将新建筑与整个场所的历史联系在一起，而建筑内部的光线引入以及屋顶落水口的处理是对"天空"的"欢庆"与尊重。不同于 1920 年代的萨伏伊别墅，山顶圣母教堂仅仅属于它所处的地点，在这一场所背后所蕴含的是当地人延绵已久的特定生活方式。在与之相关的《无法言说的空间》一文中，勒·柯布西耶并没有提到地域性的概念，也没有使用任何现象学的概念，但是他的确提到了具备"直觉性与洞察力的第四维度"，"在一个完成的和成功的作品中，隐藏着大量的含义，一个真实的世界展现给那些关注这一问题的人们，也就是说，展现给那些值得的人。"[2] 这或许与现象学所要求的，修正我们日常的错误观念，理解人、事物、世界的真实存在有所关联。这样的例子也说明，地域主义的确不应是仅仅关于外观或者材料，更重要的是特定的人在特定场所的特定存在方式。

　　英国建筑师詹姆斯·斯特林将勒·柯布西耶战后的变化直接与地域主义关联起来。他认为勒·柯布西耶后期作品对地中海地区民间住宅以及印度本土建筑的吸收，是当时地域主义倾向的最佳代表。斯特林尤其强调了"对原生的，通常是无名建筑的重新评价，以及对使用传统技术与材料的体验所进行的重新评估"，[3] 他认为这来自于战后"经济、可操作性以及政策"的实际考虑，比如在技术和经济不发达地区，使用传统技术与传统材

① GIEDION S. The state of contemporary architecture[M]//MALLGRAVE & CONTANDRIOPOULOS. Architectural theory（vol 2）: an anthology from 1871 to 2005. Oxford : Blackwell, 2007 : 305.
② LE CORBUSIER. Ineffable space[M]//OCKMAN & EIGEN. Architecture culture 1943—1968 : a documentary anthology. New York : Rizzoli, 1993 : 66.
③ STIRLING J. Regionalism and modern architecture[M]//OCKMAN & EIGEN. Architecture culture 1943—1968 : a documentary anthology. New York : Rizzoli, 1993 : 243.

料显然比盲目地引入 "先进" 的现代建筑科技更具有现实意义。"在今天，巨石阵比克里斯托弗·雷恩爵士的建筑更为重要。"[①]

斯特林的文章提示出当时的建筑界 "对原生的，通常是无名建筑的重新评价"。最为典型的案例当然是凡·艾克对多贡村庄的研究。我们此前已经讨论过凡·艾克的观点，尤其是他的 "双生现象" 与 "室内化" 理念。其实，这些理念都可以用现象学理论来给予解释。凡·艾克关注的不仅仅是多贡人独特的建筑形态，而是多贡人的存在方式。他们有一个独特的 "世界"，在其中每一个事物都是紧密相连的（双生现象），从家用的篮子到整个宇宙的秩序。这个 "世界" 给予每个事物以意义，使得它们为人所理解，为人所熟知（室内化）。正是在这个基础之上，多贡人的家居、建筑、村庄以及整个聚居区获得了特定的形态与秩序。相应地，多贡人对于这些事物也有着特殊的理解。比如给陌生人介绍自己的家时，凡·艾克的向导会先带着他们看他的亲属的住宅，村庄头领的住宅，公共场所，最后才到自己的家。对于他来说，这些地方也是他 "家" 的一部分。凡·艾克的人类学研究不是将多贡人视为某种异域另类，而是一种典型的地域主义研究。除了关注实体建筑之外，更为重要的是场所、建筑与人们存在方式之间的密切关系。凡·艾克的阿姆斯特丹孤儿院等项目虽然并没有对多贡人村庄的直接借鉴，但是其中的场所感，对儿童活动的切入，以及整体的关联性，都从另一个侧面体现了多贡村庄的地域性特征。

凡·艾克个人化的地域主义研究在当时还并不为人熟知，但多贡村庄的图片随后出现在一次著名的展览以及同名的书籍之中，变得广为人知。这就是由美国建筑师伯纳德·鲁道夫斯基（Bernard Rudofsky）策展和编写的《没有建筑师的建筑：无名建筑简介》（*Architecture without Architect : An Introduction to Non-Pedigreed Architecture*）。所谓"无名建筑"是指那些没有被主流建筑史所记载过的一些特定建筑，鲁道夫斯基所展现的主要是一些不同于西方主流文化圈的 "偏远" 地域的民间传统建筑，比如多贡人的村庄。这些建筑显然不是由任何显赫的建筑师所设计的，有的甚至就是由民众自行建造的，所以也被称为没有建筑师的建筑。为何要介绍这些建筑？鲁道夫斯基提到了几点原因：其一，主流建筑史是极为狭窄的，忽视了大量的非主流建筑；其二，这些建筑展现了与特殊场地条件的应和；其三，它们比现代建筑更为人性化，比如街道拱廊为行人提供庇护；其四，这些建筑实际上运用了一些先进的技术理念，比如预制、标准化、可移动结构等等。鲁道夫斯基认为，在很多方面这些乡土建筑展现了比现代建筑与现代城市更为优越的价值，因为它们所体现的是一种更为协调的生活方式："从这里获得智慧超越了经济的和美学的考虑，因为它触及了更困难的，也变得日益严重的问题，即如何活着以及如何让其他事物活着，如何与周围的事物和谐相处，既是在地区性的层面，也是在整个宇宙的层面。"[②]这样的话语再一次展现了地域主义理论与 "栖居" 等现象学理论立场之间的内在联系。

比这些文字更具有影响力的是鲁道夫斯基在展览和书中提供的令人震惊的图像资料。它们展现了世界上一些最为独特的建筑与聚落，比如中国北方的地坑院、西班牙加利西亚的石质谷仓、多贡人吸纳了宗教雕塑的草顶泥屋、伊斯法罕附近收集鸽子粪便的鸽塔，以及日本鸟根县阻挡风雪的松树墙。正如鲁道夫斯基所言，这些案例都被主流建

---

① Ibid.
② RUDOFSKY B. Architecture without architect : an introduction to non-pedigreed architecture[M]. London : Academy Editions, 1964 : 7.

筑界所忽视，但是它们从材料到构筑上的丰富性远远超越了主流现代建筑的经典范畴。更重要的是，这些特征背后是当地人应对特定的自然、社会、与文化条件所做出的特殊响应，它们体现了这些人群特定的"栖居"方式。《没有建筑师的建筑》一书的巨大影响力，就在于它以充沛的资料展现了在主流的现代主义之外，实际上还有无以数计的其他可能性，鲁道夫斯基以极为鲜活的方式，呈现了主流现代建筑的单一与地域主义建筑的多元之间令人惊异的反差。在对现代主义的批评不断攀升的 20 世纪 60 年代，地域主义成为新理性主义与后现代主义之外另一个重要的替代性路径。而且不像前两者着眼于经典的西方历史传统，地域主义的视角更为广阔，与"栖居"密切相关的理论内涵也更值得深究。

　　与鲁道夫斯基的工作相近似的，是西班牙建筑师何塞·安东尼奥·科德齐。作为"十小组"新加入的成员，科德齐在 1961 年发表了《我们现在需要的不是天才》(It's not Geniuses We Need Now) 一文。文章写道，当下建筑需要的不是"高阶神父或者可疑的先知，也不是伟大的教条主义者。""有一种活的传统仍然在我们可及之处，很多涉及我们行当与建筑师职业，以及我们自身的古代道德原则仍然存在。我们需要利用那些留下的少许建造性传统，以及更多的、这个时代的道德传统，尤其是在我们世界上绝大多数美丽的东西已经失去了真实意义的情况下。"[1] 建筑师不应只关注宏大的"建筑"、金钱，或者是未来的城市，"让他们的一只脚被束缚着工作，这样他们就不会太远离他们所扎根的土壤，或者是太远离他们最熟悉的人。"[2] 科德齐将"活的传统"与现代社会中追求名声、金钱以及标新立异的"天才"建筑师对立起来。他支持前者不仅因为传统更贴近地域和人民，还因为传统中蕴含了可以作为价值基础的"道德"。这乍看起来似乎难以理解，其实原理也并不复杂，我们需要将"道德"理解为"伦理"(Ethics)，它所指的是人应该以什么样的方式生活，这才是最为根本的。我们日常所理解的道德原则实际上是这个问题所派生的。科德齐的话实际上是说，传统为人们的生活提供了价值基础，使得人能够充实地活着，而现代社会忽视了这些基础，即使"天才"也只能带来"失去了真实意义的事物。"这实际上就是我们前面提到的，用"栖居"来抵抗价值虚无的问题。

　　在实践上，科德齐为传统在当代的延续提供了出色的范例。他 1951 年完成的巴塞罗那公寓 (La Barceloneta Apartments) 与 1958 年的巴赫街公寓 (J.S. Bach Street Apartments) 都将地中海民间建筑中常用的木质百叶放大成为覆盖大部分立面的幕墙式元素 (图 11-1)。他 1962 年的罗兹住宅 (Rozés House)，虽然采用了现代主义典型的白色几何元素，但是整个建筑物随地形高低起伏，与粗糙的岩石与植被形成了天然的结合，充分继承了地中海沿岸常见的白色乡土建筑的特征。这些建筑并不像科德齐的文章所表现的那么怀旧，它们以现代建筑元素与乡土传统的深度融合成为地域主义建筑的杰出范例 (图 11-2)。

　　1973 年《为了穷人的建筑》(Architecture for the Poor) 一书出版，使得埃及建筑师哈桑·法赛 (Hassan Fathy) 的地域主义实践开始为人们所了解。哈桑·法赛接受过大学建筑教育，并且此后在开罗大学任教。在 20 世纪 30 年代从学校毕业时，法赛并没有专注于正在迅速兴起的现代主义，而是转向了埃及本地的建筑传统。就像他在《为了

---

① 　J. A. CODERCH DE SENTMENAT. It's not geniuses we need now[M]//OCKMAN & EIGEN. Architecture culture 1943—1968 : a documentary anthology. New York : Rizzoli, 1993 : 336.

② 　Ibid.

图 11-1　何塞·科德奇，巴塞罗　　　　　　　图 11-2　何塞·科德奇，罗兹住宅
　　　　　那公寓

穷人的建筑》一书中写道的，"在 20 世纪文化前线崩溃之前，在世界各地的建筑上都有独特的本地形态与细节，任何地区的建筑都是人们想象力与乡村需求之间幸福婚姻的漂亮孩子。"① 但是现代主义的到来抹去了这种差异性，"传统缺失的直接后果，是我们的城市与村庄变得越来越丑陋。"② 更为重要的是，现代建筑并不适合埃及乡村严苛的气候条件，也无法被落后的经济资源所支撑。哈桑·法赛的解决方案是发动村民运用传统的建筑材料，基于传统的建筑类型，建造符合他们自身家庭需求与公共需求的建筑。这一路径最为杰出的成果是卢克索的新古尔纳（Gourna）村。法赛受到埃及政府的委托，为一个从古迹保护区搬迁出来的、擅长盗墓的村庄设计新村。法赛充分吸收了民间建筑的智慧，他采用了以泥砖和草泥为主的建筑材料，以厚墙、内院、二层通高空间等方式隔绝热度，并且增进室内空气流动。拱和拱顶两种传统建筑元素大量出现在住宅与社区建筑之中，它们独特的曲线体现了泥砖等材料特殊的构造方式（图 11-3）。虽然使用了传统类型与技艺，但是法赛与村民们进行了广泛的沟通，试图为不同的家庭需求提供不同的住宅解决方案。他还对室内温度调控以及通风纳凉进行了深入的研究，探索低技术条件下良好物理环境的可能性。新古尔纳村的声名鹊起，不只是因为哈桑·法赛坚持了民间传统，还因为他强调了这种传统更为适合埃及当地的物理、文化与经济条件。他的著作与建成项目，也由此成为地域主义理论的典型范例。

　　与哈桑·法赛在埃及的工作类似，很多有着独特建筑传统的国家和地区也都出现了明显的地域主义倾向。印度建筑师查尔斯·柯里亚（Charles Correa）曾经在美国接受过现代建筑教育。但是在回到印度之后，他放弃了典型的主流现代建筑，不断尝试将印度的传统建筑类型元素，如曼陀罗图案、穹顶、挑檐、阶梯形井庙等使用到从议会大厦到高层住宅等诸多实践项目中，成为世界知名的地域主义建筑师（图 11-4）。他的同胞巴克里希纳·多西（Balkrishna Doshi）有着类似的经历。他早年曾经作为勒·柯布西耶

---

① FATHY H. Architecture for the poor[M]//MALLGRAVE & CONTANDRIOPOULOS. Architectural theory（vol 2）：an anthology from 1871 to 2005. Oxford：Blackwell，2007：443.

② Ibid.

与路易·康的助手协助完成了昌迪加尔与印度管理学院等项目，这些经历影响了多西早期有着强烈现代主义色彩的创作。在独立开业之后，多西的创作中开始融入更多的印度本土建筑元素，以适应当地的气候、经济与文化条件。与哈桑·法赛类似，他的很多低收入住宅项目使用了院落等传统住宅类型，在常规技术和低成本的条件下，创造适宜的居住条件。多西最出名的作品是位于艾哈迈达巴德的桑珈工作室（Sangath Architect's Studio），一组由拱顶覆盖的建筑主体被部分埋入地下，并且依靠水池的帮助来抵御高温。台阶、植被以及装饰都强化了这个作品的传统特色，但同时设计也实现了现代建筑所特有的空间丰富性。

另一位南亚建筑师杰弗里·巴瓦（Geoffrey Bawa）也是在英国完成了建筑学习。回到祖国斯里兰卡之后，他首先从事的是"热带现代主义"（Tropical modernism）的创作，也就是大量使用遮阳、通风等降温处理的现代建筑。此后，巴瓦也逐渐远离这种典型的现代主义道路，重新拾起斯里兰卡本地的传统元素。他的作品中开始出现更多的院落、水池、植被、传统木构以及坡屋顶。他的代表作，科伦坡自宅（33rd Lane, Colombo）以及斯里兰卡议会大厦（Sri Lankan Parliament Building）展现了他在不同尺度上运用这些元素的卓越能力（图 11-5）。可以与之媲美的，是中国建筑师吴良镛在北京菊儿胡同住宅项目中的尝试。他将传统四合院类型与多层住宅的实用需求结合起来，创造出有着强烈传统色彩的新式住宅建筑，成为中国改革开放后在现代建筑中纳入地域主义元素的

图 11-3 哈桑·法赛，卢克索的新古尔纳村

图 11-4 查尔斯·柯里亚，斋浦尔艺术中心

图 11-5 杰弗里·巴瓦，斯里兰卡议会大厦

图 11-6 藤森照信，高悬茶室

重要先驱。日本建筑师在这一领域的工作前面已经有所提及，比如丹下健三在香川县厅舍中对木构传统的呼应。更为直接的地域主义倾向，出现在类似于藤森照信（Terunobu Fujimori）这样的建筑师身上，他使用泥土与木桩等天然材料，塑造出高悬茶室（Takasugi-an Tea House）这样近乎原始的建筑形象（图 11-6）。

可以看到，在世界各地都存在以地域主义取代单一性现代建筑的倾向。它们的存在本身就是战后对现代建筑质疑与批评的组成部分。回到传统、回到本地特色成为一种地域主义建筑体系的发展基石，大量的创作将传统类型与建筑元素重新引入到当代创作之中。尤其是以鲁道夫斯基与哈桑·法赛为代表的早期地域主义观点更侧重乡土传统。他们将这些独特的乡土建筑视为以"国际式风格"为代表的现代建筑的对立面，给予它们更高的正当性。不过，这种地域主义立场也受到了一些人的质疑。是否任何有别于现代主义的传统都是好的？对传统的过度强调是否会导致一种保守，是否会回到 19 世纪曾经风靡一时的历史主义？此外，这种保守是否会带来一种排外情绪，是否任何不是产生于本地的都缺乏正当性？这些问题意味着对地域主义自身的范畴与限度展开反思，这也就引向了批判性地域主义的新理论。

11.5 批判的地域主义与地域性实践

作为一个新的建筑理念，"批判性地域主义"（Critical Regionalism）一词最早出现在建筑历史与理论学者亚历山大·楚尼斯（Alexander Tzonis）与利亚纳·勒费夫尔（Liane Lefaivre）于 1983 年发表的《格网与步道：德米特里斯与苏珊娜·安东纳卡基斯作品简介》（The Grid and the Pathway：An Introduction to the Work of Dimitris and Suzana Antonakakis）一文中。这里的"格网"与"步道"分别指代两位希腊建筑师阿里斯·康斯坦丁尼迪斯（Aris Konstantinidis）与迪米特里斯·皮基奥尼斯（Dimitris Pikionis）的作品。这两位建筑师都使用了具有地域色彩的元素，比如厚重的毛石砌体。但是康斯坦丁尼迪斯仍然在现代主义的理性格网（Rationalist grid）中展开设计，其作品有着密斯·凡·德·罗般精确的简单形态与严格的几何秩序。而皮基奥尼斯的作品更多地直接使用传统元素，比如壁龛、院落、坡顶等等。更为重要的是，这些元素的使用充分呼应了场地条件的特异性，随形就势，充分融入自然环境的变化之中。皮基奥尼斯最为知名的作品是为雅典卫城周边以及菲洛帕普山公园（Philopappou Hill Park）所做的景观设计。这一项目中包括很多专门铺砌的步道。皮基奥尼斯不仅让步道跟随山势与地形变迁，还将大量具有传统色彩的符号、图案、建筑片段嵌入到主要由毛石铺砌的地面上，给予这些步道极为丰富的文化色彩，仿佛它们是从泥土中挖掘出来的历史遗迹一般。

　　楚尼斯与勒费夫尔认为，文章中的另一对讨论对象德米特里斯与苏珊娜·安东纳卡基斯夫妇的作品融合了"格网"与"步道"，或者说康斯坦丁尼迪斯与皮基奥尼斯的设计策略，既吸收了现代建筑的技术手段与整体规划，又更敏锐地对场地与历史作出了回应。相比于康斯坦丁尼迪斯，他们得以摆脱"理性格网"过于强烈的控制，而相比于皮基奥尼斯，他们没有直接引用大量的历史元素，从而避免了"历史主义"怀旧的危险。正是在这个意义上，两位作者认为安东纳卡基斯夫妇的作品展现了一种新的"批判性地域主义"。这里的关键词当然是"批判性"，在楚尼斯与勒费夫尔的文章中，"批判性"主要针对两个不同的方向。一个方向是对现代主义的批判，反抗现代主义的"抽象空间"所带来的"非人性"（Dehumanizing）效果。在这一方面"批判性地域主义"与更早之前的地域主义理论是同一的，都认为需要用地域性的实践取代"国际式风格"所带来的单一与独断。"批判性"的另一个方向是对传统本身的批判，这是一个全新的内容。这是因为，对地域传统的珍视有可能滑向一种"情绪化的乌托邦主义，让建筑成为一种简单的逃避，逃向乡村阿卡迪亚，贫穷但真实。"① 在这种情况下，对现代建筑的抵抗会扩展为对整个现代社会的抵抗，甚至拒绝任何的改变，包括技术与经济的进步。这样顽固的保守主义，反而会成为"压制与沙文主义的有力工具"，也应该给予批判。所以，"批判性地域主义"同时要反抗两个极端，一个是完全倒向现代主义，另一个是完全回退到历史与传统。相应地，以安东纳卡基斯为代表的正确道路，能够在两个极端之间取得平衡，将当代的技术手段与地域性的场所营造成功地结合起来。

　　从上面的简要叙述可以看到，批判性地域主义所加入的新内容，是对地域传统自身的反思。相比于对主流现代主义的批评，这一点容易被忽视，但其实非常重要。回顾整个建筑历史，传统一直扮演着重要的角色。从维特鲁威到维奥莱-勒-迪克（Viollet-le-duc），在长达几千年的时间内，建筑理论与实践的发展都是以历史传统为基础。新建筑不断地从传统建筑中提取素材和养分，再进行适度的创新。在这一整体倾向之下，现代主义对传统的反叛实际上是一个特例，而这种反叛其实也有充分的理由，即传统建筑体系在某些方面已经难以适应现代社会的发展，因为人类从未有过如此剧烈的技术、经济、社会与文化的变革。在这种情况下，对传统一成不变的坚持就会成为一种阻碍，甚至转变成为一种控制性的工具。比如纳粹德国以及意大利法西斯政府都将威权性古典主义作为官方建筑风格，以此来宣扬其政权的正统性与本土性。这些政治力量将建筑传统化简为政治符号，去激发对其统治的支持。这当然是非常极端的例子，但是在任何强调自身独特性的情况下，都可能存在排斥他者的危险，因为很多时候我们就是通过与他人的差异来定义自己的。所以，即使是在当代，对传统的强调也存在这样的危险，它可能带来对其他非传统元素的拒绝，因而陷入固步自封的困境之中。在另一方面，对地域传统的当代诠释也可能误入歧途，地域传统也可能被转化为文化图像，成为某种宣传工具。文丘里的"装饰化棚屋"就倾向于使用大量传统元素，不过这些元素被作为装饰符号所使用，用以引起人们的关注，但是在表面符号之后，建筑以及建筑中人们的行为实际上与传统并无直接的联系。

① TZONIS A, LEFAIVRE L. The grid and the pathway[M]//MALLGRAVE & CONTANDRIOPOULOS. Architectural theory(vol 2): an anthology from 1871 to 2005, Oxford : Blackwell, 2007 : 509.

　　以上这些方式，在"批判性地域主义"的支持者看来，都是对地域传统的误用，必须加以拒绝。就像楚尼斯与勒费夫尔在文章中所强调的，批判性地域主义不是为了地域而强调地域，真正的动机是让"非人性"的当代建筑"重新人性化"（Rehumanization）。达到这一目的的方式，是塑造适合人的场所，塑造"一个为特定时刻（Occasion）服务的特定地点（Place）"。很明显，楚尼斯与勒费夫尔是在引述凡·艾克的观点，而我们此前已经讨论过，在现象学的视角下如何理解"地点"与"时刻"的重要性。在楚尼斯与勒费夫尔看来，批判性地域主义所对抗的不是建筑风格，而是当代社会的异化的生活方式。它们是对"社群崩溃、人际关系撕裂，人与人之间相互接触的消解这些现象的抗议。"[①] 建筑应该重新成为康斯坦丁尼迪斯所说的"生活的容器"（Vessels of life）以及皮吉奥尼斯所呈现的"拥有历史并且属于一种社会生活"的建筑。这些目标，都不可能通过对历史传统的简单复制所实现。它们需要建筑师在当代条件下的批判性反思，才能找到当代问题的解决方案。"批判性地域主义是一座桥梁，任何未来的人文主义建筑都必须走过，即使这一路径引向一个完全不同的方向。"[②] 楚尼斯与勒费夫尔在文章结尾这样写道。

　　这样的分析提示我们，对于批判性地域主义的理解不应局限于建筑元素本身，或者是仅仅关注是否使用了传统建筑的元素。地域性元素的重要性，不在于其形式特征，而是在于它们更深入地切入了一个地区民众的生活方式，为他们提供场所、提供具有意义的地点，服务于他们特定的生活方式。正是这一特点，能够对抗以"抽象空间"为代表的，完全以实证性原则看待世界、看待人、看待人与世界相互关系所带来的种种危机。这些危机远远超越了建筑问题的范畴，所需要的解决手段也远远超越了建筑的能力。在某种程度上，"地域"只是作为一个代表，替代了"场所"对"空间"的批评，替代了"栖居"对"异化"的反抗。从这个角度看来，"批判性地域主义"所针对的理论问题，是如何应对当代建筑理论所面对的根本性危机，而不仅仅是建筑风格的单一与乏味。这也展现了"批判性地域主义"与现象学理论的内在联系。

　　英国学者肯尼斯·弗兰姆普敦 1983 年发表的文章《走向一种批判性地域主义：关于抵抗性建筑的六点》（Towards A Critical Regionalism：Six Points for An Architecture of Resistance）将批判性地域主义丰富的理论内涵更充分地展现了出来。弗兰姆普敦将批判性地域主义置于 19 世纪以来现代建筑的整体发展背景上进行了讨论。与此同时，他也引入了"批判理论"的视角，分析建筑问题与资本主义社会总体进程之间的内在联系。他认为，全球现代建筑的单调与乏味并不是单一的现象，而是资本主义消费社会实现全球统治的结果。这种全球化的体系侵蚀了具有特色的"基础性文化"（Elementary culture），带来千篇一律的平庸。"在世界各地，你可看到一样的低劣电影，一样的投币售货机，一样的塑料或者铝制的低劣物品，一样的被扭曲为广告的语言。"[③] 造成这一结果的原因是资本生产对社会生活无孔不入的控制。为了掩盖这一控制，一种"肤浅的面

---

① Ibid.

② Ibid., 511.

③ FRAMPTON K. Towards a critical regionalism：six points for an architecture of resistance[M]//FOSTER. Postmodern culture, London：Bay Press，1983：16.

具被利用起来，推动市场交易以及维持社会控制"。[①] 非常明显，弗兰姆普敦所采纳的是与曼弗雷多·塔夫里类似的批判立场，他所得到的结论也类似：曾经对这种总体倾向做出反抗的先锋派已经失败，艺术无法抗拒资本的总体压制，逐渐沉沦。"如果不是沉向娱乐，那么毫无疑问是在转向商品——比如在查尔斯·詹克斯所定义的后现代建筑中——转向一种纯粹的技术以及纯粹的图像。"[②] 与很多其他的批评者一样，弗兰姆普敦认为后现代建筑只是在为"消费媒体提供免费的，臣服性的图像。""先锋派不再追寻解放，部分原因是它们最初的乌托邦幻想已经被工具理性的内在逻辑所扭转。"[③]

在这一背景下，弗兰姆普敦指出，批判性地域主义所要对抗的，不是现代主义建筑，而是更为宏大的，自启蒙时代以来被资本生产、工具理性、消费社会所控制的现代性进程。建筑应当维持一种批判性，既针对资本生产的"意识形态"控制，也针对一种盲目的怀旧与保守。"只有采用一种后卫（Arrière-garde）性的姿态，建筑在今天才能作为一种批判性实践继续下去。这也就是说，人们必须抗拒启蒙以来对进步的迷信，同时也要抗拒一种反动的、不现实的回到前工业时代建构形式的冲动。一种批判性的后卫，要远离先进科技的最优方案，也要远离那种一直存在的，退缩到怀旧的历史主义或者是镀金装饰的倾向。"[④] 这段话格外清晰地将批判性地域主义两方面的批判立场展现出来。

值得注意的是，在这里弗兰姆普敦与塔夫里的立场区别开来。同样是对资本主义社会的批判分析，塔夫里的结论是根本性的悲观，在彻底的社会革命之前，不可能有任何具有意义的改良。而弗兰姆普敦没有那么悲观，与楚尼斯和勒费夫尔一样，他认为有一些批判性地域主义实践是成功的，能够为其他建筑提供启迪，或者说提供改良的希望。他们两人的差异，实际上来自于他们的根本性哲学立场的差异。塔夫里全面接受了批判理论体系，认为资本主义生产体系是所有问题的根本。但弗兰姆普敦认为，这并不是问题的根本，因为还有更为深入的因素决定了资本主义生产体系的形成，对这个更为根本的因素的剖析，有可能得到某种治愈性的解答。换句话说，塔夫里认为资本主义体系无法动摇，所以建筑没有出路。但弗兰姆普敦认为，资本主义体系也有其基础，而这个基础有可能被改变和质疑，也就有可能找到新的出路。显然，要实现这一目的，弗兰姆普敦需要批判理论之外的理论工具来进行论证，这时，他转向了海德格尔的存在主义现象学。

早在 1974 年弗兰姆普敦就已经将海德格尔对场所的讨论引入对当代建筑的分析之中。他在一篇名为"阅读海德格尔"（On Reading Heidegger）的文章中提到，海德格尔区分了"空间"与"场所"，后者才是人们所真正依赖的。它具有"象征性"内涵，"有意识地指向社会意义，同时在具体的层面，它建立了一个明确的领域，使人们可以在其中存在。"[⑤] 但是，"晚期自由资本主义"的发展在全球范围内摧毁了"场所"，千篇一律的大都市制造出无以计数的"非场所性的城市领域"，仅仅用广告牌式的装饰表面捏造出仍然存在"某个地方"的假象。而要解决这一问题，建筑必须回到"场所"，回到海德格尔所倡导的存在方式，而不是继续沉迷在技术经济的进步神话之中。

---

① Ibid., 17.
② Ibid., 19.
③ Ibid., 20.
④ Ibid.
⑤ FRAMPTON K. On reading heidegger[M]//HAYS. Oppositions reader：selected essays 1973—1984, New York：Princeton Architectural Press，1998：5.

几乎同样的讨论被弗兰姆普敦延续到了 1983 年的文章之中。他引用了海德格尔的《建·居·思》一文，强调"'栖居'的条件，也是终极'存在'的条件，只有在一个有着清晰围合的领域中才可能出现。"① 这个领域就是一个场所，它是由特定的边界所定义的，所以"一个边界不是事物停止的地方，就像希腊人所认识到的，边界是事物开始出现的地方。"② 这当然是非常典型的以现象学为基础的论述，我们可以参照前面讨论过的海德格尔对空间与场所的区分来加以理解。这也说明，弗兰姆普敦实际上将现象学作为更为深入的理论基石来建立批判性地域主义，他也认为，可以通过现象学启示来对抗"场所"消失的问题，而不是像塔夫里一样放弃希望。

依据这一分析，弗兰姆普敦的批判性地域主义实际上包含两种批判，一种是基于马克思主义批判理论的批判，一方面反抗资本主义生产与消费体系对全球的均一性控制，另一方面也反对回到历史主义的过去，因为那只是虚假的抚慰，并没有解决资本主义体系的根本问题。另一种是基于现象学的批判，一方面质疑传统形而上学导致的对整个世界的实证性理解，另一方面也质疑简单地回到传统之中，因为那也是一种盲目，将一种"世界"认定为对存在的终极解释。前面一种批判很难给予积极的指引，因为就像塔夫里等指出的，要改造资本主义体系远远超出了建筑师的能力范围。后一种批判则有所不同，按照海德格尔的观点，正确的哲学认识可以帮助人们对存在有正确的理解，也就可以更好地实现"栖居"，并以此为根据建造建筑。这是建筑师有可能完成的事情。因此，不难想象，弗兰姆普敦就批判性地域主义所提出的建设性意见，都集中在以现象学为基础的论述之中。他提出了几点建议，都可以在存在主义现象学中获得理论支撑。值得注意的是，这些建议并不一定与"地域"有着直接的联系，这是因为它们的基本理论前提是来自于现象学，而不是某一个地域或者传统。我们不能将弗兰姆普敦的"批判性地域主义"中的"地域"字面性地理解为某一个地区，它所指代的更像是一种接近于现象学的立场，是指对人们在场所中栖居。就像海德格尔对传统手工匠人的赞赏，并不是针对传统手工艺本身，而是因为传统手工艺指代了一种更符合"栖居"理念的，对待物、世界、源泉以及自身存在的方式。"地域"概念的作用，非常接近于传统手工艺，引导我们理解场所与栖居，建筑与存在之间的本质联系。所以，在讨论批判性地域主义时，我们不应过多地被地区性的字面意义所限制，更应该看到现象学批判所涉及的广阔范畴。

上面这一讨论可以在弗兰姆普敦的文章中得到很好地印证。他为批判性地域主义的理想建筑提出了几点具体的操作性建议，分别是：注重边界的定义、顺应地形、嵌入当地的历史、呼应气候与光线条件、强调建构，以及强化以触觉为代表的其他感官，避免视觉感受的独断。现象学理论可以很好地解释这些建议：边界是为了限定场所；顺应地形以及回应气候与光线条件都可以归于栖居"四重元素"中的天与大地；历史所关联的"世界"，我们的既有价值体系与生活方式奠基于历史范例之上，然后才能进行改变；建构牵涉到对物（Thing）与世界的根本性理解，弗兰姆普敦对此有更为深入的分析，我们下一节再给予讨论；触觉与其他感官所关联的是"四重元素"中的"有死之人"（Mortal），

① FRAMPTON K. Towards a critical regionalism : six points for an architecture of resistance[M]//FOSTER. Postmodern culture, London : Bay Press, 1983 : 24.
② Ibid.

它们对应着人的特殊存在方式（Dasein），一种积极的切入性（Engaged）与具体性的生活方式，而不是作为中立的观察者。的确，有的地域性建筑包含了这些元素，但有的也并不包含，所以弗兰姆普敦的意图不是支持某一种地域传统，而是支持这些具体建议所依托的现象学立场。我们甚至可以说，弗兰姆普敦提出的更像是一种"现象学理论"而不是"地域主义理论"。也正是有了这种哲学深度，使得"批判性地域主义"不同于早期单纯强调地区建筑特色的地域主义理论。

　　弗兰姆普敦的这篇文章的重要性在于，它一方面提升了批判性地域主义的理论深度，另一方面也给出了具体的操作性建议。在这两方面，弗兰姆普敦都强调了不应纠结于地域传统的风格与形式，而应该关注地域传统所指代的更符合"栖居"要求的那些思路与立场。这两方面的贡献，都可以帮助建筑师拓展自身的思考与设计操作，尤其可以摆脱坠入历史主义与保守传统的陷阱。比如弗兰姆普敦所给出的批判性地域主义经典案例是约恩·伍重（Jørn Utzon）的巴格斯瓦尔德教堂（Bagsvaerd Church）。它采用了现代建筑的格网与结构体系，也避免了直接使用传统的宗教建筑类型与符号。但是在建筑内部，伍重设计了令人惊叹的曲面混凝土顶棚，一方面象征着天空与云朵，另一方面也让自然光线渗入室内，将时节与天气的变化引入建筑之中。弗兰姆普敦还提到了伍重曲面屋顶的设计与中国传统建筑屋顶之间的联系，不过这种联系也不是直接的模仿，而是理解与转化。毫无疑问，这个项目最重要的元素就是自然光线下的曲面顶棚，在这个宗教建筑中，它们所指向的可能不是某一个神，而是对超越世俗生活的事物以及神秘"源泉"的贴近。这个建筑之所以可以被称为"批判性地域主义"作品，显然不是因为它与中国传统的关系，而是因为它所利用的具有强烈现象学倾向的元素及其所传递的建筑内涵。

　　在这个意义上，批判性地域主义的建筑创作可以拥有极为灵活和广阔的空间，地域传统可以成为一部分创作元素，但并不一定是主导性的，甚至不一定是必须的。但这一流派的作品，必须拥有的是一种"批判性"特质，它们指引我们反思日常生活中对很多事物错误的理解，更密切地与"栖居"的各项要素建立联系。这一特点使得我们难以对批判性地域主义进行风格上或者建筑元素上的概括，更为有效的是去讨论建筑是否真的能够传递那些特定内涵。在当代建筑设计中，很多建筑师可以被归属为这种更为抽象的批判性地域主义。

　　一个典型范例是葡萄牙建筑师阿尔瓦罗·西扎（Alvaro Siza）。西扎在波尔图建筑学院的老师费尔南多·塔瓦拉（Fernando Távora）从 20 世纪 50 年代开始就推进将现代建筑与葡萄牙乡土传统相结合的"第三条道路"。西扎的早期作品，如康西卡奥公园游泳池（Quinta da Conceiçao Swimming Pool）与博阿诺瓦茶室与餐厅（Boa Nova Teahouse & Restaurant）都延续了这一路径，使用了大量传统元素，如白墙面与红瓦顶，也吸纳了传统建筑与变异地形之间密切的嵌入关系（图 11-7，图 11-8）。"在边缘……我们放弃了不依靠任何参照工作的信念，重新考虑地理与历史的补足性本质。"[①] 西扎自己的话是对这一阶段工作很好的总结。但是从 1960 年代初的帕尔梅拉的莱卡海滨游泳池（Leca da Palmeira Swimming Pool）开始，西扎放弃了对传统元素的直接引用，而转向了更具有深度的批判性地域主义创作。在波尔图大学建筑学院以及塞图巴尔教师教育学院这样

---

① SIZA A，ANGELILLO A. Writings on architecture[M]. Milan：Skira. London：Thames & Hudson，1997：34.

图 11-7　阿尔瓦罗·西扎，康西卡奥公园游泳池

图 11-8　阿尔瓦罗·西扎，博阿诺瓦茶庄与餐厅

图 11-9　阿尔瓦罗·西扎，波尔图大学建筑学院

的项目中，西扎仍然吸收了特殊的场地特征与历史类型，比如地形轮廓、树木、柱廊、城市广场，甚至包括现代主义板楼等等，但是它们都经过了西扎特有建筑语汇——如白色墙面以及变化的挑檐——的转化与加工，以淡化直接引用的印象（图 11-9）。比如在波尔图建筑学院将设计教室划分成一个个独立单元，在塞图巴尔教师教育学院用楼梯的变形打破连续的回廊。西扎的处理塑造一种特殊的场景，让这些元素变得既熟悉又陌生。这促使人们更敏锐地感受这些建筑语汇的内涵，去理解它们的意义与价值。楚尼斯与勒费夫尔曾经用"去熟悉化"（Defamiliarization）来描述这种处理，即对传统地域性元素进行处理，使得其在一定程度上变得陌生，这样可以避免沦为历史主义的复制拼贴，也可以引导人们更为慎重地面对传统元素，而不是仅仅将其作为一种符号。

　　西扎的设计远远超越了"去熟悉化"。他的作品魅力，很大程度上在于一种出奇的克制与内敛。但也恰恰是这种克制与内敛，才在平常之中让一些关键性元素凸显出来。比如在帕尔梅拉的莱卡海滨游泳池将礁石融入建筑与泳池、在加利西亚当代艺术中心（Galician Center of Contemporary Art）使用历史建筑的同类石材、在圣玛利亚教堂和教区中心（Santa Maria Church and Parish Center）利用光线的变化，以及在里斯本世博会葡萄牙馆（Portuguese Pavilion EXPO 98）塑造单纯而宏大的结构等（图 11-10）。在一种平静之中，西扎让一些事物变得不同寻常，进而促使人们去重新看待它们，感受他

们的特异性。"今天：去重新发
现神奇的陌生性，日常事物的
特殊性。"[①] 西扎的这个短句非
常重要，他提示我们不要再以
陌生的方式去看待周边的事物，
而应该在陌生之中发现事物的
"特殊性"。虽然西扎并没有解
释这种"特殊性"到底指什么，
但这一呼吁实际上非常接近于
海德格尔所提倡的，跳出"日
常存在"（Everyday existence）
的固定模式，重新去理解"物"。

图 11-10　阿尔瓦罗·西扎，里斯本世博会葡萄牙馆

这实际上是一种哲学反思，在《艺术品的起源》中，海德格尔谈到艺术品的应该让我们
理解一个"物"是如何从属于一个"世界"，也就是在日常生活中的价值与意义，也要理
解"物"如何植根于"大地"，也就是它对源泉的依赖。一个"物"只是源泉呈现的一种
方式，如果理解了这一点，即使是一个"物"也可以让我们感受到源泉无穷无尽的丰富性，
从而感受到"神奇的陌生性，日常事物的特殊性"。西扎特殊处理过的这些建筑场景，就
是这样的"物"。他作品中的平静与内省，塑造了一种特殊的氛围与环境，去提供有益的
线索来启发这样的哲学反思。比如在帕尔梅拉的莱卡海滨游泳池，你会重新考虑身体与
岩石的关系，圣玛利亚教堂和郊区中心你会反思对神性的纪念性表达，这些都是西扎作
品特殊深度的由来。

　　在西扎的身上，可以看到批判性地域主义与早期地域主义的异同。对地理条件与历
史传统的重视是两者所共有的，区别在于地域主义倾向于直接引用传统元素，意图引发
文化认同，而批判性地域主义更侧重于利用这些元素引发"批判性反思"。这种反思可能
更接近于弗兰姆普敦所讨论的，有现象学倾向的哲学反思。在批判性地域主义中，地域
特色本身并不是最终目的，而是通过地域特色来达成对一些更为深刻问题的启示。这些
问题之所以存在，是因为它们与人的生存方式密切相关，只要这一根本性问题没有得到
最终解答，那么就需要不断进行探索，这也是西扎所认为的建筑的终极价值："当人感到
快乐，建筑就会消失。在那之前，建筑都始终负有责任。"[②]

　　西扎的作品非常典型地展现出批判性地域主义与存在主义现象学之间的内在联系。
他当然不是独行者，还有其他很多建筑师也具有这样的特征。另一个典型的例子是备受
西扎尊重的墨西哥建筑师路易斯·巴拉甘（Luis Barragán）。成长在西班牙的前殖民地
墨西哥，巴拉甘实际上受到了西班牙、摩洛哥建筑传统的深刻影响，就像他在 1980 年
受颁普里茨克奖典礼上的发言所展现的："在我的国家那些不知名的村庄与城镇建筑中学
习到的东西是永恒的启发源泉；它们的白墙；天井与果园中的平静；颜色鲜艳的街道，
以及被敞廊环绕的有着谦逊庄严感的村庄广场。这些事物与北非和摩洛哥村庄之间有着

① Ibid., 207.
② Ibid., 175.

深刻的历史联系，它们提升了我对建筑简单之美的感知。"①地中海与中东地区的干燥气候，使得很多阿拉伯民居采用了内院水池来降温，这样的先例也给予巴拉甘极大的触动，他谈到西班牙阿尔罕布拉（Alhambra）宫殿中的桃金娘院落（Court of the Myrtles）："我有种感觉，它包含了一个理想花园——无论大小——应该拥有的一切：相当于是整个宇宙……自那以后，从我负责的第一个花园开始，所做的一切就是抓住这一重要体验的回声，这一回声来自于西班牙摩尔人的美学智慧。"②

的确，西班牙与北非传统在巴拉甘的建筑创作中有着极为明显的存在感。他在 20 世纪 20 年代以及 30 年代早期的设计主要遵循传统路径，在材料、布局、结构、装饰以及院落设置上都忠实地延续了传统做法，可以被视为典型的地域主义作品。在 1930 年代后半期以及 1940 年代，巴拉甘突然转向了与勒·柯布西耶纯粹主义时期非常类似的现代建筑创作，规整的几何体元素以及经典的现代主义语汇使得他成为墨西哥现代主义建筑的先驱之一。不过，从 20 世纪 40 年代开始，巴拉甘进入了创作的第三阶段，也是更接近于批判性地域主义的阶段。他仍然尊重传统，但是已经不再直接原封不动地引用传统要素，他仍然使用现代主义的抽象语汇，但是放弃了对理性主义以及标准化的追求，转而尝试这些新语汇与传统要素的深度融合。这一阶段的作品是巴拉甘最为人所熟知的。人们可以清晰辨认出水院、植被、喷泉、色彩、厚墙等有着典型西班牙与北非色彩的类型元素，但它们的具体构件则是更接近于现代主义的抽象几何元素，由此塑造出类似巴拉甘自宅与工作室（Luis Barragán House and Studio）、萨拉戈萨拉斯阿伯勒达斯区饮水广场与喷泉（Drinking Trough Plaza and Fountain）以及圣克里斯托巴尔马厩（San Cristóbal Stables）这样极具感染力的作品（图 11-11）。

在这些案例中，场所与自然元素，比如树林、水池、岩石以及阳光，都扮演了重要角色。巴拉甘的独特之处在于，他善于营造一种格外宁静的氛围，使人们能够专注地发现一些平时被忽视的事物的"简单之美"。这些事物可能是一块如镜的水面、水流跌落的声音、彩色墙面背后延展的树冠，或者是被墙面和水面交错反射的光线（图 11-12）。"在我的作品中，我总是试图实现平静（Serenity）。"③这种平静是将巴拉甘与西扎联系在一起的

图 11-11　路易斯·巴拉甘，巴拉甘自宅与工作室

图 11-12　路易斯·巴拉甘，圣克里斯托巴尔马厩

①　RISPA R. Barragán : the complete works[M]. London : Princeton Architectural Press，1996：206.

②　Ibid.

③　Ibid.，205.

纽带。我们已经提到，平静可以创造一种机会让我们对普通事物展开反思，对存在、对栖居展开反思，进而帮助找到对抗虚无与焦虑的方法。虽然西扎与巴拉甘都没有对这之间的现象学逻辑给予论述，但是他们的意图毫无疑问具有强烈的现象学色彩。对此，巴拉甘给予了简短而精辟的论述，就像他的建筑处理一样："平静是对抗焦虑与恐惧的真实而重要的解药，今天，比其他任何时候都更有必要的是，建筑师的责任在于让它成为家庭中永远的客人，无论以多么夸张或者谦逊的方式。"[①] 平静可以帮助我们排除干扰与急躁，重新看待世界与自己，重新衡量价值与目的，重新思考存在的意义等问题，这是典型的现象学反思，也意味着与机械性实证主义观点的告别。巴拉甘将这称之为"看的艺术"："对于建筑师来说，至关重要的是懂得如何去看：我是说，以一种特定的方式去看，这种方式没有被理性分析所统治。"[②] 巴拉甘并没有说明具体去看什么，不过与西扎的作品类似，最贴切的可能仍然是海德格尔关于"栖居"的四重元素："天、地、有死之人、神"。它们更为具体地体现在大地、天空、环境、传统以及人的思想、行为与感知之中。

　　无论是巴拉甘还是西扎的例子都说明，如果仅仅局限于对地域元素的使用，是不可能深入理解他们作品的深度与感染力的。批判性地域主义涉及的是比传统元素的运用更为深入的哲学问题，它所造成的建筑现象也需要在这一背景下才能获得理解。一些评论者倾向于使用"极少主义"（Minimalism）来描述他们的创作。但是这个来源于美国1960 年代当代艺术的概念主要意图是强调拒绝外部因素的渗入，维持艺术的独立自主，进而可以成为一种对抗和批判的工具。这一概念固然可以描述巴拉甘、西扎等人作品的抽象和"简单之美"，但是其根本意图与他们二人的创作完全不同。我们已经谈到，这两位建筑师都希望人们在平静之中展开具有哲学深度的慎重反思，进而获得对"存在"更为深入的认知。这种立场显然与"极少主义"艺术的挑衅性与讽刺性难以调和。更重要的是，这种概念会导致一种误解，将他们的作品看成是一种"极少主义"风格，这可能错失批判性地域主义重要的思想内涵。

　　巴拉甘与西扎独特的建筑道路，已经启发了一大批建筑追随者，比如日本的安藤忠雄（Tadao Ando）。虽然倾向于使用素混凝土而非粉刷墙面，安藤忠雄作品中巴拉甘的影响是不言而喻的。这位日本建筑师也善于利用自然元素，如水、光与树木山川，也善于制造平静氛围与"简单之美"，人们所获得的感受也同样是一种具有深度的建筑触动（图 11-13）。很多研究者注意到这种平静、简单与谦逊与日本建筑传统中建筑与园林特色之间的相似性。这当然不是一种偶然的关系。就像海德格尔所阐述的，一些东方哲学思想中的观念，如"道""无"都可以与现象学理论形成某种对应，所以东方建筑

图 11-13　安藤忠雄，水之教堂

① 　Ibid.
② 　Ibid.，207.

传统中有助于这些思想活动的元素也可以促成现象学反思的产生。在这一思想维度上，我们可以更好地理解安藤忠雄与巴拉甘，东方与西方建筑传统之间的内在联系。

丰富的思想维度给批判性地域主义极大的生命力。因为摆脱了地域风格的限制，批判性地域主义可以容纳非常宽广的建筑语汇。同时，它的哲学深度也有助于建筑实践探索更富有感染力的建筑内涵。它所要求的，实际上不是一种建筑操作，而是一种根本性的哲学反思，这会带来对传统、对自然、对当下的不同理解，进而促成对建筑语汇选用以及处理上的变化。地域传统因为与当代消费社会的巨大差异，以及其所指代的人与自然之间更为和谐的关系，成为体现这种反思与变化的最有力的承载物。但它也不一定是唯一的途径。在当代批判性地域主义实践中，场所与传统往往作为一种元素参与到设计实践中，但它并不是独断性和排他性的，而是更为灵活地融入设计师的建筑选择之中。这一特征使得批判性地域主义迅速扩展为一种具有全球影响力的建筑思潮，在不同的国家都有很多出色的追随者。

在中国，批判性地域主义也成为很多建筑师所认同的立场。比如清华大学的李晓东教授提出了"反思的地域主义"理念，更明晰地强调出这一理论倾向的思想内涵。他的代表作品如福建桥上书屋以及北京篱苑书屋都分别展现了建筑如何促动社区生活，以及建筑如何提供场所，让人们展开对自然的"诗意"解读（图 11-14）。另一位中国建筑师王澍的工作将弗兰姆普敦所概括的"批判性"渲染得极为明显。王澍旗帜鲜明地将自己独特的基于中国传统建筑与江南园林发展而来的建筑语汇与当代消费社会对立起来，他所反对的不仅是当代资本控制的建筑生产体系，还有这一体系背后所隐藏的"工具理性"对整个世界的控制。对此，他提出建筑师应当"更加关注那个曾经充满自然山水诗意的生活世界的重建"。[①] 这里的"诗意"更为接近于海德格尔所阐述的，更为原初的哲学理解。王澍在中国宋代绘画中看到了这种不同的哲学理解，他称之为"物观"，即尊重事物本身，尊重它所指代的世界，以及它所掩盖的"大地"，而不是将其视为可以理性化控制的资源（图 11-15）。这些其实都可以在现象学的理论框架下给予理解。王澍富有强烈个人色彩的建筑语汇，展现了"批判性地域主义"中对当代社会极为强硬的质疑与抵抗。

图 11-14　李晓东，篱苑书屋

图 11-15　王澍，宁波博物馆

---

① 王澍，陆文宇 . 循环建造的诗意 [J]. 时代建筑，2012，(2)：67.

在这一节，我们不断强调的是不应将"批判性地域主义"局限在对地域元素的运用上。它指代一种更为丰厚的理论源流，其主体是以现象学为基础的对当代社会的反思，以及对存在与意义本源的追溯。地域传统在一定程度上可以帮助推进这一进程，但它也不是唯一的选项，还有其他很多手段可以对此有所帮助，比如巴拉甘的"平静"，西扎的"神奇的陌生"，以及王澍的"物观"。与之类似，另外一个具有现象学背景的理论概念也在当代建筑理论中占据了越来越重要的地位，这就是弗兰姆普敦在他的《走向一种批判性地域主义》一文中提到的"建构"（Tectonic），我们将在下一节讨论这一概念的理论内涵。

11.6　建构理论

当弗兰姆普敦在 1983 年的《走向一种批判性地域主义》一文中提到"建构"时，这个理念在当代建筑理论话语中还非常陌生。弗兰姆普敦将建构视为批判性地域主义的抵抗工具之一。"建筑自主的主要原则存在于建构而不是戏剧性图像之中"，[①] 弗兰姆普敦认为建构与结构、材料、技艺以及重力的关联，可以避免将建筑化简为表面图像。除了通常的结构作用之外，建构还能呈现一种结构的诗意（Structural poetic），这种诗意依赖于建筑"物性的密度"，它能够"超越技术性的单纯表象，就像地域形式（Place-form）具有潜能去抵抗全球现代化的无情一样"[②]。弗兰姆普敦并没有给这些抽象而艰深的论断给予过多的说明。要理解它们，我们需要结合建构理念本身的历史，以及现象学的理论背景来加以说明。

在 1983 年的文章之后，弗兰姆普敦又于 1990 年发表了《回归秩序：论建构》（Rappel à l'Ordre：The Case for the Tectonic）一文，并且在 1995 年出版了《建构文化研究》（Studies in Tectonic Culture）一书，对建构理论进行更全面和深入地阐释。在这些文献中，弗兰姆普敦追溯了建构理念的起源。建构（Tectonic）一词的词源是古希腊语中的 tekton，意指木匠或将建造者。与之相关的梵文中的 taksan 是指木匠技艺以及斧子的使用。在荷马史诗中，tekton 的内涵扩展到整个建造的技艺（Art of construction）。在公元前 7 世纪古希腊诗人萨福（Sappho）的诗句中，Tekton 被注入了某种诗意内涵，作者赋予了木匠诗人的角色。在公元前 5 世纪，Tekton 的范畴进一步放大到总体性的"制作"（Poesis）。"毫无疑问，tekton 的角色最终引向了首领匠人（Master Builder）或者说 Architekton 一词的出现。"[③] 这就是我们今天所熟知的建筑师（Architect）一词的词源。弗兰姆普敦不仅想强调建构在整个建筑理念中的核心地位，还不断重申，从一开始，建构理念就有某种诗意内涵，因为 Poesis 本身就是诗（Poetry）这一词汇的词源。逐渐地，这种内涵取代了最初对技艺或者职业的指代，成为建构理念的核心内容。"这一概念最终更倾向于一种美学而不是技术性的范畴"，弗兰姆普敦借用了德国学者阿道夫·海因里

---

① FRAMPTON K. Towards a critical regionalism：six points for an architecture of resistance[M]//FOSTER. Postmodern culture. London：Bay Press，1983：27.

② Ibid.，29.

③ FRAMPTON K，CAVA J. Studies in tectonic culture：the poetics of construction in nineteenth and twentieth century architecture[M]. Cambridge，Mass.：MIT Press，1995：4.

希·博尔贝因（Adolf Heinrich Borbein）的论述，将建构简单而完美地定义为"结合的艺术（Art of joinings）。"①

这一论述有助于我们区分"结构"与"建构"。就像维特根斯坦所强调的，要理解一个概念，不是只去看它所对应的物体，而是要理解这个概念的作用，它能够支撑什么样的行为。如果只看对应的物体，可能"结构"与"建构"很难区分，因为它们都指向某种构筑物，能够起到重要的支撑作用，让建筑或者其他物品稳固地站立。真正重要的区别在于，两个词所关注的是不同的方面，需要我们用不同的视角来看待可能是同一个的事物。"结构"所要求的是一种"技术性"的视角，即完全基于物理、数学、化学的知识，看到各个构件之间的力学与化学关系，从而保证构筑物实现技术性目的，比如能够承载多大密度、多少重量的荷载。当谈到"结构"时，我们也倾向于以技术性的方式去理解构筑物，也就是说去进行相应的计算、试验与施工。"建构"所要求的是一种"艺术性"的视角，它并不否定"技术性"的重要性，但同时也强调构筑物还有特定的艺术内涵，能够表现某种文化性的内容。当谈到"建构"时，我们关注的是构筑物的这些方面，它传递了什么样的艺术内涵，又是通过什么方式和什么媒介来传递的。

这个讨论自然而然地将我们引向下一个问题：建构所传递的到底是什么艺术内涵？它又是如何实现的？与之关联的是另一个问题，这种艺术内涵与构筑物本身的"结构"特性，即它的技术特征有什么样的关系。正是因为对这一问题给予了回答，19 世纪德国建筑理论家卡尔·博迪舍（Karl Bötticher）首次给予建构理论充实的内容，并且将建构理论置于建筑艺术的核心地位。博迪舍想要解决的理论问题是技术性要素与艺术品质之间的分裂。在当时的德国思想界，普遍认为建筑中的技术性要素是物质性的，而艺术品质是精神性的，这两者的关系要么是含糊不清，要么是相互独立。在这样的条件下，受到损害最大的是建筑的艺术品质，因为技术性要素显然无法摆脱，那么艺术品质就成为一个悬而未决的问题。博迪舍解决这个问题的方式是在技术性要素与艺术表现之间建立起直接的桥梁，即给予艺术品质坚实的基础，也实现了建筑理论的整合。这个桥梁就是"建构"。

博迪舍的观点是：建筑的技术性要素，比如结构、墙体、屋顶组成了一个完整的体系，才能让建筑坚固和实用。博迪舍将技术性要素这一特征称之为"核心形式"（Kernform）："每个构件的'核心形式'是那些机械性的和必然性的组成部分，在结构上符合功能需求的体系。"②建筑师要实现良好的"核心形式"，就是指"将各个构件整合进一个实体性的框架，通过培育空间性来满足每个构件的特殊功能，以及与其他元素的结构作用。"③用最简单的方式来说，就是我们日常所说的，让建筑整体满足结构和实用性上的要求。但是仅仅有"核心形式"还不能让建筑成为艺术。这是因为"核心形式"（满足结构与实用性的整体体系）的作用隐藏在材料中，并不能轻易地被人们认知和理解。此外，这些技术性要素并不指向特定的形式结果，比如柱子可以是圆的、方的、多边形的，都不妨碍结构的坚固性。它们需要其他的路径来获得确定的形式，从机械性的物质体系转化为建

① Ibid.
② BÖTTICHER K. Greek tectonics[M]//MALLGRAVE. Architectural theory vol 1 an anthology from vitruvius to 1870, Oxford：Blackwell，2006：532.
③ Ibid.

筑艺术成果。完成这一工作的就是博迪舍所定义的"艺术形式"（Kunstform），博迪舍写道："艺术形式，相比之下，只是功能性的阐释性特征。但这种特征展现的不仅仅是每个构件独特的本性，还要表现它与相邻构件之间的关系。它还包括了其他更为细小构件的结合。就像在机械上，所有构件结合成一个静态的整体，同样的，所有构件的符号结合在一起，象征性地组合成为一个独特的、不可分解的有机体。"[①] 这段话的意思是说，"核心形式"需要添加相应的"艺术形式"，但艺术形式不是任意的，而是有确定的指向与内容，那就是对"核心形式"各个构件的作用以及相互关系给予象征性的表达，使得人们可以通过观察"艺术形式"来理解"核心形式"的整体运作，理解其各个部分之间就像有机体一样的密切合作关系。我们可以简化地说，艺术形式就是对核心形式的艺术表现，使之能够被人们所理解。

　　核心形式与艺术形式，以及两者之间的关联，共同组成了"建构"。博迪舍就是这样建立了建筑的技术特征与艺术表现之间的联系，而且给予艺术表现明确的内容与范畴。博迪舍的"建构"理论有着典型的德国唯心主义哲学特征，这种哲学思潮认为精神才是最为理想的存在状态，它意味着对所有事物与关系的理解，就像神灵能够理解宇宙中的一切那样。除此之外，仅仅有抽象的理解还不够，精神需要将自己的特质在物质世界中实现，也就是以实体的方式来体现精神的各种成分与相互关系。所以精神需要在实体中获得表现。我们前面提到，路易斯·沙利文的"形式追随功能"实际上就是这个意思，更为关键的其实是他随后的那句话，"生命必须在它的表现中获得认知"。在博迪舍看来，核心形式组成了体系，实现了结构与功能的需求，是建筑必不可少的，但是因为它的作用没有被认知和理解，所以无法上升到属于精神的艺术层面。所以，核心形式需要艺术形式的补足，将各个构件的特征与运作展现出来，使其能够被理解，从物质层面上升到精神层面，从技术上升到艺术。博迪舍对此有清晰的阐述："当建筑师给予特定的材料以形式，更确切的说是建筑构件的形式，就像他将所有构件组合成独立自主的机械体系，这时，材料的内在生命，此前在无形式的条件下处于安息和潜藏状态，会转化为动态的表现。它被推动成为一个结构整合体。它现在获得了更高的存在，被赋予了一种理念性的存在状态，因为它作为一种理念性有机整体的组成部分在运作。"[②] 遵循当时的主流理念，即将装饰看作建筑艺术的主要手段，博迪舍将建筑的艺术形式等同于装饰，它是"建筑构件的外壳，是它们的符号性特质。"[③]

　　可以看到，博迪舍的理论给予了建构理念清楚的定义，最为重要的是他对"艺术形式"的定义，这被明确地限定在对建筑构件的结构与功能作用的表现。博迪舍举了希腊神庙的例子，来说明各种装饰构件如何展现这类建筑的功能与结构关系。抛开具体细节不说，博迪舍建构理论的重要意义在于明确肯定了建筑构件的结构与功能关系需要充分的艺术表现。就像前面所说的，这实际上就是"建构"与"结构"两个概念的区别所在。此后的建构理论也都认同满足机械性作用的构件体系也应具备艺术变现的内涵，只不过对于这个内涵具体是什么，是否只能是博迪舍所说的结构与功能的关系，有不同的观点。

　　随后建构理论的重要推动者是德国建筑师与理论家戈特弗里德·森佩尔（Gottfried

---

① Ibid.
② Ibid.
③ Ibid.

Semper）。他也肯定了建筑的结构、材料以及组合关系深入影响了建筑的整体发展，不同之处在于他给予建构体系的艺术表现内涵更为广阔的范畴，不一定是限定于功能与结构。这一特点体现在他著名的"建筑四元素"理论中。森佩尔认为，建筑在最原初的状态下是由 4 种元素组成的：首先是篝火，它帮助人们取暖，烹制食物，使人们聚集在一起，建立联系，并由此产生宗教信仰。所以，由篝火转化而成的火塘除了其实用性以外，还有强烈的象征性意义，它构成"神圣焦点，在其周围所有的一切获得了形态与秩序"。其次，为了保护火塘，需要抵御雨雪、风与水，由此诞生了屋顶、围护以及土台。基于这四种元素，森佩尔提出了一个有趣的演化理论。他认为原始建筑的这四种元素进一步衍生出了后世建筑的一系列技术与结构特征，比如从火塘中衍生出了制陶与金属制品，从屋顶发展出了木工技艺，从土台演化出水利与石匠技艺，但最为重要的，是从围护发展出了墙体，但这个墙体不是人们通常认为的砖或者石头建造的实墙，而是编织而成的席子或者毯子。森佩尔的这个观点很可能来自于他对加勒比地区原始民居的观察。这些民居都采用了竹子作为整体结构，而围护所采用的则是编织的竹席。森佩尔由此认为，墙最初的作用不是承重，而是围护和分隔，所以其基本原型是席子或毯子。

　　相比于更早之前洛吉耶的原始棚屋，森佩尔关于建筑起源的理论更具有吸引力。这是因为洛基耶基本上只关注结构的实用性与技术合理性，而森佩尔既强调了结构与技术的演化，也强调了基本元素的象征性内涵。显然，森佩尔的理论更符合建构理论对合理性以及表现性的同时强调。另外一个值得注意的地方是，在谈到火塘时，森佩尔强调了火塘作为人类聚居中心的这一象征性内涵，这种内涵已经超越了火塘本身的实用性与物理特性，扩散到文化、伦理、宗教等更为广阔的领域中。很明显，对于森佩尔来说，建筑元素的内涵比博迪舍的建构理论所限定的要丰富得多。后者将艺术形式（Art form）局限在对功能与结构关系的展现上，但森佩尔的演化理论则试图说明，建筑元素的表现性还可以扩展到更为深远的领域之中，它完全可以摆脱"核心形式"的制约，获得更大的独立性。如果用博迪舍的概念来加以说明的话，可以说森佩尔认为"艺术形式"可以相对独立于"核心形式"，拥有自己的内涵，而不是被约束在实用性与结构理性之中。他们两人的差异可以体现在对希腊神庙的解释上。博迪舍认为希腊神庙是"核心形式"与"艺术形式"完美结合的典例，但森佩尔却指出希腊神庙实际上是有彩绘的，这些彩绘的作用是掩盖真实的结构以获得一种非物质性。作为一种表现性手段，彩绘完全独立于石质结构本身，这显然是对博迪舍建构理论的直接攻击。这里所体现的是森佩尔用"服饰"（Bekleidung）理论取代了博迪舍的建构表现。这一理论认为，为了获得艺术感染力，建筑师会用装饰、符号等表现性元素来掩盖建筑的结构实体，而不是呈现结构实体。建筑的风格与形式感染力主要来自于这种掩盖性的"服饰"，而不是物质性的结构。"如果形式要成为有意义的符号，成为一种独立自主的人类创作，那么对现实、对材料的摧毁是必要的。"[1]

　　相比于博迪舍，森佩尔的理论要更为复杂，他的影响是两面的。一方面，他强调了结构与构造性元素在建筑中的基本作用，并且极大扩展了这些元素的表现范畴，比如将

[1]　SEMPER G. Style in the technical and tectonic arts，or，practical aesthetics[M]. Los Angeles：Getty Research Institute，2004：439.

伦理与文化意义加入了火塘演化之中。但另一方面，他也将建构元素的表现性与其技术性特征分离开来，这实际上会削弱建构理论的内在联系，因为在"服饰"的掩盖下，所有的结构与构造都不再有被感知的可能。这一倾向有可能导致装饰的独立，甚至在某种程度上预示了后现代建筑的"装饰化棚屋"。在这两种可能性中，是前者被后来的建构理论所强调。比如弗兰姆普敦的建构理论，就旗帜鲜明地反对第二种倾向，同时也进一步认同并阐释了第一种倾向。

　　弗兰姆普敦在《回归秩序：论建构》一文的开篇就明确宣称，他的建构理论所反抗的就是后现代建筑对表面图景的迷恋："装饰化棚屋"将"遮蔽物包装成为庞大的商品。"[①] 与他的批判性地域主义讨论一样，弗兰姆普敦也将建构理论视为抵抗资本体系的路径之一。不仅是后现代建筑，弗兰姆普敦也将建构理论与主流现代主义区分开来，这是因为现代建筑过于注重空间围合，而忽视了建筑的"物质基础，也就是说建筑必然地要体现在结构与建造形式之中。"[②] 前面已经提到，森佩尔正是基于围护要素对空间围合的作用才发展出了"服饰"理论。弗兰姆普敦并不认同服饰对建构与建造的完全覆盖，而是转向了与博迪舍更为接近的观点，即建构元素的表现性与其材料和结构特性之间应该有直接的关联。不过，弗兰姆普敦很快就明确了，他所指的表现性不同于博迪舍："毫无疑问，我们在这里所指的不是对结构的机械性能的展现，而是指一种潜在的对结构的诗意呈现，这在原初的希腊语意义上是指 poiēsis，一种制作和揭示的行为。"[③] 可以看到，在经过简单的批判之后，在论及建构理论的实质内核时，弗兰姆普敦再一次转向了海德格尔的理论，因为 poiēsis 正是海德格尔艺术哲学中的一个关键概念。

　　在《关于技术的问题》(The Question Concerning Technology) 一文中，海德格尔将 poiēsis 解释为"引现"(Her-vor-bringen，bring forth)。所谓"引现"，是指原本处于神秘而未知状态下的"源泉"，在特定的条件下被揭示和呈现为"物"(Thing)。比如在意向性活动中呈现为"手边备好的"某种具有工具性 (Equipmental) 特色的事物，就像是"扫帚"或者"南风"。我们前面已经讨论过，这是现象学理论的核心观点，不要把事物看作绝对实在，要意识到意向性活动在呈现事物现象之中的作用。而从"源泉"到"物"的"引现"有两种方式，一种是 physis，是指源泉自身就呈现为某种物，比如花朵的自发绽放，另一种是 technē，是指需要依靠人的帮助来"引现"为某种物，比如匠人将银块打造成为项链。海德格尔指出，在古希腊，technē 不仅仅是指匠人，也指向所有的技艺，包括艺术、哲学或者是社会管理，因为它们都让某种事物"引现"，无论是一件雕塑、一种思想还是一个城邦。

　　很明显，就建构来说，它应当属于 technē 的范畴，是人帮助事物呈现出来。正确地理解 technē 与 poiēsis，就是正确地理解"源泉"，"人的存在"与"物"的关系。而"物"组成了我们所生活的"世界"，是我们寻求理想"栖居"的场所。所以，理解 technē 也就成为获得"栖居"的前提。举个例子，在工业生产中，原材料只是被视为资源，作为实现经济利益的媒介而被消耗。但是在"栖居"的状态下，就像我们在"存在与栖居"一节中讨论过的，我们需要对源泉抱有敬意，不应当认为资源只是源泉唯一呈现的方式，

①　FRAMPTON K. Rappel d l'ordre：the case for the tectonic[J]. Architectural Design，1990，60（3–4）：19.
②　Ibid.
③　Ibid.

而是应当怀有"欢庆"与"感恩"的情绪,去"主动关怀"周围的一切。就像古代的匠人,会珍视手边的每一块材料,尽力去挖掘材料中存在的潜质。这当然不是说拒绝工业技术,回到古代手工艺,而是说不能让工业生产成为唯一看待事物的方式,而这正是海德格尔认为技术的危险性所在:技术越先进,人们会愈发将技术绝对化,转而认为技术是唯一呈现"世界"的方式。

在这个角度看来,理解 technē,也就意味着理解"物",理解"世界",理解"源泉",理解"栖居"。这实际上是一种哲学理解,也就是海德格尔所提到的,作为原初哲学的"诗"(Poetry)。在此背景下,我们可以理解弗兰姆普敦为何会说建构所展现的不仅仅是机械作用,更为重要的是"对结构的诗意呈现"。他认为建构元素可以以特定的方式,引导我们去理解 technē,理解"引现"。最终,它将帮助我们走向"栖居"的实现。为了进一步用例证解释这一点,弗兰姆普敦重新阐释的森佩尔的四元素理论,他将这四种元素分为了两类,一类是轻盈的建构性(Tectonic)元素,由屋顶及其支撑结构与围护组成,另一类是由厚重的"石构"(Stereotomics),由火塘和土台组成。前者"朝向空中,倾向于对实体性的消除",而后者"则是朝向地面,将自己越来越深地扎入泥土之中。一个朝向光、一个朝向黑暗。这种重力上的对立,框架的非物质性与实体的物质性,可以被认为是象征了两个具有宇宙性意义的对立:天空与大地。"[①] 很明显,"天空"与"大地"都是海德格尔"栖居"四元素中的组成部分。弗兰姆普敦扩展了森佩尔关于火塘具有深刻意义的观点,将建构表现的范畴扩展到对栖居的现象学理解之中。

可能会有人提出疑问,为何要这么强调这种现象学内涵的建构表现。一个简单的解释是,在现象学的支持者看来,当今时代的虚无与混乱都是错误地理解了世界以及人的理想存在方式所造成的。这也带来了建筑领域的价值危机。要解决这一问题只能是回到正确的理解,回到"诗意"之上。所以在弗兰姆普敦等学者看来,建构元素能够表现 technē 与 poiēsis,就已经是最为重要的任务。从某种程度上,这也是建筑学的根本性任务,就像海德格尔所说,建筑的终极任务是帮助人们实现"栖居",不仅要"关怀"人,还要引导人去"主动关怀"物、世界与源泉。在这个意义上,弗兰姆普敦的批判性地域主义与建构理论有着同样的根基与最终目标,都是帮助人们理解"栖居"并走向"栖居"。

如果说建构表现的内涵已经确定了,那么具体应当怎样实现呢?弗兰姆普敦所描述的对"天空"与"大地"象征性表达当然是一种方式。从勒·柯布西耶的山顶圣母教堂到皮基奥尼斯的卫城周边山道,再到拉斐尔·莫奈欧的梅里达罗马艺术博物馆,这些建筑都以厚重的建构元素展现物质性的"大地"特色(图 11-16)。与之相反,密斯·凡·德·罗的范斯沃斯住宅,丹下健三的香川县厅舍,以及彼得·卒姆托的斯代尔内塞特纪念馆(Steilneset Memorial)所凸显的则是框架轻盈的"天空"特征。沉重与轻盈在当代建筑实践中成为两种重要的建构倾向,许多建筑师会有意识地使用从素混凝土到轻钢结构等不同的材料与结构方式来获得特定的建构特征(图 11-17)。

另外一个对建构诗意给予充分挖掘的例子是意大利建筑师卡洛·斯卡帕。我们此前在"历史的回归"一节中已经提到了斯卡帕作品中对节点的阐发。斯卡帕的各种节点细节是典型的建构元素,大量存在于古堡博物馆、斯坦帕尼基金会、布里昂墓地等经典作

---

① Ibid., 20.

图 11-17　彼得·卒姆托，斯代尔内塞特纪念馆

图 11-16　拉斐尔·莫奈欧，梅里达罗马艺术　　　图 11-18　卡洛·斯卡帕，威尼斯奎里尼·斯坦帕尼亚基金会
　　　　　　博物馆　　　　　　　　　　　　　　　　　　　　　入口小桥

品中。一个典型的例子是古堡博物馆的钢梁，斯卡帕没有采用简单的工业化的工字钢来支撑楼板，而是用大量金属构件组合成为一个"复合"钢梁，让人清晰地辨认出不同的部件，它们之间的连接与受力传递，并且以建构元素的强调，引导人们注意房间的走向，以及暗示房间中心实际上并不存在的支撑柱的事实。在另一个案例威尼斯斯坦帕尼亚基金会入口小桥的设计中，斯卡帕对小桥扶手的立柱给予了丰富的建构阐释，将其分解为基座、竖杆以及扶手连接臂等部分，再以螺栓等构件呈现这些构件的连接方式。建筑师不仅让我们阅读构件之间的结构与功能关系，还在渲染一种当代"柱式"，一种由金属构件组合而成的柱式。这是对威尼斯建筑传统的一种含蓄回应（图 11-18）。

　　我们看到，斯卡帕建构处理的杰出之处，就在于他不仅像博迪舍那样呈现了结构元素之间的功能与结构关系，还将文化隐喻，传统象征等因素引入了进来。这也使得他的节点能够像弗兰姆普敦所说的那样，超越"机械性能的展现"，进入到"结构的诗意呈现"。

　　斯卡帕对此的解释非常简单："我非常重视对节点的阐释，以此来解释不同部位相互联系的视觉逻辑。"[①] 这里的逻辑可以有两种理解，一种是较为狭窄的理解，就是指博迪舍所认为的构件之间的机械联系。另一种是较为宽泛的理解，海德格尔在《形而上学导论》（*Introduction to Metaphysics*）一书中将"逻辑"一词的词源追溯到古希腊的 logos，而 logos 最初的意思则是汇聚（Gathering，Gatheredness）。同样是银匠的例子，海德格尔解释了匠人具体是如何通过 *technē* "引现"银质项链的。银匠不是简单地制作，而是将银、

① DAL CO F, MAZZARIOL G, SCARPA C. Carlo Scarpa：the complete works[M]. Milan：Electa. London：Architectural Press，1986：298.

设计、献祭与崇拜的社会实践汇聚在一起,才能制造出一件植根于人们生活方式的银项链。这并不难理解,银饰的形态、纹样、功能之中必然蕴含了献祭与崇拜等内容,也是因为这些内容,银饰才会被人们所推崇。银质项链的"汇聚"在本质上与希腊神庙的"汇聚"是一样的,后者将石头、场地、天空、大地与神汇聚在一起,同时也将生与死、灾难与祝福、胜利与耻辱、坚韧与衰落汇聚在一起,这些事物定义了建造神庙的人群的身份。

在《建·居·思》中,海德格尔明确提到,"栖居"的实现,有赖于将"天、地、神、有死之人"汇聚在一起。这实际上不只是说物质性的聚集,也是说思想上的联系。我们需要理解这些元素之间的相互关系,理解它们的互相依偎,才能正确理解存在,理解"栖居"本身。斯卡帕的那些著名的节点,就像古代匠人一样将物、传统、信仰、记忆、想象、功能、结构汇聚在一起,让结构要素成为像《建·居·思》中所描述的桥一样具有深度揭示意义的元素。作为威尼斯建筑大学的校长,斯卡帕将乔瓦尼·巴蒂斯塔·维科(Giovanni Battista Vico)的名言"真理就是被造就的东西"(*Verum Ipsum Factum*)镌刻在威尼斯建筑大学校门之上。这里的"真理"当然应当理解为对存在本质的理解,而杰出的建构设计,帮助人们理解"汇聚",完全有可能推进对这种"真理"的认识。斯卡帕建构细节之所以不同于常人对结构细节的展现而具有超乎寻常的感染力,很大程度上就在于他没有停留在博迪舍所说的对功能与机械受力关系的表现,而是也将文化传统、手工技艺、材料的象征内涵都"汇聚"在像小桥扶手这样的细部之中。他以特定的建筑"制作",引导我们去思考这些元素——有形的与无形的,如何按照特定的"逻辑"组成一个植根于场所与文明之中的物品。而这个物品,无论其大小,完全有可能像希腊神庙一样揭示了"这一特定历史时期特定人民的'世界'。"[①]

如果我们将视角放大一些,会发现建构元素的多元性,同时兼备物质性、技术性,以及表现性与深度内涵,这实际上与建筑的整体非常类似,因为后者也要兼顾这些方面。就像我们前面所说的,博迪舍建构理论的吸引力就在于他在这两者之间建立了密切的联系,将"核心形式"与"艺术形式"整合在一起。当代的建构理论并没有拒绝这一优势,而是将"艺术形式"的范畴扩大到更为深远的哲学内涵之中。在他此后的著作《建构文化研究》中,弗兰姆普敦分析了密斯·凡·德·罗、伍重、斯卡帕等人的建构细节,但总体的理论框架并没有大的变化。基于现象学的理论立场,无论是批判性地域主义还是建构理论,都有同样的任务,一是抵抗技术理性的绝对控制,二是抵抗商品社会所导致的建筑图像化的侵蚀。这两种路径所指向的都是对存在的深刻反思,去考虑到底什么样的状态才是人们理想的"栖居"方式,以及建筑如何服务和启发这种反思。

实际上,在现象学整体框架之下,批判性地域主义与建构理论并不是唯一的路径,还有其他一些方式可以实现类似的目的,我们将在下一节继续讨论。

11.7 物性、引喻

在他的建构理论中,弗兰姆普敦还强调了将建筑视为"物"而不仅仅是图像的重要性。我们在对西扎的讨论中已经简要提到了"物",这里要进行更深入的讨论。不同于图

---

① HEIDEGGER M. Basic writings[M]. Rev. ed. London : Routledge, 1993 : 167.

像，"物"具有实体，有重量、体积、确定的物理特性，这些方面并不能完全被图像所传递。人们与物所产生联系的方式也并不局限于图像所倚重的视觉，还可以通过触觉、嗅觉、身体动作来了解和改变物。"物"（Thing）是海德格尔现象学中一个重要的概念。物是人们日常接触最多的东西，我们了解世界，包括了解自己在很多时候都是通过对物的了解来获知的。比如了解天然物品，如石头、水、空气，了解人造物品，如锤子、自行车、电脑，以及了解自身，如身体器官。海德格尔现象学理论的基础之一就是对物的正确认识。我们在前面已经讨论过，海德格尔强调，人在意向性活动中认识和看待物的基本模式是将其视为"手边备好的"（Ready to hand），也就是说视为对人具有某种意义与价值的东西，而不是将物首先看作"手边实在的"（Present at hand），意思是说物是完全独立于人，自主存在的。这可能看起来有些矛盾，似乎任何人都不能否定一块石头的确定性的存在。需要注意的是，这里讨论的是人所认知的物的现象。我们前面已经给予过说明，康德正确地指出，人所能讨论的都只能是事物的现象，人并不具有先天的品质能够直接揭示事物本身。所以，在人的现象世界中，物首先被视为"手边备好的"是合理的，海德格尔认为，只是在刻意地掩盖和拒绝物的这种工具属性，才会得到派生出的"手边实在的"观点。这一阐述的重要性在于，它提醒我们，在最原初的状态下，任何物都具有某种与人相关的价值与意义。这实际上也是建构理论的基础之一，我们在上一节已经谈到，当代建构理论相比于博迪舍理论的扩展，就是将建构表现价值与意义的范畴扩展到传统、文化以及对存在的哲学反思之中。

不过，除了将物理解为"手边备好的"之外，海德格尔关于"物"的论述还有另一层面。前面已经谈到，通过切入性的实践活动，"源泉"被揭示为"世界"中的"存在"（Beings），而不同的世界，或者说不同的"参照性整体"会揭示出不同的对存在的理解。比如在中国传统文化中，自然的根本元素被认为是五行，而在以亚里士多德为代表的古希腊哲学中，自然的根本元素认定为土、水、空气与以太。日常物品也是这样，比如同样是装水的陶罐，在用途上在两个文化中是相近的，但是在陶罐的形态与纹样上仍然体现出两种文化对待日常生活以及相关意愿的差异。这样的例子也提示我们，不应将任何单一的"世界"看作唯一和绝对的。"源泉"可以被揭示为一种特定"世界"中的特定事物，也可能被揭示为另一种"世界"中的另一种事物。意大利哲学家翁贝托·艾柯就提到过，第一次见到马桶的意大利农人将之误认为洗土豆的器皿。

我们因为在日常生活中沉浸于对物品的工具性使用，会倾向于将物品仅仅看作满足目的的器具，认为这就是该物品所有的一切。但是对于"源泉"与"世界"的理解，会让我们意识到，即使是最微小的物品，都存在其他被"揭示"的可能性。它仍然具备无尽的可能性，被"揭示"成为其他的事物，这就是物在哲学意义上的"丰富性"（Plenitude）。我们之前已经提到，海德格尔喜欢用"大地"（Earth）来隐喻这种潜在的"丰富性"，因为我们通常只看到大地的表面，却常常忽视大地被掩盖的厚度。在这种条件下，对物的正确认识，除了理解它如何在"世界"中呈现为"手边备好的"某种工具，也要理解它被工具性所掩盖的，像"大地"一般的"丰富性"与潜在的厚度。简单地说，在面对物时，我们既看到"世界"也应该看到"大地"，这也就是意味着不把物看成简单的工具，还要看到其无尽的可能性，意识到在我们所熟知的"普通事物"之后，还蕴藏着不同寻常的其他的揭示可能。这也就是海德格尔在《艺术作品的起源》一文中所写道的："在最根本的意义上，普通的事物并不普通；它是超乎寻常的，怪诞的。"[①] 所以，海德格尔所强调的"物"的概念，不同于日常理解之处，就在于对"物性"（Thingly element）或者说"大地特性"（Earthy character）的强调。在这种意义上看到物，既要看到我们熟悉的一面，即它在我们日常生活中的工具性作用，也要看到我们不熟悉的另一面，那就是它还有可能以其他的方式被呈现为其他物，而且，后者的范畴要远远大于前者的范畴。在《艺术作品的起源》中，海德格尔认为艺术品相比于普通物品的特殊之处，就在于它更为凸显了"物性"，进而可以推进对"物"、对"世界"、对"源泉"的理解。我们也曾提到，这种理解就是原初的哲学，也就是海德格尔所说的"诗"，所以艺术品也是一种特定的"诗"，艺术品的特性也类似于现象学意义上的"诗意"。

在这个意义上，我们可以对建构理论所倡导的"结构的诗意呈现"有进一步的认识。仍然以斯卡帕为例，他对金属、石头、混凝土以及灰泥的建构阐释是如此细腻与深入，往往使我们意识到，这些看似平常的材料一点都不平常，它们原来可以以如此多元的形态"汇聚"成如此丰富且富有寓意的节点。比如他在古堡博物馆中用大理石为混凝土镶边，提醒了我们混凝土并不是一种比大理石更为廉价的材料，在正确的建筑师手中，它也可以变得高贵和典雅。至于斯卡帕在布里昂墓地中对混凝土的深刻诠释，更是鲜明地揭示了这种普通材料不可思议的"可能性"。除了前面提到的功能、结构特性，以及文化与传统内涵之外，斯卡帕的建构处理还展现了海德格尔所阐释的"物性"。他让我们意识到材料在我们所熟知的处理之外，还拥有无穷无尽的其他可能。他的作品展现了这种可能，也就促使我们去反思"大地特性"所涵盖的还未被挖掘的其他可能性。更为重要的是，这种反思所带来的同样是面对"源泉"的"欢庆"与"谦逊"，所以即使不是建筑师，也可以在斯卡帕的建构与材料处理中获得启发。这同样可以帮助我们进一步靠近"栖居"，因为"栖居"所需要的就是在"欢庆"与"谦逊"之下，对事物及其源泉的尊重与关切。

这样的"物性"特征，也可以推及建构理论之外。这是因为建构讨论所关注的主要是节点，但是在节点之外的其他很多地方，材料仍然扮演了重要角色，仍然可以成为展现"物性"的场所。很多建筑师在这一领域完成了卓越的工作，塑造了一批具有"诗意"深度的作品。最为典型的案例之一是瑞士建筑师彼得·卒姆托。在公开发表的文献，如《建筑氛围》（*Atmospheres*）、《思考建筑》（*Thinking Architecture*）等书籍中，卒姆托并没有直接提到海德格尔或者现象学理论，但是他的很多理论表述毫无疑问具有强烈的现象学特征。比如在谈到设计时，卒姆托写道："我试图思索它现在如何能帮助我复活一种生动的氛围，这个氛围被一个简单事物的存在（Presence）而充满。"[②] 谈到日常事物："在平常生活的普通事物中存在某种力量。"[③] 谈到美："靠近物本身，靠近你要塑造的物的本质，确信如果建筑对于它的场所与功能来说被构思得足够精确，它会发展出自己的力量，不需要任何艺术添加。美的硬核：凝聚的实质。"[④] 这些话语如果单独来看，都会显得神秘而含混，难以理解。但是如果放在现象学框架之中，"存在""物""凝聚"都有着明确的哲学内涵。建筑师并不需要像哲学家那样清晰地阐释概念与逻辑，但他仍然可

① Ibid.，179.
② ZUMTHOR P. Thinking architecture[M]. 2nd ed. Basel；Boston：Birkhäuser，2006：9.
③ Ibid.，24.
④ Ibid.，47.

以通过自己的建筑来展现并不逊于言辞的哲学深度。

卒姆托的作品在很多方面展现了现象学倾向，比如对场所、对记忆、对日常事物的敏感。他对"物性"的发掘也令人赞叹。很少有建筑师能像卒姆托那样充分展现材料的潜质。在圣本笃教堂（Saint Benedict）中，外表皮的木片上不仅记录了场地不同方向气候条件对木材的侵蚀，也凝聚了时间流逝所留下的印象；在瓦尔斯温泉浴场（The Therme Vals），卒姆托展现了石材的坚硬与细腻；在克劳斯兄弟小教堂（Brother Klaus Chapel），新浇筑的混凝土在火烧之下获得了沉重的历史感；在斯代尔内塞特纪念馆，木材被渲染成为一种脆弱但坚毅的元素，似乎象征着被处死的女巫们的悲剧与希望（图 11-19）。"我们对事物的观察，充满了对世界——包含全部整体性的世界——的预先知觉，因为没有任何东西无法被理解。"[1] 卒姆托在这里所说的整体性，用海德格尔的术语来说就是包含了

图 11-19　彼得·卒姆托，
克劳斯兄弟小教堂

"世界"与"大地"的整体性。只有理解了它们，才能获得对于存在的正确认知，也就能获得"真理"（Truth）。所以海德格尔写道："艺术是真理的孕育与发生。"[2] 而卒姆托也有类似的文字："艺术与有趣的构型以及原创性没有任何关系。它关注的是洞察与理解，以及在此之上的真理。"[3]

卒姆托当然不是唯一注意到物性的建筑师，密斯·凡·德·罗对钢、路易·康对砖与混凝土、路易斯·巴拉甘对抹灰墙面以及王澍对传统民宅中回收的旧砖瓦的挖掘，都可以在这一理论框架中给予解释。与建构理论类似，"物性"理念也指引我们超越对机械性能与实用性的片面强调，去关注普通材料背后所蕴藏的深度内涵。美国建筑师斯蒂芬·霍尔（Steven Holl）在一篇有着密集现象学理念的文章——《锚固》（Anchoring）——中对此也有清晰的表述，建筑理论"应当让奇异与神秘在建筑中发生，去期待每个地点原初的和独特的意义。它的目的是触动、精确，以及对未知性的欢庆。"[4] 在这段文字中，霍尔将"物性"的神秘性与"场所""意义"等其他人们更为熟悉的现象学理念紧密联系在一起，也提供了解读他建筑作品特征的重要线索。

如果说"物性"的理念引向对"大地特性"的关注，那么还有另外一些理论倾向则侧重于对"世界"的强调。海德格尔明确指出"手边备好的"事物都具有一种"符号结构"（Sign-structure）或者是一种"类似于符号"（Sign-like）的特性，它是指这个事物对于我们的意义与价值。对于日常事物来说，这种符号性质是普遍存在的，因为只有在人们参与性的意向性活动中，事物才因为其特定的、满足某种目的的意义与价值，而呈现为某种"手边备好的"、具有工具属性的事物。更为重要的是，因为这种"符号结构"依

① Ibid., 24.
② HEIDEGGER M. Basic writings[M]. Rev. ed. London：Routledge，1993：196.
③ ZUMTHOR P. Thinking architecture[M]. 2nd ed. Basel. Boston：Birkhäuser，2006：29.
④ HOLL S. Anchoring[M]. New York：Princeton Architectural Press，1992：12.

赖于"参照性整体"作为背景，就像一个词语只有在一个整体的语言中才能被理解，所以对单一事物的理解有可能被扩展到对整个"参照性整体"的思考之中。那么，即使是一个普通事物，也可以呈现出远远超过其本身工具属性的意义内涵。比如在《艺术作品的起源》中，海德格尔就认为梵高所画的鞋子，可以展现农人的整个生活世界。

这一讨论将我们重新拉回到意义的问题之上。我们之前已经反复谈到，意义问题是战后建筑理论的核心议题。在"意义问题与胡塞尔现象学"一节中，我们已经谈到了意义在整个现象学理论体系中的重要性。虽然对于建筑是否一定要具有意义可能存在不同的观点，但现象学的这一理论可能是最根本的解答之一。因为它所阐述的，不仅仅是建筑，任何在日常生活中的物品都具有"符号结构"，都必然地具备意义。所以像彼得·埃森曼那样拒绝所有的意义，需要在哲学层面对这种现象学理论提出反驳，才能有更大的说服力。

在"意义问题与胡塞尔现象学"中，我们还谈到了两种意义的差异：一种是符号性的意义，指各个符号体系中符号所指代的东西；另一种是存在性的意义，指人的目的、意图与价值，我们说某种行为或者生活是有意义的，就是说它有明确的目的意图，并且这个目的意图具有价值。在那里，我们还借用维特根斯坦的分析说明了后一种意义实际上是前一种意义的基础。一个简单的例子是，如果认为生活没有意义、没有价值，可能也就不会有人会去创造新的符号及其指代意义。这种依存关系也说明了两种意义的密不可分，对其中一个的讨论有可能牵涉到另一个。在战后对现代建筑的批评中，一个主要的不满是认为现代建筑缺乏意义，这实际上是同时针对两方面的"意义"，一方面是现代建筑语汇缺乏可以被大众解读的符号性内容，另一方面是现代主义所导向的生活方式缺乏理想的价值与目的。同样，这两者也是相关的，因为缺乏符号性内容，所以建筑无法启示更美好的生活模式。另一方面，也是因为建筑忽视了对更健全生活模式的启迪这一任务，而放弃了符号性内容这一重要手段。从凡·艾克到阿尔多·罗西，再到查尔斯·詹克斯，不同的学者以各自的理论与实践强调了这一"意义危机"的不同侧面。

在随后的后现代建筑中，以罗伯特·文丘里与司各特·布朗为代表的建筑师与理论家将注意力集中在了符号性意义这一层面。他们对拉斯维加斯大街的称赞，以及著名的"装饰化棚屋"理念，都推崇用符号来给予建筑更多可以被直接阅读的内容。但是我们也看到，众多现象学倾向的理论家，如肯尼斯·弗兰姆普敦对这样的后现代建筑给予了严厉批评。这种批评所针对的，其实不是通过符号传递意义本身这种操作，而是针对后现代建筑仅仅关注于符号意义，而忽视了第二种存在性的意义这一问题。一方面，如果缺乏存在性意义的支撑，符号性意义会变得空虚而失去价值，更为严重的是另一方面，如果不对存在性意义给予重视，符号性意义甚至会导向某种错误的对生活方式的理解。比如弗兰姆普敦就提出，后现代建筑对符号的使用不仅没有起到好的作用，反而推动了资本控制下的建筑商品化，而这一发展的后果则是商品消费对所有人日常生活的侵蚀。在更具体的层面上，像"装饰化棚屋"这样的案例，忽视了建筑表皮与建筑其他元素，如结构、材料、使用的关联。这种分裂导致建筑无法作为一个整体传递更强有力的建筑讯息。建筑表皮有可能被异化为广告式的布告板，而表皮之后的部分则沦为仅有实用性的棚屋，缺失的则是对存在性意义的关注。弗兰姆普敦也正是在这种意义上将批判性地域主义与建构理论视为对后现代建筑的反抗，因为这两种理论倾向都启发人们展开更深刻的意义反思。

这一讨论也显露了另一种可能，如果后现代建筑的问题出在两种"意义"的割裂，那么也有可能在有的建筑作品中这两者是密切结合的，那么符号性意义有可能会帮助强化对存在性意义的传递。所以真正关键的不在于是否要使用符号，而是如何使用，如何让它们与其他建筑元素相互结合，使其能够成为一个积极的成分，而不是资本与消费的特洛伊木马。

符号性意义在后现代建筑理论中的盛行，很大程度上要归因于符号传递意义的直接性。在"意义的回归与符号学的新进展"一节中，我们谈到了查尔斯·桑德斯·皮尔斯将符号划分为三类——形象（Icon），索引（Index）与记号（Symbol）。布罗德本特将这种分类延伸到建筑中，划分出象形建筑、功能性建筑，以及将传统建筑元素作为记号使用的建筑。文丘里所说的鸭子显然处于象形建筑、完全由建筑实用性决定其形态的建筑属于功能性建筑，而装饰化棚屋则是依赖于记号的建筑。尽管有一些信息传递方式上的差别，这三种符号类型的共同特点是符号指向的意义是相对直接和确定的。鸭子的形象就指向鸭子，炼钢厂的高炉就指向炼钢厂，而柱式与山墙这些建筑记号则指向希腊神庙。这种直白的意义指向，使得符号可以被便捷而清晰地辨认出来，这显然是后现代建筑格外倚重符号的原因。

但是对于第二种类型的意义，人的目的、意图与价值，并没有直接的符号与其对应。相比于鸭子、炼钢厂与希腊神庙，目的与价值这样的内容既抽象也无形，难以用符号直接呈现。那么建筑如何传递这样的意义呢？这里我们需要引入"引喻"的概念。在常规修辞中，引喻是比喻的一种，都是借用一个事物 A 说明另外一个事物 B。但是不同于明喻的直接性，引喻所连接的两个事物之间可能关系更为松散，也更为灵活，不一定要建立在 A 与 B 两个事物密切的相似性之上。在某种特殊情况下，A 可能只是提供了一个线索或启发，但并不直接阐释 B 的意义，而是需要阅读者展开联想与阐释，在对 A 的解读与挖掘中，在特定的语境下获得对 B 的理解。我们文化传统中的大量寓言就是引喻的典范，这些故事并不是直接陈述某种道理，而是间接地引起读者的思考与发现来传递信息。引喻的模糊性带来了两方面的作用，一方面因为缺乏符号的确定性，引喻所传递的内容不一定能够被成功地接受和解读，在另一方面，也因为不受确定性的约束，引喻所传递的内容有可能比符号要宽泛得多，可以依靠读者自身的联想与拓展，涵盖更多和更为复杂的内涵。

就像很多寓言故事通过引喻在传递人的目的、意图与价值等内容一样，建筑也可能通过引喻来传递我们所说的存在性的意义。它不再需要依赖于具体的符号，而是可以通过提供各种各样的线索与启发，来引导建筑体验者对深层意义的思索。在当代建筑创作中，可能没有人比丹尼尔·里伯斯金更为深入地使用了引喻这种手段。里伯斯金出生在波兰，在移居美国之后他在纽约库珀联盟学习建筑，接受了约翰·海杜克的教导。随后他前往英国埃塞克斯大学跟随约瑟夫·里克沃特与达利博尔·维斯利（Dalibor Vesely）学习建筑历史与理论。里克沃特与维斯利都是著名的建筑历史学家与理论家，因其鲜明的现象学背景而闻名。他们影响了从里伯斯金到佩雷斯－戈麦斯等一系列吸收了现象学理论的建筑师与学者，从而被有的学者称为"埃塞克斯学派"（Essex School）。1978 年，里伯斯金成为匡溪艺术学院建筑系的领导者。因为一些出众的试验性方案，1988 年，里伯斯金应邀参与了 MoMA 举办的解构主义建筑展。但就像之前强调的，这并不意味着参展建筑师都是解构主义理论的信徒。在里伯斯金身上这种反差更为强烈，这是因为德里达的解构理论认为并不存在稳定的意义体系，而里伯斯金的兴趣则在于通过建筑传递丰富和深厚的意义内容。这一点极为鲜明地体现在他为 1985 年威尼斯双年展创作的装置作品《建筑三课：机器》（Three Lessons in Architecture：The Machines）上。里伯斯金用木与金属搭建出三个复杂的机器，分别是阅读机器、记忆机器以及书写机器，各自具有中世纪、文艺复兴以及现代特征。这些机器并没有实际功用，它们只是作为某种线索与暗示去引喻一些复杂的主题，比如阅读机器提示了形而上学主题在建筑学中的往复，记忆机器提示了人文主义面对世界的傲慢，而书写机器则启示了文本的不确定性。这些内容可能也只是这一装置作品所引喻的含混内容的一部分而已。很明显，里伯斯金想要传递的都是有着复杂哲学背景的内容，这些内容并没有办法通过直接的符号呈现，但是他试图通过中世纪修道院传统、文艺复兴的乐观创造性以及工业机器的无情与理性来引导人们的联想。必须承认，很少有人能真的从这些机器中阅读出里伯斯金在设计说明中所谈到的所有内容，但是这些引喻性的机器的确创造出一种模糊的印象，虽然人们并不一定清楚这种印象的准确内涵是什么。

　　真正给予里伯斯金引喻性建筑理论最强有力证明的，是他最杰出的作品柏林犹太人博物馆（Jewish Museum，Berlin）。里伯斯金希望通过这个博物馆让人们理解犹太人在柏林的历史，并反思犹太人、柏林人以及所有人类的未来。就像里伯斯金所写道的："犹太博物馆试图为共同的命运发声，这种命运被犹太人与非犹太人、柏林人与非柏林人、德国国内与国外的人、流亡的人以及在荒野中的人所共有。"[①] 这样抽象的内容当然属于存在性的意义，里伯斯金主要运用了从符号到引喻的各种不同手段来启发人们的思考。在符号层面，里伯斯金给予整个博物馆一种类似于破碎的大卫之星的平面，直接象征了犹太人所遭受的磨难（图 11-20）。建筑表层像伤口一般的缝隙以及中庭里铺满地面的铁面具也都有直接的符号性意义。在引喻层面，大卫之星实际上并不仅仅是一个图像，它的主要线条来自于柏林城市中那些历史名人故居的连线，这一隐含的线索试图说明犹太人是嵌入在整个柏林历史之中的。除此之外，建筑的主体实际上由三条主要的线路组成，一条引向"终点"——大屠杀之塔，指代种族灭绝；一条引向流亡与移居花园，意指犹太人的逃亡；最后一条引向长楼梯，用以强调历史的延续。而整个建筑中最震慑人心的是贯穿建筑的中庭，其中一个铺满了沉重的铁面具（图 11-21）。里伯斯金写道："这不仅仅关于存在，也是关于不存在的……理念很简单：围绕一个空虚之地建造博物馆，让人们感受这

图 11-20　丹尼尔·里伯斯金，柏林犹太人博物馆

① LIBESKIND D. Between the line：the Jewish Museum，Berlin[J]. Research in Phenomenology，1992，22：85.

种空虚。在物质上，柏林几乎没有什么犹太人的遗
存——小物件、文件、文献，它们唤起的是缺失而
不是存在。"① 很明显，里伯斯金希望人们在中庭的空
虚中，去想象犹太人如何从柏林消失，由此反思大
屠杀，反思人类应当如何共存。这些内容，都难以
被人们直接阅读出来，它们需要人们的联想与同情，
这正是引喻产生作用的方式。而任何游历过里伯斯
金这一作品的人都会赞同，引喻所能传递的信息完
全有可能比符号更为有力也更为深刻。因为需要更
多地参与对建筑的理解，人们也在这样的建筑中获
得了更为丰富的建筑体验。

图 11-21　丹尼尔·里伯斯金，柏林犹太
人博物馆中庭

　　总体看来，里伯斯金的创作与思想非常典型地
体现了在现象学层面对意义的重视。他的独特之处
就在于善于利用符号、引喻等多种手段来实现这种
感染力。无论是柏林犹太人博物馆、英国帝国战争
博物馆还是曼哈顿世贸中心重建项目，都体现出这样的特征。与 20 世纪中期那些质疑
主流现代主义的先驱一样，里伯斯金也是建筑意义的捍卫者，只是他对意义的理解可能
更为深入，他写道："这就是建筑、艺术以及科学所被赋予的：一种守夜者的责任，看护
那些不可见的意义，以及那些可能被赐予的意义，即使没有人能够确定这一定会到来。"②

　　像柏林犹太人博物馆这样的例子表明，引喻能够给建筑师们提供更为灵活和更为有
力的设计手段。严格地说，引喻是一个非常松散的概念，并没有给予太多直接的限定，
而只是要求建筑师提供某种线索或启发，引导建筑使用者依靠自身的联想与阐释去感知
意义。它可以包容符号性意义，也可以包含地域性特点或者是建构特征，因为这些都能
够提供重要的线索或启发。可能真正决定一个引喻性作品成功与否的，不是在于手段本
身，而是手段与内容的切合。犹太人博物馆的成功就在于里伯斯金的引喻性手段与这个
建筑的功能以及目的密切结合，建筑师引导人们进入了对更为深刻的人类命运问题的反
思，这是对建筑意图的深入挖掘。同时，这也是成功的引喻性建筑与"装饰化棚屋"之
间的关键区别。前者试图将各种传递意义的手段融合在一起，展现建筑内涵的人文价值，
而后者满足于实用性与装饰性之间的割裂，更无从谈起在效益与趣味之外还有什么更为
重要的内涵。詹克斯曾经展望过后现代建筑也能够体现某种形而上学内容，但是仅仅强
调矛盾性与复杂性或者是否认宏大叙事的存在并不能提供这样的形而上学基础。建筑师
需要更具有肯定性的理论来确认某些价值与目的是存在的，甚至是不可或缺的。现象学
理论通过对存在与"栖居"的反思，提供了某种解答，它也支撑着像里伯斯金这样的建
筑师在此基础上创作出能够触动每一个人的作品。

　　在引喻的整体框架下，里伯斯金甚至可以使用"空虚"（Void）这样的非实体元素
来传递内涵，他所希望人们理解的也不是什么具体的事件或者事物，而是一种特定的感

---

① 　Ibid.

② 　Ibid., 86.

受。在犹太人博物馆中，各种直接和间接的引喻性元素共同塑造出一种强烈的"氛围"（Atmosphere），正是这种整体性的氛围最直接地影响了建筑体验者。在常规语言中，氛围是指人们对一个场所的整体性的、带有情绪性的感受。比如在进入一个房间时，我们首先注意到的，可能不是具体的桌子或者地面，而是这个房间给我们的整体感受。我们可能觉得它是狭促、亲切、压抑或者安全的，这也就是我们所说的氛围。法国现象学哲学家梅洛－庞蒂对氛围给予了重要的阐述。他指出，在氛围的感知与具体事物的感知之间，前者是更为基本的，或者说前者是后者的前提，并且影响和牵引了后者。这是因为，在现象学理论中，只有在意向性活动中，事物才呈现为"手边备好的"，成为某种工具去推进或者阻碍人们的意向性活动。而任何"手边备好的"工具，都依赖于"参照性整体"才能获得具体的认知，那么人们所首先判断的，也不是一个具体的事物，而是他所面对的整体对他意向性活动的影响。如果这个整体中的各个元素在他看来是不利的，那么同样以房间举例的话，它可能是狭促和压抑的，如果是有利的，那么就可能是亲切或者安全的。我们并不是先逐一观察墙、地面、家具、窗户再判断这个环境是有利的还是不利的，进而获得某种氛围感知，然后形成特定的情绪；而是在进入一个场所时，首先就通过整体性的感知获得了某种氛围体验，然后在这种情绪下再去观察具体的事物。这种整体性情绪会影响我们看待事物的方式。在小的范围内，可以是一个房间或一块场地，在大的范围来看，甚至可以是整个世界或所有的存在之物。在"存在与栖居"一节中我们已经谈到，海德格尔为存在缺乏根基这一问题提供的解答，实际上是让我们改变看待存在的态度与情绪，放弃傲慢与严苛，以"欢庆"与"谦逊"的立场去看待"居然还有一些东西，而不是完全虚无"这一状态。这样的情绪会引导人们在获得关怀的同时，也去关怀使这一切成为可能的源泉，进而走向对四元素的尊重，而最终的理想目标则是实现"栖居"。

从这一理论视角看来，建筑氛围是启示存在性意义的重要而有力的手段，甚至在某种程度上比具体的符号与象征更为本质。法国学者加斯顿·巴什拉（Gaston Bachelard）在他著名的《空间的诗意》（*The Poetics of Space*）一书中对此给予了充分的例证说明。他在书中讨论了一系列非主流的建筑元素，比如角落、鸟巢、壁柜以及地窖，而讨论内容并不是关于它们的具体形态或者实用性，而是它们的存在性意义，也就是它们对于人意味着什么。巴什拉的观点是它们都各自传递出了特定的氛围，而这种氛围可以为人带来启示。比如鸟巢，并不被人所使用，但是它可以引发特定的情绪："它参与了植物世界的平静。它是一种欢快氛围中的一点，这种氛围总是环绕着大树。"[①] 类似地，地窖指向一种黑暗的恐惧，壁柜指向一种隐秘，而贝壳则揭示了一种逃避。建筑师很少直接使用鸟巢或贝壳这样的元素，但是他们可以引喻鸟巢与贝壳的特征，帮助塑造类似的氛围。这样建筑同样可以将欢快与逃避的感受传递给建筑体验者。

实际上，利用氛围塑造建筑效果是建筑史上最常用的手段之一。万神庙的穹顶，哥特教堂的中厅，坦比哀多的均衡都有力地创造出了强烈的氛围特征。在现代建筑史上，赖特的马丁住宅、阿尔瓦·阿尔托的玛利亚别墅，以及勒·柯布西耶的山顶圣母教堂都是氛围营造的杰出案例。只是在空间与功能等主流理念的主导下，氛围理论才未能得到充分的阐释。在当代，氛围已经被认同为一种至关重要的建筑元素，尤其在一些有着强

---

① BACHELARD G. The poetics of space[M]. New York：Orion Press，1964：12.

烈现象学色彩的建筑师，如路易斯·巴拉甘、阿尔瓦罗·西扎、斯蒂芬·霍尔、彼得·卒姆托等人的作品中，氛围成为最重要的建筑语汇。虽然作品各有特色，但这些建筑师仍然有一些共有的技法来强化氛围的营造。比如，一是剥离多余元素，创造尽量纯净的环境；二是驾驭光线，因为光线比其他实体元素有更强烈的氛围联想；三是对日常元素的特异性处理，引导人们获得一种奇异的感受，也就是西扎所说的"去重新发现神奇的陌生性，日常事物的特殊性。"[①]

如果说引喻是指某种建筑设计手段，那么氛围就是指某种建筑设计成果。严格地说，这两者都是非常松散和模糊的概念，可能有人会质疑是否能够成为具有明确指导性的建筑理论。这里需要考虑的是，我们到底需要什么样的确定性，是否是像古典柱式或者新建筑五点那样详细的操作性细节，还是某种指引性的导向，将具体的操作空间留给建筑师自己。很显然，引喻和氛围都更接近于后者。但这种松散与模糊绝非空洞无物，它们仍然体现出一种明确的倾向，即建筑一定要传递意义，而且应该是关于存在的深刻意义。氛围可以有效地引导人们去感受和反思这种意义，而引喻是有效的手段来塑造氛围。当然，还有其他的手段可以帮助营造氛围，比如材料、建构、传统回应等等。美国哲学家卡斯腾·哈里斯在《建筑的伦理功能》(*The Ethical Function of Architecture*)深入分析了向度、时间、废墟、死亡等与建筑有关的元素如何启迪对栖居的思考。虽然不是一本关于建筑设计的著作，哈里斯教授的书无疑为现象学指引下的建筑创作提供了丰厚的启发。

《建筑的伦理功能》提示我们，在现象学的理论之下，建筑可以和各种各样的议题建立联系。这是因为现象学所提供的是一个基本的哲学框架，可以推动对众多涉及存在的哲学问题的思辨。正是这种广泛性，使得现象学可以在多个角度、多个层面与建筑理论产生关联。上面提到的地域主义、建构理论以及引喻和氛围只是这种关联的一部分而已，完全有可能在其他的方面继续发掘现象学的理论作用。就像海德格尔在《存在与时间》中所写道的，所有对存在的研究，起点都应该是人的存在 (Dasein)，因为只有人才会关心存在的根本问题。所以现象学的各种研究往往与"人的存在"这一因素密切相关，这也给予现象学理论强烈的人文主义色彩。那些受到现象学影响的建筑理论也体现出明显的人文主义倾向，人及其存在特性被放置在了建筑理论的核心。这并不是一句毫无意义的空洞之语，海德格尔与梅洛－庞蒂的研究都表明，我们其实对于自身，对于自己的存在特性并不是那么了解，日常生活的"常识"会带来很多错误的见解，从而导致了对人自己以及与人有关的各种事物做出错误的理论判断。无论是场所与空间的差异，建构的表现内涵，还是氛围的根本性，都是建立在对人的存在的深入理解之上。我们需要修正很多看似不言而喻，实则需要质疑与挑战的观点。

比如其中一个是关于建筑感知的观点。卡斯腾·哈里斯指出，当代艺术，包括建筑都被一种"美学路径"(Aesthetic approach)所主导。[②]这种路径将艺术品看作美学对象，而感受它们的方式是一种脱离性的观察，也就是视觉审视。但梅洛－庞蒂的现象学研究正确地强调了人的身体在感知与理解世界中的重要性。这是因为人们的意向性活动是一种切入性的实践，不会仅仅停留在静观，而是需要行为、身体的参与。正是在意向性活

---

① SIZA A, ANGELILLO A. Writings on architecture[M]. Milan : Skira ; London : Thames & Hudson, 1997 : 207.

② 参见 HARRIES K. The ethical function of architecture[M]. Cambridge, Mass. ; London : MIT Press, 1997 : Chapter 2.

动中,事物才呈现为"手边备好的",因此身体在这一过程中是不可或缺的。这也就意味着,我们需要修正对视觉的过度强调,修正"美学路径"。建筑理论家尤哈尼·帕拉斯玛在他的著作《肌肤之眼:建筑与感官》(*The Eyes of the Skin: Architecture and the Senses*)中对这一问题给予了更为详尽的讨论。他写道:"我越来越关注视觉的统治以及对其他感官的压制,这体现在教授建筑、理解建筑以及批评建筑等过程之中,所带来的结果,是建筑中知觉性与感官性品质的消失。"[1] 帕拉斯玛所指的,是当代建筑对奇观性建筑视觉形象的过度热衷,而忽视了肌理、质感等其他需要非视觉的感官去体验的建筑品质。作为修正,帕拉斯玛呼吁建筑师重新关注触觉、听觉乃至于嗅觉,利用材料、声音、氛围等元素创造与人的存在模式相互呼应的建筑。"建筑超越时间的任务,是创造一种身体参与的,活的存在性隐喻,他将我们存在于世界中的结构具体化到了建筑中。"[2] 帕拉斯玛最后给予了这样的总结。

这些例子都说明,现象学对建筑理论的影响是极为广泛的。虽然像诺伯特·舒尔茨、斯蒂芬·霍尔与帕拉斯玛这样的建筑师会直接声明现象学对他们思想与创作的影响,但更为普遍的是建筑师并不是直接引用现象学理论,但无疑具有某种现象学倾向。巴拉甘、斯卡帕、阿尔瓦罗·西扎以及彼得·卒姆托都属于这一类的建筑师。我们可以从地域主义、建构、氛围与引喻等设计手段上分析他们的创作,但这一节讨论的目的,是希望说明,只有回到现象学的基本哲学前提,我们才能真正理解这些建筑师在追求什么,他们独特的建筑作品如何为"栖居"做出令人敬佩的贡献。

推荐阅读文献:

1. HEIDEGGER M. Building dwelling thinking[M]//KRELL. Basic wrtings. London: Routledge, 1993.
2. PÉREZ-GÓMEZ A. Architecture and the crisis of modern science[M]. Cambridge, Mass.; London: MIT Press, 1983: 3-13.
3. FRAMPTON K. Towards a critical regionalism: six points for an architecture of resistance[M]// FOSTER. Postmodern Culture. London: Bay Press, 1983.
4. HARRIES K. The ethical function of architecture[M]. Cambridge, Mass.; London: MIT Press, 1997: 152-167.
5. PALLASMAA J. The eyes of the skin: architecture and the senses[M]. 3rd ed. Chichester: Wiley, 2012: 43-77.

---

[1] JUHANI PALLASMAA. The eyes of the skin: architecture and the senses[M]. 3rd ed. Chichester: Wiley, 2012: 11.
[2] Ibid., 76.

第 4 篇
1995 年至今
现实主义与新的议程

　　当代建筑理论的整体图景在 20 世纪 90 年代中期发生了新的变化。一方面，受到现象学影响的一些理论倾向如批判性地域主义与建构理论被很多建筑师所吸收，虽然这些不能被称为主流，但仍然在持续地启发世界各地对此有所认同的建筑师。另一方面，影响力更为广泛的一些理论潮流则开始迎来衰落。后现代建筑在 20 世纪七八十年代迅速占据建筑界关注焦点之后，但很快在 1990 年代失去了号召力。其对历史装饰与符号的过度依赖难以为新的建筑创作提供持续的动力。紧随其后的解构主义与批判理论虽然在理论界备受瞩目，但是就像前面所谈到的，在实践中这两种思潮都导致了理论与实践的日益脱节。无法得到实践验证和支撑的理论，也难以维持其活力，世纪末的理论困境就是这一趋势的产物。

　　我们选择 1995 年作为一个理论节点是因为雷姆·库哈斯主编的《小、中、大、超大》(S, M, L, XL) 一书在这一年出版。无论是这本书的内容与编排，还是库哈斯自身的理论立场与实践成果，都体现出不同于此前的解构与批判热潮的特征。简单地说，库哈斯所代表的是一种现实主义倾向，不是基于抽象原则对现实进行全面批判，而是接受现实的复杂性，在现实之中去寻找潜在的机会与能量以激发创作。自 1990 年代中期以来，这种现实主义倾向得到了越来越多设计者的认同，在理论界也出现了"后批判"理论等相关论述。总体看来，建筑理论的主流开始从激进反抗转向合作性的挖掘。建筑师不再热衷于新的概念或者理论信条，更看重的是在既有现实条件中寻找可以促进特异性创作的线索。

　　对现实的关注也体现在对当前特殊条件的敏感，一些新的问题以及新的手段推动了新议程的出现。其中一个主要议程是生态环境问题。对气候变化日益强烈的认知极大地促进了绿色建筑(Green architecture)的发展,这一观念很快就在全世界获得了普遍认同,并且开始进入广大建筑师的实践操作中。另一个新的议程是数字技术。计算机的快速发展提供了极为宽广的技术可能,从参数化设计到大数据以及人工智能,计算机技术与设计实践的结合在各种不同的层面展开尝试。虽然还不能说已经获得了具有普遍意义的成果,但是数字技术对设计从构思到实施的全面变革仍然是有可能的。这一领域已经成为21 世纪初最引人注目的新理论领域。

第 **12** 章 现代主义传统的持续阐发

　　尽管 20 世纪后半期建筑设计理论的一条核心线索是对现代主义的质疑、批评，甚至是反对，但这并不意味着现代主义已经消亡。在主流理论文献中，现代主义似乎已经千疮百孔，即将被各种新的思潮所替代，但是在实践中，绝大多数建筑师的作品仍然归属于典型的现代主义。正如吉迪恩的名著《空间·时间·建筑：一个新传统的成长》所预言的，现代主义已经成为一种经典传统，是众多设计者创作的基点。这种理论与实践上的反差有两个主要原因：第一，现代建筑是一个包含了理论、语汇、技术以及生产的全面建筑体系，仅仅是局部的理论上的质疑，并不足以动摇这个体系的根本，也就不可能实现对现代建筑的全面替代；第二，即使限制在理论层面，现代建筑也是一个复杂的综合体，涵盖了从赖特到路易·康等诸多不同的理论倾向。虽然现代建筑的批评者常常将其简化为国际式风格或者是功能主义，但他们显然忽视了表现主义、构成主义、有机建筑等非主流的"另类"现代主义。这也就意味着，现代主义的内涵远远比其批评者所认为的要丰富得多，20 世纪后半期的很多建筑师正是在这种多元内涵中继续挖掘，通过延续，而不是反叛，使得现代主义传统继续在实践中焕发生机。

12.1　沉默的主流

　　建筑理论的载体主要是文献，而最善于使用文字工具的，实际上是研究者而不是建筑师。伴随着建筑教育与建筑研究在 20 世纪后半期以来的专门化与学术化，建筑理论的话语权也越来越多地被学者以及专门研究者所掌控。他们通过出版与发表，主导着当代建筑理论话语的走向。一些成功的建筑师也往往被吸纳到这一体系中，除了实践之外，他们也常常在知名建筑院校兼任教职，通过授课与理论写作参与主流的理论构建。不过，被这一理论圈层所忽视的，是广大的实践建筑师。因为没有掌握专门化的学术话语，这些建筑师很少能够参与到已被精英化的理论讨论中。此外，实践建筑师并不像研究者那样热心于理论概念与思想的创新，他们更为关注的是实际建筑问题的解决。

出发点以及目标的差异，导致理论研究者与实践建筑师之间的裂痕日益明显。最为显著的体现就是前面提到的 20 世纪末期的理论困境。学院化的理论先锋们走向了日益激进的对抗性理论立场，而实践建筑师们则持有建设性的立场，他们并不认为当代建筑像批判理论的支持者所预言的已经走入了死胡同，而是认同在建筑师有限的能力范围仍然可以实现完善与进步。由于他们的工作主要呈现为建成作品，而不是理论论述所依赖的文本，所以实践建筑师的理论贡献往往被理论研究者们所忽视。在一些持有激进立场的学者被塑造为理论先锋的同时，绝大多数实践建筑师则成为沉默的大多数。他们不参与先锋理论的讨论，而先锋理论也不会对他们的实践产生影响。

在这样的情况下，我们当然不能认为只有那些以文本呈现的才是建筑理论，而忽视了实际建成作品中的理论内涵。实际上，建筑理论的活力就在于与实践的密切关联。理论在一定程度上与实践拉开距离，有助于理论跳出当前普遍的实践模式，展开新的反思与探索。但是如果这种距离超越了限度，甚至达到与实践对立的程度，那么理论存在的意义就会遭受质疑。很显然，实践会一直持续下去，建成作品影响着所有人的生活，无论在任何时代，这都是难以辩驳的事实。如果与主流建筑活动失去联系，理论就像失去了主干支撑的树枝，最终难以避免走向枯萎。当代建筑理论的发展也印证了这一论断。自 20 世纪 90 年代中期开始，先锋建筑理论的主流也开始出现某种转向，从此前的激进转向缓和，从对抗转向共存，这无疑是对理论与实践之间裂隙的修复，我们将在后面的章节中再给予更为详细的介绍。

在这一节中，我们将讨论那些蕴含在实践建筑师建成作品之中，而不是典型理论文本中的理论内涵。尽管不同的建筑师有各自的特点，但纵观 20 世纪中期以来，直至今天的总体性建筑实践，一个非常鲜明的特点是现代主义的主流地位仍然未受动摇。一个侧面的例证是查尔斯·詹克斯的论著。我们在之前提到过，他在 1977 年出版的《后现代建筑语言》一书中宣称现代建筑已经于 1972 年 7 月 15 日下午 3 点 32 分在圣路易斯市死亡。这种"论断"显然是为了后现代建筑对现代建筑的替代提供前提。然而在此之后，詹克斯又先后出版了《晚期现代建筑与其他论文》(Late-modern Architecture and Other Essays)、《新现代：从晚期现代走向新现代主义》(The New Moderns : from Late to Neo-modernism)、《批判性现代主义：后现代主义将走向何方》(Critical Modernism : Where is Post-modernism Going?)。仅仅从书名上就可以看到，詹克斯并不是真的认为现代建筑已经消亡。他将 20 世纪 70 年代以来各种建筑流派命名为晚期现代主义、新现代主义以及批判性现代主义也从一个侧面说明，即使在这位后现代建筑旗手看来，现代主义或者现代建筑的生命也仍然在持续，只是在某些方面出现了局部的变化。

我们之前提到，自"二战"以后当代建筑理论的主要流派往往将自己的论述建立在对现代主义的批评之上。一些较为激进的流派甚至会提出对整体性现代主义的替代。一方面，这些批评的确揭示出主流现代建筑实践中存在的某些问题，比如对历史传统的拒绝，以及对意义传递的忽视。但是在另一方面，也应该看到这些批评的局限。这是因为现代主义运动实际上是一个各种不同建筑思想与实践的综合性体，既有汉内斯·迈耶所主张的机械功能主义，也有赖特所倡导的有机建筑，还有阿尔瓦·阿尔托那样的人性化建筑。批评者们往往将现代建筑简化为功能主义与技术决定论给予批判，但是却忽视了赖特、阿尔托等非主流的理论实践，而它们也属于现代建筑，且在很大程度上已经预见了现代建筑此后所要遭受的批评，并给予了相应的应对。所以，贸然宣称现代建筑存在整体性的缺陷，已经不可延续的说法是对现代建筑丰富内涵的漠视。此外，更为重要的是，建筑是一个整体性的产业体系，不仅涉及设计理论，也涉及社会资源、技术条件、工业体系、劳动组织等各个方面。现代建筑的诞生就产生于这些因素的共同作用。尽管在理论上对现代建筑的批评在 20 世纪后半期逐渐升温，但是在整体性上从材料、施工到建设、经营等各个现实层面，今天建筑生产的总体条件与 20 世纪中期相比并不存在过于剧烈的变化。比如钢铁、混凝土、玻璃仍然是最为常见的建筑材料，而工厂批量预制、现场组装仍然是常用的建造方式，这些都是现代建筑发展的基础，在今天仍然主导着全世界的建筑生产模式。

　　与社会现实联系更为紧密的实践建筑师，对于现代建筑仍然占据主流的现状有着清醒的认识。他们并不像理论研究者那样热衷于批判或者颠覆现代主义，而是更倾向于对现代建筑进行改良，在现代建筑的总体技术框架之下，以特定倾向的创作来弥补现代建筑的缺陷。这样的工作与理论界对现代主义的质疑同时存在。从某种程度上说，它们甚至可以被视为对现代主义的进一步完善，使得现代建筑变得更为多元和丰富，就像赖特、阿斯普伦德、阿尔托等人曾经做过的那样。一个早期的例子是美国建筑界在 20 世纪五六十年代兴起的"新形式主义"（New Formalism）。我们此前提到过吉迪恩等理论家在 20 世纪四五十年代将纪念性重新引入现代建筑讨论之中。新形式主义可以被看作是在实践界与之平行的现象。这一流派所关注的是建筑的纪念性形式，这当然是针对某些现代建筑过于乏味的视觉形象的反应。以爱德华·斯通（Edward Durrell Stone）、山崎实（Minoru Yamasaki）为代表的建筑师引入了一种有着强烈古典主义色彩的现代建筑语汇，比如采用长方形等经典几何形体、遵循严格的对称性、用抽象的现代语汇表现柱式、檐口、拱券等古典建筑元素，以此获得一种并不那么复古，但是拥有古典的典雅、庄重以及仪式化纪念性的现代建筑。斯通 1954 年的新德里美国大使馆（US Embassy, New Delhi）、1971 年的华盛顿肯尼迪表演艺术中心（Kennedy Center for the Performing Arts）、山崎实 1961 年的沙特阿拉伯达兰国际机场航站楼（Dhahran International Airport Terminal Building）以及 1962—1968 年间建成的纽约林肯艺术中心都属于这一范畴（图 12-1、图 12-2），甚至是山崎实著名的摩天楼作品，纽约世贸中心双子塔，也具有新形式主义的特征。这座建筑外部密布的不锈钢柱，给予建

图 12-1　爱德华·斯通，肯尼迪表演艺术中心

筑细腻的肌理与纯粹简单的形态特征。新形式主义主要被运用在一些具有重要文化或社会意义的作品之上。巴西建筑师奥斯卡·尼迈耶在首都巴西利亚完成的一系列重要建筑，如总统办公室（Planalto Palace）、总统官邸（Alvorada Palace）、司法部大楼都采用了类似的古典化处理（图 12-3）。

图 12-2　山崎实，沙特阿拉伯达兰国际机场航站楼

在这些项目中，尼迈耶大量使用了他标志性的曲线元素，这来自于他对巴西起伏的大地与河流的自然情感以及拉丁美洲的巴洛克建筑传统。"我不喜欢人造的、僵硬和呆板的直角与直线。吸引我的是自由流动的、感性的曲线。那些我在祖国的山脉、连绵的河流、海洋的波浪以及挚爱的女性身体中所发现的曲线。"[1]曲线的使用使得尼迈耶得以摆脱方盒子的刻板印象，为现代建筑注入更富有变化的建筑形态。在潘普哈综合体（Pampulha Complex）、法国共产党总部大楼（French Communist Party Headquarters）、尼泰罗伊当代艺术博物馆（Niterói Contemporary Art Museum）等项目中，尼迈耶展现了曲线元素丰富的表现力以及宽广的创作空间（图 12-4）。这些作品远远超越了新形式主义的范畴，是尼迈耶个人建筑立场的体现。我们此前提到过曲线元素在现代主义早期的表现主义建筑中有所运用，此后又在盖里以及哈迪德等当代建筑师的创作中焕发生机。而尼迈耶可以被视为曲线元素发展史中承上启下的重要一环。

图 12-3　奥斯卡·尼迈耶，巴西利亚总统官邸

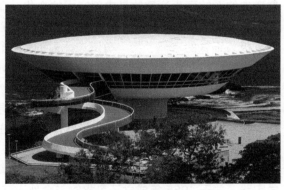

图 12-4　奥斯卡·尼迈耶，尼泰罗伊当代艺术博物馆

除此之外，尼迈耶的另一个独特之处在于他是巴西共产党成员，一位坚定的共产主义者。不同于西方国家的批判理论支持者们偏重于对资本主义社会负面性的否定与批评，尼迈耶总是怀有热情的希望与积极的动力，并且将之投入实践之中。他写道："关于我的

---

① NIEMEYER O. The curves of time：the memoirs of Oscar Niemeyer[M]. London：Phaidon，2000：3.

建筑，这就是我想告诉你的。我秉持着勇气和理想主义创造了它们，但同时也充分意识到这一事实，即重要的是生活、朋友，以及不断尝试让这个不公平的世界变成一个更美好的适合生活的地方。"[1] 尽管尼迈耶也承认，他能为穷人们所做的可能只是让建筑更为有趣而已，但是他的坚定信念以及乐观立场与西方发达国家悲观的建筑理论家们形成了鲜明的对比，这也是实践与理论日益远离的例证之一。

尼迈耶的创作在很大程度上受到了勒·柯布西耶的启发。很多在"二战"后崛起的新一代实践建筑师都直接受到上一代建筑大师的影响。他们有时也被称为第二代现代主义建筑师。美国建筑师保罗·鲁道夫（Paul Rudolf）就是其中一员。他在哈佛大学设计学院接受了格罗皮乌斯指导，毕业后前往佛罗里达州萨拉索塔（Sarasota）从业，并且成为"萨拉索塔学派"（Sarasota School）的一员。这一学派的创始人是拉尔夫·特维切尔（Ralph Twitchell），他在很多方面吸收了赖特的影响，试图创造一种适合佛罗里达炎热气候的现代建筑。鲁道夫毕业后加入了特维切尔事务所，他们的作品逐渐呈现出一些典型特征，比如简单的几何化形体、清晰的结构、重视开敞通风、设置外部遮阳等等。这些都是现代建筑的典型语汇，佛罗里达特殊的气候条件使得这些语汇整合成为一种整体性建筑策略，在某种程度上预示了此后绿色建筑的某些举措。

鲁道夫此后独自开业，并且将事业中心逐渐转向美国北部。他在波士顿韦尔斯利学院（Wellesley College）完成的玛丽·库珀·杰维特艺术中心（Mary Cooper Jewett Arts Center）具有萨拉索塔学派的典型特征，如长方形体量、外部遮阳以及清晰的结构呈现。在 1958 年成为耶鲁大学建筑系系主任之后，鲁道夫随即设计了著名的耶鲁大学建筑系系馆（Department of Architecture, Yale University）。这座建筑有着鲜明的新粗野主义特征，粗混凝土的体量元素在各个方向凸显出来，房间仿佛穿插在这些巨型混凝土柱之间若隐若现（图 12-5）。但是不同于很多其他新粗野主义建筑对雕塑性形态的片面追求，鲁道夫的系馆更为注重的是内部空间的变化。他采用了与赖特拉金大厦类似的，将次要的服务性设施围绕中心的大空间布局的策略，建筑内部丰富的层高变化给予这个"粗野"建筑极为细腻的空间差异。鲁道夫此后的作品很大程度上延续了耶鲁系馆的设计原则，他的马萨诸塞大学达特茅斯分校校园建筑（University of Massachusetts Dartmouth）也体现了粗野结构与丰富内部空间的结合。

另外一个在哈佛大学接受了格罗皮乌斯教导的新一代现代主义大师是华裔美国建筑师贝聿铭（I. M. Pei）。在 1935 年离开中国前往美国求学之后，贝聿铭先后在宾夕法尼亚大学、麻省理工学院以及哈佛大学学习建筑。也是在最后这所学校，贝聿铭在格罗皮乌斯引导下转向了现代建筑创作。毕业之后，贝聿铭曾经短暂在哈佛大学任教，随后转向实践，并于 1955 年成立了贝聿铭与合伙人建筑事务所（I. M. Pei & Associates）。贝聿铭的早期作品有着极为纯粹的现代主义特征，他非常善于使用具有雕塑感的几何体量。1961 年完成的美国科罗拉多州国家大气研究中心梅萨实验室（Mesa Laboratory of the National Center for Atmospheric Research）有着与鲁道夫耶鲁大学建筑系系馆类似的粗野体量，不过建筑的红色混凝土表面，以及封闭坚实的几何形态与研究所周围的旷野以及红色山丘形成了密切的呼应，给予这一作品独特的地域性特征（图 12-6）。贝聿铭

---

[1]　Ibid., 176.

图 12-5 保罗·鲁道夫，耶鲁大学建筑系系馆

图 12-6 贝聿铭，美国科罗拉多州国家大气研究中心梅萨实验室

图 12-7 贝聿铭，美国华盛顿国家美术馆东馆

图 12-8 贝聿铭，苏州博物馆

在纽约州雪城（Syracuse）设计的艾弗森艺术博物馆（Everson Museum of Art）由 4 个巨石般的悬挑方形体量围合而成，"石块"之间的缝隙以及实体与空间之间有趣的互动给予这座小建筑极富吸引力的建筑效果。

贝聿铭对几何形体的精湛驾驭充分体现在他的著名作品，美国华盛顿国家美术馆东馆（National Gallery of Art's East Building）的设计中。在一块非常规的梯形场地中，贝聿铭将建筑切分成为一个直角三角形与一个等腰三角形的组合。直角三角形容纳了办公，而等腰三角形主要用于展览。等腰三角形的底边面向老美术馆，仍然采用了封闭的几何体量为主要元素，两个高塔的对称性赋予整个入口一种含蓄的纪念性，合理地回应了这个重要地段的庄重氛围。东馆的设计展现出贝聿铭对场地、对建筑文脉以及建筑意义的重视，这也成为他后期创作的重要指向（图 12-7）。1982 年贝聿铭应邀回到北京设计了香山饭店。这座有着典型现代主义特征的建筑吸纳了大量南方园林的处理手段，比如分散的体量、曲折的廊道、白色墙面与传统图案，以及建筑与园林的结合。这种对文化的敏感性更为强烈地呈现在他 2006 年完成的苏州博物馆中。在那里，建筑体量的控制、细节的刻画、园林的设置都更为深入，同时也保留了典型的贝氏建筑的特征，比如清晰的几何体量以及对三角形元素的热衷（图 12-8）。

图 12-9　贝聿铭，卢浮宫扩建工程

贝聿铭最为知名的作品之一，是法国巴黎的卢浮宫扩建工程（Le Grand Louvre）。他在卢浮宫的拿破仑庭院（Cour Napoléon）中设计了一个玻璃金字塔，作为博物馆的新入口（图 12-9）。这个项目在当时引起了极大的争议，很多人质疑将埃及金字塔放在法国国宝性建筑中的合理性。但是建成效果表明，贝聿铭展现的不是埃及的历史建筑，而是一个象征纯粹、永恒、完美的几何元素。就像勒·柯布西耶与密斯·凡·德·罗等现代建筑先驱一样，贝聿铭挖掘的是现代建筑元素超越时代的建筑内涵。玻璃金字塔的通透与谦逊也很好地与周边的历史建筑相互调和。

贝聿铭是第二代现代主义建筑师的典型代表。这些建筑师的总体特征是仍然沿用经典的现代主义语汇，比如几何体量、结构呈现、单纯表皮等等，一方面他们会继续挖掘这些语汇中新的可能性，比如尼迈耶的曲线元素以及贝聿铭的三角形元素。而在另一方面他们也会针对具体的项目、具体的场地、具体的文化条件引入具备地域与文化传统敏感性的元素。美国建筑师凯文·洛奇（Kevin Roche）、阿根廷建筑师西萨·佩里、澳大利亚建筑师格伦·马库特（Glenn Murcutt）、日本建筑师丹下健三、槙文彦都具有类似的特征。这也体现出实践建筑师也在有意识地对现代建筑进行改进，使其演化为更为多元的，能够与特定场所与人群进行对话的当代建筑。这种策略实际上也被世界主流设计机构如大公司以及大设计院所普遍接受。

在 20 世纪 80 年代，现代主义建筑的潜能在法国获得了一次强有力的展示。代表左翼力量的弗朗索瓦·密特朗（François Mitterrand）于 1981 年成为总统之后，将大量资金投入到巴黎一些具有重要地位以及文化内涵的项目中。这些项目往往规模宏大，投资不菲，很多都已经成为巴黎的地标性建筑，人们有时将这些政府主导的新建项目统称为"大工程"（Grands Travaux）。此文提到的屈米的拉维莱特公园以及贝聿铭的卢浮宫扩建工程都是这些"大工程"的一部分。除此之外，还包括奥赛博物馆、拉德芳斯大拱门、阿拉伯世界研究中心、蓬皮杜中心、巴士底歌剧院、经济与财政部办公大楼，以及法国国家图书馆。

图 12-10　约翰·奥都·冯·斯波莱克尔森，　　　　图 12-11　让·努维尔，阿拉伯世界研究中心
　　　　　拉德芳斯大拱门

　　拉德芳斯大拱门（Grande Arche de la Défense）设计是通过国际竞赛挑选的。在超过 400 份参赛方案中，密特朗选中了丹麦建筑教授约翰·奥都·冯·斯波莱克尔森（Johan Otto von Spreckelsen）的设计付诸实施（图 12-10）。这个建筑位于贯穿巴黎中心的巴士底广场—卢浮宫—协和广场—香榭丽舍大街—凯旋门轴线的西北端头。斯波莱克尔森所设计的是一个现代建筑版本的凯旋门——一个边长 110 米的立方体，但是中心是一个巨大的洞口。超大的尺度，简单的几何形体，使得拉德芳斯大拱门成为一个具有明显历史隐喻的现代纪念性建筑。斯波莱克尔森特意让楼体相对轴线偏转了 6.33°，以获得更为灵活的视觉形象。这个项目清晰体现了密特朗通过政府投资提升法国文化实力的政治意图。

　　法国建筑师让·努维尔（Jean Nouvel）设计的阿拉伯世界研究中心（Arab World Institute）将浓厚的阿拉伯文化元素注入一个经典的现代主义设计中。在形体上这座建筑非常克制，两个简单的玻璃体量围绕中心的方形院落。努维尔出色的处理在于他为正面的玻璃幕墙配置了可以活动的遮阳花格。这些具有高技术特点的部件有着密集的肌理，仿佛阿拉伯建筑中常见的几何纹样。在满足了功能需求的同时，努维尔的花窗在这个新颖的现代建筑中将先进技术与异域文化巧妙地结合在一起，成为"大工程"中极为出色的一个案例（图 12-11）。

　　在这些项目中规模最为巨大的是位于塞纳河边的法国国家图书馆新馆。它由多米尼克·佩罗（Dominique Perrault）设计，于 1996 年完工并面向公众开放。在此之前，法国国家图书馆（National Library of France）的主体部分位于黎塞留大街（Richelieu）。19 世纪中期，法国建筑师亨利·拉布鲁斯特（Henri Labrouste）为其添加了著名的阅览室与书库。拉布鲁斯特大量使用了在当时极为新颖的铸铁结构以及地下管道采暖等技术，使得阅览室与书库都获得了轻盈、通透、开放、洁净的建筑效果，在很多方面预示了此后现代建筑对于技术、效率以及秩序的推崇。佩罗的新设计可以被视为这一重要现代建筑线索的延续。新国家图书馆的主体是四座高达 22 层的、有着 L 形平面的玻璃摩天楼。它们占据在四个角上围合成为一个完整的长方形庭院（图 12-12）。这些高层建筑中存放着超过 1200 万册图书及杂志。为了避免玻璃幕墙透入过多的光线影响藏书，佩罗在

图 12-12　多米尼克·佩罗，法国国家图书馆新馆

玻璃窗后设置了可以转动的黄色遮阳板，给予建筑富有变化的立面效果。在底层部分，长方形庭院中栽满了树木，为这个几何感极为强烈的建筑注入了活力，也似乎在引发人们对修道院方院的类型回忆。

总体看来，巴黎的这些"大工程"的主体部分仍然属于典型的现代主义设计，但是建筑师在处理具体的项目时也会对巴黎的历史、场地文脉、纪念性、象征性、符号指涉给予考虑，所以很多项目虽然规模宏大，或者地处敏感地带，但并没有对巴黎的城市肌理形成太大的影响。而上面提到的几点，很多都是 20 世纪中期以后现代建筑的批评者所注重的地方。在这些批评者看来，这些因素被看作否定现代建筑的武器，但是在贝聿铭、努维尔、冯·斯波莱克尔森、佩罗等实践建筑师看来，这些因素与现代建筑之间并不存在对立，它们完全可以被吸纳到整体性的现代建筑体系之中。由此看来，实践建筑师们并非对理论动向充耳不闻，他们也敏锐地感知到现代建筑有待完善的地方，只不过采取了更为缓和以及更具有建设性，而不是否定与对抗的态度来面对这些问题。他们的创作，可以被称为某种改良的现代建筑，这也构成了当代建筑实践的主流。

这一特征也极为鲜明地体现在一种特定的建筑类型——超高层建筑中。自芝加哥学派开始，高层摩天楼成为最具有现代建筑特色的一种新型建筑类型。尤其是在密斯·凡·德·罗的西格拉姆大厦之后，那种有着简单的几何外形、明显的结构表现、均匀的表面肌理的建筑模式成为全球无数高层摩天楼竞相模仿的对象。虽然在技术与商业利益的推动下高层摩天楼不断刷新建筑高度的记录，但是这种单一模式的普遍流行使得超高层建筑变成现代建筑乏味的代名词。后现代建筑运动的兴起也开始逐渐影响这一建筑类型。菲利普·约翰逊 1960 年代设计的耶鲁大学克莱恩塔楼以及 1970 年代末设计的纽约 AT&T 大楼将历史元素重新引入高层建筑设计，尤其是 AT&T 大楼，本身就成为后现代建筑最重要的代表作之一。当阿根廷裔的美国建筑师西萨·佩里在 20 世纪 80 年代末设计曼哈顿的世界金融中心高层建筑群（World Financial Center）时，明显吸收了菲利普·约翰逊的策略，但是在处理上比约翰逊更为含蓄。他将尖坡顶、穹顶、1920 年代纽约高层建筑的退台处理、方形窗洞以及更为丰富的材料与色彩等要素运用在建筑组群之中，既呼应了曼哈顿的城市文脉也拓展了摩天楼的多样性（图 12-13）。类似的处理也出现在佩里于 1990 年代早期完成的伦敦道克兰区的地标性高层建筑——加拿大广场一号的设计中。佩里的这些作品有着明显的传统意味，但是都经过了现代建筑的转译，所以不会像 AT&T 大楼那样的与众不同。在效果上看，它们多少有些类似于"新形式主义"，试图在纪念性、传统特色以及现代的抽象性之间获得一种均衡，而不是像后现代主义者那样用历史攻击现代主义本身。

图 12-13　西萨·佩里，曼哈顿的世界金融中心高层建筑群　　图 12-14　西萨·佩里，吉隆坡国家石油双子塔　　图 12-15　SOM，上海金茂大厦

　　佩里于 1990 年代末在马来西亚吉隆坡完成的国家石油双子塔（Petronas Towers）有着更为明显的象征性内涵（图 12-14）。虽然建筑表皮几乎完全由玻璃和不锈钢两种现代材料组成，但佩里的设计中吸纳了大量马来西亚当地伊斯兰文化的元素。比如塔楼的典型平面就来自于伊斯兰教的传统图案"叠方"（Rub el Hizb）——两个有着 45 度交角的方形叠放在一起，形成一个八角星形。两座塔楼尖耸的曲线，也呼应了马来西亚传统建筑中塔式建筑的外形。

　　类似的手段也被 SOM 设计公司的阿德里安·史密斯（Adrian Smith）所采用。他在同一时期完成的上海金茂大厦吸纳了中国传统佛塔的特征（图 12-15）。建筑逐段的缩进以及表面不锈钢构件带来的丰富细节，都让金茂大厦成功实现了中国建筑传统与当代设计之间的有效融合。在这两者之间，显然是后者仍然占据着主导成分，但是文化元素的引入，积极改变了传统超高层建筑的单一与乏味，推动了这一建筑类型更为多样化的发展。近年来，在扎哈·哈迪德等建筑师的影响下，超高层建筑也越来越多地使用非传统的曲线元素，哈迪德的望京 SOHO、丽泽 SOHO、Gensler 建筑设计公司的上海中心大厦都是这一趋势的典型代表。超高层建筑的结构限制使得这种建筑类型难以像低层建筑那样可以有更多的差异性，但就以上案例看来，实践建筑师们仍然可以依赖局部的改良吸收当代思潮的影响，推进此类建筑的渐进而不是激进的演变。

12.2　从真实风格到高技派

　　20 世纪后半期对现代建筑的批评主要集中在建筑的文化意义与社会效用两方面，几乎没有人提及建筑的技术问题。这是因为建筑技术的演进主要是由整体性建筑产业所决定的，而在这一段时间内，主流的建筑技术手段并没有革命性的变化。对先进材料与先进技术的吸收，是现代建筑发展的核心驱动力之一，无论是勒·柯布西耶对钢筋混凝土体系的运用还是密斯·凡·德·罗对钢结构体系的运用，都成为现代设计的典范，被全球众多建筑师所学习和模仿。在这些现代建筑先驱看来，技术带来的不仅仅是实用性与效率，还有一种与自然规律相适应的合理性，而这种合理性本身会带来技术之外的一些特殊作用，比如优美的形态与丰富的细节。勒·柯布西耶在《走向一种建筑》中的名言"住宅是居住的机器"，鲜明地体现了这一立场。在其根本理论假设中，仍然是一种古典的秩序观，认为在普遍性的自然规律下，一个事物只有遵循了规律就可以实现自己的本质，这种本质因为从属于自然本质这一整体，所以具有"真、善、美"等古典特性。而在理想状态下，事物的其他特征，比如形态与外观都应该由其本质决定，这也是路易斯·沙利文提出"形式始终追随功能。这就是法则"[1] 的原因。

在这种理念之下，对于建筑本质的不同定义，会导致非常不同的建筑立场，比如沙利文认为建筑的本质是某种生命力，摩天楼应该体现一种"向上的情感"，所以他的温莱特大厦具有强烈的竖向特征。还有一些人认为建筑的本质是其结构，所以结构体系决定了建筑的具体形态。法国是这种结构理性主义思想的中心领地，维奥莱－勒－迪克是最突出的代表，他在 1866 年的《建筑学讲义》(Lectures on Architecture) 中写道："所有建筑都是从结构出发的，它要满足的第一条件是让建筑的外部形式与其结构相适应。"[2] 结构的确是建筑中最具有技术含量的元素，不仅仅是建筑师在强调结构对建筑最终形态的决定性作用，一些杰出的工程师也对此给予了关注。最具有代表性的无疑是古斯塔夫·埃菲尔（ Gustave Eiffel ）。他的作品，无论是加拉比铁路高架桥（ Garabit Viaduct ）还是埃菲尔铁塔，既是结构工程的杰作，也具有和谐的比例以及优雅的曲线。不同于其他结构工程师，埃菲尔显然对于结构的展现进行了精心的考虑，使得这些被结构所控制的整体形态也具备了出色的形式内容。如果说埃菲尔在钢铁构筑物中展现了优秀结构设计的出色表现力，那么瑞士工程师罗贝尔·马亚尔（ Robert Maillart ）就在钢筋混凝土结构中印证了这一可能性。他的萨西纳图贝尔桥（ Salginatobel Bridge ）采用了三绞拱结构，位于阿尔特多夫(Altdorf)的瑞士联邦谷仓采用了伞形柱顶(Mushroom slab)的无梁楼板结构，这些项目都具有超乎寻常的简单性与纯粹性，结构构件形态古典，具备良好的形式特征。

与马亚尔具有类似特性的是意大利建筑师与结构工程师皮埃尔·路易吉·奈尔维（ Pier Luigi Nervi ）。毕业于意大利博洛尼亚大学的奈尔维接受的是土木工程教育，早在 20 世纪 20 年代，他已经开始专注于钢筋混凝土结构的研究与实践。奈尔维结构设计的一大特点是强调标准化预制构件的使用，因为这可以提高效率以及减少成本。在这一思路推动下，奈尔维倾向于使用重复性的结构元素拼装成整体的结构体系。这往往给予他的建筑一种均匀、细腻、丰富的结构肌理。奈尔维在二三十年代为意大利空军设计的一系列机库就是很好的说明。他采用了预制混凝土肋拼装成机库拱顶的支撑结构。统一的尺度以及规则的斜向格网使得整个拱顶结构显得单纯而充满韵律，有着极为古典的匀称气质。很明显，除了结构强度的考虑之外，奈尔维也特意刻画了整体结构的对称性，赋予这些机库一种克制的纪念性。

在战后，奈尔维在坚持这种结构设计策略的同时，也凭借着他所发明的一种新的结构材料 ferrocemento———一种基于密集金属网的混凝土浇筑材料———的使用，拓展了弯折式混凝土屋面的可能性。这样，在维持了均匀和规则结构肌理的同时，奈尔维的建筑在屋顶形态上具备了更多的变化。1948 年，奈尔维完成了都灵展览会展馆（ Torino

① SULLIVAN L H. Kindergarten chats and other writings[M]. New York : Dover Publications，1979 : 208.
② VIOLLET－LE－DUC E－E. Lectures on architecture[M]. Sampson Low，Marston，Searle and Rivington，1881 : 3.

Esposizioni）的设计建造。与战前的机库一样，统一的预制结构构件组成了屋顶规整的结构韵律，而 ferrocemento 技术的使用帮助奈尔维将屋顶转变为一系列的折板，进而引入了大量的屋顶天窗。充沛的光线与结构构件的交互，形成了极为丰富的屋顶肌理，在某种程度上预示了卡拉特拉瓦此后独特的结构表现力。奈尔维1958

图 12-16 皮埃尔·路易吉·奈尔维，罗马小体育宫

年完成的罗马小体育宫（Palazzo dello Sport），同样用密集和匀质的肋梁覆盖整个穹顶，塑造出一种类似于万神庙穹顶一般的古典性（图12-16）。

在谈到自己的设计思想时，奈尔维写道，那些杰出的天然事物或者人造物有着同样的特征，"尽可能忠实地遵循自然法则，同时也具备了美学性的表现。"[1] 他进一步将这种特征归结为结构本质，因为它们"所共有的是一种结构本质，一种对装饰的必然去除、一种纯粹的线条与形状，足以定义一种真实的风格，我称之为'真实风格'（Truthful style）。"[2] 不过，奈尔维也强调，"真实风格"也并不意味着让结构效用决定一切，"技术要求固然约束性很强，但总是存在些许的自由度，足以让创作者去展现他的个性，如果他是一个艺术家，会让他的创作即使在最严格的技术要求之下，也成为一种真正的真实的艺术品。"[3] 奈尔维对预制构件的执着以及 ferrocemento 的使用显然就属于"些许的自由度"的发挥。他的这些话语也清晰地说明，"真实风格"并不是技术决定论，而是说建筑师或者工程师在总体上遵循结构理性的同时，仍然需要关注和控制结构的表现，需要精确控制"关系与细节"，才能使其成为具备建筑感染力的"艺术品"。不仅是奈尔维，埃菲尔与马亚尔都具备这样的视野与塑造能力。

同样给予预制装配体系独特的结构与充沛细节的是法国建筑师与工程师让·普鲁维（Jean Prouvé）。在法国南锡接受了金属产品与工艺方面的教育之后，普鲁维在20世纪20年代就开始了对金属结构的精细探索。在"二战"期间，普鲁维受命为法国军方设计可以快速组装的营房，这帮助他发展了一种基于预制金属结构的拼装房屋体系。在战后，普鲁维与勒·柯布西耶的表亲皮埃尔·让纳雷（Pierre Jeanneret）一同合作，将这种体系扩展到民间住宅的设计中，并发展成为著名的"可拆卸住宅"（Demountable House）（图12-17）。这种一层的方形标准化住宅主要依靠住宅中心独特的门字形金属结构支撑。住宅的其他主要构件比如梁、墙、窗、门以及屋顶都采用了标准化构件，四五个工人仅仅使用4~5个小时就可以在处理好的地基上拼装完成。在此模式之上，普鲁维还设计了预制拼装的"热带住宅"（Tropical House），添加了外层可调节遮阳模块以及其他标志

① NERVI P L. The foreseeable future and the training of architects[M]//MALLGRAVE & CONTANDRIOPOULOS. Architectural theory（vol 2）：an anthology from 1871 to 2005，Oxford：Blackwell，2007：311.

② Ibid.，312.

③ Ibid.

图 12-17　让·普鲁维与皮埃尔·让纳雷，可拆卸住宅　　　　图 12-18　让·普鲁维，"热带住宅"

性的，带有圆形窗洞的预制墙板（图 12-18）。

　　如果看一看瑞士维特拉（Vitra）工厂迄今仍然在生产众多由让·普鲁维所设计的家具，就会意识到这位法国建筑师对于形态、比例与细节有着多么精湛的控制。这一特征也贯穿在他众多装配式住宅的设计中。虽然大量使用了预制构件，但这些构件往往有着精确的细节，以简单清晰的方式结合在独特的门字形结构体系之中。近年来，人们越来越意识到普鲁维这些作品所具备的极高的设计品质。它们绝不仅仅是为了效率而一味地追求快速拼装。与奈尔维类似，让·普鲁维也认为在这种工业化生产体系中仍然存在建筑表现的空间。他的作品所呈现的朴实、理性、精确以及丰富细节本身也就成为一种独具特色的建筑语汇。在这一点上，让·普鲁维对此后的高技派代表性建筑师理查德·罗杰斯与诺曼·福斯特都有不小的影响。

　　德国建筑师埃贡·艾尔曼（Egon Eiermann）于 1961 年完成的内克曼邮购公司（Neckermann Mail Order Company）大楼从另一个侧面体现了工业建筑独特的魅力。这座建筑轻盈开敞的主体与封闭完整的白色体量之间的对比产生了富有张力的节奏感。横向立面上悬挂在外的斜向楼梯，以及暴露在外的，有着规整布局的通风管，都成为这个建筑显著独特的元素（图 12-19）。它们诉说着这个工厂的效率、内部联系以及运转方式，共同造就一种容纳了结构、服务设施、机械构件的工业建筑语汇。在某种程度上，内克曼邮购公司大楼直接预示了后面我们将着重谈到的法国巴黎蓬皮杜中心。

　　在"二战"之后，德国建筑师的创作经历了一段低谷，但是德国工程师与技术专家在很多领域取得了世界领先的成果。杰出的结构工程专家、2015 年普里茨克奖获得者弗雷·奥托（Frei Otto）就是最好的代表。奥托曾经在"二战"中作为飞机驾驶员服役，战争结束后他先后在柏林工业大学（Technical University of Berlin）与美国弗吉尼亚大学学习建筑与城市规划。逐渐地，奥托的研究兴趣转向了轻质张拉结构，1954 年他凭借名为"悬挂式屋顶，形式与结构"（The Suspended Roof，Form and

图 12-19　埃贡·艾尔曼，内克曼邮购公司大楼

Structure）的论文在柏林工业大学获得博士学位。很快，奥托开始将研究成果运用于实践，他的结构体系往往由很少的主体支撑结构，比如立柱，以及覆盖大片区域的拼装式轻质拉索网组成，在结构之上采用篷布或者有机玻璃板覆盖成为具有遮蔽性的屋顶。这种结构体系的特点是轻盈、可以标准

图 12-20　弗雷·奥托，慕尼黑奥运会体育场

化生产、迅捷地现场组装，以及特殊结构带来的特殊的屋顶形态。在 20 世纪五六十年代，奥托在联邦花园展览会以及国际花园展览会上设计建造了一系列张拉膜临时展棚，是这种结构体系最早的案例。随后他在 1967 年蒙特利尔世界博览会德国馆（German Pavilion EXPO 67），以及 1972 年慕尼黑奥运会体育场（Munich Olympic Stadium）等项目中证明了这种体系在大规模建筑中的有效性。慕尼黑体育场的设计完全改变了人们对体育场的传统认知。奥托仅仅使用了 8 根金属立柱以及张拉索网就覆盖了整个看台，丙烯酸玻璃板铺砌的屋面让整个屋顶变得通透与轻盈，呈现出匪夷所思的建筑景观。除此之外，张拉体系下屋顶富有韵律的起伏也带来多样化的自然形态（图 12-20）。虽然主要是从结构出发，奥托的作品非常经典地呈现了现代建筑所追求的技术性、开放、先进、高效与新颖。但奥托所关注的不仅仅局限在这里，他认为这种可装配式轻质结构可以比传统建筑更好地帮助弱势群体，这也促成了他与日本建筑师坂茂（Shigeru Ban）的合作。后者也致力于探索拼装式纸质结构的运用可能，他们共同完成的 2000 年汉诺威世界博览会日本馆（Japan Pavilion EXPO 2000）建立了这种结构体系与绿色建筑策略之间的联系。

　　美国建筑师埃罗·沙里宁（Eero Sarrinen）也非常善于利用特殊的结构体系来获得不同寻常的建筑形态。埃罗·沙里宁是著名芬兰建筑师伊里尔·沙里宁（Eliel Saarinen）的儿子。不同于老沙里宁充满传统色彩的新艺术运动设计，埃罗·沙里宁热衷于有着鲜明技术特征的现代建筑创作。他的第一个独立作品，通用汽车技术中心（General Motors Technical Center）已经展现出这一特征。作为通用汽车的研究园区，沙里宁将主要五座办公建筑与大片的水池结合起来，这些建筑有着明显的密斯·凡·德·罗特征，它们就像后者在 IIT 校园建筑中所设计的那样，有着简单的长方形形体、轻盈的钢结构，立面主要由模块化的幕墙单元组成。这样的建筑有着精确、简洁、清晰、先进的技术特征，与通用汽车的公司形象完美地切合在一起。另外两个增强了园区未来主义色彩的元素，是水池中 42 米高的不锈钢灯塔，以及巨大的、被光亮铝板覆盖的穹顶，这里是著名的设计展厅（Design Auditorium），用于展陈通用汽车的设计产品。很明显，埃罗·沙里宁试图渲染一种具有科幻色彩的先进设计园区的形象。

　　沙里宁随后的创作转向更为大胆的结构技术，并且充分挖掘了非常规结构带来的，具有雕塑感的建筑形态的潜能。他在 1958 年完成的耶鲁大学英格尔斯冰球馆（Ingalls Hockey Rink）采用了曲线形的钢筋混凝土中心主梁，拉索从主梁上延伸到两侧，最终得到一个类似于中国传统建筑屋顶，但是有着起伏曲线变化的崭新形象（图 12-21）。有

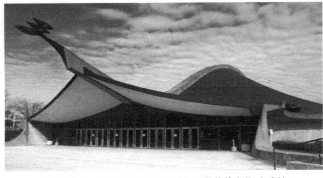

图 12-21　埃罗·沙里宁，耶鲁大学英格尔斯冰球馆

图 12-22　埃罗·沙里宁，纽约肯尼迪国际机场 TWA 航站楼

图 12-23　埃罗·沙里宁，华盛顿杜勒斯国际机场航站楼

的学者认为这一设计直接启发了日本建筑师丹下健三 1961 年为东京奥运会设计的国立代代木体育馆（National Olympic Gymnasium），丹下健三成功地将悬索结构与日本传统屋顶形态结合在一起。1962 年，沙里宁设计的纽约肯尼迪国际机场 TWA 航站楼（TWA，John F. Kennedy International Airport）完工。这座航站楼采用了大尺度的钢筋混凝土薄壳结构，仅仅依靠四个混凝土立柱支撑起庞大的，如翅膀般伸展的屋顶壳体。整个建筑看起来仿佛一个巨大的飞鸟雕塑，正准备展翅飞翔（图 12-22）。混凝土的整体塑性与连续性在结构中得到的充分的体现，让人想起门德尔松曾经在爱因斯坦天文台中所进行的尝试。沙里宁的设计充分展现了令人惊异的结构可能性，在建筑的内部，沙里宁也通过各种细节的刻画凸显出雕塑感与流动性。

　　在几乎同一时期完成的华盛顿杜勒斯国际机场航站楼（Dulles International Airport Terminal Building）中，沙里宁在一个简单的长方形平面中通过新颖的结构同样获得极富动态的建筑形象。他在长方形的两个长边布置了一高一低的两排斜向混凝土立柱。在柱子之间是悬挂的弧形混凝土顶面。完整、光滑、单纯的巨大顶面给进出的旅客留下了深刻印象，仿佛是一片轻盈的风帆正在被大风扬起（图 12-23）。这两个作品都展现出沙里宁在结构上的开创性，也给予他的建筑超乎寻常的特异形态。对于普通大众来说，他最为人熟知的设计是美国密苏里州圣路易斯市的杰弗逊国土拓展纪念碑（Jefferson National Expansion Memorial），这是一个高达 192 米的不锈钢拱门，采用了悬垂线弧形，具有极为强烈的技术特征。沙里宁希望用这样的元素象征美国的进取精神，他的作品是 1960 年代洋溢的技术乐观主义最典型的表现之一。我们之前已经谈到了"建筑电讯""新陈代谢"派的技术倾向，沙里宁虽然没有参与相应的理论讨论，但是他的作品是这种建筑思潮潜能的最好明证。

巴西建筑师保罗·门德斯·达·洛查（Paulo Mendes da Rocha）也非常擅长利用大尺度的结构元素，他在1957年设计的圣保罗竞技俱乐部（Paulistano Athletic Club）用六个异形的混凝土支撑将整个体育场屋顶的混凝土圆环撑起，同时支撑顶部的悬索吊起了屋顶中心的钢架部分。混凝土的厚重与悬索的张力之间形成了富有冲击力的反差，这种强烈特征使得达·洛查以及与他有着类似特征的若昂·维拉诺瓦·阿蒂加斯（João Vilanova Artigas）被冠以"圣保罗学派"（Paulista School）的称呼。后者与卡洛斯·卡斯卡迪（Carlos Cascaldi）合作完成的圣保罗大学建筑与城市系馆（Faculty of Architecture and Urbanism，University of São Paulo）将封闭而强硬的长方形混凝土体量架空在上部，通过连续的坡道与充沛的屋顶采光给予建筑令人瞩目的特色。尽管有人用"圣保罗粗野主义"（Paulista brutalism）来描述这样的作品，但达·洛查的创作并不仅仅是保罗的混凝土与雄壮的结构，他的那些异常显眼的结构元素往往有着明确的建筑意图，有时是获得开放的公共空间，比如维多利亚艺术码头（Cais das Artes in Vitoria），有时是获得轻盈的悬浮感，如圣保罗酋长广场（Patriarch Plaza）。结构元素虽然显眼，但是仍然从属于整体性的建筑考虑之中，它们的直接与坦白并没有压制其他的建筑元素。在金住宅（Casa King）与圣保罗州立艺术博物馆（Pinacoteca do Estado de São Paulo）更新项目中，达·洛查充分证明了他的建筑语汇同样可以与原始的自然环境以及敏感的历史传统融合在一起。

从奈尔维到沙里宁，这些早期先驱都将技术创新视为建筑创作的驱动力，他们所追寻的目标除了实用性之外，也包括技术的象征性表达——或者是通过结构，或者是通过构造细节，或者是通过新颖形态。从某种程度上，这种倾向可以被视为现代主义"机器美学"的进一步延续，只是具体所表现的内容有了更多的扩展，涵盖了从奈尔维的古典性到沙里宁的运动感等不同的方面。1977年在巴黎落成的蓬皮杜中心（Centre Pompidou）给予了这一流派最强有力的注释，它的特色是如此鲜明，以至于人们开始用一个新的称呼来指代这一流派，这就是"高技派"（Hi-tech Architecture）。

高技派的核心代表人物是两位英国建筑师理查德·罗杰斯（Richard Rogers）与诺曼·福斯特（Norman Foster），他们是同学，都在耶鲁大学建筑系获得建筑学硕士学位，回到英国之后他们也在1963—1967年间合作组成了团队4（Team 4）设计机构。随后，两人开始自己独立的创作，塑造了一系列经典的高技派作品。在完成蓬皮杜中心之前，罗杰斯已经在一些小型建筑中进行过相关尝试。他1967—1969年之间为杜邦公司完成的拉链住宅（Zip-Up House）概念方案，是一个基于预制组装构件的钢结构住宅原型，其基本模块采用了汽车工业技术的批量化生产，可以在现场拼装和扩展。拉链住宅理念以及轻质结构、金属模块的细节都让人联想起让·普鲁维的直接影响。这种影响也被罗杰斯自己所承认，并且在稍晚他为自己的父母在伦敦温布尔顿（Wimbledon）设计建造的罗杰斯住宅（Rogers House）中成为现实。这个住宅也采用了模块化理念，一大一小两个体块分别由四个和两个钢结构单元组成。作为结构的黄色工字钢梁直接暴露在建筑立面与建筑室内。除了落地玻璃窗外，围护的墙板都是预制拼装的，它们的圆形舷窗与舱门都有着典型的让·普鲁维特征。

蓬皮杜中心将这种工业化的技术理念转化成了超乎寻常的建筑形象。这个项目是由罗杰斯与意大利建筑师伦佐·皮亚诺（Renzo Piano）合作完成的（图12-24）。作为一

图 12-24　理查德·罗杰斯与伦佐·皮亚诺，蓬皮杜中心

个文化中枢，设计者采用了密斯·凡·德·罗"普适空间"（Universal Space）的理念，让建筑主体部分成为不受任何干扰的完全平整和开敞的整体空间，这样可以实现文化中心的灵活运用。为了达到这一目的，需要将结构、楼梯、管道设施迁移到建筑表层。而蓬皮杜中心的特殊性主要在于它采用新颖的"加博雷特"（Gerberette）支撑体系，并且将结构与所有的服务设施都暴露在外。加博雷特是一种特殊的铸铁构件，每个重达 9.6t，通过铰接固定在立柱之上。它有着一长一短两个悬臂，短的直接连接在楼板桁架上，支撑混凝土现浇楼板，而长臂则向外悬挑出将近 6m，逐渐收窄的端头通过较细的杆件相连。这个由奥雅纳（Arup）公司结构工程师提出的解决方案，给予蓬皮杜中心十分独特的结构形象。除了楼板以外，整个结构体系几乎都暴露在外，加博雷特悬挑形成的空隙用于容纳楼梯、电梯、管道与线缆。由于最外层的并不是主体支撑结构而是拉住加博雷特的张拉杆件，所以一般人从外部看来，整个建筑是一个轻盈、通透的金属框架，斜向的楼梯悬挂在框架之外，仿佛是在回应艾尔曼的内克曼邮购公司。水平廊道以及不同功能与颜色的管道与线缆在框架的空隙中穿行，将建筑塑造成为一个复杂运转的机器。

很显然，蓬皮杜中心的设计有很重要的实用性的考虑，比如将场地的大部分空出来作为城市文化广场，以及将建筑内部清理为无干扰的空间。罗杰斯最初甚至设想让楼板可以上下移动来满足不同使用的可能性，但最终没有实现。这个建筑最引人注目的仍然是其暴露在外的独特结构以及服务设施。加博雷特的使用使得建筑形象迥异于常规的钢结构体系。更为罕见的是将立面上的各种服务管道用显眼的色彩凸显出来。这显然是一种有意图的表现，而不仅仅是效率使然。在内部，蓬皮杜中心开放的平面的确增进了建筑的使用效率。在外部，其前所未有的形象立刻成为争议的焦点，尤其是其技术特征与周围的巴黎历史建筑肌理之间明显的差异。

将各种机械设施暴露在外以体现力量、流动以及机器特征是现代主义从未来主义时期以来就一直存在的一种设想。蓬皮杜中心给予了这种设想最为充分的诠释。尽管除了加博雷特构件之外，这座建筑所使用的其实都是常规技术，人们也乐于用"高技派"的称呼来标识它。这里所强调的，并不只是技术的高低，而是将这些技术特征作为建筑表现内容的未来主义立场。

在蓬皮杜中心之后，罗杰斯在 1978—1984 年间完成的伦敦劳埃德大厦（Lloyd's Building）是对类似理念的再一次诠释（图 12-25）。将服务设施布置在外围，以获得中心空间的开放与纯粹，这种"服务与被服务"相互分离的做法，以及中心采光中庭的使用，使得劳埃德大厦与赖特的拉金大厦出奇地相似。真正让建筑凸显出来的，仍然是那些被布置在外部的构件。虽然没有蓬皮杜中心那样密集的外露结构，但罗杰斯将楼梯、管道以及服务房间都用不锈钢板进行了包裹，整个建筑的机器感甚至比蓬皮杜中心更为强烈。

　　不同于这种单纯对技术设施的突出表现，罗杰斯1992—1998 年完成的法国波尔多法院（Bordeaux Law Courts）展现出了非常有趣的新内涵（图 12-26）。大面积的玻璃幕墙、暴露的拱顶结构、轻盈的曲面屋顶仍然展现了明确的技术特征，但是它们的分量已经被极大地削弱了。最引人注目的是 7 个被斜柱支撑在空中的有着木质表面的锥塔，它们是各个法庭所在地。这种独特的形状实际上来自于对能源效率的考虑。锥形形体保证顶部天窗的光线更有效地进入室内，拉高的空间也有助于空气自下而上地流动，在顶部还做了特殊的处理，以提升空气流动的效率。所以，这座建筑的独特形态来自于大量被动式绿色建筑技术的使用。这非常典型地体现出"高技派"自 1990 年代之后的转向，从此前对于机械特征的视觉表现越来越多地转向对绿色建筑技术的利

图 12-25　理查德·罗杰斯，
伦敦劳埃德大厦

用。相比于早期的作品，转向后的"高技派"建筑可能技术特征反而不是那么鲜明，一个简单的原因是过多的暴露会带来维护与能耗上的严重损失。但是在建筑内部，建筑师们在积极地探索各种新的绿色建筑理念，从而使得技术手段能够真正改进建筑的绿色效能，而不是仅仅作为吸引人注意力的表面符号。

　　诺曼·福斯特的创作也有着类似的轨迹。除了对结构与机械设施的敏感使用外，福斯特的设计常常具有一种古典性，这体现在他倾向于使用较为纯粹的几何形态，并且注重对称性、匀质性、比例以及细节的刻画等等，这给予他的作品一种重要的文化潜质。福斯特的著名建筑，为柏林议会大厦（New German Parliament）添加的玻璃穹顶就体现了这一特征，其典雅的外形呼应了古典传统，而玻璃与轻盈结构的介入则将开放、平等、民主等理念注入这一重要的历史建筑之中（图 12-27）。另一个杰出例子是法国尼姆的卡雷艺术中心（Carré d'Art）。这座白色的，由钢与玻璃建造的建筑就站立在尼姆著名的历史遗迹，保存完好的公元前一世纪罗马神庙——卡雷神殿的一旁。福斯特让建筑体量后退，面向神殿的是由 5 根白色细钢柱支撑的同样轻盈的白色遮阳挑檐

图 12-26　理查德·罗杰斯，法国波尔多法院

图 12-27　诺曼·福斯特，柏林议会大厦玻璃穹顶

图 12-28　诺曼·福斯特，卡雷艺术中心

图 12-29　诺曼·福斯特，
香港汇丰银行总部大楼

（图 12-28）。这显然是对罗马神庙柱廊的钢结构诠释。通过这种手段，卡雷艺术中心谦逊地融入了卡雷神殿周边的历史肌理之中。福斯特出色地证明了技术元素也可以具有敏锐的文化触觉。

　　福斯特最为知名的"高技派"作品之一是 1986 年完成的香港汇丰银行总部大楼(Hong kong & Shanghai Bank Headquarters)（图 12-29）。这座高层建筑的设计思想与劳埃德银行非常类似，将常规的高层建筑中心核心筒分解为小的服务设施，布置到建筑主体的两侧。这样整个建筑中心是灵活而开敞的办公空间。福斯特也设置了中庭，甚至还安装了镜面反射板，将侧向进入的阳光反射到建筑底部。这座建筑的特征仍然是依赖暴露在外的悬挂结构以及楼梯、电梯、擦窗机等服务性设施所定义的。如此强烈的技术表现在福斯特此后的项目中逐渐隐退。与罗杰斯类似，福斯特的关注点也越来越多地转向绿色建筑技术。他的法兰克福德国商业银行（ Commerzbank ）大楼、伦敦市政厅（ London City Hall ）以及圣玛丽艾克斯大街 30 号大厦（ 30 St Mary Axe Building ）都是这一领域的出色范例。尽管存在技术重点的变化，福斯特设计的典雅气质使得他与苹果公司建立了良好的共鸣，两者都认同基于技术的优雅与单纯，这导致福斯特获得了苹果公司总部大楼以及新加坡苹果商店等设计项目（图 12-30）。相比于早期的香港汇丰银行，这些作品没有对技术元素的过分强调，而是将它们含蓄地吸纳到建筑的整体语汇中，成为服务建筑品质的一种组成元素。这种策略可能解释了"高技派"逐渐消逝的原因，并不是因为技术热情的退步，而是说技术被更好地吸收到多元的建筑创作中。

　　在这一点上，罗杰斯在蓬皮杜中心的合作者伦佐·皮亚诺也是一个杰出的范例。他非常善于将细腻的技术手段与建筑的文化特质精妙地结合起来。在美国休斯敦的梅里尔美术馆（ Menil Collection ），他用一套预制遮阳板系统为展室提供了柔和的光线，同时塑造了建筑的平静的细节。在新喀里多尼亚的让·玛丽·吉巴奥文化中心（ Jean-Marie Tjibaou Cultural Centre ），皮亚诺用木质结构体系搭建起一个个类似原始部落构筑物般的单元，与海岛的自然环境密切地融为一体（图 12-31）。在他的作品中，我们常常可以看到建筑技术最为优雅的一面，这显然也是一种"技术"的进化，而不是退步。

图 12-30　诺曼·福斯特，苹果公司总部大楼　　　　　图 12-31　伦佐·皮亚诺，
让·玛丽·吉巴奥文化中心

12.3　生态与可持续建筑理念的兴起

　　罗杰斯与福斯特从之前的"高技派"转向对绿色建筑技术的重视并不是一个孤立的现象。自 20 世纪 60 年代以来，人们对于生态环境的问题有了越来越紧迫的认知，推动了从环境安全到气候变化等一系列研究的开展。建筑作为重要的环境塑造者以及资源消耗者，在这一全局性战略中扮演了重要角色。这一时期也见证了生态与可持续建筑理念从早期萌芽发展成为具有全球性影响的重要建筑原则。

　　在现代主义早期，自然环境与现代建筑的关系并不是那么紧密。虽然有赖特以及阿尔瓦·阿尔托这样的强调建筑与自然环境相融合的建筑师存在，但主流的现代建筑所关注的仍然是自身的体系，比如"新建筑五点"或者"国际式风格"的理念中都没有涉及自然环境的内容。当谈到自然条件时，多关注的也是采光、通风、绿地等抽象的物理条件，并没有将自然环境本身作为一个整体进行考虑。此后兴起的地域主义与批判性地域主义都指出了现代建筑忽视场所条件的缺陷，强调建筑应当适应特定地区的特定气候与文化条件，不过，这种视角仍然局限在较为狭窄的范围内，并没有扩展到全球性的环境问题当中。

　　1962 年美国作家雷切尔·卡森（Rachel Louise Carson）的书《寂静的春天》（*The Silent Spring*）出版，很大程度上改变了人们对环境问题的看法。在此前很长一段时间，自然环境被视为一种宏大的背景，人们可以从中获取资源，应对特殊的自然条件，其关注点是人如何适应自然。卡森的书提出的问题是，人与自然的关系还有另一面，那就是人可以极大地影响自然，而这一点在此之前被很多人所忽视了。他们常常认为自然无边无际，不会因为人的扰动而发生剧烈的变化，因此人不需要担心自己对自然的影响。《寂静的春天》打破了这一观点，卡森讨论的焦点是化学合成农药的使用。基于大量的资料证据，卡森指出合成农药的使用会对生态环境带来严重的负面影响。像 DDT 这样在当时被大量喷洒的农药，虽然可以杀死部分害虫，但是也会伤害自然生物，比如鸟类。《寂静的春天》这一书名就由此而来，它描绘了鸟类被毒害的可悲后果。卡森的书在全球引起了极大的反响，不仅仅因为书的出版直接导致了 DDT 在美国的禁用，更重要的在于她以充分的论据说明了人类活动完全可能对整体的自然界带来灾难性的后果，而遭受损失的不仅仅是自然，也包括我们自身。卡森的书所唤起的，是一种整体性的环境意识，这种意识将整个地球环境作为对象，考虑人类活动对其的影响。这是此后生态建筑思想的基本理论前提。

1960 年代中期，经济学家肯尼思·博尔丁（Kenneth E. Boulding）将地球整体环境与人类经济模式关联了起来。在他 1966 年著名的文章《即将到来的地球宇宙飞船的经济》（The Economics of the Coming Spaceship Earth）中，博尔丁指出，传统经济学是一种开放的"牛仔经济学"（Cowboy economy），认为人类所依赖的资源是无限供给的，而未来的经济学是闭合的"宇宙飞船经济学"（Spaceship economy），必须认识到地球资源、环境条件都是有限的，"地球已经成为单一的宇宙飞船，没有任何储备是无限的，无论对于攫取资源还是释放污染来说都是这样，在这样的飞船中，人必须在循环的生态体系中找到自己的位置。"[1] 宇宙飞船是精密而脆弱的，需要仔细维持与保护。博尔丁的这个比喻提醒人们注意地球资源的限度，注意保护整个生态系统的稳定，避免过度的资源开采与环境污染对地球这艘孤独而珍贵的"宇宙飞船"造成难以挽回的破坏。

在建筑界，美国人巴克明斯特·富勒对这一问题作出了积极回应。我们在前面提到过，富勒在"二战"后积极推动将新的工业技术运用在建筑中，力求以最少的材料获得最大的效用，这对于减少对自然资源的消耗有直接的意义。在 1960 年代中期，富勒将博尔丁的"地球宇宙飞船"（Spaceship earth）理念引入了建筑界，在这一不同的场合呼吁利用新的技术减少建筑对环境资源的消耗。1969 年他出版了《地球飞船操作手册》（Operating Manual for Spaceship Earth）一书，提出很多技术设想，以避免生态灾难，提高环境资源的利用效率。环境议题成为富勒晚年最关注的领域，在一段著名的引言中，富勒写道："整个人类现在拥有了这一选项，成功地和可持续地'实现目标'，我们需要拥有头脑，发现原则，并且基于这些原则用更少的东西来做更多的事情。"[2] 富勒的著作将生态议题与新的技术手段明确联系起来，预示了此后绿色建筑技术的发展。他也是最早在建筑界中倡导可持续理念（Sustainability）的人之一。

"可持续发展"主要是藉由罗马俱乐部（Club of Rome）1971 年发表的报告《增长的极限》（The Limits to Growth : A report for the Club of Rome's project on the predicament of mankind）而被人们所熟知。罗马俱乐部是由一些政治家、联合国官员、科学家、经济学家、企业家于 1968 年成立的一个团体，主要致力于环境污染、贫穷、流行病、犯罪等全球性议题的讨论。他们委托麻省理工学院科学系采用计算机模拟的方式预测人类社会的未来发展，这一研究的成果以《增长的极限》为名于 1972 年出版，随后在全球广泛流传，翻译成了超过 30 种语言，销售了超过 3 千万本。基于当时已知的资源储量以及资源消费模式，《增长的极限》得到了令人警醒的结论：①当前的增长模式将在 100 年内达到顶峰，随后会出现剧烈的下降；②仍然有可能改变增长模式，建立一种生态与经济的稳定性，并且持续到长远的未来；③如果要实现第②个目标，全世界必须立即开始行动。1973 年的石油危机为《增长的极限》提供了助推剂，石油成本的急剧上升严重冲击了西方主要经济体的经济，也使得人们更为关注持续、稳定发展的问题。

---

① BOULDING K E. The economics of the coming spaceship earth[M]//MARKANDYA & RICHARDSON. The earthscan reader in environmental economics，New York：Earthscan Publications，2017：7.

② 转引自 FULLER R B. Operating manual for spaceship earth[M]. Zurich：Lars Müller，2008：7.

虽然很多人质疑《增长的极限》所采用的方法与结论，但这本书成功地将"可持续发展"（Sustainable development）的观念竖立为一个普遍公认的世界性目标，这一理念随后也被联合国所采纳，推动世界各国共同参与相关议程的设定。

虽然"可持续发展"是一个综合性的理念，但其中极为重要的一个组成部分就是环境的可持续发展。20 世纪 60 年代以来对气候变化的研究使得这一议题迅速凸显出来。早在 19 世纪上半期，法国物理学家约瑟夫·傅里叶（Joseph Fourier）就提出了"温室效应"（Greenhouse effect）：地球的大气层像温室的玻璃一样为地球保持了热度。随后的研究进一步证实，大气中的二氧化碳起到了主要吸收热量的作用，瑞典化学家斯万特·阿伦尼乌斯（Svante Arrhenius）通过计算论证，大气中二氧化碳含量的变化有可能明显地改变全球温度。自 20 世纪中期开始，科学家们开始持续监测地球大气二氧化碳含量。美国科学家查尔斯·基林（Charles Keeling）的研究成果表明了这一数据在持续上升，根据计算，如果这一趋势持续下去，在 21 世纪全球气温将升高 2 摄氏度。尽管对于这一现象的成因有不同观点，但是科学界的主流看法是，二氧化碳等温室气体的增加是人类活动造成的，而由此带来的温度上升将造成严重的生态灾难。

就像《增长的极限》所预言的，这种趋势是不可持续的，必须立刻采取行动。自 20 世纪末期以来，全球气候变化已经成为环境议题中最为紧迫的事项，得到了全球许多政府的重视。1989 年联合国政府间气候变化专门委员会（Intergovernmental Panel on Climate Change，IPCC）成立，有力推动了气候变化的研究与政策应对。全球主要政府相继于 1997 年和 2016 年签署了《京都议定书》（Kyoto Protocol）与《巴黎气候变化协定》（Paris Climate Agreement），协调各国政府的温室气体排放，以实现整体性控制全球变暖的目标。至此，世界性生态环境问题的关注点从早期的污染物排放转移到温室气体排放控制上，这也意味着对社会生活各方面更深入的影响，也极大地主导了 20 世纪末期以来建筑技术的主流发展倾向。

虽然并不会像许多工厂一样直接排放有毒污染物，建筑却是整体社会运转中极为重要的碳排放来源。据相关学者分析，在 21 世纪初，建筑消耗了全球 30%~40% 的能源供给、50% 的地表采掘原材料、20%~30% 的温室气体排放。[1] 因此，减少建筑运转能源消耗，避免使用需要高能耗加工的材料，以及达成建筑部件的循环利用，成为帮助实现可持续发展的重要目标。实际上，提高建筑的能耗效率，以较低的投入实现建筑环境的优化是建筑行业的古老议题。在风扇、空调、采暖设施等现代机械诞生之前，人们主要依赖自然条件如空气流动、日照、植被、水面来获得理想的居住环境。建筑对此进行针对性地设计，以实现更为有效的趋利避害。这种不依赖大量能源输入，而是倚重既有自然条件提高建筑环境效能的做法被称为被动式设计（Passive design）。最为常见的，比如通过加厚墙壁来增进保温隔热，或者是引入植物与水面降低温度。

在环境意识逐渐提升的情况下，这些传统的被动式设计手段得到了新的重视。很多建筑师意识到了它们相对于现代建筑体系在能源利用效率上的优越性，进而在当代建筑师积极地推动下这些手段再次复苏。一个非常典型的例子是保罗·索雷里（Paolo Soleri）推动建设的"阿科桑蒂"项目（Arcosanti）（图 12-32）。索雷里原籍意大利，

---

① 引自 https：//www.britannica.com/art/green-architecture 20201113.

图 12-32　保罗·索雷里，"阿科桑蒂"项目

他在都灵理工大学获得建筑学位之后，在赖特位于亚利桑那和威斯康辛的塔里埃森学校学习了一年半。赖特的有机建筑思想，以及远离大城市、在自然环境中居住和工作的立场给索雷里留下了深刻印象。1955 年，索雷里定居在亚利桑那州斯科茨代尔（Scottsdale），并且开始建造自己的居住与工作地"科桑蒂"（Cosanti）。被动式技术的采用，使得索雷里塑造了"科桑蒂"极为特殊的个性。比如他减少使用传统混凝土模板，大量使用泥土来帮助浇筑，这一方面节约了模板材料，另一方面也给予了建筑某种原始色彩。此外，为了应对地域炎热气候，索雷里将主要建筑嵌入地面以下，利用土壤的厚度来实现更理想的温度调控。"科桑蒂"是索雷里将被动式设计与他的居住理想相互结合的早期实验。1969 年，索雷里出版了《建筑生态：以人的图景为基础的城市》（Arcology：City in the Image of Man）一书，对自己的理念给予了进一步说明。Arcology 是建筑（Architecture）与生态（Ecology）两词合成而来，索雷里用其来指代一种未来的城市模式：一种高密度、高能效、低污染、环境友好的理想城市，除了生态特征之外，人与人之间、人与自然环境都有着更为密切和直接的交流互动。1970 年，索雷里在亚利桑那州凤凰城以北购买了860 英亩土地，开始建造一个名为"阿科桑蒂"的示范性聚居地。除了继续沿用此前的被动式设计手段之外，"阿科桑蒂"的影响力还来自于它完全依靠志愿者们自行建造起来。数十年来，有超过 8000 人来到这里无偿参与项目的建设，完成了一系列住宅与公共建筑。虽然"阿科桑蒂"距离索雷里所预想的容纳 5000 人的城市还相去甚远，但是它的理念以及独特的建造方式，成为一个非常具有标志性的事件，推动了被动式设计与生态建筑理想的推广。"阿科桑蒂"的一部分建设资金来自于这里设计生产的极为古朴的风铃，这也成为建筑与自然更为融洽并存的一种象征。

在世界各地的建筑传统中，逐渐演化了很多被动式设计的手段，以适应各地不同的自然条件，获取尽量舒适的建筑环境。这些手段本身成为塑造地区建筑特征的核心元素。所以，在 20 世纪后半期的地域主义倾向下，当代建筑师也将这些被动式设计举措延续了下来。一个特殊的例子是勒·柯布西耶后期作品中大量使用的"遮阳板"（Brise-soleil）体系。这实际上来源于北非传统建筑中的外部遮阳设计。勒·柯布西耶将这种民间建筑的被动式设计转化成为普适性的现代建筑语汇，被大量当代建筑师所接受。伯纳德·鲁道夫斯基编著的《没有建筑师的建筑》中汇集了很多有着特殊被动式设计的民间建筑案例，比如中国河南建造于地表以下的地坑院、西班牙加利西亚利用自然通风的谷仓、西亚国家收集鸟粪的鸽塔、巴基斯坦信德省为房间注入新风的风塔。这些案例证明了被动式设计也可以成为建筑文化的传承载体。一些地域主义建筑师的创作积极吸纳了这些元素。如埃及的哈桑·法赛，他所坚持的传统建造方式也自然而然地继承了当地民居的厚墙、小窗、庭院等被动式设计特征。巴克里希纳·多西的桑珈工作室采用了遮阳拱顶、水池、半地下浅埋等传统手段。杰弗里·巴瓦设计中随处可见的敞廊、庭院、水池在传递了文化特征的同时也有助于改善局部的建筑环境。正是因为看到了在被动式设计上的一些优势，人们对于传统建筑的技术评价也在变化，由过去单纯地以结构与经济效率为标准，转向更为全面的权衡。很多建筑师自发地利用传统技艺，如厚实的夯土、毛石砌筑与竹片编织，来实现被动式环境调节。这些在过去看来属于"低技"的策略，已经越来越被认同为一种新的技术重生。

马来西亚建筑师杨经文（Ken Yeang）用他的作品证明了传统的被动式设计手段完全可以转化为新颖的技术性语汇。杨经文在英国的建筑联盟学校获得建筑学位，此后在英国剑桥大学完成了名为"在设计与规划建成环境时结合生态考虑的理论框架"（A Theoretical Framework for Incorporating Ecological Considerations in the Design and Planning of the Built Environment）的博士论文。期间，他还参与了美国宾夕法尼亚大学教授伊安·麦克哈格（Ian L. McHarg）的生态规划课程。麦克哈格1969出版的著作《设计结合自然》（Design with Nature）反对传统的"统治与摧毁"式的对待自然的态度，倡导更为重视环境质量的规划与设计原则，尤其重视自然环境的多样性与丰富活力。杨经文自己的理论与创作明显受到了麦克哈格的影响，所以在将论文出版为著作时，他也选择了《与自然一同设计》（Designing with Nature）的类似书名。

杨经文的作品最显著的特征就是大量被动式设计手段的引入。在他1985年完成的位于马来西亚雪兰莪（Selangor）的自宅中，杨经文用一个巨大的百叶式格栅构件覆盖了整个住宅，成为建筑常规屋顶上的另一个遮阳屋顶，使得这个建筑获得了"双顶住宅"（Roof-roof House）的称呼。此外，杨经文还利用墙体引导自然风进入餐厅，并且在主导风向的东面设置了水池，对自然风进行降温。这些手段单独来看都并不特殊，但是在杨经文的处理下，它们的轻盈、灵活以及通透等特征完全主导了人们对这一建筑的感受，形成了一种典型的生态建筑类型。

在随后完成的吉隆坡附近的梅西尼亚加塔楼（Mesiniaga Tower）中，杨经文成功地使用类似的手段改变了高层建筑的呆板形态（图12-33）。他根据太阳运行轨迹在建筑立面上配置了竖向遮阳板，在建筑地面部分使用了覆土绿植屋顶隔绝日晒，在建筑顶部设置蒸发水池以降低温度。最具特色的是杨经文在建筑的主导风向一面留出了大量空洞，其中的绿植与阴影可以帮助空气降温，此后再进入建筑内部。杨经文也在屋顶上安装了格栅式屋架，希望利用植物的攀爬成为另一个双层屋顶。梅西尼亚加塔楼是生态建筑发展中一个重要的范例，它表明了被动式设计手段本身可以提供丰富的建筑元素，它们与

图 12-33　杨经文，梅西尼亚加塔楼

现代主义所强调的结构与功能要素一样，也可以成为同时兼具了合理性与象征性表达的建筑语汇，就像杨经文所写道的："一个设计作品可以不仅仅是设计者美学诉求与使用功能的传统表述；它也是关于设计方案受环境影响的物理以及象征性的表达。"[①] 在杨经文之后，我们也看到越来越多的建筑师倾向于对生态设计的技术性表达，就像前面所提到的，它们逐渐替代了高技派对结构与设施的单一体现。

在 1990 年代，绿色建筑、生态建筑、可持续发展等理念已经在全世界范围内被广泛接受，并且越来越多地被运用在当代设计中。这种全球共识代表性地体现在德国汉诺威举办的 2000 年世博会上，该次博览会的主题即为"人类、自然与技术"。为了给博览会建筑师们提供指引，主办方委托美国建筑师威廉·麦克唐纳（William McDonough）在 1991 年编辑发表了著名的《汉诺威原则》（The Hannover Principles）。这一简短的文献被很多人视为生态建筑运动的宣言，其主要内容有 9 点：①人类与自然互相支持地可持续共生；②人类活动会对自然界带来各种各样的影响；③尊重精神与物质之间的联系；④接受设计结果对于人类、自然系统的责任；⑤创造具有长久价值的安全物品；⑥消除废弃物的概念；⑦依赖太阳能等自然能源；⑧认识到设计的局限性，面对自然应该谦逊；⑨通过知识共享获得持续的提升。[②]

2000 年，麦克唐纳与合作者米哈尔·布朗格（Mihael Braungart）在此基础上出版了《从摇篮到摇篮：重新创造我们制造事物的方式》（Cradle to Cradle：Remaking the Way We Make Things）一书。这本书的核心内容是关于汉诺威原则的第 6 点。两位作者指出，在自然界中并不存在废弃物，一个生物的排泄物会成为其他生物的养料，生物自身也会在生命结束之后重新融入自然循环之中。建筑也应该遵循这种"从摇篮到摇篮"的循环，它的任何一个组成部分都应该能够重新回到自然运转或者是循环利用之中，而不是成为毫无用处的废弃物。这本书提出了一系列原则，指导人们在建筑的设计、生产、使用、拆卸、再利用的全过程中采用可分解或者可循环利用的材料，从而将原来的废弃物转变为支持新生的"养料"。考虑到建筑使用了近 50% 的地球原材料，两位作者所倡导的循环经济思想也获得了普遍的认同。除此之外，在思想层面上，麦克唐纳与布朗格还提出，对于环境问题我们应该从原来被动地减少对自然的影响，转变为主动地为自然提供养料与支持，参与到能够孕育更多多样性的自然循环之中。他们认为，这种从消极

① YEAG K. Designing with nature[M]//MALLGRAVE & CONTANDRIOPOULOS. Architectural theory（vol 2）：an anthology from 1871 to 2005，Oxford：Blackwell，2007：587.
② MCDONOUGH W. The Hannover principles[M]//MALLGRAVE & CONTANDRIOPOULOS. Architectural theory（vol 2）：an anthology from 1871 to 2005，Oxford：Blackwell，2007：584、585.

退缩到主动扩展的演变有助于提升设计的活力，创造更多的设计空间。从某种角度上看，这种主动的态度类似于前面提到的海德格尔"栖居"理念中所倡导的，人的存在也应该主动关怀"源泉"的理念。两者共有的是一种主动和积极的乐观态度，它们都奠基在对于我们所依赖事物的尊重和爱护之中，建立在人与自然和谐关系的美好期待之中。

今天，环境意识已经扩展到从家居用品到区域规划等各个方面，在建筑界也基本上成为一种共识。*Architectural Design* 杂志 2001 年 7 月期上刊登的《绿色问答》（Green Questionnaire）一文就展现了全球建筑界在这一问题上的统一性。在这篇文章中，五位建筑师，诺曼·福斯特、扬·卡普利基（Jan Kaplicky）、理查德·罗杰斯、杨经文与托马斯·赫尔佐格（Thomas Herzog）都回答了与可持续建筑有关的一组问题，比如什么是可持续设计？在"绿色"时代如何判断一个建筑是成功的？以及如何以自然为指引？虽然在作品上差异巨大，几位建筑师的回答实际上都集中在几点，比如降低建筑能耗以及使用可再生能源、注意材料的可循环利用、提高建筑性能的耐久性，以及充分利用智能技术等新成果提高绿色效能等。

这些解答也展现了进入 21 世纪以来，绿色技术开始成为建筑领域中最为前沿的领域。除了此前的被动式技术之外，建筑师与研究者们也在通过新材料与新系统的开发在能源获取、材料使用、建筑运营等多个方面提升建筑的综合品质。近年来的讨论焦点逐渐转向了减少建筑的碳足迹（Carbon footprint），乃至于实现零能耗的目标。快速发展的风能、太阳能技术，以及日益实践化的计算机智能控制，使得这些此前看来难以想象的目标变得不再遥远。

总体看来，可持续建筑的理论仍然具有鲜明的技术性特点。它们有着明确的目标，比如减少能耗以及对环境的负面影响，也主要依赖于实证性的手段比如被动与主动式设施来实现目标。这一特征使得可持续建筑理论成为现代主义运动技术乐观主义的继续延伸。虽然具体的技术内涵已经有所变化，但是这种将先进技术视为建筑最重要驱动力的信念，在 21 世纪仍然扮演着推动建筑前行的重要角色。

推荐阅读文献：

1. NIEMEYER O. The curves of time：the memoirs of oscar niemeyer[M]. London：Phaidon，2000：168–176.
2. NERVI P L. The Foreseeable future and the training of architects[M]//MALLGRAVE & CONTANDRIOPOULOS. Architectural theory（vol 2）：an anthology from 1871 to 2005. Oxford：Blackwell，2007.
3. YEANG K. Designing with nature[M]//MALLGRAVE & CONTANDRIOPOULOS. Architectural theory（vol 2）：an anthology from 1871 to 2005. Oxford：Blackwell，2007：587.
4. MCDONOUGH W. The Hannover principles[M]//MALLGRAVE & CONTANDRIOPOULOS. Architectural theory（vol 2）：an anthology from 1871 to 2005. Oxford：Blackwell，2007：584、585.

第13章 新千年现实主义及其他

21 世纪初的建筑理论与实践图景与 20 世纪七八十年代已经有了很大的不同。在理论上，最为直观的是整体性的理论话语不再那么激烈，解构、批判、革命、颠覆等强硬的理念逐渐隐退，理论论述也不像之前那样依赖语言学、哲学、批判理论等外部学科，语言开始变得更为简单、平实。在实践上，类似的特点也日益鲜明，很多作品都有新颖之处，但是总体看来不会显得过于极端，或者说与市场主流形成尖锐对立。不同于后现代建筑、解构建筑与批判理论各自在 20 世纪末期的一段时间内占据建筑理论的舞台中心，21 世纪初似乎并不存在这样的主导性理论倾向，全球建筑格局呈现出一种松散与多元的状态。很多不同的倾向同时存在，但也没有任何倾向能够成为统治性的声音。我们将这种状态描述为"新千年现实主义"（New millennium realism），以体现与"二战"后出现的"新现实主义"思潮的关联与差异。两者共有的是对抽象思想体系的质疑，以及在既存现实而非理论架构中寻求创作源泉的立场。它们的不同之处则在于对待现实的态度，"新现实主义"侧重于接受与反映，而"新千年现实主义"更侧重于挖掘与放大。最为典型地体现出"新千年现实主义"特征的是荷兰建筑师雷姆·库哈斯的思想与实践。在他之后，一大批欧洲与日本建筑师也在同一道路上获得了令人瞩目的成果，他们的工作将是本章讨论的重点。

13.1 对理论困境的反应以及"后批判"讨论

"现实主义"（Realism）并不是一个新鲜的词。在很多领域，如艺术、社会学、政治学、伦理学中都可以看到这个理念的频繁出现。但是这个概念到底是什么意思，它指向什么样的特定立场，往往并没有清晰的界定。简单地理解，"现实主义"就是强调"现实"，然而"现实"该如何定义？我们每个人都随时生活在现实之中，而越是熟悉、涵盖越是广泛的事物也越是难以定义。实际上，很多时候"现实主义"这个理念的提出，并不是基于对"现实"的绝对定义，而是基于对"现实"与"非现实"的松散区分。为何在某些时期"现实主义"理念会突然兴起？在很多情况下，是为了对已经存在的某种被认为是"非现实"的立场进行对抗，才会出现对我们其实已经很熟悉的"现实"的再次强调。那么"现实"与"非现实"应该如何区分呢？在理论界，这种区分最常见的模式是以"复杂现实"与"抽象理念"的对立来呈现。"复杂现实"认为现实难以定义，因为它极为复杂，所以需要的是仔细地观察与全面地应对。而"抽象理念"认为现实的复杂性只是一种假象，在复杂性背后是隐藏着的稳定体系，这个体系可以通过概念与理论来给予呈现，所以可以通过一套相对简单和明确的抽象理论体系来解释现实的复杂性。

很多"现实主义"思潮的涌现，都是基于对"抽象理念"这一立场的反抗。英国思想史学者以赛亚·柏林对此有深入的描述，现实主义者对那些抽象理论体系的不满在于，"它们没有遵循生活的轮廓结构，而是企图改变生活的结构，削足适履，使它符合计划本身的简单性和对称性。这种做法没有充分注意无定型的人类生活的生动现实；而这些计划越是不能产生预定结果，理论家们就越是恼火，越是想把现实强塞进某个预想的模型中去——他们遇到的抵抗越多，企图制服抵抗的努力就越暴烈，反抗、混乱和难以形容的苦难就越多，偏离原来的目标就越来越远，直到实验的结果变成了谁也不曾想要、谁也没有计划或预计到的东西，最后往往成了在制定计划的人和计划的牺牲品之间以一种双方都不堪忍受、都无法控制的事态下痛苦的、毫无目的的斗争。"[1]

这种"现实主义"与"抽象理念"的对抗在现当代建筑理论史上并不鲜见。20 世纪20 年代德国先锋艺术运动中"新客观性"思潮就是一种典型的现实主义倾向，它所反对的是此前的表现主义对于精神意识这种单一抽象主题的过度偏向，倡导更多地关注日常需求、物质技术以及当代的生产条件。正是在这种背景下，密斯·凡·德·罗才会在钢筋混凝土办公楼的简介中写道："一个建筑与品位无关，而是功能引发的各种要求的逻辑结果。"[2] 在"二战"刚刚结束的意大利，也曾经在文学与电影界兴起一股"新现实主义"浪潮。这很大程度上是对此前法西斯政权利用强大的意识形态机器将意大利裹挟进战争噩梦的反应。墨索里尼正是利用了帝国、法西斯主义等宏大而抽象的政治理念鼓动支持者，所带来的结果则是柏林所说的"无法控制的事态下痛苦的、毫无目的的斗争。"与之对立的"新现实主义"将目光从理念转向了意大利社会的真实层面，转向普通人的日常生活。不是给予抽象总结，而是像镜子般反射日常生活的纠结与挣扎。我们此前已经谈到了以埃内斯托·内森·罗杰斯为代表的意大利重视"文脉"的建筑师也被很多人归于"新现实主义"的范畴，因为他们对意大利城市的观察与应对背离了主流现代主义的统一性抽象语汇。

类似的情况在 20 世纪末期再次出现。在前文已经提及，20 世纪 60—80 年代的建筑理论黄金时期主要是依靠"转码"，也就是借用其他学科的知识理论体系来促进建筑理论的生产。语言学、符号学、批判理论、解构思想先后在其中扮演了重要角色，也使得

① 以赛亚·伯林.现实感 [M].林茂，译.南京：译林出版社，2004：35.
② NEUMEYER F. The artless word：Mies van der Rohe on the building art[M]. JARZOMBEK, trans. Cambridge, Mass.；London：MIT Press, 1991：305.

建筑理论变得日益复杂与艰涩。就像柏林所"预言"的，这一倾向所带来的后果是理论与实践之间日益严重的对抗与分裂，所以才会出现前面所提及的 20 世纪末期的理论困境，甚至有人提出"理论终结"（End of theory）以及"反理论"（Against theory）主张。

作为建筑思考代名词的"建筑理论"当然不可能就此消失，但是研究者们的确开始反思此前的理论为何会走入困境。这种反思在新千年伊始达到一个高峰。很多学者都提出了类似观点，那就是建筑理论应当放弃此前主要基于一种思想体系建立理论架构的模式，无论它是结构主义符号学、批判理论还是解构哲学。建筑研究应该用更为开放和灵活的方式去吸纳各种复杂多元的因素，期待在多种因素的汇集中，产生出不可预见但富有价值的结果的新模式。这是一种典型的"现实主义"立场，拒绝依据既有理论对现实进行先行判断，支持先接受现实的各个方面，再尝试在复杂因素的纠缠中找到可以优化的路径。但是对于路径本身，并不给予任何前置的限定。我们将这种立场称为"新千年现实主义"，它可以被视为对 20 世纪末期建筑理论困境的一种直接反应。

有很多理论文献体现了"新千年现实主义"的倾向。其中一篇是美国学者约翰·拉奇曼（John Rajchman）最早于 1997 年发表的《一种新实用主义？》（A New Pragmatism？）。拉奇曼借用米歇尔·福柯对环形监狱的分析，提出一种"图解化"（Diagrammatic）的分析模式，其特点是"它并不是被某种总体框架先行定义的；对立于那些由固定元素组成的严密或有机整体的古典构成模式，它通过在不同的差异性空间中建立联系来运作，它容易产生混杂、多元、感染与并存等关系；它们让不可预见的事情发生，而不是尝试着将所有东西嵌入到一个全面的计划、系统或者故事中。"[1] 这也就是说，"图解化"分析拒绝用既有的整体理论去判断、去获得一种已经被确定的结果，而是在复杂元素间建立联系，去促进不可预知的偶然性与可能性的诞生。拉奇曼之所以称之为"新实用主义"是因为在实用主义理论中，真理并不是绝对的，而是依赖于实践，所以也会随实践目的与效果而变化。他试图用这种理念取代过于固化的理论体系，欢迎复杂性、矛盾性以及由此诞生的不可预知的各种可能的结果。就像拉奇曼在文章最后写道的，"新实用主义"所关注的"是当下，它有着各种各样未知的未来，对于这些未来我们所知不多，这是因为我们本身就处在创造未来和成为未来的过程中。"[2]

在表面看来，"新实用主义"似乎是另一种新的"主义"，与 20 世纪七八十年代不断涌现的各种"主义"并无太大区别。但实际上，"新实用主义"只是一种松散的思考模式，对于思考的内容以及所要遵循的原则都没有限定，更谈不上对应具体的建筑操作了。可能它最典型的特点是对复杂性、多元性以及偶然性的强调，以及对未知结果的欢迎。在这一点上它与此前的后现代建筑以及批判理论有很大的不同。比如后现代建筑有一套较为明确的形式语汇，而批判理论有着强硬的理论体系，在很大程度上已经决定了建筑研究的可能结果。这两种理论都有着"整体性框架"的特点，基于一个自上而下的理论体系排除了其他的可能性。而"新实用主义"所反对的就是这样的"整体性框架"，它所支持的是自下而上地利用各种既存的因素，在复杂的交错中去产生更为新鲜的结果。

不过，罗伯特·文丘里的后现代建筑理论不也强调了建筑的复杂性与矛盾性吗？为

---

① RAJCHMAN J. A new pragmatism?[M]//SYKES. Constructing a new agenda：architectural theory 1993—2009. New York：Princeton Architectural Press，2010：101.
② Ibid.，102.

何在这里会受到新实用主义的批评？一种可能的解释是在于"复杂性与矛盾性"的程度。在实践中，文丘里的复杂性与矛盾性仍然局限在一些较为狭窄的领域，比如建筑内外的差异以及建筑表皮历史符号之间的冲突，这仍然被限定在他对建筑装饰的偏好之中。而"新实用主义"的复杂性则要求最大程度的开放，将各种各样的元素吸纳进来，因此意味着比后现代建筑远为宽泛和深入的复杂性。或者我们可以说，文丘里所提出的矛盾性与复杂性仍然受到"新实用主义"的支持，只是他较为狭窄的后现代建筑设计可能在某种程度上背离了更为真实和深刻的复杂性与矛盾性。

以《一种新实用主义？》为代表，在 21 世纪前 10 年中出现了一系列文章各自以不同的方式呼吁自下而上的复杂性与不可预知的结果，反对自上而下的总体理论体系。斯坦·艾伦（Stan Allen）在 1999 年发表的《场域条件》（Field Conditions）一文中提出要"从一转向多，从个体转向集体，从物体转向场域。"① 而所谓"场域条件"，可以是"任何形式的或者是空间的网络，它可以将各种各样的元素统一在一起，同时也尊重每个单一元素的个体特性。"② "场域条件是自下而上的现象，并不是由总体性的几何架构来决定，而是由缠结的本地联系来定义的。"③ 斯坦·艾伦用西方古典建筑与西班牙科尔多瓦大清真寺（Mosque-Cathedral of Córdoba）的对比来给予说明。前者往往由一种总体性的架构，由对称、层级、经典元素等一系列既定模式所限定，最终得到的是一个严密的整体性建筑结果。但是科尔多瓦大清真寺是在漫长历史中逐步扩展而成，整个建筑并没有单一的焦点，也没有统一的几何体系，体现出内部异质元素的复杂关系。后者体现了斯坦·艾伦所宣称的"场域条件"，对应到当代建筑中，他所支持的是一种"接受变化、事故，以及自发性"的建筑，"一种并不致力于持久性、稳定性以及确定性，但是为现实的不确定性留有空间的建筑。"④

迈克尔·斯皮克斯 2002 年发表的《设计情报》（Design Intelligence）有着类似的主题。他指出，"此前的先锋理论依赖一些既有的理念、理论以及概念，而在这些先锋之后的实践更为务实性地寻找不能够被理念、理论与概念所预言的创新机会。"⑤ 所以，他所赞同的建筑探讨就像情报搜集一样，尽量汇集各种各样的资料与信息，再在其中建立关联，最终获得某种结论。但这种结论完全是由情报的多样性所决定的，而不是事先就设定的观点。斯皮克斯认为，这种新模式是 21 世纪初期建筑实践的特点："正是设计情报，那种'不可见'的技术、关系、处理和其他不可触摸的东西的排布，使得后先锋时代的实践可以在不稳定性中学习和调整，以此来进行创新，也是通过这样，使自己与此前的先锋前辈们区分开来。"⑥

在这篇文章中，斯皮克斯将 21 世纪初、20 世纪末期、20 世纪初期的建筑理论清晰地区别开来。他认为 20 世纪初期建筑理论的基础是由哲学所占据的，体现在建筑理

① ALLEN S. Field conditions[M]//SYKES. Constructing a new agenda：architectural theory 1993—2009. New York：Princeton Architectural Press，2010：118.
② Ibid.，119.
③ Ibid.
④ Ibid.，131.
⑤ SPEAKS M. Design intelligence[M]//SYKES. Constructing a new agenda：architectural theory 1993—2009，New York：Princeton Architectural Press，2010：211.
⑥ Ibid.

论寻求某种"绝对真理"（Absolute truth），比如 ABC 团体对功能的强调。20 世纪末期的理论主导是一种"负面批判"（Negative critique），无论是后现代主义、解构主义、批判性地域主义还是其他的批判理论，其理论出发点都是某种反抗与"批判"。在很多时候，这种"批判"的结论是悲观的，比如塔夫里认为不进行彻底的社会变革，不可能有任何有意义的建筑革新。这使得 20 世纪末期的理论先锋们陷入了一种宿命式的悲观陷阱，无法面对"他们被抛入的那个新出现的、充满了不确定性的世界"，所导致的结果是"理论先锋们被他们自己绝对的负面性所瘫痪。"[1] 这实际上是对世纪末理论困境的另一种表述。前面已经提到，无论是解构还是批判都将理论引导到越来越窄的道路上，无法再与实践产生积极的互动，进而导致了自身活力的枯竭。这也就是斯皮克斯所说的理论先锋的自我瘫痪。作为替代，斯皮克斯建议的仍然是在复杂的现实中寻求不可预知的偶然性创新。

斯皮克斯并不是唯一一个对"负面批判"发起挑战的人。在 2002 年的一篇名为"关于多普勒效应以及其他现代主义情绪的要点"（Notes Around the Doppler Effect and other Moods of Modernism）的文章中，罗伯特·索莫尔（Robert Somol）与莎拉·惠廷（Sarah Whiting）也提出"在过去的 20 年中，建筑理论这个学科已经被批判所吸收并且已经枯竭。"[2] 从科林·罗与塔夫里到迈克尔·海斯与彼得·埃森曼，对现实的批判导致这些理论家无法接受建筑与当代社会的密切结合，所以只能退缩到建筑的"自主性"当中，即建筑成为一个封闭的内在体系，不需要也不能够与外界现实发生联系。在他们看来，这样的建筑会不可避免地走向枯竭。作为对这种"对立性"（Oppositional）批判论辩（Critical dialectic）的纠正与替代，索莫尔与惠廷提出了"投射性"（Projective）的"多普勒效应"（Doppler effect）模式。多普勒效应是指两个物体在相对移动时，其中一个物体发出的波在另一个物体上接收时会发生波长的变化，就像消防车向我们开来时，我们听到它的警笛声会发生变化一样。索莫尔与惠廷用这个理论来比拟那种会根据周围条件的变化而改变和适应的建筑，就像波长会因为两个物体的相对运动而变化一样。"多普勒效应"与"批判"的区别在于："并没有被隔离在单一性的自主性中，多普勒（建筑）聚焦在建筑内部多样性元素的作用与交互之上，这些元素包括材料、项目、文本、氛围、形式、技术、经济，等等。"[3] 简单地说，多普勒效应不会拒绝现实，而是充分地对现实中的各种因素做出回应，利用它们之间的复杂关系、相互投射，发掘出更为新鲜的创作机会。两位作者还借用媒介理论学家马歇尔·麦克卢汉（Marshall McLuhan）的术语，将批判性理论与投射性理论分别描述为"热"（Hot）理论与"冷"（Cool）理论。"批判理论是热的，是因为它专注于将自己与常规的、背景化的、匿名的生产条件以及差异描述相分离，"[4] 以自主性为武器与之进行激烈的对抗。而投射性理论是冷的，是因为它们是冷静的、放松、开放的，在平静的合作中制造多元的效果。在他们看来，21 世纪初的理论动向，正是这种从热向冷转变的冷却（Cooling down）过程。

① Ibid.，210.
② SOMOL R & WHITING S. Notes around the doppler effect and other moods of modernism[M]//SYKES. Constructing a new agenda : architectural theory 1993—2009, New York : Princeton Architectural Press，2010 : 192.
③ Ibid.，196.
④ Ibid.，199.

　　乔治·贝尔德 2004 年的文章《批判性及其反对者》(Criticality and Its Discontent)
对此给予了进一步总结。他引用斯皮克斯的分析指出，从后现代主义、解构主义、批判
性地域主义到 20 世纪八九十年代的各种批判建筑，都试图颠覆现代主义。"无论是衰微
的德里达式，还是冗长的塔夫里式，理论化的先锋们总是在一种永恒的批判性中操作。"[①]
但是这种批判性已经在 90 年代中期开始衰退，比如解构主义并没有真正产生大的影响，
像盖里与扎哈等建筑师都转向了一种不那么激烈的流线型建筑；埃森曼越来越专注于设
计过程，实际上也无法真正对消费社会产生任何触动；而批判理论的代表性人物曼弗雷
多·塔夫里，在 1980 年代中期就已经逐渐远离意识形态批判，他的后期工作回到了更
为传统的文艺复兴与威尼斯建筑历史研究；新一代的研究者，如斯坦·艾伦、索莫尔以
及惠廷都毫不犹豫地挑战埃森曼的主导性地位，用各种强调适应当代复杂性与偶然性的
理论替代埃森曼强硬和封闭的自主性批判。此外，贝尔德还指出，以荷兰建筑师雷姆·库
哈斯为代表的一批建筑师也对批判性抱有怀疑的态度，比如库哈斯曾经明确写道："可能
我们一些最有趣的参与性工作是非批判的、强化性的切入，它们需要处理一个建筑项目
中令人疯狂的复杂性，需要处理各种经济、文化、政治同时也是运筹方面的各种因素。"[②]
在这一点上，批判性"制约了有效性，所以就此而言'批判性'必须让路。"[③]

　　乔治·贝尔德将所有这些对"批判性"的质疑与反对称为"后批判"(Post-critical)
理论论述。就像此前的"后现代主义"一样，所谓的"后"是指对此前的反对，认为
前面的一个阶段已经结束，应该要开始一个新的时期。同样与"后现代主义"类似的
是，"后批判"也主要是通过与"批判"的对立来定义自己，而不是直接阐释自己的理
论特征。这种派生性的定义存在的局限是它仍然依附于此前的理论立场，难以更为明确
地确立自己的主张。这一点在上面的讨论中就可以看出，无论是"新实用主义""建筑
情报""多普勒效应"，这些新提法的共同特征都是反对批判性与现实的割裂，强调沉浸
在现实的纷繁复杂线索之中，避免预设性的理论判断，而是希望这些复杂线索的相互作
用能够带来革新性的结果。很明显，这是一种极为松散的理论立场，甚至会显得有些空
洞。因为他们既没有指出到底应该考虑哪些因素，也没有建议怎样发掘各种线索之间的
互动。没有这些指导性原则，这样的理论立场实际上可以容纳几乎任何设计操作，也
就缺乏更为实质性的理论意义。可能这些"后批判"理论最为确定性的理论内容，就是
对"批判性"的拒绝，这体现为一种松散的现实主义倾向，在新千年的前十年中体现得
尤为鲜明。

　　如果说单纯的"后批判"理论论述显得过于松散和宽泛的话，"后批判"的建筑实践
反而呈现出更为确定的一些特征。这也符合现实主义的原则，即实践可能比理论思辨更
为重要。就像贝尔德的文章中所提到的，在这一方面最具有代表性的是荷兰建筑师雷姆·库
哈斯。虽然他的影响力在 20 世纪 90 年代中期才上升到全球瞩目的地位，但他的现实主
义探索实际上早在 20 世纪 60 年代已经开始了。库哈斯可能比其他任何建筑师都更为有
力地塑造了 21 世纪初期世界建筑图景，我们将在下一节讨论他的工作及其影响。

①　SPEAKS M. Design intelligence[M]//SYKES. Constructing a new agenda : architectural theory 1993—2009, New York :
　　Princeton Architectural Press, 2010 : 210.
②　引自 GEORGE BAIRD. Criticality and its discontents[J]. Havard Design Magazine, 2004, (21): 18.
③　Ibid.

13.2　雷姆·库哈斯的异托邦思想

在 1995 出版的《小、中、大、超大》（S，M，L，XL）一书中记录了雷姆·库哈斯评价曼哈顿建筑的一段话："这种建筑与大都市（Groszstadt）力量的关联，就像冲浪者与海浪。"[①] 这句话的意思是说曼哈顿建筑不是对抗现实，而是顺应现实的趋势（海浪），利用其中的条件与机遇获得自身的成就（冲浪者）。自那以后，"冲浪者"成为指代库哈斯最为知名的比喻。根据我们上一节的讨论，"冲浪者"也完全符合新千年现实主义的总体立场，这从一个侧面体现出库哈斯在这一现实主义潮流中所扮演的核心角色。《小、中、大、超大》一书鲜明地呈现了库哈斯与这一主题相关的论述与实践，这也是我们将这本书的出版视为新千年现实主义象征性起点的原因。不过，库哈斯相关思想的发展要远远早于这一节点。"冲浪者"这篇文章实际上是他 1985 年为拉维莱特公园竞赛方案撰写的文章，而其中提到的曼哈顿建筑研究则来源于他 1978 年出版的《癫狂的纽约》（Delirious New York）一书。从 20 世纪六七十年代一直到今天，库哈斯的立场有着稳定的持续性，无论在理论还是实践上都是新千年现实主义最为重要的代表。

库哈斯的理论路径与其成长背景有密切关系。1944 年出生于荷兰鹿特丹的库哈斯是欧洲"68 年"一代的典型人物，有着反抗常规的无尽勇气以及对反抗性活动缺乏审慎的迷恋。从 1963 年开始，库哈斯在《海牙邮报》（Haagse Post）担任记者，负责文化领域的报道。在这一时期他接触到了康斯坦特等先锋艺术家。库哈斯此后承认，康斯坦特的《新巴比伦》（New Babylon）作品中"正规性与非正规性元素出色地混杂在一起"的美学特征，[②] 对他自己的创作提供了启发。不过，相比于艺术作品，记者这一职业对于当时的库哈斯影响更大。"记者被无法满足的好奇心所驱使，与之相伴的是迅速寻找和浓缩信息的能力，"[③] 库哈斯写道。这种能力在库哈斯此后的众多城市研究中得到了印证。《海牙邮报》偏向自由资本主义的立场，以及记者更倾向于事实报道而不是价值评价的工作方式，都对库哈斯的建筑立场产生了影响。

1968 年库哈斯前往英国建筑联盟学校学习建筑。1960 年代英国的波普艺术运动，以及"建筑电讯"等团体的巨型建筑设想，对当时的年轻学生影响巨大。在建筑联盟学校，库哈斯利用他作为记者的职业技能以及超乎寻常的洞察力对柏林墙进行了研究。研究成果呈现在他与建筑联盟学校教师埃里亚·曾格利斯（Elia Zenghelis）夫妇，以及荷兰艺术家玛德隆·弗里森多普（Madelon Vriesendorp）合作完成的一个城市设计竞赛方案《逃亡，或者建筑的自愿囚徒》（Exodus，or the Voluntary Prisoners of Architecture）当中。1972 年，库哈斯将这一作品作为在建筑联盟学校的毕业设计提交。《逃亡》并不是实际的城市设计方案，而是与《新巴比伦》或者《拼插城市》类似的试验性假想。库哈斯与合作者们思考的起点是柏林墙，它将东西柏林分隔开来，阻断人们从一方向另一方的迁移。作为冷战的象征，柏林墙成为东西方对立与割裂的压抑象征。然而，库哈斯与同伴的意图并不是重述这一冷峻图景，而是尝试将柏林墙转化为某种积极的因素："有可能

① O.M.A.，KOOLHAAS R & MAU B. S，M，L，XL[M]. New York：The Monacelli Press，1995：937.
② NIEUWENHUYS C，STAMPS L，STOKVIS W，VIGLEY M. Constant：new babylon[M]. Amsterdam：Hatje Cantz Verlag，2016：64.
③ KOOLHAAS R. Rem Koolhaas[J]. Perspecta，2005，37：100.

去想象这种可怕建筑的镜像，这个如此强烈以及毁灭性力量的镜像，但是将它用于某种正面意图。"①

在这里，库哈斯此后建筑立场中最重要的特征之一已经浮现出来。对柏林墙的反转利用不是简单的突发奇想。这个建筑中已经凝聚了极其强烈的政治特征，以至于人们对它的看法基本都是批判性的。而《逃亡》所提出的是摆脱这种模式化判断，将其看作一个现实存在的建筑想象，避免以单一的政治视角看待它，而是以中立的眼光去评价它可能带来的与众不同的各种建筑作用。就像前面所提到的，这种避免先入为主的政治立场，开放性地收集和整理各式各样建筑可能的倾向，是典型的现实主义的倾向。在《逃亡》中，这种倾向通过柏林墙这种极端建筑现象无与伦比地凸显了出来。设计者提议，在伦敦市中心建造横贯城市的巨大柏林墙式建筑，它是一个线形巨构，被分割成了相互隔离的许多条块。正是在这些条块中，柏林墙的"分裂、隔离、不平等、侵犯、摧毁，所有这些负面因素，都可以被作为一种新现象的成分：对于不理想环境的建筑战争，在这个例子中是伦敦。"② 正是因为条块之间相互独立，每一个条块可以成为一个独特的领域，去满足一些独特的目的。比如在"水"（Water）条块中，水池墙体的移动日夜不停地制造着巨大的波浪，满足一些人对逐浪的爱好；在"大地"（Earth）板块中，雕塑家们不断争论在山体上雕凿谁的塑像，但最终发现在这个时代没有任何人具有持久的重要性；在"沐浴"（Baths）区域中，人们展现身体，满足相互的欲望；在"配给地"（Allotment），"自愿囚徒"们可以在自己的土地上种植，外界的一切信息与干扰都被隔离了。

所有这些都不是我们常规理解的建筑或者城市，就像设计文字中所写的："这个建筑是一个社会聚合器（Social condenser）。它将隐藏的动机、欲望，以及冲动带至表面，将其提炼，可以被识别、激发并且发展。"③ 反抗常规秩序的压迫，释放被压制的欲望是1960年代嬉皮士运动中常见的主题，也出现在后来伯纳德·屈米对"僭越"与"愉悦"的强调中。《逃亡》刻画了一系列释放被压制欲望的场所，是1960年代末激进思想的绝佳反映。无论是从形态还是主体上，《逃亡》都与意大利超级工作室的"连绵纪念物"以及"圣诞节的十二个警示故事"有所类似。不过两者之间存在重要的区别。"圣诞节的十二个警示故事"描绘的是完整的"反乌托邦"社会，而且有着明确的批判性反讽色彩。但是《逃亡》的"柏林墙"中汇集的只是一个一个的社会片段，它们因为各自的独特性而受到肯定。库哈斯与同伴们用完全中立的语汇描述他们，拒绝了直接的价值判断，他们欣赏的是单一性的墙体中所蕴含的无穷的可能性，以及每一个条块中"僭越"常规秩序所获得的难以想象的结局。

如果说超级工作室的批判性立场导向了反讽性的"反乌托邦"。那么库哈斯的《逃亡》更接近于米歇尔·福柯所阐释的"异托邦"（Heterotopia）理念。这个概念出现在福柯1966年出版的《词与物：人文科学考古学》（*The Order of Things：An Archaeology of the Human Sciences*）一书的前言之中。福柯写道，他读到了阿根廷作家博尔赫斯（Jorge Luis Borges）所记录的一本中国古代百科全书，在书中动物被划分成为①属于帝王的；②抹上了香料的；③温顺的；④乳猪；⑤美人鱼；⑥令人惊异的；⑦流浪狗等等。令福

① O.M.A.，KOOLHAAS R，MAU B. S，M，L，XL[M]. New York：The Monacelli Press，1995：5.
② Ibid.
③ Ibid.，13.

柯感兴趣的是这种令人难以理解的分类，它们体现了"另一种思想系统的异域魅力，体现了我们自己思想体系的限度，体现了我们完全不可能像那样思考。"① 相比于西方生物学物种与种群的划分体系，中国古代百科全书的分类方法似乎缺乏逻辑，也没有统一的标准与原则，它体现出一种"更为严重的无序"，在其中"大量可能的秩序在同一维度中相互分开并闪耀着，没有法则与几何结构，一种不规则的反常（Heteroclite）。"② 对于福柯来说，这些"相互分开并闪耀着"的就是"异托邦"，不像常规的"乌托邦"（Utopia）那样有着总体的结构与稳定的秩序，"异托邦"摧毁了整体的语言与思想体系，建立起一个个有着独特内在秩序、但是相互之间可能完全无法互通的奇特片段的混杂体。对于热衷整体秩序的人来说，这可能难以忍受，但是福柯提醒到，那本百科全书所指代的"异托邦"——古代中国，不正是 18 世纪欧洲人的"梦想世界"吗？她成为无数欧洲知识分子幻想的对象，她的异类恰恰成为激发人们想象力的条件。

　　在 1967 年面向建筑师所做的一个名为"关于异类空间：异托邦"（Des Espace Autres，Hétérotopies）的讲座中，福柯对"异托邦"概念进行更为深入的阐释。他指出，我们今天生活在一个"异质空间"（Heterogeneous space）之中，其特点是"由各个不同的节点所组成的关系，这些节点无法化简为其他的节点，也完全不可能把自己的特征强加到其他节点之上"。③ 这些节点就是"异托邦"，在另外一次访谈中，福柯将其定义为"在一些既有社会空间中的单独的一些空间，他们的功能彼此不同，甚至相互对立。"④ 这些"异托邦"是现实社会中的一个个相对封闭稳定的局部领域，其中有独特的内在知识结构、组织秩序、价值指向以及权力运作，成为一个与其他领域不同，但也是现实组成部分的微小异质世界。福柯进一步总结了"异托邦"的六条原则：①异托邦是真实存在的，而不是像乌托邦一样仅仅是想象，每一个文化中都充满了各种各样的异托邦；②一个异托邦在一个社会中可以在不同的时代起到不同的作用；③在一个异托邦中可以容纳多样性的空间，它们各自也可以是异质的；④异托邦也可以是时间维度上的；⑤一个异托邦往往会有可控的边界，来决定何时封闭或者开放；⑥异托邦也与其他周围的事物有关，它有两种主要作用，一种是提供幻象，帮助人们反思现实，另一种是提供补偿，满足人们在现实中无法满足的东西。⑤ 福柯举了很多例子来表明异托邦无处不在，寄宿学校、军营、蜜月旅行、波斯花园、墓地、精神病院等等。而最为典型的异托邦是船，它漂浮在海洋之中，从一个地点航行到另一个地点，有自己的组织体系，但又独立于任何陆地场所。社会需要船来推动经济发展，但同时船也激发着人们的想象力。这就是异托邦的特殊作用，它可以帮助人们设想一种异质的现实，虽然只是在局部，但仍然可以是真实的："船就是最典型的异托邦。在没有船的文化中，梦想枯竭，间谍替代了冒险，警察替代了海盗。"⑥ 在福柯看来，异托邦虽然无法定义其具体实质，但是它们提供了我们

---

① FOUCAULT M. The order of things：an archaeology of the human sciences[M]. London：Tavistock Publications，1970：xv.

② Ibid., xvii.

③ FOUCAULT M. Des espace autres, hétérotopies（of other spaces, heterotopias）[J]. Architecture, Mouvement, Continuité, 1984,（5）：47.

④ FOUCAULT M, RABINOW P. The Foucault reader[M]. Harmondsworth：Penguin books, 1986：253.

⑤ 参 见 FOUCAULT M. Des espace autres, hétérotopies（of other spaces, heterotopias）[J]. Architecture, Mouvement, Continuité, 1984,（5）：49.

⑥ Ibid.

熟知的体系之外的其他无穷的可能性,这意味着梦想与想象力的创造性可能。它们的"异质性"意味着在正统秩序之外获得机会,去塑造一个真实的、差异化的,但也与其他部分有所关联的领域。

在很多方面,《逃亡》都是典型的"异托邦",整个"柏林墙"就仿佛漂浮在伦敦城市海洋中的轮船,有严格的边界控制人们自愿进入监狱。在墙内有各种各样的次一级的异质区块,这些区块起到的是"补偿"作用,去满足那些在外部无法实现的欲望。可能最重要的是福柯与库哈斯对待异托邦的相似态度,他们都抱有一种赞许。前者认为异托邦让梦想与想象力保持活力,而后者则让"柏林墙"的"自愿囚徒们为永远囚禁他们的建筑唱起了颂歌"。①

一个非常重要的方面是"乌托邦"与"异托邦"的差异。首先,乌托邦并不存在,甚至可能永远不会存在,它可以脱离现实的任何约束条件。但"异托邦"是真实存在的,只需要注意到它们的"异质性"就可以在身边发现很多的异托邦。其次,乌托邦是整体性的社会,最常见的乌托邦有着全面的社会体系,并且所有社会片段都组织在一起。但是异托邦只是一些局部的片段,虽然它们也是整体的一部分,但是并不可能从异托邦自身推导出整体的组织关系。更重要的是,并没有一个总体秩序去预言异托邦的产生及其特质,它属于现实,也只有在现实中才能解释。最后,乌托邦的出现往往是出于对现实的对照,比如好的乌托邦倡导人们朝着这一目标前进,而反乌托邦则提醒人们避免走向某种结局。无论在哪种情况下,乌托邦都具有批判性,希望人们去改变整体性的现实。异托邦在很大程度上缺乏这种批判性,它们本身就是存在的,是既有现实的一部分,虽然它与其他组成部分有所关联,但它最大的价值还是在于自身的内在特征。局部性的异托邦也不太可能引发出对社会整体秩序的批判,它们更大的空间在于自身异质性的发展,在自己的领域中实现更多的此前没有想象到的可能性。正是这种区别,造就了乌托邦的"批判性"与异托邦的"现实性"之间的差别。《逃亡》清晰展现了库哈斯与其合作者的异托邦现实主义,这使得他与意大利 1960 年代的批判性先锋团体区别开来,也与"建筑电讯""新陈代谢"等技术乌托邦主义者区别开来。

在"关于异类空间:异托邦"中,福柯提醒我们,异托邦已经广泛地存在于我们当下的现实之中,只是习惯于总体秩序的我们忽视了它们的异质性存在,所以他提出需要一种专门的研究来讨论异托邦,他称之为"异托邦论"(Heterotopology)。库哈斯随后的工作,可以被视为异托邦论的经典作品,这就是他 1978 年出版的著作《癫狂的纽约》。这本书是库哈斯持续 6 年研究的成果。1972 年从建筑联盟学校毕业后,库哈斯就前往美国康奈尔大学跟随昂格尔斯继续学习,主要内容是城市研究。也就是从这个时候,他开始收集关于纽约的各种文献与媒体资料。从康奈尔毕业之后,库哈斯又加入了彼得·埃森曼建立的位于纽约的建筑与城市研究所(IAUS)继续对这个城市的研究。1978 年《癫狂的纽约》出版,立刻引起了广泛的注意。

库哈斯之所以要研究纽约,是因为在他看来纽约体现了现代社会最重要的特征,仿佛是"20 世纪的罗塞塔石碑"。库哈斯将这本书的副标题命名为"曼哈顿,一份回溯性的宣言"是因为曼哈顿所体现的崭新现象还没有得到学术界充分的认识,所以只能"回

---

① O.M.A., KOOLHAAS R, MAU B. S, M, L, XL[M]. New York : The Monacelli Press, 1995 : 20.

溯性"地给予宣示。这块"罗塞塔石碑"上镌刻的是"一种还没有得到阐述的理论，曼哈顿主义（Manhattanism），其纲领——在一个完全人造的世界中生存，也就是说在幻想（Fantasy）中生存——是如此具有野心以至于难以实现，它从来都无法被公开谈论。"①从这些话语可以看出，库哈斯想要讨论的不是纽约的总体历史，而是以曼哈顿为代表的那些"人造"的"幻想"世界。不难看出这些"幻想"世界与"异托邦"的相似性，他们都是现实存在的，都是现实的局部，都有着非常规的特殊性，都是"梦想"与"想象力"的存在场所。更重要的是，它们都有着奇妙的异质性特征。库哈斯的工作主要在于帮助人们认识到"幻想"世界的异质性，因为这些内容都被主流建筑学与城市理论所忽视了。他的"异托邦论"就是帮助解读这些被忽视的特质，解读 20 世纪大都市（Metropolis）的"罗塞塔石碑"。

在这里，库哈斯作为记者的敏锐以及对文字的高超驾驭完美地展现出来。他用无数新奇而富有洞察力的词句揭示出曼哈顿的奇异，比如"曼哈顿是进步的剧场"，"曼哈顿是功利主义的论辩"，"建筑是曼哈顿新的宗教"，"曼哈顿是反面的巴黎、反面的伦敦"，"曼哈顿是各种可能但从未发生的灾难的集合"，"曼哈顿是终极现代的巨型村庄"等等。这些话语本身就有着与中国古代百科全书类似的差异性。在书中，库哈斯主要讨论了曼哈顿的四个"幻想"片段：科尼岛（Coney Island）、摩天楼、洛克菲勒中心、达利（Salvador Dalí）与勒·柯布西耶对曼哈顿的"征服"。在每个部分，库哈斯都力图呈现出这些已经被人们所熟知的案例或者事件背后被忽视的异质性。比如科尼岛，在常规认识中只是布鲁克林区西南部在 20 世纪上半期兴盛一时的休闲娱乐区，这里曾经有"月球公园""梦想公园""障碍马赛公园"等主题乐园。但是，在库哈斯看来，科尼岛是"婴儿期的曼哈顿"（Fetal Manhattan），因为它最显著的特征就是"幻想科技的实验室。"实业家们利用了当时具备的最先进的科技手段，在科尼岛上建造了主题乐园这样的满足人们幻想的场所。这正是"曼哈顿主义"的典型体现。科尼岛本身就是一个异托邦，游客们不应用常规城市的眼光去审视它，而是尽情享受那些奇妙的主题公园所带来的"异类现实"（Alternative reality）。

不过，在《癫狂的纽约》中，最为重要的还是库哈斯对摩天楼的讨论，这对于他此后的建筑实践有着直接的影响。在书里，库哈斯描述了 1853 年纽约世界博览会上伊莱沙·格雷夫斯·奥的斯（Elisha Graves Otis）砍断升降梯绳索来证明自己的防坠设计有效性的表演。安全升降梯的发明使得摩天楼成为可能。奥的斯的表演将危险与平安戏剧性地结合在一起，使得曼哈顿成为"各种可能但从未发生的灾难的集合"。在库哈斯看来，摩天楼最重要的特征是"对世界的复制"（Reproduction of the world）。这个概念的意思是说，摩天楼的每一层都是对建筑占地的一种复制，层数越多，复制的也就越多。所以即使摩天楼占地有限，在理论上，无数的层数意味着摩天楼可以"复制"相当数量的地面，可以为崭新的"世界"提供空间。此外，不同于地面之上，摩天楼的相邻楼层被楼板隔开，实际上没有直接的联系。所以相邻两层可以容纳完全不同的内容而不会产生冲突与干扰，"这种建筑中的'生活'是完全割裂的：在 82 层一只驴子在向后退缩，在 81 层一对世

---

① KOOLHAAS R. Delirious New York：a retroactive manifesto for Manhattan[M]. New York：Monacelli Press，1994：10.

界主义的夫妇在向飞机欢呼"。^① 由此造成一种奇特的现象，楼层的复制使得摩天楼有了高度统一的整体形象，但是在内部每一层之间的差异也随着楼层的增加而强化，这种"冲突"造就了摩天楼在整个建筑史上的独特性。

在现代建筑史上，摩天楼并不是新鲜事物，无论是密斯·凡·德·罗还是勒·柯布西耶都讨论了它的可能性。但是在绝大多数时候，他们都将摩天楼视为一种纯粹的单元，有着统一的形态与统一的用途。一个例外是勒·柯布西耶的阿尔及尔规划中高速公路下的高层公寓，在统一的框架中每一家庭可以建造自己独特的住宅，巨大的差异性使之成为勒·柯布西耶设计中罕见的个案。库哈斯所看重的正是这种差异所带来的不确定性，在城市层面，这种不确定性意味着一个特定地点不再能对应任何预先确定的功能。"从现在开始，每个大都市地块都容纳着——至少是在理论上——各种同时发生的活动的不可预见与不稳定的结合，这让建筑不再像以前一样具有远见的活动，也让规划成为一种只有有限可预测性的活动。"^② 令库哈斯着迷的，正是这种不确定性、不可预见性的无穷"结合"。就像《逃亡》的"柏林墙"一样，一座摩天楼中可以容纳各种不同的楼层，而每个楼层都可以成为"柏林墙"中一个独特的区块，在空中的独立分隔使得它完全可以与其他的区块并存在一起。

库哈斯使用了曼哈顿下城竞技俱乐部大楼（Downtown Athletic Club）为例来说明摩天楼的这种异质性。这座 38 层的高楼中各个楼层的功能大多与健康有关，但是在库哈斯的审视下，一种令人惊异的奇妙场景呈现出来。在大楼下层，还是常规的体育休闲设施，台球厅、手球厅、壁球厅，再往上，第 7 层是模仿英国田园景致的高尔夫练习场，10 层是异域风格的土耳其浴室，12 层是整层的游泳池，再往上则是住宿房间。最有趣的是第 9 层，其功能是拳击俱乐部，在更衣室里有一个面向哈德逊河的牡蛎吧，所以在这里会出现一种奇妙的场景：男人们赤身裸体，只带着一副拳击手套在第 9 层面向哈德逊河吃牡蛎。一个怪诞而真实的场景，在摩天楼的异托邦中上演。库哈斯认为，下城竞技俱乐部大楼以自身的异质性展现了整个大都市生活的不确定性与多样性："这样一种建筑是'规划'生活本身的一种偶然形式：将它的各种活动奇妙地并置在一起，每个俱乐部楼层都独立地实现了一种完全无法预测的密谋，它们赞颂了向大都市生活的不稳定性的屈服。"^③这也是库哈斯将摩天楼视为"曼哈顿主义"最佳代表的原因，一座摩天楼中浓缩了大都市的复杂性、不可预见性以及超乎想象的"幻想"特征。由摩天楼组成的曼哈顿就是一个由一座座"异托邦"组成的现实世界。库哈斯以他对曼哈顿的深入分析，印证了福柯关于异托邦无处不在的观点。

《癫狂的纽约》让库哈斯与绝大多数城市研究者分别开来。后者往往聚焦于当代城市的缺陷并且给予批评或纠正，如简·雅各布斯的《美国大城市的死与生》。但是在库哈斯的讨论中看不到这种强烈批判性的成分。就像记者一样，他并没有抱有一种前置的立场，而是仔细观察曼哈顿的特异性，并且给予分析讨论。价值判断被悬置了，库哈斯真正关注的是可能性，即使对于可能出现的结果是好还是坏他也无法预测。他的现实主义立场就体现在这里，不用一种价值立场去划分好的还是坏的，而是抱有一种简单的信条，更

---

① Ibid., 136.

② Ibid.

③ Ibid., 292.

多的可能性、更多的新奇感、更多的超越常规的设想就有可能带来更有趣的现实。我们可以将这视为一种"形式化"的倾向，而对于具体内容，库哈斯则认为应该留给现实自己去决定，建筑师能做的是为可能性提供更多的空间。而这往往出现在相对独立的异托邦中，因为这里有"反常"的秩序、有限的边界，同时也与外界有所联系。我们在上一节讨论的拉奇曼、斯皮克斯、惠廷等人的理论观点实际上也是这种"形式化"（Formal）的现实主义，他们都欢迎更多的可能性，但是拒绝对可能性的具体内容给予限定。

曼哈顿给予库哈斯启示的，不仅仅是总体倾向，还有具体的设计手段，那就是"拥挤的文化"（Culture of congestion）。摩天楼的独特优势就是在于能将无穷无尽的异质性楼层堆叠在狭小的地块中，在拥挤之中，摩天楼提供了无法预测的可能性。所以"曼哈顿建筑是利用拥挤的典范。"这同样适用于整个纽约城市自身，它的密度、它的复杂、它的活力，"曼哈顿拥有了自己的大都市城市主义——一种拥挤文化。"[1] 所以，利用密度、利用限制、利用异质元素的并置成为库哈斯在《癫狂的纽约》中获得的最重要的结论之一。"以曼哈顿为参照，这本书是一种'拥挤文化'的蓝图。"[2]

很快，这种"拥挤文化"就呈现在库哈斯的作品中。20 世纪 70 年代末，库哈斯与曾格利斯夫妇以及玛德伦·弗里森多普（Madelon Vriesendorp）共同成立了大都市建筑事务所（Office for Metropolitan Architecture，以下简称 OMA）。他们参加了著名的巴黎拉维莱特公园的竞赛。OMA 的方案是对"欧洲拥挤文化"（European culture of congestion）的一种潜在探索。他们所依托的仍然是摩天楼范式，在拉维莱特公园，曼哈顿下城俱乐部大楼的剖面被放倒在地面上成为平面，一个个不同的楼层成为公园地面上一条一条平行的条带，每个条带都可以有自己独立的特征，服务于不同的活动。"拉维莱特最终提出的，是一种对大都市条件的纯粹探索：一种不依赖于建筑的密度，一种关于'不可见'的拥挤的文化。"[3] 像拉维莱特公园这样的设计方案，使得库哈斯成为 1988 年 MoMA 举办的解构建筑展的参展建筑师。的确，他对异托邦的热衷也同时意味着对总体性统一秩序的质疑，在这一点上与解构思想对传统二元体系的批驳有相似之处。但两者的差别也是显著的，库哈斯并不认同整体性的理论思辨，而是倾向于在现实中梳理和剥离各种崭新的契机，这使得他对现实的态度比彼得·埃森曼以及批判建筑支持者所抱有的激进立场都更为缓和。他对曼哈顿的讨论就是一个典型例子。在批判理论的支持者看来，曼哈顿是资本主义社会结构最极端的呈现，所以象征了这种社会体制一些根本性的缺陷，需要严肃地批判与反抗。但是库哈斯并不抱有这样负面的判断，总体看来他认为现实有其合理性，人们不应该反抗现实，而是应该在现实中去发掘潜在的因素，利用它们去塑造更多的、可能还没有被充分意识到的可能性。这就需要顺应现实、进入现实，并且利用现实提供的各种机会，而不是站在现实之外对其横加指责。这也是他的"冲浪者"比喻的由来，建筑师应该像"冲浪者"一样利用当代社会的波涛，而不是抗拒它。采用这种立场的一个简单的原因是，建筑师实际上没有能力对抗社会的波涛，你需要为业主服务，就不得不参与社会生产。在这一点上，库哈斯将自己与 20 世纪末期的反抗性建筑

---

[1]　Ibid., 580.

[2]　Ibid., 12.

[3]　引自库哈斯 1985 年撰写的拉维莱特公园设计说明，O.M.A., KOOLHAAS R, MAU B. S, M, L, XL[M]. New York：The Monacelli Press，1995：937.

理论区别开来，在 1994 年的一次会议上，他清楚地说道："当代流行性建筑批评的问题是，它没有能力认识到，在建筑最深层次的动机中，有些东西不能是批判性的。"[①] 这样的话语，让库哈斯成为前面一节提到的"后批判"思想最早的发言人之一。

库哈斯与 OMA 早期的思想及作品在 1995 年出版的《小、中、大、超大》中得到了集中的呈现。库哈斯与合作者们将他们 1960 年代以来的各种设计方案与相关写作按照项目大小顺序编排在这本 1344 页的书中。里面汇集了各种各样的照片、图纸、模型、论述文字以及作者对很多名词的独特解释。超乎寻常的各种媒体资料的并置与杂糅，使得这本书本身成为"拥挤文化"的典型体现。无论是在观点还是表现方式上，《小、中、大、超大》都成为库哈斯最具代表性的出版作品，也是通过这本书，他自 20 世纪 60 年代以来一直探索的异托邦现实主义立场被进一步确立下来，并且开始产生更为广泛的影响。

很显然，《逃亡》、异托邦、曼哈顿主义、拥挤文化是《小、中、大、超大》一书中不可或缺的重要成分。不过，库哈斯也将讨论延伸到其他相关的主题。比如，摩天楼通过楼层的重复实现了建筑规模的扩大，从而能够容纳更多的异质性内容。库哈斯在一篇名为"大：或者关于大问题"（Bigness：Or the Problem of Large）的文章中讨论了这一主题。就像曼哈顿未被充分认识一样，"大"也没有被充分认识。"但事实上，只有'大'挑动起了复杂性的体制，它鼓动了建筑及其相关领域全面的智慧。"[②] 与"拥挤文化"类似，"大"的优势就在于容纳多样性与异质性，这是因为当尺度超过某种程度，也就不再可能给予严格的控制，事物会像在摩天楼中一样找到并存的机制，"不是强加一种共存，'大'依靠的是一种自由体制，最大限度差异性的集合。只有'大'能够在一个单一容器中维持混杂的增生。"[③] 摩天楼是"大"的典范，不过"大"也可以在其他的巨型建筑中呈现。这一理论解释了 OMA 对于大型建筑项目的兴趣，在同时面对北京 2008 年奥运会主体育场与中央电视台总部大楼两个投标项目时，他们就选择了规模更大、功能更为复杂的后者。

与之类似的是对"广普城市"（Generic city）的讨论。所谓广普城市是指在现代主义统治全球之后，在世界各地城市中出现的那些极为类似的、缺乏特性的普通城市空间。在传统建筑与城市理论中，这些城市空间因为缺乏内容、缺少个性、难以激发人们的文化回应而受到批评。从意大利的文脉理论到文丘里后现代建筑都试图对这一问题提出解决方案。但是库哈斯有不同的观点。摩天楼的楼层就是缺乏内容与个性的，但是反而成为各种异质性内容的承载物，不会导致对特定元素的排斥。在这个角度看来，"广普城市"的贫乏反而成为一种解放，"我们看到的是一种全球性的解放运动：个性完结了。"[④] 一旦一个地方具有了特性，就会为了维持这种特性去排斥干扰因素，这就意味着对其他可能性的压制，"个性越强，它越是会禁锢，越是抵抗扩张、阐释、更新以及矛盾。"[⑤] 广普城市则是反面，它缺乏特性，但它是开放的、容纳性的，支持扩展新的事物、异质，乃至于冲突。所以广普城市是从"中心的陷阱中解放出来的城市，是从个性的紧身衣中解放出来的城市……它是没有历史的城市。它大到了可以容纳任何人。它不需要维持。"[⑥] 毫

① BAIRD G. Criticality and its discontents[J]. Havard Design Magazine，2004，（21）：16.
② O.M.A.，KOOLHAAS R & MAU B. S，M，L，XL[M]. New York：The Monacelli Press，1995：497.
③ Ibid.，511.
④ Ibid.，1248.
⑤ Ibid.
⑥ Ibid.，1250.

无疑问，与"拥挤文化"和"大"一样，库哈斯看重的是在一个有限领域中创造异质性机会与可能性的特征。

《小、中、大、超大》一书中论述的这些理念，是解读库哈斯建筑作品的重要线索。20 世纪 70 年代以来，OMA 已经成长为全球知名的建筑设计公司，在世界各地完成大量的设计项目。在这些作品中，最具有特色的往往是一些具有城市尺度的大型建筑。OMA 通常采用的策略是制造一个外形完整的容器，将各种混杂的元素嵌入其中。这明显是在"大"之中营造"拥挤文化"。一个典型的案例是法国里尔会议展览中心。这个项目位于一块被铁路和高速公路所环绕的缺乏自身特色的地块之上，属于典型的现代"广普城市"场地。库哈斯所设计的是一个巨大的椭圆形建筑，相对单一的体量之中所容纳的则是极为复杂的各种局部：容纳 6000 人的音乐厅、1500 个座位的餐厅、极为庞大的会展空间、数量众多的会议室以及办公、停车等等。将这些不同的功能置入一个完整体量中，库哈斯在刻意地制造一种异质的密度。而在具体的处理上，他也通过结构、材料、形态的差异凸显出这些不同局部之间的差异性。里尔会议展览中心成为独特的库哈斯式巨型建筑的典范。不同于传统巨型建筑以轴线、韵律与单元重复来塑造整体性的策略，OMA 的作品则着力于强调建筑内部的复杂性，以及由各种独特元素的并置所带来的"拥挤"。他们的一系列设计与建成作品，如法国国家图书馆竞赛方案（National Library of France Competition Project）、比利时泽布吕赫海运中心方案（Zeebruge Sea Terminal Project）、鹿特丹康索现代艺术中心（Kunsthal Contemporary Art Center）、西雅图公共图书馆（Seattle Public Library）中，库哈斯仍然维持了早在《逃亡》中就存在的异托邦特色。他将每一个项目都视为机会，力图挖掘其中的异质性元素，给予放大和强化，成为常规秩序之外的"异类现实"。也正是因为这一原则，使得 OMA 的作品没有盖里或者哈迪德那样鲜明的统一形态特征，但是一种内在复杂性与偶然性是他们几乎所有作品都坚持的东西。在这个意义上，库哈斯与 OMA 是文丘里所强调的"建筑的复杂性与矛盾性"更为深刻的呈现。这一原则已经不只是体现在建筑形式语汇上，也深深渗入到建筑空间组织、结构、材料、象征性等各个层面之中。这也使得 OMA 不会像后现代建筑一样滑入狭窄的形式领域之中，而是一直维持着令人惊异的创造性。

无论是在理论上还是实践上，库哈斯都成为新千年现实主义最杰出的代表。他对批判的质疑、对现代大都市条件的热衷、对异质性的迷恋、对曼哈顿主义、拥挤文化、大、广普城市等理念的阐发，都是基于对当代现实的接纳而不是拒绝。他尤其对当代社会的复杂性、分裂性以及内在冲突感兴趣。对于他来说，这些都是塑造新的可能性的机会，所以应该得到赞颂而不是抨击。在库哈斯的身上，非常典型地体现出 21 世纪初建筑理论开始偏离此前过于激进的批判立场，转而寻求与现实更为密切结合的取向。而库哈斯从《逃亡》就开始坚持的异托邦方法，即发现异质性、并给予强化，使之达到令人震惊的建筑结果的手段，也被一大批具有现实主义色彩的当代建筑师所接受，成为 21 世纪初一种新的建筑潮流。

13.3　复杂性与现实挖掘

就像前面两节所论述的，新千年现实主义的主要特征不是一种具体的建筑语汇，而是一种立场。这种立场接受和拥抱现实,而不是像此前的激进理论那样批判或者拒绝现实。不过这也并不意味着新千年现实主义会演变成为对既有建筑体系的平庸延续。像库哈斯这样的建筑师,能够在现实中挖掘出一些此前被忽视,但是真实存在的元素,并将其转化为建筑创作的契机。在这些元素中, 最为重要的就是"复杂性"。无论是库哈斯对曼哈顿主义的分析以及 OMA 的相关实践, 还是第一节中所讨论的新实用主义与后批判理论,都将理论重心放在了"复杂性"的理念上。他们的基本理念是,不用担心复杂性所带来的潜在冲突或者混乱,就像现实社会中有无比复杂的各种因素但是仍然可以稳定运转一样, 建筑实际上可以容纳比以往所理解的要多得多的复杂性, 它们可以形成某种调和,并且带来前所未有的新的可能性。

在表面看来, 这似乎只是一个量的变化,新建筑要有更多的复杂性。但是放在建筑理论史的脉络中, 这一变化的重要性不容忽视。这是因为建筑理论史的主要线索, 仍然是一种理性主义观念,这种观念认为存在一种单一的根本性解释, 可以解答建筑理论的最核心的问题。从古典时代的比例理论, 到文艺复兴的人文主义, 再到 18 世纪的结构理性主义, 以及 20 世纪的机械功能主义。虽然建筑物本身可以庞大而复杂, 但是在这种理性主义观念下, 建筑的原则是简单而清晰的,不应存在反常与矛盾。英国思想史学者以赛亚·伯林将这种追寻单一理性解释的诉求称为"柏拉图式的理想"(Platonic Ideal):"所有真实的问题都一定有一个真实的答案, 而且只有一个, 所有其他都必然是错误的……一定有可靠的路径指向这些真理的发现……这些真正的答案必定会相互融洽, 形成一个单一整体,因为一个真理不会与其他真理相斥。"① 单一的答案也就意味着单一的选择,这里不会再有复杂性的困扰。柏林认为,他最早在文艺复兴学者尼科洛·马基雅维利(Niccolò Machiavelli)的论述中看到了对这种单一答案的否定,因为马基雅维利指出存在两种不同的道德观点,它们都是合理的, 但相互矛盾, 而且没有任何原则来帮助人们在两者之间做出取舍。在这种情况下, 复杂性成为不可避免的结局,因为不再有任何可能去获得此前认为一定存在的单一答案。

在建筑理论上类似于马基雅维利这样的转折点还是出现在后现代主义时期。无论是利奥塔所谈论的"宏大叙事"的消失, 还是文丘里所强调的复杂性与矛盾性, 所针对的都是这种单一理性解释的主导性。就像前面所提到的,新千年现实主义对现实复杂性的认同与这种后现代思想并无根本性的差异, 它们都否认唯一性解答的存在,也不再认为这是应当不懈追索的目标。实际上, 在 20 世纪 60 年代的讨论中, 不少的学者就曾经用"现实主义"(Realism)这个概念来描述文丘里所指代的后现代建筑。这当然不是说新千年现实主义是后现代建筑的延续, 而应该说是文丘里正确地打开了一个新的篇章, 但是他自己的实践并没有能完全揭示这个新篇章的重要意义与丰富内涵。当后来的实践者用更广阔的视角来审视"复杂性"理念时, 就在这一篇章中挖掘出了远远超越了符号与装饰这两个狭窄领域的更为丰富的建筑路径。从这一角度来看, 这些受到"复杂性"理念驱动的新实践, 是自 20 世纪 60 年代开启的一个重要理论转向的继续延展与开拓。而在整个建筑理论史的框架下, 这一转向的真实价值可能现在还难以完全估量。

就这一点来说, 库哈斯的代表性不仅仅在于他对曼哈顿等建筑与城市现象中复杂

---

① BERLIN I & HARDY H. The crooked timber of humanity : chapters in the history of ideas[M]. New York : Knopf, 1991 : 4.

图 13-1　MVRDV，斯洛丹综合体

性的挖掘比文丘里的分析要深入得多，这使得他的"回溯性的宣言"（Retrospective Manifesto）比后者的"文雅的宣言"（Gentle Manifesto）更为有力，更重要的还是他用一系列引人注目的作品展现了利用复杂性的策略，比如大体量中的异质并存、密集的并置，以及连续性的斜面串联等等。这些手段很快成为一种典范，被一批受到库哈斯直接影响的人所吸收。他们在自己的实践中继续扩大了这种设计思想与策略的影响力。其中最为典型的是荷兰建筑事务所 MVRDV 与丹麦的 BIG。

　　位于荷兰鹿特丹的 MVRDV 由三位建筑师温尼·马斯（Winy Maas）、雅各布·范·里斯（Jacob van Rijs）与娜塔莉·德弗里斯（Nathalie de Vries）于 1993 年创立。其中马斯与范·里斯都在库哈斯主导的 OMA 建筑事务所工作过。虽然他们并不认为自己直接受到了库哈斯的影响，但是 MVRDV 那些最具代表性的作品与库哈斯的思想倾向之间有着强烈的平行性。比如 MVRDV 在阿姆斯特丹完成的"斯洛丹综合体"（Silodam Complex），就是"曼哈顿主义"的一种变形（图 13-1）。这座形体简单的长方体板楼中容纳了不同类型的住宅、办公室、商业以及公共空间。多种异质功能在单一完整体量中的集聚，被库哈斯指认为摩天楼最典型的特征。而 MVRDV 处理的特殊性在于，他们将类似的功能与类似的住宅类型分别集中在一起，形成一块块的小的方盒子，然后再给予它们独有的颜色、材料与细节。整个长方体变成了这些小盒子的堆积结果，观察者可以在建筑表面上就阅读出各种复杂性元素的并置。这也是 MVRDV 与库哈斯的不同之处，后者倾向于用单一元素将复杂性包裹在内，而前者在包裹的同时还力图将元素之间的差异性直接呈现给外部观察者，这显然是对复杂性更为强力的强调。

　　类似的策略也主导了他们最为著名的 2000 年汉诺威世界博览会荷兰馆（Netherlands Pavilion, EXPO 2000）的设计（图 13-2）。这个建筑可以被理解为一个只有 6 层的摩天楼，MVRDV 着力刻画的是这 6 层之间的差异性。他们给予每一层不同的主题与元素，分别指代荷兰最具特色的一些特征，比如混凝土坝、郁金香花园、树林、贝壳以及风车。与"斯洛丹"综合体一样，人们会被这个纯粹体量中各层之间显著的差异性所吸引。MVRDV 认为这体现了荷兰的现实特征，也是可以对全世界有所启示的成就，那就是如何利用人工干预，在高密度的条件下实现技术与自然的融合。他们关键性的观点是，复杂性本身并不需要干预，它们会自主产生凝聚性，荷兰馆"可以作为社会多元性本质的符号：它

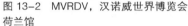

图 13-2　MVRDV，汉诺威世界博览会
荷兰馆

图 13-3　MVRDV，乌佐克老年公寓

体现了一个看似矛盾的观念，那就是多样性增长的同时，凝聚性也会增长。"[1] 这种观点所呼吁的是对复杂性的宽容，或者说是对建筑处理复杂性问题这一能力的更高程度的认同。实际上，就功能上看，像"斯洛丹"这样的项目比比皆是，绝大部分建筑本身就要处理极为复杂的各种因素，只不过这种复杂性在很多时候被统一的语汇与整体性的组织所掩盖了起来。所以并不是库哈斯与 MVRDV 将复杂性引入了建筑，而是他们将建筑中既有的复杂一面着重表现出来。

　　MVRDV 更为突出的地方，是将这种表现进一步强化成为建筑的显著特色。他们发现异质性元素，并且给予突出表达的做法也与库哈斯的异托邦策略有所类似，只不过他们将之表述为寻找极限："极限主义的运用会有助于获取清晰性。在整个进程中，极限是一个里程碑。它清楚地向我们展现了边界在哪里。"[2] 这实际上是指对复杂性元素更为极端化的表达，荷兰馆强烈的层间差异就是一种前所未有的极端化表达，MVRDV 在这一方面独树一帜。他们的另一个著名作品乌佐克老年公寓（Wozoco's Apartments for Elderly People）展现了极端化处理的另一种可能（图 13-3）。这个项目面临的挑战是无法将多余的 13 套公寓纳入已经被其他 87 套公寓占据的长条形板楼之中。MVRDV 的处理将 13 套公寓的"多余"给予了突出的表现，他们将这些公寓纳入了 5 个盒子中，直接悬挑在长条板楼的北侧立面上。用悬挑获得更多空中面积的做法并不少见，但是用这种戏剧性的方式来展现悬挑，展现 13 套公寓与 87 套公寓的并存则是极为反常的。在这一方面，老年公寓与 OMA 的 CCTV 总部大楼遵循同样的逻辑。欧洲学者罗默·范·托恩（Roemer van Toorn）将 MVRDV 的这种处理称之为"舞台布景"（Mise-en-scène），"日常生活中被引人注目的舞台装置放大了，建筑师在那些复制了当代社会隐藏逻辑的数据中组装

①　MVRDV. Dutch pavilion for the EXPO 2000[M]//EL Croquis MVRDV 1991—2003，2003.
②　EL CROQUIS. Redefining the tools of radicalism：a conversation with Winy Maas，Jacob van Rijs and Nathalie de Vries[M]//El Croquis MVRDV 1991—2003，2003：45.

出了这些装饰。"① 而驱动这种策略的是对"现实的热情"（Passion for reality），或者说是对现实中已经存在的异托邦的热情："对乌托邦的梦想已经失去了吸引力。日常生活中有着如此丰富的梦幻元素，以至于在已经存在的世界中去发现另一个世界不再有必要。"② 从这样话语可以看到，在 MVRDV 那些极端化手段背后，起到支撑作用的仍然是新千年现实主义对当代建筑的重新定位。

图 13-4　MVRDV，VPRO 总部

另一个被 MVRDV 给予了更为充分阐释的设计策略是利用斜面与折板来联系建筑中有着不同功能、区位与形态的局部。勒·柯布西耶曾经对这一做法进行过先驱性的探索，库哈斯 1992 年完成的鹿特丹康索现代艺术中心进一步拓展了斜面元素的活力。MVRDV 完成的 VPRO 总部（Villa VPRO）以及乌德勒支双宅（Double House Utrecht），更为成功地展现了斜面与折板如何能够帮助将不同的元素串联在一起（图 13-4）。它们不仅可以在原本匀质的秩序中创造差异，也可以以更灵活的方式与功能、结构、材料结合在一起。必须承认，近年来当代建筑中斜面与折板元素越来越多的使用，与他们的探索有密切的相关性。

丹麦的 BIG 建筑事务所的创始人比亚克·英格斯（Bjarke Ingels）同样在 OMA 工作过数年，此后在 2006 年创立了 BIG 事务所。英格斯的独特之处在于，他对"现实的热情"有着超乎寻常的乐观与轻松，这一点非常典型地体现在他非常著名的短语"是就是多"（Yes is more）上。这个短语实际上是 BIG 事务所 2009 年出版的作品集的名称，它极为精炼地展现了英格斯的立场：接受和拥抱现实（Yes），就能发现更多（More）的建筑可能性。在这本书中，英格斯将"是就是多"的立场与此前的先锋理论对立起来："极端建筑师的传统图像是一个愤怒的年轻人反抗整个建制体系。先锋是依靠他反抗什么，而非他追求什么来定义的。"③ 而英格斯所倡导的是用愉悦（Pleasing）来取代愤怒对抗，"不是通过忽视冲突，而是从中吸取养分。一种吸纳和整合差异性的道路，不是通过妥协或者选边，而是将冲突的意趣打造成能够产生新理念的高尔丁结（Gordian Knot）。"④ 可以看到，"是就是多"所强调的仍然是珍视复杂性的现实主义立场，"不是去哀诉反抗、阻碍或者失败，当我们与现实、城市、生活碰撞时，我们对它们说是（Yes），然后从中收获如此之多的回馈。是就是多。"⑤

在类似的立场下，BIG 的作品的确比库哈斯以及 MVRDV 更为轻松，这是因为他

① VAN TOORN R. No more dreams? the passion for reality in recent Dutch architecture... and its limitations[M]//SYKES. Constructing a new agenda：architectural theory 1993—2009. New York：Princeton Architectural Press，2010：305.
② Ibid.，306.
③ BJARKE INGELS GROUP. Yes is more：an archicomic on architectural evolution[M]. Köln：Evergreen，2010：14.
④ Ibid.
⑤ Ibid.，23.

们倾向于采用一些更为简单
的、易于理解的逻辑来进行操
作。他们最常使用的是利用光
线、视线、人流等因素对建筑
形体给予改造，比如在 VM 住
宅（VM Houses）中将住宅板
楼变化成折板来获得变化的视
线，在 8 住宅（8 Houses）中
将一个角落压低来获得更开放
的景观，在冰岛国家银行大楼
方案中将建筑进行斜向切割来
获取光线，以及斯德哥尔摩斯

图 13-5　BIG，VM 住宅

路森（Slussen）区改造方案中用大尺度斜面将人流引上屋顶广场（图 13-5）。这些方法
其实都不是新的手段，但 BIG 的确以更为夸张的方式放大了它们的作用，由此带来了一
些全新的建筑效果。就像英格斯所说的，在这一设计路径之下，现实的复杂性可以提供
极为丰富的源泉，这也是赖特说"限制是建筑师最好的朋友"的原因。BIG 一些最有价
值的作品，都来自于更为复杂的建筑条件，反而是在那些不那么复杂的条件下，他们的
作品会显得乏味一些。这一特征实际上也出现在其他遵循现实主义道路的建筑师身上。

　　"不要革命，我们对于进化更感兴趣。"[1] 英格斯的这一表述也很好地展现了新千年现
实主义另一方面的特征。既然认同了现实作为源泉，就不会认为需要颠覆性的彻底革命，
几乎所有的现实主义都反对根据某种总体性方案进行全面的变革，而是认同在既有现实
条件下进行局部的改良。现实主义建筑师的立场更为接近于哲学家卡尔·波普所定义的
"社会工程师"（Social engineer），他们所关注的是局部的渐进提升，而不是全盘推倒与
重建。回到建筑层面，现实主义建筑师很少会宣称某种崭新的建筑已经到来，他们所推
动的是在既有体系中挖掘出有价值的因素进而给予培育。因为不再需要将自己定义为一
个反叛者或者颠覆者，20 世纪末期以来的建筑师也不再需要渲染自己与现代主义主流的
差异，或者是掩盖与其的关联。所以我们可以看到这一时期以来的建筑作品反而与现代
主义的一些重要主题有着更为密切的联系。无论是曼哈顿主义、斜面与折板的使用，还
是与限制的游戏，都是在现代建筑传统已经存在的因素，而库哈斯、MVRDV 等建筑师
的特殊之处不是发明这些因素，而是对它们给予更多的重视以及更为突出的表达。这种
延续性也可以解释这些建筑师作品中极为强烈的现代主义语汇特征，其实这些元素在现
代主义体系中已经存在，只是没有像现在这样给予充分的认同。

　　"进化"（Evolution）的理念适用于绝大多数的建筑师。在 21 世纪初的今天，很少
再听到和看到 20 世纪七八十年代那种充满反抗性的建筑话语，整个建筑界都更为平静，
绝大部分建筑师不再憧憬一个全新的时代，而是更倾向于在既有体系下进行稳健的局部
创新。在这一方面上比较具有典型性的是瑞士的赫尔佐格与德梅隆建筑事务所（Herzog
& de Meuron）。这个事务所最具有标志性的作品往往具有类似的主题，那就是一个经典

---

① Ibid., 14.

的现代主义主题——皮肤与骨骼相分离——的"进化"式阐发。钢筋混凝土与金属网架结构的使用使得建筑表皮不再需要承担主要的结构作用，进而可以获得更为灵活的处理，这是现代建筑最为重要的支撑性条件之一，在密斯·凡·德·罗的混凝土办公楼方案以及勒·柯布西耶的新建筑五点中都得到强调。尽管这一原则已经成为现代建筑的基石，但雅克·赫尔佐格（Jacques Herzog）与皮埃尔·德·梅隆（Pierre de Meuron）成功地让人们意识到，被解放的表皮还可以有无穷无尽的可能性。他们的很多作品都着力于探索新的表皮处理，在瑞克拉欧洲工厂和储藏楼（Ricola Europe Factory and Storage Building）中，他们使用印刷了树叶图案的半透明聚碳酸酯作为墙面材料，使得建筑与周围的林地环境产生呼应。而在近年完成的瑞克拉草药中心（Ricola Kräuterzentrum）中，赫尔佐格与德·梅隆采用了夯土作为包裹混凝土框架的建筑表皮，展现了建筑与大地的融合，以及瑞克拉公司的产品特征（图 13-6）。他们 1999 年完成的巴塞尔铁路服务中心（Railway Building Services Centre）使用细长的铜板条包裹整个建筑，在需要采光和通风的地方铜板条会扭转成水平线，塑造出一种微妙的半透明效果。这个事务所的另一个杰出作品，加利福尼亚多米纳斯葡萄酒厂（Dominus Winery），将石头填充进金属网格中来形成富有野趣的墙体（图 13-7）。两位建筑师不仅尝试新的材料与新的工艺，更是因为将这种表皮处理与自然环境、与项目特征、与文化传统相关联而备受尊重。他们充分证明了现代建筑的"进化"仍然可以催生全新的创作。另一个具有说服力的作品是位于迈阿密海滩（Miami Beach）的林肯路 1111 号停车楼（1111 Lincoln Road）。这个作品明显是对勒·柯布西耶多米诺模型的进一步挖掘，通过对结构、层高以及功能的进一步丰富，赫尔佐格与德·梅隆展现了传统现代主义理念仍然具有的活力与潜能（图 13-8）。

在现实中挖掘复杂，这听起来似乎是很简单清晰的原则，其实不然。简单和复杂都是相对的概念，存在很多程度上的差异，所以一种认同"复杂性"的建筑可以有不同量级、不同性质的复杂程度，可以呈现为极为不同的建筑成果。比如前面提到的库哈斯、MVRDV、BIG 的作品，相比于主流现代主义，它们因为容纳了偶然性与异质性而更为复杂。

图 13-6　赫尔佐格与德梅隆建筑事务所，瑞克拉草药中心

图 13-7　赫尔佐格与德梅隆建筑事务所，加利福尼亚多米纳斯葡萄酒厂

但是也必须承认，在里尔会议
展览中心以及汉诺威世界博览
会荷兰馆这样的作品中，复杂
性元素实际上还是被一个完整
几何体量所控制的，而如果超
越这种强硬控制，灵活运用更
多的形态元素，并且不仅仅是
并置多元素材，而是创造它们
之间更为灵活的交融，那么建
筑的复杂性或许可以提高到一
个新的层级。所以对于"复杂性"
这一理念本身，它到底可以具
有什么样的形态，什么样的组

图 13-8　赫尔佐格与德梅隆建筑事务所，林肯路 1111 号停车楼

成元素，什么样的内部关系，远远不是一个已经有了确切答案的问题。在 20 世纪末 21
世纪初的这一段时间中，我们的确看到一些建筑师极大地改变了我们对复杂性的认知，
其中最具有特色的一位是西班牙建筑师恩里克·米拉莱斯（Enric Miralles）。非常遗憾的
是，2000 年米拉莱斯在 45 岁时就因病去世，但他短暂的创作旅程中仍然留下了一系列
极富冲击力的作品。

　　米拉莱斯丝毫没有掩盖自己对复杂性的热爱，他曾经写道："在我近期的作品中，
我想我完全倾注与潜心于现实之中，换句话说，始终在冲突、困难、误解之中……当
人们问起什么样的建筑让我感兴趣时，我意识到我终于有了一个答案，那就是能够避
免煽动性的建筑。换句话说，能够不去掩盖复杂现实的建筑，它正是从这个现实中起
源。"[1] 单纯从字面上看，进入现实，接受矛盾、冲突，不去掩盖复杂性，米拉莱斯的
这些观点与库哈斯、MVRDV 等并没有太大的区别。但只要看一看米拉莱斯与其合作
者——之前是卡梅·皮诺斯（Carme Pinós），后来是本尼德塔·塔格里亚布（Benedetta
Tagliabue）——共同完成的作品，就会意识到他们之间存在显著的差异。库哈斯与
MVRDV 最常采用的仍然是摩天楼模式，将各种复杂的事物塞入一个简单的体量中，而
这个简单的体量有助于形成统一的秩序,比如在曼哈顿的网格中。但是对于米拉莱斯来说，
并不存在这样的约束，所以他的作品将复杂性提升到了一个新的层级。

　　这种差异来自于复杂性理念的松散。严格地说，任何不是单一、恒定的事物都是复
杂的，所以这个概念本身是如此宽泛以至于它很多时候只有作为单一性的对立面才具有
真实的意义。对于建筑师来说，仅仅强调复杂性实际上没有太大的价值，真正需要的是
更进一步定义由哪些事物构成了复杂性，它们之间又存在什么样的多样化关系。库哈斯
与 MVRDV 所强调的更多是功能的复杂性，它们之间的关系是在统一体量中的并置。之
所以说米拉莱斯的复杂性更胜一筹，是因为他的作品将功能之外的结构、材料、历史、
传统、环境、想象、符号、隐喻都纳入了建筑中，而且这些元素的关系也要灵活得多。
米拉莱斯几乎从来不会用一个纯粹的几何形体主导整个项目，从总体布局到建筑细部，

① 转引自 CORTÉS J A. The comlexity of the real[J]. EL Croquis，2009，144：19.

他的绝大多数作品看起来就像是一个个片段的组合,这使得一些评论家认为他具有解构主义的倾向。不过同样是片段组合,米拉莱斯的做法与彼得·埃森曼有根本性的区别。后者主要是反抗性的,用破碎的片段来对抗整体的权威,前者并不存在这种反抗性,更多的是一种地中海地区文化特征的自然表述。西班牙哲学家奥特加·伊·加塞特(José Ortega Y Gasset)曾经指出,地中海区域知识分子写作的特征是普遍拥有一种形式的细腻,但在细腻之后是"概念的怪异组合、一种极端的不精确、缺乏理智的优雅……一个代表性的人物是维科。你不能否认他天才般的思想观念,但任何熟读他作品的人都会体验和明白什么是混乱。"[1] 正是这种热忱的混乱让来自于巴塞罗那的米拉莱斯与有着克制、冷静特点的荷兰建筑师区别开来。在现代建筑史上,有一个杰出的先例可以帮助我们了解米拉莱斯的特质,那就是同样来自于巴塞罗那的安东尼·高迪(Antoni Gaudí)。虽然同样被列入新艺术运动的范畴之中,但高迪的建筑路径是独一无二的,他的独特性就在于富有地中海特色的混杂与热忱。在圣家族教堂(Sagrada Família)、古埃尔公园(Park Güell)这些作品中,高迪展现了如何将历史、地域特征、自然元素、宗教象征、结构创新、浪漫主义想象等多元化的元素融入一个作品之中。在那个时代,几乎没有任何一个其他建筑师敢于尝试如此大胆的混杂,在现代主义的理性主义思潮不断上升的 20 世纪初期,高迪作品的复杂性注定是一个异类,所以在他去世之后,几乎看不到任何一个追随者。

除了对自然元素比如植物题材的使用外,米拉莱斯的建筑语汇与高迪并没有直接的关联。但是在开放性地将各种因素,无论是物质的还是想象的,混杂在建筑创作之中的做法让米拉莱斯成为高迪最好的继承者。他曾经用"走神"(Distraction)的理念来概括自己的设计方法:"我工作方法与闲逛或者走神的理念密切关联。一旦问题被设定了,下一步就是几乎完全忘记最终目标,作为走神的一种手段:你稍后再来看这个问题,但是这个过程一部分毫无疑问是走神,一些怪异的行为,其中的某些跳跃是根本性的。"[2] 这里的"走神"当然不是真的胡思乱想,而是说将那些并不是直接由项目任务书所罗列的内容也纳入考虑,通过这一过程,米拉莱斯与高迪一样,用丰富的元素塑造出令人惊讶的复杂性作品。

比如在圣卡特琳娜市场改造项目(Santa Caterina Market Renovations)中,米拉莱斯用一个曲面屋顶保护性地覆盖了旧建筑的残余部分,也覆盖了改建中挖掘出来的古罗马与哥

图 13-9 恩里克·米拉莱斯与本尼德塔·塔格里亚布,
圣卡特琳娜市场改造

---

① JOSE ORTEGA Y GASSET. Meditations on Quixote[M]. New York;London:Norton,1963,1961:81.

② 转引自 ANTONIO CORTÉS J. The comlexity of the real[J]. EL Croquis,2009,144:21.

图 13-10　恩里克·米拉莱斯与本尼德塔·塔格里亚布，　　图 13-11　恩里克·米拉莱斯与卡梅·皮诺斯，
　　　　　苏格兰议会大厦　　　　　　　　　　　　　　　　　　　　伊瓜拉达墓地

特时代的遗迹（图 13-9）。"因此，新建筑覆盖了既存建筑。他们混杂在一起，相互交融使得那个地方最好的品质展现出来。所以很自然地会使用集成、杂糅等建筑术语……这些术语试图超越黑与白的二元对立。不同时间片层的叠合展现了可能性。它为变化的游戏提供了机会。"[①] 这样的作品与这样的话语都让人想起另一位善于驾驭复杂片段的大师，意大利建筑师卡洛·斯卡帕。实际上米拉莱斯作品中多样化的材料运用以及无处不在的复杂细节设计，都与斯卡帕有所类似。导致这种相似性的不是语汇的模仿，而是对单一秩序的拒绝以及对局部与微小事物的尊重。斯卡帕的复杂性来自于威尼斯，而米拉莱斯与高迪的复杂性则来自于多元的西班牙文化。除了挖掘历史沉积与城市肌理之外，圣卡特琳娜市场项目也展现米拉莱斯充满趣味的个人想象。屋顶的丰富色彩来自于市场中的水果，屋顶的曲面形态可能有着同样的来源，也可能像高迪的米拉公寓一样指向起伏的海浪。

地形与自然题材是米拉莱斯格外倚重的源泉。正是在这些元素的使用上，他让自己与高迪和斯卡帕拉开了距离，因为后两者都没有像他那样深入地挖掘这一方面的可能性。比如在苏格兰议会大厦（Scottish Parliament）项目中，米拉莱斯就是基于项目场地一旁山体形态、树枝与树叶、古希腊沿山体建造的露天剧场以及苏格兰传统船屋等理念来一同构建出议会大厦的骨架。它们给予这座建筑极为反常的形态与平面以及无数充满自然色彩同时也富有引喻内涵的细节（图 13-10）。米拉莱斯的另两个著名项目，伊瓜拉达墓地（Igualada Cemetery）与 VIGO 大学校园（VIGO University Campus）都成功地体现了这一特色（图 13-11）。两个项目主要元素的形态都取自于场地态势，项目的各个组成部分有机地分散在场地中，仿佛是在特定的条件下生长出来而不是被安放上去。设计中复杂的建构细节与场所限定都体现出对特定活动，无论是悼念还是聚会的针对性考虑。

米拉莱斯与卡梅·皮诺斯以及本尼德塔·塔格里亚布合作的这些作品让我们意识到，建筑构思和语汇其实还可以更为灵活与丰富。它们甚至会触动我们反思，为何绝大部分的建筑处理会是如此简单？为何要让建筑作为一种单一理念的呈现，而不是多种多样丰富想法的集聚？实际上，如果认真分析米拉莱斯的这些作品，就会发现他那些看似个人化的形态、建构以及装饰语汇背后，实际上都有文脉、环境、传统、联想以及意义的支

① 　EMBT. Renovations to Santa Caterina Market[J]. EL Croquis，2009，144：128.

图 13-12　圣地亚哥·卡拉特拉瓦，世界贸易中心交通枢纽

撑，这才使得他那些第一眼看来十分反常的建筑却能很好地融入历史城区或者是自然环境之中。有着类似特征的还有圣地亚哥·卡拉特拉瓦（Santiago Calatrava），他有着复杂结构要素的建筑语汇也几乎是独一无二的，但他很多作品的杰出之处不仅仅在于结构的复杂，而是这一套结构体系也同时能够与场地、与文化内涵相互应和。比如他的世界贸易中心交通枢纽（World Trade Center Transportation Hub）项目就融入了对历史事件的隐喻性回应（图 13-12）。很显然，并不是复杂的东西就一定比简单更好，米拉莱斯与卡拉特拉瓦这样的建筑师表明，我们需要复杂的建筑对应复杂的现实因素，这样的建筑也才能更有效地融入现实之中。

这一点，罗伯特·文丘里在《建筑的复杂性与矛盾性》中已经提到，建筑需要对应于现代体验的复杂性。虽然没有进行更深入的阐释，文丘里的这一论断显然是合理的。这也是为什么他的这本书在价值上可能会远远高于他的后现代建筑实践的原因。后现代建筑对于正统现代主义的冲击，真正有力的不在于装饰、符号、历史片段等语汇，而是以一种开放的多元性思想对以国际式风格为代表的单一体系的颠覆。20 世纪六七十年代的先驱们所关注的是摧毁那个统治性的堡垒，这个任务已经基本上完成了。20 世纪末期以来的建筑师，像库哈斯以及米拉莱斯，已经转向了更为建设性地挖掘复杂性的建筑潜能，这无疑将为建筑创作打开更为广阔的领域。

13.4　日本当代建筑的新趋势

另一组在"延续"和"进化"，以及对现实的持续反思中探寻当代建筑道路的，是以伊东丰雄（Toyo Ito）为代表的一批日本建筑师。他们的建筑立场与对历史和现实的认知息息相关，日本独特的文化传统以及当代状况，比如 2011 年的地震与海啸，使得这些建筑师提出了一些具有鲜明日本特色的观点。最为显著的是由伊东丰雄开启，后续被妹岛和世、西泽立卫、隈研吾等建筑师进一步拓展的，借用"轻"与"柔"让建筑与环境和传统获得更为融洽关系的建筑倾向。

日本现当代建筑师有关注现实的优良传统。20 世纪 60 年代日本建筑界推动的"新陈代谢"理论其实就是一种具有浓重现实主义色彩的思潮。菊竹清训、丹下健三、黑川纪章等建筑师从日本资源有限、人口密集、城市更新快速的现实特点出发，提出了大胆的巨构 + 灵活单元的建筑与城市模式，以此来应对社会的快速演变。虽然建成作品不多，"新陈代谢"仍然是对既有现实条件的一种极端化阐释，它将"流变"的理念转化为激动人心的建筑姿态。在 20 世纪末期，巨构不再像 1960 年代那样具有吸引力，但日本建筑师并没有放弃对"流变"的关注，伊东丰雄的重要性在于他给予这一理念富有时代特征的解读，引导出相应的设计策略，并且影响了此后的许多日本建筑师。

在一篇名为"芯片花园：微电子时代的建筑图景"（A Garden of Microchips：The Architectural Image of the Microelectronic Age）的文章中，伊东丰雄清晰地阐述了自己的建筑观点。他认为芯片已经取代了机器成为这个时代最具特色的事物，它也将启发我们对建筑与城市的看法。芯片虽然有物理的形态与电子元件的组织，但最为重要的是芯片中不断流动运转的电子信号。正是这种无形的电子信号的流变展现了一种"微电子时代的美学。它第一次令人信服地呈现出一种将会取代 20 世纪机器美学的新美学。"[1] 相应地，建筑与城市也应该转向这种体现了无形的信号流变的"微电子美学"。从这一分析出发，伊东丰雄进一步定义了这种美学的特征："微芯片明显地唤起了与机械事物不同的图像。这些图像不是关于形式的，而是关于空间，在其中无形的事物在流动。你可以将这一空间描述为一个透明的场域，在其中各种现象形式（Phenomenal form）作为流动的结果呈现出来。"[2] 所谓现象是指呈现于个人，被人感知到的东西，它们更接近于体验与印象，而不是事物本身。这一点在康德的哲学中有清晰的划分。伊东丰雄这些看似晦涩的文字所表述的内容其实并不复杂，其大致意思是在这个电子时代，各种无形的流，比如电子信号，比实体性的机器更为关键。因此要体现时代特征，就不应该再关注实体性事物的形态，比如机器的形态，而应该关注无形的流。这些流虽然没有实体可以呈现，但是它们仍然可以给我们留下体验与印象，所以"微电子美学"应该注重这些"现象形式"，或者说体验与印象，而不是具体的实体与形态。

可以看到，伊东丰雄的"微电子美学"很大程度上是基于同机器美学的对比来定义的。简单地说，他希望强调人们对非物质性元素的体验，而不是物质性元素的实体与形态。实际上，伊东丰雄所关注的并不是电子时代的技术革新，而是用一种非物质性的美学去取代以实体为核心的物质性美学。正是在这一差异之中，我们可以理解伊东丰雄那些最具代表性的作品。他在文章中进一步梳理出设计的三个关注点：流动、多层级、现象性，他的很多创作都围绕这些主题展开。比如他的白色 U 形住宅（White U），所强调的是光线在住宅拱顶上的变化，虽然有着古典的形态，建筑师所看重的是人们对光的体验，这显然属于现象性的范畴。伊东丰雄的另一个著名作品横滨风之塔（Tower of Wind）则更为成功地展现了"微电子美学"（图 13-13）。这个轻盈的椭圆柱形金属构筑物被打孔铝板所包裹，在白天看来是一个单调的金属筒。但是在夜间，铝板背后的无数灯带和灯珠会亮起来，让这个金属筒变得通透。最为特殊的是，伊东丰雄用计算机控制灯光的亮度与色彩变化，并且根据侦测到的风与噪声的程度来相应地调整灯光效果。虽然仅仅是一个小型装置，但风之塔非常典型地体现了伊东丰雄对流动、多层级以及现象性的重视。这个作品昭示了伊东丰雄此后常常运用的设计策略，包括用透明性或半透明性消减实体的物质性、利用光线与图像的变化来体现流动与现象性、用更轻盈的结构来去除重量感等等。这些手段很快就被利用到他最著名的作品之一，仙台媒体中心（Sendai Mediatheque）的设计中（图 13-14）。这座 6 层的文化媒体中心有着简单的接近于立方

---

[1] TOYO ITO. A garden of microchips：the architectural image of the microelectronic age[J]. JA Library 2，1993：5.
[2] Ibid.，7.

图 13-13　伊东丰雄，风之塔　　　　　图 13-14　伊东丰雄，仙台媒体中心

体的体量，伊东丰雄采用了玻璃作为建筑表皮，以获得最大程度的透明性。不过，他在很多玻璃之上附着了半透明的条纹，仿佛某种讯号被显示在玻璃表面上，这可以被看作对"微电子美学"的某种隐喻。这个作品最大的特色，是伊东丰雄与结构工程师佐佐木健郎（Mutsuro Sasaki）对结构的"弱化"处理。伊东丰雄最初的理念是削弱结构的实体性，所以他提出用 13 个被半透明材料包裹的光筒来支撑楼板。这些中空的光筒还可以容纳服务性设施，并且让空气、光线、声音、水在建筑中流动。最终实施的方案采用了交织的圆钢管来编织 13 个支撑筒。虽然没有采用半透明材料包裹，这些通透的钢筒的确比传统的支撑结构显得轻盈和灵活，也更富于变化。与风之塔一样，仙台媒体中心也寄托了伊东丰雄削弱实体性、突出透明性与流动感、塑造流变印象的美学诉求。

　　如果我们审视仙台媒体中心的平面，就会发现这种将服务性设施纳入支撑性结构筒的做法实际上恰恰是"新陈代谢"时期的典型处理。比如丹下健三的山梨县广播新闻中心在平面上与仙台媒体中心就非常类似。同样是强调变化，丹下健三将注意力投射在建筑实体的扩展上，而伊东丰雄则将注意力投射在人的体验与印象上。库哈斯曾经用"轻建筑"（Light architecture）的概念来描述伊东丰雄的这些作品，并且称赞它们"在野心上并不那么沉重，但是在效果与作用上更为有效，有更好的能力去适应我们城市永恒的不稳定性，并对其做出反应。"[1] 这种赞扬并不是偶然的，伊东丰雄对当代社会信息流动的认知与表现，与库哈斯对复杂性的分析与运用，都是建筑师对当下现实的挖掘与阐释，在这一点上，伊东丰雄仍然可以被看作"新陈代谢"派的进一步延伸，只是将注意力从实体转向了现象层面。

　　日本现代建筑师的一个重要特点是非常善于将当代的建筑现象与日本传统文化相关联，这一特征可以追溯到 20 世纪 30 年代的堀口舍己与坂仓准三，此后在丹下健三与安藤忠雄等人的作品中继续扩展。伊东丰雄的"轻建筑"理论也有这样的特征。在1992 年另一篇名为"漩涡与水流：作为现象主义的建筑"（Vortex and Current：On Architecture as Phenomenalism）的文章中，伊东丰雄就将上面所描述的"微电子美学"

---

① 　KOOLHAAS R. 'LITE' architect，Toyo Ito[J]. JA Library 2，1993：24.

与日本传统文化中的赏樱、能剧以及剑道等活动联系起来。它们的共同特征就是"不稳定性"（Instability），比如赏樱活动的短暂以及剑道竞技中步伐的变化。伊东丰雄认为，像东京这样的城市，随时都在变化中，一个建筑的周边可能会出现任何不可知的剧变，所以"不稳定性"才是正常的状态。他试图通过这些例子说明，不稳定性不仅仅只是一个当代现象，而是一种既存在于传统也存在于当下的普遍状态。因此，体现了流变的"轻建筑"也可以成为一种具有普遍价值的创作倾向，因为它对一种持续存在的状态做出了回应。所以，"一个新的漩涡就像在空地上为即兴的戏剧表演搭建的帐篷。我们不再需要其他形式的建筑，除了那些像视频图像一样的建筑，它们为了某些事件而出现，当事件结束也随之消失。东京不再需要形式主义表现的持续稳定性，更不要说纪念物的永恒性了。"① 这样一种将当代现象与日本传统乃至于形而上学反思联系起来的理论建构，是典型的日本建筑理论路径。这种联姻，不仅增强了日本当代建筑的文化深度，也使得他们的理论能够在某种程度上脱离西方理论范式发展出特殊的倾向，甚至有可能变成对西方所主导的当代趋势的某种质疑与反抗。即使是在伊东丰雄身上，也可以看到这种倾向。他在 2011 年日本 3·11 地震与海啸之后的一篇文章中写道："海啸令我震惊，让我思考日本战后 60 年来的现代化到底意味着什么……尽管有日本所骄傲的各种经济与技术'力量'，我仍然为事物的脆弱而惊叹……我们过去几十年的成就难道只是纸牌屋？"② 作为反思的结论，伊东丰雄提出要改变以前"机械方式"（Mechanical manner）的设计方法，"重新获取与自然之间一种可行的关系。"③

　　伊东丰雄这样的表述，虽然具有一定的反思性，但仍然是含混和宽松的。另一位日本建筑师隈研吾也关注类似的主题，但无论是在理论表述还是实践探索上，他的观念与创作都更为清晰。我们在此前提到过隈研吾具有后现代特色的早期作品 M2 大厦，显然是当时日本建筑师追随西方潮流的产物。但是在此之后，隈研吾的建筑立场有了剧烈的变化，阪神·淡路大地震、9·11 事件等因素都促使他不仅对现代建筑，也对现代社会展开反思。他将 1995—2004 年之间的思考成果汇集在《负建筑》（Defeated Architecture）这本书中。从名称就可以看出，隈研吾所想阐述的主题是建筑的失败。失败的原因并不是建筑自身，而是社会机制整体："为了应对世界的不断膨胀，建筑物出现了。由于视觉的需求，建筑物越盖越高。同样在经济方面，为了应对因世界的膨胀而变得越来越不稳定的经济，凯恩斯经济学登台亮相了。在政治方面，针对庞杂的世界万象，民主主义闪亮登场了。然而，为了解决膨胀问题所提出的上述所有这些措施，在超出我们想象的现实世界面前，失去了它们以往的效力，呈现出不稳定的状态。"④ 在这种条件下形成的建筑体系"过度依赖视觉，依赖物质，结果它成了向心的、结构性的、分阶层的（等级制度）、与外部隔绝的、内外界线分明的这样一个封闭体系。"⑤ 这样的话语让隈研吾看起来似乎与西方批判理论的支持者非常接近，都对社会机制本身抱有明显的批判态

---

① TOYO ITO. Vortex and current : on architecture as phenomenalism[M]//MALLGRAVE & CONTANDRIOPOULOS. Architectural theory（vol 2）: an anthology from 1871 to 2005, Oxford : Blackwell, 2007 : 541.
② TOYO ITO. Postscript[M]//KOOLHAAS, OBRIST, OTA, WESTCOTT & AMO. Project Japan : metabolism talks, Köln : Taschen, 2011 : 697.
③ Ibid.
④ 隈研吾. 负建筑 [M]. 济南 : 山东人民出版社, 2004 : 204.
⑤ Ibid., 205.

度。不过，一个显著的差异是，批判理论的支持者认为这种悲观局面几乎难以改变，所以建筑也无能为力。但是作为一个实践建筑师，隈研吾始终抱有建设者和创造者的乐观精神。与勒·柯布西耶等前辈相似，他仍然认为建筑可以实质性地帮助改变当前的局面："现在社会已经发展到了要用建筑体系来控制膨胀的时代了——我想这样来定义现代。那么还有什么样的体系可以替代这种建筑体系呢？那就是非物质的、非向心的、非阶级的体系。"① 可以看到，隈研吾所开出的药方，也可以说他所倡导的建筑，是"非物质、非向心的、非阶级的"建筑，他此后进一步说明，这是一种"既不是向心的，也不是结构性的，并且界限模糊，不会形成圈地效应的、式样灵活的建筑形式。"②

用更简单的话语来说，隈研吾希望改变建筑作为此前社会机制的仆从所扮演的角色。它不应该是独断的工具，不断地圈占资源，巩固阶层划分，而是应该反其道而行之，削弱控制性、削弱边界、削弱实体感、削弱向心性、削弱阶级特征。隈研吾并没有把精力耗费在论证这种"弱化"的策略是否真的有可能改变整体性的社会机制，而是以"社会工程师"的姿态专注于在建筑创作中探寻践行这一策略的方式。回到更为具体的设计理论，隈研吾在布鲁诺·陶特（Bruno Taut）对日本建筑的讨论以及他自己从自然与艺术获得的启示中发掘出了重要的线索。陶特对日本建筑赞赏有加，甚至在京都桂离宫的竹篱之前潸然泪下。陶特认为，他在竹篱之中看到了日本建筑的本质，那就是一种以"联系"（Relationship）为核心的建筑。比如在竹篱中，土壤、活着的竹子、匠人的编织共同组成了密切的关系，由此才造就了桂离宫由生长的竹子编织而成的篱笆。如果我们回想此前对现象学的讨论，就会发现陶特所强调的"关系"实际上与海德格尔所论述的"四重元素"的"汇聚"非常类似。重要的不是竹篱具体的材料与形态，而是认识到"四重元素"的"汇聚"与"联系"，这会引导人们反思人与自然、人与他人、人与世界的关系，从而找到更为理想的存在方式，也就是海德格尔所说的"栖居"。这种存在方式，将有助于应对现代社会所带来的价值与生存环境的危机。

隈研吾显然赞同用一种更具有日本传统特色的思想来救治现代社会的问题。他写道"父亲原则是普遍性与客观性，是根据一个原则占据和管理整个世界。在另一端，孩子反抗父亲，以自己的主体性反对他。是母亲在父亲与孩子的对立之间进行调和。"③ 如果我们将"父亲"理解为被教条化的现代主义，而将"孩子"理解为解构建筑与批判理论为代表的反叛者，那么隈研吾所倡导的，则是一种弥合分裂和对抗，在"联系"中形成和谐共处的建筑道路。那么，具体落实到设计实践中，这又会体现在什么样的设计语汇上呢？

隈研吾对此给予了非常明确，同时也极富独创性的答案，那就是"微粒"（Particle）建筑。他非常坦诚地写道："当我发现水与绿植都是微粒之时，我设计建筑的方式发生了根本性的改变。"④ 这个改变很可能发生在 1995 年完成的静冈县热海市"水 / 玻璃"酒店（Water/Glass Hotel）项目中。"当看向太平洋，我感觉到水不是静止的体量，而是一系列不断变化的微粒，我正在设计的看向大海的建筑（水 / 玻璃酒店），也应该是一系列闪亮的微粒……通过这个项目，我发现，当自然以微粒方式存在时，站立其间的建筑也应

① Ibid.
② Ibid.
③ KENGO KUMA. Preface[M]//FRAMPTON. Kengo Kuma complete works. London：Thames & Hudson，2012：9.
④ KENGO KUMA. Water-glass[M]//FRAMPTON. Kengo Kuma complete works. London：Thames & Hudson，2012：27.

该由微粒所组成。"① 在这个设计中，隈研吾不仅大量使用透明玻璃来削弱建筑的实体感，还第一次大规模使用铝制百叶，来给予建筑一种"与海洋类似的微粒式特征。"他认为这个设计是对陶特的致敬，同时也与印象派的"点彩法"（Pointillism）类似，让作品通过"微粒化"获得与自然更为密切的呼应。

削弱实体感与"微粒化"是隈研吾"微粒"建筑两个最典型的表面特征。这往往通过营造透明性、半透明性，使用纤细、轻薄的构件，以及在结构与立面上都采用大量小尺度元素的重复组合来实现。这种做法避免了单一元素过于强大的压迫性。这些处理给予隈研吾当代作品一种平静、柔和、谦逊的特征。最为典型的是 2000 年完成的日本那须郡那珂川町马头广重美术馆（Nakagawa-Machi Bato Hiroshige Museum of Art），这个双坡顶建筑有着简单的长方形平面，最显著的特征是建筑的屋顶上下以及内外墙壁都被细长的杉木条所覆盖，仿佛一个完全由陶特所钟爱的竹篱所搭建出来的建筑（图 13-15）。木条的纤细与天然色彩，让建筑获得了极为丰富的半透明性，隈研吾认为这呼应了安藤广重（Ando Hiroshige）绘画中多个透明层相互叠合的特征。

图 13-15 隈研吾，那珂川町马头广重美术馆

这个作品提示我们，在"微粒"建筑这个极具科学化色彩的名称背后，是隈研吾建筑思想的另一个支柱，那就是他借用陶特的论述所强调的，对日本文化传统中人与自然更为和谐关系的尊重。很难想象广重美术馆的设计者也是 M2 大厦的设计者，就像隈研吾所承认的，他的建筑立场发生了根本性的变化，从迎合商业社会，转向了人与自然更为密切的"联系"。除了"微粒化"设计元素之外，隈研吾的作品中还大量出现传统建筑类型元素，竹、木、石等天然材料，以及能够与传统建筑相呼应的结构体系。在广重美术馆之外，位于日本高知县的梼原木桥博物馆（Yusuhara Wooden Bridge Museum）也非常完美地体现了隈研吾作品的典型特征。在这个作品中，传统、自然环境、天然材料、建造技艺共同"汇聚"成为"联系"紧密的整体，建筑以含蓄、柔和的方式融入文化与自然之中。隈研吾建筑理论的本质，是用一种东方式的强调和谐共处与联系的建筑立场去取代那种独断性的、自我张扬、扩展影响、圈占资源的建筑立场。在前文已经提到，虽然隈研吾与陶特都没有专门论述，但我们实际上可以在海德格尔的"栖居"理论中为这种建筑立场找到哲学支持。

一个有趣的现象是，无论是伊东丰雄还是隈研吾，都在推动一种拒绝实体性、更为"弱化"的建筑倾向，他们都试图在日本文化传统中寻求支持，也都认为这样有利于解决当前社会所面临的一些问题。这种"轻"与"柔"的建筑走向，让日本当代建筑具备了

---

① Ibid.

某种独特性。它们也与库哈斯等西方建筑师通过异类性与夸张形态来获得令人激动的建筑形象的路径截然不同。这种差异戏剧性地体现在 2020 年东京奥运会主会场"东京国立竞技场"（Tokyo National Stadium）的设计中。最初，这个项目由扎哈·哈迪德获得，她所完成的是一个典型的哈迪德式设计，流线型的体量、富有冲击力的动感，以及独树一帜的标志性形象。但是在一系列争议之中，哈迪德的设计被放弃了。新的方案在两位日本建筑师的提案中选出，一位是伊东丰雄，另一位则是隈研吾。他们两人的方案都比哈迪德的方案要朴素得多，也都大量使用天然木材等建筑材料。但最终获胜的是隈研吾，他的设计呼应了日本传统建筑的重檐与椽子等元素，同时大量采用天然木材和栽种绿植，试图在传统、自然以及弱化的建筑姿态之间获得平衡。从"新陈代谢"到伊东丰雄与隈研吾，日本建筑从对西方主流的追随者，逐渐走向了对自己文化姿态的深度探索，这无疑是一种值得赞赏的动向。

不仅仅是伊东丰雄与隈研吾，在日本当代建筑师中还有很多人在类似的道路上前进。他们的共同特点是对"轻"与"柔"的关注，虽然没有像伊东丰雄与隈研吾那样有较为完备的理论阐述，但是在这些建筑师的作品中所蕴含的是类似的对人与自然如何相处等问题的反思。比如妹岛和世（Kazuyo Sejima）与西泽立卫（Ryue Nishizawa）合作成立的 SANAA 建筑事务所就有这样的特征。妹岛和世于 1981—1987 年间在伊东丰雄事务所工作，她随后与西泽立卫合作成立事务所。今天 SANAA 已经是日本最具有国际影响力的事务所之一，他们也被视为代表性的日本当代建筑师。在最近的一篇访谈中，妹岛和世也谈到了她对"点彩法"的兴趣："如果宇宙中的一切都是由点组成的，高度密集的点可以成为类似墙一样的东西，将墙里点的密度减少可以变成为空间。如果你以这种方式去看待事物，那么建筑内部与外部不用成为分离的实体，他们能够在和谐中融为一体。"[1]这样的表述与隈研吾对"点彩法"以及"微粒"的看法非常类似，通过将所有事物分解为微粒，消解了事物之间的差异与对立，去除了个体的独立性与压迫性，让事物之间拥有更多的联系与融合。"当妹岛和世设计建筑时，她将建筑与环境看作一种联系。"[2]西泽立卫的评价也印证了 SANAA 对联系的重视，他还用日本森林中神庙的例子给予说明：在日本传统中，建筑与环境是"连续的实体，它们之间的界限是模糊的。这就是我们在伊势神宫中真正看到的东西"。[3]

不难想象，在类似的思路下，SANAA 的很多作品也采用了与隈研吾类似的"弱化"策略，简化建筑体量、注重透明性与半透明性、突出轻盈与开放。两者的区别之一在于 SANAA 较少像隈研吾那样直接使用传统类型与元素，但这并不意味着他们没有在传统中吸取养分。比如西泽立卫也认同，他们作品的透明性与半透明性也可以与日本传统建筑中使用屏风、纸窗所带来的轻盈感相关联，这也给予他们那些大量使用玻璃或者半透明当代材料的作品一种含蓄的传统氛围。

日本建筑文化给予 SANAA 的另外两种启示是结构与空间。西泽立卫认为日本传统建筑结构是清晰与开放的，这也产生了一种透明性："结构。一种非常明晰的结构，轻、

① KAZUYO SEJIMA，RYUE NISHIZAWA & MAKI ONISHI. Architecture and environment as one：a conversation with Kazuyo Sejima and Ryue Nishizawa[J]. EL Croquis，2020，（205）：9.
② Ibid.，19.
③ Ibid.，11.

透明，可以看到组织方式的能力。这里是柱子，这里是梁，这里是屋顶，那里是次梁以及其他东西，结构中所有部件的关系可以被看到。没有任何东西被隐藏起来，所有的都很清晰。所有东西都被阐明了、被定义了。这些事物在空间中创造了一种透明感。"[1] 的确，SANAA 的绝大部分作品都采用了较为简单和清晰的结构形式。散布在建筑边缘的细柱是他们最常使用的结构模式。这些小尺度的构件明显减轻了建筑的重量感，让整个建筑变得通透和轻盈。

与结构相关联的是空间。西泽立卫谈道："传统日本建筑，拥有在整个平面上延展的结构，所以在本质上是无止境的——我是指没有明确的外皮，没有立面。欧洲建筑是关于墙的，而日本建筑是关于柱与梁的。它们是不同的。"[2] 在这种"无止境"的延展中，SANAA 作品的空间组织倾向于拒绝中心性、拒绝明显的层级划分、拒绝过于明确的组织体系。比如中心集中式布局、对称式布局或者廊道式布局都因为过于明确的层级关系而遭到拒绝，SANAA 经常使用的是小空间散布在匀质平面上的布局模式，人们可以在其中选择任一路径行进，仿佛在建筑中自由地游历一般。妹岛和世认为这种模式也存在于日本的城市中："日本城市充满了非常有趣的小空间。我们的城镇可能最初是由一些点和片段所组成的，它们之间充满了间隙……它让我获得一种洞见，日本空间似乎与它的周围一同在有节奏地呼吸。"[3] 西泽立卫补充道："我想在日本城市中你仍然能发现多神化，或者更准确地说是泛神化的品质。"[4]"那里没有清晰定义的中心，所以任何事物都被给予同样的重要性。"[5] 很明显，SANAA 在这里所阐述的是一种非中心性的建筑，这一点也与隈研吾类似，包括在日本传统思想中寻求源泉的论证方式也是。只是在实践中，SANAA 更倾向于采用特定的空间组织方式来呈现，这鲜明地体现在日本石川县金泽当代美术馆（21st Century Museum of Contemporary Art，Kanazawa）、卢浮宫朗斯分馆（Louvre-Lens）以及瑞士洛桑的劳力士学习中心（Rolex Learning Center）等作品中（图 13-16）。

可能最为典型地体现 SANAA 设计立场的作品是 2015 年完成的美国康涅狄格新迦南

图 13-16　妹岛和世与西泽立卫，劳力士学习中心室内

---

① KAZUYO SEJIMA, RYUE NISHIZAWA & JUAN ANTONIO CORTÉS. A conversation with Kazuyo Sejima & Ryue Nishizawa[J]. EL Croquis, 2007, (139): 11.
② Ibid., 10.
③ KAZUYO SEJIMA, RYUE NISHIZAWA & MAKI ONISHI. Architecture and environment as one : A Conversation with Kazuyo Sejima and Ryue Nishizawa[J]. EL Croquis, 2020, (205): 17.
④ Ibid.
⑤ Ibid., 18.

（New Canan）格蕾丝农场（Grace Farm）。在这个项目中，由细柱支撑的曲面屋顶顺着山坡起伏而蜿蜒流转，使得建筑柔软地融入自然环境之中。大量玻璃墙面以及开放空间的使用拒绝了任何沉重感，流淌的线条仿佛流水的一部分，在持续的流动中延展，而不是被固化为坚硬的构筑物。所有的功能性房间都被曲面的玻璃或者白色轻质墙体所围合，它们像细胞一样漂浮在屋顶覆盖下的起伏地面上，让人可以在其中灵活穿行。这个作品典型地体现了妹岛和世所强调的建筑与环境的融合、非中心性的布局，以及西泽立卫所强调的清晰结构、无尽延展以及透明性与半透明性。同样是植根于日本的文化传统，也同样是注重"轻""柔"以及与环境的融合，SANAA 虽然很多观点与隈研吾类似，但是他们能够挖掘出自己的关注点，并且给予当代性的阐释。在这一点上，他们与隈研吾都是日本当代建筑师的杰出代表。

不仅仅是这两位建筑师，另一些日本建筑师如藤本壮介（Sou Fujimoto）、石上纯也（Junya Ishigami）也都或多或少地偏向于对"轻"的追求。藤本壮介的很多代表性作品如住宅 N（House N）都采用纯白色元素来削弱重量感。他在 2013 年完成的伦敦肯辛顿公园蛇形画廊（Serpentine Galleries）采用了与隈研吾类似的"微粒化"策略，用小尺度构件搭建起一个轻盈、通透的短期构筑物（图 13-17）。石上纯也对轻的追求更为极端，为了减小结构构件的尺度、厚度，或者是制造无重量的假象，他与结构工程师进行了极为深入和出色的探索，其结果是完成了像神奈川理工学院 KAIT 工坊（Kanagawa Institute of Technology KAIT Workshop）这样令人惊异的作品（图 13-18）。这座建筑的玻璃墙、屋顶、柱子似乎都已抵达了轻薄的极限，而在这种"现象"背后则是结构工程师对 305 根细钢柱尺寸、角度、位置的精确计算。与隈研吾和 SANAA 类似，藤本壮介与石上纯也也希望这种更"轻"的建筑能够与环境、与光线、植被等天然元素形成更为柔和的关系。

日本当代建筑的轻盈实际上获得了先进的结构与材料技术的支撑，如果没有对材料、结构、施工工艺的精确驾驭，很难获得如此突出的建筑效果。从伊东丰雄到石上纯也，日本当代建筑师的探索证明了最新的技术成就完全可以与细腻和深厚的文化观念相结合。由日本传统文化的视角，以及对社会状况的持续性反思，共同塑造出日本当代建筑的鲜明特征。面对当代社会的流变，日本建筑师给出不同于西方建筑师的另一种解答，一种具有鲜明东方色彩的解答。

图 13-17　藤本壮介，伦敦肯辛顿公园蛇形画廊　　　图 13-18　石上纯也，神奈川理工学院 KAIT 工坊

13.5 数字技术的作用与启示

大约一百年前，现代建筑的诞生是人类建筑发展史上最剧烈的变革之一。推动这一变革的决定性因素之一是现代技术成果，如批量化工业生产、钢筋混凝土结构、金属材料、玻璃、电力机械等等。这些技术成就最早仅仅被视为工具性要素，并没有被吸纳到由风格、传统与类型所主导的主流设计理论之中。只是伴随着维奥莱－勒－迪克、勒·柯布西耶等现代建筑先驱的呼吁与创作，这些技术成果才开始改变基础性的设计理念，最终所导致的是全球建筑活动从观念、形态、细节到生产、建造以及运营使用等方面的全面革新。这并不是简单的技术决定论，仿佛将整个现代建筑的发展仅仅归因于技术而忽视了艺术、文化与哲学思想，它只是强调新的技术与这些因素的密切结合才带来了 20 世纪以前的建筑师从未想象过的建筑与城市图景。现代主义运动的历史表明，技术所可能带来的不仅仅是局部的效率提升，还可能是整体性的建筑革命。在 21 世纪的今天，假如要猜想一下在可预见的未来有什么样的技术能够为当代建筑带来最终剧烈的变化，答案很可能是以计算机为代表的数字技术。

实际上，将 21 世纪 20 年代的今天与 20 世纪 20 年代进行对比会有一些启发性。这两个时代有强烈的相似性。彼时，以密斯·凡·德·罗、勒·柯布西耶为代表的欧洲先锋正在积极吸收先进的工业技术成果，并不断提出革命性的理念与崭新的创作方案，在当下，也有为数不少的建筑师与研究者在积极地将新的数字技术引入建筑设计，催生了大量新的术语和理念，新颖的设计成果也在不断出现。不过，我们也不应忽视两个时代的差别。历史已经告诉我们现代主义的革新回应了现代社会的一些根本性的需求，成为主导性的建筑倾向，因此称现代建筑是一次革命是合理的。但数字技术在建筑界所带来的转变是否也具有类似的生命力现在还难以判断，虽然新的东西总是令人兴奋，我们也还是需要以更为冷静的态度来看待任何革新的潜在效用，尤其是对于变化极为迅速的数字技术。

对于今天的人来说，数字技术在多大程度上改变了人们的生活几乎已经不需要任何讨论。相应地，建筑材料的生产、建筑的管理运营，以及任何建筑所服务的工作与生活模式都已经受到了数字技术的影响，比如建筑的安防系统以及网络信息系统就与当下的生活息息相关。不过，这里讨论的仅仅是数字技术对设计的影响，这大致被划分为两个领域，一个是计算机辅助设计（Computer Aided Design，以下简称 CAD），另一个是计算机辅助建筑设计（Computer Aided Architectural Design，以下简称 CAAD）。这两个概念容易被混淆在一起，但实际上两者的范畴与内容都有着巨大的差异。计算机辅助设计（CAD）是一个较为狭窄的领域，主要是指利用计算机辅助完成一些已经有确定方法以及目的的技术性工作，比如最为常见的平面图与透视图绘制、数据收集与整理以及信息传递。这些工作使用传统技术也可以完成，但是相比于计算机来说效率和准确性都要低下很多，就好像人的口算与笔算甚至无法与最简单的计算器相媲美一样。计算机辅助建筑设计（CAAD）的范畴要宽泛得多，除了解决技术性问题之外，还包括了利用计算机协助建筑设计的方案设想与构思，甚至是为建筑设计理论与设计思想提供启发。这在传统上属于建筑师个人创作的领域，但很多研究者认为数字技术也可以进入这一领域并且发挥作用。虽然这两者之间的界限并不是那么明确，但总体上可以认为计算机辅助设计偏向于技术性解决方案，而计算机辅助建筑设计则偏向于理论性拓展。我们下面对这两个领域分别给予简介，首先看看计算机辅助设计，它已经全面地改变了建筑设计的工作方式。

二维图纸绘制是计算机辅助设计最早的发展领域。"二战"期间电子计算机出现，随后开始进入快速的发展阶段。在 20 世纪 60 年代，不仅是计算机的性能与可靠性不断提高，操作系统与编程语言的发展也使得人们可以探索用计算机来解决不同的问题。一些欧美大型企业凭借雄厚的经济与技术实力，开始探索用计算机协助绘制图纸，由此带来计算机辅助设计软件的诞生。在 1970 年代，单纯的二维图纸绘制开始扩展到三维建模与图纸表现，其中最为成功的一款软件是法国达索航空公司（Dassault Aviation）在 1970 年代中期开始开发的 CATIA 软件，它不仅能帮助设计师搭建准确的三维模型，还能将相关数据与生产流程整合，从而实现全程的无纸化设计制造。更重要的是，整个流程的数字化可以帮助避免大量的错误，并且预先模拟最终成果，从而大幅度提高设计与制造的效率。前面提到的弗兰克·盖里的曲线形建筑就是依靠 CATIA 软件来实现的，像毕尔巴鄂古根海姆美术馆这样的建筑不仅可以有更为复杂的曲线形体，而且能够在有限的预算与时间中建造完成，这都有赖于 CATIA 提供了远远超越传统工作模式的效率与精确性。此后，个人计算机（PC）以及微软视窗（Windows）操作系统的快速普及，使得计算机辅助设计软件开始被个人用户所享用。今天，计算机已经很大程度上替代了传统的图纸绘制与建筑表现。这一技术路线最近的发展动向是建筑信息模型（Building Information Modeling，以下简称 BIM），简单地说是一个真实建筑的数字模型。不同于传统建筑模型仅仅关注形态与外表，建筑信息模型还包含了建筑中各个真实的子系统，比如结构、设备、管线的模拟。这种模型不仅让建筑各个真实的部件在计算机中直观可见，还将各个部件的各种数据都涵盖其中，有助于设计与建造过程中各个系统之间的相互协调，也有利于后期的建筑管理甚至是将来的改造。BIM 技术展现了计算机解决建筑技术问题的巨大潜能，因为几乎所有这些问题都可以在计算机中进行高效的前期模拟，从而为提前避免或者解决它们提供了更有效的途径。数据和信息在模型内的精确传递，也使得各个系统之间的沟通协调变得更为顺畅。这些优势使得 BIM 技术越来越多地被使用在各种级别的建设项目中。

技术问题的特点是有确定的最终目标，由于结果明确，所以手段也可以相应地明确，并且可以根据最终目标的实现情况来改进和优化手段。正是在这一方面计算机辅助设计展现了强大的能力，可以大幅提升技术性手段的成效与效率。不过，建筑设计并不只是技术问题，在满足技术要求的前提下，建筑师往往通过设计让建筑表达和传递更多的内容，这些内容并不是预先设定的或者有明确的限定，而是由建筑师主动选择并且给予诠释的。它们更多地属于建筑师的个人创作，这也是建筑设计可以丰富多样的原因之一。因为不同的建筑师可以有不同的内容倾向，并且采用不同的诠释方式。英国哲学家罗宾·科林伍德（Robin George Collingwood）在《艺术的原则》（The Principles of Art）一书中指出，当艺术家试图在作品中表现某种情感时，他并不完全清楚这个情感具体是什么，只有在作品完成时这种情感才最终确定，因此艺术创作具有强烈的不确定性与个人色彩。[①]建筑创作也有这样的特征，虽然建筑师倾向于某种倾向性内容的表达，但在设计完成之

---

① 参见 COLLINGWOOD R. G. The principles of art[M]. Oxford : Clarendon Press，1965 : 109-117.

前这可能只是模糊的和不确定的,只有伴随着设计的进展,这些内容才最终被确定下来并固化在建筑中。因此,在设计完成之前,建筑的创作目标并没有最终确定。这可能是设计创作与技术问题最大的区别之一。恰恰是因为最终目标不确定,使得设计创作无法被转化成确定的技术问题,也难以使用技术手段给予解决。

正是因为这个原因,更多偏向于设计创作的计算机辅助建筑设计(CAAD)会显得比较为单纯的计算机辅助设计(CAD)更松散和含混。在 20 世纪 60 年代,英国学者布鲁斯·阿切尔(Bruce Archer)、约翰·克里斯托弗·琼斯(John Christopher Jones)等人发起的"设计方法运动"(Design method movement)曾经试图将设计过程分解成为明确的技术问题的集成,这样就可以将设计创作化简成为寻求技术解答的过程,进而采用先进的科学技术来给予辅助。在这一时期,人们很快想到了由计算机来帮助解决这些分解的技术问题,这是计算机辅助建筑设计的早期设想。在前面的章节中我们提到了克里斯托弗·亚历山大在他的早期著作《形式综合要点》中提到的对设计过程(Design process)的理性化分解,实际上就与设计方法运动所追寻的目标类似。他们都试图将设计创作转化为技术解答。但是,亚历山大此后的理论转向以及设计方法运动的迅速消退都证明了这一路线并不成功。建筑创作的不确定性虽然为迅速获得高效解决方案制造了障碍,但是它也提供了必要的灵活性,使得建筑创作可以跳出技术问题的确定性,去呈现更多的可能性以及更丰富的内涵。20 世纪 50 年代以来的建筑理论主流,关注的并不是技术解决手段,而是如何充实和限定这些内涵,而上一节提及的复杂性倾向则表明,这种不确定性仍然是当代建筑创作的驱动力之一。

设计创作的这一特征决定了计算机辅助建筑设计的探讨更多的是间接性的,也就是说不是直接得到设计成果,而是希望数字技术协助和启发设计思维,进而再依赖设计思维的综合与选择得到设计方案。这种间接性导致了计算机辅助建筑设计理论的模糊,但是与设计的不确定性一样,这种缺陷在另一个角度看来也是优势,它使得数字技术与设计思维的关系可以更为灵活和多元。与计算机辅助设计相对独立的持续发展不同,计算机辅助建筑设计的相关讨论与主流建筑思潮的发展关系更为紧密。在设计方法运动衰落之后,对于计算机以及数字技术的乐观期望也随之消退,20 世纪 70—90 年代的建筑理论黄金时期主要围绕语言学、后现代、解构、批判等理念展开,数字技术并不是关注热点。但是在 1990 年代中期,此前的理论热潮也逐渐失去了吸引力,而在另一端,数字技术却取得了令人瞩目的杰出成就,许多理论家可以被数字技术的成果所吸引,开始讨论对建筑理论的崭新启示。不过这种讨论并不是随意和散乱的,我们随后会看到,它们实际上仍然从属于建筑理论的主流议题,更多的是提供了一个新的视角阐述这些问题,或者是提供相应的解决方案。

一个典型的案例是彼得·埃森曼在 1990 年代的论述。埃森曼之所以能在很长的时间内占据当代理论讨论的前沿,是因为他非常善于吸纳新的材料去阐释一些持续的议题。他对句法、自主性、解构以及批判理论的运用就是证例。在 1990 年代,他又将注意力转向了新的电子技术。他在 1992 年发表的一篇文章《展开的视觉:电子传媒时代的建筑》(Visions Unfolding:Architecture in the Age of Electronic Media)被很多学者看作是设计理论中数字技术讨论的崭新起点。有趣的是,埃森曼这篇文章的中心观点其实并不新颖,与他在 1976 年发表的《后功能主义》一文非常类似,都是反对人文中心主义,即将人作为所有建筑思考的基础与核心。两篇文章的差异在于，1976 年他使用了语言学理论来给予论述，在 1992 年则使用了新的电子传媒技术来进行论证。比如在后一篇文章中，埃森曼说明了复印与传真的不同，复印还需要人的操作与监控，所以还是以人为中心的，而传真则不需要人的直接控制，可以自动接收和打印。埃森曼认为这体现了电子媒体的自主性。作为典范它启示了一种不需要以人为中心，自身拥有一套机制与理性，能够独立存在与发展的建筑体系。可以看到，他的核心观点较之七八十年代并没有变化，那就是通过摆脱人文中心主义，通过强调建筑的自主性，来获得更大的自由与更多的可能性。埃森曼的主要论述都集中在前一部分，也就是对人文中心主义的攻击以及自主性的辩护，但是对更大的自由以及更多的可能性具体是什么则没有太多的论述。在这篇文章中，他还引用了法国哲学家吉尔·德勒兹（Gilles Louis René Deleuze）的"褶子"（Fold）理念来对传统的以人为中心的"机械范式"（Mechanical paradigm）给予修正。

　　"褶子"理念来自于德勒兹的一本著作《褶子：莱布尼茨与巴洛克》（*The Fold：Leibniz and the Baroque*）。这本书的核心内容是对莱布尼茨形而上学理论，尤其是其"单子"（Monad）理论的分析。但是就像德勒兹的其他评述性著作一样，他的分析并不只是要呈现莱布尼茨的观点，在很大程度上也是通过莱布尼兹来展现他自己的观点。"褶子"就是这样一个中介，德勒兹认为莱布尼茨的形而上学理论具有褶子的特征，而这也是整个巴洛克时代的特征。褶子，比如布匹褶子的特点在于，简单地看，一个褶子是具有独立性的个体，所以我们可以用一个褶子这样的语句来指认，但实际上，褶子之所以是褶子，是因为它与布匹的其他部分是连成一体的，所以在独立性背后实际上是内在的连续性与整体性。在一块凌乱的布匹中，褶子可以各种各样，但其实所有褶子都是连在一起的，一种连续性将所有褶子的独特性整合在同一布匹中。德勒兹认为莱布尼茨的"单子"理论就具有"褶子"的特征，看似分裂和独立的人的内在（Interior）与外在事物（Exterior）实际上是连续的，就像一块布上相距甚远的两个褶子其实是被其他的褶子连接在一起的，德勒兹写道："这就是莱布尼兹在一段非凡的文字中所呈现的：一种灵活的和弹性的事物拥有各种整合的部分，它们形成了褶子，所带来的结果是它们不会分裂成为部分的部分，而是无穷地分化成为越来越小的褶子，它们仍然保持了一定的内聚性。"[①] 在这里，重要的当然不是德勒兹是否准确分析了莱布尼茨的哲学理论，而是褶子这种能够容纳大量复杂性与独立性，同时又保持了连续性与凝聚性的模式能够替代传统的二元对立，比如笛卡尔哲学中思想与物质的割裂。

　　我们前面提到了，在 1990 年代中期开始兴起的新千年现实主义就格外看重复杂元素的差异性整合，它后来成为库哈斯等代表性建筑师的重要设计策略，被用来替代批判与解构所带来的负面性对抗。德勒兹的褶子理论所强调的实际上也是复杂性的整合，这避免了此前后结构主义对差异性以及反抗性的过度强调所带来的混乱与停滞。正是这种趋势上的相似性使得德勒兹一跃成为 20 世纪末期在建筑界最引人关注的哲学家，他的褶子理论为新千年现实主义的拥护者们提供了强有力的思想武器。

　　另一个特点也让褶子理论获得不同寻常的建筑关注。虽然是一个哲学理论，但德勒兹巧妙地选择了一个大家都熟悉的日常现象来给予指代。而且在《褶子：莱布尼茨与巴

①　DELEUZE G. The fold：Leibniz and the Baroque[M]. London：Continuum，2006：6.

洛克》一书中，德勒兹还用巴洛克建筑的曲线以及巴洛克时代女士百褶裙的褶皱来说明复杂性与整合的关系，这种将具体物理现象与哲学理念相互结合的论述对建筑师极具吸引力。德勒兹已经指出了一种可能的路径，用具象的媒介去阐释复杂的思想内涵，而这正是许多建筑师苦思冥想的问题。这一因素显然对于计算机辅助建筑设计探索中大量连续曲线与褶皱形体的运用有直接的影响。

在1992年的文章中，埃森曼用德勒兹的褶子理念批驳人文中心主义对人内在思想独特性的推崇，进而颠覆以此为基础的传统设计范式。他所强调的是要认识到有超越人所控制的其他秩序的存在："像空间具有什么意义这样的问题不再重要了……不再关注美学或者意义，而是要关注那些其他的秩序。我们只需要觉察这样的事实，那就是其他的秩序是存在的；这种觉察已经动摇了那些认为自己理解了所有一切的主体（Knowing subject）。"[①] 这段话的理论意义非常重要，是因为它实际上指向了一个重要问题。埃森曼认为像电子技术等技术领域发展脱离于人的自主发展是理所当然的，将人从中心驱离是一个积极的进步，所以意识到人并不是主导一切的核心就是一种值得赞赏的举措。但是，也必须强调，同样的现象在另一些人看来则意味着危险，技术不加限制地扩展与运用，可能带来不受控的结果，比如核武器的扩散以及基因工程的伦理危机。所以我们需要的不是将人驱离，给予技术以自由，而是让人真正成为衡量技术发展的中心，更精确地评价技术的价值与风险，再给予谨慎抉择。这样的讨论也出现在随后的数字技术讨论中，一方面有人不断赞赏数字技术可以独立于人的干预创造一些新颖的成果，而另一些人则质疑这样的成果是否真的具有价值与意义。埃森曼认为意义的问题无关紧要，而这些人则认为意义的问题至关重要，在这样的争论中，意义仍然是建筑理论的核心议题。

另一个更充分地挖掘了褶子理念的内涵，并且与新的数字技术相结合的建筑师与理论家是美国加州大学洛杉矶分校的学者格雷格·林恩（Greg Lynn）。他1993年的文章《建筑的曲线线性：折叠的、柔软的与柔顺的》（Architectural Curvilinearity：The Folded，the Pliant and the Supple）非常具有启发性，广泛影响了此后数字技术的讨论。在这篇文章中，林恩将褶子理念与新的数字技术都纳入了建筑理论的发展主流中进行讨论。他的主要观点实际上与新千年现实主义者的立场是类似的。此前建筑理论对对抗、断裂、矛盾的过度强调已经走入了困境，新的趋势是走向一种容纳了多样性与丰富性的融合。与此前的讨论不同的是，林恩进一步提出了，可以使用褶子所代表的光滑性（Smoothness）来实现差异化元素的整合。这实际上是同时借用了德勒兹的褶子理论的哲学内涵与形态特征："如果在建筑中通过褶皱能够获得任何单一的效果，那就是将不相关的元素整合在一个新的连续性综合体之中的能力。"[②] 所以林恩认为光滑性可以取代断裂与冲突成为新的建筑基调："当下，一种替代性的光滑性正在得到阐述，它能够逃离那些辩证对立的策略。这种后冲突的作品有多种来源，这些来源的共通性——拓扑几何、形态学、形态生成、突变理论或者军工行业以及好莱坞电影工业的计算机技术——是光

① EISENMAN P. Visions unfolding：architecture in the age of electronic media[M]//CARPO. The digital turn in architecture 1992—2012. London：John Wiley & Sons Ltd，2013：20.
② LYNN G. Architectural curvilinearity：the folded，the pliant and the supple[M]//CARPO. The digital turn in architecture 1992—2012. London：John Wiley & Sons Ltd，2013：30.

滑转化的特征，它们将差异性在一个连续但同时又是异类的系统中密集整合在一起。"①
这样的表述非常艰涩，但林恩用迈克尔·杰克逊（Michale Jackson）的歌曲《黑或白》
（Black or White）的 MV 片段给予了有趣的说明。在这个片段中有各种不同性别、肤
色、样貌的演员相继出镜，计算机的处理让这些演员镜头的切换变成了渐变，看起来仿
佛一个人在很短的时间内光滑地变成了另一个人。由此，十余位不同的演员被连成了一
个既有连续性又有差异性的整体。这个例子是格雷格·林恩提出的计算机技术有利于创
造光滑性与连续性的重要例证，他心目中的理想状态是一种"光滑的混合体"（Smooth
mixture），"它们由不同的成分组成，这些成分在被混合进一个包含了其他自由元素的连
续场域的同时，也维持了自己的特征。"②

　　林恩并没有停留在对光滑性的象征性阐释，他进一步将光滑性延伸到柔软性。就像
黏性液体受到适当的外界压力会有所变形，但是内部的聚合力会让其在某种程度上达到
均衡，在这时，它既对外界影响做出了反应，也保持了自身的连续性与整体性。林恩的
观点是建筑也可以具有这样的柔软性，这并不是指建筑本身是柔软的，而是指通过连续
性与光滑性元素的使用，建筑可以拥有更为灵活多变的形态，使其能够对各种各样的外
部因素做出反应，比如在需要公共空间的地方后退，或者在需要减少管线阻挡时降低高度，
但同时也维护自身的整体性。至此，格雷格·林恩完成了一篇经典建筑理论文献的主要
任务，从抽象的哲学理论出发（褶子与光滑性），最终抵达了具体的设计手段（曲线与柔
软形态）。

　　曲线与流线型体量的运用自现代建筑以来并不鲜见，我们在之前也提到了盖里与哈
迪德的相关创作，但林恩的论述显然给予曲线与柔顺形体更为丰富的理论内涵。这无疑
激励了一大批热衷于发掘崭新建筑语汇的建筑师，他们认同这不仅仅是一种新的形态，
还同样具有某种积极的实际作用，可以帮助建筑更好地对各种复杂条件做出反应，同时
也能在丰富性与整体性之间获取均衡。格雷格·林恩在 1997—2001 年期间进行的胚胎
住宅（Embryologic Houses）设计为此提供了更直接的说明。这些两层住宅的原型有着
光滑的蛋形体量，但是每个特定的住宅都会引入很多形态变化，这些变化"来自于对生
活方式、场地、气候、建造方法、材料、空间效果、功能需求以及特别的美学效果等等
偶然性因素的调和"。③ 因为吸纳了这些复杂的外部因素，每一个胚胎住宅都是不一样的，
但是它们仍然都保持了表面的光滑与连续，所以仍然具有某种基因上的相似性。就好像
胚胎大多是相似的，但是后续成长会演化成为不同的个体一样。胚胎住宅典型性地体现
了林恩所宣称的一个光滑、柔软的建筑如何更好地适应和调和多样化的条件。

　　数字技术的作用主要体现在胚胎住宅的设计与制造之上，这些住宅的形体看似千奇
百怪难以描述，但实际上都是由有限的一些曲线参数所定义的。计算机仅仅需要调整这
些参数就可以快速地得到无以数计的变化的结果，这些参数也可以直接用于数字化制造，
结构与板片都可以经由数据精确而高效地制造出来。格雷格·林恩的文章与胚胎住宅设
计构成了一个典范性的整体，他阐述了光滑的曲线形要素在理论上的价值与合理性，并

---

① Ibid.，29.
② Ibid.，30.
③ LYNN G. Embryologic houses©[M]//CARPO. The digital turn in architecture 1992—2012. London：John Wiley & Sons Ltd，2013：126.

且用设计实验论证了数字技术如何帮助实现这种在此前的技术手段看来近乎不可能的建筑语汇。褶子、曲线、光滑性、参数化设计与制造这些理念与手段迅速发展成为计算机辅助建筑设计理论中的核心理念，影响了为数众多的追随者。

如果说林恩的这些尝试还停留在实验层面，那么 FOA 建筑师事务所（Foreign Office Architects）在 1995—2002 年间完成的横滨国际客运中心（Yokohama International Passenger Terminal）则是体现了类似思想与手段的最重要的实践成果（图 13-19）。FOA 的创始人法尔希德·穆萨维（Farshid Moussavi）与亚

图 13-19　FOA，横滨国际客运中心

历杭德罗·扎埃拉-波罗（Alejandro Zaera-Polo）对自己的事务所的定位与林恩以及新千年现实主义十分接近："作为在后现代主义、批判性地域主义、解构主义之后的建筑宣言，我们的策略是阐述一种空间制造，能够在差异性区分的同时保持一致性与调和（Coherently differentiated）。"[①] 在横滨国际客运中心，FOA 实现这种差异调和的方式正是通过光滑连续与褶皱。整个方案的核心理念可以被理解为几张有着曲面弯折的纸张相互重叠、连接成为一个连续的整体。由此带来的结果是一种连续的混杂，邮轮码头的屋顶成为横滨公共空间的连续延展，邮轮码头的不同功能也被串联在连续的流线中。"这个设计提议将模糊不同状态之间的界限，通过一种连续的变化形式，差异性地阐释项目中各种各样的片段：从地方居民到外国游客，从游逛者到商业旅客，从窥视者到展示者，从表演者到观赏者。"[②] 而能够支撑这种复杂的设计使其能够得以实现的，也正是计算机辅助设计系统，它帮助描述了建筑复杂的剖面结构，并且运用于实际的建造之中。FOA 这个惊人的作品充分展现了褶子理念所蕴含的巨大潜能，也同时印证了计算机技术可以如何帮助实现这些大胆的设想。

不过，横滨国际客运中心的大胆尝试并没有带来更多后来者。就像英国学者马里奥·卡尔波（Mario Carpo）所指出的，计算机辅助建筑设计的一些核心议题在 20 世纪 90 年代就已经被提出了，虽然数字技术仍然是人们关注的热点，但是鲜有新的理论观点，几乎所有的发展"都出现在 20 世纪 90 年代所定义的理论范畴之内，或者是由其中的某

---

① FOREIGN OFFICE ARCHITECTS. Yokohama International Port terminal[M]//CARPO. The digital turn in architecture 1992—2012. London：John Wiley & Sons Ltd，2013：59.

② Ibid.，61.

些倾向所发展的推论。"① 近年来的讨论越来越集中在数字技术的效用,而不是对理念的启发之上。两个最活跃的领域是连续性形体的设计建造,以及参数化表皮的设计建造。这两个领域的进展都有赖于计算机能够将复杂的形态与变化用较为简单的数据模式给予定义,并且直接输出为数字制造体系,从而能够以工业化的效率生产单一性的构件,充分实现了"批量定制"(Mass-customisation)的目的。盖里与哈迪德事务所的成功充分说明了这种技术手段的能量。不过也有批评者指出,当曲线形体本身成为一种固定的模式,也就失去了曾经具有的开拓性,演变成为一种被不断重复的形式语汇。这就好像德勒兹的褶子理论被完全简化为建筑元素的弯折,而失去了它在哲学文本中所具备的深刻内涵。

　　参数化表皮的运用也存在类似的问题。与林恩的胚胎住宅类似,这些表皮通常由大量有着同一原型的元素组成,只是通过参数的微调使得每个元素之间都出现细微的差异,呈现在总体的表皮上则是更为宏大和动态的变化。这种设计手段使得建筑表皮可以获得丰富的细节变化,同时也能够维持整体的统一性。但存在的问题是当人们已经对这种特定的变化熟悉之后,可能就不再被视为一种"变化",而是同一模式的不断重复,那它也同样失去了此前先驱们所推崇的差异融合特性了。

　　针对这种退化,扎哈·哈迪德建筑事务所的合伙人帕特里克·舒马赫(Patrick Schumacher)提出了更为宏大的"参数化主义"(Parametricism)。我们可以将"参数化主义"理解为重新回到 20 世纪 90 年代初期的诉求:用一种更灵活和更包容的方式而不是冲突和对抗的方式面对社会的复杂性,利用计算机技术提供的连续性与参数化控制来实现这种差异化融合。在 2009 年的一篇名为"参数化主义:建筑与城市设计的一种新的全球风格"(Parametricism:A New Global Style for Architecture and Urban Design)的文章中,舒马赫写道:"建筑与城市的责任是组织和阐释后福特社会日益增长的复杂性。"② 具体的操作路径就是参数化主义,简单地说可以总结为两点,一点要尽力避免,另一点要尽力争取:"要避免使用僵化的原始几何性如方形、三角形和圆,避免元素的简单重复,避免不相关元素或系统的并置。"③ 这明显指向的是现代主义建筑以及后现代和一些具有解构色彩的建筑作品;要争取的是"将所有的形式考虑为参数化可调的;渐进地区分(基于不同的速率),系统性的弯曲和关联。"④ 这显然是指在数字技术支持下,基于参数化连续性的建筑元素。仅仅就这两点来说,相关内容早已有之,"参数化主义"真正的新颖之处在于舒马赫强调要将这一策略扩展到更为广大的领域,比如要包含建筑的各个子系统,如表皮、结构、内部划分、交通。除了建筑物自身的参数以外,还要包括环境参数以及观察者参数。更重要的是要将建筑与城市融入一体的参数化体系,"其目标是深层的关联性,演化的建成环境,从城市布局到建筑形态,细节建构的阐释以及内部组织"。⑤ 扎哈·哈迪德事务所完成的一系列大型项目为舒马赫将"参数化可调"的理念运用于建筑内部大大小小的各种系统提供了机会。尽管哈迪德本人一直坚持设计作为

① CARPO M. The digital turn in architecture 1992—2012[M]. London:John Wiley & Sons Ltd,2013.
② SCHUMACHER P. Parametricism:a new global style for architecture and urban design[M]//CARPO. The digital turn in architecture 1992—2012. London:John Wiley & Sons Ltd,2009:243.
③ Ibid.,244.
④ Ibid.
⑤ Ibid.,247.

个人创作的传统特质，不可否认的是如果没有先进数字技术的支撑，她的很多作品就不可能实现。在这一点上，舒马赫正确地论述了数字技术可以怎样带来新的设计工作模式。

不过，"参数化主义"的野心不仅限于建筑处理。舒马赫认为它应该成为建筑与城市设计的"支配性范式"（Hegemonic paradigm）。如果真的得以实现，就相当于实现了20 世纪 60 年代设计方法运动的支持者们所设想的，将设计转变为技术问题的集成的理想，在这种情况下计算机将成为当之无愧的设计主导者，因为它们解决数据问题的效率远远超出人类。实际上，"参数化主义"的理念中，参数本身可能不是最重要的，其基本前提是要能够将社会的复杂性转化为数据的关系，从而可以利用计算机或者数字技术来高效处理。这些数据关系不一定要限定在几个参数的变量体系之上，而是可以由一套复杂但有序的机制来处理，这个机制就是算法（Algorithm），它是指一套清晰定义的，具有有限步骤的运算体系，能够将输入数据处理成为输出成果。可以看到，与参数的概念相比，算法的概念更为模糊，这是因为算法概念基本上涵盖了计算机数据处理的几乎所有范畴，参数变化实际上只是算法的其中一种类型，所以算法概念更适合于描述计算机不断扩展的数据处理能力。也是因为这个原因，近年来的数字技术讨论也更为集中在算法领域。

然而，无论是参数还是算法，其前提都是以数据为操作对象。这也指向了本节开始部分讨论的问题，建筑设计的不确定性是否真的能够被完全化简为确定性的技术问题，或者更进一步，化简为数据的集成？如果答案为是，那么数字技术的确有可能全面控制建筑与城市设计，如果答案为否，那么数字技术仍然只能运用于技术问题，而将设计创作留给建筑师个体。我们可能会直觉性地认为答案是否，毕竟像科林伍德所说的，如果在创作完成之前艺术家或创造者自己都不清楚自己最终想要表达的是什么，那么这个设计目标自身就不明确的，也就不可能被数据所替代。我们仍然倾向于认为人的思考与表达具有某种特殊性，不能被数据和算法所取代。

这种看似合理的解答并不是无懈可击。近年来人工智能技术的快速进步已经导致了计算机与人脑之间的差异变得越来越模糊。以前我们认为很多只有人脑才能完成的任务，比如顶级的围棋竞技已经被证明完全可以由计算机完成，而且可以比人完成得更为出色。这不得不引发我们思考，人的思维是否真的那么独特和不可替代？如果计算机能够完成围棋竞技的思考，为何不能完成其他思维任务，比如构思、创作以及表达？或许我们认为的创作与表达，实际上也是人脑这一计算机器中各种数据的综合作用，只是我们自己并不清楚它们的作用机制。一旦计算机逐步分解了这些数据，或许可能真的实现完全意义的人工智能，在这种情况下，计算机可能成为一个完全的人脑，或者是类似的智慧体，那么以前看来神秘的设计创作也可能被计算机所完成。

这可能是当今数字技术对建筑设计以及建筑理论提出的最为重大的问题。尽管目前看来这种景象暂时还不会出现，但没有人有能力预测未来的技术发展。如果人工智能真正能够像人一样完成建筑设计，那么这样的设计会有什么样的诉求？会出现什么样的演化？与人之间会有什么样的关系？这些都会是前所未有的理论挑战。

或许人工智能技术可以最终实现彼得·埃森曼所一直倡导的，将人从建筑设计的主导地位驱逐出去的终极目标，但这到底是一出悲剧还是一出喜剧？需要回答的不仅仅是建筑师，而是我们每一个人。

推荐阅读文献：

1. BAIRD G. Criticality and its discontents[J]. Havard Design Magazine. 2004，（21）.

2. FOUCAULT M. Des espace autres，hétérotopies（of other spaces，heterotopias）[J]. Architecture，Mouvement，Continuité，1984，（5）：47.

3. KOOLHAAS R. Delirious New York：a retroactive manifesto for Manhattan[M]. New York：Monacelli Press，1994：10、11.

4. TOYO ITO. Vortex and current：on architecture as phenomenalism[M]//MALLGRAVE & CONTANDRIOPOULOS. Architectural theory（vol 2）：an anthology from 1871 to 2005. Oxford：Blackwell，2007.

5. SCHUMACHER P. Parametricism：a new global style for architecture and urban design[M]//CARPO. The digital turn in architecture 1992—2012. London：John Wiley & Sons Ltd，2009.

索 引

图片来源

图 1-1　纽约联合国总部，Cancillería Ecuador – Flickr，CC BY-SA 2.0，via Wikimedia Commons，https：//commons.wikimedia.org/w/index.php?curid=34748052

图 1-2　勒·柯布西耶，昌迪加尔议会大厦，duncid – KIF_4646_Pano，CC BY-SA 2.0，via Wikimedia Commons，https：//commons.wikimedia.org/w/index.php?curid=3635869

图 1-3　勒·柯布西耶，山顶圣母教堂，Von Wladyslaw – selbst fotografiert，CC BY-SA 3.0，via Wikimedia Commons，https：//de.wikipedia.org/w/index.php?curid=3663087

图 1-4　勒·柯布西耶，张开的手，Raakesh Blokhra – Flickr，CC BY-SA 2.0，via Wikimedia Commons，https：//en.wikipedia.org/wiki/Chandigarh#/media/File：Open_Hand_monument,_Chandigarh.jpg

图 1-5　密斯·凡·德·罗，柏林新国家美术馆，Thomas Roessler，CC BY-SA 4.0，via Wikimedia Commons，https：//commons.wikimedia.org/w/index.php?curid=85503583

图 1-6　赖特，罗森鲍姆住宅，Mmdoogie – Own work by the original uploader，CC BY-SA 3.0，via Wikimedia Commons，https：//commons.wikimedia.org/w/index.php?curid=4226315

图 1-7　阿尔瓦·阿尔托，贝克学生公寓，Gunnar Klack – MIT Baker House Dormitory，CC BY-SA 2.0，via Wikimedia Commons，https：//commons.wikimedia.org/w/index.php?curid=84222989

图 1-8　阿尔瓦·阿尔托，赛纳察洛市政厅，Tiia Monto，CC BY-SA 3.0，via Wikimedia Commons，https：// commons.wikimedia.org/w/index.php?curid=35359944

图 1-9　阿尔瓦·阿尔托，伏克塞尼斯卡教堂，Sino Yu – Own work，CC BY-SA 4.0，via Wikimedia Commons，https：//commons.wikimedia.org/w/index.php?curid=91668324

图 1-10　拉尔夫·厄斯金，拜克墙住宅区，Bahlaouane – Own work，CC BY-SA 4.0，via Wikimedia Commons，https：//commons.wikimedia.org/w/index.php?curid=48445541

图 2-1　GAMMA 团体，卡萨布兰卡郊区的卡里雷斯中心项目，Bahlaouane – Own work，CC BY-SA 4.0，via Wikimedia Commons，https：//commons.wikimedia.org/w/index.php?curid=48445541

图 2-2　奥特洛会议，Netherlands Architecture Institute（NAI）– Congres Team 10 in Otterlo I Team 10 Meeting in Otterlo，CC BY-SA 2.0，via Wikimedia Commons，https：//commons.wikimedia.org/w/index.php?curid=18321115

图 3-1　意大利 BBPR 公司，维拉斯加塔楼，Photo by CEphoto，Uwe Aranas / CC-BY-SA-3.0 or alternatively © CEphoto，Uwe Aranas / CC-BY-SA-3.0，CC BY-SA 3.0，via Wikimedia Commons，https：//en.wikipedia.org/w/index.php?curid=49232065

图 3-2　卡洛·斯卡帕，威尼斯双年展售票亭，Jean-Pierre Dalbéra from Paris, France – Carlo Scarpa（Stand pour la Biennale de Venise），CC BY 2.0，https：//commons.wikimedia.org/w/index.php?curid=24667735

图 3-3　卡洛·斯卡帕，维罗纳古堡博物馆"坎格兰德空间"，杨澍摄，授权使用

图 3-4　卡洛·斯卡帕，威尼斯奎里尼·斯坦帕尼亚基金会改建花园，Paolo Monti – Available in the BEIC digital library and uploaded in partnership with BEIC Foundation.The image comes from the Fondo Paolo Monti，owned by BEIC and located in the Civico Archivio Fotografico of Milan.，CC BY-SA 4.0，via Wikimedia Commons，https：//commons.wikimedia.org/w/index.php?curid=48078087

图 3-5　卡洛·斯卡帕，布里昂墓园，杨恒源摄，授权使用

图 3-6　路易·康，耶鲁大学美术馆加建 By Gunnar Klack – Own work，CC BY-SA 4.0，via Wikimedia Commons，https：//commons.wikimedia.org/w/index.php?curid=57227121

图 3-7　路易·康，埃克塞特学院图书馆阅览区 By kathia shieh – Exeter Library [Louis Kahn]，CC BY 2.0，https：//commons.wikimedia.org/w/index.php?curid=11500653

图 3-8　路易·康，萨尔克生物学研究所，Codera23 – Own work，CC BY-SA 4.0，via Wikimedia Commons，https：//commons.wikimedia.org/w/index.php?curid=81787561

图 3-9　路易·康，印度管理学院，Students of IIMA – Perspectives – the photography club of IIMA，

CC BY 3.0，https：//commons.wikimedia.org/w/index.php?curid=8252423

图3-10　路易·康，孟加拉国会大厦室内，Rossi101 at English Wikipedia，CC BY-SA 3.0，via Wikimedia Commons，https：//commons.wikimedia.org/w/index.php?curid=75097517

图4-1　史密森夫妇，亨斯坦顿学校，Christopher Hilton，CC BY-SA 2.0，https：//commons.wikimedia.org/w/index.php?curid=31729184

图4-2　沃伦·查克等，伦敦南岸艺术中心扩建，Ethan Doyle White – Own work，CC BY-SA 4.0，via Wikimedia Commons，https：//commons.wikimedia.org/w/index.php?curid=79426246

图4-3　德尼斯·拉斯敦，皇家国立剧院，Saval – Own work，CC BY-SA 4.0，via Wikimedia Commons，https：//commons.wikimedia.org/w/index.php?curid=68576401

图4-4　坎迪利斯 – 约西齐 – 伍兹，柏林自由大学校园建筑 CC BY-SA 3.0，via Wikimedia Commons，https：//commons.wikimedia.org/w/index.php?curid=140924

图4-5　巴克明斯特·富勒，1967年世界博览会美国馆的"短程线式穹顶"，Ralf Roletschek – Own work，GFDL 1.2，https：//commons.wikimedia.org/w/index.php?curid=61794223

图4-6　丹下健三，广岛和平纪念公园，Netherzone – Own work，CC BY-SA 4.0，via Wikimedia Commons，https：//commons.wikimedia.org/w/index.php?curid=94439865

图4-7　菊竹清训，出云大社管理楼，Kenta Mabuchi，CC BY-SA 2.0 via flickr，https：//flickr.com/photos/kentamabuchi/3511215554/in/gallery-7158635@N05-72157629986300037/

图4-8　菊竹清训，"空中住宅"，InnaSergeevaNik – Own work，CC BY-SA 4.0，via Wikimedia Commons，https：//commons.wikimedia.org/w/index.php?curid=78922228

图4-9　丹下健三，山梨县广播新闻中心，さかおり – Own work，CC BY-SA 4.0，via Wikimedia Commons，https：//commons.wikimedia.org/w/index.php?curid=52922916

图4-10　黑川纪章，东京中银大厦，Jordy Meow – Own work，CC BY-SA 3.0，via Wikimedia Commons，https：//commons.wikimedia.org/w/index.php?curid=31395049

图4-11　摩西·萨夫迪，蒙特利尔"人居67"项目 By Taxiarchos228，CC BY-SA 3.0，via Wikimedia Commons，https：//commons.wikimedia.org/w/index.php?curid=11829063

图4-12　凡·艾克，阿姆斯特斯洛特米尔老人住宅，S. de Jong – Own work，CC BY-SA 4.0，via Wikimedia Commons，https：//commons.wikimedia.org/w/index.php?curid=62948391

图4-13　凡·艾克，阿姆斯特丹市立孤儿院，Aerial photo by KLM Aerocarto Schiphol-Oost, 24 February 1960– Aviodrome Lelystad – Luchtfoto archief（Trefwoorden：Amsterdam weeshuis），CC BY-SA 3.0，via Wikimedia Commons，https：//commons.wikimedia.org/w/index.php?curid=33609497

图4-14　凡·艾克，阿纳姆的松斯贝克公园展览雕塑馆，Alex Hoekerd from Nunspeet, The Netherlands – Aldo van Eyck pavilioen，CC0，https：//commons.wikimedia.org/w/index.php?curid=64134492

图4-15　凡·艾克，海牙罗马天主教堂室内，Leuk2 – Own work，CC BY-SA 4.0，via Wikimedia Commons，https：//commons.wikimedia.org/w/index.php?curid=61173288

图5-1　卢多维科·夸罗尼等，蒂伯蒂诺区住宅，Pmk58 – Own work，CC BY-SA 4.0，via Wikimedia Commons，https：//commons.wikimedia.org/w/index.php?curid=51560420

图5-2　阿尔多·罗西，加拉雷特西住宅楼，Von Formkurve92（Diskussion）12：58, 24. Aug. 2013（CEST）– selbst fotografiert，CC BY-SA 3.0，https：//de.wikipedia.org/w/index.php?curid=7841344

图5-3　阿尔多·罗西，圣卡塔尔多公墓，Camouflajj – Own work，CC BY-SA 4.0，via Wikimedia Commons，https：//commons.wikimedia.org/w/index.php?curid=82735993

图5-4　乔治·格拉西，柏林波茨坦广场综合体，Andreas Steinhoff，Attribution，https：//commons.wikimedia.org/w/index.php?curid=852605

图5-5　维托里奥·格里高蒂，卡拉布里亚大学校园，Fernando Santopaolo – Own work，CC BY-SA 4.0，via Wikimedia Commons，https：//commons.wikimedia.org/w/index.php?curid=62329097

图5-6　奥斯瓦德·马赛厄斯·昂格尔斯，巴登州立图书馆的阅览室，Andreas Schwarzkopf – Own work，CC BY-SA 3.0，https：//commons.wikimedia.org/w/index.php?curid=37414331

图5-7　路易吉·斯诺兹，卡尔曼之家，Hans-juergen.breuning，CC BY-SA 3.0，via Wikimedia Commons，https：//commons.wikimedia.org/w/index.php?curid=11335882

图6-1　赫曼·赫兹伯格，森特贝希尔保险公司办公楼，Apdency – Own work，CC BY-SA 3.0，via Wikimedia Commons，https：//commons.wikimedia.org/w/index.php?curid=6935541

图6-2　赫曼·赫兹伯格，阿姆斯特丹阿波罗学校，Vincent Steenberg – Own work，CC BY-SA 3.0，via Wikimedia Commons，https：//commons.wikimedia.org/w/index.php?curid=6033572

图7-1　罗伯特·文丘里，母之家，Smallbones – Own work，Public Domain，https：//commons.

wikimedia.org/w/index.php?curid=12275145

图 7-2 罗伯特·文丘里，吉尔德老年公寓，Smallbones – Own work，CC0，https：//commons.wikimedia.org/w/index.php?curid=17190688

图 7-3 罗伯特·文丘里，塞恩斯伯里翼馆，Richard George – Own work，CC BY 2.5，https：//commons.wikimedia.org/w/index.php?curid=715349

图 7-4 菲利普·约翰逊，耶鲁大学克莱恩大厦，Emilie Foyer – Own work，CC BY-SA 3.0，via Wikimedia Commons，https：//commons.wikimedia.org/w/index.php?curid=31132108

图 7-5 查尔斯·摩尔，加州大学克雷斯吉学院学生宿舍，Ponderosapine210 – Own work，CC BY-SA 4.0，via Wikimedia Commons，https：//commons.wikimedia.org/w/index.php?curid=85713775

图 7-6 查尔斯·摩尔，新奥尔良的意大利广场，Colros – Flickr photo，CC BY 2.0，https：//commons.wikimedia.org/w/index.php?curid=3147916

图 7-7 迈克尔·格雷夫斯，波特兰大厦，Steve Morgan – Own work，CC BY-SA 3.0，via Wikimedia Commons，https：//commons.wikimedia.org/w/index.php?curid=11187563

图 7-8 菲利普·约翰逊，AT＆T大楼，David Shankbone – Own work，CC BY 2.5，https：//commons.wikimedia.org/w/index.php?curid=1695177

图 7-9 菲利普·约翰逊，"底特律一号中心"摩天楼，Dimensions（talk·contribs）– Own work，Public Domain，https：//commons.wikimedia.org/w/index.php?curid=4028609

图 7-10 詹姆斯·斯特林与詹姆斯·高万，伦敦朗汉姆住宅街区，Anna Armstrong 2012，CC BY-NC-SA 2.0，https：//www.sosbrutalism.org/cms/15888907

图 7-11 詹姆斯·斯特林与詹姆斯·高万，莱斯特大学工程楼，NotFromUtrecht – Own work，CC BY-SA 3.0，via Wikimedia Commons，https：//commons.wikimedia.org/w/index.php?curid=8266191

图 7-12 詹姆斯·斯特林，剑桥大学历史系馆，Steve Cadman from U.K. – The History Faculty，Cambridge，CC BY-SA 2.0，via Wikimedia Commons，https：//commons.wikimedia.org/w/index.php?curid=76879078

图 7-13 詹姆斯·斯特林与迈克尔·威尔福特，斯图加特州立美术馆，Fred Romero from Paris，France – Stuttgart – Neue Staatsgalerie，CC BY 2.0，https：//commons.wikimedia.org/w/index.php?curid=70509821

图 7-14 矶崎新，筑波中心大厦，Polimerek – Own work，CC BY-SA 3.0，via Wikimedia Commons，https：//commons.wikimedia.org/w/index.php?curid=22245549

图 7-15 矶崎新，洛杉矶当代艺术博物馆，Minnaert – Own work，CC BY-SA 3.0，via Wikimedia Commons，cropped，https：//commons.wikimedia.org/w/index.php?curid=5187852

图 7-16 隈研吾，M2大厦，Wiiii – Own work，CC BY-SA 3.0，via Wikimedia Commons，https：//commons.wikimedia.org/w/index.php?curid=4126487

图 8-1 约翰·海杜克，扬·帕拉赫纪念碑，Jaro Zastoupil – Gampe，CC BY-SA 3.0，via Wikimedia Commons，https：//commons.wikimedia.org/w/index.php?curid=45788179

图 8-2 理查德·迈耶，盖蒂中心，Jelson25 – Own work，Public Domain，https：//commons.wikimedia.org/w/index.php?curid=7418879

图 8-3 彼得·埃森曼，柏林 IBA 社会住宅，Jörg Zägel – Own work，CC BY-SA 3.0，via Wikimedia Commons，https：//commons.wikimedia.org/w/index.php?curid=19445708

图 8-4 彼得·埃森曼，维克斯纳视觉艺术中心与美术图书馆，TijsB-Own work，CC BY-SA 2.0，via flickr，https：//www.flickr.com/photos/tijsb/2169080522/in/photostream/

图 8-5 彼得·埃森曼，阿罗洛夫设计与艺术中心，fusion-of-horizons，CC BY-SA 2.0，via flickr，https：//www.flickr.com/photos/fusion_of_horizons/2140291471/in/photostream/

图 8-6 彼得·埃森曼，欧洲犹太人遇难者纪念碑，CC BY-SA 3.0，via Wikimedia Commons，https：//commons.wikimedia.org/w/index.php?curid=202582

图 9-1 伯纳德·屈米，拉维莱特公园平面，Paris 16 – Own work，CC BY-SA 4.0，via Wikimedia Commons，https：//commons.wikimedia.org/w/index.php?curid=50981725

图 9-2 伯纳德·屈米，拉维莱特公园的一个"点"，Guilhem Vellut – Own work，CC BY-SA 2.0，via flickr，https：//www.flickr.com/photos/o_0/28881740891/in/album-72157671480716462/

图 9-3 伯纳德·屈米，法国勒弗赫努瓦当代艺术中心，Par ROSE FYLEN — Travail personnel，CC BY-SA 4.0，via Wikimedia Commons，https：//commons.wikimedia.org/w/index.php?curid=77444065

图 9-4 伯纳德·屈米，雅典卫城博物馆，Erik Drost – New Acropolis Museum，CC BY 2.0，https：//commons.wikimedia.org/w/index.php?curid=66538408

图 9-5 弗兰克·盖里，查亚特-德公司办公楼，YaGeek – Own work，CC BY-SA 3.0，via Wikimedia

Commons，https：//commons.wikimedia.org/w/index.php?curid=16264548

图9-6　弗兰克·盖里，盖里自宅，IK's World Trip – https：//www.flickr.com/photos/ikkoskinen/350055881/sizes/o/in/set-72157594441486676/，CC BY 2.0，https：//commons.wikimedia.org/w/index.php?curid= 13364477

图9-7　弗兰克·盖里，奥林匹克港海滨酒店的鱼雕塑，Ad Meskens – Own work，CC BY-SA 4.0，via Wikimedia Commons，https：//commons.wikimedia.org/w/index.php?curid=85700727

图9-8　弗兰克·盖里，沃尔特·迪斯尼音乐厅，Antoine Taveneaux – Own work，CC BY-SA 3.0，via Wikimedia Commons，https：//commons.wikimedia.org/w/index.php?curid=15890852

图9-9　弗兰克·盖里，毕尔巴鄂古根海姆美术馆，Zarateman – Own work，CC0，https：//commons.wikimedia.org/w/index.php?curid=38920196

图9-10　扎哈·哈迪德，维特拉消防站，Andreas Schwarzkopf – Own work，CC BY-SA 3.0，via Wikimedia Commons，https：//commons.wikimedia.org/w/index.php?curid=50705897

图9-11　扎哈·哈迪德，罗马当代艺术中心，Von kanakari – selbst，CC BY-SA 3.0，via Wikimedia Commons，https：//de.wikipedia.org/w/index.php?curid=6215045

图11-1　何塞·科德奇，巴塞罗那公寓，Catalan Art &amp；Architecture Gallery（Josep Bracons）from Barcelona，Catalonia– Barcelona. La Barceloneta apartment building. 1952—1954. José A. Coderch and Manuel Valls architects，CC BY-SA 2.0，via Wikimedia Commons，https：//commons.wikimedia.org/w/index.php?curid=44168875

图11-2　何塞·科德奇，罗兹住宅，Albert Sarola Juanola – Own work，CC BY-SA 3.0 es，https：//commons.wikimedia.org/w/index.php?curid=16563179

图11-3　哈桑·法赛，卢克索的新古尔纳村，Marc Ryckaert（MJJR）– Own work，CC BY 3.0，https：//commons.wikimedia.org/w/index.php?curid=14646069

图11-4　查尔斯·柯里亚，斋浦尔艺术中心，Sanyam Bahga – Own work，CC BY-SA 3.0，via Wikimedia Commons，https：//commons.wikimedia.org/w/index.php?curid=17791791

图11-5　杰弗里·巴瓦，斯里兰卡议会大厦，Kolitha de Silva from New Britain，USA – The Parliament of Sri Lanka，CC BY 2.0，https：//commons.wikimedia.org/w/index.php?curid=41508357

图11-6　藤森照信，高悬茶室，Björn Lundquist，CC BY-SA 3.0，via flickr，https：//www.flickr.com/photos/sumikaproject/ 3417195672/in/photostream/

图11-7　阿尔瓦罗·西扎，康西卡奥公园游泳池，Miguel Marques from Porto，Portugal – Piscina Quinta da Conceição，CC BY 2.0，https：//commons.wikimedia.org/w/index.php?curid=88419058

图11-8　阿尔瓦罗·西扎，博阿诺瓦茶庄与餐厅，Joaomorgado – Own work，CC BY-SA 4.0，via Wikimedia Commons，https：//commons.wikimedia.org/w/index.php?curid=34194512

图11-9　阿尔瓦罗·西扎，波尔图大学建筑学院，Andy Matthews – Siza's school of architecture – Porto，CC BY-SA 2.0，via Wikimedia Commons，https：//commons.wikimedia.org/w/index.php?curid=3752684

图11-10　阿尔瓦罗·西扎，里斯本世博会葡萄牙馆，Brunomcmira – Own work，CC BY-SA 4.0，via Wikimedia Commons，https：//commons.wikimedia.org/w/index.php?curid=82624427

图11-11　路易斯·巴拉甘，巴拉甘自宅与工作室，張基義，CC BY 2.0，https：//commons.wikimedia.org/w/index.php?curid=39154366

图11-12　路易斯·巴拉甘，圣克里斯托巴尔马厩，Esparta Palma，CC BY-SA 2.0，via flickr,，https：//www.flickr.com/photos/esparta/3573608700

图11-13　安藤忠雄，水之教堂，準建築人手札網站 Forgemind ArchiMedia，CC BY 2.0，via flickr，https：//www.flickr.com/photos/eager/5298043483/in/photostream/

图11-14　李晓东，篱苑书屋，準建築人手札網站 Forgemind ArchiMedia，CC BY 2.0，via flickr，https：//www.flickr.com/photos/eager/7151885231/in/photostream/

图11-15　王澍，宁波博物馆，Siyuwj，building designed by Wang Shu and Lu Wenyu –own work，CC BY-SA 3.0，via Wikimedia Commons，https：//commons.wikimedia.org/w/index.php?curid=30929404

图11-16　拉斐尔·莫奈欧，梅里达罗马艺术博物馆，Anual – Own work，CC BY-SA 4.0，via Wikimedia Commons，https：//commons.wikimedia.org/w/index.php?curid=77879011

图11-17　彼得·卒姆托，斯代尔内塞特纪念馆，Stylegar – Own work，CC BY-SA 4.0，via Wikimedia Commons，https：//commons.wikimedia.org/w/index.php?curid=47091822

图11-18　卡洛·斯卡帕，威尼斯奎里尼·斯坦帕尼亚基金会入口小桥，Andrea Tornabene，CC BY 2.0，via flickr，https：//www.flickr.com/photos/frammenti/2853747935

图 11-19 彼得·卒姆托，克劳斯兄弟小教堂，jda – Own work, CC BY–SA 3.0, via Wikimedia Commons，https：//commons.wikimedia.org/w/index.php?curid=22429164

图 11-20 丹尼尔·里伯斯金，柏林犹太人博物馆，Studio Daniel Libeskind (Architecture New Building)；Guenter Schneider (photography) – Studio Daniel Libeskind (Architecture New Building)；http：//www.guenterschneider.de/index_x.php, CC BY 3.0, https：//commons.wikimedia.org/w/index.php?curid=4428433

图 11-21 丹尼尔·里伯斯金，柏林犹太人博物馆中庭，Levi_7, Pixabay License–Free for commercial use, No attribution required，https：//pixabay.com/de/photos/j%C3%BCdisches–museum–berlin–architektur–377350/

图 12-1 爱德华·斯通，肯尼迪表演艺术中心，Mack Male from Edmonton, AB, Canada – Kennedy Center, CC BY–SA 2.0, via Wikimedia Commons，https：//commons.wikimedia.org/w/index.php?curid=13377842

图 12-2 山崎实，沙特阿拉伯达兰国际机场航站楼，Saudi Aramco Archives, Public domain, Via Wikimedia Commons

图 12-3 奥斯卡·尼迈耶，巴西利亚总统官邸，Robotmensch – Own work, CC BY–SA 3.0, via Wikimedia Commons，https：//commons.wikimedia.org/w/index.php?curid=22478780

图 12-4 奥斯卡·尼迈耶，尼泰罗伊当代艺术博物馆，Donatas Dabravolskas – Own work, CC BY–SA 4.0, via Wikimedia Commons，https：//commons.wikimedia.org/w/index.php?curid=81901741

图 12-5 保罗·鲁道夫，耶鲁大学建筑系系馆，Sage Ross – Own work, CC BY–SA 3.0, via Wikimedia Commons，https：//commons.wikimedia.org/w/index.php?curid=5040514

图 12-6 贝聿铭，美国科罗拉多州国家大气研究中心梅萨实验室，en：user：Daderot – Original photo, CC BY–SA 3.0, via Wikimedia Commons，https：//commons.wikimedia.org/w/index.php?curid=628312

图 12-7 贝聿铭，美国华盛顿国家美术馆东馆，'Matthew G. Bisanz, CC BY–SA 3.0, via Wikimedia Commons，https：//commons.wikimedia.org/w/index.php?curid=7688758

图 12-8 贝聿铭，苏州博物馆，Another Believer – Own work, CC BY–SA 4.0, via Wikimedia Commons，https：// commons.wikimedia.org/w/index.php?curid=45792516

图 12-9 贝聿铭，卢浮宫扩建工程，Pedro Szekely from Los Angeles, USA – Louvre Museum, CC BY–SA 2.0, via Wikimedia Commons，https：//commons.wikimedia.org/w/index.php?curid=68954861

图 12-10 约翰·奥都·冯·斯波莱克尔森，拉德芳斯大拱门，Coldcreation – Coldcreation, CC BY–SA 2.5, https：//en.wikipedia.org/w/index.php?curid=44901614

图 12-11 让·努维尔，阿拉伯世界研究中心，Rory Hyde, CC BY–SA 2.0, via flickr, https：//www.flickr.com/photos/roryrory/2520002099/in/photostream/

图 12-12 多米尼克·佩罗，法国国家图书馆新馆，August Fischer, CC BY–SA 2.0, CC BY–ND 2.0, via flickr, https：//www.flickr.com/photos/augustfischer/22959714873/

图 12-13 西萨·佩里，曼哈顿的世界金融中心高层建筑群，Paulm27 – Own work, CC BY 3.0, https：//commons.wikimedia.org/w/index.php?curid=14858110

图 12-14 西萨·佩里，吉隆坡国家石油双子塔，Marcin Konsek / Wikimedia Commons, CC BY–SA 4.0, via Wikimedia Commons，https：//commons.wikimedia.org/w/index.php?curid=53056363

图 12-15 SOM，上海金茂大厦，Shizhao – Own work, CC BY–SA 3.0, via Wikimedia Commons，https：//commons.wikimedia.org/w/index.php?curid=391441

图 12-16 皮埃尔·路易吉·奈尔维，罗马小体育宫，Mister No, CC BY 3.0, https：//commons.wikimedia.org/w/index.php?curid=60577354

图 12-17 让·普鲁维与皮埃尔·让纳雷，可拆卸住宅 By Jean-Pierre Dalbéra from Paris, France – La maison des sinistrés de Jean Prouvé (Nancy), CC BY 2.0, https：//commons.wikimedia.org/w/index.php?curid=24665972

图 12-18 让·普鲁维，"热带住宅"，Jim Linwood – The Tropical House (La Maison Tropicale), Tate Modern, South Bank, London., CC BY 2.0, https：//commons.wikimedia.org/w/index.php?curid=6394360

图 12-19 埃贡·艾尔曼，内克曼邮购公司大楼，No machine–readable author provided. Popie~commons wiki assumed (based on copyright claims) . – No machine–readable source provided. Own work assumed (based on copyright claims) ., CC BY–SA 3.0, via Wikimedia Commons，https：//commons.wikimedia.org/w/index.php?curid=394607

图 12-20 弗雷·奥托，慕尼黑奥运会体育场，M (e) ister Eiskalt, CC BY–SA 3.0, via Wikimedia Commons，https：//commons.wikimedia.org/w/index.php?curid=31724296

图 12-21 埃罗·沙里宁，耶鲁大学英格尔斯冰球馆，Carol M. Highsmith – This image is available from the United States Library of Congress's Prints and Photographs divisionunder the digital ID highsm.04251. This tag does not indicate the copyright status of the attached work. A normal copyright tag is still required. See Commons：Licensing for more information., Public Domain, https：//commons.wikimedia.org/w/index.php?curid=31402689

图 12-22 埃罗·沙里宁，纽约肯尼迪国际机场 TWA 航站楼，Roland Arhelger – Own work，CC BY–SA 4.0，via Wikimedia Commons，https：//commons.wikimedia.org/w/index.php?curid=46423333

图 12-23 埃罗·沙里宁，华盛顿杜勒斯国际机场航站楼，The original uploader was JetBlastBWI at English Wikipedia.–Transferred from en.wikipedia to Commons by Apalsola using CommonsHelper., Public Domain，https：//commons.wikimedia.org/w/index.php?curid=4307554

图 12-24 理查德·罗杰斯与伦佐·皮亚诺，蓬皮杜中心，Suicasmo – Own work，CC BY–SA 4.0，via Wikimedia Commons，https：//commons.wikimedia.org/w/index.php?curid=91365114

图 12-25 理查德·罗杰斯，伦敦劳埃德大厦，Tristan Surtel – Own work，CC BY–SA 4.0，via Wikimedia Commons，https：//commons.wikimedia.org/w/index.php?curid=82990901

图 12-26 理查德·罗杰斯，法国波尔多法院，GFreihalter – Own work，CC BY–SA 3.0，via Wikimedia Commons，https：//commons.wikimedia.org/w/index.php?curid=23982229

图 12-27 诺曼·福斯特，柏林议会大厦玻璃穹顶，Jean–Pierre Dalbéra from Paris, France – Le Reichstag (Berlin)，CC BY 2.0，https：//commons.wikimedia.org/w/index.php?curid=37214993

图 12-28 诺曼·福斯特，卡雷艺术中心，Robert Schediwy，CC BY–SA 4.0，via Wikimedia Commons，via Wikimedia Commons，https：//upload.wikimedia.org/wikipedia/commons/c/c0/Carr%C3%A9dArt.JPG

图 12-29 诺曼·福斯特，香港汇丰银行总部大楼，WiNG – Own work，CC BY 3.0，https：//commons.wikimedia.org/w/index.php?curid=4252177

图 12-30 诺曼·福斯特，苹果公司总部大楼，Daniel L. Lu (user：dllu) – Own work，CC BY–SA 4.0，via Wikimedia Commons，https：//commons.wikimedia.org/w/index.php?curid=84774080

图 12-31 伦佐·皮亚诺，让·玛丽·吉巴奥文化中心，Wikimedia Commons user Fanny Schertzer (a.k.a User：Inisheer) – Copied from the image's original Wikimedia Commons page because of a threat of deletion due to potential Freedom of Panorama issues., CC BY–SA 3.0，via Wikimedia Commons，https：//en.wikipedia.org/w/index.php?curid=37696239

图 12-32 保罗·索雷里，"阿科桑蒂"项目，Carwil – Own work，CC BY–SA 4.0，via Wikimedia Commons，https：//commons.wikimedia.org/w/index.php?curid=60360895

图 12-33 杨经文，梅西尼亚加塔楼，Cmglee – Own work，CC BY–SA 4.0，via Wikimedia Commons，https：//commons.wikimedia.org/w/index.php?curid=85676643

图 13-1 MVRDV，斯洛丹综合体，FaceMePLS from The Hague, The Netherlands – Silodam Amsterdam，CC BY 2.0，https：//commons.wikimedia.org/w/index.php?curid=35855944

图 13-2 MVRDV，汉诺威世界博览会荷兰馆，Marco Verch，CC BY 2.0，via flickr，https：//www.flickr.com/photos/30478819@N08/50020782198

图 13-3 MVRDV，乌佐克老年公寓，Rory Hyde，CC BY–SA 2.0，via flickr，https：//www.flickr.com/photos/roryrory/ 2627660666

图 13-4 MVRDV，VPRO 总部，Rob't Hart – MVRDV.com，CC BY–SA 4.0，via Wikimedia Commons，https：//commons. wikimedia.org/w/index.php?curid=86572050

图 13-5 BIG，VM住宅，Fred Romero from Paris，France – København – VM House / Block V，CC BY 2.0，https：//commons.wikimedia.org/w/index.php?curid=66141977

图 13-6 赫尔佐格与德梅隆建筑事务所，瑞拉草药中心，Keimzelle – Own work，CC BY–SA 4.0，via Wikimedia Commons，https：//commons.wikimedia.org/w/index.php?curid=62228892

图 13-7 赫尔佐格与德梅隆建筑事务所，加利福尼亚多米纳斯葡萄酒厂，Moss Yaw Design studio，CC BY–NC–ND 3.0，https：//commons.wikimedia.org/w/index.php?curid=21852796

图 13-8 赫尔佐格与德梅隆建筑事务所，林肯路 1111 号停车楼，orphanjones – https：//www.flickr.com/photos/ orphanjones/761776096/in/set-72157600984703706，CC BY 2.0，via flickr，https：//www.flickr.com/photos/southbeachcars/48993703766

图 13-9 恩里克·米拉莱斯与本尼德塔·塔格里亚布，圣卡特琳娜市场改造，Rick Ligthelm，CC BY 2.0，via flickr，https：//www.flickr.com/photos/24810732@N08/8271776325

图 13-10 恩里克·米拉莱斯与本尼德塔·塔格里亚布，苏格兰议会大厦，dun_deagh – https：//www.flickr.com/photos/dun_deagh/ 20930969514/，CC BY–SA 2.0，via Wikimedia Commons，https：//

参考文献

[1] LE CORBUSIER. Ineffable Space[M]//OCKMAN & EIGEN. Architecture Culture 1943—1968：A Documentary Anthology. New York：Rizzoli, 1993：64-67.

[2] ANSELMUS CANTUARIENSIS. Capitulum I[M/OL]//. Proslogion, [2022-01-22]. http：//www.hs-augsburg.de/~harsch/Chronologia/Lspost11/Anselmus/ans_prot.html.

[3] FRITZ NEUMEYER. The Artless Word：Mies van der Rohe on the Building Art[M]. Cambridge, Mass.；London：MIT Press, 1991.

[4] MIES VAN DER ROHE. Principles for Education In the Building Art[M]//NEUMEYER. The Artless Word：Mies van der Rohe on the Building Art. Cambridge, Mass.；London：MIT Press, 1991：336.

[5] J. L. SERT, F. LÉGER & S. GIEDION. Nine Points on Monumentality[M]//OCKMAN & EIGEN. Architecture Culture 1943—1968：A Documentary Anthology. New York：Rizzoli, 1993：27-30.

[6] LOUIS H. SULLIVAN. Kindergarten Chats and Other Writings[M]. New York：Dover Publications, 1979.

[7] FRANK LLOYD WRIGHT. The Essential Frank Lloyd Wright[M]. Princeton：Princeton University Press, 2008.

[8] BRUNO ZEVI. Architecture as Space[M]. New York：Horizon Press, 1957.

[9] ALVAR AALTO & GèORAN SCHILDT. Alvar Aalto in his own words[M]. New York：Rizzoli, 1998.

[10] SVEN BACKSTRöM. A Swede Looks at Sweden[M]//OCKMAN & EIGEN. Architecture Culture 1943—1968：A Documentary Anthology. New York：Rizzoli, 1993：42-46.

[11] J. M. RICHARDS. The New Empiricism[M]//MALLGRAVE & CONTANDRIOPOULOS. Architectural Theory（Vol 2）：An Anthology from 1871 to 2005. Oxford：Blackwell, 2007：296.

[12] ERIC PAUL MUMFORD. The CIAM Discourse on Urbanism, 1928—1960[M]. Cambridge, Mass.；London：MIT Press, 2000.

[13] ALISON SMITHSON & PETER SMITHSON. Team 10 Primer[M]//JENCKS & KROPF. Theories and manifestoes of contemporary architecture. Chichester：Wiley-Academy, 2006：218-219.

[14] JACOB BAKEMA, ALDO VAN EYCK, H. P. DANIEL VAN GMKEL, et al. Doorn Manifesto[M]//OCKMAN & EIGEN. Architecture Culture 1943—1968：A Documentary Anthology. New York：Rizzoli, 1993：181-183.

[15] ALDO VAN EYCK. The Story of Another Idea[M]//LIGTELIJN & STRAUVEN. Collected Articles and Other Writings 1947—1998. Amsterdam：Sun, 2008：221-272.

[16] ERNESTO NATHAN ROGERS. Program：Domus, the House of Man[M]//OCKMAN & EIGEN. Architecture Culture 1943—1968：A Documentary Anthology. New York：Rizzoli, 1993：77-79.

[17] JOSEPH HUDNUT. The Post-Modern House[M]//OCKMAN & EIGEN. Architecture Culture 1943—1968：A Documentary Anthology. New York：Rizzoli, 1993：70-76.

[18] ERNESTO NATHAN ROGERS. Inaugural editorial in Casabella-Continuita[M]//MALLGRAVE & CONTANDRIOPOULOS. Architectural Theory（Vol 2）：An Anthology from 1871 to 2005. Oxford：Blackwell, 2007：306-307.

[19] ERNESTO NATHAN ROGERS. Preexisting Conditions and Issues of Contemporary Building Practice[M]//OCKMAN & EIGEN. Architecture Culture 1943—1968：A Documentary Anthology. New York：Rizzoli, 1993：200-204.

[20] ADRIAN FORTY. Words and Buildings：A Vocabulary of Modern Architecture[M]. New York：Thames & Hudson, 2000.

[21] REYNER BANHAM. Theory and Design in the First Machine Age[M]. London：Architectural Press, 1960.

[22] ERNESTO NATHAN ROGERS. The Evolution of Architecture：Reply to the Custodian of Frigidaires[M]//

OCKMAN & EIGEN. Architecture Culture 1943—1968：A Documentary Anthology. New York：Rizzoli, 1993：300–307.

[23] ROBERT MCCARTER. Carlo Scarpa[M]. London：Phaidon Press，2013.

[24] FRANCESCO DAL CO，GIUSEPPE MAZZARIOL & CARLO SCARPA. Carlo Scarpa：the complete works[M]. New York：Electa/Rizzoli，1984.

[25] CARLO SCARPA. A Thousand Cypresses[M]//CO & MAZZARIOL. Carlo Scarpa：The Complete Works. New York：Electa/Rizzoli，1984：286.

[26] ROBERT MCCARTER. Louis I. Kahn[M]. London；New York：Phaidon，2005.

[27] LOUIS I. KAHN. A Statement[M]//LATOUR. Louis I Kahn：writings，lectures，interviews. New York：Rizzoli International Publications，1991：145–152.

[28] LOUIS I. KAHN. Order Is[M]//LATOUR. Louis I Kahn：writings，lectures，interviews. New York：Rizzoli International Publications，1991：58–59.

[29] LOUIS I. KAHN. The Room，the Street，and Human Agreement[M]//LATOUR. Louis I Kahn：writings，lectures，interviews. New York：Rizzoli International Publications，1991：253–269.

[30] LOUIS I. KAHN. Form and Design[M]//LATOUR. Louis I Kahn：writings，lectures，interviews. New York：Rizzoli International Publications，1991：112–120.

[31] LOUIS I. KAHN. Space and Interpretations[M]//LATOUR. Louis I Kahn：writings，lectures，interviews. New York：Rizzoli International Publications，1991：224–229.

[32] LOUIS I. KAHN. How'm I Doing, Corbusier?[M]//LATOUR. Louis I Kahn：writings，lectures，interviews. New York：Rizzoli International Publications，1991：297–312.

[33] SIGFRIED GIEDION. The State of Contemporary Architecture[M]//MALLGRAVE & CONTANDRIOPOULOS. Architectural Theory (Vol 2)：An Anthology from 1871 to 2005. Oxford：Blackwell，2007：304–305.

[34] REYNER BANHAM. The New Brutalism[J]. Architectural Review，1955，118 (708)：7.

[35] TOM A VERMAETE. 'Comment Vivre Ensemble'：Imagining and Designing Community in the Work of Candilis–Josic–Woods[J]. Building Material，2007，(16)：6.

[36] TOM MCDONOUGH. Metastructure：Experimental Utopia and Traumatic Memory in Constant's New Babylon[J]. Grey Room，2008，(33)：12.

[37] JOAN OCKMAN & EDWARD EIGEN. Architecture Culture 1943—1968：A Documentary Anthology[M]. New York：Rizzoli. 1993.

[38] PETER COOK. Zoom and "Real" Architecture[M]//OCKMAN & EIGEN. Architecture Culture 1943—1968：A Documentary Anthology. New York：Rizzoli，1993：365–369.

[39] ARCHIGRAM. Manifesto[M]//MALLGRAVE & CONTANDRIOPOULOS. Architectural Theory (Vol 2)：An Anthology from 1871 to 2005. Oxford：Blackwell，2007：356.

[40] MICHAEL SORKIN. Amazing Archigram[M]//Some Assembly Required. Minneapolis：University of Minnesota Press，2001.

[41] KIYONORI KIKUTAKE，NOBORU KAWAZOE，MASATO OHTAKA，et al. Metabolism：The Proposals for New Urbanism[M]//MALLGRAVE & CONTANDRIOPOULOS. Architectural Theory (Vol 2)：An Anthology from 1871 to 2005. Oxford：Blackwell，2007：353–354.

[42] FUMIHIKO MAKI & MASATO OHTAKA. Toward Group Form[M]//OCKMAN & EIGEN. Architecture Culture 1943—1968：A Documentary Anthology. New York：Rizzoli，1993：319–324.

[43] ALLISON SMITHSON. Team 10 Primer 1953–62[J]. Ekistics，1963，15 (91)：12.

[44] ALDO VAN EYCK. Design Only Grace；Open Norm；Disturb Order Gracefully；Outmatch Need[M]//LIGTELIJN & STRAUVEN. Collected Articles and Other Writings 1947—1998. Amsterdam：Sun，2008：384–389.

[45] ALDO VAN EYCK. The medicine of reciprocity tentatively illustrated[M]//LIGTELIJN & STRAUVEN. Collected Articles and Other Writings 1947—1998. Amsterdam：Sun，2008：312–323.

[46] ROBERT MCCARTER. Aldo van Eyck[M]. New Haven：Yale University Press，2015.

[47] ALDO VAN EYCK. Two kinds of centrality[M]//LIGTELIJN & STRAUVEN. Collected Articles and Other Writings 1947—1998. Amsterdam：Sun，2008：476.

[48] ALDO VAN EYCK. Analogy versus Image[M]//LIGTELIJN & STRAUVEN. The Child，the City and the Artist. Amsterdam：Sun，2008：100–104.

[49] ALDO VAN EYCK. The ball rebounds[M]//LIGTELIJN & STRAUVEN. Collected Articles and Other

Writings 1947—1998. Amsterdam : Sun, 2008 : 136–151.

[50] ALDO VAN EYCK. There is a garden in her face[M]//LIGTELIJN & STRAUVEN. Collected Articles and Other Writings 1947—1998. Amsterdam : Sun, 2008 : 293–294.

[51] ALDO VAN EYCK. Built Meaning[M]//LIGTELIJN & STRAUVEN. Collected Articles and Other Writings 1947—1998. Amsterdam : Sun, 2008 : 470.

[52] K. MICHAEL HAYS. Architecture Theory since 1968[M]. Cambridge, Mass. ; London : MIT. 1998.

[53] ADOLF BEHNE. The modern functional building[M]. Santa Monica, Calif. : Getty Research Institute for the History of Art and the Humanities, 1996.

[54] HENRY RUSSELL HITCHCOCK & PHILIP JOHNSON. The International Style[M]. New York : Norton, 1966.

[55] GIULIO CARLO ARGAN. On the Typology of Architecture[M]//NESBITT. Theorizing a new agenda for architecture : an anthology of architectural theory, 1965—1995. New York : Princeton Architectural Press, 1996 : 240–247.

[56] RAFAEL MONEO. On Typology[J]. Opposition, 1978, (13) : 22.

[57] ALAN COLQUHOUN. Typology and Design Method[M]//Modernity and the Classical Tradition : Architectural Essays, 1980—1987. Cambridge : MIT Press, 1989.

[58] DIOGO SEIXAS LOPES. Melancholy and Architecture : On Aldo Rossi[M]. Zurich : Park Books, 2015.

[59] RENE DESCARTES. Discourse on the method[M]. New York : Cosimo, 2008.

[60] ALDO ROSSI. The architecture of the city[M].American ed. Cambridge, Mass. ; London : MIT Press, 1982.

[61] ALDO ROSSI. An Analogical Architecture[M]//NESBITT. Theorizing a new agenda for architecture : an anthology of architectural theory, 1965—1995. New York : Princeton Architectural Press, 1996 : 345–353.

[62] ALDO ROSSI. A scientific autobiography[M]. Cambridge, Mass. ; London : MIT Press, 1981.

[63] GIORGIO GRASSI. La costruzione logica dell'architettura[M]. Torino : Umberto Allemandi & C., 1998.

[64] LEJLA VUJICIC. Architecture of the longue durée : Vittorio Gregotti's reading of the territory of architecture[J]. arq, 2015, 19 (2) : 14.

[65] MASSIMO SCOLARI. The New Architecture and the Avant–Garde[M]//HAYS. Architecture Theory since 1968. Cambridge, Mass. ; London : MIT, 1998 : 124–145.

[66] GIOVANNA CRESPI. Oswald Mathias Ungers : Works and Projects 1991—1998[M]. Milano : Electa Architecture. 2002.

[67] ANTHONY VIDLER. Claude–Nicolas Ledoux : Architecture and Utopia in the Era of the French Revolution[M]. Basel : Birkhäuser, 2005.

[68] HANNES MEYER. Bauen[M]. 1928.

[69] CHARLES JENCKS. Semiology and Architecture[M]//JENCKS & BAIRD. Meaning in Architecture. London : The Cresset Press, 1969 : 11–26.

[70] JOSEPH RYKWERT. Meaning and Building[M]//MALLGRAVE & CONTANDRIOPOULOS. Architectural Theory (Vol 2) : An Anthology from 1871 to 2005. Oxford : Blackwell, 2007 : 375–376.

[71] UMBERTO ECO. Function and Sign : Semiotics of Architecture[M]//LEACH. Rethinking Architecture : A Reader in Cultural Theory. New York : Routledge, 1997 : 182–201.

[72] CHARLES JENCKS. Semiology and Architecture[M]//MALLGRAVE & CONTANDRIOPOULOS. Architectural Theory (Vol 2) : An Anthology from 1871 to 2005. Oxford : Blackwell, 2007 : 421–423.

[73] ALDO VAN EYCK. Denn uns trägt kein Volk[M]//LIGTELIJN & STRAUVEN. The Child, the City and the Artist. Amsterdam : Sun, 2008 : 191–196.

[74] ALDO VAN EYCK. The Dogon[M]//LIGTELIJN & STRAUVEN. The Child, the City and the Artist. Amsterdam : Sun, 2008 : 184.

[75] ALDO VAN EYCK. Scope for Dormant Meaning[M]//LIGTELIJN & STRAUVEN. The Child, the City and the Artist. Amsterdam : Sun, 2008 : 187–188.

[76] HERMAN HERTZBERGER. Architecture and Structuralism : The Ordering of Space[M]. Rotterdam : Nai010 Publishers, 2015.

[77] HERMAN HERTZBERGER. Lessons for Students in Architecture[M]. Rotterdam : 010 Publishers,

2001.

[78] CHRISTOPHER ALEXANDER. Notes On the Synthesis of Form[M]. Cambridge：Harvard University Press，1973.

[79] CHRISTOPHER ALEXANDER. A City is Not a Tree（Part 2）[M]//OCKMAN & EIGEN. Architecture Culture 1943—1968：A Documentary Anthology. New York：Rizzoli，1993：379-388.

[80] CHRISTOPHER ALEXANDER. The timeless way of building[M]. New York：Oxford University Press，1979.

[81] ROBERT VENTURI. Complexity and contradiction in architecture[M]. London：The Architectural Press Ltd.，1977.

[82] ROBERT VENTURI. Iconography and Electronics Upon a Generic Architecture：A View from the Drafting Room[M]. Cambridge：The MIT Press，1998.

[83] FRIEDRICH NIETZSCHE. Human, All Too Human：A Book for Free Spirits[M]. Cambridge：Cambridge University Press，1996.

[84] ROBERT VENTURI, DENISE SCOTT BROWN & STEVEN IZENOUR. Learning from Las Vegas：the forgotten symbolism of architectural form[M]. Cambridge, Mass.：MIT Press，1977.

[85] JOSÉ RAFAEL MONEO. Theoretical anxiety and design strategies in the work of eight contemporary architects[M]. Cambridge, Mass.；London：MIT Press，2004.

[86] ARNOLD J. TOYNBEE. A study of History[M]. Oxford：Oxford University Press，1961.

[87] CHARLES JENCKS. The language of post-modern architecture[M].6th ed. London：Academy Editions，1991.

[88] MICHAEL GRAVES. A Case for Figurative Architecture[M]//NESBITT. Theorizing a new agenda for architecture：an anthology of architectural theory，1965—1995. New York：Princeton Architectural Press，1996：84-90.

[89] ROBERT A. M. STERN. The Doubles of Post-Modern[M]//DAVIDSON. Architecture on the Edge of Postmodernism：Collected Essays 1964—1988. New Haven：Yele University Press，2009：128-146.

[90] ROBERT A. M. STERN. Gray Architecture as Post-Modernism[M]//DAVIDSON. Architecture on the Edge of Postmodernism：Collected Essays 1964—1988. New Haven：Yele University Press，2009：38-42.

[91] ROBERT A. M. STERN. After the Modern Movement[M]//DAVIDSON. Architecture on the Edge of Postmodernism：Collected Essays 1964—1988. New Haven：Yele University Press，2009：107-115.

[92] JAMES STIRLING. "The Functional Tradition" and Expression[J]. Perspecta，1960，6：10.

[93] JAMES STIRLING. Conversation with Students[J]. Perspecta，1967，11：3.

[94] ARATA ISOZAKI. Arata Isozaki. Gunma Prefectural Museum of Fine Arts，Takasaki，Japan，1971-74[J]. Design Quarterly，1980，（113/114）：2.

[95] JEAN-FRANÇOIS LYOTARD. The Postmodern Condition[M]. Manchester：Manchester University Press，1997.

[96] HANS JONAS. The phenomenon of life：toward a philosophical biology[M]. Evanston, Ill.：Northwestern University Press，2001.

[97] RUDOLF WITTKOWER. Architectural Principles in the Age of Humanism[M].4th ed. London：AcademyEditions，1973.

[98] ERWIN PANOFSKY. Meaning of the visual arts：papers in and on art history[M]. Garden city, N.Y.：Doubleday，1955.

[99] COLIN ROWE. The Mathematics of the Ideal Villa and other Essays[M]. Cambridge, Mass.；London：MIT Press，1976.

[100] ISAIAH BERLIN & HENRY HARDY. The Crooked Timber of Humanity：Chapters in the History of Ideas[M]. New York：Knopf，1991.

[101] PETER COLLINS. Changing Ideals in Modern Architecture，1750—1950[M].2nd ed. Montreal；London：McGill Queens University Press，1998.

[102] RICHARD MEIER. Essay[J]. Perspecta，1988，24：2.

[103] COLIN ROWE. Introduction to Five Architects[M]//HAYS. Architecture Theory since 1968. Cambridge：The MIT Press，1998：72-85.

[104] COLIN ROWE & FRED KOETTER. Collage city[M]. Cambridge, Mass.；London：MIT Press，1978.

[105] PETER EISENMAN. The formal basis of modern architecture[M]. Zurich：Lars Müller，2006.

[106] PETER D. EISENMAN. Notes on Conceptual Architecture：Towards a Definition[J]. Design Quarterly, 1970, (78/79)：5.

[107] PETER D. EISENMAN. From Object to Relationship II：Casa Giuliani Frigerio：Giuseppe Terragni Casa Del Fascio[J]. Perspecta, 1971, 13/14：31.

[108] PETER EISENMAN, ROSALIND E. KRAUSS & MANFREDO TAFURI. House of cards[M]. New York；Oxford：Oxford University Press, 1987.

[109] PETER EISENMAN. Post-Functionalism[M]//HAYS. Architecture Theory since 1968. Cambridge, Massachusetts：The MIT Press, 1998：234-239.

[110] IBA SOCIAL HOUSING[EB/OL]. [2020-05-07]. https：//eisenmanarchitects.com/IBA-Social-Housing-1985.

[111] BERLIN MEMORIAL TO THE MURDERED JEWS OF EUROPE[EB/OL]. [2020-05-07]. https：//eisenmanarchitects.com/Berlin-Memorial-to-the-Murdered-Jews-of-Europe-2005.

[112] PETER EISENMAN. The End of the Classical：The End of the Beginning, the End of the End[M]//HAYS. Architecture theory since 1968. Cambridge：The MIT Press, 1998：522-539.

[113] JACQUES DERRIDA. Plato's Pharmacy[M]//Dissemination. London：The Athlone Press, 1981：61-172.

[114] BERNARD TSCHUMI. The Architectural Paradox[M]//HAYS. Architecture Theory since 1968. Cambridge, Massachusetts：The MIT Press, 1998：214-229.

[115] BERNARD TSCHUMI. Architecture and Transgression[M]//MALLGRAVE & CONTANDRIOPOULOS. Architectural Theory (Vol 2)：An Anthology from 1871 to 2005. Oxford：Blackwell Publishing, 2008：448-450.

[116] 伯纳德·屈米. 建筑概念：红不是一种颜色 [M]. 北京：电子工业出版社，2014.

[117] JACQUES DERRIDA. Point de folie – Maintenant l'architecture[M]//HAYS. Architecture Theory since 1968. Cambridge, Massachusetts：The MIT Press, 1998：566-581.

[118] BERNARD TSCHUMI. Introduction：Notes Towards a Theory of Architectural Disjunction[M]//NESBITT. Theorizing a new agenda for architecture：an anthology of architectural theory, 1965—1995. New York：Princeton Architectural Press, 1996：169-173.

[119] MARK WIGLEY. Deconstructivist Architecture[M]//MALLGRAVE & CONTANDRIOPOULOS. Architectural Theory (Vol 2)：An Anthology from 1871 to 2005. Oxford：Blackwell, 2007：477-478.

[120] FRANK O. GEHRY. Architectural Projects：Current and Recently Completed Work[J]. Bulletin of the American Academy of Arts and Sciences, 1996, 49 (5)：20.

[121] FRANK O. GEHRY. Wing and Wing[J]. ANY：Architecture New York, 1994, (6)：8.

[122] FRANK O. GEHRY. Gehry House[M]//HAYS. Architecture Theory since 1968. Cambridge：The MIT Press, 1998：378-381.

[123] ZAHA HADID. Zaha Hadid[J]. Perspecta, 2005, 37：6.

[124] KATHRYN BLOOM HIESINGER. Zaha Hadid：Form in Motion[J]. Philadelphia Museum o f Art Bulletin, 2011, (4)：47.

[125] CHERYL KAPLAN. Zaha Hadid[J]. BOMB, 2001, (76)：2.

[126] ZAHA HADID & LUIS ROJO DE CASTRO. Conversation with Zaha Hadid[J]. EL Croquis, 1995,(73)：14.

[127] Contemporary Arts Center in Rome[J]. EL Croquis, 2001, (103)：12.

[128] ZAHA HADID & MOHSEN MOSTAFAVI. Landscape as Plan：A Conversation with Zaha Hadid[J]. EL Croquis, 2001, (103)：32.

[129] COOP HIMMELBLAU. Architecture Must Blaze[M]//MALLGRAVE & CONTANDRIOPOULOS. Architectural Theory (Vol 2)：An Anthology from 1871 to 2005. Oxford：Blackwell, 2007：462.

[130] MICHEL FOUCAULT & PAUL RABINOW. The Foucault Reader[M]. Harmondsworth：Penguin books, 1986.

[131] LE CORBUSIER & FREDERICK ETCHELLS. Towards a New Architecture[M]. Oxford：Architectural Press, 1987.

[132] 卡尔·马克思与弗里德里希·恩格斯. 共产党宣言 [M]. 北京：人民出版社，2014.

[133] MAX HORKHEIMER. The State of Social Philosophy and the Tasks of an Institute of Social Research[M]//BRONNER & KELLNER. Critical Theory and Society：A Reader. New York：Routledge, 1989.

[134] 卡尔·马克思与弗里德里希·恩格斯. 马克思恩格斯文集：第 1 卷 [M]. 北京：人民出版社，2009.

[135] JÜRGEN HABERMAS. Modernity—An Incomplete Project[M]//FOSTER. Postmodern Culture. London : Bay Press, 1983 : 3–15.

[136] JÜRGEN HABERMAS & SHIERRY WEBER NICHOLSEN. The New Conservatism : Cultural Criticism and the Historians' Debate[M]. Cambridge : Polity Press, 1994.

[137] JAMES GORDON FINLAYSON. Habermas : a very short introduction[M]. Oxford : Oxford University Press, 2005.

[138] STRIKE COMMITTEE ECOLE DES BEAUX–ARTS. Motion of May 15[M]//OCKMAN & EIGEN. Architecture Culture 1943—1968 : A Documentary Anthology. New York : Rizzoli, 1993 : 456–458.

[139] GIULIO CARLO ARGAN. Architecture and Ideology[M]//OCKMAN & EIGEN. Architecture Culture 1943—1968 : A Documentary Anthology. New York : Rizzoli, 1993 : 253–259.

[140] ANDREA BRANZI. The Hot House : Italian New Wave Design[M]. Cambridge : MIT Press, 1984.

[141] PETER LANG & WILLIAM MENKING. Superstudio : Life without Objects[M]. Skira, 2003.

[142] MANFREDO TAFURI. Theories and History of Architecture[M]. London : Granada, 1980.

[143] MANFREDO TAFURI. Toward a Critique of Architectural Ideology[M]//HAYS. Architecture Theory since 1968. Cambridge, Mass. ; London : MIT, 1998 : 2–35.

[144] FREDRIC JAMESON. Architecture and the Critique of Ideology[M]//HAYS. Architecture Theory since 1968. Cambridge, Mass. ; London : MIT, 1998 : 440–461.

[145] DIANE GHIRARDO. Architecture after modernism[M]. London : Thames & Hudson, 1996.

[146] HENRI LEFèBVRE. The Production of Space[M]. Oxford : Basil Blackwell, 1991.

[147] HENRI LEFEBVRE. The Production of Space[M]//HAYS. Architecture Theory since 1968. Cambridge, Mass. ; London : MIT, 1998 : 174–189.

[148] HAL FOSTER. Postmodern Culture[M]. London : Pluto, 1985.

[149] K. MICHAEL HAYS. Critical Architecture : Between Culture and Form[J]. Perspecta, 1984, 21 : 14–29.

[150] ROBERT CAMPBELL. Why Don't the Rest of Us like the Buildings the Architects like?[J]. Bulletin of the American Academy of Arts and Sciences, 2004, 57 (4): 22–25.

[151] MICHAEL SPEAKS. After Theory[J]. Architectural Record, 2005, 193 (6): 4.

[152] ALICIA KENNEDY K. MICHAEL HAYS. After All, or the End of "The End of" [J]. Assemblage, 2000, (41).

[153] EDMUND HUSSERL. Phenomenology and the Crisis of Philosophy [M]. New York : Happer & Row, 1965.

[154] MAURICE MERLEAU–PONTY. Phenomenology of Perception[M]. London : Roudedge & Kegan Paul, 1962.

[155] ALBERTO PÉREZ–GÓMEZ. Architecture and the Crisis of Modern Science[M]. Cambridge, Mass. ; London : MIT Press, 1983.

[156] MARTIN HEIDEGGER. Being and Time[M]. London : SCM Press, 1962.

[157] MARTIN HEIDEGGER. Basic Writings[M].Rev. ed. London : Routledge, 1993.

[158] KAREN LESLIE CARR. The Banalization of Nihilism : Twentieth–Century Responses to Meaninglessness[M]. Albany : State University of New York Press, 1992.

[159] DAVID EDWARD COOPER. Heidegger[M]. London : Claridge Press, 1996.

[160] DAVID E. COOPER. The Measure of Things : Humanism, Humility, and Mystery[M]. Oxford : Oxford University Press, 2002.

[161] JULIAN YOUNG. Heidegger's Philosophy of Art[M]. Cambridge : Cambridge University Press, 2001.

[162]JULIAN YOUNG. Heidegger's Later Philosophy[M]. Cambridge : Cambridge University Press, 2002.

[163] JULIAN YOUNG. The death of God and the meaning of life[M]. London : Routledge, 2003.

[164] CHARLES B. GUIGNON. The Cambridge Companion to Heidegger[M]. Cambridge : Cambridge University Press, 1993.

[165] CHARLES HARRISON & PAUL WOOD. Art in theory, 1900—2000 : an anthology of changing ideas[M].New ed. Malden, Mass. ; Oxford : Blackwell Publishers, 2003.

[166] SIGFRIED GIEDION. Space, time and architecture : the growth of a new tradition[M].5th ed. Cambridge Mass. : Harvard University Press, 1967.

[167] CHRISTIAN NORBERG-SCHULZ. Genius Loci：Towards a Phenomenology of Architecture[M]. New York：Rizzoli，1980.

[168] FRANK LLOYD WRIGHT. In the Cause of Architecture[M]//PFEIFFER. Frank Lloyd Wright Collected Writings Vol1. New York：Rizzoli，1992：84-100.

[169] LEWIS MUMFORD. Status Quo[M]//MALLGRAVE & CONTANDRIOPOULOS. Architectural Theory (Vol 2)：An Anthology from 1871 to 2005. Oxford：Blackwell，2007：278-279.

[170] JAMES STIRLING. Regionalism and Modern Architecture[M]//OCKMAN & EIGEN. Architecture Culture 1943—1968：A Documentary Anthology. New York：Rizzoli，1993：242-248.

[171] BERNARD RUDOFSKY. Architecture without Architect：An Introduction to Non-Pedigreed Architecture[M]. London：Academy Editions，1964.

[172] J. A. CODERCH DE SENTMENAT. It's Not Geniuses We Need Now[M]//OCKMAN & EIGEN. Architecture Culture 1943—1968：A Documentary Anthology. New York：Rizzoli，1993：335-337.

[173] HASSAN FATHY. Architecture For the Poor[M]//MALLGRAVE & CONTANDRIOPOULOS. Architectural Theory (Vol 2)：An Anthology from 1871 to 2005. Oxford：Blackwell，2007：442-443.

[174] ALEXANDER TZONIS & LIANE LEFAIVRE. The Grid and the Pathway[M]//MALLGRAVE & CONTANDRIOPOULOS. Architectural Theory (Vol 2)：An Anthology from 1871 to 2005. Oxford：Blackwell，2007：508-510.

[175] KENNETH FRAMPTON. Towards a Critical Regionalism：Six Points for an Architecture of Resistance[M]//FOSTER. Postmodern Culture. London：Bay Press，1983：16-30.

[176] KENNETH FRAMPTON. On Reading Heidegger[M]//HAYS. Oppositions Reader：Selected Essays 1973—1984. New York：Princeton Architectural Press，1998：3-6.

[177] ALVARO SIZA & ANTONIO ANGELILLO. Writings on architecture[M]. Milan：Skira；London：Thames & Hudson，1997.

[178] RAUL RISPA. Barragán：The Complete Works[M]. London：Princeton Architectural Press，1996.

[179] 王澍，陆文宇. 循环建造的诗意 [J]. 时代建筑，2012，（2）.

[180] KENNETH FRAMPTON, JOHN CAVA & GRAHAM FOUNDATION FOR ADVANCED STUDIES IN THE FINE ARTS. Studies in Tectonic Culture：The Poetics of Construction in Nineteenth and Twentieth Century Architecture[M]. Cambridge, Mass.：MIT Press，1995.

[181] KARL BöTTICHER. Greek Tectonics[M]//MALLGRAVE. Architectural Theory Vol 1 An anthology from Vitruvius to 1870. Oxford：Blackwell，2006：431-532.

[182] GOTTFRIED SEMPER. Style in the Technical and Tectonic Arts, Or, Practical Aesthetics[M]. Los Angeles：Getty Research Institute，2004.

[183] KENNETH FRAMPTON. Rappel d l'ordre：The Case for the Tectonic[J]. Architectural Design，1990，60（3-4）：19-25.

[184] PETER ZUMTHOR. Thinking architecture[M].2nd ed. Basel；Boston：Birkhäuser，2006.

[185] DANIEL LIBESKIND. Between the Lines：The Jewish Museum, Berlin[J]. Research in Phenomenology，1992，22：82-87.

[186] GASTON BACHELARD. The poetics of space[M]. New York：Orion Press，1964.

[187] KARSTEN HARRIES. The Ethical Function of Architecture[M]. Cambridge, Mass.；London：MIT Press，1997.

[188] JUHANI PALLASMAA. The eyes of the skin：architecture and the senses[M].3rd ed. ed. Chichester：Wiley，2012.

[189] OSCAR NIEMEYER. The Curves of Time：The Memoirs of Oscar Niemeyer[M]. London：Phaidon，2000.

[190] EUGÈNE-EMMANUEL VIOLLET-LE-DUC. Lectures on Architecture[M]. Sampson Low, Marston, Searle and Rivington，1881.

[191] PETER LUIGI NERVI. The Foreseeable Future and the Training of Architects[M]//MALLGRAVE & CONTANDRIOPOULOS. Architectural Theory (Vol 2)：An Anthology from 1871 to 2005. Oxford：Blackwell，2007：311-312.

[192] KENNETH E. BOULDING. The Economics of the Coming Spaceship Earth[M]//MARKANDYA & RICHARDSON. The Earthscan Reader in Environmental Economics. New York：Earthscan Publications，2017.

[193] R. BUCKMINSTER FULLER. Operating Manual for Spaceship Earth[M]. Zurich：Lars Müller，2008.

[194] KEN YEANG. Designing with Nature[M]//MALLGRAVE & CONTANDRIOPOULOS. Architectural Theory（Vol 2）：An Anthology from 1871 to 2005. Oxford：Blackwell，2007：587.

[195] WILLIAM MCDONOUGH. The Hannover Principles[M]//MALLGRAVE & CONTANDRIOPOULOS. Architectural Theory（Vol 2）：An Anthology from 1871 to 2005. Oxford：Blackwell，2007：584.

[196] 以赛亚·伯林.现实感[M]. 南京：译林出版社，2004.

[197] JOHN RAJCHMAN. A New Pragmatism?[M]//SYKES. Constructing A New Agenda：Architectural Theory 1993—2009. New York：Princeton Architectural Press，2010：90–104.

[198] STAN ALLEN. Field Conditions[M]//SYKES. Constructing A New Agenda：Architectural Theory 1993—2009. New York：Princeton Architectural Press，2010：116–133.

[199] MICHAEL SPEAKS. Design Intelligence[M]//SYKES. Constructing a new agenda：architectural theory 1993—2009. New York：Princeton Architectural Press，2010：204–215.

[200] ROBERT SOMOL & SARAH WHITING. Notes Around the Doppler Effect and other Moods of Modernism[M]//SYKES. Constructing a new agenda：architectural theory 1993—2009. New York：Princeton Architectural Press，2010：188–203.

[201] GEORGE BAIRD. Criticality and Its Discontents[J]. Havard Design Magazine，2004，（21）.

[202] O.M.A.，REM KOOLHAAS & BRUCE MAU. S，M，L，XL[M]. New York：The Monacelli Press，1995.

[203] CONSTANT NIEUWENHUYS，LAURA STAMPS，WILLIAM STOKVIS，et al. Constant：New Babylon[M]. Amsterdam：Hatje Cantz Verlag，2016.

[204] REM KOOLHAAS. Rem Koolhaas[J]. Perspecta，2005，37：8.

[205] MICHEL FOUCAULT. The Order of Things：An Archaeology of the Human Sciences[M]. London：Tavistock Publications，1970.

[206] MICHEL FOUCAULT. Des Espace Autres，Hétérotopies（Of Other Spaces，Heterotopias）[J]. Architecture，Mouvement，Continuité，1984，（5）：4.

[207] REM KOOLHAAS. Delirious New York：a retroactive manifesto for Manhattan[M]. New York：Monacelli Press，1994.

[208] MVRDV. Dutch Pavilion for the EXPO 2000[M]//EL Croquis MVRDV 1991—2003. 2003.

[209] EL CROQUIS. Redefining the Tools of Radicalism：a conversation with Winy Maas，Jacob van Rijs and Nathalie de Vries[M]//El Croquis MVRDV 1991—2003. 2003：31–47.

[210] ROEMER VAN TOORN. No More Dreams? The Passion for Reality in Recent Dutch Architecture... and Its Limitations[M]//SYKES. Constructing a New Agenda：Architectural Theory 1993—2009. New York：Princeton Architectural Press，2010：290–317.

[211] BJARKE INGELS GROUP. Yes is more：an archicomic on architectural evolution[M]. Köln：Evergreen，2010.

[212] JUAN ANTONIO CORTéS. The Comlexity of the Real[J]. EL Croquis，2009，144：30.

[213] JOSE ORTEGA Y GASSET. Meditations on Quixote[M]. New York；London：Norton，1963，1961.

[214] EMBT. Renovations to Santa Caterina Market[J]. EL Croquis，2009，144：24.

[215] TOYO ITO. A Garden of Microchips：The Architectural Image of The Microelectronic Age[J]. JA Library 2，1993：12.

[216] REM KOOLHAAS. 'LITE' Architect，Toyo Ito[J]. JA Library 2，1993：1.

[217] TOYO ITO. Vortex and Current：On Architecture as Phenomenalism[M]//MALLGRAVE & CONTANDRIOPOULOS. Architectural Theory（Vol 2）：An Anthology from 1871 to 2005. Oxford：Blackwell，2007：539–540.

[218] TOYO ITO. Postscript[M]//KOOLHAAS，OBRIST，OTA，et al. Project Japan：Metabolism Talks. Köln：Taschen，2011.

[219] 隈研吾.负建筑[M]. 济南：山东人民出版社，2004.

[220] KENGO KUMA. Preface[M]//FRAMPTON. Kengo Kuma Complete Works. London：Thames & Hudson，2012.

[221] KENGO KUMA. Water-Glass[M]//FRAMPTON. Kengo Kuma Complete Works. London：Thames & Hudson，2012.

[222] KAZUYO SEJIMA，RYUE NISHIZAWA & MAKI ONISHI. Architecture and Environment as One：A Conversation with Kazuyo Sejima and Ryue Nishizawa[J]. EL Croquis，2020，（205）：16.

[223] KAZUYO SEJIMA，RYUE NISHIZAWA & JUAN ANTONIO CORTéS. A Conversation with Kazuyo

Sejima & Ryue Nishizawa[J]. EL Croquis，2007，（139）：25.

[224] R. G. COLLINGWOOD. The Principles of Art[M]. Oxford：Clarendon Press，1965.

[225] GILLES DELEUZE. The Fold：Leibniz and the Baroque[M]. London：Continuum，2006.

[226] PETER EISENMAN. Visions Unfolding：Architecture in the Age of Electronic Media[M]//CARPO. The Digital Turn in Architecture 1992—2012. London：John Wiley & Sons Ltd，2013：16-22.

[227] GREG LYNN. Architectural Curvilinearity：The Folded，the Pliant and the Supple[M]//CARPO. The Digital Turn in Architecture 1992—2012. London：John Wiley & Sons Ltd，2013：28-44.

[228] GREG LYNN. Embryologic Houses©[M]//CARPO. The Digital Turn in Architecture 1992—2012. London：John Wiley & Sons Ltd，2013：124-130.

[229] FOREIGN OFFICE ARCHITECTS. Yokohama International Port Terminal[M]//CARPO. The Digital Turn in Architecture 1992—2012. London：John Wiley & Sons Ltd，2013：57-61.

[230] MARIO CARPO. The Digital Turn in Architecture 1992—2012[M]. AD Reader. London：John Wiley & Sons Ltd. 2013.

[231] PATRIK SCHUMACHER. Parametricism：A New Global Style for Architecture and Urban Design[M]//CARPO. The Digital Turn in Architecture 1992—2012. London：John Wiley & Sons Ltd，2009：240-257.

致　谢

这本书得以完成，有赖于很多人的辛勤付出。

我的五位博士生鞠鹤宁、王惠、叶征冰、高乐桐、王钰坤为本书提供了坚定的支持，他们承担了资料收集、文字校对、图片整理等极为繁重的工作。与他们的讨论总是富有启发，他们的热情与专业精神也时常令我感动和鼓舞。

清华大学建筑学院的朱文一教授作为主审审阅了这本教材，他提出了一些极为关键性的建议，帮助作者对教材进行了更进一步的完善。从我学生时代开始，朱文一教授就一直为我提供指导，他的学识、热情与专注令人钦佩。在此向朱文一老师致以诚挚谢意！

中国建筑工业出版社的陈桦主任与王惠编辑热忱推动了本书的出版，在此表示衷心感谢。我所在的清华大学建筑学院建筑系在教学与研究上都为我提供了强有力的支持，还为本书出版提供了部分出版经费。

我还要感谢 2012 年以来在清华大学建筑学院选修"当代建筑设计理论"课程的同学们，你们的求知欲是推动我们研究的重要力量。

最后，感谢我的家人、父母、妻子以及孩子，他们的支持使我有力量持续前行。